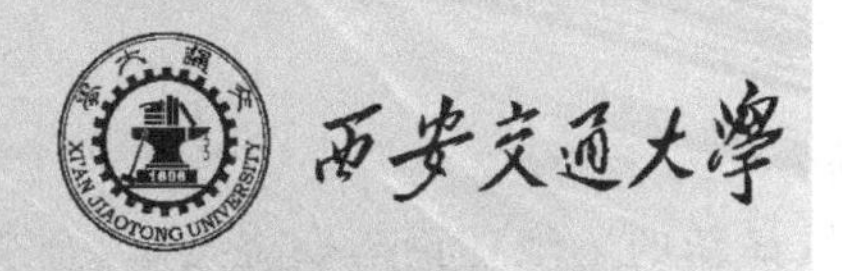

研究生创新教育系列教材

燃烧科学与技术进展

编著 谭厚章 王学斌 王金华
主审 徐通模

西安交通大学出版社
XI'AN JIAOTONG UNIVERSITY PRESS

内容简介

本书着重介绍了近些年来燃烧科学领域最新的燃烧理论与燃烧技术，全书共分为12章：燃烧科学与技术发展史、燃烧理论基础、高效低氮煤粉燃烧技术、大型循环流化床燃烧技术、燃煤烟气污染物处理技术、生物质燃烧技术、富氧燃烧技术、化学链燃烧技术、微小尺度燃烧、微重力燃烧科学进展、内燃机高效低污染物燃烧技术、火灾燃烧进展。本书注意理论与实践相结合，包含了大量的先进燃烧技术和污染物控制方面的具体案例。

本书可作为高等学校热能动力及相近专业的研究生教材，也可供相关领域技术人员参考。

图书在版编目(CIP)数据

燃烧科学与技术进展/谭厚章，王学斌，王金华编著. —西安：西安交通大学出版社，2019.9
西安交通大学研究生创新教育系列教材
ISBN 978-7-5605-9772-0

Ⅰ.①燃… Ⅱ.①谭… ②王… ③王… Ⅲ.①燃烧学-研究生-教材 Ⅳ.①O643.2

中国版本图书馆CIP数据核字(2017)第144463号

书　　名　燃烧科学与技术进展
编　　著　谭厚章　王学斌　王金华
责任编辑　田　华

出版发行　西安交通大学出版社
（西安市兴庆南路1号　邮政编码710048）
网　　址　http://www.xjtupress.com
电　　话　(029)82668357　82667874(发行中心)
(029)82668315(总编办)
传　　真　(029)82668280
印　　刷　西安日报社印务中心

开　　本　727mm×960mm　1/16　**印张**　34.125　**字数**　633千字
版次印次　2019年9月第1版　2019年9月第1次印刷
书　　号　ISBN 978-7-5605-9772-0
定　　价　58.00元

读者购书、书店添货如发现印装质量问题，请与本社发行中心联系、调换。
订购热线：(029)82665248　(029)82665249
投稿热线：(029)82664954　QQ：190293088
读者信箱：190293088@qq.com

总　序

创新是一个民族的灵魂，也是高层次人才水平的集中体现。因此，创新能力的培养应贯穿于研究生培养的各个环节，包括课程学习、文献阅读、课题研究等。文献阅读与课题研究无疑是培养研究生创新能力的重要手段，同样，课程学习也是培养研究生创新能力的重要环节。通过课程学习，使研究生在教师指导下，获取知识的同时理解知识创新过程与创新方法，对培养研究生创新能力具有极其重要的意义。

西安交通大学研究生院围绕研究生创新意识与创新能力改革研究生课程体系的同时，开设了一批研究型课程，支持编写了一批研究型课程的教材，目的是为了推动在课程教学环节加强研究生创新意识与创新能力的培养，进一步提高研究生培养质量。

研究型课程是指以激发研究生批判性思维、创新意识为主要目标，由具有高学术水平的教授作为任课教师参与指导，以本学科领域最新研究和前沿知识为内容，以探索式的教学方式为主导，适合于师生互动，使学生有更大的思维空间的课程。研究型教材应使学生在学习过程中可以掌握最新的科学知识，了解最新的前沿动态，激发研究生科学研究的兴趣，掌握基本的科学方法；把以教师为中心的教学模式转变为以学生为中心、教师为主导的教学模式；把学生被动接受知识转变为在探索研究与自主学习中掌握知识和培养能力。

出版研究型课程系列教材，是一项探索性的工作，也是一项艰苦的工作。虽然已出版的教材凝聚了作者的大量心血，但毕竟是一项在实践中不断完善的工作。我们深信，通过研究型系列教材的出版与完善，必定能够促进研究生创新能力的培养。

西安交通大学研究生院

前　言

燃烧科学是与我国能源、电力、动力装备以及国防建设行业最密切相关的学科之一，在国家能源安全和国防安全方面的支撑作用至关重要。本书是我国第一本介绍燃烧科学与技术的研究生教材，对近二十年来燃烧科学领域的最新研究成果和技术应用进行全面和系统的介绍，使阅读该教材的研究生对最新的燃烧科学进展和发展动向获得最大程度的掌握。本书内容的编写安排有如下特点。

1.20 世纪，我国燃烧科学的教学和研究中心都集中在燃烧技术和燃烧设备内容方面，如针对锅炉燃烧设备和内燃机燃烧设备均推出了具有我国特色的《燃烧学》《锅炉燃烧设备》和《内燃机原理》等经典的燃烧学科的相关著作，也推动了我国燃烧装备行业的发展。到了 21 世纪，国家重大行业均对燃烧科学的原始创新提出了更高的要求，尤其在新型高效燃烧技术、超低污染物排放技术、二氧化碳控制燃烧技术、航空发动机技术等方面。这要求燃烧科学的研究人员用原创性的思路和成果解决工程问题，传统燃烧技术难以适应未来对洁净能源和国防装备发展的要求，而原创性的成果更需要从基础研究的角度出发。因此，对未来燃烧学科人才的培养近年来也逐渐从单一的侧重燃烧技术和装备方面，开始向燃烧科学基础理论和工程技术应用并重的特点转化。研究生是未来从事一线科研的主力军，以上学科发展转型和国家重大行业需求，均对新形势下的燃烧科学领域的研究生教材提出了新的要求。本书结合我国燃烧科学的结构特点和行业的近期发展，介绍近二十年来最新的燃烧理论与燃烧技术。

2.本书共 12 章。第 1 章为燃烧科学与技术发展史，重点讲解了世界能源格局与燃烧科学的发展历程；第 2 章为燃烧理论基础，重点介绍了燃烧化学热力学、化学动力学和流体动力学；第 3 章为高效低氮煤粉燃烧技术，讲解了当今应用于电站煤粉锅炉中的低氮燃烧技术；第 4 章为大型循环流化床燃烧技术，介绍了流化床的燃烧特性与污染物控制；第 5 章为燃煤烟气污染物处理技术；第 6 章为生物质燃烧技术；第 7 章为富氧燃烧技术；第 8 章为化学链燃烧技术；第 9 章为微小尺度燃烧技术；第 10 章为微重力燃烧科学进展；第 11 章为内燃机高效低污染燃烧技术；第 12 章为火灾燃烧进展。

本书由西安交通大学谭厚章教授、王学斌副教授、王金华教授编著。全书由徐通模教授审定。

编著者特别向本书列出的以及部分未详细列出的参考文献所有作者表示诚挚的感谢!

编者诚恳欢迎读者的批评指正。

编著者

2018.10.10

目　录

第1章　燃烧科学与技术发展史

1.1　世界能源结构与发展趋势

1.1.1　能源发展历史

18世纪前，人类直接利用风力、水力、畜力、生物质等天然能源。18世纪蒸汽机的出现，促进了煤炭大规模开采使用，到19世纪的下半叶，出现了人类历史上第一次能源转换。到1920年，煤炭在一次能源的消费结构中占62%，从此世界进入了“煤炭时代”。

19世纪70年代，电力代替了蒸汽机，电气工业得到迅速发展，煤炭在能源消费结构中的比重逐渐下降。1965年，石油取代煤炭占据能源消费的首位，世界进入了“石油时代”。1979年世界能源结构比例如下：石油占54%，天然气和煤炭各占18%，水电、核电和可再生能源占10%，石油取代煤炭完成了能源的第二次转换。因此，石油是世界上利用最多的能源，并且面临着枯竭的危险。

1942年12月2日，以费米为首的一批美国科学家建造了第一座原子反应堆，它坐落在美国芝加哥大学的校园里。核能的发现是20世纪物理学的重大事件，从此人类进入了“原子能时代”。

化石燃料的大量使用对生态环境产生了巨大的破坏，对人类的发展造成了负面的影响。因此，解决化石能源大量利用所引发的问题的途径之一是发展新能源，向多能源结构过渡。为了发展生产和改善生活，人类每天都要使用大量的能量。自然界的能量有多种形式，如机械能、热能、电能、化学能、核能和辐射能等。在一定的条件下，这些能量形式可以相互转化。

1.1.2　能源的分类

为人类提供所需能量的自然资源称为能源。地球上的能源大体可分为三类。第一类能源是以太阳辐射能为来源而形成的能源。太阳能可直接利用，但其品位不高，总利用率低。目前人类利用的能源主要是经过太阳能多年积累所转化成的生物化学能，如煤炭、石油、天然气及生物质等。生物质拥有的化学能是在动、植物生长过程中固定下来的能量，而煤炭、石油、天然气等则是动、植物遗骸在特殊的地质条件下经过长时间的地质演变而形成的。风能、水力能是地球在太阳能的作用下引发气候变化而产生的动能。第二类能源是地球本身拥有的核能和地热能。核能是地球上某些元素裂变(^{235}U、^{239}Pu)或聚变(如氘、氚)所释放的能量。核能的能量相当大，据计算，1 kg^{235}U 裂变释放的能量相当于 2700 t 优质煤释放的能量。地热能是地球内部存在的炽热岩浆所体现的能量，如地热水、热岩、火山爆发、地震等，这种能量也非常大。有研究认为，其总量相当于地球上全部煤炭能量的 1.7 亿倍。但这种能量的合理利用相当困难，目前除了地热水外，其他形式的地热能源还没有适当的应用技术。第三类能源是地球与月亮、太阳等天体相对运动时，由于引力作用而形成的海水流动能。目前已经实现了对这种能源的利用。

根据能源是否是直接取得的，人们通常将其划分为一次能源和二次能源。凡是自然界原先存在的不用加工或转换的能源称为一次能源，包括原煤、原油、天然气、油页岩、核能、太阳能、水力能、波浪能、潮汐能、地热能、生物质能和海洋温差能等等。由一次能源转换或加工而得到的能源称为二次能源，二次能源也称“次级能源”或“人工能源”。如煤气、焦炭、汽油、煤油、柴油、重油、电力、蒸汽、热水、氢能等。一次能源无论经过几次转换所得到的另一种能源都被称为二次能源。在生产过程中产生的裕压、余热，如锅炉烟道排放的高温烟气，反应装置排放的可燃废气、废蒸汽、废热水，密闭反应器向外排放的有压流体等也属于二次能源。

1.1.3 世界能源分布与利用

当今世界一次能源的生产消费主要以化石能源为对象，辅以可再生能源与新能源。化石能源的消费占到一次能源生产消费的 90%以上，其中又以煤炭、石油、天然气为主。2015 年全球一次能源消费结构中，石油占 32.94%；煤炭占 29.21%；天然气占 23.85%；核能占 4.44%；水电占 6.79%；可再生能源占 2.77%。表 1-1 给出了 2015 年世界主要国家和地区一次能源消费量。可以看出，能源消费的主要地区集中在北美洲、欧洲和亚太地区。其中，一次能源消费又以化石能源为主，石油、天然气、煤炭消费占一次能源消费总量的比例均超过了 20%。

表 1-1　2015 年世界主要国家和地区一次能源消费量

国家或地区	石油	天然气	煤炭	核能	水电	可再生能源	总计
	百万吨油当量						
美国	851.6	713.6	396.3	189.9	57.4	71.7	2280.6
加拿大	100.3	92.2	19.8	23.6	86.7	7.3	329.9
巴西	137.3	36.8	17.4	3.3	81.7	16.3	292.8
法国	76.1	351	8.7	99.0	12.2	7.9	239.0
德国	110.2	67.2	78.3	20.7	4.4	40.0	320.6
俄罗斯	143.0	352.3	88.7	44.2	38.5	0.1	666.8
英国	71.6	61.4	23.4	15.9	1.4	17.4	191.2
伊朗	88.9	172.1	1.2	0.8	4.1	0.1	267.2
沙特阿拉伯	168.1	95.8	0.1	—	—	—	264.0
澳大利亚	46.2	30.9	46.6	—	3.1	4.5	131.4
中国	559.7	177.6	1920.4	38.6	254.9	62.7	3014.0
印度	195.5	45.5	407.2	8.6	28.1	15.5	700.5
日本	189.6	102.1	119.4	1.0	21.9	14.5	448.5
韩国	113.7	39.2	84.5	37.3	0.7	1.6	276.9
北美洲	1036.3	880.7	429.0	216.1	150.9	82.6	2795.5
中南美洲	322.7	157.3	37.1	5.0	152.9	24.2	699.3
欧洲与欧亚地区	862.2	903.1	467.9	264.0	194.4	142.8	2834.4
中东	425.7	441.2	10.5	0.8	5.9	0.5	884.7
非洲	183.0	121.9	96.9	2.4	27.0	3.8	435.0
亚太地区	1501.4	631.0	2798.5	94.9	361.9	110.9	5498.5
世界总计	4331.3	3135.2	3839.9	583.1	892.9	364.9	13147.3

图 1-1 给出了 1990—2015 年世界一次能源消费量，自 1998 年以来一次能源增长水平逐渐变慢。石油、煤炭仍然是世界最主要的燃料。

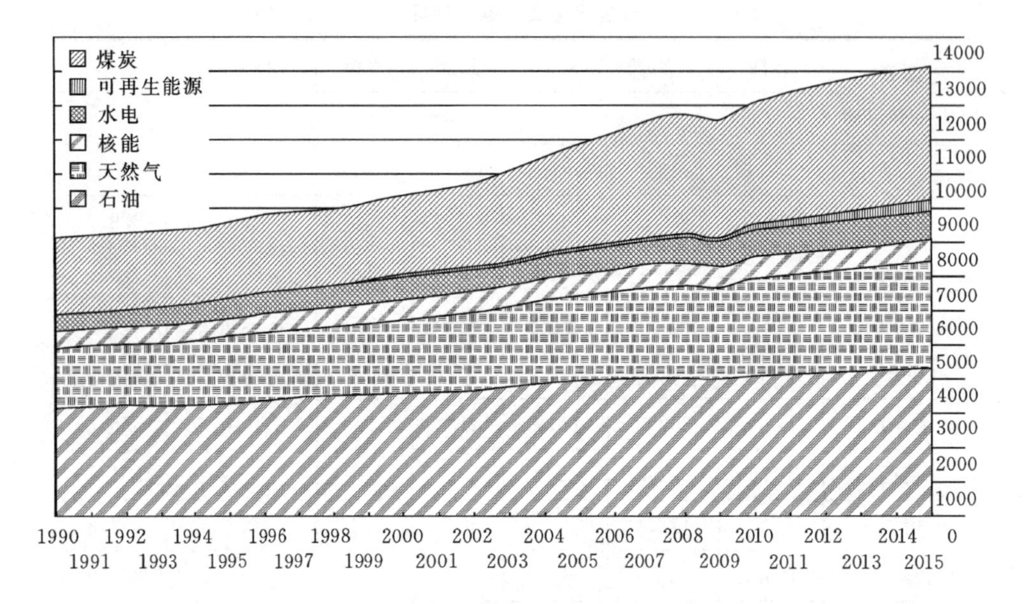

图 1-1　1990—2015 年历年世界一次能源消费量(百万吨油当量)

1.1.3.1　煤炭

根据英国石油公司(BP)2016 年出版的《2015 世界能源统计年鉴》,表 1-2 给出了 2015 年底世界主要国家和地区的煤炭总探明可经济开采量。从表中可以看出煤炭资源主要分布在美国、俄罗斯、澳大利亚、中国和印度等国家;如果用 2015 年的煤炭消费量与煤炭已探明储量进行估算,北美洲的煤炭预计还可以开采 276 年;中南美洲的煤炭预计还可以开采 150 年;欧洲与欧亚地区的煤炭预计还可以开采 273 年;中东和非洲的煤炭预计还可以开采 123 年;亚太地区的煤炭预计还可以开采 53 年;世界煤炭预计还可以开采 114 年。中国近年在新疆发现的特大整装煤田——准东煤田,保守估计有 3900 亿吨储量,按目前的煤炭开采速度,我国的煤炭还可以利用 100 年以上。由于英国石油公司考虑的是在目前的条件下可经济开采的煤炭储采比,因此英国石油公司给出的我国煤炭的经济储采比较短,仅为 31 年,但考虑到今后地质勘探技术与煤炭开采技术的不断升级,该储采比只能作为短期的参考。

表 1-2　2015 年底世界主要国家和地区煤炭总探明可经济开采量

国家或地区	无烟煤与烟煤/百万吨	次烟煤与褐煤/百万吨	总计/百万吨	占世界总储量比/%	储采比/年
美国	108501	128794	237295	26.6	292
加拿大	3474	3108	6582	0.7	108
德国	48	40500	40548	1.5	220
哈萨克斯坦	21500	12100	33600	3.8	316
俄罗斯	49088	107922	157010	17.6	422
乌克兰	15351	18522	33873	3.8	>500
南非	30156	—	30156	3.4	120
印度尼西亚	—	28017	28017	3.1	71
澳大利亚	37100	39300	76400	8.6	158
中国	62200	52300	114500	12.8	31
印度	56100	4500	60600	6.8	89
北美洲	112835	132253	245088	27.5	276
中南美洲	7282	7359	14641	1.6	150
欧洲与欧亚地区	92557	217981	310538	34.8	273
中东和非洲	32722	214	32936	3.7	123
亚太地区	157803	130525	288328	32.3	53
世界总计	403199	488332	891531	100.0	114

1.1.3.2　石油

石油是仅次于煤炭的化石燃料。由于石油使用方便、热值高，不仅可以作为燃料，还是众多工业产品的原料。全球许多国家和地区正在大规模地开采石油资源，按照目前的开采速度，全球石油资源只有 50 年的开采寿命。表 1-3 给出了世界主要国家和地区的石油总探明可经济开采量。从表中可以看出，石油资源主要分布在加拿大、委内瑞拉、俄罗斯、伊朗、伊拉克、科威特和沙特阿拉伯等国家。如果用 2015 年的石油消费量与石油已探明可经济开采储量进行估算，北美洲的石油预计还可以开采 33 年；中南美洲的石油预计还可以开采 117 年；欧洲与欧亚地区的石油预计还可以开采 24 年；中东的石油预计还可以开采 73 年；非洲的石油预计还可以开采 42 年；亚太地区的石油预计还可以开采 14 年。

表 1-3　世界主要国家和地区石油总探明可经济开采量

国家或地区	1995 年底	2005 年底	2014 年底	2015 年底			储采比
	十亿桶	十亿桶	十亿桶	十亿桶	千万吨	占世界总储量比/%	年
美国	29.8	29.9	55.0	55.0	6.6	3.2	11.9
加拿大	48.4	180.1	172.2	172.2	27.8	10.1	107.6
委内瑞拉	66.3	80.0	300.0	300.9	47.0	17.7	313.9
俄罗斯	113.6	104.4	103.2	102.4	14.0	6.0	25.5
伊朗	93.7	137.5	157.8	157.8	21.7	9.3	110.3
伊拉克	100.0	115.0	143.1	143.1	19.3	8.4	97.2
科威特	96.5	101.5	101.5	101.5	14.0	6.0	89.8
沙特阿拉伯	261.5	264.2	267.0	266.6	36.6	15.7	60.8
阿拉伯联合酋长国	98.1	97.8	97.8	97.8	13.0	5.8	68.7
澳大利亚	3.8	3.7	4.0	4.0	0.4	0.2	28.3
中国	16.4	15.6	18.5	18.5	2.5	1.1	11.7
印度	5.5	5.9	5.7	5.7	0.8	0.3	18.0
北美洲	126.9	223.6	238.0	238.0	35.9	14.0	33.1
中南美洲	83.7	103.6	331.7	329.2	51.0	19.4	117.0
欧洲与欧亚地区	141.2	139.5	154.6	155.2	21.0	9.1	24.4
中东	663.3	755.5	803.8	803.5	108.7	47.3	73.1
非洲	72.0	111.3	129.3	129.1	17.7	7.6	42.2
亚太地区	39.1	40.8	42.6	42.6	5.7	2.5	14.0
世界总计	1126.2	1374.4	1700.0	1697.6	239.4	100.0	50.7

1.1.3.3　天然气

天然气作为化石能源之一，在世界能源消费体系中扮演的角色越来越重要。截至 2015 年底，世界天然气探明的储量约为 186.9 万亿立方米，2015 年天然气开采量约为34686亿立方米；根据2015年的数据，北美洲的天然气预计还可以开采13年；中南美洲的天然气预计还可以开采43年；欧洲与欧亚地区的天然气预计还可以开采57年；中东的天然气预计还可以开采130年；非洲的天然气预计还可以开采66年；亚太地区的天然气预计还可以开采28年；世界天然气还可以开采约53年。世界主要国家和地区天然气总探明可经济开采量如表1-4所示。

表1-4 世界主要国家和地区天然气总探明可经济开采量

国家或地区	1995年底	2005年底	2014年底	2015年底			储采比
	万亿立方米	万亿立方米	万亿立方米	万亿立方米	万亿立方英尺	占世界总储量比/%	年
美国	4.7	5.8	10.4	10.4	368.7	5.6	13.6
加拿大	1.9	1.6	2.0	2.0	70.2	1.1	12.2
委内瑞拉	4.1	4.3	5.6	5.6	198.4	3.0	173.2
俄罗斯	31.1	31.2	32.4	32.3	1139.6	17.3	56.3
伊朗	19.4	27.6	34.0	34.0	1201.4	18.2	176.8
伊拉克	3.4	3.2	3.7	3.7	130.5	2.0	>500
科威特	1.5	1.6	1.8	1.8	63.0	1.0	119.1
卡塔尔	8.5	25.6	24.5	24.5	866.2	13.1	135.2
沙特阿拉伯	5.5	6.8	8.3	8.3	294.0	4.5	78.2
阿拉伯联合酋长国	5.9	6.1	6.1	6.1	215.1	3.3	109.2
澳大利亚	1.2	2.2	3.5	3.5	122.6	1.9	51.8
中国	1.7	1.6	3.7	3.8	135.7	2.1	27.8
印度	0.7	1.1	1.4	1.5	52.6	0.8	50.9
北美洲	8.5	7.8	12.8	12.8	450.3	6.8	13.0
中南美洲	5.9	6.9	7.6	7.6	268.1	4.1	42.5
欧洲与欧亚地区	40.2	43.0	57.0	56.8	2005.1	30.4	57.4
中东	45.3	72.6	80.1	80.0	2826.6	42.8	129.5
非洲	9.9	14.1	14.4	14.1	496.7	7.5	66.4
亚太地区	10.1	13.0	15.4	15.6	552.6	8.4	28.1
世界总计	119.9	157.3	187.0	186.9	6599.4	100.0	52.8

1.1.3.4 核能

裂变反应始于1935年人们发现中子，1942年费米在美国芝加哥大学建立了第一座自持链式裂变反应堆，让人们认识了中子链式反应，进而发展到原子核反应堆。以后又发明了原子弹，使人们认识到原子核能够释放巨大的能量。虽然由于核燃料问题（铀、钍储量中的易裂变资源有限）、安全问题（日本福岛事故、美国三里岛事故与苏联切尔诺贝利事故）、核废料处理问题（裂变产物与锕系元素的长寿命），公众对核能产生了一定的畏惧，使得在世界范围内核能的发展速度有所减缓，但从人类能源的长期需要出发，核能仍将得到巨大的发展。

表1-5给出了2010—2015年世界各国家和地区核能消费情况。可以看出世界主要的核能利用国家有美国、法国、俄罗斯、中国和韩国等。日本由于2011年福岛第一核电站事故的发生，近几年正在缩减核能发电的规模。

表1-5 2010—2015年世界各国家和地区核能消费情况

国家或地区	2010	2011	2012	2013	2014	2015	2015年相对2014年变化	2015年占世界总消耗量比例
	百万吨油当量						%	%
美国	192.2	188.2	183.2	187.9	189.9	189.9	—	32.6
加拿大	20.4	21.0	21.3	23.2	24.2	23.6	—2.5	4.0
墨西哥	1.3	2.3	2.0	2.7	2.2	2.6	19.6	0.4
阿根廷	1.6	1.4	1.4	1.4	1.3	1.6	23.5	0.3
巴西	3.3	3.5	3.6	3.5	3.5	3.3	−4.2	0.6
芬兰	5.2	5.3	5.3	5.4	5.4	5.3	−1.4	0.9
法国	96.9	100.0	96.3	95.9	98.8	99.0	0.2	17.0
德国	31.8	24.4	22.5	22.0	22.0	20.7	−5.8	3.6
西班牙	14.0	13.1	13.9	12.8	13.0	12.9	−0.2	2.2
俄罗斯	38.6	39.1	40.2	39.0	40.9	44.2	8.0	7.6
瑞典	13.2	13.8	14.6	15.1	14.8	12.9	−12.6	2.2
英国	14.1	15.6	15.9	16.0	14.4	15.9	10.3	2.7
中国	16.7	19.5	22.0	25.3	30.0	38.6	28.9	6.6
韩国	33.6	35.0	34.0	31.4	35.4	37.3	5.3	6.4
日本	66.5	36.9	4.1	3.3	—	1.0	—	0.2
北美洲	213.9	211.5	206.5	213.8	216.3	216.1	−0.1	37.1

续表 1－5

国家或地区	2010	2011	2012	2013	2014	2015	2015 年相对 2014 年变化	2015 年占世界总消耗量比例
	百万吨油当量						%	%
中南美洲	4.9	5.0	5.1	4.9	4.8	5.0	3.4	0.6
欧洲与欧亚地区	272.5	271.5	266.7	262.9	266.2	264.0	−0.8	45.3
中东	—	—	0.3	0.9	1.0	0.8	−18.6	0.1
非洲	2.9	3.2	2.8	3.4	3.3	2.4	−25.7	0.4
亚太地区	131.7	109.1	77.9	78.1	83.9	94.9	13.0	16.3
世界总计	626.3	600.4	559.3	564.0	575.5	583.1	1.3	100.0

1.1.3.5　水电

地球上的总储水量约为 13860 亿立方米，其中海洋水为 13380 亿立方米，约占全球总水量的 96.5%。在余下的水量中地表水占 1.78%，地下水占 1.69%。人类主要利用的淡水约 350 亿立方米，在全球总储水量中只占 2.53%。在这极少的淡水资源中，又有 69.56%被冻结在南极和北极的冰盖以及高山冰川、永冻积雪中，难以利用。同时深层地下水补充缓慢，开采后难以恢复，通常不作为可利用水资源。人类真正能够直接利用的淡水资源是江河湖泊水(约占淡水总量的0.27%)和地下水中的一部分。从数字上可看出，水资源总量是丰富的，但可利用的淡水资源是极其有限的。若把地球上的水比为一桶水，那么可用的淡水只有几滴。

表 1－6 给出了 2010—2015 年世界各国家和地区水电消费情况，从表中可以看出世界上水电消费较高的国家有美国、加拿大、巴西、中国、俄罗斯等。

表 1－6　2010—2015 年世界各国家和地区水电消费情况

国家或地区	2010	2011	2012	2013	2014	2015	2015 年相对 2014 年变化	2015 年占世界总消耗量比例
	百万吨油当量						%	%
美国	59.5	73.0	63.1	61.4	59.3	57.4	−3.2	6.4
加拿大	79.5	85.0	86.1	88.7	86.6	86.7	0.1	9.7
哥伦比亚	9.2	11.0	10.9	10.0	10.1	10.1	−0.1	1.1
巴西	91.3	96.9	94.0	88.5	84.5	81.7	−3.3	9.1

续表 1-6

国家或地区	2010	2011	2012	2013	2014	2015	2015年相对2014年变化	2015年占世界总消耗量比例
	百万吨油当量						%	%
挪威	26.4	27.2	32.1	29.0	30.6	31.1	1.5	3.5
俄罗斯	38.1	37.3	37.3	41.3	39.7	38.5	−3.0	4.3
中国	163.4	158.2	197.3	208.2	242.8	254.9	5.0	28.5
印度	25.0	29.8	26.2	29.8	29.6	28.1	−4.9	3.2
日本	20.6	19.3	18.3	19.0	20.0	21.9	9.1	2.4
越南	6.2	9.3	11.9	12.9	13.6	14.4	6.4	1.6
北美洲	147.3	166.1	156.3	156.3	154.5	150.9	−2.3	16.9
中南美洲	158.8	168.4	165.3	160.6	154.4	152.9	−1.0	17.1
欧洲与欧亚地区	197.5	178.4	191.2	202.8	196.7	194.4	−1.2	21.8
中东	4.0	4.3	5.1	5.4	4.8	5.9	24.0	0.7
非洲	24.5	24.0	25.4	26.8	27.0	27.0	—	3.0
亚太地区	252.1	254.4	292.2	312.9	346.9	361.9	4.3	40.5
世界总计	784.2	795.5	835.6	864.8	884.3	892.9	1.0	100.0

1.1.3.6 可再生能源

可再生能源是指采用先进方法或技术对环境和生态友好、可持续发展、资源丰富的能源进行开发所得到的能源。它不同于常规化石能源，几乎是取之不尽、用之不竭的，对环境无多大损害，有利于生态良性循环。可再生能源利用的重点是开发利用太阳能、风能、生物质能、海洋能、地热能和氢能。

表1-7给出了2010年—2015年世界各国家和地区可再生能源消费情况。

表1-7 2010年—2015年世界各国家和地区可再生能源消费情况

国家或地区	2010	2011	2012	2013	2014	2015	2015年相对2014年变化	2015年占世界总消耗量比例
	百万吨油当量						%	%
美国	39.3	45.7	51.7	60.2	66.8	71.7	7.5	19.7
加拿大	4.1	4.7	4.5	5.2	6.3	7.3	17.0	2.0
巴西	7.6	7.9	9.1	10.6	13.2	16.3	23.0	4.5

续表 1-7

国家或地区	2010	2011	2012	2013	2014	2015	2015 年相对 2014 年变化	2015 年占世界总消耗量比例
	百万吨油当量						%	%
法国	3.4	4.4	5.5	5.9	6.5	7.9	20.9	2.2
德国	19.0	24.0	27.5	29.3	32.3	40.0	23.5	10.9
意大利	5.8	8.4	11.4	13.4	14.1	14.7	4.5	4.0
西班牙	12.5	12.6	15.0	16.3	16.0	15.4	−4.0	4.2
英国	5.0	6.5	8.1	11.0	13.3	17.4	31.0	4.8
澳大利亚	2.0	2.4	3.0	3.7	4.1	4.5	11.3	1.2
中国	15.9	23.7	30.8	44.1	51.9	62.7	20.9	17.2
印度	7.2	8.8	10.8	12.3	13.6	15.5	13.7	4.2
日本	7.2	7.5	8.2	9.6	11.6	14.5	24.8	4.0
北美洲	45.3	52.4	58.5	68.1	76.1	82.6	8.6	22.6
中南美洲	11.1	12.1	13.9	16.2	19.9	24.2	21.6	6.6
欧洲与欧亚地区	70.9	85.7	101.7	114.3	124.1	142.8	15.1	39.2
中东	0.1	0.1	0.2	0.2	0.4	0.5	36.3	0.1
非洲	1.3	1.4	1.4	1.7	2.7	3.9	37.9	1.0
亚太地区	41.2	51.9	62.7	80.5	93.4	110.9	18.7	30.4
世界总计	169.9	203.6	238.5	281.1	316.6	364.9	15.2	100.0

1.1.3.7　能源利用展望

随着世界经济发展，活动水平和生活标准的提升将需要消耗更多的能源。能源需求的增长将受制于能源效率，未来二十年将需要更多的能源，以保证世界经济的增长和繁荣。图 1-2 给出了全球人口与世界生产总值的发展历史及预期。到 2035 年，世界人口预计增加 15 亿，同一期间，世界生产总值将增长一倍以上；增量的大约五分之一来源于人口增长，五分之四来源于生产力的提高。

图 1-3 给出了世界各区域能源消费的预期情况。能源消费在 2014 年到 2035 年间预计增加 34%，几乎所有的新增能源都来源于快速发展的新兴经济体；经合组

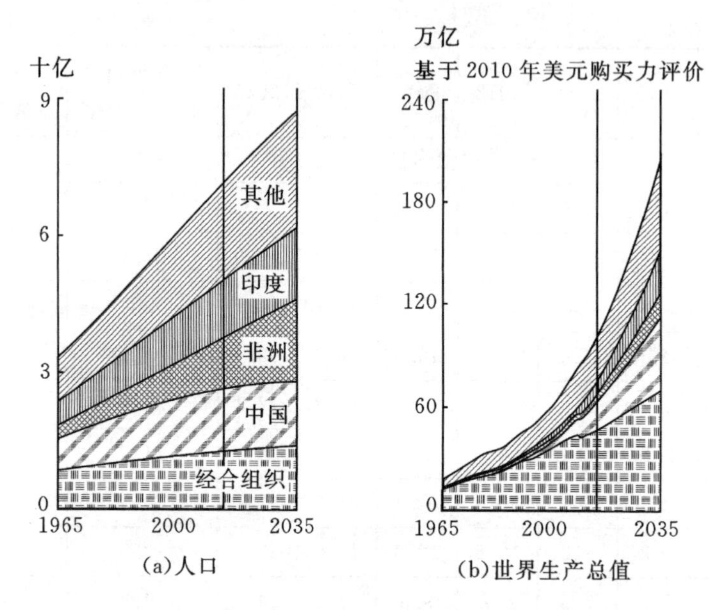

图1-2　全球人口与世界生产总值历史和增长预期

织内部的能源消费几乎没有增长。中国的能源需求将放缓，在2025—2035年间，中国将贡献不到30%的全球能源消费增长，与之相比的过去十年间，这一比例为60%。

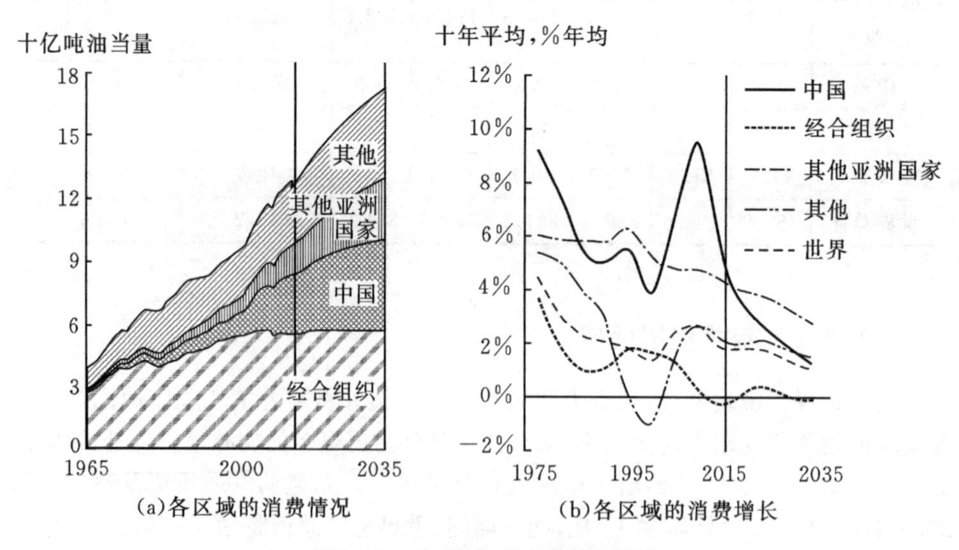

图1-3　世界能源消费情况预测

图1-4为BP、国际能源署、麻省理工学院、日本能源经济研究所四个权威机

构发布的能源消费展望。所有的能源展望都显示天然气是增长最快的化石燃料，而石油的增长则比较温和。

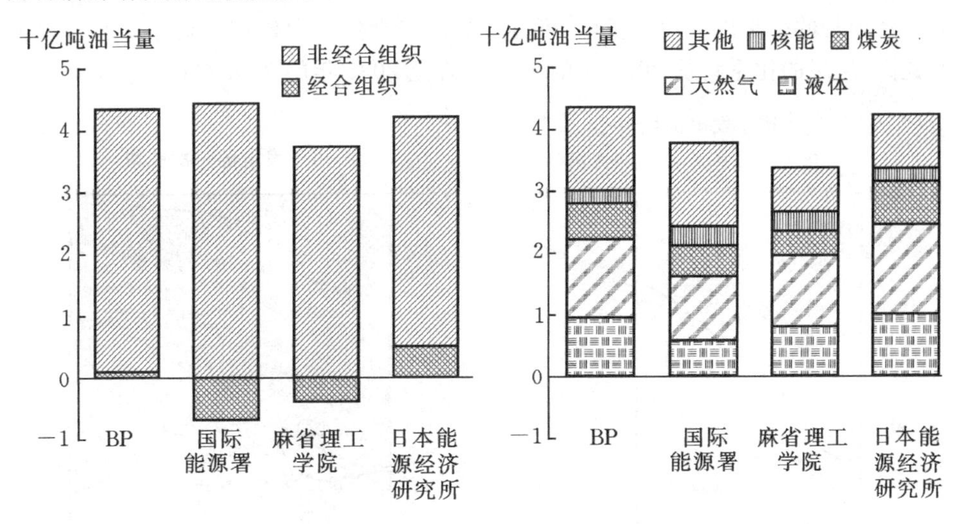

图 1-4　四所机构的能源展望的比较(2010—2030 年能源消费的增长)

图 1-5 给出了 1965 年到 2035 年世界一次能源消费结构的占比。可以看出，天然气是增长最快的化石能源(年均 1.8%)，石油的增长也比较稳定(年均 0.9%)。煤炭的命运将发生巨变，自 2000 年以来比重不断提高以后，煤炭的预期增长将放缓，到 2035 年煤炭在一次能源的比重达到有史以来的最低点，天然气将代替煤炭成为第二大燃料。可再生能源(包括生物质燃料)迅速增长(年均3.6%)，

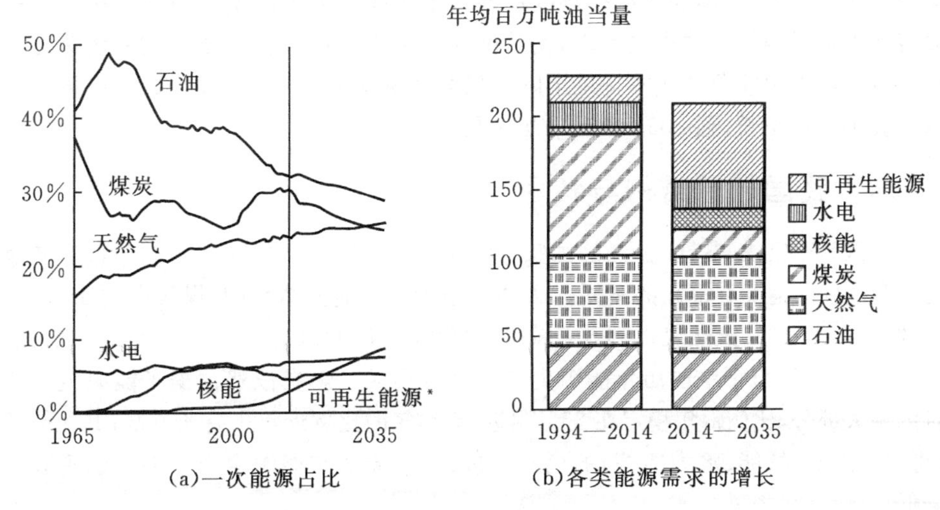

(a)一次能源占比　　(b)各类能源需求的增长

图 1-5　全球一次能源结构预测

到 2035 年,可再生能源在一次能源中的比例将升至 9%。

图 1-6 给出了 1965 年到 2035 年发电燃料中一次能源的比例。其中全球能源消费增长的一半以上用于发电,可再生能源与天然气的比重相对于煤炭有较大的提高,煤炭的比重将从 2014 年的 43%下降至 2035 年的 33%左右。

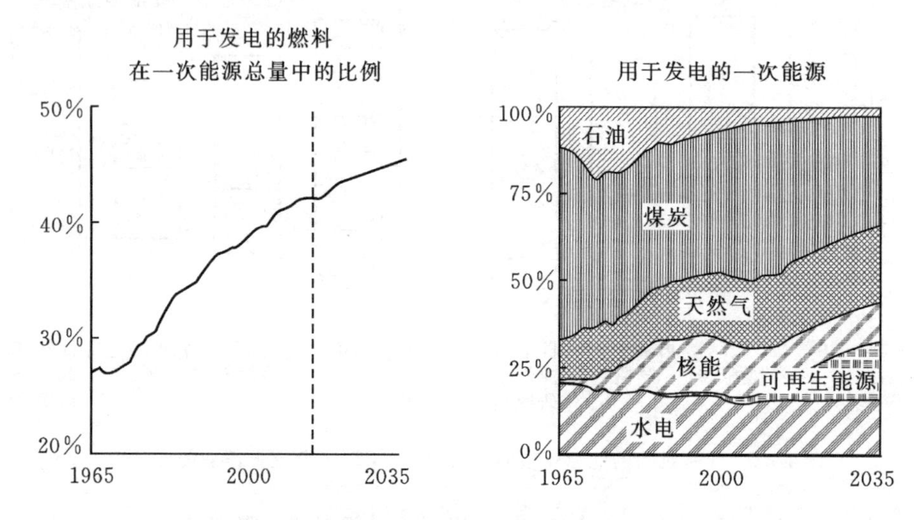

图 1-6　一次能源在发电燃料中的比例(1965—2035 年)

未来 20 年内,化石能源仍将是为世界经济提供动力的主要能量来源,提供了大约 60%的新增能源,并且占 2035 年能源供应总量的几乎 80%。其中,美国页岩气和液化天然气的开发,以及环境政策的支持将使得天然气成为增长最快的化石能源。相比之下,中国经济的持续改革导致中国能源需求的增长急剧放缓。这一放缓严重地影响了全球煤炭需求,使其仅以不到过去 20 年均速五分之一的速度增长。由于可再生能源的成本持续下降和巴黎气候大会上所作出的承诺,可再生能源将会迅速地增长,到 2035 年需求几乎翻了两番。

1.1.4　我国能源结构与利用

我国是个富煤、贫油、少气的国家。因此我国一次能源的消费结构与世界其他国家和地区的情况有很大的不同。2014 年中国一次能源消费中,煤炭占到 66.0%;石油占到 17.1%;天然气占到 5.7%;其他能源占到 11.2%。

表 1-8 给出了中国历年能源生产总量及构成。煤炭依然占据了能源生产总量的绝大部分,比例常年稳定在 75%附近;天然气的比例近年来有所升高;其他能源(可再生能源、核能、水力能等)的增长幅度最大,原油在能源生产中的比例则逐年降低。

表 1-8　能源生产总量及构成

年份	能源生产总量/万吨标准煤	占能源生产总量的比重/%			
		原煤	原油	天然气	一次能源及其他能源
1978	62770	70.3	23.7	2.9	3.1
1980	63735	69.4	23.8	3.0	3.8
1985	85546	72.8	20.9	2.0	4.3
1990	103922	74.2	19.0	2.0	4.8
1991	104844	74.1	19.2	2.0	4.7
1992	107256	74.3	18.9	2.0	4.8
1993	111059	74.0	18.7	2.0	5.3
1994	118729	74.6	17.6	1.9	5.9
1995	129034	75.3	16.6	1.9	6.2
1996	133032	75.0	16.9	2.0	6.1
1997	133460	74.3	17.2	2.1	6.5
1998	129834	73.3	17.7	2.2	6.8
1999	131935	73.9	17.3	2.5	6.3
2000	138570	72.9	16.8	2.6	7.7
2001	147425	72.6	15.9	2.7	8.8
2002	156277	73.1	15.3	2.8	8.8
2003	178299	75.7	13.6	2.6	8.1
2004	206107	76.7	12.2	2.7	8.4
2005	229037	77.4	11.3	2.9	8.4
2006	244763	77.5	10.8	3.2	8.5
2007	264173	77.8	10.1	3.5	8.6
2008	277419	76.8	9.8	3.9	9.5
2009	286092	76.8	9.4	4.0	9.8
2010	312125	76.2	9.3	4.1	10.4
2011	340178	77.8	8.5	4.1	9.6
2012	351041	76.2	8.5	4.1	11.2
2013	358784	75.4	8.4	4.4	11.8
2014	360000	73.2	8.4	4.8	13.7

表 1-9 给出了中国历年能源消费总量及构成。尽管近 30 年来煤炭占能源消费的比例有所下降，但总体上仍占据主体地位，2014 年煤炭占能源消费的比例为 66%。其他能源与天然气在能源消费中的比例逐年升高，与各自能源生产总量的趋势基本一致。

表 1-9　能源消费总量及构成

年份	能源生产总量/万吨标准煤	占能源消费总量的比重/%			
		原煤	原油	天然气	一次能源及其他能源
1978	57144	70.7	22.7	3.2	3.4
1980	60275	72.2	20.7	3.1	4.0
1985	76682	75.8	17.1	2.2	4.9
1990	98703	76.2	16.6	2.1	5.1
1991	103783	76.1	17.1	2.0	4.8
1992	109170	75.7	17.5	1.9	4.9
1993	115993	74.7	18.2	1.9	5.2
1994	122737	75.0	17.4	1.9	5.7
1995	131176	74.6	17.5	1.8	6.1
1996	135192	73.5	18.7	1.8	6.0
1997	135909	71.4	20.4	1.8	6.4
1998	136184	70.9	20.8	1.8	6.5
1999	140569	70.6	21.5	2.0	5.9
2000	146964	68.5	22.0	2.2	7.3
2001	155547	68.0	21.2	2.4	8.4
2002	169577	68.5	21.0	2.3	8.2
2003	197083	70.2	20.1	2.3	7.4
2004	230281	70.2	19.9	2.3	7.6
2005	261369	72.4	17.8	2.4	7.4
2006	286467	72.4	17.5	2.7	7.4
2007	311442	72.5	17.0	3.0	7.5
2008	320611	71.5	16.7	3.4	8.4
2009	336126	71.6	16.4	3.5	8.5
2010	360648	69.2	17.4	4.0	9.4
2011	387043	70.2	16.8	4.6	8.4
2012	402138	68.5	17.0	4.8	9.7
2013	416913	67.4	17.1	5.3	10.2
2014	426000	66.0	17.1	5.7	11.2

图 1-7 给出了中国能源结构历史数据及预期。可以看出，在中国的能源结构中，煤炭在未来的 20 年内将从 80%左右下降至 50%左右。天然气与非化石能源的比重将迅速上升，二者总量将从目前的 15%增长至三分之一左右。中国经济对煤炭的依赖将显著降低。在 2035 年左右，煤炭的需求下降但经济仍将增长。这些

数据表明，中国能源需求将有所放缓，同时经济对煤炭密集型行业的依赖将有所降低。中国煤炭需求的这一放缓反映多种因素的共同作用：更缓慢的能源需求增长；中国经济将更少地依赖于煤炭密集行业；还有鼓励使用替代燃料的政策。

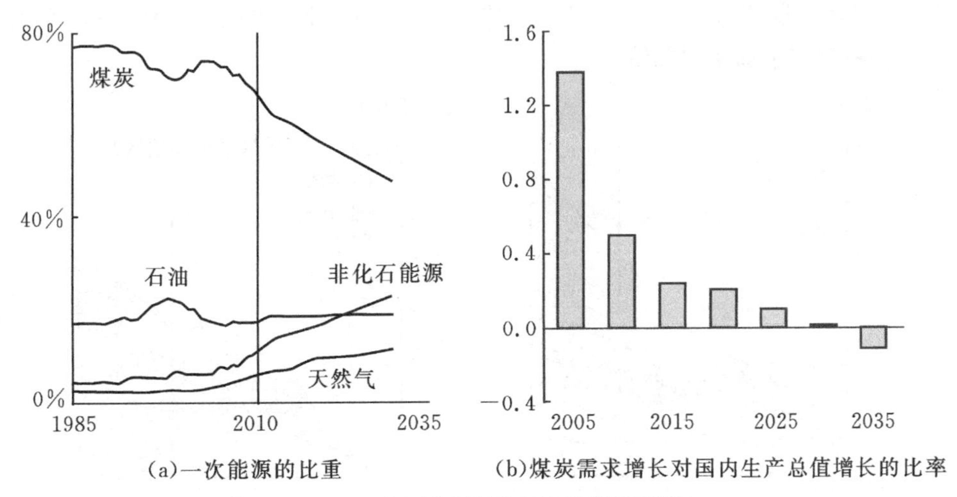

(a)一次能源的比重　　(b)煤炭需求增长对国内生产总值增长的比率

图 1－7　中国能源结构历史数据及预测

图 1－8 给出了全球煤炭需求量的历史数据与预测数据。全球煤炭需求将在未来一段时间持续放缓，很大程度上是由于中国的煤炭消费量将呈现下降趋势。尽管如此，我国仍然是全球最大的煤炭市场。

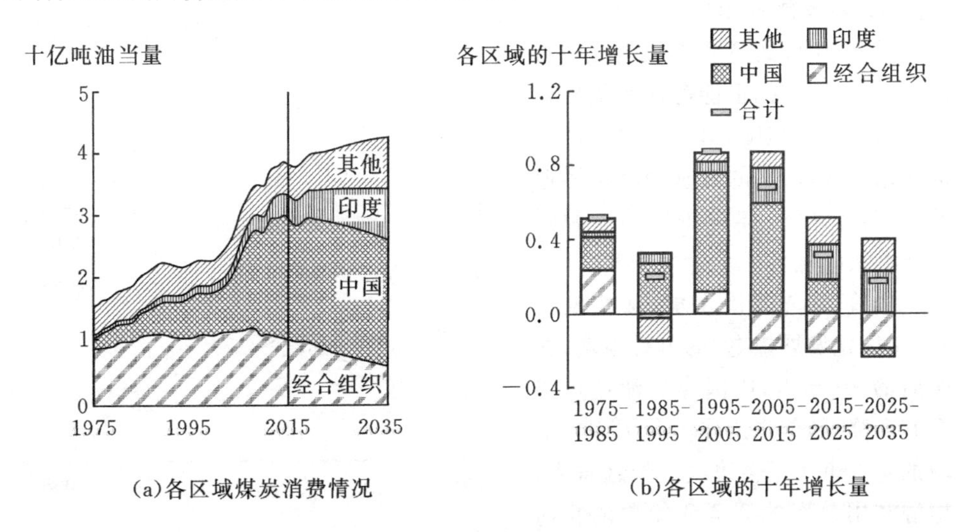

(a)各区域煤炭消费情况　　(b)各区域的十年增长量

图 1－8　全球煤炭需求历史数据及预测

图 1－9 给出了全球水电、核电装机容量预测信息。中国水电前所未有的发展速度预计会有较大幅度的降低：展望期内(2015 年到 2035 年)，中国水电预计将以年均 1.7%的速度增长，相比之下，过去 20 年中这一速度为年均 10%左右。中国核电的发展速度比过去二十年间水电的发展速度快，到 2020 年将翻一番，而到 2035 年将增加至现在的九倍。

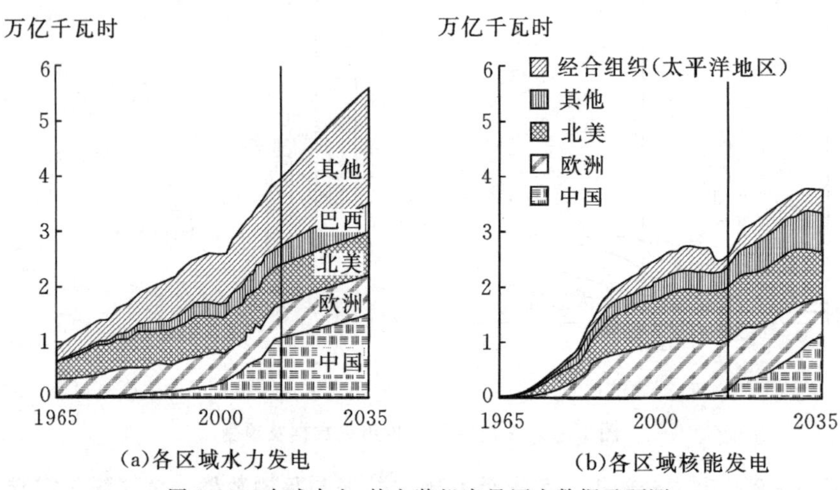

(a)各区域水力发电　　(b)各区域核能发电

图 1－9　全球水电、核电装机容量历史数据及预测

世界各区域在 1965—2035 年的能源强度现状及预测如图 1－10 所示。

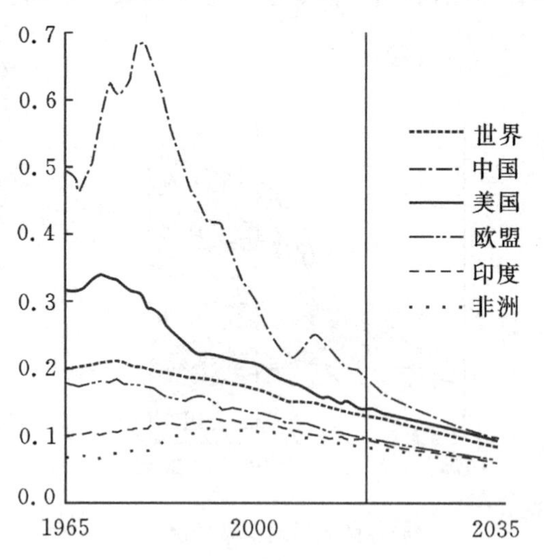

图 1－10　各区域能源强度现状及预测

目前，中国的经济增长速度相对前十年有所放缓，但能源效率仍然较低。随着能源强度(单位国内生产总值使用的能源量)的改善和经济增速的放缓，未来 20 年内中国的能源强度将继续降低。

本着“优先发展水电、加快发展核电、优化发展煤电”的方针策略，在今后的 20 年内，中国煤炭消耗量将会有所降低，但煤炭作为我国主要能源的基本事实不会改变。长远看来，能源利用效率的低下和能源的相对短缺将是伴随我国经济社会发展的长期问题。

1.2　燃烧科学与技术发展

1.2.1　基本概念

燃烧学是最古老也是最现代的科学分支，通过实验研究、理论分析和数值模拟计算等方式，探究燃烧过程的本质、主要影响因素及反应机理。它的研究过程涉及热力学、反应动力学、流体力学、传热传质学、数学、计算机技术等诸多学科，是一门内容丰富且实用性很强的学科。

本节将首先介绍燃烧的定义、燃烧的三要素、燃料的分类、燃烧形式的分类等燃烧学的基本概念，为以后研究复杂的燃烧现象打下基础。

1.2.1.1　燃烧的定义

燃烧，指可燃物与氧化剂之间发生剧烈的化学反应，并伴有发光、发热、生成新物质的现象，也包括只伴随少量热、没有光的慢速氧化反应(如阴燃)。

燃烧一般在空气或氧气中进行，氧是氧化剂。但是氧化剂并不仅限于氧气，如氯在氢气中燃烧，炽热的铁、铜与氯气反应等均为燃烧现象。

在铁与稀盐酸的反应中，铁失去两个电子被氧化，生成产物为氯化亚铁，但在该反应中没有同时产生光和热，所以不能称之为燃烧。灯泡中的灯丝在连通电源后虽然同时发光、发热，但它是由电能转化为光能的一种物理现象，而非一种剧烈的氧化反应，因此也不能称为燃烧。

1.2.1.2　燃烧的三要素

燃烧现象十分普遍，但其发生必须具备一定的条件。作为一种特殊的氧化还原反应，燃烧反应必须有氧化剂和还原剂的参与，同时还要有引起燃烧的点火源。具体包括以下几种。

1. 可燃物/还原剂

物质被分成可燃物质、难燃物质和不可燃物质三类。可燃物质是指能被火源点燃，且当火源被移去后能继续保持燃烧直至燃尽的物质，如煤炭、木材、汽油等。难燃物质是指能被火源点燃并发生阴燃，当火源被移去后不能继续燃烧的物质，如聚氯乙烯、橡胶等。不可燃物质是指在正常情况下不能被火源点燃的物质，如钢筋、水泥、砂石等。

2. 助燃物/氧化剂

凡是与可燃物结合能导致和支持燃烧的物质，都称为助燃物。如空气、氯气、氯酸钾、过氧化氢、过氧化钠等。其中空气是最常见的助燃剂，本书中如无特别说明，可燃物的燃烧都是指在空气中进行的。

3. 点火源

具有一定温度和热量的能源，或者说能引起可燃物质着火的热源都称为点火源。生产和生活中常见的多种热源都有可能转化为点火源。例如，燃烧产生的明火；雷击或电路设备漏电产生的电火；烧红的高温物质；物质氧化、分解、聚合反应时产生的化学热；机械摩擦、压缩、撞击产生的摩擦热；光能或核能转化的热能等。此外，自然界存在的地热、火山爆发等均可转化为点火源。

1.2.1.3 燃料的分类

燃料按照其化学组成不同可分为无机燃料和有机燃料。无机燃料中的无机单质有钾、钠、钙、镁、硫、氢气等，无机化合物有一氧化碳、硫化氢、磷化氢等。有机燃料有天然气、汽油、煤油、柴油、酒精、煤炭、木材、合成塑料等。

按照物理状态不同可分为气体燃料、液体燃料和固体燃料三类。按照燃料获得的方法不同又可分为天然燃料和人造燃料。表 1－10 列举了燃料的一般分类。

表 1－10　燃料的一般分类

<table>
<tr><th>类别</th><th colspan="2">天然燃料</th><th>人造燃料</th></tr>
<tr><td>气体燃料</td><td colspan="2">天然气</td><td>液化石油气、沼气、水煤气等</td></tr>
<tr><td>液体燃料</td><td colspan="2">石油</td><td>汽油、煤油、柴油、沥青、焦油、酒精等</td></tr>
<tr><td rowspan="2">固体燃料</td><td>木质燃料</td><td>秸秆、木材等</td><td>木炭等</td></tr>
<tr><td>矿物质燃料</td><td>泥煤、褐煤、烟煤、无烟煤、油页岩等</td><td>焦炭、半焦、煤矸石、型煤等</td></tr>
</table>

1.2.2 燃烧科学与技术发展简史

1.2.2.1 世界燃烧科学与技术发展史

燃烧的应用及其发展具有十分久远的历史。人类发现燃烧现象，用燃烧的方式利用热能已经有数十万年的历史，火是人类最早征服的自然力。早在远古时期，“燧人氏”发明的钻木取火为人类带来温暖和光明，使人类结束了茹毛饮血的原始生活，创造了最初的文明。在周口店的北京人遗址上，已发现用火的痕迹，说明那时候北京人已经知道利用火，当时的燃料都是草木类植物。因此在《自然辩证法》中恩格斯指出："只是人类学会了摩擦取火之后，人才第一次使某种无生命的自然力为自己服务。人类就第一次使无穷无尽的自然力量为自己服务。这个伟大的、不可估量的发现对人类深刻的影响从现在人们对火的迷信中还可以看出"。虽然人类在十万年前就已经发现了火，且在生产和生活中广泛地应用着它，但关于火的知识，我们却了解得非常少。

燃烧的历史，也就是人类进步的历史。古中国在燃烧领域的应用遥遥领先于欧洲。50 万年前，周口店北京人开始使用火；早在新石器时代的仰韶文化时期，中国人便开始用窑炉烧制陶器；公元前 1000 年开始利用煤，公元 200 年开始利用石油，公元 808 年发明火药；宋代则出现了喷气发动机的雏形——用燃烧产物推动的走马灯（见图 1-11）；战国时期的齐国将军田单曾经用火牛阵破燕，最早把燃烧技术用于军事领域。据晋代张华《博物志》记载，当时四川居民已经用烧天然气的方法煮盐。

图 1-11　走马灯

欧洲的燃烧技术应用后来居上。17 世纪在英国出现了第一次工业革命，其标志就是蒸汽机的产生。20 世纪 40 年代航空航天技术的发展、20 世纪 70 年代的能源危机，促进了燃烧科学的发展。人类对燃烧的长期认识和经验积累的结果便是推动人类的物质文明不断进步。

人类在利用火的过程中，也开始了对火的认识。人类早期以神话的方式来表达对燃烧的认识，如古希腊神话中，火是神普罗米修斯为了拯救人类的灭亡，从天上偷来送到人间的，它是神的赐予。在我国神话中，火是"燧人氏"通过钻木发现的。但直至 17 世纪末以前，燃烧科学发展缓慢，人们对燃烧现象的本质几乎一无所知。

17 世纪末，德国的施塔尔提出了燃素论，想解释燃烧现象，虽然后来证明这是唯心的，是完全错误的，但这是探索燃烧学最早的尝试。按照燃素论，一切物质之所以能燃烧，是因为其中含有被称为"燃素"的物质。当燃素释放到空气中时就引起了燃烧，燃素释放程度越强，就越容易产生高热、强光和火焰。物质易燃或不易燃，区别在于其含有多少燃素。这一理论看似对燃烧现象有了解释，但并没有对"燃素的本质是什么"，"为什么物质燃烧后质量会增加"，"为什么燃烧会使空气体积减小"等问题作出解答。1772年11月1日,法国科学家拉瓦锡发表了关于燃烧的第一篇论文,其要点是燃烧所引起的质量增加,是由于可燃物质同空气中的一部分物质化合的结果,认为燃烧是一种化合现象。当时拉瓦锡还没有完全研究清楚空气中这部分物质是什么物质。1774年,普里斯特利发现了氧,并且与拉瓦锡有了接触。1777年,拉瓦锡在实验中证明,这种物质在空气中的比例为1/5,并命名这一物质为"氧"(原意为酸之源)。这样,拉瓦锡就建立了燃烧的基本学说,即燃烧是物质的氧化,这就是燃烧理论的萌芽。

19世纪,随着热力学和热化学的发展,燃烧过程开始被作为热力学平衡体系来研究,考察其初态和终态。这是燃烧理论的静态特性研究,阐明了燃烧过程的热力学特性,如燃烧反应热、绝热燃烧温度、着火温度、燃烧产物平衡组分等。这对了解燃烧系统的静特性是必要的、有用的。不过当时曾把热力学的特点看成是燃烧的一个特点。某些特性,如着火温度,被看成是燃料的固定不变的属性。从本世纪初到30年代,开始建立了研究燃烧动态过程的理论,B. Lewis、von Elbe、H. H. CeMëHOB等人阐明了燃烧反应动力学的链式反应机理,Lewis和Elbe发展了19世纪Mallard、Lechate-lier提出的火焰传播概念,并提出了最小点火能量等基本概念,奠定了描述火焰的物理基础。20世纪30年代到40年代间,CeMëHOB、Зельдович、Франк-Каменецкий等人由反应动力学和传热传质相互作用的观点,首次从定量关系上建立了着火及火焰传播的经典燃烧理论;DamкÖhler、Kadovitz、Щелкин、Щетинков、Summeefield等人则发展了经典的湍流燃烧理论。这时已逐渐认识到,限制燃烧过程的往往不是反应动力学而是传热传质。20世纪40～50年代,在发展喷气推进技术的过程中,形成了独立的学科——燃烧学。

第二次世界大战以后,燃烧理论的研究与应用主要沿着两个不同的方向发展。一个方向是研究在严格控制的反应条件下强化燃烧,主要为发展火箭和太空技术服务,美国、苏联、英国、法国以及我国在这方面取得了巨大的研究成果。另一个方向是围绕常规燃烧方式,为提高燃烧效率、降低污染进行的研究,如电站锅炉的燃烧技术的开发。在常规燃烧技术方面,从20世纪40年代后期开始,在大约30年的时间内,主要在英国的两个国立研究院——英国煤炭利用研究院(BCURA)和英国钢铁研究院(BISRA),以及美国一些研究机构和公司的参与下得到了迅速的发展,建立了这一领域的理论骨架,取得了重要的研究成果。现阶段,随着我国电力事业的飞速发展,电站锅炉燃烧技术的研究中心已转移到中国。

20世纪50～60年代,宇航学家冯·卡门和我国力学家钱学森提出用连续介质力学来研究燃烧过程,称之为Aero-thermo-chemistry,后来又被称为Reacting Fluid Dynamics,国内称之为"化学流体力学"或称为"反应流体力学"。沿着这一方向,钱学森、Penner、F. A. Williams、F. E. Marble、董道义、程心一等人进行了一系列的研究，把经典流体力学方法，诸如边界层及射流理论、摄动法等用于研究燃烧，此后在飞行器头部烧蚀问题中广泛开展了这类研究。与此同时也研究了物理因素对燃烧的作用，如超音速燃烧，声场及电磁场作用下的燃烧，振荡燃烧，放电和燃烧的相互作用等。

20世纪60年代，D. B. Spalding首先得到了层流边界层燃烧过程控制微分方程的数值解，并成功地接受了实验的检验。但在进一步研究中，遇到了湍流问题的困难，Spalding和F. H. Harlow继承和发展了Prandtl、Reynolds和周培源等人的工作，将“湍流模型方法”引入了燃烧学的研究，提出了一系列的湍流输运模型和湍流燃烧模型，并成功地对一大批基本燃烧现象和实际的燃烧过程进行了数值求解。20世纪70年代开始，S. V. Patankar、程心一、C. T. Crowe、D. T. Pratt、J. Swithenbank、L. D. Smoot等人比较系统地把计算流体力学方法用于研究层流及湍流气体燃烧，液雾及煤粉燃烧，包括有回流及旋流的燃烧，建立了燃烧的数学模拟方法及数值计算方法，发展了一系列抛物型问题及椭圆型问题的二维及三维的通用程序。20世纪80年代，英、美、俄、日、德、中、法等国相继开展了以上类似的工作，逐渐形成了所谓的“计算燃烧学”，用它能很好地定量预测燃烧过程和进行燃烧技术研究，使燃烧理论及其应用达到了一个新的高度，能够对大型电站锅炉、燃气轮机燃烧室、内燃机、火箭发动机、弹膛等装置中的三维、非定常流、多相流、湍流、有化学反应的实际燃烧过程进行数值模拟，给出热物理参数的分布及其变化，预测装置的燃烧性能及污染排放水平。

近代从17世纪工业革命蒸汽机的出现和18世纪内燃机的出现开始，到20世纪40年代的航空和航天技术的发展和20世纪70年代的能源危机，促进了燃烧技术的大发展，有近400年的历史。燃烧技术被广泛地用于能源、航空和航天、冶金、化工、机械等工业中，用来发电、产生动力、冶炼、制备化工产品、机械加工、制备煤气、钻探及破碎岩石、喷洒农药以及用于军事武器中等。这些技术领域的不断革新，特别是热能、喷气及火箭技术的发展，以及环境保护的加强，对燃烧技术提出了越来越高的要求。

首先是航空航天技术要求燃烧不断强化和趋于更高的能量水平，这就是高能或高温、高压(超临界)、高速(超声速)、强旋流、强湍流和脉动(脉冲爆震)等条件下的燃烧。近年来在国际上受到很大重视的超声速燃烧和脉冲爆震燃烧就是这种趋势的反映。

其次是能源利用问题要求实现高效率、节省燃料的燃烧过程，要求使用所谓的替换燃料。例如，烧轻油的航空发动机和内燃机改成烧重质液体燃料和其他替换燃料，烧油的锅炉、工业炉改成烧煤和煤浆(水煤浆、油煤浆、水和油煤浆等)，烧优质煤的煤粉锅炉改成烧劣质煤和研制能烧劣质煤的流化床等。在烧劣质煤中出现了低负荷燃烧稳定和不用油的直接点燃等。中国前几年研制的各种煤粉燃烧器正是适应这种要求而产生的。

特殊条件下的燃烧是另外一类燃烧技术问题。一种制备材料的方法是固体和固体之间进行燃烧，可以节省能量，称为“自蔓延燃烧合成”，在近年来也受到国际上的重视。自蔓延燃烧合成是利用反应物之间高的化学反应热的自加热和自传导作用来合成材料的一种技术。反应物一旦被引燃，便会自动向尚未反应的区域传播，直至反应完全，是制备无机化合物高温材料的一种新方法。早在2000多年前，中国人就发明了黑色炸药(KNO_3+S+C)，这是自蔓延高温合成方法的最早应用。1900年，法国化学家Fonzes发现了金属与硫、磷等元素之间的自蔓延反应，从而制备了磷化物等各种化合物。在1908年，Goldschmidt首次提出“铝热法”来描述金属氧化物与铝反应生产氧化铝和金属或合金的放热反应。1953年，英国人发表了《强放热化学反应自蔓延的过程》，首次提出了自蔓延的概念。1967年，苏联科学院物理化学研究所Borovinskaya、Skhiro和Merzhanov等人开始了过渡金属与硼、碳、氮气反应的实验，在钛与硼的体系中，他们观察到所谓固体火焰的剧烈反应，此外他们的注意力集中在其产物具有耐高温的性质，他们提出了用缩写词SHS来表示自蔓延高温合成，受到燃烧和陶瓷协会一致赞同，这便是自蔓延高温合成术语的由来。我国从1986年起也开始了这方面的研究。

随着航天技术和信息技术的发展，近年微重力和微尺度条件下的燃烧成为国际和国内燃烧技术研究的新课题。而电磁场下的燃烧一直是引起许多研究者注意的问题之一。

信息科学、生物科学和纳米科学也是21世纪国际上的研究热点，因此未来的燃烧技术研究的发展有可能和这些科学结合起来。例如，生命燃烧学或者生物燃烧学就是用燃烧的规律研究生命现象，探讨生命的起源、疾病的起因和防治。另外纳米尺度下的燃烧现象，涉及纳米材料制备、信息材料制备等，这些问题有待进一步的研究。

另一方面，燃烧过程测试手段的发展，特别是先进的激光技术，现代质谱、色谱等光学、化学分析仪器的问世，改进了燃烧实验的方法，提高了测试精度，从而可以更深入地、全面地、精确地研究燃烧过程的各种机理，使燃烧学在深度和广度上都有了飞跃的发展。

燃烧在促进人类文明进步的同时，其燃烧产物的污染和火灾的发生，也给人类带来了极大的伤害。燃烧形成了对环境的污染，燃烧过程放出的硫化物(SO_x)、氮氧化物(NO_x)、CO、CO_2、残余烃类、有毒物质、烟粒子和微尘等有害物质及燃烧噪声，严重影响着人类的健康。因此研究清洁燃烧技术，控制燃烧过程，减少其对环境的污染，成为国际和中国燃烧技术研究的重大课题。这就要研究燃烧过程中减少污染物的排放以及燃烧产物中的脱硫、脱硝以及CO_2的治理等技术。与此同时，为了保护环境，还要研究垃圾物的焚烧技术等。现在燃烧科学的发展，也伴随着污染控制技术的发展。低氮燃烧技术、燃烧脱硫技术和低碳技术等都属于燃烧污染控制技术。

此外，火灾的发生，如森林火灾、城市建筑火灾、仓库火灾及其他各种工业火灾和爆炸的起因和防治、地下火烧油层采油技术的应用等方面也对燃烧研究提出了不少问题。

例如，要研究火焰沿各种材料表面的传播规律、油池的喷燃、火龙的生成、闷烧、爆燃、多孔介质中的燃烧(渗流燃烧)等。除了研究火灾的燃烧起因、火灾的发展规律，还要研究火势的控制、阻燃原理及阻燃材料、火灾探测与清洁高效灭火技术、火灾烟气的控制技术。

可见，燃烧学虽是一门很古老的学科，但它的最大进展却是在最近50年间。而且，人们对它的认识至今还很不完善，不少燃烧机理现在还不十分清楚，还没有建立起系统、完整的燃烧理论。燃烧现象十分复杂，它是气体流动、传热、传质以及化学反应等物理与化学过程复杂的相互作用的综合结果。因此，在这些单独学科还不太成熟之前要对它们的综合学科做系统的理论分析研究就不太容易了。所以，相对地说，燃烧学是一门既古老又年轻的学科。

1.2.2.2 我国燃烧科学与技术发展史

我国燃烧科学领域已经发展了半个多世纪，由于新中国成立前我国燃烧学基础的空白、基础研究经费较为缺乏、长期依赖进口技术，这些因素导致我国燃烧领域的基础研究存在诸多问题，从事基础燃烧研究的力量较为薄弱，研究方向注重工程和应用，高水平的研究成果不多，这种状况制约了我国燃烧技术的进步，并影响了我国燃烧学科在国际上的学术地位。

进入2000年以后，我国基础燃烧研究取得了巨大的进步，也大幅提升了我国在燃烧领域的国际地位。我国各重点大学以及研究院所经过多年的研究，在煤燃烧基础研究、爆炸科学、化学动力学、内燃机燃烧、超音速燃烧、微重力燃烧等方面开展了大量研究工作，取得了巨大的进步，研究成果已达到国际水平，我国已成为国际上进行基础燃烧研究的重要基地。

1.燃烧化学反应动力学和新型燃烧诊断技术的研发

燃烧化学反应动力学以探索微观燃烧结构包括物种的分子结构和浓度等信息、发展燃烧动力学模型为主要研究目标，以各类实验室模型燃烧装置为主要实验平台，以燃烧诊断技术为主要研究手段，其研究成果燃烧动力学模型是燃烧数值模拟工作的重要组成部分。关键问题在于燃烧体系的高度复杂性，特别是存在大量的物种，只有准确鉴别它们的分子结构并精确测量它们的浓度分布，才能够发展出准确的燃烧反应动力学模型，从而完成对燃烧过程的定量描述和精确数值模拟。解决上述问题需要燃烧诊断技术的发展，但包括光谱、色谱和质谱在内的传统燃烧诊断技术只能对特定类型的中间体进行探测，无法完成全面鉴别各类中间体并探测其浓度的重任。

同步辐射真空紫外光电离质谱技术是一种于21世纪初被引入燃烧研究的新型燃烧诊断技术，借助于同步辐射能量分辨率好、光子能量可调、真空紫外波段光强高等优点，能够同时对自由基、同分异构体和多环芳烃等中间体进行检测，探测灵敏度高，是一种强大的燃烧诊断方法。但长期以来，该技术仅应用于低压预混火焰一种燃烧研究体系，而燃烧学是涵盖低压、常压和高压等多种压力条件，燃料氧化剂之间预混、部分预混和非预混等不同混合模式，热解、低温氧化和火焰等多种反应氛围的交叉型学科。该技术为发动机设计、高超声速飞行技术发展、燃烧污染物排放控制等工程燃烧研究提供了理论指导，被誉为"近年来燃烧诊断技术最重要的进展"。

2.煤燃烧基础研究进展

煤燃烧的基础研究对于提高我国能源利用效率和改善能源利用中污染物排放问题均具有重要意义。近十年来，我国在煤燃烧的基础研究领域取得了一系列的成就。为解决温室气体排放问题，研究者针对氧燃料燃烧、化学链燃烧等新型燃烧技术开展了大量的工作。国内多家单位针对氧燃料燃烧方式下燃烧特性和辐射传热特性与常规空气燃烧方式的差异开展了研究工作，探索了 O_2/CO_2 条件下煤焦着火特性、燃烧机理及污染物排放特性等一系列问题。

为解决煤燃烧中易挥发和有毒有害重金属(如 Hg、As、Cr 等)、PM_{10} 和 $PM_{2.5}$ 等新型燃煤污染物的排放问题，我国研究人员重点围绕重金属的赋存形态、氧化反应动力学、反应机理及在线测试及分析等方面开展了深入的研究，同时集中开展了新型燃煤污染物 PM_{10} 形成与控制方面的研究，主要围绕煤中矿物元素存在形式、粒度、组分及赋存形态、燃烧气氛和温度等因素对污染物生成的影响开展了大量的工作，研究了细颗粒物在燃烧炉内沿程变化特性，并深入研究了颗粒物在声场、磁场、温度场和相变等作用下的演化规律等。此外，针对常规污染物，在我国典型煤种燃烧过程中含氮官能团的释放及转化规律、燃烧过程中 NO_x 的形成、分解以及控制机理等方面的研究同样取得了长足进步。

此外，我国在新型煤燃烧分析测试方法的开发及应用方面也取得了明显进展。计算机控制扫描电镜(CCSEM)、X 射线光电子能谱(XPS)技术、X 射线吸收近边结构谱(XANES)技术等也被用于煤燃烧领域的研究。

3. 内燃机燃烧的基础研究进展

20 世纪 80 年代初随着我国改革开放，中国内燃机燃烧基础研究进入了一个新的发展阶段。近年来，我国内燃机燃烧基础研究实现了从小到大、从弱到强、从跟踪国际研究到开创性研究的转变，我国内燃机燃烧基础研究已成为国际内燃机燃烧基础研究的一支重要力量，并在国内多家单位建立起一批各具特色的内燃机燃烧基础研究基地。随着国际内燃机燃烧基础研究的发展和我国汽车、内燃机工业的迅猛发展以及国家对基础研究投入的增加，我国内燃机燃烧基础研究在近 10 年间取得了长足的发展。研究工作瞄准国际内燃机燃烧研究的关键基础前沿科学问题，在燃油喷雾的机理阐明和优化、喷雾与缸内湍流的相互作用机理、均质混合气压燃着火和燃烧控制策略、燃料与燃烧排放的作用机理、内燃机燃烧与热力学边界控制和燃烧化学反应动力学机理、缸内可视化与燃烧过程的解析、燃料着火与火焰传播规律等方面取得了重要研究进展，在国际内燃机燃烧基础研究中发挥了重要作用。

目前，提高内燃机热效率成为国际内燃机界首要课题，内燃机燃烧向超高燃烧压力、高密度空气与废气稀释、多元燃料适应性的低温燃烧方向发展。我国内燃机燃烧基础研究工作正在从燃烧物理和燃烧化学的角度开展基础性研究，其基本思路是通过解析燃料在复杂热物理场条件下的物理过程和化学过程，提出内燃机燃烧过程优化的新途径和新方法，发展燃烧新技术，改善和优化内燃机燃烧过程。

4. 火灾科学基础研究进展

火灾是一种灾害性的燃烧现象，其孕育、发生和发展包含着流动、相变、传热传质和化学反应等复杂的物理化学变化，并可能发生轰燃、回燃、阴燃、飞火、火旋风和扬沸等各种复杂的特殊火现象。近年来，我国在高原火灾动力学机理、能源利用过程中火灾安全问题、油池火燃烧特性、建筑保温材料燃烧特性、森林与城市交界域火灾安全等火灾科学基础研究方向上取得了突出的成绩，在国际燃烧领域产生了重要影响。

高原火灾研究面向我国火灾安全的重大需求，是国际上近年来的研究热点。2009 年我国在西藏建立了国际上首个高原火灾安全研究的实验基地，全面开展高原低压低氧条件下的火灾行为特殊性和复杂性规律的研究，尤其是在高海拔低压低氧特殊条件下的热解和火焰动力学、池火和固体可燃物燃烧特性以及着火问题方面开展了系统的研究工作。

火旋风和多火焰燃烧均属森林与城市交界域火灾安全领域的重要前沿性问题，我国建立了世界上尺度最大的火旋风模拟实验系统，成功实现了对中尺度火旋风的实验模拟及其演化行为的建模，在多火焰燃烧相互作用行为与规律、火旋风的基本燃烧机制等方面持续取得重要进展。

1.3 燃烧科学与技术展望

1.3.1 燃烧科学研究的方法

尽管目前大型电子计算机的出现为通过理论预示解决实际问题提供了可能，但是在世界范围内，对于生产中提出的燃烧技术问题主要还是通过数学分析和模型实验来研究解决。目前燃烧理论的作用主要是为各种燃烧过程的基本现象建立和提供一般性的物理概念，从物理本质上对各种影响因素做出定性的分析。从而为实验研究和数据处理指出合理的方向。因此，运用正确的物理概念，通过实验取得定量的关系和结论，仍然是当前解决燃烧技术问题的主要手段。

在燃烧领域，先提出假设随后再用实验求证的情况是少见的，大多数进展都是在有关科学理论不十分清楚的情况下取得的，火焰的特性几乎完全是靠实验测量建立的。

目前世界上燃烧研究的重点集中于以下两个方面。

1. 燃烧应用研究方面

①低质燃料(low grade fuels)燃烧技术，特别是洁净煤燃烧技术；②低污染燃烧过程控制技术；③代用燃料(CWM、COM)燃烧技术；④柴油机燃烧技术；⑤与安全有关的燃烧问题。

2. 燃烧基础研究方面

①湍流与化学动力学的相互作用；②燃烧非接触式测量技术(如激光)；③实用燃烧室的计算机模型：④液滴与颗粒群的燃烧；⑤碳烟形成机理；⑥火焰结构、火焰传播与熄火；⑦固相燃烧机理。

对于燃烧科学研究的方法，从上述内容的复杂性，也表明了燃烧科学研究方法的多样性。总的来说，燃烧科学发展的最重要的形式是理论的更替，而理论的更替正是科学实践的结果，也就是研究方法的更替。从燃烧学发展的简史可以看出，仅有实验的力量并不能决定理论的正确与否，如燃素说的基础也是实验，但得到的却是错误的理论。因此，与一般的科学研究的方法相一致，燃烧理论的建立是实验研究和理论总结的结合。由于燃烧过程的复杂性，到目前为止，燃烧科学的研究，仍然以实验研究为主，但理论和数学模型的方法正显得越来越重要。

燃烧过程的数学方法，是在流体力学、反应动力学和其他物理、化学方程的基础上，提出化学流体力学的全套方程组。但是，由于方程和现象的复杂性，目前的数学尚无力论证这组方程的通解和解的存在性，这与通常人们在一般条件下通过把体现燃烧理论的那些基本方程的解与实验研究结果对比的方法来检验和发展理论的过程不一致，致使燃烧学长期停留在实验、总结的阶段。数学模型方法，得益于近年来计算机的迅猛发展，提供了一套在一般条件下用数值方法求解上述方程组的可能性，可以求出各种理论数学模型的解，通过把该解与相应的实验研究结果对比、检验，不断发展和优化理论模型；从而深入认识现有燃烧过程，预示新的燃烧现象，进一步揭示燃烧规律。这样就把燃烧理论与错综复杂的燃烧现象有机地联系起来，使燃烧学科上升到系统理论的高度。

1.3.2　我国燃烧科学与技术展望

结合我国基础燃烧研究的现状和研究基础、国际基础燃烧研究发展态势以及国家战略需求，基础燃烧研究领域的长期发展目标应为建立一支结构合理、精干和稳定的基础性研究队伍，支持研究者开展开创性、引领性的基础研究。在整体提升我国基础燃烧研究国际地位的同时，力争引导国际燃烧学科的发展方向，为我国能源、环境、安全、国防等相关领域核心问题的解决奠定科学基础，指导技术发展方向。

我国在未来一段时间应该优先发展以下几个方面的研究。

(1)化学反应动力学。优先研究方向：化学反应速率、低温动力学与点火、烃燃料、支化芳烃、氧化燃料、小型酯和醛、新型燃料、不确定性分析优化与相关模拟。

(2)层流火焰。优先研究方向：层流火焰速度、火焰中详细化学反应、层状火焰、乙醇燃烧、扩散火焰、微通道火焰、热声不稳定性。

(3)湍流火焰。优先研究方向：非预混火焰、部分预混火焰、预混火焰、火焰稳定性和动力学、高压火焰。

(4)喷雾和液滴。优先研究方向：液滴物理特性、液滴点火特性、火焰特性。

(5)碳烟与多环芳烃。优先研究方向：多环芳烃与碳烟的形成、碳烟颗粒的形成与长大、碳烟动力学与诊断、内燃机中的碳烟。

(6)爆轰、爆炸与超音速燃烧。优先研究方向：爆轰、爆炸、超音速燃烧、点火。

(7)异相燃烧与材料合成。优先研究方向：催化燃烧、纳米颗粒的合成、生物质与废物的燃烧与气化。

(8)火灾研究。优先研究方向：火焰传播与火灾动力学、微重力燃烧与阴燃、火灾控制。

(9)固定源燃烧与对环境的影响。优先研究方向：生物质燃烧、非有机排放物。

(10)内燃机与燃气轮机。优先研究方向：火花式点火、加压式点火、燃气轮机。

(11)燃烧诊断。优先研究方向:燃烧产物检测、燃烧温度测量、3D测量与检测技术。

(12)新型技术:微小尺度燃烧、电力系统、无焰燃烧、燃料研究。

本书重点介绍固体燃料及液体燃料燃烧方面的知识与最新进展,包括高效低氮煤粉燃烧技术、大型循环流化床燃烧技术、燃煤烟气污染物控制技术、生物质燃烧技术、富氧燃烧技术、化学链燃烧技术、微尺度燃烧与微重力燃烧技术、内燃机高效低污染燃烧技术、火灾燃烧进展等。

参考文献

[1] 李业发,杨廷柱.能源工程导论[M].合肥:中国科学技术大学出版社,2013.
[2] BP Amoco. BP statistical review of world energy[R]. [s. n.],2016.
[3] 邱励俭.核能物理与技术概论[M].合肥:中国科学技术大学出版社,2012.
[4] 王文川.水利水电规划[M].北京:水利水电出版社,2013.
[5] 石惠娴.可再生能源传播导论[M].北京:化学工业出版社,2011.
[6] 徐旭常.燃烧技术手册[M].北京:化学工业出版社,2008.

第2章 燃烧理论基础

2.1 燃烧化学热力学

燃烧化学热力学，就是用热力学第一定律研究燃烧系统中有化学反应时的能量转换和守恒关系，用热力学第二定律研究化学反应的平衡条件，以便对化学反应进行的方向和程度做出判断。

燃烧化学热力学系统，就是带有化学反应的热力学系统。通常，热力系统的分类是按照其与外界的不同相互作用来进行的。开口系统与外界既有能量交换，又有质量交换；闭口系统与外界有能量交换而无质量交换；绝热系统与外界无热量交换；孤立系统与外界既无能量交换，又无质量交换。

燃烧系统是热力学系统中的一个特殊形式，其特殊性在于：①混合工质。燃烧前，系统中至少存在燃料和空气；燃烧后，系统中至少有 CO_2、H_2O 和 N_2。②变工质成分。燃料和空气经过燃烧而被消耗，最终形成了燃烧产物。

一般燃烧所产生的高温使气体具有足够低的密度，本书中假设所有的气体组分和气体混合物都具有理想气体的性质。

2.1.1 燃烧反应的热力学基础

2.1.1.1 理想气体的状态参数和状态方程

在燃烧过程中，热力系统本身的状况总在不断地变化。热力学把系统所处的宏观状况称为系统的热力学状态，简称状态，而用来描述热力系统中工质所处热力状态的一些宏观物理特征量则称为热力状态参数，简称状态参数。常用的状态参数：温度(T)、压力(p)、比体积(ν)、热力学能(U)、焓(H)和熵(S)等。若涉及化学反应问题，采用的状态参数还有化学势(μ)、亥姆霍兹自由能(F)和吉布斯自由能(G)等。其中温度、压力和比体积三个参数最为常见，可用仪器直接或间接地测出，因此称为工质的基本状态参数。而其余的参数则需由基本状态参数推导、计算得到，故称为导出状态参数。

状态参数单值取决于状态。也就是说，系统的热力状态一经确定，则描述其状态的参数值也就随之确定，而与达到该状态所经历的过程无关。

理想气体视气体分子为弹性的、不占有体积的质点。当热力系统内部的温度、压力等各个状态参数均有确定的数值而不随时间变化（即达到热力学平衡态）时，理想气体的三个基本状态参数之间的关系称为理想气体状态方程

$$p\nu = RT \tag{2-1}$$

式中，p 是气体的绝对压力（Pa）；ν 是气体的比体积（m^3/kg）；T 是热力学温度（K）；R 是气体常量（$J/(kg \cdot K)$），其数值与气体性质有关。

理想气体状态方程的另一个表达形式为

$$pV = nR_u T \tag{2-2}$$

式中，V 是气体体积（m^3）；n 是气体的物质的量（mol）；R_u 是摩尔气体常数，$R_u = 8.314\ kJ/(kmol \cdot K)$。气体常数与摩尔气体常数的关系为

$$R = R_u/M \tag{2-3}$$

式中，M 是气体的摩尔质量（kg/kmol）。

状态参数可分为强度参数和广延参数，与物质质量的多少无关的参数称为强度参数。强度参数反映了系统的内在性质，与分子所处的状况有关，且没有可加性，如压力 p 和温度 T。强度量一般用小写字母来表示，如比体积 ν（m^3/kg）、比内能 u（J/kg）、比焓 h（J/kg）等，但温度 T 除外。为区别起见，基于单位物质的量的强度量用上划线来表示，如 $\bar{u}$（m^3）和 $\bar{h}$（J/kmol）。

与物质质量多少有关的参数称为广延参数，如系统的总体积 V（m^3）、总质量 M（kg）、总内能 U（J）、总焓 H（J）等。广延参数具有可加性，总量为各部分的相应量之和，用大写字母表示。

从强度量得到广延量，只需乘以物质的质量 m（或物质的量 N）即可（温度和压力除外），例如

$$\begin{aligned} V &= m\nu（或\ N\bar{\nu}） \\ U &= mu（或\ N\bar{u}） \\ H &= mh（或\ N\bar{h}） \end{aligned} \tag{2-4}$$

2.1.1.2 热力系统的平衡状态

一个与外界不发生物质或能量交换的热力系统，如果最初各部分宏观性质不均匀，但经过足够长的时间后，将逐步趋于均匀一致，最后保持一个宏观性质不再发生变化的状态，这时称系统达到热力学平衡状态。平衡状态是指在不受外界影响的条件下，系统的宏观性质不随时间改变。从微观角度分析，在平衡状态下，组分系统的大量分子还在不停地运动着，只是其总的平均效果不随时间改变而已。

在不考虑化学变化及原子核变化的情况下，为表征热力系统已达到平衡状态，

系统必须满足以下三个平衡条件。

(1)热平衡条件。它要求系统内部各部分之间及系统与外界之间无宏观热量传递,即没有温差。

(2)力平衡条件。它要求系统内部及系统与外界之间不存在未平衡的相互作用力。

(3)相平衡条件。当系统内处于多相共存时,就必须考虑相平衡问题。所谓相平衡就是指系统内各相之间的物质交换与传递已达到动态平衡。

应该指出,平衡状态的概念不同于稳定状态。例如,两端分别与冷热程度不同的恒温热源接触的金属棒,经过一段时间后,棒上各点将有不随时间变化的确定的冷热状态,此即稳定状态。但同时,金属棒内存在温度梯度,处于不平衡状态,因此稳定未必平衡。如果系统处于平衡状态,则由于系统内无任何势差,系统必定处于稳定状态。

此外,平衡与均匀也是两个不同的概念。平衡是热力系统的状态不随时间而变化,而均匀是指热力系统中空间各处的一切宏观特性都相同。平衡不一定均匀。例如,处于平衡状态下的水与水蒸气,虽然汽液两相的温度和压力均相同,但比体积相差很大,显然并非均匀体系。对于单相系统(特别是由气体组成的单相系统),如果忽略重力场对压力分布的影响,可以认为平衡必均匀,即平衡状态下单相系统内部各处的热力学参数均匀一致,而且不随时间而变化。因此,整个热力系统的状态就可以用一组统一的且具有确定数值的状态参数来描述,这大大简化了热力分析过程。

2.1.1.3　热力过程

当热力系统与外界环境发生能量和质量交换时,工质的状态也随之发生变化。工质从某一初始平衡状态经过一系列的中间状态,最终变化到另一平衡状态,称为工质经历了一个热力过程。

1. 准静态过程

如前所述,热力学参数只能描述平衡状态,处于非平衡态下的工质没有确定的状态参数。而热力过程恰恰是平衡被破坏的结果,因此“过程”与“平衡”这两个看起来互不相容的概念给过程的定量研究带来了困难。进一步研究就会发现,尽管热力过程总是意味着平衡被打破,但是被打破的程度也有很大的差别。

为便于对实际过程进行分析和研究,科学上普遍假设热力过程中所经历的每一个状态都无限地接近于平衡状态,这个热力过程称为准静态过程(或准平衡过程)。

实现准静态过程的条件是推动过程进行的不平衡势差(如温度差、压力差、高度差等)无限小,且系统有足够的时间恢复平衡。例如,在活塞式热力机械中,活塞运动的速度一般在10 m/s以内,但气体内部压力波的传播速度接近于声速,通常可达每秒几百米。相对而言,活塞运动的速度很慢,这类情况就可按准静态过程处理。

准静态过程中系统有确定的状态参数,因此可以在坐标图上用连续的实线表示。

2. 可逆过程

如果系统完成某一过程之后,可以再沿原来的路径回复到起始状态,同时又完全消除原来过程对外界所产生的一切影响,则这一过程称为可逆过程。反之,如果无论采用何种办法都不能使系统和外界完全复原,则该过程称为不可逆过程。

可逆过程首先必须是准静态过程,同时在过程中不应有任何通过摩擦、黏性流动、温差传热、电阻、磁阻等耗功或潜在做功能力损失的耗散效应。因此,可逆过程就是无耗散效应的准静态过程。

准静态过程和可逆过程都是无限缓慢进行的,由无限接近的平衡态所组成的过程。因此,可逆过程与准静态过程一样,都可以在坐标图上用连续的实线描绘。它们的区别在于,准静态过程只着眼于工质的内部平衡,有无摩擦等耗散效应,与工质内部的平衡并无关系。而可逆过程则是分析工质与外界作用所产生的总效果,不仅要求工质内部是平衡的,而且要求工质与外界的作用可以无条件地反复,过程进行时不存在任何能量的耗散。因此,可逆过程必然是准静态过程,而准静态过程不一定是可逆过程。

实际热力设备中进行的一切热力过程,或多或少地存在各种不可逆因素,因此实际热力过程都是不可逆过程。但是“可逆过程”这个概念在热力学中占有重要的地位,首先它使问题简化,便于抓住问题的主要矛盾;其次,可逆过程为反应的进行提供了一个标杆,指明了反应进行的大致方向;最后,对理想可逆过程的结果进行适当修正,即得到实际过程的结果。

2.1.2 热力学第一定律

热力学第一定律的实质是能量守恒与转换定律在热力学中的应用,它确定了热能与其他形式的能量相互转换时在数量上的关系。热力学第一定律可以表述为:当热能与其他形式的能量相互转换时,能量的总量保持不变。

对于不考虑复杂化学反应和核反应的可压缩热力系统,系统的总能量E包括内能U、动能E_k和势能E_p,即

$$E = U + E_k + E_p = U + \frac{1}{2}mu^2 + mgz \tag{2-5}$$

热力学第一定律的能量方程式是系统状态变化过程中的能量平衡方程式，可以写成如下形式

系统中储存能量的增加=进入系统的能量－离开系统的能量

对于不同类型的热力系统，有不同的能量方程表达形式。

2.1.2.1　闭口系统的能量方程式

根据图 2-1 所示的封闭热力系统，其能量方程式为

$$\Delta E = Q - W \tag{2-6}$$

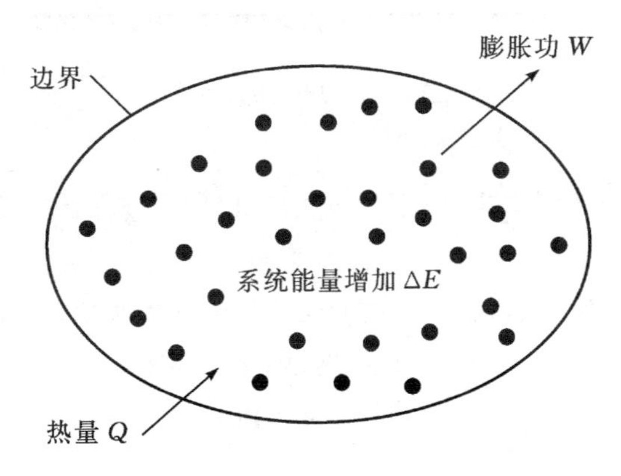

图 2-1　封闭热力系统

对于静止封闭系统，$\Delta E=\Delta U$，则热力学第一定律方程式为

$$\mathrm{d}U = Q - W \tag{2-7}$$

在式(2-7)中，添加到系统的热量取为正值，系统对外做功的能量取为负值。

2.1.2.2 开口系统的能量方程式

如图 2-2 所示的开口热力系统，进入系统的能量为

$$Q + E_1 + m_1 p_1 v_1 = Q + \left(U_1 + \frac{1}{2} m_1 u_1^2 + m_1 g z_1\right) + p_1 V_1 \tag{2-8}$$

离开系统的能量为

$$E_2 + m_2 p_2 v_2 + W = \left(U_2 + \frac{1}{2} m_2 u_2^2 + m_2 g z_2\right) + p_2 V_2 + W \tag{2-9}$$

为便于处理，把内能 U 与 pV 之和称为焓 H，即 $H=U+pV$。

所以，开口系统的热力学第一定律能量方程式为

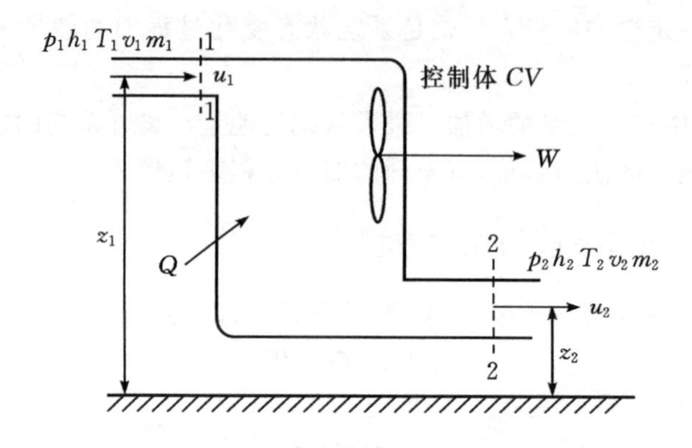

图 2-2　开口热力系统

$$\Delta E = Q + \left(H_1 + \frac{1}{2}m_1 u_1^2 + m_1 g z_1\right) - \left(H_2 + \frac{1}{2}m_2 u_2^2 + m_2 g z_2\right) - W \tag{2-10}$$

可以用各种方法为系统做功。若只考虑压缩或膨胀功，在等压条件下，气体体积变化 dV 所做的功为 $p \cdot dV$。于是，热力学第一定律式(2-7)可以写成

$$dU = Q - pdV \tag{2-11}$$

或

$$dU = Q \qquad (V = \text{常数}) \tag{2-12}$$

因此，在定容条件下，系统的内能变化等于其与外界的热量传递。

根据焓的定义式，有

$$dH = dU + pdV + Vdp \tag{2-13}$$

将式(2-11)代入式(2-13)，得

$$dH = Q + Vdp \tag{2-14}$$

或

$$dH = Q \qquad (p = \text{常数}) \tag{2-15}$$

即在定压条件下，系统的焓差等于其与外界的热量传递。

2.1.3　燃烧热的测量和计算

1 mol 的燃料和氧化剂在等温等压条件下完全燃烧所释放的热量称为燃烧热，标准状态时(1.013×10^5 Pa，273 K)的燃烧热称为标准燃烧热，用 $\Delta H_c^\ominus$ 表示，单位为 kJ/mol。燃烧反应是放热过程，所以燃烧热为负值。负的燃烧热也称为燃料的热值或发热量，热值本身的符号为正。

热值有高位热值和低位热值之分。燃烧产物为气态时得到低位热值，用符号

LHV 表示。燃烧产物为液态时得到高位热值,用符号 HHV 表示。两者的差值等于反应产物由气态凝结成液态时所放出的汽化潜热。在计算火力发电厂机组热效率时,我国规定以燃料的低位热值为准。

如前所述,根据热力学第一定律,化学反应过程中放出或吸收的热量,可用两种量热计测量:一种是定容量热计,另一种是定压量热计。在定容量热计中燃烧热不做功,因此燃烧放出的热量等于内能的增量 ΔU;在定压量热计中燃烧热做功,因此燃烧所放出的热量等于焓增量 Δh。

然而,在工程实际中常常会遇到一些难以控制和测定其热效应的反应,而通过热化学定律可以使用间接方法将其计算出来,这样就不必对每个反应都做试验了。下面介绍几个经典的热化学定律及其在燃烧热计算中的应用。

1. 拉瓦锡-拉普拉斯定律

该定律指出,化合物的分解热等于它的生成热,且两数值符号相反。

根据这个定律,就能够按相反的次序来书写热化学方程,从而可以根据化合物的生成热确定化合物的分解热。

例如,CO_2的标准生成热为

$$C(s)+O_2(g)\longrightarrow CO_2(g) \quad \Delta h_f^{\ominus}=-393.51\ \text{kJ/mol} \tag{2-16}$$

但是,CO_2的分解热很难测定,根据拉瓦锡-拉普拉斯定律,由式(2-16)可以求出 CO_2的分解热,即

$$CO_2(g)\longrightarrow C(s)+O_2(g) \quad \Delta h_f^{\ominus}=393.51\ \text{kJ/mol} \tag{2-17}$$

2. 盖斯定律

实验证明,不管化学反应是一步完成的,还是分几步完成的,其反应的热效应都相同。换言之,即反应的热效应只与起始状态和终止状态有关,而与反应所经历的途径无关,这就是盖斯定律。该定律表明热化学方程能够通过代数方法做加减计算得出。

例如,碳和氧化合成一氧化碳的生成热不能直接用实验测定,因为产物中必然混有 CO_2,但可以间接地通过两个燃烧反应式求出。如反应

$$CO(g)+\frac{1}{2}O_2(g)\longrightarrow CO_2(g) \quad \Delta h_f^{\ominus}=-282.85\ \text{kJ/mol} \tag{2-18}$$

将式(2-17)与式(2-18)相减,得到

$$C(s)+\frac{1}{2}O_2(g)\longrightarrow CO(g) \quad \Delta h_f^{\ominus}=-110.66\ \text{kJ/mol} \tag{2-19}$$

因此,为了得出反应的热效应,可以借助于某些中间反应,至于反应究竟是否按照中间途径进行,可不必考虑。

2.1.4 热力学第二定律

热力学第一定律阐明了热能和机械能以及其他形式的能量在传递和转换过程中数量上的守恒关系，即能量只能从一种形式转化为另一种形式，或者从一个物体转移到另一个物体，而孤立系统内具有的总能量不变。实践证明，热力学第一定律是正确的，但是热力学第一定律不能确定能量转化究竟沿什么方向进行，也没有考虑能量在品质方面的差异。

从暖瓶中倒出一杯热水后，热量会由热水传递到周围的空气中，最后这杯水会和周围的空气处于相同的温度，这是一个不需要人为干涉就可以进行的自发过程。那么，能不能将散失到空气中的热量自发地聚集起来，使这杯水重新变热呢？答案是否定的，虽然这并不违背热力学第一定律。

因此，自然界的一切事物，除服从热力学第一定律外，还要服从另外一条定律，这就是热力学第二定律。热力学第二定律建立在能量自发贬值的原理上，从而指明了反应过程进行的方向、条件和限度。

2.1.4.1 热力学第二定律的表述

热力学第一定律否定了创造能量和消灭能量的可能性，而热力学第二定律阐明了过程进行的方向性，否定了以特殊方式利用能量的可能性。由于工程实践中热现象普遍存在，热力学第二定律应用范围极广泛。针对各类具体问题，热力学第二定律有各种形式的表述方式，但各种不同表述形式是等效的。这里只介绍两种最基本、最具代表性的表述。

克劳修斯表述：热不可能自发地、不付代价地从低温物体传至高温物体。这个表述是德国数学家、物理学家克劳修斯于1850年提出的。它表明了热量只能自发地从高温物体传向低温物体，反之的非自发过程并非不能主动实现，而是必须花费一定的代价。

开尔文-普朗克表述：不可能制造出从单一热源吸热，使之全部转化为功而不留下其他任何变化的热力发动机。这个表述是英国物理学家开尔文于1851年提出的，1897年普朗克也发表了内容相同的观点，后来称之为开尔文-普朗克表述。在这个表述中“不留下其他任何变化”是不可缺少的条件。例如，根据能量方程和理想气体的特性，理想气体等温膨胀过程的结果，就是从单一热源吸热并将其全部转化为功。但与此同时，气体的压力降低，体积增大，即气体的状态发生了变化，或者说“留下了其他变化”。可见，热并非不能全部变为功，而是必须有其他影响为代价才能实现。

值得指出的是，热力学第二定律在形式上似乎是热力学第一定律的补充，但其含义却更为广泛和深刻。热力学第一定律揭示了能量在传递和转化过程中数量必定守恒;热力学第二定律揭示了热力过程进行的方向、条件和限度,一个热力过程能不能发生,由热力学第二定律决定,热力过程发生之后,能量的数量必定也是守恒的。

热力学第二定律的数学描述为

$$dS \geqslant \frac{Q}{T} \tag{2-20}$$

式中,等号"="表示可逆过程,大于号">"表示不可逆过程。

将式(2-20)代入式(2-11)中,可得热力学第一定律和第二定律的组合数学表达式为

$$dU + p dV - T dS \leqslant 0 \tag{2-21}$$

2.1.4.2　自由能(Gibbs 函数)

由于熵 S 不能直接测量,控制 S=常数比较困难。而且,在用熵函数判别自发变化过程的方向和平衡条件时,系统必须是孤立的。但通常燃烧是在等温等容或等温等压条件下进行的,因此必须同时考虑环境的熵变。这在应用上很不方便,因此需要引入新的热力学函数,利用系统自身的函数值变化来判断自发变化的方向,而无须考虑环境的变化。满足这一要求的新的热力学函数是自由能。

1. 自由能的定义

自由能也称为 Gibbs(吉布斯)函数,其定义为

$$G \equiv H - TS \tag{2-22}$$

由于 H、T、S 都是状态参数,故自由能 G 也是状态参数。微分形式表述为

$$dG = dH - T dS - S dT \tag{2-23}$$

根据式(2-13)、式(2-23)可得

$$dG = dU + p dV + V dp - T dS - S dT \tag{2-24}$$

将式(2-24)代入式(2-21),可得

$$dG \leqslant V dp - S dT \tag{2-25}$$

式(2-25)表明,在等温等压条件下,任其自然发展,系统总是在朝着 Gibbs 自由能减少的方向进行,直至系统达到平衡,即

$$(dG)_{T,P} \leqslant 0 \tag{2-26}$$

由以上判据可以看出,用熵来判别反应进行的状态时必须是孤立系统,而用自由能作为判据,只需要考虑体系自身的性质就可以了。

2. 标准反应自由能

Gibbs 自由能可作为化学变化的平衡和自发性的判据。ΔG 的正负可以预测

化学反应能否自发进行,根据标准反应自由能还可算出化学反应的平衡常数,因此确定标准反应自由能很重要。

根据式(2-22),Gibbs 自由能是焓和熵的函数,故约定在标准状态下,最稳定单质的 Gibbs 自由能为零。根据这个约定,可定义由标准状态下的理想气体、纯液体或纯固体的稳定单质,生成 1 mol 化合物时的自由能,称为该化合物的标准生成自由能,用符号$\bar{g}_f^0$。可通过热力学数据表查得化合物的自由能数据,也可以像求物质的形成焓那样,通过标准反应自由能来计算

$$\bar{g}_f^0(T_{ref})=\sum v''_j\bar{g}_{f,j}^0(T_{ref})-\sum v'_j\bar{g}_{f,j}^0(T_{ref}) \tag{2-27}$$

标准状态下,任何温度 T 的 Gibbs 自由能为

$$\bar{g}^0(T)=\bar{g}_f^0(T_{ref})+\Delta\bar{g}^0(T_{ref}) \tag{2-28}$$

式中,$\Delta\bar{g}^0(T_{ref})$为在标准状态下,T_{ref}与 T 之间的 Gibbs 自由能差,可以从热力数据表中查到。

在任何温度 T、任何压力 p 下,物质 i 的 Gibbs 自由能为

$$\bar{g}_i(T)=\bar{g}_i^0(T)+R_u T\ln\frac{p_i}{p^0} \tag{2-29}$$

2.2 燃烧化学动力学

化学动力学也称为反应动力学、化学反应动力学,属于物理化学的另一个分支,是研究化学反应过程进行的速率和反应机理的物理化学分支学科,是定量地研究化学反应进行的速率及影响因素的科学。

化学动力学研究包括两个方面:第一,确定各种化学反应速率以及各种因素(温度、浓度、压力等)对反应速率的影响,从而实现通过控制反应条件,使反应按人们所希望的方向进行;第二,研究各种化学反应的内在机理,即研究从反应物转变为生成物的途径,以揭示化学反应速率的本质,更有利于控制化学反应的进行。

燃烧过程本质上就是化学反应过程,遵循化学动力学的一般规律。

2.2.1 燃烧化学反应速率

2.2.1.1 浓度及其表示方法

化学反应速率的描述首先与参与反应的物质的浓度有关。一般情况下,参与反应的气态物质均采用物质的浓度来表示。单位体积内所含物质的量即为该物质的浓度,物质的量可用摩尔数量、质量表示,对应的物质的浓度就有摩尔浓度

(mol/m³)和质量浓度(kg/m³),不同浓度单位之间可以进行换算。此外,还可用摩尔数量、摩尔质量的相对值来表示某物质在混合物中的含量,对应的有摩尔分数(%)和质量分数(%)。

1. 摩尔浓度

摩尔浓度指单位体积内所含某物质量的摩尔数,即

$$c_i = \frac{n_i}{V} = \frac{N_i}{N_0 V} \tag{2-30}$$

式中:c_i是某物质的摩尔浓度(mol/m³);n_i是摩尔数(mol);V是体积(m³);N_0是阿伏伽德罗常数,$N_0=6.0221367\times10^{23}\,\mathrm{mol}^{-1}$;$N_i$是物质特定的基本单位数。

2. 质量浓度

质量浓度指单位体积内所含某物质的质量,即

$$\rho_i = \frac{m_i}{V} \tag{2-31}$$

式中:ρ_i 是某物质的质量浓度(kg/m³);m_i 是质量(kg)。

质量浓度与摩尔浓度的换算关系为

$$\rho_i = M_i c_i \tag{2-32}$$

式中:M_i是摩尔质量(g/mol)。

3. 摩尔分数

摩尔分数指某物质的摩尔数与同一体积内混合物的总摩尔数之比,即

$$x_i = \frac{n_i}{\sum_j n_j} = \frac{N_i}{\sum_j N_j} \tag{2-33}$$

式中:$\sum_j n_j$ 是混合物的总摩尔数(mol);$\sum_j N_j$ 是混合物的总分子数(mol)。

2.2.1.2 基元反应与总包反应

绝大多数的化学反应为复杂化学反应,即反应并非一步完成,而是需要经过若干相继的中间反应过程,通过若干中间反应产物才能生成最终的反应产物。一步完成的简单化学反应很少见。组成复杂反应的各个中间反应被称为基元反应,也称简单反应。这些基元反应由反应物分子、原子或原子团直接碰撞发生,表明了化学反应的实际历程。总包反应也称为总的化学反应或整体化学反应,是一系列基元反应达到物质平衡的结果。多数燃烧反应都可以写出其总包化学反应方程式,从整体上表征反应物与反应产物之间的关系,如式(2-34)表示的是氢气与氯气燃烧的总包化学反应方程式。

$$H_2 + Cl_2 \longrightarrow 2HCl \tag{2-34}$$

$$Cl_2 \longrightarrow 2Cl \tag{2-35}$$

$$Cl + H_2 \longrightarrow HCl + H \tag{2-36}$$

$$H + Cl_2 \longrightarrow HCl + Cl \tag{2-37}$$

然而实际上，该反应的实际步骤由式(2-35)、式(2-36)、式(2-37)所示的基元反应组成。可见，总包反应方程式虽然可以表明反应效果，有效地用于燃烧反应的热平衡和质量平衡计算，但并不能反映化学反应实际经历的步骤，不能代表反应的内在机理。

2.2.1.3 化学反应速率

化学反应速率，指反应物或生成物的浓度对时间的变化率，可表示为单位时间内反应物浓度的减少或生成物浓度的增加。按照定义，化学反应速率的表达式为

$$\omega = \pm \frac{\Delta c_i}{\Delta t} \tag{2-38}$$

式中：ω 是化学反应速率；Δc_i是反应物或生成物浓度的变化量；Δt 是时间间隔。

如果使用反应物浓度的变化量来计算，由于其浓度随反应的进行不断减少，为了保证反应速率为正值，通常在式前加“－”号。

式(2-38)所示的化学反应速率是化学反应的平均速率，即指在某一时间间隔内反应物浓度的平均变化值。如果令时间间隔 $\Delta t \to 0$，则可得到瞬间的化学反应速率，即反应的瞬时速率为

$$\omega = \pm \lim_{\Delta t \to 0} \frac{\Delta c_i}{\Delta t} = \pm \frac{dc_i}{dt} \tag{2-39}$$

多数情况下，采用 $\omega = \pm \frac{dc_i}{dt}$的形式表示化学反应速率。

在化学反应中，通常有多种反应物同时参与反应，生成一种或几种反应产物，且在反应进程中，反应物的消耗量与反应产物的生成量是按一定的规律对应变化的。例如，式(2-40)的燃烧化学反应中，A、B 是参与燃烧的反应物，E、F 是反应产物，a、b、e、f 是各物质的化学计量数。

$$aA + bB \longrightarrow eE + fF \tag{2-40}$$

在反应过程中，各物质的浓度变化不同，对应的燃烧反应速率也各不相等，用表达式表示为

$$\omega_A = -\frac{dc_A}{dt}, \omega_B = -\frac{dc_B}{dt}, \omega_E = \frac{dc_E}{dt}, \omega_F = \frac{dc_F}{dt} \tag{2-41}$$

各物质燃烧反应速率之间的关系为

$$-\frac{1}{a}\frac{\mathrm{d}c_A}{\mathrm{d}t}=-\frac{1}{b}\frac{\mathrm{d}c_B}{\mathrm{d}t}=\frac{1}{e}\frac{\mathrm{d}c_E}{\mathrm{d}t}=\frac{1}{f}\frac{\mathrm{d}c_F}{\mathrm{d}t} \tag{2-42}$$

因此，化学反应速率可以用反应式中任一物质的浓度变化来表示，其他物质的浓度变化可根据式(2-41)互相推算。

2.2.1.4　质量作用定律

19 世纪中期，Guldberg 和 Wage 经实验发现并证实：在一定温度下，化学反应速率正比于参与反应的所有反应物浓度的乘积，该规律称为质量作用定律。对于式(2-40)，质量作用定律可表示为

$$\omega = kc_A^a c_B^b \tag{2-43}$$

式中：k 是化学反应速率常数，反映了化学反应的难易程度。它的大小与反应物的种类和温度有关，而与反应物的浓度无关。

实验证明，质量作用定律只适用于基元反应，而不能直接用于总包反应。因此该定律更严格的表述为：基元反应的反应速率与各反应物浓度的幂的乘积成正比，其中幂的指数为基元反应方程式中对应物质的化学计量数。

对于复杂反应来说，由于反应历程比较复杂，相应的动力学方程式也较为复杂。一般情况下，仅仅知道总包反应方程式并不能得出反应速率的表达式，而必须通过实验来确定最终的反应方程。例如下面两个复杂反应

$$H_2 + I_2 \longrightarrow 2HI \tag{2-44}$$

$$H_2 + Br_2 \longrightarrow 2HBr \tag{2-45}$$

虽然两个反应具有相似的化学表达式，但两者的化学反应速率表达式却并不相同。对于式(2-44)，反应速率为$\frac{\mathrm{d}c_{HI}}{\mathrm{d}t}=kc_{H_2}c_{I_2}$；对于式(2-45)，反应速率为$\frac{\mathrm{d}c_{HBr}}{\mathrm{d}t}=\frac{k'c_{H_2}c_{Br_2}^{1/2}}{1+k''c_{HBr}/c_{Br_2}}$。

2.2.1.5　反应级数

从燃烧学的角度，我们更关心化学反应速率与各反应物浓度之间的关系，因此常用反应级数 n 来进行化学动力学分析。如由质量作用定律确定的化学反应速率与反应物 A、B、C 等的浓度关系为

$$\omega = kc_A^a c_B^b c_C^c \cdots \tag{2-46}$$

反应级数 n 即为各反应物浓度的方次之和，即

$$n = a + b + c + \cdots \tag{2-47}$$

对于一步完成的简单化学反应与所有的基元反应，反应速率表达式中的反应

物浓度方次之和为该反应的反应级数。基元反应的反应级数总为整数。如果化学反应速率与反应物浓度的一次方成正比,则称反应是一级反应;如果化学反应速率与反应物浓度的二次方成正比,或者与两种物质浓度的一次方的乘积成正比,则称反应是二级反应;以此类推。三级反应很少见,在气相反应中,仅有若干与 NO 有关的反应为三级反应。三级以上的反应几乎没有。如果反应速率与反应物浓度无关而为一常数,则称此反应为零级反应。化学反应的级数可以是正数或负数,可以是整数或分数。若是负数,则表示反应物浓度的增加将抑制反应的进行,使反应速率下降。

例如,对基元反应

$$\mathrm{H} + \mathrm{H} + \mathrm{H} \longrightarrow \mathrm{H_2} + \mathrm{H} \tag{2-48}$$

两个 H 原子在第三个 H 原子存在的条件下反应生成一个 H_2,第三个 H 原子在碰撞中获得能量。H 原子与 H_2的反应速率表达式为

$$\frac{\mathrm{d}c_{\mathrm{H}}}{\mathrm{d}t} = (1-3)k_{\mathrm{f}}c_{\mathrm{H}}^{3} = -2k_{\mathrm{f}}c_{\mathrm{H}}^{3} \tag{2-49}$$

$$\frac{\mathrm{d}c_{\mathrm{H_2}}}{\mathrm{d}t} = (1-0)k_{\mathrm{f}}c_{\mathrm{H}}^{3} = k_{\mathrm{f}}c_{\mathrm{H}}^{3} \tag{2-50}$$

式中,k_{f} 是正向反应速率常数。

因此

$$\frac{\mathrm{d}c_{\mathrm{H}}}{\mathrm{d}t} = -2\,\frac{\mathrm{d}c_{\mathrm{H_2}}}{\mathrm{d}t} \tag{2-51}$$

可见,H 原子浓度的增加有利于 H_2的产生,但抑制了 H 原子的稳定存在,即增加了 H 原子的消耗速率。

总包反应由一系列简单的基元反应组成,它的反应级数不能直接按总化学反应方程式所表示的反应物浓度的方次来确定,其数值可以是整数,也可以是分数,具体数值需要根据实验测得的反应速率与反应物浓度的关系来确定。例如式(2-45)所表示的复杂反应,按照基元反应的判别方法,该反应为二级反应,但实际上测得的反应级数为 2/3。对于某些复杂化学反应,实验得到的反应级数与化学反应方程式中反应物浓度方次之和相等的情况仅是巧合。

2.2.2 影响化学反应速率的因素

2.2.2.1 温度对化学反应速率的影响

1. 范特霍夫规则

根据范特霍夫由实验数据归纳的反应速率与温度的近似关系,得出:在不大的

温度范围内和不高的温度时，温度每升高 10 ℃，反应速率将增加 2～4 倍，其数学表达式为

$$\gamma_0 = \frac{k_{t+10}}{k_t} = 2 \sim 4 \tag{2-52}$$

式中：γ_0是温度增加 10 ℃前后反应速率的比值；k_{t+10}和 k_t分别是温度为 $t+10$ 和 t 时对应的化学反应速率。

可见，反应速率随温度升高而急剧变化，如果温度提高 100 ℃，化学反应速率将随之加快 2^{10}～4^{10}倍。也就是说，当温度以算术级数升高时，反应速率将作几何级数增加。例如，氢气与氧气在室温条件下的反应异常缓慢，以至于无法用仪器检测到。然而当温度提高到一定数值（600～700 ℃）后，反应即转变为剧烈的爆炸反应。

需要指出的是，范特霍夫规则是一个近似的经验规则，它只能决定大部分反应的速率随温度变化的数量级。对于不需要准确的数据或缺少完整数据的情况，可用其来估计温度对反应速率的影响。

2. 阿累尼乌斯定律

温度对反应速率的影响集中体现在反应速率常数 k 上。1889 年，瑞典科学家阿累尼乌斯（Arrhenius）由实验总结出一个温度对反应速率影响的经验公式，被称为阿累尼乌斯定律。该表达式为

$$k = A\exp\left(-\frac{E}{RT}\right) \tag{2-53}$$

式中，k 是化学反应速率常数，其单位与反应级数有关；A 是前置因子［$m^3/(s\cdot mol)$］，也称为指前因子或频率因子；R 是摩尔气体常数；E 是活化能（J/mol），其值可由实验测定；T 是热力学温度（K）。

上式又可称为阿累尼乌斯方程或速率常数表达式，它不仅适用于基元反应，也适用于具有明确反应级数和速率常数的复杂反应。

将式（2－53）两边取对数，得

$$\ln k = \ln A - \frac{E}{RT} \tag{2-54}$$

或者

$$\lg k = \lg A - \frac{E}{2.303RT} \tag{2-55}$$

将式（2－54）以 $\ln k - 1/T$ 作图。如图 2－3 所示，可得到一条直线，即反应速率常数 k 的自然对数与温度 T 的倒数成一次函数关系，前置

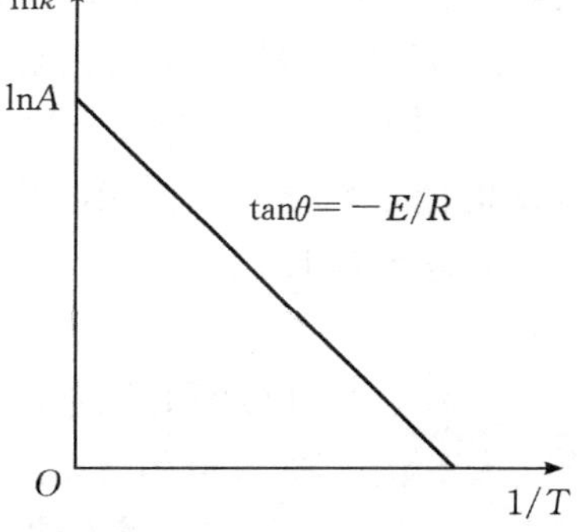

图 2－3　式（2－54）的图解

因子 A 决定直线在纵坐标轴上的截距，活化能 E 决定其斜率。

将式(2-53)代入式(2-43)，可得到质量作用定律和阿累尼乌斯定律下，基元反应的化学反应速率表达式为

$$\omega = Ac_A^a c_B^b \exp\left(-\frac{E}{RT}\right) \tag{2-56}$$

2.2.2.2 活化能 E 对化学反应速率的影响

在阿累尼乌斯定律中，活化能 E 的数值对反应速率的影响很大，E 越小，反应速率就越大。为了揭示阿累尼乌斯定律的本质，需要进一步了解化学反应活化能的物理意义。

根据气体分子运动学说的理论，分子无时无刻不在作无规则的热运动，分子之间发生化学反应的必要条件是相互接触、碰撞并破坏物质原有的化学键，这样才有可能形成新的化学键，产生新的物质。显然并不是每次碰撞都是有效的，因为气体彼此碰撞的次数很多，若每次碰撞都有效，则一切气体反应都将在瞬间完成。

事实上，化学反应是以有限的速率进行的，不是所有的分子碰撞都能破坏原有的化学键并形成新的化学键，只有在所谓的“活化分子”之间的碰撞才会引起反应。在一定温度下，活化分子的能量较其他分子所具有的平均能量大，正是这些超过一定数值的能量才能破坏原有分子内部的化学键，使分子中的原子重新组合排列而形成新的反应产物；如果撞击分子的能量小于这一能量，就不发生反应。使普通分子(即具有平均能量的分子)变成活化分子(即能量超出一定值的分子)所需的最小能量称为活化能。活化能也可以定义为使化学反应得以进行所需要吸收的最低能量。因此，该数值越小，表示反应速率越快。

化学反应过程中的能量变化如图 2-4 所示。由图可知，反应物 A 与反应产物 C 之间存在一个活化态 B。在化学反应初期，反应物 A 的分子要吸收能量 E 才能达到活化态，E 就是该反应的活化能。随着反应的进行，最终生成产物 C，并释放大量能量 E_2。放出的能量除抵消活化能以外，其余的能量 ΔE 即是化学反应的反应热 Q，也称为发热量。

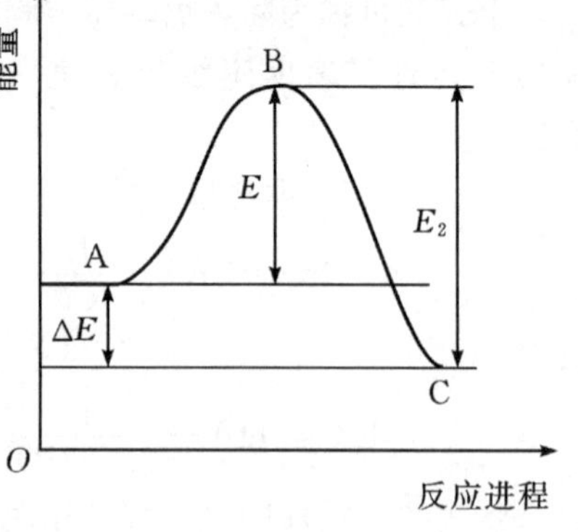

图 2-4 化学反应过程中能量变化示意图

一般化学反应的活化能为 40～400 kJ/mol，其中大多数为 60～250 kJ/mol。当活化能小于 40 kJ/mol 时，化学反应速率很快，一般实验方法难以测定。对于活化能大于 400 kJ/mol 的反

应，由于反应速率极慢，可以认为反应不会发生。

活化能 E 可通过测定不同温度下的反应速率常数得到。将某一反应在各个温度下的反应速率常数绘制成如图 2－3 所示的 $\ln k - 1/T$ 曲线，通过计算拟合直线的斜率 $-E/R$，即可得到活化能的数值。

此外，某一反应的活化能还可以直接由两个不同温度下测得的反应速率常数近似得出。例如，当温度为 T_1 时

$$\ln k_1 = \ln A - \frac{E}{RT_1} \tag{2-57}$$

当温度为 T_2 时

$$\ln k_2 = \ln A - \frac{E}{RT_2} \tag{2-58}$$

两式相减，可得

$$\ln \frac{k_1}{k_2} = \frac{E}{R}\left(\frac{1}{T_2} - \frac{1}{T_1}\right) \tag{2-59}$$

即得

$$E = \frac{RT_1 T_2}{T_1 - T_2} \ln \frac{k_1}{k_2} \tag{2-60}$$

将两个温度值及其对应的反应速率常数代入，即可计算得到反应活化能。

2.2.2.3　压力对化学反应速率的影响

对于气体反应来讲，考虑压力对化学反应速率的影响是非常重要的。

在式(2－40)所示的双分子反应中，由热力学定律可得理想状态下的反应物 A、B 的状态方程式为

$$p_A V = n_A RT \tag{2-61}$$

$$p_B V = n_B RT \tag{2-62}$$

式中，p_A、p_B 分别是两组分的分压力；V 是总体积；n_A、n_B 分别是两组分的物质的量。

反应物的组分浓度分别为

$$c_A = \frac{n_A}{V}, c_B = \frac{n_B}{V} \tag{2-63}$$

将组分浓度代入各自的状态方程可知，在等温状态下，气体组分的浓度与气体的分压力成正比。根据式(2－43)的质量作用定律，可得反应速率与反应物浓度之间的关系为

$$\omega \propto p_A^a p_B^b \tag{2-64}$$

当系统的总压力 p 变化而各组分的物质的量保持不变时，分压力也随 p 等比

例变化。所以，在等温条件下，系统压力变化对反应速率的影响与其反应级数 n 成指数关系，即

$$\omega \propto p^n \tag{2-65}$$

因此，提高反应系统的压力能增加气体的浓度，加快反应的进行。对于不同级数的化学反应，压力对其反应速率的影响程度是不同的。

2.2.2.4 催化剂对化学反应速率的影响

能够改变化学反应的速率，且在反应前后自身的组成、数量和化学性质保持不变的物质称为催化剂。催化剂对反应速率所起的作用叫作催化作用，催化作用是化工领域应用最多的关键技术环节。催化剂种类繁多，按照反应体系的相态，可分为均相催化剂和多相催化剂。均相催化剂与反应物同处于一相，通常作为溶质存在于液体反应混合物中；多相催化剂又称为非均相催化剂，用于催化剂和反应物处于不同相态的反应中，多见于用固体物质催化气相或液相的反应中。催化剂之所以能够加快反应速率，是因为其通过生成中间产物而降低了化学反应的活化能，使得反应速率常数 k 大大增加。

催化剂和反应体系具有高度的选择性(或专一性)，因此，一种催化剂并非对所有的化学反应都有催化作用。例如，二氧化锰在氯酸钾受热分解的过程中起催化作用，加快了反应速率，但其对其他化学反应的催化作用并不明显。同时，某些化学反应并非只有唯一的催化剂，如氧化镁、氧化铁、氧化铜等都能在氯酸钾受热分解过程中起到加快反应速率的催化作用。

有固体物质参与的催化反应，是一种固体表面与反应气体间的化学反应，属于表面反应的一种，其反应速率会因为存在很少量具有催化作用的其他物质而显著增大或减小。表面催化反应的关键是气体分子或原子必须先被表面吸附才能发生反应，随后反应产物再从固体表面解析，以便催化作用的继续进行。

需要注意，在使用过程中随着时间的延续，催化剂反应活性会逐渐下降，当下降到一定程度后就不能再继续使用了，即“失活”。从开始使用到不能使用的这段时间，称为催化剂的“寿命”；催化剂的反应活性和选择性下降的过程，称为催化剂的“老化”。引起催化剂失活的原因有堵塞、中毒、烧结和磨蚀磨损等，其中堵塞和中毒是引起失活的主要原因。

2.2.3 化学反应中的化学平衡

燃烧过程中常包含许多可逆反应，其中，总包反应中可逆反应的例子有

$$2CO + O_2 \longrightarrow 2CO_2 \tag{2-66}$$

$$C + CO_2 \longrightarrow 2CO \tag{2-67}$$

$$C + H_2O \longrightarrow CO + H_2 \tag{2-68}$$

若复杂反应的基元反应都是可逆反应，则复杂反应最终必然达到化学平衡，此时的正向反应速率与逆向反应速率相等，系统内的组分浓度不再发生变化，除非温度或压力改变，或者增减某一组分的含量而破坏了化学平衡。

对任一可逆反应看，如

$$aA + bB \longrightarrow eE + fF \tag{2-69}$$

正向反应速率常数与逆向反应速率常数分别为 k_f 和 k_b，组分 A 和 B 的消耗速率与组分 E 和 F 的生成速率可写为

$$\frac{dc_A}{dt} = -ak_f c_A^a c_B^b, \frac{dc_B}{dt} = -bk_f c_A^a c_B^b, \frac{dc_E}{dt} = ek_f c_A^a c_B^b, \frac{dc_F}{dt} = fk_f c_A^a c_B^b \tag{2-70}$$

以组分 A 为例，其逆向反应速率为

$$\frac{dc_A}{dt} = ak_b c_E^e c_F^f \tag{2-71}$$

结合正向反应和逆向反应，组分 A 的净反应速率为

$$\frac{dc_A}{dt} = a(k_b c_E^e c_F^f - k_f c_A^a c_B^b) \tag{2-72}$$

在平衡条件下，$dc_A/dt=0$，得到

$$\frac{c_E^e c_F^f}{c_A^a c_B^b} = \frac{k_f}{k_b} = K_c \tag{2-73}$$

式中，K_c 是可逆反应在该温度下基于组分的物质的量浓度的平衡常数。

式(2-73)表明，如果系统各个组分的浓度满足该式，则系统处于化学平衡状态；如果不满足，反应将继续进行，直至组分浓度变化到满足该式而达到化学平衡为止。

由于反应速率常数不随浓度变化而只取决于温度，因此，平衡常数 K_c 也只与温度有关。

根据热力学原理，对于任一处于平衡状态的反应，基于组分的分压力而定义的平衡常数 K_p 可写为

$$K_p = \frac{(p_E/p_0)^e (p_F/p_0)^f}{(p_A/p_0)^a (p_B/p_0)^b} \tag{2-74}$$

式中，p_A、p_B、p_E、p_F 分别对应于组分 A、B、E、F 的分压力；p_0 是系统的总压力。

组分的物质的量浓度与该组分的分压力之间的关系可表示为

$$c_i = \frac{p_i}{RT} \tag{2-75}$$

将上两式代入式(2-73)，可以得到用组分分压力表示的平衡常数 K_p 与 K_c 之间的关系为

$$K_p = K_c (RT)^{e+f-a-b} \tag{2-76}$$

可见,平衡常数 K_p 也只是温度的函数。

以上推导所建立的反应速率常数与平衡常数的关系的重要意义在于:当已知某可逆反应一个方向的反应速率常数时,就可以求出另一方向的速率常数,而不必同时测定两个反应速率常数。化学反应速率常数是由实验测定的,过程复杂,难度很大,且实验条件难以统一,测量结果具有较大的不确定度。不同文献给出的数据差距较大,甚至会相差一倍。因此选用时应在所研究的温度区间采用相对准确可靠的反应速率常数测量值。而平衡常数是基于热力学的测量或计算得到的,属于较准确的热力学基础数据,这样计算得到的另一反应速率常数值相对比较准确。

因此,在解决化学动力学问题时,如果能够确定该反应已处于平衡状态,根据式(2-73)所示的反应速率常数与平衡常数的关系,即可通过已知的正向(或逆向)反应速率常数及平衡常数,计算得到逆向(或正向)反应速率常数。以燃烧过程中形成热力型 NO 的某基元反应式为例

$$NO + O \longrightarrow N + O_2 \tag{2-77}$$

其正向反应速率常数为

$$k_f = 3.80 \times 10^9 T^{1.0} \exp(-20820/T) \tag{2-78}$$

当温度为 2300 K 时,由热力学原理计算得出 $K_p = 1.94 \times 10^{-4}$。通过对式(2-73)、式(2-76)和式(2-78)联立求解,即可得到逆向反应速率常数为

$$k_b = \frac{k_f}{K_c} = \frac{k_f}{K_p}(RT)^0 = \frac{3.80 \times 10^9 \times 2300\exp(-20820/2300)}{1.94 \times 10^{-4}} = 5.28 \times 1012 \tag{2-79}$$

2.2.4 链式反应

由于自由基是具有未成对电子的原子或基团,因此它具有高度活性的化学形态,能与其他分子反应生成新的自由基,而新生成的自由基又迅速参加反应,生成另一个新的自由基。这个过程就像链环一样紧密地联系在一起,直到反应终止,这种反应称为链反应,而自由基称为链载体。

链反应理论与分子热活化理论从不同角度分析了燃烧现象。分子热活化理论认为,燃烧需要足够高的温度,但实际上存在冷焰。所谓冷焰是温度并未达到正常的着火温度就已经出现火焰,利用分子热活化理论无法解释这个现象,而用链反应机理可以解释其本质。

链反应由三个步骤组成:链的引发、链的传递和链的终止。

链的引发是借助于光照、加热或加入引发剂等方法使反应物分子断裂产生自由基的过程;链的传递是自由基与反应物分子发生反应,旧自由基消失的同时产生

新的自由基,从而使化学反应能继续下去;链的终止是指当自由基与器壁碰撞、两个自由基复合或者与第三个惰性分子相撞后成为稳定分子时,自由基减少或消失的过程。

碳氢化合物的燃烧链反应可分为直链反应和支链反应两大类。直链反应中,反应前后自由基的数量保持恒定,而支链反应后的自由基数量是增加的。支链反应具有更高的化学反应速率,即爆炸性。

2.2.4.1 直链反应

以丙烷的分解为例。

(1)链的引发 $C_3H_8 + M \longrightarrow CH_3 + C_2H_5 + M$

(2)链的传递 $CH_3 + C_3H_8 \longrightarrow CH_4 + C_3H_7$

$C_3H_7 \longrightarrow CH_3 + C_2H_4$

(3)链的终止 $CH_3 + CH_3 \xrightarrow{\text{器壁}} C_2H_6$

图2-5表示了由(2)中两个反应组成的链式分解的反应图解形式。当条件适宜时,可以形成很长的链。

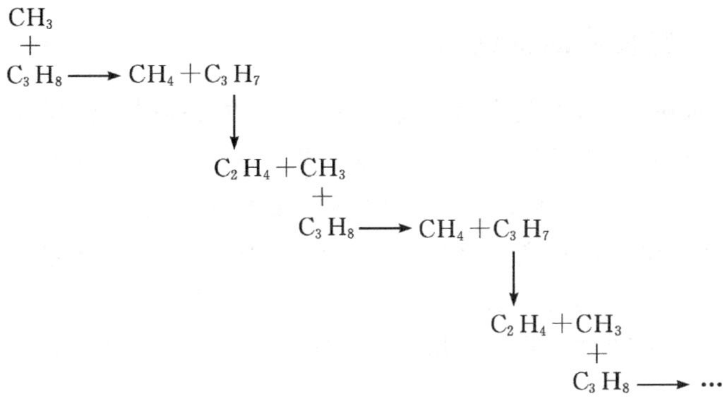

$$
\begin{array}{l}
CH_3 \\
\quad + \\
C_3H_8 \longrightarrow CH_4 + C_3H_7 \\
\qquad\qquad\qquad \downarrow \\
\qquad\qquad\quad C_2H_4 + CH_3 \\
\qquad\qquad\qquad\qquad + \\
\qquad\qquad\qquad\quad C_3H_8 \longrightarrow CH_4 + C_3H_7 \\
\qquad\qquad\qquad\qquad\qquad\qquad\quad \downarrow \\
\qquad\qquad\qquad\qquad\qquad\quad C_2H_4 + CH_3 \\
\qquad\qquad\qquad\qquad\qquad\qquad\qquad + \\
\qquad\qquad\qquad\qquad\qquad\qquad\quad C_3H_8 \longrightarrow \cdots
\end{array}
$$

图2-5 丙烷的分解——直链反应

由于在反应中,链载体的数目始终没有增加,故称为直链反应。

2.2.4.2 支链反应

氢气和氧气的反应是一个典型的支链反应。该反应的总包方程式为

$$2H_2 + O_2 \longrightarrow 2H_2O$$

反应机理如下:

(1)链的引发　$H_2+O_2 \longrightarrow 2OH$　$H_2+M \longrightarrow 2H+M$

(2)链的传递　$OH+H_2 \longrightarrow H_2O+H$

(3)链的分支　$H+O_2 \longrightarrow OH+O$　$O+H_2 \longrightarrow OH+H$

(4)链的终止　$H \xrightarrow{\text{器壁}} \frac{1}{2}H_2$　$OH \xrightarrow{\text{器壁}} \frac{1}{2}H_2O_2$　$O \xrightarrow{\text{器壁}} \frac{1}{2}O_2$

将反应(2)和(3)合并可看出，每消耗一个 H 原子，就能产生三个新的 H 原子。图 2-6 表示了链传递的图解形式。

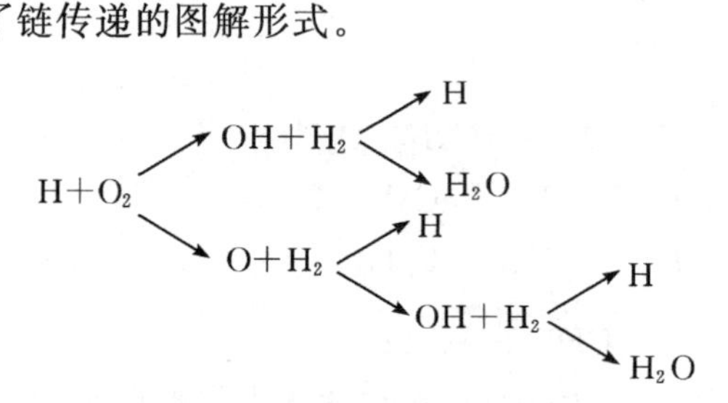

图 2-6　氢氧反应中的链传递

2.2.4.3　链反应的特点

链式反应理论认为，多数化学反应不是一步就能完成从反应物向反应产物的转化，而是借助极其活跃的组分，通过引发一系列连续、竞争的中间反应，导致反应物转化形成反应产物。中间反应会生成若干不稳定的自由基或自由原子，称为活性中心，这些活性中心以很高的化学反应速率与原始反应物分子进行化学反应，反应过程中自身被消耗，同时也会产生新的活化中心，使反应一直进行下去直至结束，生成最终的反应产物。其中活化中心起到了中间链节的作用，所以称之为链式反应。

链式反应是化学反应中最普通、最复杂的反应形式，其各个中间反应均属于基元反应，且各个反应具有各自不同的反应速率常数，是燃烧过程中必然发生的复杂化学反应。虽然链式反应的概念尚难以详细地应用于复杂反应系统的分析，但有助于了解和探究反应的内在机理。

反应过程中的自由基可以是一个原子或一组原子，也可以是由气体分子的化合键断裂而形成的具有不匹配性的电子。在化学反应中，自由基以一个独立的组分存在，能与其他分子迅速发生反应。最具反应活性的组分通常为原子(如 H、O、N、F 与 Cl)或者是原子团(如 CH_3、OH、CH 与 C_2H_5 等)。

而抑制链式反应的理论基础就是促进链终止，其主要技术措施包括：

(1)增加反应容器的表面积与容积的比值,以提供更多的表面积(器壁)去充当第三者物体来吸收活性中心碰撞时所释放的能量;

(2)提高反应系统中的气体压力,增加两个活性中心与第三者物体碰撞的机会,促进链终止;

(3)在系统中引入易于和活性中心起作用的抑制剂,也可以促进链式反应终止。

在实际工程燃烧装置中,由于反应温度是不断波动的,实际发生的反应要比等温支链反应复杂得多,且在不同温度与压力下的反应机理也可能不同。因此,链式反应理论尚局限于等温支链反应的机理分析。

2.3　燃烧流体动力学

在研究燃烧发展的过程中,着火、火焰传播、稳定燃烧等每个重要的阶段,都存在流体的流动。而无论流动是层流还是湍流,每个阶段的稳定性很大程度上都取决于传热传质和动量传递。由于在湍流状态下输运率有相当大的增加,所以空气动力效应更为显著;当燃料和氧化剂在点火前未预混时(即湍流扩散火焰),空气动力就成为输运率的决定性因素。而在有对流流动(例如有回流区)的情况下,火焰传播速度将进一步增加,此时回流区的形状、尺寸和回流参数与燃烧的稳定性有密切的关系。上述流动结构和流动状态都与燃烧流体动力学有关。

2.3.1　湍流的物理本质和数学描述

2.3.1.1　湍流脉动

1883 年,英国物理学家雷诺(O. Reynolds)在实验中发现并确立了黏性流体的流动存在着两种不同物理本质的流动状态,即层流和湍流(又称湍流),并提出了一个用流体速度 w、流体运动黏度 ν 和定性尺寸 d(或 l)组成的无量纲特征量——雷诺数 Re,作为黏性流体流动状态的判别特征数。

当流体的雷诺数 Re 大于或等于某一临界值 Re_{lj} 时,定常的层流流动将转变为一种不稳定、紊乱的运动状态——湍流。在湍流状态下,流体质点的参数,即速度 w 的大小和方向、压力 p 以及其他状态参数,都随时间 τ 不断地、无规律地变化。由于流体微团还会绕其瞬时轴作无规则的、经常被扰乱的有旋运动,所以在流动中还会出现很多集中的涡旋,并受某些偶然因素的影响,不断地发展或消灭。这种流体质点的参数随时间 τ 不断变化的现象称为脉动。通过实验观测可以发现,湍流状态下的速度和压力在一个平均值的上下不断地、无规则地脉动着(见图 2-7)。脉动值可正,也可负,且都是时间 τ 和坐标位置(x,y,z)的函数。

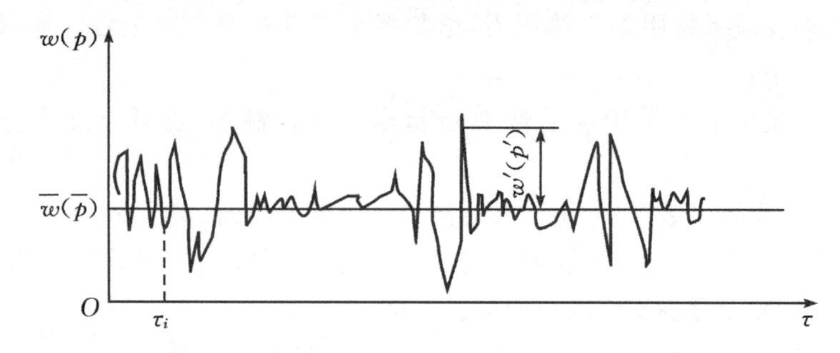

图 2-7　定常湍流状态下速度(或压力)的脉动

脉动是湍流状态的物理本质,正是脉动决定了湍流具有如下的基本特性。

(1)脉动是湍流流场中,实现动量、热量和质量传递(简称“三传”)的动力源。无论是传递量还是传递强度,湍流状态下的“三传”比层流状态下依靠分子运动扩散实现的“三传”要强烈得多。因此,湍流脉动不仅影响着流场的结构和分布,同时对流场中的燃料燃烧过程也有着直接的影响和强化作用。

(2)湍流能量的不断产生和耗散是流体湍流运动的两个最基本的特征过程。在湍流状态下,流体具有足够大的雷诺数 Re 和足够大的湍流尺度 l,可以在更大的尺度空间中实现“三传”。但是,大尺度湍流运动是不稳定的,它会通过大尺度涡旋的不断破碎,产生更小尺度的涡旋,直到形成最小尺度的湍流运动,此时雷诺数的数量级约等于 1。由于流体的黏性作用大大增强,运动也趋于稳定。同时,大尺度湍流运动的能量随着涡旋的破碎,不断向小尺度运动中传递,以维持最小尺度运动的稳定,而其能量最终耗散并转变为热量。显然,大尺度湍流运动的能量越强,维持运动稳定的最小涡旋尺度越小。这种湍流脉动能量的产生和耗散,对燃烧动力学过程本质的分析和研究十分关键。

2.3.1.2　湍流的数学描述——雷诺方程组

1. 黏性不可压缩流体运动的基本方程

从流体力学中可知,黏性不可压缩流体运动的基本方程由两部分组成,即

连续性方程式

$$\mathrm{div}\boldsymbol{w}=\frac{\partial w_x}{\partial x}+\frac{\partial w_y}{\partial y}+\frac{\partial w_z}{\partial z}=0 \tag{2-80}$$

运动微分方程式

$$
\left.\begin{aligned}
x\text{方向}\quad \rho\frac{\mathrm{d}w_x}{\mathrm{d}\tau} &= \rho g_x-\frac{\partial p}{\partial x}+\mu\nabla^2 w_x\\
y\text{方向}\quad \rho\frac{\mathrm{d}w_y}{\mathrm{d}\tau} &= \rho g_y-\frac{\partial p}{\partial y}+\mu\nabla^2 w_y\\
z\text{方向}\quad \rho\frac{\mathrm{d}w_z}{\mathrm{d}\tau} &= \rho g_z-\frac{\partial p}{\partial z}+\mu\nabla^2 w_z
\end{aligned}\right\}\tag{2-81}
$$

式中，w_x、w_y、w_z 分别是速度 $\boldsymbol{w}$ 在 x，y，z 方向上的分量；g_x、g_y、g_z 分别是重力 $\boldsymbol{g}$ 在 x，y，z 方向上的分量；p 是压力；ρ 是流体密度；μ 是流体的动力黏度，$\mu=\rho v$；∇^2 是拉普拉斯算子，$\nabla^2=\frac{\partial^2}{\partial x^2}+\frac{\partial^2}{\partial y^2}+\frac{\partial^2}{\partial z^2}$。

对于实际的流体运动，当其流动状态从层流转变为湍流时，有如下三个特点：

(1)流体的物理性质并不改变，流体对剪切作用力的抵抗属性(流体的黏性)依然存在；

(2)流体运动的连续性并不改变；

(3)作用在流体上的力的种类并不改变，仍然是有势的质量力、作用在流体微团表面上的法向压力和切向黏性力三者的联合作用。

因此，可以认为流体的内摩擦定律在湍流运动中依然适用，也就是说，摩擦的切应力仍然正比于流体微团的剪切角变形速度。所以，湍流状态下的黏性不可压缩流体的真实运动也遵守式(2－80)和式(2－81)。但是，考虑到真实运动的瞬时参数，速度场和压力场的测量还很难实施，所以对式(2－80)和式(2－81)中各瞬时变化的参数进行时间平均(即时均化)处理，以建立时均运动方程组——雷诺方程组，这是湍流流场数值计算的基本方程组。

2. 时均运动方程组

(1)时均连续方程。

对式(2－80)中的瞬时速度 w_x、w_y、w_z 进行时均化处理，得到时均连续方程为

$$\bar{w}=\frac{1}{\tau}\int_0^{\tau} w\mathrm{d}\tau \tag{2-82}$$

$$\frac{\partial\,\overline{w_x}}{\partial x}+\frac{\partial\,\overline{w_y}}{\partial y}+\frac{\partial\,\overline{w_z}}{\partial z}=0 \tag{2-83}$$

(2)时均运动微分方程。

对式(2－81)中的各项分别按式(2－82)的方法进行时均化处理。

①惯性力 $\mathrm{d}\omega_x/\mathrm{d}\tau$

$$
\begin{aligned}
\frac{\mathrm{d}w_x}{\mathrm{d}\tau}&=\left(\frac{\partial w_x}{\partial\tau}+w_x\frac{\partial w_x}{\partial x}+w_y\frac{\partial w_y}{\partial y}+w_z\frac{\partial w_z}{\partial z}\right)-\left(w_x\frac{\partial w_x}{\partial x}+w_y\frac{\partial w_y}{\partial y}+w_z\frac{\partial w_z}{\partial z}\right)\\
&=\frac{\partial w_x}{\partial\tau}+\frac{\partial}{\partial x}(w_xw_x)+\frac{\partial}{\partial y}(w_yw_x)+\frac{\partial}{\partial z}(w_zw_x)
\end{aligned}\tag{2-84}
$$

②重力 g_x

$$\frac{1}{\tau}\int_0^{\tau} g_x \mathrm{d}\tau = \overline{g_x} \tag{2-85}$$

③压力$\partial p/\partial x$

$$\frac{\partial}{\partial x}\left(\frac{1}{\tau}\int_0^{\tau} p\ \mathrm{d}\tau\right) = \frac{\partial \bar{p}}{\partial x} \tag{2-86}$$

④黏性力 $\mu\nabla^2 w_x$

$$\mu\nabla^2\left(\frac{1}{\tau}\int_0^{\tau} w_x \mathrm{d}\tau\right) = \mu\nabla^2\overline{w_x} = \mu\left(\frac{\partial^2\overline{w_x}}{\partial x^2} + \frac{\partial^2\overline{w_x}}{\partial y^2} + \frac{\partial^2\overline{w_x}}{\partial z^2}\right) \tag{2-87}$$

由此得到式(2-81)中 x 方向的时均运动微分方程为

$$\begin{aligned}
&\rho\left[\frac{\partial}{\partial x}(\overline{w_x}\,\overline{w_x}) + \frac{\partial}{\partial y}(\overline{w_y}\,\overline{w_x}) + \frac{\partial}{\partial z}(\overline{w_z}\,\overline{w_x})\right] \\
&= \rho\overline{g_x} - \frac{\partial\bar{p}}{\partial x} + \left[\frac{\partial}{\partial x}\left(\mu\frac{\partial\overline{w_x}}{\partial x} - \rho\overline{w_x'^2}\right) + \frac{\partial}{\partial y}\left(\mu\frac{\partial\overline{w_x}}{\partial y} - \rho\overline{w_x'w_y'}\right)\right. \\
&\quad \left. + \frac{\partial}{\partial z}\left(\mu\frac{\partial\overline{w_x}}{\partial z} - \rho\overline{w_x'w_z'}\right)\right] \\
&= \rho\overline{g_x} - \frac{\partial\bar{p}}{\partial x} + \mu\nabla^2\overline{w_x} - \rho\left(\frac{\partial\overline{w_x'^2}}{\partial x} + \frac{\partial\overline{w_x'w_y'}}{\partial y} + \frac{\partial\overline{w_x'w_z'}}{\partial z}\right)
\end{aligned} \tag{2-88}$$

同理,可以得到 y 和 z 方向上的时均运动微分方程。最后,由时均连续方程和 x、y、z 三个方向上的时均运动微分方程组成雷诺方程组。

2.3.2 动量、热量和质量传递的比拟

运动的流体与周围介质间的相互作用,是通过分子运动扩散和湍流运动扩散两种基本方式进行的。当流体运动速度不太大时,确切地说,当 $Re<Re_{lj}$时,流体之间完全靠分子运动扩散来实现分子间的动量、热量及质量的交换(统称为内迁移现象),从而形成具有一定厚度的层流混合边界层。通常用运动黏度 ν、热扩散率 a 及扩散系数 D 来反映分子间动量、热量及质量交换能力的大小。根据气体分子运动论的观点,对上述三种内迁移现象进行分析和理论推导,可以得到的关系式为

$$\nu = a = D = \frac{1}{3}\bar{l}\bar{w} \tag{2-89}$$

式中,$\bar{l}$ 是气体分子运动的平均自由程;$\bar{w}$ 是气体分子热运动的平均速度。

为了表明内迁移现象的相互关系,人们采用无量纲的普朗特数 Pr、施密特数 Sc 和路易斯数 Le,来分别反映动量和热量交换能力大小、动量和质量交换能力大小以及热量和质量交换能力大小的比拟关系。用数学式可表示为

$$\left.\begin{aligned} Pr &= \frac{v}{a} = 1 \\ Sc &= \frac{v}{D} = 1 \\ Le &= \frac{Sc}{Pr} = \frac{a}{D} = 1 \end{aligned}\right\} \tag{2-90}$$

由此可知，在分子运动扩散的层流流动中，动量、热量及质量交换所引起流动中的速度场、温度场及浓度场的分布规律是完全一致的，按照气体分子运动论推导的上述结果与实验结果很符合。一般在热动力设备中，气体的动力黏度和热导率均与压力 p 关系不大；而扩散系数 D、运动黏度 ν 和热扩散率 a $(a=\lambda/\rho c_p)$ 在温度一定时，与压力 p 成反比。

随着流体运动速度的增加，当 Re 达到并超过临界值 Re_{lj} 时，层流的混合边界层丧失其稳定性，并出现速度脉动和涡旋。这时，流体间的动量、热量及质量的交换是同时靠分子运动扩散和湍流运动扩散两种方式来进行的。但是，随着 Re 的不断增大及进入流体充分湍流区域内，湍流运动扩散要比分子运动扩散强烈得多。等效湍流运动黏度 ν_t 将达到分子运动黏度 ν 的 100～1000 倍，甚至上千倍。在湍流流动中，由流体物性变化引起的黏性切应力相对于湍流切应力往往是可以忽略不计的。

在湍流状态下，可以采用湍流普朗特数 Pr_t、湍流施密特数 Sc_t 和湍流路易斯数 Le_t 来反映湍流运动扩散所引起的动量、热量和质量三种交换过程的关系，则有

$$\left.\begin{aligned} Pr_t &= \frac{v_t}{a_t} \\ Sc_t &= \frac{v_t}{D_t} \\ Le_t &= \frac{Sc_t}{Pr_t} = \frac{a_t}{D_t} \end{aligned}\right\} \tag{2-91}$$

式中，v_t、a_t、D_t 分别是等效湍流运动黏度、湍流热扩散率、湍流扩散系数。

由于热量和质量的交换是与动量的交换同时进行的，而这三种交换过程的内在联系就是速度脉动，理论上可以认为

$$Pr_t \approx Sc_t \approx Le_t = 1 \tag{2-92}$$

由此可以认为，流体在湍流状态下，动量、热量、质量交换三个过程都近似服从于同一个规律。这个结果在工程上的近似计算中很有用，统称为“三传”的可比拟性。

从更准确的角度来看，在工程湍流燃烧状态下，湍流普朗特数 Pr_t 和湍流施密特数 Sc_t 都不等于 1，而是小于 1 的数，$Pr_t\approx0.75$，$Sc_t\approx0.70\sim0.75$。而实验表

明,在多数情况下,湍流路易斯数十分接近于1.0。可见热量和质量两过程的传递规律及其边界层发展更加相近,且都比动量传递过程进行得强烈。因此温度和浓度的湍流混合边界层也比速度边界层发展得快一些。

“三传”的可比拟性如表2-1所示。在工程上,热、质传递的可比拟性对解决可燃混合气体燃料的燃烧问题及燃烧过程的理论分析都有重要的理论和实用价值。可以用一个类似的传递方程式来描述这三个过程

$$G = KY \tag{2-93}$$

式中,G是通过单位面积的传递通量;K是“三传”的特征参数;Y是“三传”的传递动力。

表2-1 动量、热量、质量传递的比拟关系

传递通量 G		“三传”的特征参数 $K/(\mathrm{m^2 \cdot s^{-1}})$	“三传”的传递动力 Y	动力源
性质	单位			
动量传递	$\mathrm{N \cdot m^{-2}}$	运动黏度 ν	$\rho \frac{\mathrm{d}w}{\mathrm{d}y}$	速度差 Δw
热量传递	$\mathrm{W \cdot m^{-2}}$或 $\mathrm{J \cdot (m^2 \cdot s)^{-1}}$	热扩散率 a	$c_p\rho \frac{\mathrm{d}T}{\mathrm{d}y}$	温度差 ΔT
质量传递	$\mathrm{kg \cdot (m^2 \cdot s)^{-1}}$或 $\mathrm{mol \cdot (m^2 \cdot s)^{-1}}$	扩散系数 D	$\frac{\mathrm{d}c}{\mathrm{d}y}$	浓度差 Δc

2.3.3 湍流射流中的积分守恒条件

2.3.3.1 湍流自由射流的特性

一股湍流射流,当它从喷口射入无限大空间中与周围静止流体进行湍流混合和传质的过程,以及流体绕过物体在其后部的尾迹流动中,流体都不与固体壁面接触,不受任何固体壁面的黏性阻滞,黏性力影响的层流底层不再存在,这类流动统称为湍流自由射流。图2-8所示为湍流自由射流结构尺寸和速度分布的示意图。如果射流流体与大空间中的流体是相同的介质,则称为淹没湍流自由射流。在动力设备的各种燃烧室中,各类直流式燃烧器或喷嘴、二次风等都很接近于自由射流的流动。因此,射流的理论对燃烧室中燃烧工况的组织及混合传质过程的控制有重要的理论和实践价值。

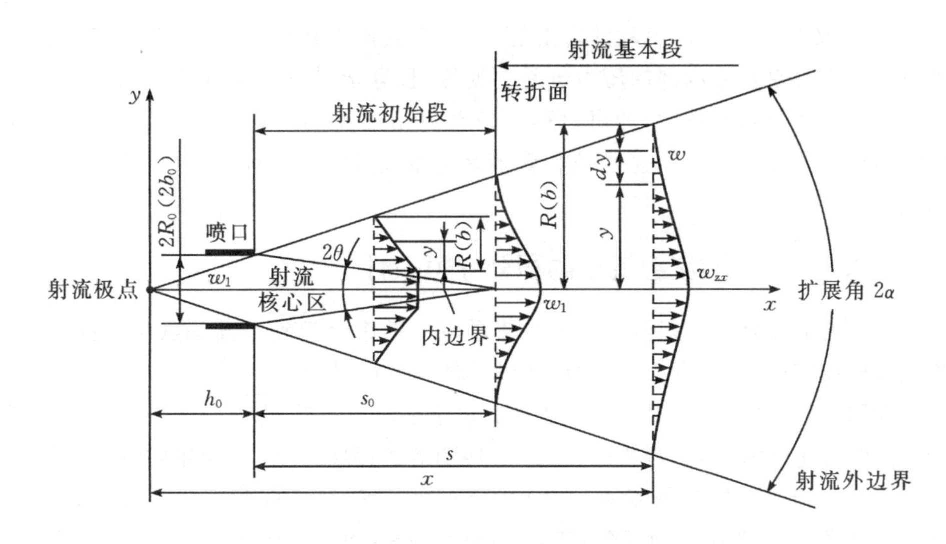

图2-8 湍流自由射流结构尺寸和速度分布示意图

1.湍流自由射流的外观结构特征

(1)射流极点。射流外边界线的汇合点称为射流极点。外边界线的夹角称为射流扩展角,用 2α 表示。射流外边界上的气流速度等于周围介质的速度,对淹没湍流自由射流,外边界上的速度为0。从射流极点到射流任一断面的轴向距离用 x 表示,从喷口到任一断面的轴向距离用 s 表示。

(2)射流初始段。射流从当量直径为 $2R_0$ 的轴对称喷口(平面喷口高度为 $2b_0$)射出时,出口断面上的初始速度 w_1 是均匀的,之后与周围介质湍流混合,射流中心速度等于初始速度 w_1 的区域逐渐缩小。射流速度等于初始速度 w_1 的区域称为射流核心区,其边界称为射流内边界。只有射流中心线上一点的速度仍保持为 w_1 的射流断面称为转折(断)面。从喷口至转折面的区段就是射流初始段。

(3)射流基本段。转折面以后的射流区域称为射流基本段。射流基本段的特点是射流中心线上的速度 w_{zx} 随射流一直减小,从外边界到射流中心(或轴心)线的区域为射流基本段的湍流混合边界层。射流基本段的速度分布呈单峰形,在外边界和轴心线处的速度梯度 $\mathrm{d}w/\mathrm{d}y=0$。

2.湍流自由射流的基本特性

从流体力学对湍流自由射流的研究中,可以得到两个基本的特点。

(1)自由射流中任意断面上,横向速度分量 w_y 与轴向(纵向)速度分量 w_x 相比,总是小到可以忽略不计。因此,可以认为射流的速度 w 就等于它的轴向分速度 w_x,即 $w_x \gg w_y \approx 0, w=w_x$。

(2)在无限大空间里流动的自由射流,因为其压力梯度很小,故在很多情况下都可以认为自由射流内部的压力 p 是不变的,且等于周围介质的压力 p_0。

根据这两个基本特性,即可以推导出在自由射流的一切断面上,射流总动量(流率)保持不变的结论,这就是动量流率守恒条件,它是研究自由射流的理论基础。

2.3.3.2　伴随流射流中的积分守恒条件

伴随流射流是指主射流与其平行流动流体的组合流动。其特点在于:两者的流动方向相同或相反,即方向平行,所以又称为平行射流。

伴随流射流的简图如图 2-9 所示。设主射流出口断面尺寸为 $2R_0$,出口速度为 w_1,射流密度为 ρ_1,射流扩展角为 2α,伴随流的速度为 w_2 并与主射流 w_1 平行,密度为 ρ_2。研究对象为隔离体 12341。断面 2—3 的尺寸就是湍流混合边界层厚度 $2R$,速度 w 是坐标 y 的函数,即 $w_x=w=w(y)$,混合后的流体密度为 ρ。

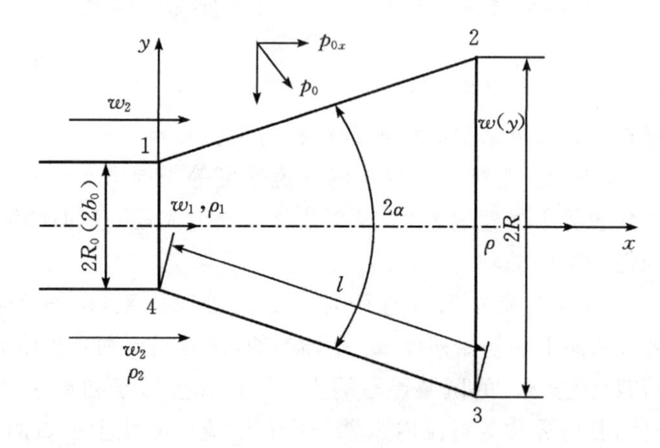

图 2-9　伴随流射流的简图

按动量定律,流体动量的变化 ΔM 等于外力的合力 $\sum F$,即

$$\Delta M=\sum F \tag{2-94}$$

具体分析如下。

1. 隔离体 12341 的动量分析

从 2—3 断面流出的动量为

$$M_{2-3}=\int_{A_f}\rho w^2\,\mathrm{d}A_f$$

从 1—4 断面流入的动量为

$$M_{1-4}=\rho_1 w_1^2 A_{f1}$$

从外边界1—2和3—4带入的动量为

$$M_2 = q_{m2} w_2$$

$$q_{m2} = q_{m2-3} - q_{m1-4} = \int_{A_f} \rho w \mathrm{d}A_f - \rho_1 w_1 A_{f1}$$

式中，q_{m2}是在湍流混合作用下，伴随流w_2混入主射流中的质量流量；q_{m2-3}是从隔离体12341的断面2—3流出的质量流量，$q_{m2-3} = \int_{A_f} \rho w \mathrm{d}A_f$；$q_{m1-4}$是从断面1—4流入隔离体12341的质量流量，$q_{m1-4} = \rho_1 w_1 A_{f1}$。

因此，由q_{m2}流体带入隔离体12341的动量M_2应为

$$M_2 = q_{m2} w_2 = \int_{A_f} \rho w w_2 \mathrm{d}A_f - \rho_1 w_1 w_2 A_{f1}$$

一般情况下，带入隔离体中的动量为负，带出隔离体的动量为正，所以隔离体12341的动量变化为

$$\Delta M = M_{2-3} - M_{1-4} - M_2 = \int_{A_f} \rho w (w - w_2) \mathrm{d}A_f - \rho_1 w_1 (w_1 - w_2) A_{f1} \tag{2-95}$$

2.隔离体12341所受外力分析

(1)摩擦切应力。在射流的外边界(即与伴随流混合的边界)上，当$y=R$(或b)时，有

$$w = w_2 \text{ 且} \frac{\mathrm{d}w}{\mathrm{d}y} = 0$$

也就是说，射流外边界上的速度梯度为0。因此，隔离体12341在周界面上所受的总摩擦切应力也应为0，即

$$\sigma = \mu \frac{\mathrm{d}w}{\mathrm{d}y} + \rho l^2 \left(\frac{\mathrm{d}w}{\mathrm{d}y}\right)^2 = 0$$

(2)压力。由于摩擦切应力为0，则隔离体所受到的外力只有压力一项。利用射流的第二个特点，设周围介质的压力为p_0，则有

2—3断面上的总压力为

$$p_{2-3} = p_0 A_f$$

1—4断面上的总压力为

$$p_{1-4} = p_0 A_{f1}$$

隔离体12341侧面上所受外压力在x方向上的分量为

$$p_{12341} = p_0 S \sin\alpha = p_0 (A_f - A_{f1})$$

式中，S是隔离体12341的侧面积，其值$S=(A_f - A_{f1})/\sin\alpha$。

所以,外力的合力为

$$\sum F_x = p_{1-4} + p_{12341} - p_{2-3} = p_0 A_{f1} + p_0 (A_f - A_{f1}) - p_0 A_f = 0 \tag{2-96}$$

把式(2-95)和式(2-96)代入式(2-94),得到

$$\int_{A_f} \rho w (w - w_2) \mathrm{d}A_f - \rho_1 w_1 (w_1 - w_2) A_{f1} = \text{常数} \tag{2-97}$$

式(2-97)就是不等温伴随流射流动量差积分守恒条件(简称动量差守恒条件)的普遍关系式。

2.4 着火理论

燃烧过程是发光放热的化学反应过程。当燃料从未燃状态过渡到燃烧状态时,可分为两个基本阶段:着火阶段和着火后燃烧阶段。从燃烧的化学动力学可知,任何一个燃烧反应,都存在一个从反应的引发到开始剧烈反应的加速过程,这个过程是燃烧的孕育期。这个孕育期就是着火阶段,它是一种过渡过程。在第二阶段,反应速率进行得很快,并发出强烈的光和热,一般认为这是一个稳定过程。

2.4.1 着火的基本概念

2.4.1.1 着火过程

燃料在有氧化剂的环境中,由缓慢的化学反应转向高速强烈的放热临界状态并产生火焰的现象,称为着火。着火过程是化学反应速率出现跃变的过渡过程。根据这个定义,爆炸也是一种着火过程。相对于常规的着火过程,爆炸除了反应速率从低速瞬间加速到高速以外,整个反应过程中都在释放大量的能量及冲击波。而对于常规燃料的着火过程,在着火孕育期完成之后,则转向持续、稳定的燃烧过程。

影响着火的因素有很多,如燃料的性质、燃料与氧化剂的混合比例、环境的压力与温度、气流的速度、燃烧室的尺寸和保温条件等。但是,归纳起来只有两类实质性的因素:化学动力学因素和传热学因素。

2.4.1.2 着火的分类

从微观机理来划分,着火可以分为热着火和链式着火。

1. 热着火

可燃混合物由于本身氧化反应放热大于散热，或由于外部热源加热，温度不断升高导致化学反应不断自动加速，积累更多能量最终导致着火的现象称为热着火。大多数燃料着火特性都符合热着火的特征。可以看出，根据热着火中热量的来源，又可以把热着火分为热自燃和强迫点燃两类。其中，热自燃的着火热量全靠自身化学反应产生热量的积累，而强迫点燃的热量来源于系统之外供给的热量。

热着火过程中，传递能量(也就是微观动能)并使得化学反应继续进行的载体是系统中所有的反应物分子，着火过程中系统的温度整体上升，导致整个系统的化学反应速率急剧上升。热着火通常需要良好的保温条件，使得系统中化学反应产生的热量能够逐渐积聚，最终引起整个系统温度的升高，反过来又加速了反应的进行。热着火通常比链式着火过程强烈得多。

2. 链式着火

由于某种原因，可燃混合物中存在活化中心(即自由基或自由原子)，当活化中心产生速率大于销毁速率时，在支链反应的作用下，化学反应不断加速，最终实现着火的现象称为链式着火。例如 H_2 和 O_2 的化合反应，就满足支链反应的条件。

链式着火有效的反应能量只在活化中心之间传递，而且链式着火只是系统中的活化中心局部增加并加速生成引起的，并不是所有分子的动能整体提高，因此并不能导致所有分子的反应能力都增强。即化学反应速率只在局部的区域或特定的活化分子之间提高，不是系统整体的化学反应速率提高。因此，链式着火通常局限在活化中心的生成速率大于销毁速率的区域，而不引起整个系统的温度大幅度升高。链式着火一般不需要严格的保温条件，在常温下就能进行，其主要依靠合适的活化中心产生的条件，使得活化中心的生成率高于销毁率，维持自身的链式反应不断进行，使化学反应自动地加速而着火。

热着火与链式着火也存在共同点。不论是热着火还是链式着火，都是在初始的较低的化学反应速率下，利用某种方式(保温或保持活化中心生成的条件)，积聚某种可以使化学反应加速的因素(例如系统的温度或者系统中总的活化分子数目)，从而使得化学反应速率实现自动加速，最终形成火焰。

另外，还需要注意到，在链式着火过程中，由于活化中心会被销毁，所以通常着火后燃烧的强度并不高。但是，如果活化中心能够在整个系统内加速形成并引起系统能量的整体增加，就可能形成爆炸。

2.4.2　谢苗诺夫自燃理论

任何反应体系中的可燃混合气，一方面会进行缓慢氧化而放出热量，使体系温度升高，另一方面又会通过器壁向外散热，使体系温度下降。热自燃理论认为，着火是反应放热因素与散热因素相互作用的结果。如果反应放热占优势，体系就会出现热量积聚，引起系统温度升高，反应加速而发生自燃。相反，如果散热因素占优势，体系温度不断下降，就不会发生自燃。

因此，研究有散热情况下燃料自燃的条件就具有很大的实际意义。为了使问题简化并便于研究，假设：

(1)容器壁的温度为 T_0，并保持不变；

(2)反应系统的温度和浓度都是均匀的；

(3)由反应系统向器壁的对流换热系数为 h，且不随温度而变化；

(4)反应系统放出的热量(即在该阶段的反应热)为定值。

如果反应容器的容积为 V，反应速率为 ω(单位时间内单位容积中物质的量的变化)，则在单位时间内反应系统所放出的热量 q_1 为

$$q_1 = QV\omega \tag{2-98}$$

根据化学反应速率理论和阿累尼乌斯定律，对于一般的二级反应，在着火时间内，反应速率可用下式表示

$$\omega = K_0 C_A C_B e^{-\frac{E}{RT}} \tag{2-99}$$

式中，K_0 为阿累尼乌斯反应速率常数；C_A 和 C_B 分别是燃料和空气分子的摩尔浓度。

将式(2-98)和式(2-99)合并，得出系统的放热量为

$$q_1 = K_0 QVC_A C_B e^{-\frac{E}{RT}} \tag{2-100}$$

在单位时间内通过容器壁而损失的热量 q_2 可用下式表示(由于温度不高，可忽略辐射散热损失)

$$q_2 = hA(T - T_0) \tag{2-101}$$

式中，h 是通过器壁的对流换热系数；A 是器壁的传热面积；T 是反应系统的温度；T_0 是容器壁温度。

由于在反应初期 C_A、C_B 与反应开始前的最初浓度 C_{A0}、C_{B0} 很相近，K_0、Q、V 均为常数，因此放热量 q_1 和混合气温度 T 之间的关系是指数函数关系，即 $q_1 - e^{-\frac{E}{RT}}$，如图 2-10 中 q_1 曲线所示。当混合气的压力(或浓度)增加时，曲线向左上方移动(q'_1 曲线)。

散热量 q_2 与混合气温度之间是直线函数关系，如图 2-10 中 q_2 直线所示。当容器壁的温度 T_0 升高时，直线向右下方移动，如 q''_2 所示。当放热量小于散热量时($q_1 < q_2$)，显然不可能引起着火；反之，若放热量大于散热量($q_1 > q_2$)，则混合气总有可能着火。例如，当提高混合气的压力，使放热反应量按图中 q'_1 进行，而容器壁

温度仍保持 T_0，此时散热量远低于放热量，则在任何时刻混合气均能自行加热而着火。

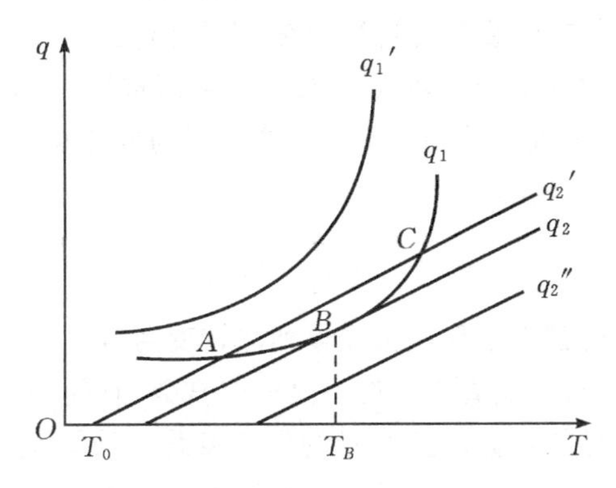

图 2-10　着火时的谢苗诺夫热平衡

由以上分析可以看出，反应由不可能着火转变为可能着火必须经过一点，即 $q_1=q_2$，这就是着火的必要条件。但是，$q_1=q_2$ 并不是着火的充分条件，这从下面的情况可以看出。例如，将混合气的压力降低，使反应放热量沿着图 2-10 中的 q_1 进行，而容器壁的温度保持 T_0。此时，q_1 与散热量 q'_2 相交于 A 和 C 两点。在这两点上均满足 $q_1=q_2$ 的条件，但都不是着火点。A 点表示系统处于稳定的热平衡状态，如果温度稍升高，此时散热量超过放热量，系统的温度便会自动降低而回到 A 点的稳定状态；如果温度从 A 点稍降低，此时 $q_1>q'_2$，系统的温度便会上升而重新回到 A 点。结果使系统在 A 点长期进行等温反应，不可能导致着火。相反，C 点表示系统处于不稳定的热平衡状态，只要温度有微小的降低，系统的放热量 q_1 即小于散热量 q'_2，结果使系统降温而回到 A 点；如果温度有微小的升高，则 $q_1>q'_2$，系统温度不断上升，最终导致着火。但是这一点也不是着火温度，因为如果系统的初温是 T'_0，它就不可能自动加热而越过 A 点到达 C 点。除非有外来的能源将系统加热，使系统的温度上升达到 C 点，否则系统总是处于 A 点的稳定状态。所以，C 点不是混合气的自动着火温度，而是混合气的强制着火温度。例如柴油机中的绝热压缩气，汽缸壁的温度并不高，但混合气被强烈压缩而加热到强制着火温度。

由上述可知，一定的混合气反应系统在一定的压力（或浓度）下，只有在一定的容器壁温（或外界条件）下，才能由缓慢的反应转变为迅速地自动加热而导致着火。从图 2-10 中可以看出，当混合气的放热量按 q_1 曲线进行时，只有在容器壁温度为 T_0 时（此时散热速度为 q_2），才能自动转变为着火，也就是说，q_2 必须与 q_1 相切。相切点 B 的温度即为该混合气在此压力（或浓度）和器壁温度下的最低自燃温度，简称为自燃点。此时的混合气压力称为该混合气的自燃临界压力（即混合气处于自燃临界浓度)。

由图 2 - 10 也可以看出,当温度低于 T_B 而逐渐加热时,混合气 $q_1>q_2$,但相差越来越小。这时混合气在进行缓慢的自行加热,直到温度达到 T_B 以后,q_1 仍大于 q_2。但随着温度的升高,两者之差越来越大,促使反应剧烈进行,反应逐渐转变为爆炸。

由此看来,达到着火温度的要求不仅包括系统的放热量和散热量相等,还包括两者随温度而变化的趋势相等,即

$$q_1 = q_2, \frac{dq_1}{dT} = \frac{dq_2}{dT} \tag{2-102}$$

这就是存在散热的条件下反应由缓慢加热转变为着火的充分且必要条件。

由此可以看出,混合气的着火温度不是一个常数,它随混合气的性质、压力(浓度)、容器壁的温度和导热系数以及容器的尺寸变化。换句话说,着火温度不仅取决于混合气的反应速度,还取决于周围介质的散热速度。下面简要定性地分析一下决定产热速度和散热速度大小的影响因素。

2.4.2.1 产热速度的影响因素

1. 发热量

根据发热原因不同,发热量包括氧化反应热、分解反应热、聚合反应热、生物发酵热等。发热量越大,越容易自燃;发热量越小,则发生自燃所需要的蓄热条件越苛刻(即需要保温条件越好或散热条件越差),因而越不容易自燃。

由图 2 - 10～2 - 12 可看出,发热量增大,产热速率曲线上升,切点 B 的位置左移,因而自燃点减小;反之,自燃点增大。

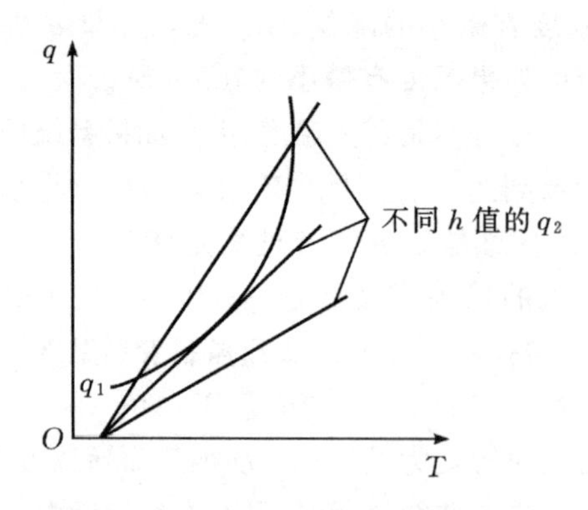

图 2 - 11 着火时谢苗诺夫热平衡的第二种表示

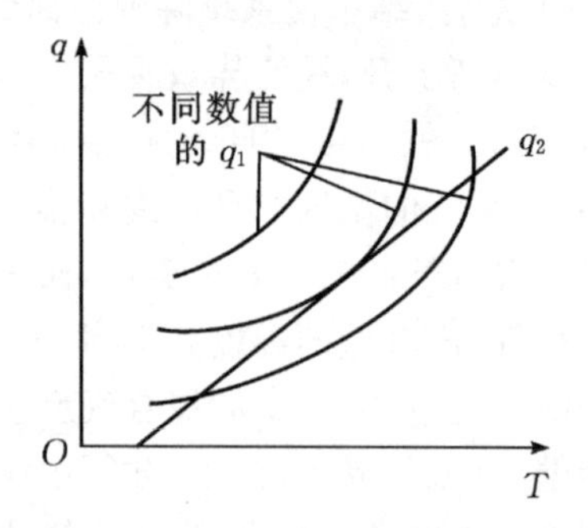

图 2 - 12 着火时谢苗诺夫热平衡的第三种表示

2. 温度

如果一个可燃体系在常温下经过一定时间就能发生自燃,则说明该可燃物在

所处散热条件下的自燃点在常温之下；一个可燃体系如果在常温下经过无限长时间也不能自燃，那么从热着火理论上则说明该可燃物在所处的散热条件下的最低自燃点高于常温。对于后一种可燃体系来说，若升高温度，化学反应速率提高，释放出的热量也随之提高，因而也有可能发生自燃。例如一个可燃体系在25 ℃的环境中长时间没有发生自燃，而当温度升高到40 ℃后发生了自燃，则说明该可燃物在此散热条件下的最低自燃点大约在40 ℃左右。

3. 催化物质

催化物质能够降低反应的活化能，加快反应速率。空气中的水蒸气或可燃物中的少量水分是许多自燃过程的催化剂，例如轻金属粉末在潮湿的空气以及湿稻草堆垛中容易发生自燃。自燃点较高的物质中所含的少量低自燃点物质也被认为是一种催化物质，例如红磷中少量的黄磷、乙炔中少量的磷化氢都能促进自燃的加速进行。

在图2-10～2-12中，活化能降低，反应速率加快，因此曲线q_1上升，自燃点B的位置左移，即自燃点降低。

4. 比表面积（表面积/体积）

在散热条件相同的情况下，某种物质发生反应的比表面积越大，则与空气中氧气的接触面积越大，反应速率越快，越容易发生自燃。因此，粉末状的可燃物比块状的可燃物容易自燃。

5. 新旧程度

一般情况下，氧化发热的物质的表面必须是没有完全被氧化的，即新鲜的物质才能自燃。例如新开采的煤堆积起来易发生自燃；刚制成的金属粉末，表面活性较大，比较容易自燃。但也存在相反的情况，如已存放时间较长的硝化棉要比刚制成的硝化棉更容易分解放热，引起自燃。

6. 压力

体系所处的压力越大，即参加反应的反应物密度越大，则单位体积产生的热量越多，体系越易积累热量而发生自燃。所以压力越大，自燃点越低。

2.4.2.2 散热速率的影响因素

1. 导热作用

一个可燃体系的热导率越小，则散热速率越小，越易在体系中心蓄热，从而提高系统的温度，促进反应进行而导致自燃。相同的物质，如果为粉末状或纤维状，则粉末或纤维之间的空隙会含有空气，由于空气热导率低，具有一定的隔热作用，这样的可燃体系就容易蓄热并发生自燃。

2. 对流换热作用

从可燃体系内部经导热到达体系表面的热流，由空气对流带走。空气的流动对可燃体系起着散热作用，而可燃体系在通风不良的场所容易蓄热自燃，例如浸油脂的纱团或棉布堆放在不通风的角落就可能自燃，而在通风良好的地方就不容易自燃。

3. 堆积方式

大量堆积的粉末或叠加的薄片物体有利于蓄热，其中心部位近似于绝热状态，因此很容易因温度升高而发生自燃，例如桐油布雨伞、雨衣，在仓库中大量堆积时就很容易发生自燃。

2.4.3 链锁着火理论和特性

2.4.3.1 链锁着火的条件

链锁着火理论认为，使反应自动加速并不一定需要热量积累，而可以通过链的不断分支来迅速增加链载体的数量，从而导致反应自动地加速，直至着火。

在前述的氢气和氧气的链式反应中，其链载体(活化中心)，即氢原子浓度的增加有两个原因：一是由于热运动的结果总有氢原子生成，例如氢分子与别的分子碰撞而分解出氢原子，它的生成速率与链式反应无关；二是由于链分支的结果，1 个氢原子反应生成 3 个新的氢原子，显然以这种方式生成氢原子的速率与氢原子本身的浓度成正比。此外，由于气相中断和器壁中断时刻都在发生，所以反应过程中总存在着链载体的销毁过程。链载体的销毁速率也与氢原子本身的浓度成正比。

在反应过程中，假设 ω_1 为由于热的作用而生成链载体的速率，ω_2 为由链分支造成的链载体净增加速率，ω_3 为链载体的销毁速率，c 为链载体的瞬时浓度，则链载体随时间的变化为

$$\frac{\mathrm{d}c}{\mathrm{d}t} = \omega_1 + \omega_2 - \omega_3 \tag{2-103}$$

其中

$$\omega_2 = fc \tag{2-104}$$

$$\omega_3 = gc \tag{2-105}$$

式中，f 是链载体净增加速率系数；g 是链载体的销毁速率系数。

令 $\varphi = f - g$，则式(2-103)变为

$$\frac{\mathrm{d}c}{\mathrm{d}t} = \omega_1 + \varphi c \tag{2-106}$$

初始条件为

$$t = 0,\ c = 0 \\ t = t,\ c = c \tag{2-107}$$

对式(2-106)积分，有

$$\int_0^t \mathrm{d}t = \int_0^c \frac{\mathrm{d}c}{\varphi c + \omega_1}$$

$$c = \frac{\omega_1}{\varphi}(\mathrm{e}^{\varphi t} - 1) \tag{2-108}$$

在反应过程中，只有参加支链反应那部分链载体才能生成最终反应产物。设 a 为一个链载体参加反应后生成最终反应产物的分子数，则以最终反应产物表示的反应速率为

$$\omega = afc = \frac{af\omega_1}{\varphi}(\mathrm{e}^{\varphi t} - 1) \tag{2-109}$$

在上述氢气和氧气反应的例子中，消耗 1 个氢原子将生成 3 个新的氢原子和 2 个水分子，所以 a 值为 2。

对于支链反应，$f=0$，$\varphi=-g$。当时间趋于无限大时，对式(2-109)取极限得

$$\lim_{t\to\infty} c = \lim_{t\to\infty}\left[-\frac{\omega_1}{g}(\mathrm{e}^{-\varphi t} - 1)\right] = \frac{\omega_1}{g} \tag{2-110}$$

即链载体浓度为定值，所以支链反应不会发生着火。

实际上在常温下 ω_1 的值很小，它对反应过程影响不大。所以链的分支和中断反应速率是影响反应过程的主要因素。而 g 和 f 则随外界条件(压力、温度、容器尺寸)的改变而变化，且这些条件对 g 和 f 的影响程度也不相同。链中断反应的活化能很小，所以链销毁速率与温度无关。但支链反应的活化能很高，温度对其影响较大，温度越高，分支速率越大。由于 g 和 f 随温度变化的情况不同，所以 φ 的符号将随温度而变化，反应速率 ω_1 随温度的变化也有不同的规律。

在低温下，分支链式反应速率很慢，而链中断反应速率却很快，因此 $\varphi<0$。当时间趋于无限大时，由式(2-108)和式(2-109)知，链载体浓度和反应速率趋于定值，即

$$\lim_{t\to\infty} c = \lim_{t\to\infty}\frac{\omega_1}{\varphi}(\mathrm{e}^{\varphi t} - 1) = -\frac{\omega_1}{\varphi} \tag{2-111}$$

$$\lim_{t\to\infty} \omega = \lim_{t\to\infty}\frac{af\omega_1}{\varphi}(\mathrm{e}^{\varphi t} - 1) = -\frac{af\omega_1}{\varphi} = \omega_0 \tag{2-112}$$

上两式所表示的反应是稳定的，不会发展成着火。当温度升高时，支链反应速率不断增大，而链中断反应速率则没有变化。因此，可使 φ 增大到 $\varphi>0$，这时由式(2-108)和式(2-109)可以看出，链载体浓度和反应速率随时间按指数规律迅速

增大。由于 ω_1 很小，因此在孕育期 τ_i 内，反应非常缓慢。在孕育期后，由于链载体不断增殖，导致反应自动地加速直至着火。显然这种情况下的反应是不稳定的，其反应速率变化过程如图2－13所示。

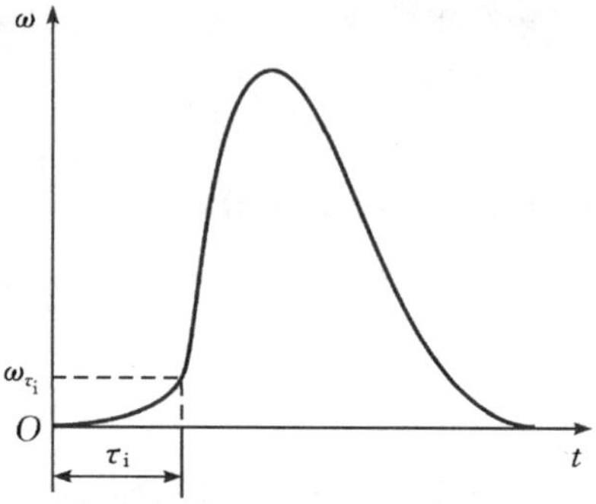

图 2－13　链式反应过程

在某个温度下，可使 $\varphi=0$，即链载体增殖速率与销毁速率达到平衡。由式(2－108)和式(2－109)取极限，可得这种情况下的浓度和反应速率为

$$\lim_{\varphi\to\infty} c = \lim_{\varphi\to\infty}\frac{\omega_1}{\varphi}(e^{\varphi t}-1)=\omega_1 t \tag{2-113}$$

$$\lim_{\varphi\to\infty} \omega = \lim_{\varphi\to\infty}\frac{af\omega_1}{\varphi}(e^{\varphi t}-1)=af\omega_1 t \tag{2-114}$$

从式(2－114)可以看出，反应速率随时间呈线性增加，但是由于 ω_1 很小，所以在这种情况下，直到反应物耗尽也不会出现着火。

如果把温度略提高到使 $\varphi>0$，则反应进入非稳定状态，随着链载体的不断积累，反应自动加速到着火。如果使温度略降到使 $\varphi<0$，则反应进入稳定状态，反应速率趋于一定值，所以 $\varphi=0$ 这一情况正好为由稳定状态向自行加速的非稳定状态过渡的临界条件。称 $\varphi=0$ 的条件为链锁自燃条件，相应的温度为链锁自燃温度。图 2－14 所示为上述 3 种情况下的链锁反应速率随时间的变化规律。

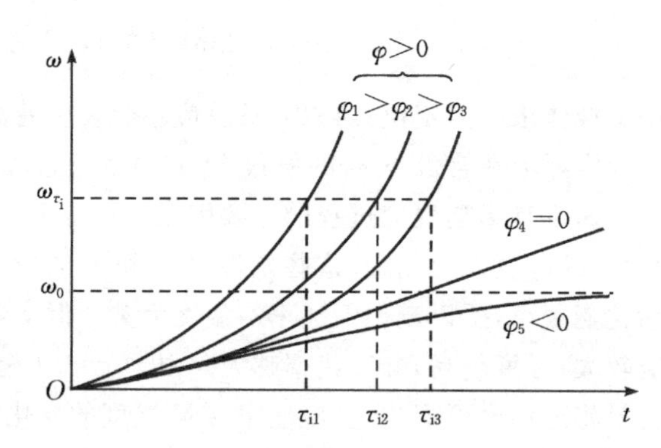

图 2－14　链锁着火条件示意图

2.4.3.2　链锁着火孕育期

链锁着火孕育期的定义为从反应开始到反应速率明显加快的瞬间所需要的时间 τ_i，此时的反应速率为

$$\omega_{\tau_i}=\frac{af\omega_1}{\varphi}(e^{\varphi\tau_i}-1) \tag{2-115}$$

在孕育期内 φ 较大，$e^{\varphi\tau_i}\gg 1$，$\varphi\approx f$，所以上式可写为

$$\omega_{\tau_i} = a\omega_1 e^{\varphi\tau_i} \tag{2-116}$$

两边取对数,整理可得

$$\tau_i = \frac{1}{\varphi}\ln\frac{\omega_{\tau_i}}{a\omega_1} \tag{2-117}$$

实际上 $\ln\dfrac{\omega_{\tau_i}}{a\omega_1}$ 受外界影响变化很小,可以认为是常数,所以

$$\tau_i\varphi = 常数 \tag{2-118}$$

因此,当 φ 增大时,孕育期 τ_i 减小。图 2-14 也表示出了这一规律,这一结论已被实验所证实。链锁自燃理论可以较好地解释着火半岛现象。

2.4.4　强迫着火

2.4.4.1　强迫着火的特点

强迫着火也称为点燃,一般指用炽热的高温物体引燃火焰,使混合气的一小部分着火形成局部的火焰核心,然后这个火焰核心再把邻近的可燃物质点燃,这样逐层依次地引起火焰的传播,从而使整个混合气燃烧起来。一切燃烧装置和燃烧设备都需经过点火过程之后才能开始工作,因此,研究点火问题具有重要的实际意义。下面首先分析一下强迫着火与自发着火的区别。

第一,强迫着火仅仅在混合气局部(点火源附近)进行,而自发着火则在整个混合气空间进行。

第二,自发着火是全部可燃物都处于环境温度 T 的包围下,反应自动加速,使全部可燃混合气体的温度逐步提高到自燃温度而引起的。强迫着火时,可燃物处于较低的温度状态,为了保证火焰能在较冷的混合气体中传播,点火温度一般要比自燃温度高得多。

第三,可燃物质能否被点燃,不仅取决于炽热物体附近的可燃物能否着火,还取决于火焰能否在可燃物中自行传播。因此,强迫着火过程要比自发着火过程复杂得多。

强迫着火过程与自发着火过程类似,都具有依靠热反应和(或)链式反应推动自身加热和自动催化的共同特性,也有着火温度、着火孕育期和着火界限等界定。但是强迫着火过程还有一个更重要的参数,即点火源尺寸。影响强迫着火过程上述参数的因素除了可燃物质的化学性质、浓度、温度和压力外,还有点燃方法、点火能和可燃物质的流动性质等,而且后者的影响更为显著。

2.4.4.2　常用的点火方法

工程上常用的强迫点燃方法有以下几类。

1. 炽热物体点燃

可用金属板、柱、丝或球作为电阻，通以电流（或用其他方法）使其炽热成为炽热物体。也可用耐火砖或陶瓷棒等材料以热辐射（或其他方法）使其加热并保持高温的方式形成炽热物体。这些炽热物体可以用来点燃静止的或低速流动的可燃物质。

2. 电火花点燃

利用两电极空隙间高压放电产生的火花使部分可燃物质温度升高而产生着火。由于电火花点火能量较小，所以通常用来点燃低速流动的易燃气体燃料，最常见的例子是汽油发动机中预混合气内的电火花点火。

3. 火焰点燃

火焰点燃是先用其他方法点燃一小部分易燃的气体燃料以形成一股稳定的小火焰，然后以此作为能源去点燃其他不易着火的可燃物质。由于火焰点燃的点火能量大，因此在工业上得到了十分广泛的应用，例如锅炉、燃气轮机燃烧室中的点火。

综上所述，不论采用哪种点火方式，其基本原理都是使混合可燃物局部受到外来的热作用而着火燃烧。

2.4.4.3 强迫着火理论

把炽热的点火物体放在充满可燃物的容器中，其强迫着火过程如图 2-15 所示。可燃物的温度为 T_0，炽热物体表面的温度为 T_w，且 $T_w > T_0$。

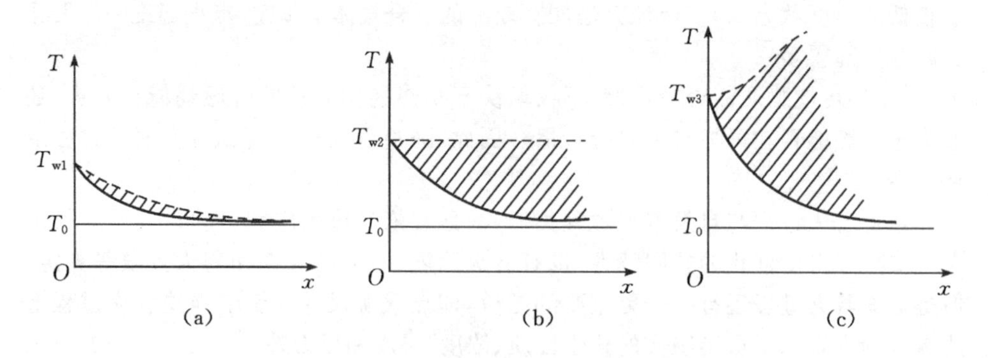

图 2-15　炽热物体边界层内的温度分布

在图 2-15(a)中，如果炽热物体周围是不可燃气体，这就是普通的炽热物体与气体之间的换热现象，其温度分布如图中实线所示。如果炽热物体周围是可燃气体，那么在实线的基础上应加上可燃物化学反应的热效应，这时温度分布如图 2-15(a)中虚线所示。图中阴影部分表示化学反应造成的温升。可以看出，越远离炽热物体，可燃物的温度就越低，此时可燃物质只是处于低温氧化状态而不能着火。

在图 2-15(b)中，当炽热物体表面的温度升高到 T_{w2}时，不可燃气体的温度分布如实线所示。对于可燃气体，由于在温度 T_{w2}下，可燃气体的化学反应速率增大，从而增大了反应的放热量，温度变化的下降趋势变得平缓，阴影区域将扩大。随着物体温度的不断升高和阴影区域的逐渐扩大，总可以找到这样的一个温度，即 $T_w=T_{w2}$。在该温度下，气体中的温度分布曲线在物体壁面处与壁面相垂直。这时炽热物体表面与气体没有热量交换，物体边界层内的可燃气体反应放出的热量等于其向边界层外散走的热量，此时壁面处可燃物的温度梯度为零，即 $(\mathrm{d}T/\mathrm{d}x)_w=0$。

如果继续提高炽热物体的壁温，例如当 $T_w=T_{w3}$时，反应速度进一步加快，周围可燃气体反应放出的热量将大于散走的热量。由于热量积累，反应会自动地加速到着火。这时火焰温度比壁面温度高得多，如图 2-15(c)中虚线所示，此时在壁面处温度梯度将出现正值，即$(\mathrm{d}T/\mathrm{d}x)_w>0$。

由以上分析可见，T_{w2}即为临界点燃温度。实现强迫着火的临界条件：在炽热物体壁面处可燃物的温度梯度等于零，即

$$\left(\frac{\mathrm{d}T}{\mathrm{d}x}\right)_w = 0 \tag{2-119}$$

当着火发生以后，会出现$(\mathrm{d}T/\mathrm{d}x)_w>0$ 的情况。

假定用来点火的某一炽热物体具有不变的温度，当可燃物流过此炽热物体附近时，由于传热及化学反应作用，使炽热物体附近的可燃物温度不断上升。可以设想，如果炽热物体附近某一层厚度为 l 的可燃物质由于炽热物体的加热作用使得化学反应产生的热量 Q_1大于从该层可燃物向外散失的热量 Q_2，那么在这瞬间以后，该层内可燃物反应的进行将不再与炽热物体的加热有关，即此时尽管把炽热物体移开，该层内可燃物仍能独立进行高速的化学反应，使火焰扩展到整个可燃物中。这样，临界着火条件变为

$$Q_1 = Q_2 \tag{2-120}$$

$$Q_1 = -\lambda\left(\frac{\mathrm{d}T}{\mathrm{d}x}\right)_i \tag{2-121}$$

$$Q_2 = a(T_i - T_0) \tag{2-122}$$

式中，$\left(\frac{\mathrm{d}T}{\mathrm{d}x}\right)_i$ 是可燃物厚度为 l 内的温度梯度；Q_1是在该层内由于化学反应作用而能够向周围可燃物质传递出的热量。

由于 l 层处在炽热物体边界附近，故可应用分子导热的形式，负号是因为朝可燃物传热方向的温度梯度是负的，从该层传出的热量，主要通过对流换热带走。

当由 l 层传递出的热量等于或大于由该层往周围可燃物散失的热量时，在 l 层内的火焰就能不断地传播下去。

在炽热物体附近的边界层内，可以应用有化学反应的一维导热微分方程式，即

$$\lambda \frac{\mathrm{d}^2 T}{\mathrm{d}x^2} + Qk_0 f(c)\mathrm{e}^{-\frac{E}{RT}} = 0 \tag{2-123}$$

式中，Q 是燃料的反应热。

由式(2－121)和式(2－123)联立求解，可得

$$Q_1 = \sqrt{2\lambda Q \int_{T_i}^{T_z} k_0 f(c)\mathrm{e}^{-\frac{E}{RT}}\mathrm{d}T} \tag{2-124}$$

式中，T_z是临界点燃温度。

将式(2－122)和式(2－124)代入式(2－120)，并考虑 $T_z \approx T_i$，则

$$a(T_i - T_0) \approx a(T_z - T_0) = \sqrt{2\lambda Q \int_{T_i}^{T_z} k_0 f(c)\mathrm{e}^{-\frac{E}{RT_z}}\mathrm{d}T} \tag{2-125}$$

再由努塞尔准则 $Nu = \frac{aL}{\lambda}$，经过近似处理可得

$$\frac{Nu}{L} = \sqrt{\frac{2k_0 f(c)QR}{\lambda E} \frac{T_z^2}{(T_z - T_0)^2}\mathrm{e}^{-\frac{E}{RT_z}}} \tag{2-126}$$

式(2－126)即为炽热物体强迫点燃的具体条件。它建立了临界点燃温度 T_z 与炽热物体定性尺寸 L 以及其他参数之间的联系。

当炽热球体放入静止的可燃气体中时，$Nu=2$，代入式(2－126)即可求出临界点燃温度 T_z下能点燃的最小圆球直径 d，即

$$d = \sqrt{\frac{2\lambda E}{k_0 f(c)QR} \frac{(T_z - T_0)^2}{T_z^2}\mathrm{e}^{\frac{E}{RT_z}}} \tag{2-127}$$

式(2－127)说明在其他条件不变时，随着炽热球体直径增大，临界点燃温度将下降，可燃气体容易被点燃。图 2－16 所示的炽热球在煤气中点燃的实验结果证明上述定量分析是正确的。

此外，点燃同自燃一样，也存在点火孕育期，其定义为当点火源与可燃气体接触后到出现火焰的一段时间。实验表明，点火温度与点火孕育期有着密切的关系。图 2－17 所示为汽油和氧气的可燃混合气体点燃温度与点火孕育期的变化关系。从图中可以看出，想要缩短点火孕育期，就必须提高炽热物体的温度。

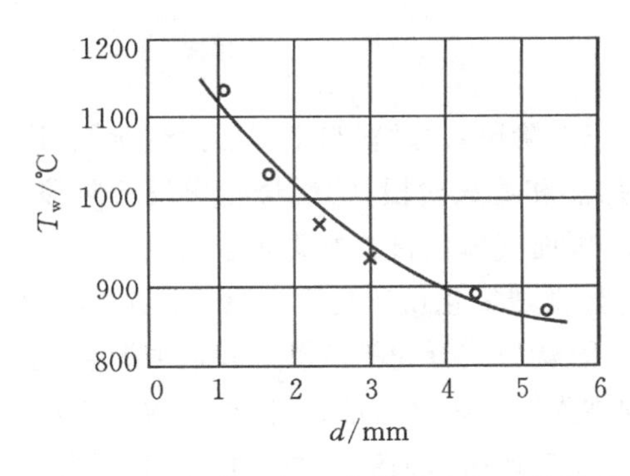

图 2-16　点燃温度 T_w 与热球直径 d 的关系

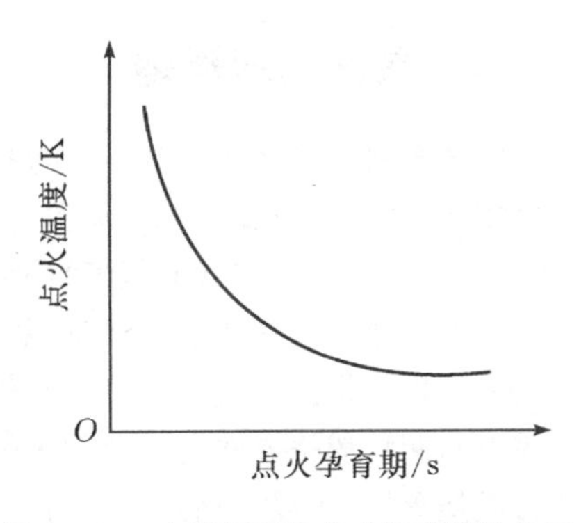

图 2-17　点燃温度与点火孕育期的关系

2.5　燃烧形式及分类

在自然界和工程应用中，可燃物质和助燃物质存在的相态、混合程度和燃烧过程不尽相同，其燃烧形式也是多种多样的。例如，气体燃料在空气中燃烧时，可燃物质和氧化剂处于单一相态，即称为均相燃烧；但煤粉的燃烧中，煤粉和氧化剂处于不同的相态，即属于异相燃烧。

根据不同的分类条件，可对燃烧形式进行不同的划分。图 2-18 列举了常见的燃烧分类形式。

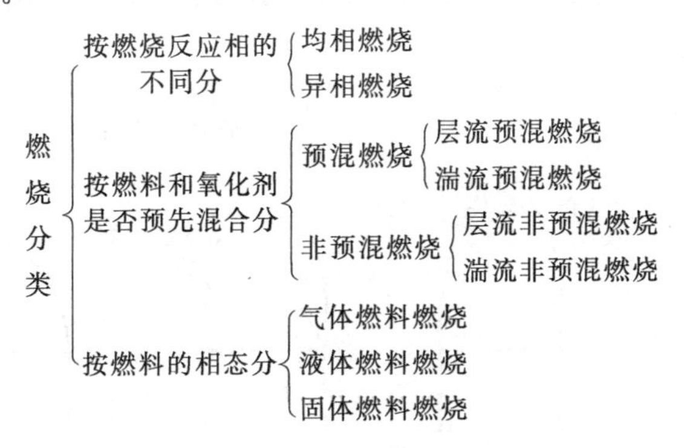

图 2-18　燃烧形式及分类

下面将燃烧形式按照燃料的相态分类，对工程中常见的气体燃料、液体燃料和固体燃料的燃烧方式和特点进行简要的介绍。

2.5.1 气体燃料燃烧

气体燃料的燃烧过程基本上包括以下三个阶段：①燃料与空气的混合阶段，形成可燃气体混合物；②可燃气体混合物的加热和着火阶段；③燃烧化学反应阶段。气体燃料和氧化剂(空气或氧气)同为气相，因而气体燃料的燃烧属于均相燃烧。

火焰是燃气与氧化剂(空气或氧气)进行剧烈氧化反应的反应区，伴随有高温和发光现象。根据燃气是否预混空气，可将燃烧方式分为扩散燃烧和动力燃烧(预混燃烧)，两种燃烧方式所形成的火焰分别称为扩散燃烧火焰(简称为扩散火焰)和动力燃烧火焰(预混火焰)；按照由于气体介质流速引起的流态的不同，火焰还可分为层流火焰和湍流火焰。

2.5.1.1 气体燃料的预混燃烧

如果燃气与空气预先混合后再送入燃烧室燃烧，这种燃烧称为气体燃料的预混燃烧。此时在燃烧前已与燃气混合的空气量与该燃气燃烧的理论空气量之比，称为一次空气系数，常用α_1表示，其数值的大小反映了预混气体的混合状况。

依据一次空气系数α_1的大小，预混气体燃烧又有两种情形。当$0<\alpha_1<1$时，即预混气体中的空气量小于燃气燃烧所需的全部空气量，称为部分预混燃烧或半预混燃烧；如果$\alpha_1\geqslant1$，即预混气体中的空气量大于或等于燃气燃烧所需的全部空气量时，称为全预混燃烧。部分预混燃烧火焰通常包括内焰和外焰两部分。内焰为预混火焰，外焰为扩散火焰。当α_1较小时，内焰的下部呈深蓝色，其顶部为黄色，而外焰则为暗红色。随着α_1的增大，内焰的黄焰尖逐渐消失，其颜色逐渐变淡，高度缩短，外焰越来越不清。当$\alpha_1>1$时，外焰完全消失，内焰高度有所增加，如图 2-19 所示。

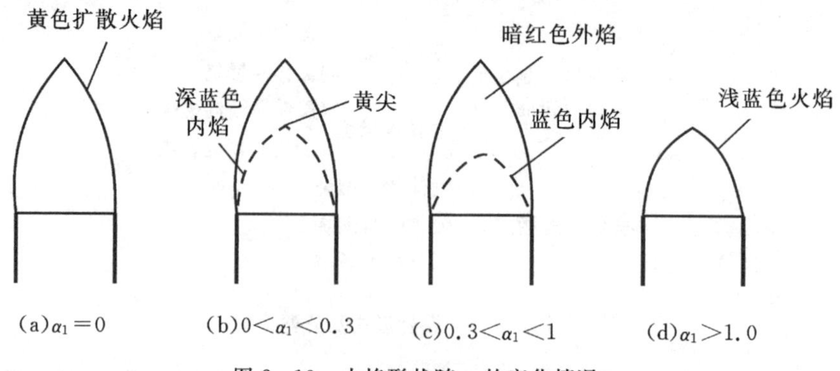

图 2-19 火焰形状随α_1的变化情况

如果燃气与空气预先混合均匀，则预混气体的燃烧速率主要取决于着火和燃烧反应速率，此时的火焰没有明显的轮廓，故又称无焰燃烧。与此对应，半预混燃烧又称为半无焰燃烧。

1. 层流火焰速度

在预混可燃混合气的燃烧过程中，火焰在气流中以一定的速度向前传播，传播速度的大小取决于预混气体的物理化学性质与气体的流动状况。一维层流预混火焰在预混燃料-氧化剂混合物中传播，是最简单的燃烧现象之一。在此火焰中，化学反应动力学以及热和组分输运起主要作用。层流火焰速度是燃料-空气混合气的重要燃烧物性参数，反映了燃料的化学反应、热力学、输运特性，是湍流燃烧和燃烧器设计优化的输入参数，也是化学反应动力学模型验证的重要参数。层流火焰速度是层流火焰研究中最重要的参数。一方面，它决定着燃烧器中燃料的燃烧速度、动力性能和排放等重要参数；同时，它也是湍流基础燃烧研究中的一个基本参数，因为小火焰区湍流火焰前锋面上的每个点都可以被认为是一个无限小的层流火焰，而层流火焰速度同时包含着层流火焰中燃料的反应、扩散以及放热情况的基本信息。另外，层流火焰速度也对燃烧不稳定性，比如吹熄和回火有着决定性的作用。最后，层流火焰速度也被用来验证化学反应机理的准确性以及指导燃烧室设计优化。

在实际的燃烧室中，可燃混合气并非静止而是在连续流动过程中发生燃烧的。另外，火焰的位置应该稳定，即火焰前锋应该固定而不移动。在图 2-20 所示的管道中，可燃混合气以速度 v_0 流动，点火后所形成的火焰面将向可燃混合气的来流方向传播。

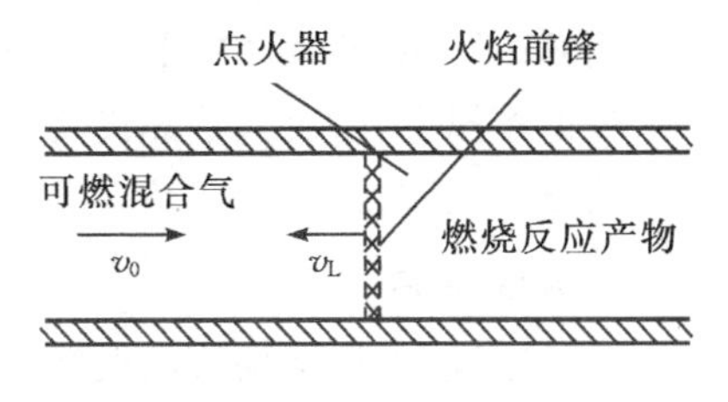

图 2-20　可燃混合气流动时的火焰传播

对于传播速度为 v_L 的层流火焰，火焰的绝对速度Δv 为

$$\Delta v = v_0 - v_L \tag{2-128}$$

由此可见，火焰前锋相对于管壁的位移将有三种可能的情况。

(1)若 $v_0 < v_L$，即火焰的绝对速度$\Delta v < 0$，火焰面将向可燃混合气来流方向移动。

(2)若 $v_0 > v_L$，即火焰的绝对速度$\Delta v > 0$，火焰面将向气流下游方向移动，即将被气流吹向下游。

(3)若 $v_0 = v_L$，即火焰的绝对速度$\Delta v = 0$，火焰面将固定不动，即火焰稳定。

实验室内，目前主要采用定容燃烧弹球形火焰传播方法测量层流火焰速度，可以测量高压、高温气体和液体燃料的层流火焰速度，国际上普林斯顿大学、南加州大学，国内西安交通大学均在这个方面开展了大量工作。对于向外自由传播的球

形火焰，相对于燃烧腔体的拉伸火焰速度 S_n 可以通过火焰半径和时间的关系获得

$$S_n = \frac{dR}{dt} \tag{2-129}$$

式中，R 代表着实验获得的火焰发展球形图片的半径；t 代表时间。

火焰表面上某一点的火焰拉伸率 κ 可以通过以下公式计算获得

$$\kappa = \frac{d(\ln A)}{dt} = \frac{1}{A} \cdot \frac{dA}{dt} = \frac{2}{R} \cdot \frac{dR}{dt} = \frac{2}{R} \cdot S_n \tag{2-130}$$

式中，A 代表火焰面积。由于球形火焰轴向对称，某一时刻火焰面上所有点的拉伸率相同。

对于中等拉伸率的球形火焰来说，已燃区未拉伸火焰传播速度 S_b 可以通过以下公式计算获得

$$S_b - S_n = L_b \cdot \kappa \tag{2-131}$$

式中，S_n - α 曲线斜率的负数被定义为已燃气体的马克斯坦长度（Markstein length）L_b。如公式所示，马克斯坦长度是一个反应拉伸对火焰传播影响的参数。

层流火焰速度可以根据简化的火焰面连续性方程获得

$$\rho_u S_L = \rho_b S_b \tag{2-132}$$

式中，ρ_u（g/cm^3）和 ρ_b（g/cm^3）分别代表着平衡状态下的未燃和已燃气的密度，并且使用 CHEMKIN 软件中平衡模型代码（Equilibrium code）计算获得。

数值模拟上，层流火焰速度可以通过化学反应动力学软件 CHEMKIN，结合燃料化学反应动力学模型、热力学和输运参数模拟获得。

2. 火焰结构

一般来说，火焰结构可以根据其复杂程度分为三个等级。第一个等级为动力学层面的火焰结构。火焰仅仅是用来区分已燃和未燃气体这两种流体动力学状态的无限薄的界面。已燃区、未燃区和火焰遵循流体力学的质量、组分以及能量的守恒方程，并且最终处于热力学平衡状态。但是，在这个层面上，温度以及反应物浓度的改变并不是连续的，如图 2-21(a)所示。

第二个层面属于扩散输运层面上的火焰结构，如图 2-21(b)所示。不同于动力学层面上的火焰结构，此时火焰被更详细地划分为预混区和反应区。预混区的特性由质热扩散过程完全控制。在燃烧过程中，随着越来越接近火焰，混合气逐渐被燃烧化学反应释放的热量加热，直至温度达到 T_0。由于对流的存在，预混区温度上升的曲线并不是线性的。对混合气的持续加热最终导致了点火以及随之而来的燃烧反应的发生。

第三个层面是详细化学反应的火焰结构。这个层面的火焰结构是目前为止科学研究中最详细的火焰结构，涉及预混气体的流动，可燃混合气的输运、燃烧化学

反应和已燃区的形态。如图 2－21(c)所示，火焰结构可以分为两个部分，也就是对流和扩散占据主导的预混区、化学反应和扩散平衡的反应区。在扩散输运层面上的火焰结构的基础上将化学反应区细化，展示了反应区内燃烧速率变化的曲线。在这个层面下，反应区的特征厚度要远远小于预混区的特征厚度。在反应区内，由于剧烈的燃烧化学活性，反应速度迅速增加到最大值，并且由于燃料的消耗而逐渐减弱。这意味着二阶微分的扩散输运有着比一阶微分对流更为重要的作用。

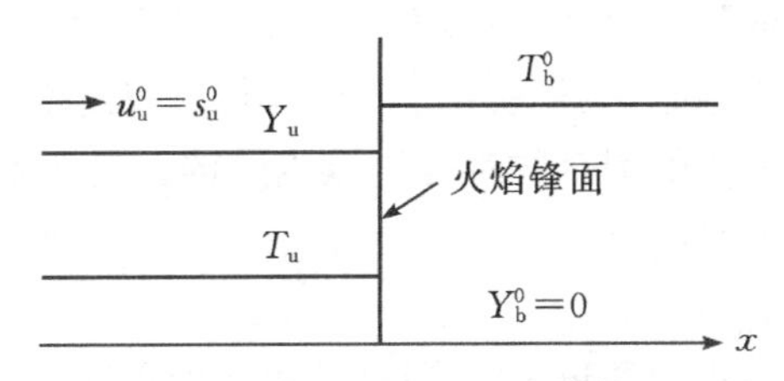

(a)动力学层面的火焰结构

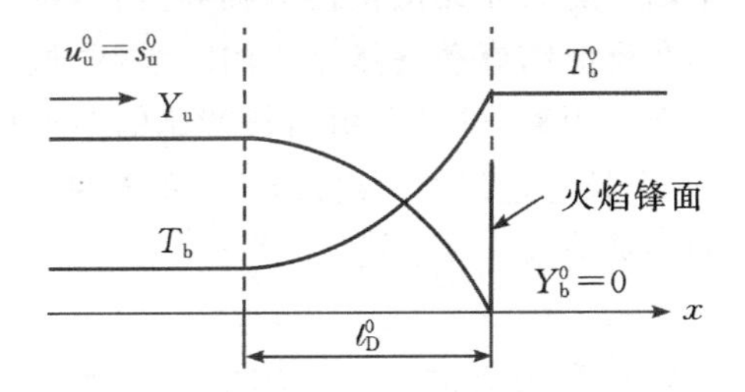

(b)扩散输运层面上的火焰结构

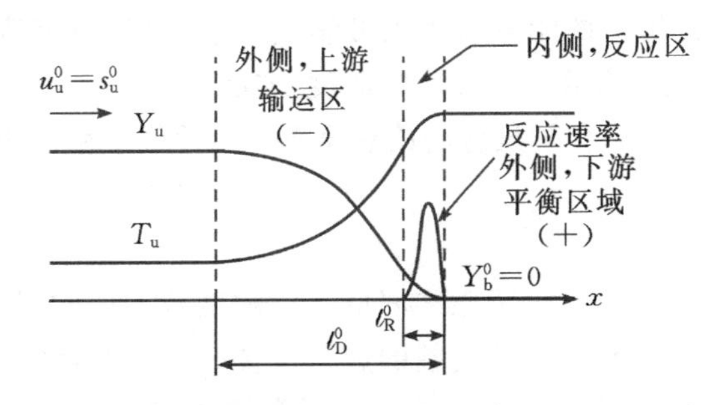

(c)详细化学反应的火焰结构

图 2－21　不同层面上预混火焰结构的示意图

3. 熄火、可燃性、点火

(1)定义。

点火是指这样一种过程：使燃烧过程开始，并且通常包括将热量传至一种可燃混合物，以使混合物升至可以发生自持的化学反应的温度，即反应可以在点火源移开后仍继续进行。

燃料与氧化剂的混合物在点火的情况下，如果会产生自持的燃烧波（缓燃波或爆震波）或者爆炸（均匀燃烧），那么就称其具有可燃性。混合物的可燃性取决于点火源和容器特定的几何外形。

熄火或淬熄发生在由于传热、膨胀做功将足够的能量或者活化分子从燃烧区域移走，以至于反应率（或热释放率）减慢至反应不能自持的温度。熄火或淬熄很自然地易发生在低温边界附近，也可能由于火焰拉伸效应发生。

因此，按照定义，所有可燃混合物都是可以点燃的。对于不易燃烧的混合物，由点火源激发的反应很容易扑灭。

(2)冷壁熄火。

当火焰进入一个足够小的通道中时，就会熄灭。如果通道不是太小，火焰就会传播过去。火焰进入一个圆管熄灭而无法传播的临界直径，称为熄火距离。实验中，对一特定直径的管子，在反应物流动突然停止的时候，通过观察稳定在管子上方的火焰是否回火来确定熄火距离，也可以用高长宽比的矩形扁口来确定熄火距离。此时，熄火距离是指两个长边之间的距离，即开口的开度。基于圆管测量的熄火距离值比基于矩形口的测量值大一些（约大 20%～30%）。

(3)点火准则和熄火准则。

Williams 给出了确定着火和熄火的两个基本准则。第二个准则可用于冷壁熄火问题。

准则 1　仅当足够多的能量加入到可燃气体中，使和稳定传播的层流火焰一样厚的一层气体的温度升高到绝热火焰温度，才能点燃。

准则 2　板形区域内化学反应的放热速率必须近似平衡于由于热传导从这个区域散热的速率。

(4)可燃极限。

实验表明，只有在可燃上、下限之间的特定浓度范围内的混合气中，火焰才能传播。可燃下限是允许稳态火焰传播的燃料含量最低的混合气体（$\Phi<1$），而可燃上限则指允许火焰传播的燃料含量最高的混合气体（$\Phi>1$）。可燃极限通常用混合气中燃料体积百分数的形式表示，或者用当量百分数，即 $\Phi\times100\%$来表示。

表 2-2 给出了各种燃料-空气混合物在大气压下的可燃极限，这些数据是用“管内方法”实验获得的。这一方法，通过实验观察在一垂直管内（直径大约 50 mm，长约 1.2 m）底部引燃的火焰能否传播通过整个管子来确定其可燃极限。能维持火焰通过的混合气体就称为可燃的。通过调整混合气的浓度，可燃极限就可以确定了。

表 2-2　温度对最小点火能量的影响

燃料	初温/K	E_{ign}/mJ
异庚烷	298	14.5
	373	6.7
	444	3.2
辛烷	298	27.0
	373	11.0
	444	4.8
异戊烷	243	45.0
	253	14.5
	298	7.8
	373	4.2
	444	2.3
丙烷	233	11.7
	243	9.7
	253	8.4
	298	5.5
	331	4.2
	356	3.6
	373	3.5
	477	1.4

注:表中 P 为 1 个标准大气压。

尽管可燃极限可以通过燃料-空气混合气的物理化学性质来定义,但实验测得的可燃极限除了和混合物的性质有关外,还和系统的热量损失有关。因此,可燃极限通常和实验装置有关。

(5)点火。

这里我们仅限于讨论电火花点火,而且特别集中在最小点火能量上。电火花点火可能是实际装置中应用最普遍的点火方法。例如,电火花点火的内燃机和燃气轮机,各种工业、商业和民用燃烧器。电火花点火安全性高,而且不像引燃点火一样需要预先存在火焰。将 Williams 的第二个准则用于球形体内的气体,这相当于由电火花引燃的初始火焰传播过程。利用这个准则,可以定义临界半径的概念,即如果实际半径小于临界值,火焰就不会传播了。图 2-22 示出了实验确定的最小点火能量和压力的函数关系。

一般来说,升高混合气体的初始温度会降低最小点火能量,如表 2-2 所示。

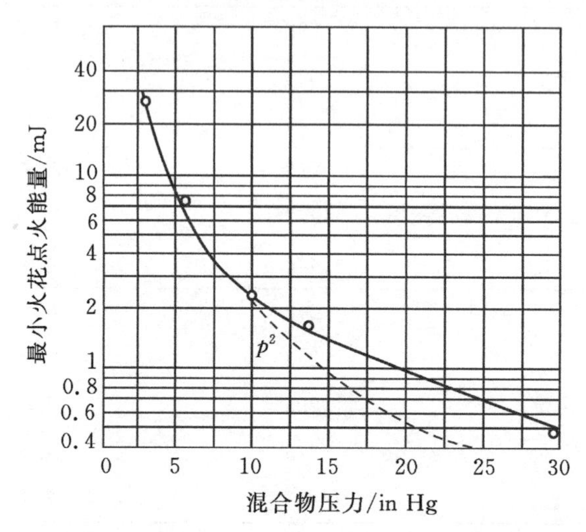

图 2-22 压力对最小点火能量的影响(1 inHg=3386.39 Pa)

4. 火焰稳定

(1)火焰稳定基本原理和方法。

在燃烧技术中,十分重要的问题是保证已着火的燃料不再熄灭,即要求火焰面能稳定在某一位置。这样就能使燃烧过程稳定地继续下去,如果燃料已经着火,但由于火焰不能稳定,火焰面被气流吹走,这样必然导致熄灭。要保证火焰面稳定在某一位置的必要条件:可燃物向前流动的速度等于火焰面可燃物传播的速度,这两个速度方向相反,大小相等,因而火焰面就静止在某一位置上。

图 2-23 给出了确定本生灯火焰形成的机理,存在四种不同工况。图中将壁面附近的气流速度和火焰传播速度的分布图进行比较,就可以分析火焰是怎样稳定在喷嘴出口处的。当预混气体流量很小时,使得出口断面上的流动速度 w 总是小于 u_H,火焰就会向管内传播,造成回火。另一方面,图中 2-23(a)表示,若流速过高,w 总是大于 u_H,则会造成吹灭。图中 2-23(b)表示只有当 u_H 和 w 两分布曲线在某一径向位置相切时,才达到临界条件。图 2-23(c)、2-23(d)表示稳定的燃烧状态。

(2)火焰稳定。

避免回火和火焰推举是设计气体燃烧器的重要标准。火焰进入燃烧器管中和喷口内继续传播而不熄灭的现象就是回火。火焰和燃烧器管子或喷口不接触,而是稳定在离喷口一定距离的位置,这种现象则称为火焰推举。回火不仅有害,更有

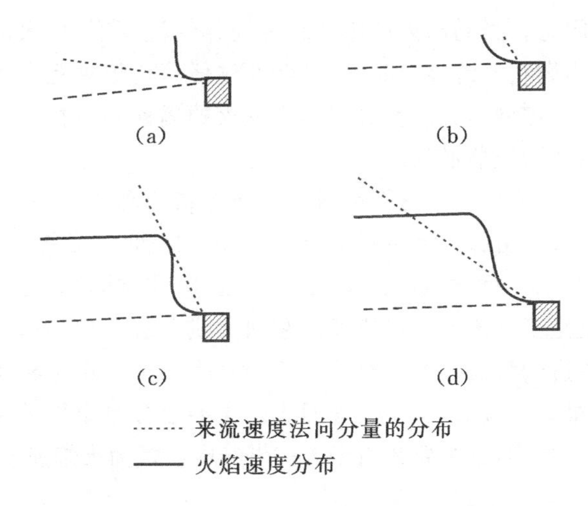

图 2-23　火焰锋面在本生灯壁面附近的稳定

安全危险。在燃气装置中，火焰通过进口传播能引燃和进口相通的混合器中的大量燃气，可能引起爆炸。反过来，火焰从引燃火焰到喷口通过"回火管"传播，则可用来点火。在实际燃烧器中，通常不希望出现火焰推举的现象，这有几个原因。首先，火焰推举可能引起未燃气体的逃逸，即形成不完全燃烧；其次，超过了推举极限，则很难点火；另外精确地控制推举火焰的位置是很困难的事，还会导致传热变差；而且，火焰推举有噪声。

回火和火焰推举都和局部的层流火焰速度与局部的气流速度之间的匹配有关，速度矢量图 2-24 简要的描绘了这一匹配情形。回火通常是瞬态的，发生在燃

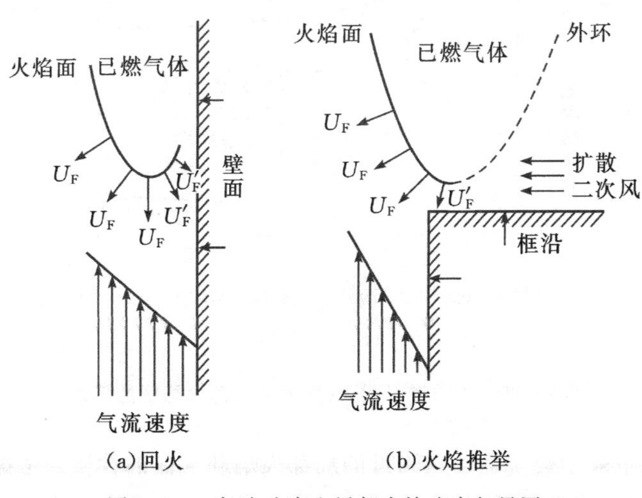

图 2-24　气流速度和局部火焰速度矢量图

料气流减小或关闭时。当局部火焰速度超过局部气流速度时，火焰会通过管子或喷口逆向传播。当燃料气流停止时，火焰会通过任何比熄火距离大的管子或喷口而发生回火。因此，控制回火的参数和影响熄火的因素是一样的，即燃烧类型、当量比、气流速度以及燃烧器形状。

图 2-25 描绘了两种不同燃料对同一几何形状的燃烧器(直线排列的一排直径为 2.7 mm 的喷口，相邻两个的距离为 6.35 mm)的回火稳定性，这两种燃料是天然气(见图 2-25(a))和含氧的人工煤气(见图 2-25(b))。对于同一燃气和喷口尺寸，横坐标正比于气流的喷口速度。在回火线左边区域的情况下运行会发生回火；而回火线右边的气流速度相对较大不会发生回火。由于稍稍富燃料的情况下层流火焰速度最大，也就最容易出现回火。主要成分是甲烷的天然气的回火稳定性比人工煤气强得多，这主要是由于人工煤气中含氢而火焰速度较高所致。

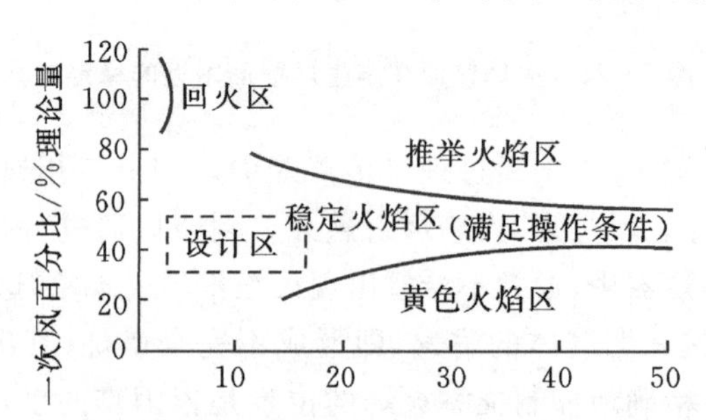

(a)天然气

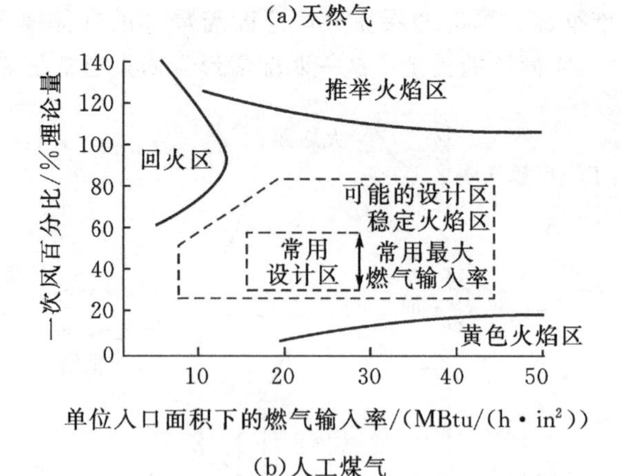

(b)人工煤气

图 2-25　不同燃料回火、推举和黄色火焰区的特性

火焰推举依赖于燃烧器喷口附近的局部火焰和气流的性质。考虑稳定在圆形管口的火焰，气流速度较低时，火焰的边缘离燃烧器开口很近，即所谓附着。当气

流速度上升时，根据式 $\alpha = \arcsin(S_L/v_u)$，导出的火焰锥形角随之减少，则火焰的边缘移动到下游一小段距离的地方。随着气流速度的进一步增加，会达到临界速度，使火焰边缘跳离到距燃烧器喷口较远的位置，这就称为火焰被推举了。此后进一步增加气体速度使火焰推举距离增加，最终，火焰会突然彻底吹离管口。

火焰推举和吹熄可用下述两种变化的相互抵消作用来解释。当气流速度增加时，一方面是气流向燃烧器管子的散热和自由基损失减少，另一方面是周围流体对气流的稀释增强。对稳定在离燃烧器边缘很近的火焰，由于在管内形成的边界层的作用，在稳定位置的局部气流速度很小。在管道里面，壁面处的气流速度为零。因为火焰离冷壁很近，热量和活性组分扩散到壁面，使得在稳定位置的局部层流火焰速度变小。这样，由于火焰速度和气流速度相等，而且数值很小，火焰的边缘就贴近燃烧器喷管。气流速度增加时，火焰的稳定位置向下游移动，但此时，火焰离冷壁变远，热量和自由基损失减少，S_L 却增加了。燃烧速度的增加使火焰稳定位置往回调整了一点点，因而，火焰仍保持附着。然而，再增大气流速度时，由于另一种作用即扩散作用，周围流体对混合气的稀释作用变得重要起来。由于稀释作用补偿了热量损失的影响，火焰被推举。继续增大气流速度时，会达到某个点，此时整个气流中的气流速度都不可能等于局部的火焰速度，于是，火焰就被吹离了管口。

2.5.1.2　气体燃料的扩散燃烧

气体燃料的扩散燃烧是指燃气和空气未经预先混合，一次空气系数 $\alpha_1 = 0$，由燃烧器喷口流出的燃气依靠周围空气的扩散作用进行的燃烧反应。

当燃气刚由喷口流出的瞬间，燃气流与周围空气相互隔开。然后，燃气和空气迅速相互扩散，形成混合的气体薄层并在该薄层里燃烧，所形成的燃烧反应产物向薄层两侧扩散。因此，燃气-空气混合物薄层在引燃后，燃气与空气再要相互接触就必须通过扩散作用，穿透已燃的薄层燃烧区所形成的燃烧反应产物层。对于层流扩散火焰，燃气与空气的混合是依靠分子扩散作用进行的；对于湍流扩散火焰，扩散过程则是以分子团状态进行的。

按照燃料和空气供入燃烧室的方式不同，扩散燃烧可以分为以下几种情况。

1. 自由射流扩散燃烧

气体燃料以射流形式由燃烧器喷入大空间的空气中，形成自由射流火焰，如图 2-26(a)所示。

2. 同轴伴随流射流扩散燃烧

气体燃料和空气分别由环形喷管的内管与外环管喷入燃烧室，形成同轴扩散射流，如图 2 - 26(b)所示。由于射流受到燃烧室容器壁面的限制和周围空气流速的影响，为受限射流扩散火焰。

3. 逆向射流扩散燃烧

气体燃料和空气喷出的射流方向正好相反，形成逆向射流扩散火焰，如图 2 - 26(c)所示。

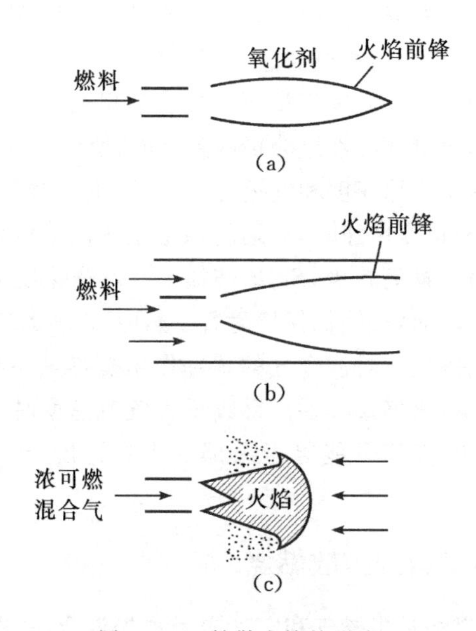

图 2 - 26　扩散火焰的形式

此外，按照射流的流动状态，还可将扩散燃烧分为层流扩散燃烧和湍流扩散燃烧。

2.5.2　液体燃料燃烧

液体燃料的燃烧，并不是液体本身在燃烧，而是液体先蒸发，生成燃料蒸气后与空气混合，进而发生燃烧反应。因此，在气体燃料燃烧中的很多观点和方法，同样可应用于液体燃料蒸气的燃烧中。但是与之不同的是，液体燃料在与空气混合前存在液体的蒸发汽化过程，对于重质液体燃料，还有一个热分解过程，即燃料由于受热而裂解成轻质碳氢化合物和炭黑。轻质碳氢化合物以气态形式燃烧，而炭黑则以固体形式燃烧。

2.5.2.1　液体燃料的雾化

液体燃料的雾化是液体燃料喷雾燃烧过程的第一步。液体燃料雾化能增加燃料的比表面积、加速燃料的蒸发汽化，有利于燃料与空气的混合，从而保证燃料迅速而完全的燃烧。因此，雾化质量的好坏对液体燃料的燃烧过程起着决定性作用。

雾化过程就是把液体燃料碎裂成细小液滴群的过程。雾化过程是一个极为复杂的物理过程，它与流体的湍流扩散、液滴穿越气体介质时所受到的空气阻力等因素有关。研究表明，液体燃料射流与周围的气体间的相对速度和雾化喷嘴前后的压力差是影响雾化过程的重要参数。压力差越大，相对速度越大，雾化过程进行得越快，液滴群尺寸也就越细。根据雾化理论，雾化过程可分为以下几个阶段：液体由喷嘴流出形成液体柱或液膜；由于液体射流本身的初始湍流以及周围气体对射流的作用（脉动、摩擦等），使液体表面产生波动、褶皱，并最终分离为液体碎片或细丝；在表面张力的作用下，液体碎片或细丝收缩成球形液滴；在气动力作用下，大液滴进一步碎裂。

在工程中强化液体燃料雾化的主要方法：①提高液体燃料的喷射压力，压力越高，雾化的液滴越细；②提高液体燃料的温度，以降低液体燃料的黏度与表面张力；③提高液滴对空气的相对速度，增强液体本身的湍流扰动。

2.5.2.2　液滴燃烧的形式

在液体燃料燃烧技术中多采用液雾燃烧方式，即把液体燃料通过雾化器雾化成一股由微小油滴组成的液雾气流，在雾化的油滴周围存在着空气，当液雾被加热时，油滴边蒸发，边混合，边燃烧。根据已有的一些实验结果，可将液雾燃烧的物理模型分为以下四种。

1. 预蒸发型气体燃烧

这种燃烧情况相当于雾化液滴很细，周围介质温度高或雾化喷嘴与火焰稳定区间距离长，使液滴进入火焰区前已全部蒸发完，燃烧完全在无蒸发的气相区中进行，这种燃烧情况与气体燃料的燃烧机理相同，液滴蒸发对火焰长度的影响不大。

2. 滴群扩散燃烧

这是另一个极端情况，即周围介质温度低或雾化颗粒较粗（或蒸发性能差），在燃烧区的每个液滴周围有薄层火焰包围，在火焰面内是燃料蒸气和燃烧反应产物，火焰面外是空气和燃烧反应产物，每个液滴的燃料蒸气各自供给其周围的火焰，并和氧气相互扩散混合进行燃烧反应，随着液滴向火焰区的移动，未燃液滴在一定位置着火、燃烧，代替已燃液滴的位置。此时燃烧与蒸发几乎同步进行，形成滴群的扩散燃烧。强化燃烧和控制火焰长度的关键是蒸发，反应动力学因素影响不大。

3. 复合燃烧

这是介于预蒸发型气体燃烧和滴群扩散燃烧之间的一种情况。由于液雾中的液滴大小不均匀，其中较小的液滴容易蒸发，在火焰区前方已蒸发完，形成预混型气体火焰，而较粗的液滴到达火焰区时尚未蒸发完毕，继续进行滴群扩散燃烧。

4. 部分预蒸发型气体燃烧加液滴蒸发

这时一部分小液滴已蒸发完毕，而有一部分液滴进入火焰区时，其直径已缩得过小或间距过密而着不了火，只能蒸发，这时没有滴群的扩散火焰，只有滴间中部分预混的气体火焰。

在后两种情况中，蒸发因素、湍流因素和反应动力学因素都将起作用。

2.5.2.3 静止液滴的燃烧

假设有一个半径为 r_0 的油滴被气体包围，油滴与气体之间没有相对运动。如果这个油滴在气体中燃烧，则燃烧的物理模型可以认为如下：油滴的周围有一层扩散火焰锋面，火焰锋面发出的热量同时向内和向外导热，向内传导的热量可以将油滴加热。油滴在这样高温的火焰锋面包围下蒸发汽化。其间，火焰锋面对油滴的辐射传热一般可忽略不计。

油的蒸气在油滴表面上产生，并向火焰锋面流动。从火焰锋面传导的热量将油气逐渐加热，使其温度由 T_0(油滴表面的温度)升高到 T_r(火焰锋面温度)。

氧气从远处向油滴内扩散，到达火焰锋面处与油气流相遇，当氧气和油气数量符合化学反应方程的计量比时，就形成了扩散火焰的火焰锋面。扩散火焰锋面温度等于燃烧温度 T_r(如果忽略掉辐射散热，它就是理论燃烧温度 T_{lr})。

由于化学反应非常猛烈，只要油蒸气一扩散到火焰锋面就马上烧掉，因此扩散火焰的燃烧速率决定于油气流的数量。而油蒸气从油滴表面到火焰锋面的流量，可以根据火焰锋面到油滴表面的导热所提供的汽化热来计算。

以下对油滴的燃烧作一个初步近似的计算。计算中忽略了油滴周围的温度场不均匀对热导率、扩散系数等的影响，也没有考虑油滴表面生成的油蒸气向外扩散所引起的向外流动的质量流(称为斯蒂芬流)。这种简化并不影响所建立的物理模型的主要意义及其应用。

设有半径为 r 的球面，通过该球面向内传导的热量必然等于油在油滴表面汽化以后，流到这个球面上并使温度升高所需要的总热量，即

$$4\pi r^2\lambda\frac{dT}{dr}=q_m[c_p(T-T_0)+Q] \qquad (2-133)$$

式中，λ 是热导率(设为一常数)；T 是当地温度；q_m 是油气流量，即油滴表面的汽化量；T_0 是油滴表面的温度，设为油的饱和温度；Q 是油的汽化热(J/kg)。

将上式改写，然后从油滴表面(r_0 和 T_0)到火焰锋面(r_1 和 T_1)积分

$$\int_{T_0}^{T_r} 4\pi\lambda \frac{dT}{c_p(T-T_0)+Q} = \int_{r_0}^{r_1} q_m \frac{dr}{r^2}$$

$$\frac{4\pi\lambda}{c_p}\ln\frac{c_p(T_r-T_0)+Q}{Q} = q_m\left(\frac{1}{r_0}-\frac{1}{r_1}\right)$$

于是

$$q_m = \frac{4\pi\lambda}{c_p(\frac{1}{r_0}-\frac{1}{r_1})}\ln[1+\frac{c_p}{Q}(T_r-T_0)] \tag{2-134}$$

现在再来求火焰锋面的半径 r_1。假设火焰锋面之外有一半径为 r 的球面，氧气从远处通过这个球面向内扩散的数量，必然等于火焰锋面上所消耗的氧量，即等于式(2-134)的油气流量 q_m乘以化学反应方程式中氧与油的计量比 β

$$4\pi r^2 D\frac{dc}{dr} = \beta q_m \tag{2-135}$$

式中，D 是氧的分子扩散系数；c 是氧气的浓度。

将式(2-135)改写后，在远处和火焰锋面之间积分为

$$\int_0^{C_\infty} 4\pi D dc = \int_{r_1}^{\infty} \beta q_m \frac{dr}{r^2}$$

$$4\pi D(c_\infty - 0) = -\beta q_m(\frac{1}{\infty}-\frac{1}{r_1})$$

于是火焰锋面的半径为

$$r_1 = \frac{\beta q_m}{4\pi D c_\infty} \tag{2-136}$$

式中，c_∞是远处的氧浓度。

火焰锋面处因为化学反应非常强烈，氧气的浓度非常小，可以近似等于 0。

从式(2-135)和式(2-136)中消去 r_1，得到 q_m。

$$q_m = 4\pi r_0\left\{\frac{\lambda}{c_p}\ln\left[1+\frac{c_p}{Q}(T_r-T_c)\right]+\frac{Dc_\infty}{\beta}\right\} \tag{2-137}$$

这就是半径为 r_0 的油滴表面上的汽化量，也是扩散火焰单位时间燃烧的油量。

由于半径 r_0是直径 δ 的一半，因而 q_m与 δ 成正比，为了方便后面的推倒，将式(2-137)改写成

$$q_m = \frac{\pi K\rho_r\delta}{4} \tag{2-138}$$

式中，K 是比例常数，$K=\frac{8}{\rho_r}\left\{\frac{\lambda}{c_p}\ln\left[1+\frac{c_p}{Q}(T_r-T_c)\right]+\frac{Dc_\infty}{\beta}\right\}$。

另一方面，油滴燃烧过程中 δ 不断减小，故

$$q_m = -\rho_r\frac{d}{d\tau}\left(\frac{\pi}{6}\delta^3\right) = -\frac{\rho_r\pi\delta^2}{2}\frac{d\delta}{d\tau} \tag{2-139}$$

$$2\delta \mathrm{d}\delta = -K\mathrm{d}\tau$$

$$\mathrm{d}(\delta^2) = -K\mathrm{d}\tau$$

$$\tau = \frac{\delta_0^2 - \delta^2}{K} \tag{2-140}$$

上式也可写成

$$\delta^2 = \delta_0^2 - K\tau \tag{2-141}$$

该式称为油滴燃烧的直径平方-直线定律，即油滴直径的平方随时间的变化呈直线关系。当 $\delta=0$ 时油滴烧完，由式(2-141)可知燃烧完全的时间为

$$\tau = \frac{\delta_0^2}{K} \tag{2-142}$$

即油滴烧完所需的时间与油滴原始直径的平方成正比。由此可见，如果雾化不良，油雾中存在着太粗的油滴，将导致燃烧不完全。通常雾化质量是控制液体燃烧的关键。

2.5.3 固体燃料燃烧

天然固体燃料可分为两大类：木质燃料和矿物质燃料。前者在工业生产中很少使用，故不予介绍。矿物质固体燃料主要是煤，它不仅是现代工业热能的主要来源，而且随着科学技术的发展，煤将越来越多地被用于化学工业，实现综合利用。煤是锅炉的主要燃料，大型热电厂都以煤作为燃料。

煤主要由碳、氢、氧、氮、硫、水分与灰分组成，其中的碳、氢以及由氧、氮、硫与碳和氢所构成的化合物是煤的主要可燃成分，而灰分与水分是煤中的惰性成分。当受热时，煤首先被干燥，其表面的水分逐渐蒸发出来。随着温度的提高，煤发生热分解反应，析出可燃的碳氢化合物和不可燃的 CO_2，这些气态的析出物就是挥发分。挥发分的析出速率随时间呈指数关系递减，即在短时间内就可以析出全部挥发分的 80%～90%，但要经历更长的时间才有可能完全析出。当煤中的挥发分析出后，剩余的部分就是焦炭，焦炭由固定碳和一些矿物杂质组成。下面以单个煤颗粒的燃烧为例来分析煤的燃烧过程。

2.5.3.1 煤粒的燃烧过程

由于挥发分的着火温度远远低于焦炭的着火温度，因此，在温度足够高且有氧气存在的情况下，挥发分将首先着火，并在煤粒的周围进行空间燃烧，形成一层明亮的火焰前锋，如图 2-27 所示。此时，周围扩散过来的氧气全部消耗于挥发分燃烧所形成的火焰锋面处，而不能到达焦炭表面，因此焦炭还不能够被点燃。但是挥发分的燃烧却对焦炭具有加热作用，使其温度逐渐提高到 700～800 ℃，为以后着

火、燃烧做好了准备。随着时间的推移，挥发分火焰逐渐缩短直至完全消失，这说明挥发分已经基本燃尽，这段时间约占煤粒燃尽总时间的 10%。此后，氧气已经能够扩散到焦炭表面，于是焦炭开始着火燃烧，其温度将达到最大值约 1200 ℃左右；同时在焦炭周围出现极短的蓝色火焰，这是焦炭表面的不完全燃烧产物 CO 扩散到周围空气中并进行燃烧所形成的。

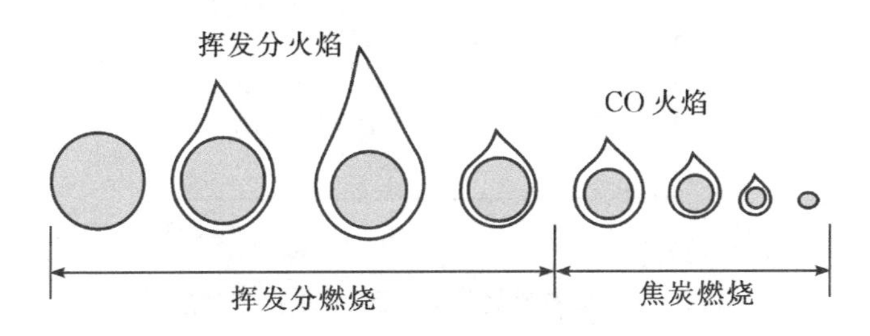

图 2－27　煤粒的燃烧过程

在焦炭燃烧期间，由于温度升高，仍会有少量挥发分从煤粒中逸出并燃烧，但此时挥发分的燃烧对整个煤粒的燃烧不再起主导作用。实验研究表明：挥发分的燃烧和焦炭的燃烧是同时进行的，且没有一个很清晰的分界线，挥发分的析出几乎延续到煤粒完全燃尽为止。当焦炭与挥发分完全燃尽后，剩余组分为不燃烧的灰分。

2.5.3.2　煤粒燃烧的动力区、扩散区和过渡区

煤粒的燃烧属于多相燃烧，而根据化学反应速度和氧气向碳粒表面扩散速度的大小，可将燃烧过程划分为动力区、扩散区和过渡区，变化关系如图 2－28 所示。

1. 碳粒燃烧的动力区

温度低于 900～1000 ℃时，化学反应速度小于氧气向碳粒表面的扩散速度，氧气的供应十分充足，提高扩散速度对燃烧速度的影响不大，燃烧速度取决于反应温度和碳的活化能。此时，称燃烧处于动力区。在动力燃烧区内，氧气的扩散传质系数远大于化学反应速度常数。

2. 碳粒燃烧的扩散区

温度高于 1400 ℃时，化学反应速度大于氧气向碳粒表面的扩散速度，以至于扩散到碳粒表面的氧气立刻被消耗掉，碳粒表面处的氧浓度接近于 0，提高温度对燃烧速度的影响不大，燃烧速度取决于氧气向碳粒表面的扩散速度，此时，称燃烧处于扩散区。在扩散燃烧区内，因为反应温度很高，化学反应速度常数远大于氧气的扩散传质系数。

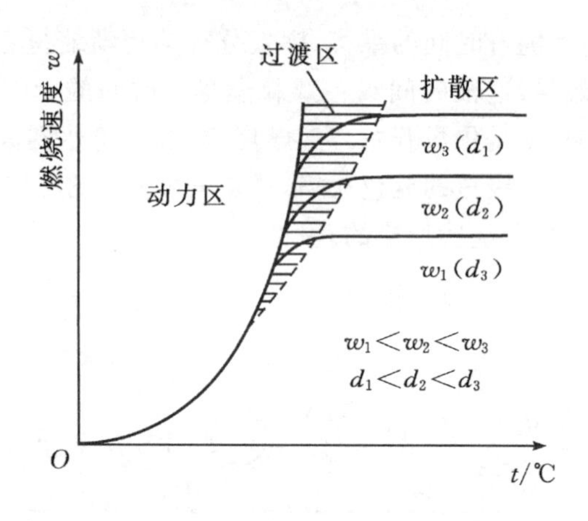

图 2-28　碳粒燃烧的动力区、扩散区和过渡区

3. 碳粒燃烧的过渡区

当燃烧介于动力区和扩散区之间,则处于过渡区。在过渡区,提高温度和提高扩散速度都可以提高燃烧速度。即氧气向碳表面的扩散速度与碳粒表面的化学反应速度同时影响和控制碳粒的燃烧速度。若扩散速度不变,只提高温度,则燃烧过程向扩散区移动;若温度不变,只提高扩散速度,则燃烧过程向动力区移动。

2.5.3.3　挥发分对煤粒燃烧过程的影响

挥发分对煤粒的燃烧具有双重影响,既有积极的一面,又有消极的一面。由于挥发分与空气的混合物着火温度很低,因此将先于焦炭着火燃烧,并在煤粒周围形成包络火焰,提高了焦炭的温度,为其着火燃烧提供了有利条件,而焦炭温度的升高也促进了挥发分的析出。另外,挥发分析出后,焦炭内部将形成众多孔洞,从而增加了焦炭反应的总表面积,使燃烧速度有所提高。

挥发分对煤粒燃烧的不利影响主要表现在挥发分的燃烧消耗了大量的氧气,造成扩散到焦炭表面的氧气显著减少,从而降低了煤颗粒的燃烧速度,特别是燃烧初期,挥发分燃烧对整个煤粒燃烧的抑制作用尤为明显。

煤粒中挥发分的成分与数量受众多因素影响,这些因素包括煤种、煤的粒径、加热速率、加热温度、环境压力等。例如,提高加热速率,挥发分的析出时间将大幅度缩短;提高加热终止温度,挥发分中的碳氢比将有所增加。不同煤种的热分解温度也不同,无烟煤的热分解温度约为 380～410 ℃,烟煤约为 210～260 ℃,而褐煤仅为 130～170 ℃左右。因此,在讨论挥发分对煤粒燃烧的影响时,要结合具体情况分析。

2.5.3.4　灰分对煤粒燃烧过程的影响

煤中所含的灰分对煤的燃烧过程也具有一定的影响。灰分一般分为外在灰分与内在灰分两种。外在灰分是在煤的开采、运输过程中混杂进来的矿物杂质，其含量变动较大，但可通过洗煤等措施予以清除。内在灰分是指煤在形成过程中已经存在于煤中的矿物质，这些矿物质一般均匀分布于煤的可燃质中，其质量百分比约为 1%～2%，洗煤等处理措施不能清除煤的内在灰分，因此在煤进行燃烧时，这些内在灰分将在一定程度上影响燃烧过程。

当煤粒由外层逐渐向内层燃烧时，外层的灰分就会形成包裹在内层煤粒上的灰壳，这层灰壳将阻碍氧气向煤粒表面的扩散，从而造成煤粒的燃烧速率降低，并有可能使煤粒燃烧不完全；另外，灰分的升温消耗了一部分热量，从而使燃烧温度降低，导致煤粒的着火延迟。因此，高灰分的煤在燃烧时，其机械不完全燃烧热损失较大。

下面用一个简化的模型来分析灰壳对煤粒燃烧速度的影响。首先假设燃烧反应仅在煤粒外表面进行，而不考虑空间反应与内表面反应；并认为化学反应是一步完成的，即 $C+O_2 \rightarrow CO_2$；假设燃烧后生成的灰分均匀地包裹在燃烧的煤粒周围。

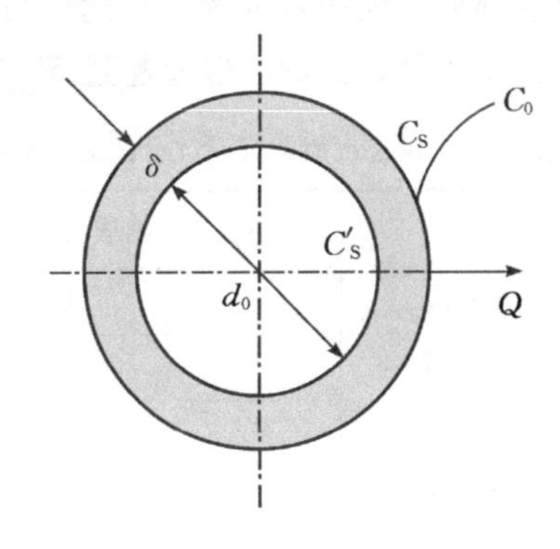

图 2-29　裹灰煤粒示意图

在稳定燃烧的情况下，如图 2-29 所示，周围环境向灰壳外表面扩散的氧气量 $\alpha_D(C_0-C_S)$ 应该等于透过灰壳向煤粒表面扩散的氧气量 $\frac{D_A}{\delta}(C_S-C'_S)$，并等于煤表面燃烧反应所消耗的氧气量 kC'_S，即

$$W_0=\alpha_D(C_0-C_S)=\frac{D_A}{\delta}(C_S-C'_S)=kC'_S \tag{2-143}$$

式中，α_D、D_A 分别是传质系数和灰壳内的氧气扩散系数；C_0、C_S、C_S' 分别是环境、灰壳外表面、煤粒表面的氧浓度；δ 为灰壳的厚度。

将上式中的 C_S 和 C_S' 消去，可以得到

$$W_0=\frac{1}{\frac{1}{k}+\frac{1}{\alpha_D}+\frac{\delta}{D_A}}C_0 \tag{2-144}$$

因此，煤粒的燃烧速度可以写成

$$W_C = \beta W_0 = \frac{\beta}{\frac{1}{k} + \frac{1}{\alpha_D} + \frac{\delta}{D_A}} C_0 \tag{2-145}$$

式中，β 是反应的化学当量比。从上式可以看出，随着燃烧的进行，灰壳厚度 δ 将逐渐增大，从而导致煤粒的燃烧速率逐渐下降。但是，实验表明，只要灰壳的厚度不过分大(不超过 0.3～0.5 mm)，灰分对燃烧速率的影响是比较小的。

以上结论是在简化条件下得到的，煤粒的实际燃烧情况要复杂得多。例如，当灰分中含有 Na、K 等元素时，灰分对煤粒的燃烧具有一定的催化作用；当灰熔点较低时，灰分将从煤粒表面流淌下来，并不形成稳定的灰壳；此外，煤粒与煤粒之间的碰撞或者煤粒与炉壁之间的碰撞都有可能使灰壳破裂。

2.5.3.5 焦炭对煤粒燃烧过程的影响

表 2-3 给出了各种煤中焦炭的发热量占煤的总发热量的百分数，以及焦炭中可燃部分占煤的总可燃成分的质量分数。从该表可以看出，对于大多数煤种，焦炭所占发热量的比例一般要超过 50%。

表 2-3　焦炭占燃料可燃成分的质量分数以及固体燃料中焦炭发热量占燃料总发热量的百分数

燃料	焦炭占可燃成分的质量分数/%	焦炭发热量占总发热量的百分比/%
木炭	15	20
泥煤	30	40.5
褐煤	55	66
烟煤	57～88	59.5～83.5
无烟煤	96.5	95

由于焦炭在煤中所占的份额最大，焦炭的发热量又是煤的发热量的主要部分，且其着火最迟、燃尽所需时间最长(约占总燃尽时间的 90%)，因此焦炭的燃烧在煤粒的燃烧过程中起着决定性的作用。而焦炭主要由固定碳和少量不可燃的矿物质组成，其中固定碳的燃烧特点决定了焦炭的燃烧过程。

参考文献

[1] 严传俊，范玮. 燃烧学[M]. 2 版. 西安：西北工业大学出版社，2008.
[2] 岑可法，姚强，骆仲泱，等. 高等燃烧学[M]. 杭州：浙江大学出版社，2002.

[3] LAW C K. Combustion Physics[M]. England: Cambridge University Press, 2006.
[4] TURNS S R. 燃烧学导论:概念与应用[M]. 2 版. 姚强,李水清,王宇,译. 北京:清华大学出版社,2009.
[5] 隆武强,郭晓平,田江平. 燃烧学[M]. 北京:科学出版社,2015.
[6] 徐通模. 燃烧学[M]. 北京:机械工业出版社,2010.
[7] 张英华. 燃烧与爆炸学[M]. 北京:冶金工业出版社,2015.
[8] 冉景煜. 工程燃烧学[M]. 北京:中国电力出版社,2014.
[9] 刘联胜. 燃烧理论与技术[M]. 北京:化学工业出版社,2008.
[10] 王修彦. 工程热力学[M]. 北京:机械工业出版社,2007.

第3章 高效低氮煤粉燃烧技术

3.1 概 述

煤燃烧过程中产生的氮氧化物主要是一氧化氮(NO)和二氧化氮(NO_2),这二者统称为NO_x,此外,还有少量的氧化二氮(N_2O)产生。在煤燃烧过程中氮氧化物的生成量和排放量与煤燃烧方式,特别是燃烧温度和过量空气系数等燃烧条件密切相关。以煤粉燃烧为例,在不加控制时,液态排渣炉的NO_x排放值要比固态排渣炉的高得多。即使是固态排渣炉,燃烧器布置方式不同时的NO_x的排放值也很不相同。

在通常的燃烧温度下,煤燃烧生成的NO_x中,NO占90%以上,NO_2占5%～10%,而N_2O只占1%左右。近年来随着燃煤流化床锅炉的发展,发现流化床锅炉排出的N_2O比煤粉炉排放的要大得多,因此已引起人们对N_2O问题的日益重视。

在煤燃烧过程中,生成NO_x的途径有以下三个。

(1)热力型NO_x(Thermal NO_x),它是空气中的氮气在高温下氧化而生成的NO_x。

(2)燃料型NO_x(Fuel NO_x),它是燃料中含有的氮化合物在燃烧过程中热分解又接着氧化而生成的NO_x。

(3)快速型NO_x(Prompt NO_x),它是燃烧时空气中的氮和燃料中的碳氢离子团(如CH等)反应生成的NO_x。

N_2O和燃料型NO_x一样,也是燃料的氮化合物转化生成的,它的生成过程和燃料型NO_x的生成和破坏密切相关。

图3-1是煤粉炉中三种类型的NO_x的生成量的范围和炉膛温度的关系。由图可见,煤粉燃烧所生成的NO_x中,燃料型NO_x是最主要的,它占NO_x总生成量的75%～95%;热力型NO_x的生成和燃烧温度的关系很大,在温度足够高时,热力型NO_x的生成量可占到NO_x总量的20%;快速型NO_x在煤燃烧过程中的生成量很小。

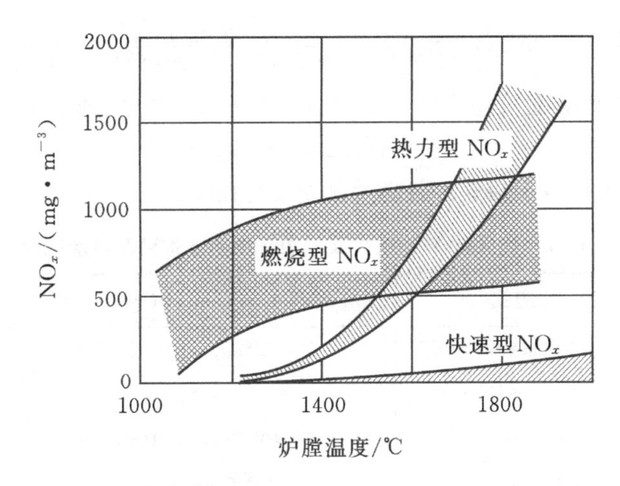

图 3-1　煤粉燃烧中各种类型 NO_x 的生成量和炉膛温度的关系

3.2　NO_x 和 N_2O 的生成与还原机理

3.2.1　热力型 NO_x

热力型 NO_x 是燃烧时空气中的氮(N_2)和氧(O_2)在高温下生成的 NO 和 NO_2 的总和,其生成机理可用捷里多维奇(Zeldovich)的下列不分支链锁反应式来表达

$$O + N_2 \rightleftharpoons NO + N \tag{3-1}$$

$$N + O_2 \rightleftharpoons NO + O \tag{3-2}$$

1971 年,费尼莫尔(Fenimore)在富燃料火焰中发现了下列反应

$$N + OH \rightleftharpoons NO + H \tag{3-3}$$

在富燃料状态下,式(3-3)的作用会超过反应式(3-1),所以反应式(3-1)、式(3-2)和式(3-3)被认为是"热力"NO 生成的反应机理,其中反应方程式(3-1)是控制步骤,因为它需要高的活化能。由于原子氧(O)和氮分子(N_2)反应的活化能很大,而原子氧和燃料中可燃成分反应的活化能很小,它们之间的反应更容易进行,即 NO 是在火焰的下游区域生成的。

除以上反应外,还有 NO_2、N_2O 等反应,由于这些反应都是独立的,对 NO 的生成过程几乎不产生影响。在假设氮原子浓度达到稳定状态以及反应 $O+OH \Leftrightarrow O_2+H$ 处于平衡的前提下,Bowman 在 1975 年给出了 NO 生成速率的表达式

$$\frac{d[NO]}{dt}=2k_1[O][N_2]\times\left\{\frac{1-[NO]^2/K[O][N_2]}{1+k_{-1}[NO]/k_2[O]+k_3[OH]}\right\} \quad (3-4)$$

式中,[ ]代表浓度;k 是反应常数;K 是反应 $N_2+O_2 \Leftrightarrow 2NO$ 的平衡常数。

$$K=(k_1/k_{-1})(k_2/k_{-2}) \quad (3-5)$$

表 3-1 是上述各反应速度常数及其温度范围。

表 3-1 热力型 NO_x 有关反应的反应速度常数及温度范围

k 的下标	反应式	反应速率常数/($cm^3\cdot(mol\cdot s)^{-1}$)	温度范围/K
1	$O+N_2 \longrightarrow NO+N$	$7.6\times10^{13}\exp(-38000/T)$	2000～5000
−1	$N+NO \longrightarrow N_2+O$	1.6×10^{13}	300～5000
2	$N+O_2 \longrightarrow NO+O$	$6.4\times10^{9}T\exp(-3150/T)$	300～3000
−2	$O+NO \longrightarrow O_2+N$	$1.5\times10^{9}T\exp(19500/T)$	1000～3000
3	$N+OH \longrightarrow NO+H$	1.0×10^{14}	300～2500
−3	$H+NO \longrightarrow OH+N$	$2.0\times10^{14}\exp(-23650/T)$	2200～4500

如果认为氧气的离解反应处于平衡状态,即 $O_2 \longrightarrow 2O$,则式(3-4)可表示为

$$\frac{d[NO]}{dt}=6\times10^{16}T_{平衡}^{-1/2}\exp(-69090/T_{平衡})\times[O_2]_{平衡}^{-1/2}[N_2]_{平衡} \quad (3-6)$$

或

$$[NO]=\int_0^t\{6\times10^{16}T_{平衡}^{-1/2}\exp(-69090/T_{平衡})\times[O_2]_{平衡}^{-1/2}[N_2]_{平衡}\}dt \quad (3-7)$$

从式(3-6)和式(3-7)可以看出,热力型 NO_x 的生成速度和温度的关系按照阿累尼乌斯定律,依赖于反应温度 T,与 T 呈指数关系,同时正比于 N_2 浓度和 O_2 浓度的平方根以及停留时间。在燃烧温度低于 1500 ℃时,几乎观测不到 NO 的生成反应,热力 NO 的生成很少;只有当温度高于 1500 ℃时,NO 的生成反应才变得明显起来。计算表明,当温度高于 2000 ℃时,在不到 0.1 s 的时间内可能生成大量的 NO。实验表明,当温度达到 1500 ℃时,温度每提高 100 ℃,反应速度将增加 6～7 倍。以煤粉炉为例,在燃烧温度为 1350 ℃时,炉膛内几乎 100%是燃料型 NO_x,但当温度为 1600 ℃时,热力型 NO_x 可占炉内 NO_x 总量的 25%～30%。图 3-2 是油和气体燃料燃烧时 NO 的生成浓度与温度的关系。由图可见,温度对热力型 NO_x 的生成浓度具有决定性的影响。

从式(3-7)还可以看出,除了反应温度对热力型 NO_x 的生成浓度具有决定性的影响外,NO_x 的生成浓度还和 N_2 的浓度、O_2 浓度的平方根以及停留时间有关。也就是说,燃烧设备的过量空气系数和烟气的停留时间对 NO_x 的生成浓度有影

响。图 3-3 是在理论燃烧温度时，NO 的生成浓度和过量空气系数及烟气停留时间的关系。由图可见，如过量空气系数为 1.1，当烟气在炉膛内高温区内的停留时间为 0.1 s 时，NO 浓度的计算值约为 500×10^{-6}，但若停留时间为 1 s，则 NO 浓度的计算值达到 1300×10^{-6}。若过量空气系数为 1.4，则停留时间为 1 s 时的 NO 浓度计算值仅为 500×10^{-6}。因此，要控制热力型 NO_x 的生成，就需要降低燃烧温度；避免产生局部高温区；缩短烟气在炉内高温区的停留时间；降低烟气中氧的浓度和使燃烧在偏离理论空气量（$\alpha=1$）的条件下进行。

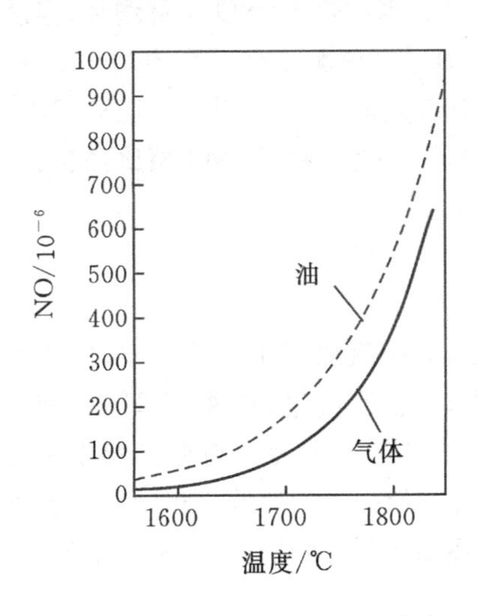

图 3-2　热力型 NO_x 生成浓度与温度的关系

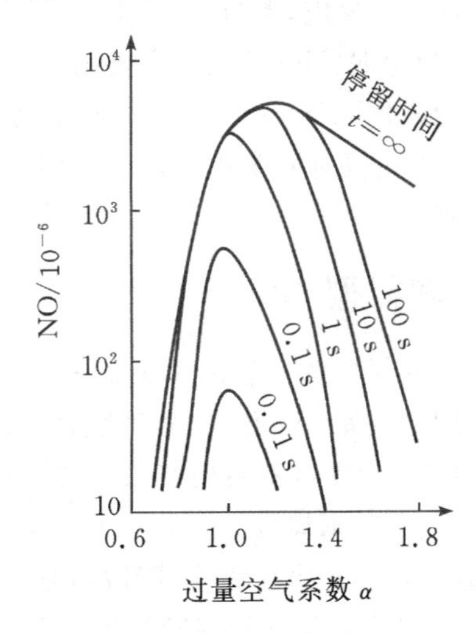

图 3-3　热力型 NO_x 的生成浓度与过量空气系数和烟气停留时间关系的计算值

3.2.2　快速型 NO_x

快速型 NO_x 是 1971 年费尼莫尔通过实验发现的，碳氢燃料燃烧在燃料过浓时，在反应区附近会快速生成 NO_x，他指出“快速”NO 是先通过燃料产生的 CH 原子团撞击 N_2 分子，生成 CN 类化合物，再进一步被氧化生成 NO。

Miller 等人在 1989 年指出，“快速”NO 的形成与以下三个因素有关：①CH 原子团的浓度及其形成过程；② N_2 分子反应生成氮化物的速率；③氮化物间相互转化率。

他们发现反应（3-8）是控制 NO、氰（HCN）和其他氮化物生成速率的重要反应。

$$CH+N_2\Leftrightarrow HCN+N \tag{3-8}$$

“快速”型 NO 形成的主要反应途径如图 3-4 所示。

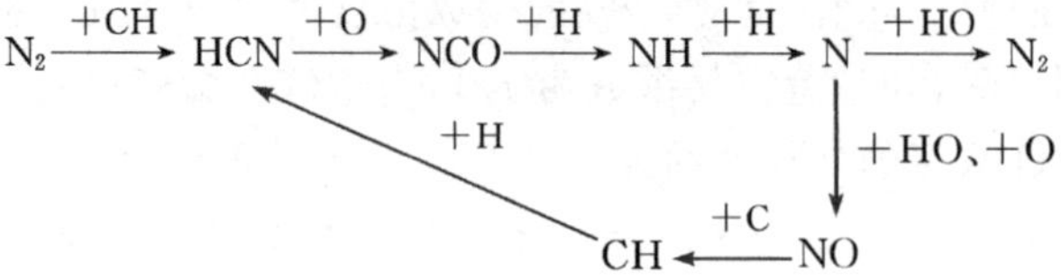

$$N_2 \xrightarrow{+CH} HCN \xrightarrow{+O} NCO \xrightarrow{+H} NH \xrightarrow{+H} N \xrightarrow{+HO} N_2$$

$$N \xrightarrow{+HO、+O} NO \xrightarrow{+C} CH \xrightarrow{+H} HCN$$

图 3-4　快速型 NO 形成的主要反应途径

对碳氢燃料燃烧综合机理的计算表明，在温度低于 2000 K 时，NO 的形成主要通过 CH—N_2反应，即“快速”NO 途径。当温度升高，“热力”NO 比重增加，温度在 2500 K 以上时，NO 的生成主要由在[O]与[OH]超平衡加速下的 Zeldovich 机理控制。通常情况下，在不含氮的碳氢燃料低温燃烧时，才重点考虑“快速”NO。“快速”NO 的生成对温度的依赖性很弱，与“热力”NO 和“燃料”NO 相比，它的生成要少得多。

3.2.3　燃料型 NO_x

煤炭中的氮含量一般在 0.5%～2.5%左右，其中氮原子主要是与碳、氢原子结合成不同的含氮环状化合物，其赋存形态主要以吡啶、吡咯、喹啉(C_5H_5N)和芳香胺($C_6H_5NH_2$)等含氮结构存在。结构示意图如图 3-5 所示。吡咯是煤中氮的主要存在形式，从褐煤到无烟煤中均有存在，约占氮总量的 50%～80%。随着煤中碳含量的升高，即煤化程度的升高，吡咯含量逐渐降低，而吡啶的含量逐渐升高，从烟煤的 20%左右增加到高阶煤的 40%左右。

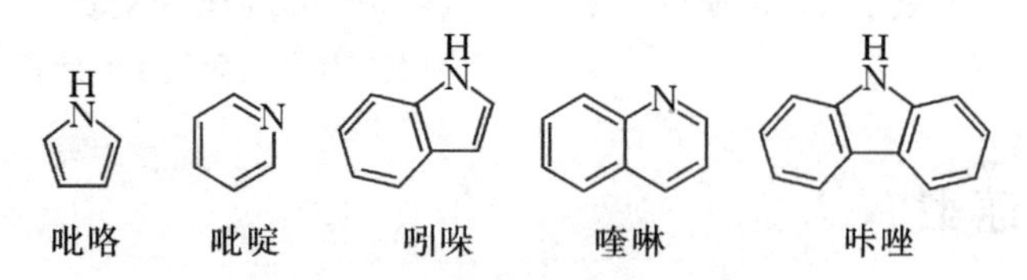

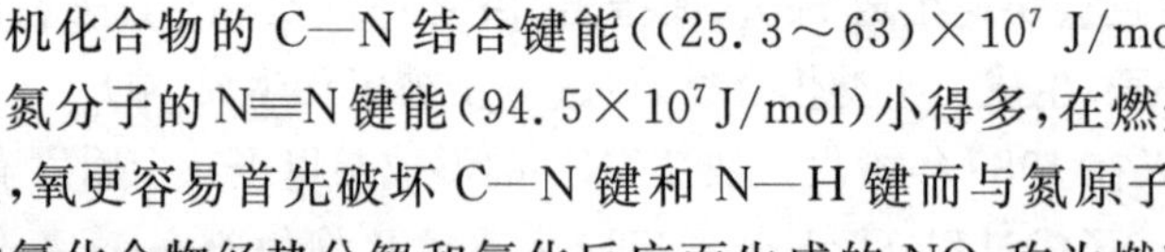

图 3-5　煤中 N 化合物的化学结构

煤中氮有机化合物的 C—N 结合键能((25.3～63)×10^7 J/mol)以及 N—H 键都比空气中氮分子的 N≡N 键能(94.5×10^7 J/mol)小得多，在燃烧时很容易分解出来。因此，氧更容易首先破坏 C—N 键和 N—H 键而与氮原子生成 NO。这种从燃料中的氮化合物经热分解和氧化反应而生成的 NO，称为燃料型 NO_x。事实上，当燃料中氮的含量超过 0.1%时，完全反应所生成的 NO 在烟气中的浓度将会超过 130×10^{-6}。煤燃烧时约 75%～90%的 NO_x 是燃料型 NO_x。

燃料中的含氮有机化合物在高温下脱挥发分过程中受热分解，一部分形成中间产物 HCN，剩余的燃料 N 转化为中间产物 NH_i，在氧化性气氛下接触含氧化学组分 OH/O/O_2后氧化生成 NO 等，在还原性气氛下，中间产物 NH_i/HCN 可与生成的 NO 发生反应，生成 N_2。

$$NH_i/HCN + O_2/O/OH \longrightarrow NO + \cdots \tag{3-9}$$

$$NH_i/HCN + NO \longrightarrow N_2 + \cdots \tag{3-10}$$

由于燃料 N 生成中间产物 HCN/NH_i 的速率很快，因此最终的 NO_x 生成量取决于以上两个反应过程的竞争，即燃料型 NO_x 生成量最终取决于主燃区内 NO 与 O_2 之比。在一般的燃烧条件下，燃料中的氮有机化合物首先被热分解成氰(HCN)、氨(NH_3)和 CN 等中间产物，随着脱挥发分过程从燃料中释放的含氮化合物被称为挥发分氮；仍留在焦炭中的含氮化合物被称为焦炭氮，在煤的受热过程中，燃料氮将在煤焦与挥发分之间进行分配，其分配比取决于煤种、温度、加热速率、停留时间和氧气浓度。氮迁移过程如图 3-6 所示。

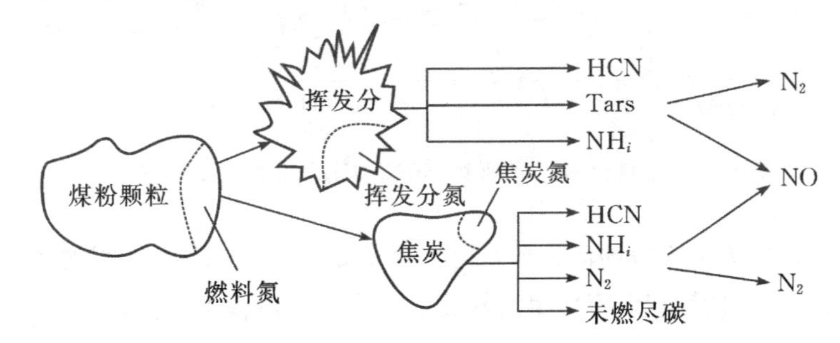

图 3-6　煤粉中燃料氮迁移过程示意图

3.2.3.1　挥发分 N 中最主要的氮化合物是 HCN 和 NH_3

在挥发分 N 中 HCN 和 NH_3 所占的比例不仅取决于煤种及其挥发分的性质，而且与氮和煤的碳氢化合物的结合状态等化学性质有关，同时还与燃烧条件，如温度等有关。其规律大致如下。

(1)对于烟煤，HCN 在挥发分 N 中的比例比 NH_3 大；劣质煤的挥发分 N 中则以 NH_3 为主；无烟煤的挥发分 N 中 HCN 和 NH_3 均较少。

(2)在煤中当燃料氮与芳香环结合时，HCN 是主要的热分解初始产物；当燃料氮以胺的形式存在时，则 NH_3 是主要的热分解初始产物。

(3)在挥发分 N 中 HCN 和 NH_3 的量随温度的增加而增加，但在温度超过 1000～1100 ℃时，NH_3 的含量就达到饱和。

(4)随着温度的上升，燃料氮转化成 HCN 的比例大于转化成 NH_3 的比例。

3.2.3.2　在通常的煤燃烧温度下，燃料型 NO_x 主要来自挥发分 N

煤粉燃烧时由挥发分生成的 NO_x 占燃料型 NO_x 的 60%～80%，有焦炭 N 所

生成的 NO_x 占到 20%～40%。研究表明，在氧化性气氛中，随着过量空气的增加，挥发分 NO_x 迅速增加，明显超过焦炭 NO_x，而焦炭 NO_x 的增加则较少。

图 3-7 为燃料型 NO_x 前驱物 HCN/NH_3 发生氧化反应并最终生成 NO 的主要路径。

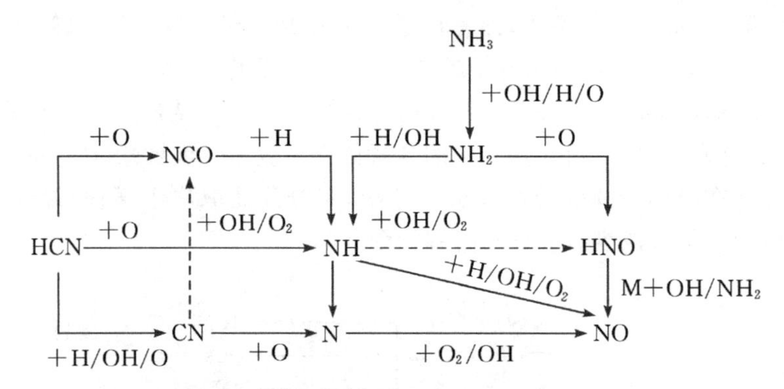

图 3-7　燃料型 NO_x 前驱物 HCN/NH_3 氧化的主要反应途径

这一过程中关键反应的活化能及前置因子如表 3-2 所示，获得的化学反应动力学参数有助于对燃料型 NO_x 生成转化过程进行数值模拟计算。

表 3-2　燃料型 NO_x 生成转化相关反应系数

反应方程式[①]	A	$E/(J\cdot(g\ mol)^{-1})$
$HCN+O_2\longrightarrow NO+\cdots$	1.0×10^{10}	280300
$HCN+NO\longrightarrow N_2+\cdots$	3.0×10^{12}	251000
$HCN\longrightarrow NH_3+\cdots$	根据煤质确定	
	1.94×10^{15}	328500
$NH_3+O_2\longrightarrow NO+\cdots$	4.0×10^{6}	133900
	$3.48\times10^{20}/(1+7\times10^{-6}\exp(2110/T)$	50300
$NH_3+NO\longrightarrow N_2+\cdots$	1.80×10^{8}	113000
	1.92×10^{4}	94100
	6.22×10^{14}	230100

注：[a] $k=A\exp(-E/RT)$

3.2.4　燃烧过程 NO_x 的还原机理

由前面的分析可知，在氧化性气氛中生成的 NO_x 当遇到还原性气氛（富燃料燃烧或缺氧状态)，或煤粉热解初期产生的焦炭颗粒、挥发分、CO、H_2和烃基都对NO_x有还原作用，会还原成氮分子(N_2)，这称为NO_x的还原或NO_x的破坏。因此，最初生成的NO_x的浓度，并不等于其排放浓度，因为随着燃烧条件的改变，有可能将已生成的NO_x破坏掉，将其还原成分子氮。所以，燃烧设备烟气中NO_x的排放浓度最终取决于NO的生成反应和NO的还原或破坏反应的综合结果。

图 3－8 所示为NO破坏的反应途径。由图可见，有(a)、(b)和(c)三条可能的途径破坏或还原NO_x。

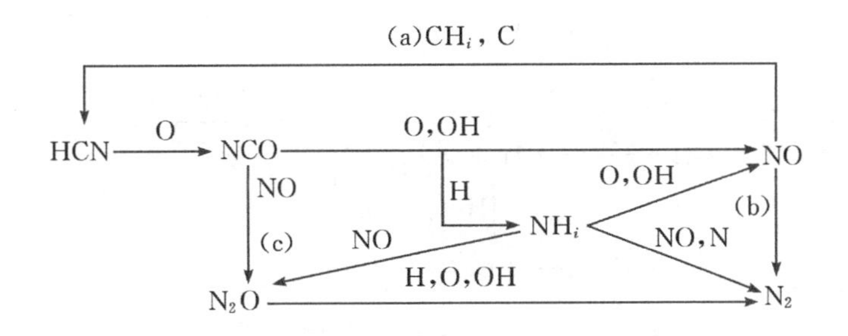

图 3－8　NO破坏的反应途径

(1)在还原性气氛中NO通过烃(CH_i)或碳还原(途径(a))。

当NO在还原性气氛中遇到烃(CH_i)时，会根据下面的反应生成HCN

$$NO+CH \longrightarrow HCN+O \tag{3-11}$$

$$NO+CH_2 \longrightarrow HCN+OH \tag{3-12}$$

$$NO+CH_3 \longrightarrow HCN+H_2O \tag{3-13}$$

然后HCN与O,OH和H会反应生成中间产物NCO和CN。在还原性气氛中，NCO会按照下面的反应生成NH_i

$$NCO+H \longrightarrow NH+CO \tag{3-14}$$

$$NH+H_2 \longrightarrow NH_2+H \tag{3-15}$$

$$NH_2+NH_2 \longrightarrow NH_3+NH \tag{3-16}$$

这时生成的NH_i在还原性气氛中如遇到NO，也将被还原成氮分子。在燃煤火焰中当NO遇到碳时，则有可能还原成N_2和CO、CO_2气体。

固体焦炭颗粒在燃烧过程中能够与NO进行反应转化为N_2，其主反应可以表述为以下两种途径

$$C+2NO \longrightarrow CO_2+N_2 \tag{3-17}$$

$$2C+2NO \longrightarrow 2CO+N_2 \tag{3-18}$$

研究表明，CO能够对NO_x起到还原作用，而这一还原反应需要在焦炭的催化作用下发生。因此，这一反应在焦炭表面进行，且焦炭颗粒处于还原性气氛下。

$$NO+CO \longrightarrow CO_2+1/2N_2 \quad (3-19)$$

上述这种通过 CH_i和 C 将 NO 还原的过程称为 NO 的再燃烧或燃料分级燃烧。根据这一原理而发展出的将含烃根燃料或煤粉喷入含有 NO 的燃烧产物中的燃料分级燃烧技术，可以有效地控制 NO_x 的排放。图 3－9 为燃料分级还原 NO 的反应途径。

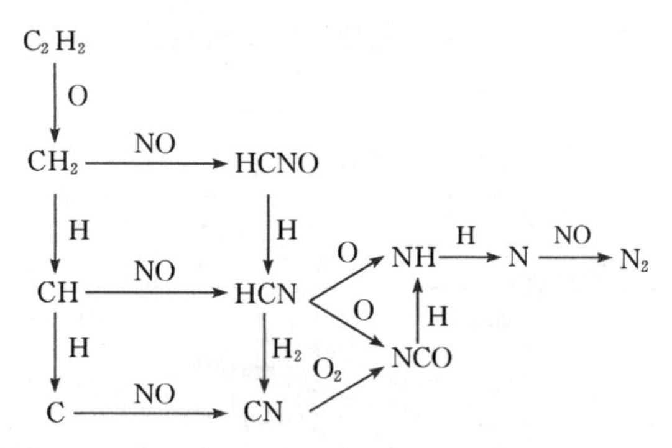

图 3－9　NO_x 燃料分级还原的反应途径

(2)在还原性气氛中，NO_x 与氨类(NH_i)和氮原子(N)反应生成氮分子(N_2)。

(3)由图 3－8 可以看出，NO 的还原和破坏是通过 NCO 和 NH_i的反应途径而实现的。同时，通过 NCO 和 NH_i，还可以由途径(c)通过 NO 的破坏而生成 N_2O。其反应式为

$$NCO+NO \longrightarrow N_2O+CO \quad (3-20)$$

$$NH+NO \longrightarrow N_2O+H \quad (3-21)$$

燃烧过程中烟气中的 H_2也会参与 NO 的同相还原，反应方程式如下

$$NO+H_2 \longrightarrow H_2O+1/2N_2 \quad (3-22)$$

3.2.5　N_2O 的生成和破坏机理

N_2O 和燃料型 NO_x 一样，也是含氮燃料燃烧时产生的氮氧化物的一种。由于一般常规燃烧设备中，N_2O 的排放值很低，过去对由化石燃料燃烧产生的 N_2O 问题重视不够，至今各国还没有关于 N_2O 排放的控制标准。但是，随着流化床技术的发展，越来越多的燃煤流化床锅炉得到推广和应用，人们发现燃煤流化床锅炉所排放的 N_2O 浓度比其他燃烧方式排放的 N_2O 大得多。例如，燃烧烟煤的流化床锅炉排放的 N_2O 浓度会比煤粉炉的大 50 倍，因而引起了人们对 N_2O 的重视，开始对 N_2O 的生成机理进行大量的研究。

N_2O 是一种燃料型氮氧化物，其生成机理和燃料型 NO_x 很相似，但 N_2O 和 O、H 原子及 OH 离子团或焦炭相遇时，会发生分解反应

$$N_2O+O \longrightarrow N_2+O_2 \tag{3-23}$$

$$N_2O+H \longrightarrow N_2+OH \tag{3-24}$$

$$N_2O+OH = N_2+HO_2 \tag{3-25}$$

$$N_2O+C = N_2+CO \tag{3-26}$$

在 O、H 和 OH 浓度低的地方，N_2O 和其他物质相撞也会分解

$$N_2O+M = N_2+O+M \tag{3-27}$$

同时，少量 NO 也会通过 N_2O 的分解而生成

$$N_2O+O = 2NO \tag{3-28}$$

在温度低于 800 ℃时，是挥发分的析出和燃烧区间，因此挥发分 N 向 N_2O 的转化是主要的。此时，控制 N_2O 生成的主要化学反应是

$$NCO+NO \rightleftharpoons N_2O+CO \tag{3-29}$$

该反应的活化能是负的，即当温度降低时，式(3-29)的反应才朝着生成 N_2O 的方向进行；反之，当温度升高时，已生成的 N_2O 反而减少。研究表明，N_2O 达到最大浓度值的温度范围在 800～900 ℃之间，在这之后温度进一步增加，N_2O 的浓度很快下降。所以对正常燃烧温度为 850 ℃的流化床锅炉来说，N_2O 的排放浓度较高，因而必须加以重视。此外，燃烧火焰中氧的浓度越高，氧原子的浓度也越高，因而生成的 NCO 的浓度也越高，生成的 N_2O 的浓度也随之升高；烟气的停留时间越长，N_2O 的浓度也越高。

各种固态物质对 N_2O 的分解有很强的催化作用，尤其是 CaO、$CaSO_4$ 和焦炭的催化作用最大。由于这些固态物质的催化作用，N_2O 在固态物质表面分解反应的速率大大高于均相反应的分解速率。因为流化床燃烧时气固相间良好的接触和混合条件，所以 N_2O 在固体物质表面的分解是它在流化床燃烧过程中主要的分解反应。

3.3　低 NO_x 燃烧技术

用改变燃烧条件的方法来降低 NO_x 的排放，统称为低 NO_x 燃烧技术。在各种降低排放的技术中，低 NO_x 燃烧技术是采用最广、相对简单、经济并且有效的方法。

煤燃烧过程中快速型 NO_x 对 NO_x 生成量贡献极小，在 5%以下；一般情况下热力型 NO_x 占比在 20%以下；当炉膛内燃烧组织不好，出现局部高温区，温度高于 1500 ℃时，热力型 NO_x 生成量会迅速增加，对 NO_x 生成量贡献增多。对于常规燃煤设备，炉膛温度在 1500 ℃以下，NO_x 排放主要来自燃料型 NO_x。因此，针

对燃料型 NO_x 进行设计及调整是控制煤粉燃烧过程 NO_x 生成总量的重点。从燃料型 NO_x 的生成还原机理来说，减少燃料型 NO_x 有两条思路：抑制 NO_x 的生成；对已生成的 NO_x 提供促进其还原转化的条件。过量空气系数、煤中挥发分含量和主燃烧器区域温度水平对燃料型 NO_x 有较大影响。

对燃料型 NO_x，在还原性气氛下，氨类(NH_i)会发生还原反应生成 N_2；氧化性气氛下，氨类(NH_i)会转化为 NO_x。因此，通过降低燃烧器附近局部过量空气系数，建立 $\alpha<1$ 的富燃料区，在 NO_x 的生成阶段保证贫氧燃烧，能够有效控制燃料型 NO_x 生成。考虑这一因素而发展的低氮燃烧控制技术包括：低过量空气系数燃烧、空气分级燃烧、烟气再循环。

NO 在还原性气氛中与烃类物质(CH_i)进行还原反应 $HCN \rightarrow NH \rightarrow N_2$。挥发分能够在释放初期生成烃类物质，而无烟煤、贫煤以及劣质烟煤由于所含挥发分含量低，因此释放的烃类物质少，故不容易将含 N 中间产物还原成 N_2。因此，控制炉内主燃区气氛为还原性气氛后，对燃用低挥发分煤锅炉的 NO 排放降氮效果较差。对燃烧低挥发分贫煤，采用相同的低氮燃烧改造方案，NO_x 排放浓度会远高于同类燃烧烟煤锅炉的 NO_x 排放水平。利用烃类物质或高温焦炭还原 NO 原理，可采用燃料分级技术，将烃类物质释放率高的燃料作为还原剂，从炉膛某一位置送入，能够促进 NO_x 的还原；也可通过强化煤粉着火，提前释放烃类物质，增加与含 N 中间产物的反应时间，降低 NO_x 排放。考虑这一因素而发展的低氮燃烧控制技术包括：燃料分级燃烧技术与燃烧器喷口结构改造。

有实验研究表明，当燃烧器区域过量空气系数比较高(大于 1.0)时，燃料型 NO_x 排放浓度随着燃烧器区域温度升高而增大；当燃烧器区域过量空气系数比较低(小于 1.0)时，燃料型 NO_x 排放浓度呈现相反的趋势，随着燃烧器区域温度升高而降低。

对热力型 NO_x 的影响因素有反应温度、反应时间和反应物浓度。具体到煤粉锅炉的影响因素为：炉膛温度水平、过量空气系数、N_2 浓度和烟气在高温区的停留时间。炉膛温度对热力型 NO_x 的影响显著，当燃烧温度低于 1800 K 时，热力型 NO_x 生成较少，当温度高于 1800 K 时，热力型 NO_x 生成量逐渐增加，而且随着温度进一步增大，NO_x 的生成量急剧升高，在燃烧过程中，如果燃烧组织不好，出现局部高温区，在这些区域会生成较多的热力型 NO_x，这可能会对整个燃烧室内的 NO_x 生成起到关键性作用。因此在锅炉低氮燃烧器设计过程中，需控制炉膛温度低于 1800 K，同时在运行过程中应注意燃烧组织与调整，尽量避免炉内局部高温区的出现。过量空气系数对热力型 NO_x 的影响也比较明显，理论上来说热力型 NO_x 生成量与氧浓度的平方根成正比，即高温下氧浓度增大会使氧分子分解所得的氧原子浓度增加，使热力型 NO_x 的生成量增加。而在实际过程中情况会更复杂一些，因为随着过量空气系数增加，一方面氧浓度增大，另一方面火焰温度降低，产生补偿效应。从总的趋势来看，随着过量空气系数的增加，热力型 NO_x 生成量先增加，到一个极值后会下降(见图3-3)。通过降低烟气中 N_2浓度，能够有效减少炉内局部高温区产生的热力型 NO_x。考虑这一因素可采用的低氮燃烧技术为烟气再循环以及富氧燃烧。烟气在高温区域的停留时间对热力型 NO_x 生成的影响主要是由于 NO_x 生成反应还没有达到化学平衡而造成的，气体在高温区停留时间延长，NO_x 生成量迅速增加。在同一过量空气系数下停留时间较短时，热力型 NO_x 浓度随着停留时间的延长而增大，如图3-3所示。

对快速型 NO_x：对于含氮燃料燃烧主要考虑燃料型 NO_x 的生成，而碳氢类燃料应考虑快速型 NO_x 的生成，非碳氢类燃料则仅考虑热力型 NO_x 即可。因此，在煤粉燃烧过程中快速型 NO_x 生成量很小，影响较轻；对于某些碳氢化合物气体燃料的燃烧，应重视快速型 NO_x 生成。快速型 NO_x 主要是 CH_i 自由基与烟气中的 N_2在火焰锋面前反应生成HCN，之后HCN经过一系列复杂反应生成 NO_x。这一反应对温度的依赖性较低，其中快速型 NO_x 生成的关键反应是 $CH+N_2=HCN+N$ 以及 $CH_2+N_2=HCN+NH$，抑制以上两个反应有如下方法：添加水和水蒸气能够促进 CH_i 自由基与OH自由基反应，从而抑制 CH_i 自由基与 N_2的反应；采用烟气再循环或富氧燃烧可以降低烟气中 N_2分子浓度，减少快速型 NO_x 生成。

以下是常用的低氮燃烧技术。

3.3.1　低过量空气燃烧

燃料型 NO_x 及总 NO_x 排放随着过量空气系数降低而降低，因此工程上通过控制炉内低过量空气系数能够有效控制氮氧化物排放，这是一种最简单降低 NO_x 排放的方法。一般来说，采用低过量空气燃烧可以降低 NO_x 排放15%～20%，但是采用这种方法有一定的限制条件，如炉内氧的浓度过低，低于3%以下时，会造成CO浓度的急剧增加，从而大大增加化学未完全燃烧热损失。同时，也会引起飞灰含碳量的增加，导致机械未完全燃烧损失增加，燃烧效率将会降低。此外，低氧浓度会使得炉膛内某些地区成为还原性气氛，从而降低灰熔点，引起炉壁结渣与腐蚀。因此，在锅炉的设计和运行时，必须全面考虑，选取最合理的过量空气系数，避免出现因为降低 NO_x 的排放而产生的其他问题。

3.3.2　空气分级燃烧

空气分级燃烧法是美国在20世纪50年代首先发展起来的，它是目前使用最为普遍的低 NO_x 燃烧技术之一。空气分级燃烧的基本原理是将燃料的燃烧过程分阶段来完成。在第一阶段，将从主燃烧器供入炉膛的空气量减少到总燃烧空气量的70%～75%（相当于理论空气量的80%左右），使燃料先在缺氧的富燃料燃烧条件下燃烧。此时第一级燃烧区内过量空气系数$\alpha<1$，因而降低了燃烧区内的燃烧速度和温度水平。因此，不但延迟了燃烧过程，而且在还原性气氛中降低了生成NO_x的反应率，抑制了NO_x在这一燃烧区中的生成量。为了完成全部燃烧过程，完全燃烧所需的其余空气则通过布置在主燃烧器上方的专门空气喷口OFA（Over Fire Air）——“燃尽风”喷口送入炉膛，与第一级燃烧区在“贫氧燃烧”条件下所产生的烟气混合，在$\alpha>1$的条件下完成全部燃烧过程，空气分级燃烧技术如图3-10所示。由于整个燃烧过程所需空气分两级供入炉内，使整个燃烧过程分为两级进行，故称之为空气分级燃烧法。这一方法弥补了简单的低过量空气燃烧的缺点。但若第一级和第二级的空气比例分配不当，或炉内混合条件不好，仍然会增加不完全燃烧的损失。同时，在煤粉炉第一级燃烧区内的还原性气氛也存在着使灰熔点降低而引起结渣或引起受热面腐蚀的问题。

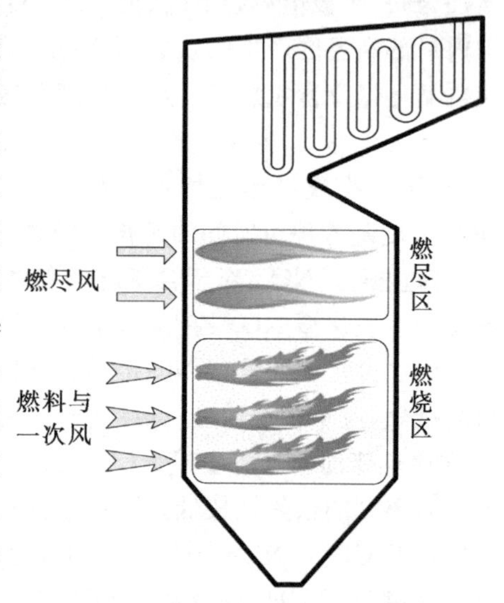

图3-10　空气分级燃烧示意图

采用空气分级燃烧时，由于在第一级燃烧区内$\alpha<1$，燃烧是在低于理论空气量情况下进行的，因此必然会产生大量不完全燃烧产物，以及大量没有完全燃烧的燃料，十分有利于抑制NO_x的生成。而且，在第一级燃烧区内的过量空气系数越小，对抑制NO_x的生成效果越好，但是产生的不完全燃烧产物却越大，因而导致燃烧效率降低及引起结渣和腐蚀的可能性也越大。因此，为了既能减少NO_x的排放，又保证锅炉燃烧的经济性，必须正确的组织空气分级燃烧过程。

首先，为了保证有效的控制NO_x的生成量，要正确的选择一级燃烧区内的过量空气系数，以保证在这一区内形成“富燃料燃烧”（“贫氧燃烧”），尽可能地减少NO_x的生成。过低的过量空气系数，虽然可使一级燃烧区内的NO_x的生成量进一步减少，但也会使烟气中的HCN、NH_3和焦炭N增加，可能会超过NO的浓度，在烟气进入二级燃烧区时，又将被氧化成NO_x。此外，在低一级燃烧区内过低的过量空气系数还会引起不完全燃烧损失不合理的增加，并引起燃烧稳定性等其他问题。因此，在低一级燃烧区内的过量空气系数一般不宜低于0.7，对于具体的燃烧设备和煤种，最佳的过量空气系数要由试验确定。第二，温度越高，在还原性气氛下，NO_x 的降低率也越大；但在氧化性气氛下，温度越高，NO_x 的生成和排放浓度也会越高。实验表明，煤种不同，最有利于控制 NO_x 排放的一级燃烧区的温度也不同，具体的燃烧温度要通过试验确定。第三，烟气在一级燃烧区内的停留时间取决于“火上风”喷口的位置，即“火上风”喷口距主燃烧器的距离和布置。如果一级燃烧区的距离（或停留时间）足够长，则在一级燃烧区出口烟气中的燃料 N 成分在燃尽区中不可能再生成新的 NO_x。实际上，不仅“火上风”喷口的位置，而且喷口的形状、空气的流速和气流的射程以及“火上风”气流在炉膛中的穿透性等，对保证高的碳燃尽率都很重要。第四，在还原性气氛中，煤的灰熔点会比在氧化性气氛中降低 100～200 ℃，因而容易引起炉膛受热面的结渣，同时还原性气氛还会导致受热面的腐蚀。因此，可以在煤粉炉底冷灰斗和侧墙周围上布置空气槽口，以很低的流速通过这些槽口向炉内送入一层称为“边界风”的空气流。“边界风”进入炉内后沿着炉墙四壁上升，使水冷壁表面保持氧化性气氛，可以有效地防止炉膛水冷壁的腐蚀和结渣。

3.3.3　燃料分级燃烧

由前述的 NO_x 破坏机理可知，已生成的 NO 在遇到烃根 CH_i 和未完全燃烧产物 CO、H_2、C 和 C_nH_m 时，会发生 NO 的还原反应。这些反应的总反应式为

$$4NO+CH_4 \longrightarrow 2N_2+CO_2+2H_2O \tag{3-30}$$

$$2NO+2CO \longrightarrow N_2+2CO_2 \tag{3-31}$$

$$2NO+2C \longrightarrow N_2+2CO \tag{3-32}$$

$$2NO+2H_2 \longrightarrow N_2+2H_2O \tag{3-33}$$

利用这一原理，将 80%～85%的燃料送入第一级燃烧区，在 $\alpha>1$ 的条件下燃烧并生成 NO，送入一级燃烧区的燃料称为一次燃料。其余 15%～20%的燃料则在主燃烧器的上部送入二级燃烧区，在 $\alpha<1$ 很强的还原性气氛下，使得在一级燃烧区中生成的 NO_x 在二级燃烧区内被还原成氮分子（N_2）。二级燃烧区又称再燃区，送入二级燃烧区的燃料又称二次燃料或称再燃燃料。在再燃区中不仅使得已生成的 NO_x 得到还原，同时还抑制了新的 NO_x 的生成，可使 NO_x 的排放浓度进一步降低。一般情况下，采用燃料分级的方法均可以使 NO_x 的排放浓度降低 50%以上。在再燃区的上面还需布置“火上风”喷口以形成第三级燃烧区（燃尽区），以保证在再燃区中生成的未完全燃烧产物的燃尽。这种再燃烧法又称为燃料分级燃烧。图 3－11 所示为燃料分级燃烧原理的示意图。

从燃料分级燃烧原理可知，在再燃区的还原性气氛中最有利于 NO_x 还原的成分是烃（CH_i），因此，选择二次燃料时应采用能在燃烧区产生大量烃根而不含氮类

的物质。目前，煤粉炉采用更多的是碳氢类气体或液体燃料作为二次燃料。研究表明，天然气是最有效的二次燃料。再燃燃料也可以是和一次燃料相同的燃料，例如煤粉炉可以利用煤粉作为二次燃料，但烟气中的CO浓度和飞灰含碳量将可能增加。这是因为和空气分级相比，燃料分级燃烧在炉膛内需要有三级燃烧区，这使得燃料和烟气在再燃区内的停留时间相对较短，所以二次燃料宜选用容易着火和燃烧的气体或液体燃料，如天然气。如选用煤粉作为二次燃料，也要采用高挥发分易燃的煤种，而且煤粉要磨得更细。

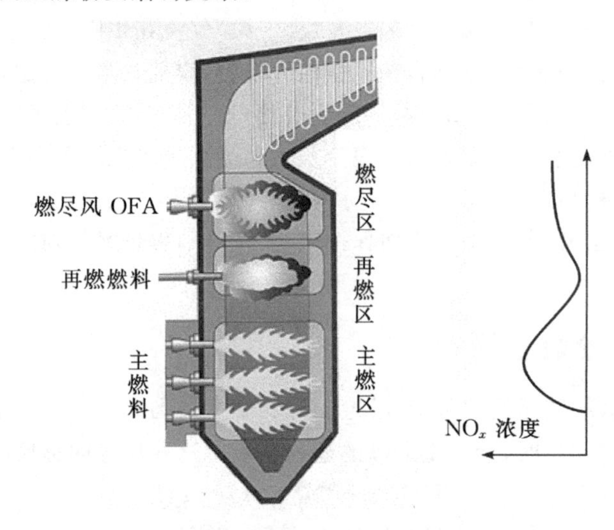

图 3-11　燃料分级燃烧原理示意图

为了保证在再燃区内对 NO_x 的还原效果，必须保证再燃区内还原 NO_x 所必需的烃根浓度。首先是二次燃料的数量，此外还需考虑最佳过量空气系数、一定的温度和停留时间。一般，再燃区中过量空气系数 α 选在 0.7～1.0 之间。对于不同的燃煤设备，由于具体的条件不同，如煤种、二次燃料、温度和停留时间等，因此最佳过量空气系数 α 要通过试验确定。原则上，在再燃区内温度越高，停留时间越长，还原反应则越充分，NO_x 的降低率也越大。但过长的再燃区停留时间还会缩短燃尽区的停留时间而导致燃烧效率下降，对燃尽区的要求与空气分级燃烧的一样，要求“火上风”有足够的穿透性和扰动，能很快和烟气混合以保证燃尽。因此，如何选择燃尽区的过量空气系数和更好地利用“火上风”组织好燃尽区内的燃烧过程，对于达到高的碳燃尽率有重要意义。

3.3.4　烟气再循环

烟气再循环是在锅炉的尾部烟道（如省煤器出口位置）抽取一部分燃烧后的烟

气直接送入炉内或与一次风、二次风混合后送入炉内，这样既可以降低燃烧温度，又可以降低氧气浓度，因而可以降低 NO_x 的生成。图3-12所示为锅炉烟气再循环系统的示意图。

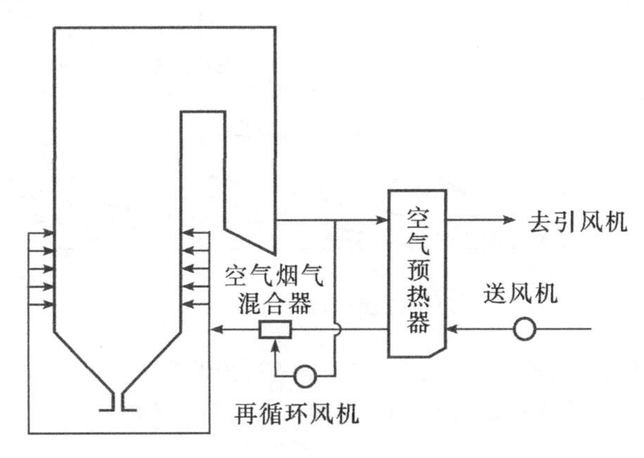

图3-12　锅炉烟气再循环系统示意图

从空气预热器前抽取温度较低的烟气，通过再循环风机将抽取的烟气送入空气烟气混合器，和空气混合后一起送入炉内。再循环烟气量与不采用烟气再循环时的烟气量之比，称之为烟气再循环率，公式如下

$$烟气再循环率=\frac{再循环烟气量}{无再循环时烟气量}\times 100\%$$

将再循环烟气送入炉内的方法很多，如通过专门的喷口送入炉内，或用来输送二次燃料，但效果更好的方法是采用空气烟气混合器，把烟气掺混到燃烧空气中。烟气再循环法降低 NO_x 排放的效果与燃料品种和烟气再循环率有关。经验表明，当烟气再循环率为15%～20%时，煤粉炉的 NO_x 排放浓度可降低25%左右。图3-13所示为 NO_x 的降低率与烟气再循环率的关系。由图可见，NO_x 的降低率随着烟气再循环率的增加而增加，并且与燃料种类和炉内燃烧温度有关，燃烧温度越高(如液态排渣炉)，烟气再循环率对 NO_x 降低率的影响越大。但是，在采用烟气再循环法时，烟气再循环率的增加是有限度的。当采用更高的再循环率时，由于循环烟气量的增加，燃烧会趋于不稳定，而且未完全燃烧热损失会增加。因此，电站锅炉的烟气再循环率一般控制在10%～20%左右。另外，采用烟气再循环时要加装再循环风机、烟道，还需要场地，从而增大了投资，其系统也较复杂。同时，对原有设备进行改装时还受到场地条件的限制。

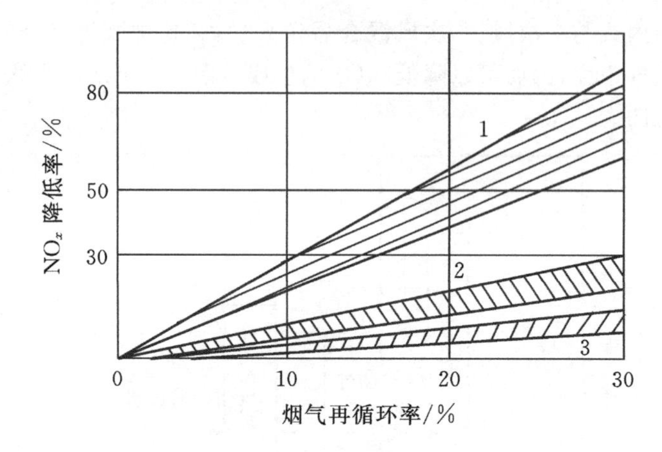

1—燃料为煤气或轻油；2—重油锅炉和液态排渣煤粉炉；3—固态排渣煤粉炉

图 3-13　烟气再循环率与 NO_x 降低率的关系

3.3.5　流化床低氮燃烧技术

我国现有不同容量的循环流化床锅炉近 3000 台，装机容量超过 75000 MW，循环流化床由于低床温和本身合理的配风方式，其出口 NO_x 浓度一般可控制在 300 mg/m^{3}以下，且主要为燃料型 NO_x，但随着实际煤种与设计煤种的偏离，燃烧工况控制不到位等因素，导致相当一部分循环流化床出口 NO_x 浓度偏高，失去循环流化床锅炉低污染排放的优势。循环流化床锅炉燃料种类多变，单纯的燃烧调整（控制 O_2）已经无法达到排放要求，对 CFB 进行低氮改造势在必行。

流化床锅炉 NO_x 生成过程主要集中在 CFB 锅炉密相区，尤其是在给煤口附近，NO_x 随烟气沿 CFB 炉膛高度方向向上流动，直至炉膛出口，质量浓度沿高度呈下降趋势。流化床低氮燃烧技术主要通过床层温度控制和还原性气氛调整，减少 NO_x 的初始生成量，从源头控制 NO_x。具体可以采取的方法如下。

（1）优化给煤粒径：一般 CFB 的燃料粒径为 0～10 mm，相同条件下，物料粒径越细，还原区高度越高，还原性气氛越好，可以优化给煤粒径，适当降低粗颗粒的比例。

（2）烟气再循环：从引风机出口引一路烟气送至锅炉一次风机入口，由于烟气中的氧含量已经远低于正常空气中的氧含量，在有效减小一次风含氧量的同时，也保证了锅炉一次风流化风量需求，改善低负荷运行时密相区的流化特性，利于还原性气氛的形成。

（3）一、二次风布置及调整：在一定的总风量条件下，可适当增大二次风率，减小一次风率，减小密相区燃烧份额，降低床温，以减少 NO_x 的生成。还可以通过调整二次风高度和喷口角度，增加还原性气氛区域。

3.3.6　W 型火焰锅炉低氮燃烧技术

W 型火焰锅炉是针对低挥发分($V_{daf}<13\%$)无烟煤着火及燃尽困难而提出的。煤粉气流的着火主要依靠煤粉气流自身形成的高温火焰的对流加热，煤粉气流由上往下喷射形成火焰，然后再折回向上运动，呈“W”型火焰，其经历的行程较长，当火焰运动至喷口处时，火焰温度较高，这一高温火焰被一次风卷吸、汇合后便使煤粉气流得到快速加热、及时着火。尽管 W 型火焰锅炉对于低挥发分煤着火与燃尽有较大优势，但是 W 型火焰燃烧方式因炉膛火焰集中，又敷有卫燃带以提高炉温，因此其 NO_x 排放水平明显高于具有降低 NO_x 措施的常规煤粉燃烧方式(切圆燃烧和墙式燃烧)，通常运行的 W 型火焰锅炉 NO_x 排放值在 850～1500 mg/Nm^3(换算到 6%氧量)。

美国 FW 公司和法国 stein 公司 20 世纪五六十年代在 U 型燃烧技术的基础上开发出了 W 型火焰锅炉燃烧技术，又称双 U 型燃烧技术。80 年代开始我国陆续开始引进 W 型火焰锅炉，目前国内应用的主要有美国 FW 公司的旋风分离式燃烧器、法国 Stein 及英国 MBEL 公司的狭缝式燃烧器、B&W 公司的旋流燃烧器四类技术。

美国 FW 公司在 W 型火焰锅炉上采用旋风分离式燃烧器实现煤粉浓缩燃烧，配备正压直吹式制粉系统，燃烧器对称布置在拱上，结构示意图如图 3－14 所示。煤粉气流经过分配器后分为两路各进入一个旋风筒，来自磨煤机的煤粉气流进入旋风分离器后，煤粉与一次风离心分离，高浓度风粉流经过喷嘴旋转向下进入炉膛着火燃烧；从旋风子上部引出的低浓度煤粉气流由乏气喷嘴喷入炉膛燃烧。二次风由侧墙分级送入，实现炉内空气分级燃烧。采用煤粉浓淡燃烧，能够在改善煤粉着火的同时有利于控制燃料型 NO_x 生成。炉内二次风量及送入位置能够决定煤粉在还原区的停留时间，影响煤粉燃尽效率与氮氧化物浓度。采用空气分级后煤粉气流燃烧行程增加，燃烧区空间扩大，燃烧中心温度下降，热力型 NO_x 的生成受到抑制。乏气从拱上送入会导致燃烧初期高浓度煤粉气流着火不稳，影响高温烟气对煤粉气流根部的点燃，不利于燃料型 NO_x 在还原区的破坏还原。

英国 MBEL 公司在 W 型火焰锅炉上采用直流下射狭缝式燃烧器，配备正压直吹式制粉系统，利用旋风子实现煤粉浓淡分离，如图 3－15 所示。燃烧器一、二次风喷口间隔布置，在炉内以直流方式向下射入炉膛。燃烧器呈组布置于拱上。为防止结渣，拱上还设有贴壁风喷口，位于拱上靠近前、后墙水冷壁一侧。每组燃烧器下方的锅炉前、后墙分别设有对应的三次风喷口实现空气分级燃烧，三次风也由二次风箱引出。该公司第一代 W 型火焰锅炉炉底有热风注入，用以调节气温。

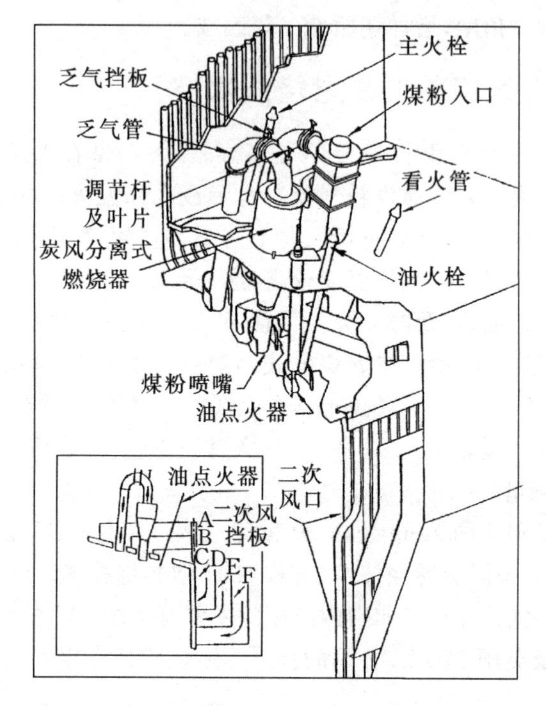

图 3-14 FW 公司旋风分离式燃烧器示意图

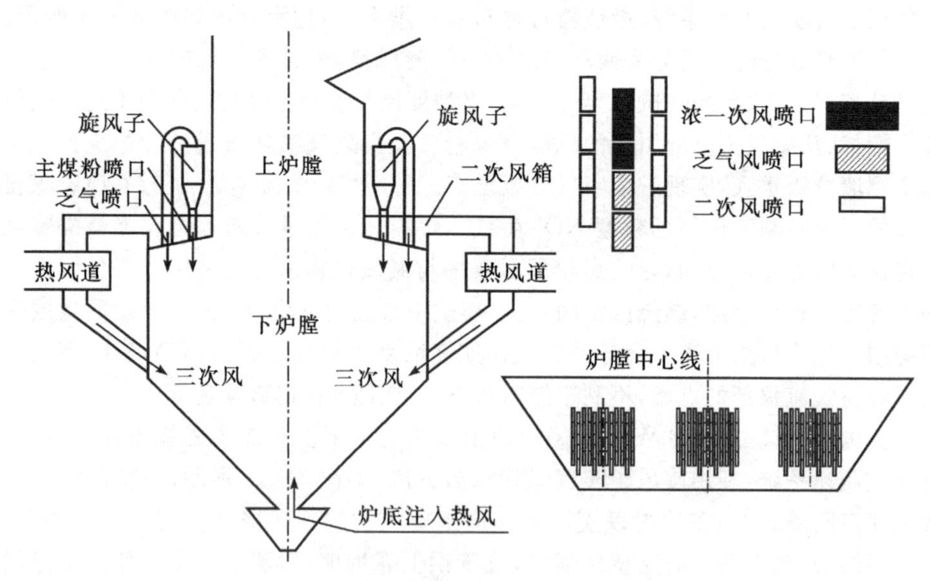

图 3-15 MBEL 公司 W 型火焰锅炉示意图

法国 Stein 公司在 W 型火焰锅炉上采用直流下射狭缝式燃烧器，配备中储式热风送粉系统，无须配备旋风分离装置，如图 3－16 所示。燃烧器一、二次风喷口沿宽度方向均匀间隔布置在炉拱，二次风起到引射一次风气流的作用，在炉内以直流方式向下射入炉膛。制粉乏气通过拱下前后墙乏气喷口送入下炉膛。在乏气喷口上下，三次风分两级送入炉膛，上三次风布置两排喷口，下三次风布置一排喷口，全部由二次风箱引出。

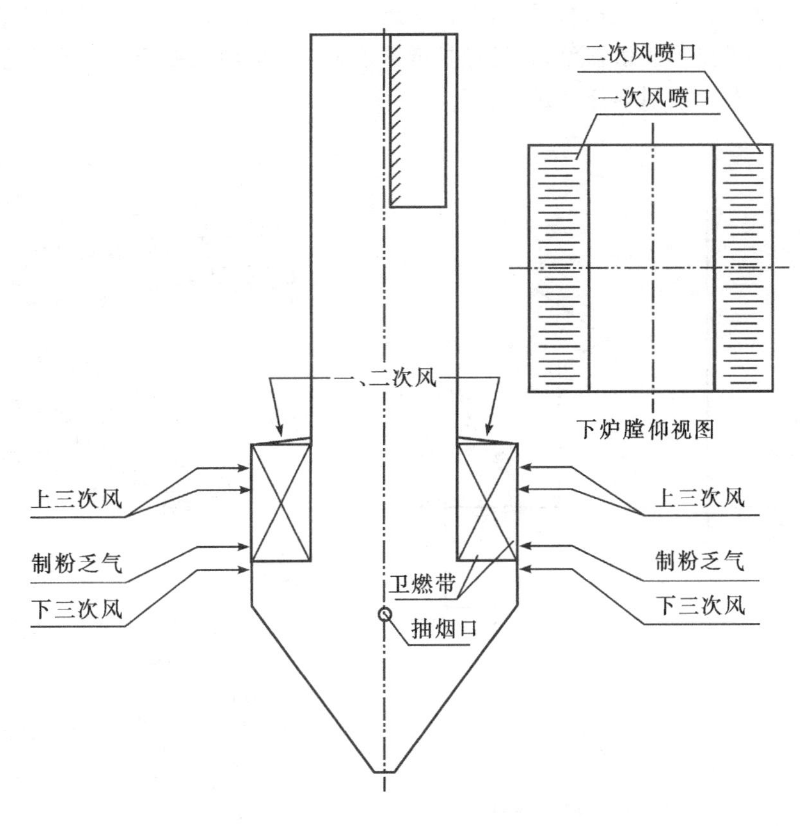

图 3－16　法国 Stein 公司 W 型火焰锅炉示意图

B&W 公司在 W 型火焰锅炉上采用叶片式旋流燃烧器，与直吹式、储仓式制粉系统均可匹配，不配备旋风分离器。从一次风分离出的淡煤粉气流（对于储仓式为制粉乏气）经布置在拱下前后墙的乏气喷口送入下炉膛。乏气喷口下方布置有分级风，下倾送入下炉膛，实现空气分级燃烧。与直流燃烧器相比，旋流燃烧器出口在旋转二次风作用下能够形成中心回流区，卷吸较多高温烟气加热煤粉气流，有利于提高煤粉初期着火性能；但是旋转气流刚性较弱，下冲深度有限。旋流燃烧器主要分为PAX-XCL型和浓缩型、增强着火型EI-XCL三类，如图3－17所示。PAX-XCL型燃烧器通过布置在一次风管中心的蛇形管分离煤粉气流，淡煤粉气流占据了一次风量的一半送入拱下乏气喷口；浓煤粉气流在热风补入后直流射入炉膛。内外二次风通过旋流叶片调整二次风旋流强度。浓缩型EI-XCL燃烧器前半段及二次风通道与PAX-XCL燃烧器相同，区别在于未设置补充热风管道，因此送入炉膛煤粉浓度更高，有利于煤粉送入后及时着火。增强着火型EI-XCL燃烧器一般配备中储式热风送粉系统，在一次风粉经过弯头后，导向器将浓侧煤粉导至燃烧器中心的锥形扩散器处，经锥形扩散器使煤粉均匀地浓缩于一次风管壁面，形成外浓内淡的一次风射流并送入炉膛。

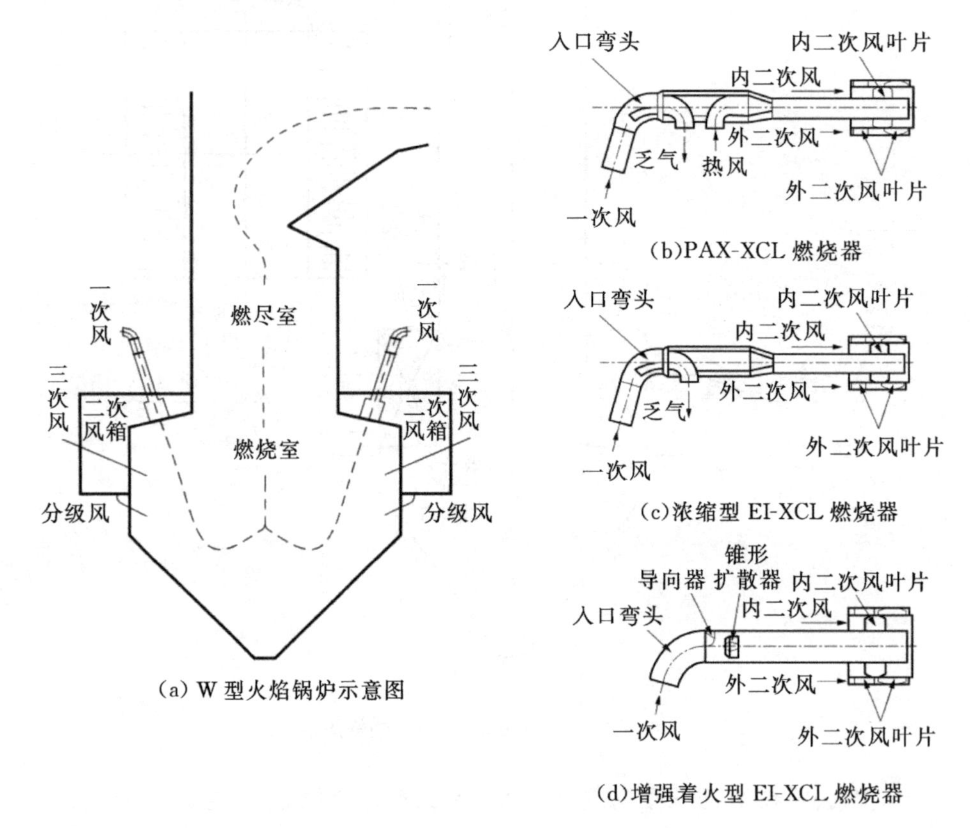

图3－17　B&W公司W型火焰锅炉示意图

3.3.7　低NO_x燃烧器

从NO_x的生成机理看，占NO_x绝大部分的燃料型NO_x是在煤粉的着火阶段生成的。因此，通过特殊设计的燃烧器结构，以及通过改变燃烧器的风煤比例，可以有效地抑制 NO_x 的生成。由于低 NO_x 燃烧器能在煤粉的着火阶段就抑制 NO_x 的生成，可以达到更低的 NO_x 排放值，因此低 NO_x 燃烧器得到了广泛的开发和应用。世界各国的大锅炉公司，为使其锅炉产品能满足日益严格的 NO_x 排放标准的要求，分别发展了不同类型的低 NO_x 燃烧器。根据所采取的措施的不同，各种不同类型的低 NO_x 燃烧器可以达到的 NO_x 降低率一般在 30%～60%。

3.3.7.1　空气分级低 NO_x 燃烧器

空气分级低 NO_x 燃烧器是一种使用非常广泛的低 NO_x 燃烧技术。这种燃烧器设计的原则和炉膛空气分级燃烧相似，就是使燃烧器喷口附近的着火区形成 $\alpha<1$ 的富燃料区，如图 3－18 所示。

比较著名的空气分级燃烧器有德国斯坦谬勒(Steinmuller)公司设计的 SM 型低 NO_x 燃烧器、巴布科克-日立(Babcock－Hitachi)公司的 HT-NR 型低 NO_x 燃烧器、巴布科克・威尔科克斯公司的 XCL 低 NO_x 燃烧器、美国瑞利斯多克(Riley-Stoker)公司的 CCV 型低 NO_x 燃烧器、日本三菱公司的 PM 型低 NO_x 燃烧器等。

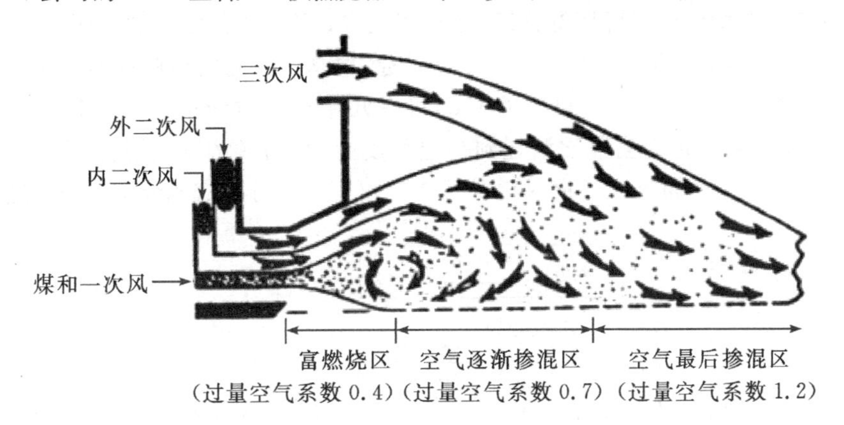

图 3－18　空气分级低 NO_x 燃烧器原理示意图

美国巴威公司的 DRB 型空气分级低 NO_x 燃烧器的二次风分为内、外二次风两部分。它有三个同心的环形喷口，中心为一次风喷口。在一次风喷口周围还有一股冷空气或烟气，它对抑制挥发分析出和着火阶段 NO 的生成也起着较大作用。在 DRB 型双调风燃烧器的基础上，为进一步降低 NO_x 以及改善飞灰中的未燃炭，巴布科克-日立公司发展了 HT-NR(high temperature NO_x reduction)燃烧器，如图 3－19 所示。与 DRB 型燃烧器不同的是，HT-NR 型燃烧器的喷口处安装有陶瓷火焰稳定环，从而可在喷口附近形成回流区，使煤粉气流在回流区内能迅速析出挥发分并着火。由于在火焰根部为富燃料燃烧区，因此在脱挥发分区 A 析出的挥发分 N 被氧化而生成的 NO_x，立即进入下游的还原物质烃根产生区 B，在火焰继续发展时，NO_x 在还原区 C 被分解还原。这之后，外二次风混入形成氧化区 D 以保证燃料的完全燃烧。HT-NR 燃烧器的 NO_x 排放浓度比 DRB 型的还低 30%～50%。

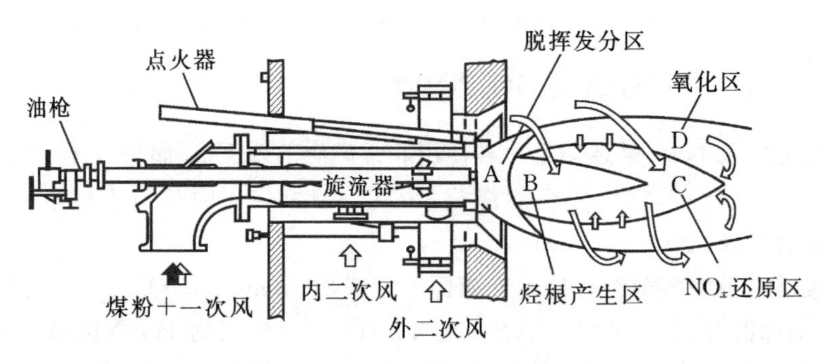

图 3－19　HT-NR 低 NO_x 燃烧器

图 3－20 中示出了脱挥发分区、烃根产生区、NO_x 还原区和氧化区。HT-NR 低 NO_x 燃烧器运用了所谓“火焰内 NO_x 还原”概念。实验发现在富燃料火焰内有非常多的燃烧中间产物（中间烃类 HC）可在几十毫秒时间里有效地分解或还原 NO。在富燃料火焰内当氧被消耗到一定程度时，相当多的中间烃类（如烃根）和 NO 反应可生成中间氮化合物 NX，然后 NX 可把 NO 分解成氮分子。利用这个概

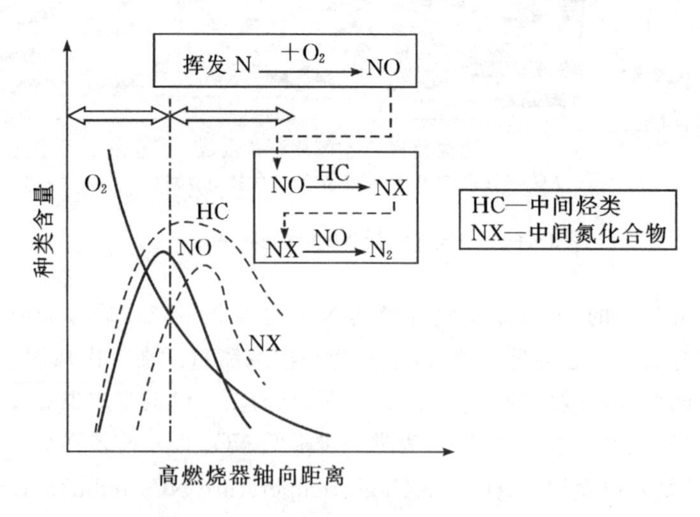

图 3－20　HT-NR 燃烧器“火焰内 NO_x 还原”的原理

念该燃烧器可以获得很低的 NO_x 水平，而且不会由于火焰温度降低而引起未燃炭增加的副作用。

图 3-21 为 HT-NR 型低氮燃烧器发展及降氮效果示意图。HT-NR 型低氮燃烧器为单喷口分级燃烧方式，一次风喷口附近外浓内淡的煤粉分布形式有利于 NO_x 还原区的形成，NO_x 能够快速转变成气相，火焰内 NO_x 还原被加速，从而有助于降低炉内燃料型 NO_x 排放。

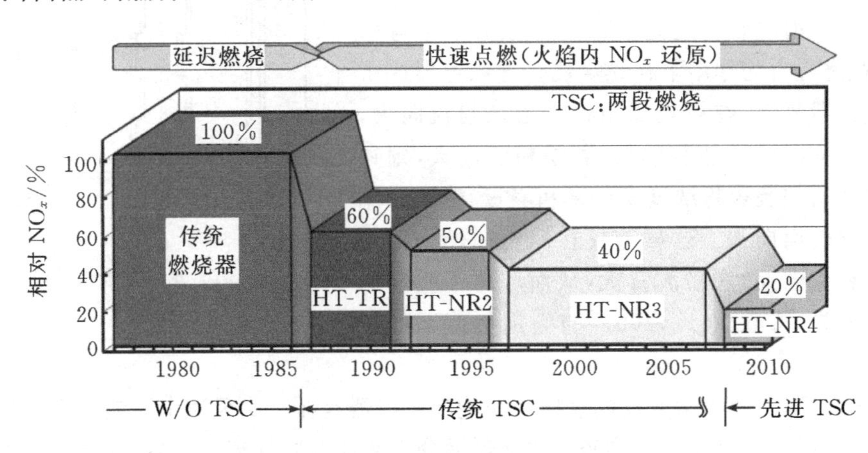

图 3-21　HT-NR 型旋流燃烧器发展及降氮效果比较

3.3.7.2　浓淡燃烧器

常规煤粉锅炉通过一、二次风间接控制煤粉的总体浓度，投运后不考虑从浓度控制角度去组织燃烧。所谓浓淡煤粉燃烧技术是指将一次风粉混合物经过浓缩，从而保证在着火区形成高浓度燃烧。风粉气流中煤粉浓度的提高和空气份额的降低，使得煤粉气流着火热减小，着火温度降低，火焰传播速度提高，煤粉吸收的辐射热量增加，这些都是有利于着火和稳燃的；并且由于浓粉气流中氧量不足，因此在燃烧初期形成还原性气氛，使得 NO_x 的生成量减少。因此这种燃烧技术同时具有低 NO_x 和强化稳燃两大优点。

日本三菱公司的 PM 型低 NO_x 燃烧器实际上也是利用空气分级原理，适用于燃烧器四角切向布置的炉膛。为使煤粉的着火过程形成富燃料燃烧，以控制 NO_x 的生成，一次风煤粉混合物在进入燃烧器前，先经过一个弯头进行惯性分离，煤粉比重大的在拐弯时因惯性而多数进入上面的富燃料喷口，少量煤粉则随空气进入下面的贫燃料喷口，从而形成上下浓淡燃烧方式。这时，从富燃料喷口进入炉膛的煤粉气流是在 $\alpha<1$ 的条件下着火燃烧的，而从贫燃料喷口进入的则在 $\alpha>1$ 的条件下着火燃烧。贫燃料燃烧时由于空气过多使火焰温度降低，有利于抑制热力型

NO_x 的生成。

西安交通大学首先提出了在炉膛内组织水平浓淡燃烧的构想，在一系列的实验基础上开发出一种结构简单的浓淡型直流燃烧器，如图 3－22 所示。向火侧着火条件好的优势组织浓煤粉气流的燃烧，而在背火侧组织淡煤粉气流的燃烧。当一次风粉混合物经过一次风管最后一个弯头时，在离心力的作用下在燃烧器一次风道形成了浓淡两股气流，在燃烧器出口处若浓粉流向火，则只在一次风道加装隔板；若淡粉流向火，则在一次风道加装煤粉浓度变异管和隔板，使浓粉流由背火转而向火。这样布置在四角的燃烧器均为浓粉流向火、淡粉流背火，从而取得了明显的稳燃效果，可在 54%～60% 的额定负荷下稳定运行。

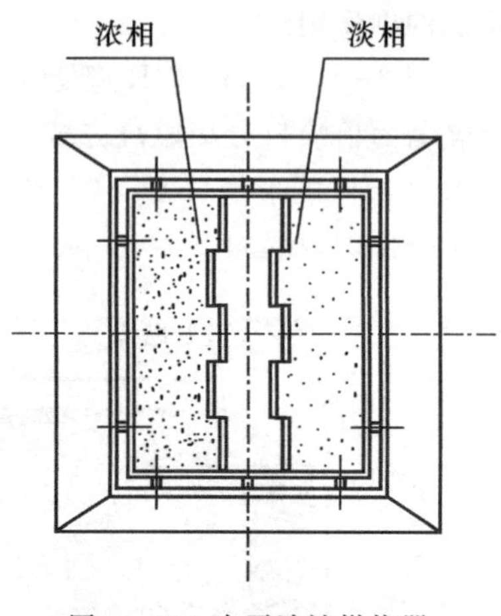

图 3－22　水平浓淡燃烧器

哈尔滨工业大学开发的径向浓淡旋流燃烧器是在一次风道中安装了百叶窗煤粉浓缩器，一次风粉混合物经过浓缩器后分为浓淡两股气流，浓煤粉气流靠近中心经过浓一次风道喷入炉膛，淡煤粉气流经过淡一次风道从浓一次风道外侧进入炉膛。一部分二次风通过内二次风道以旋流的形式喷入炉内，另一部分二次风通过外二次风道以直流的形式喷入炉内。运行表明，该燃烧器煤种适应性好、稳燃能力强、NO_x 排放量低，控制原理如图 3－23 所示。

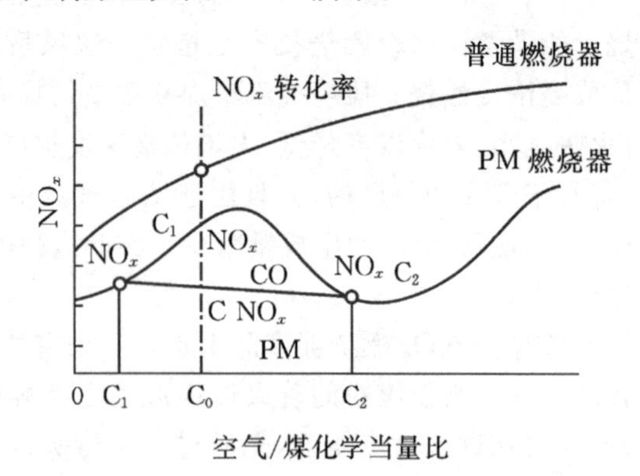

图 3－23　浓淡燃烧器 NO_x 生成控制原理图

百叶窗水平浓淡燃烧器结构如图 3－24 所示。百叶窗水平浓淡燃烧器利用管道中布置的百叶窗导流挡板控制喷口左右侧煤粉浓度，在进入炉膛后在喷口附近

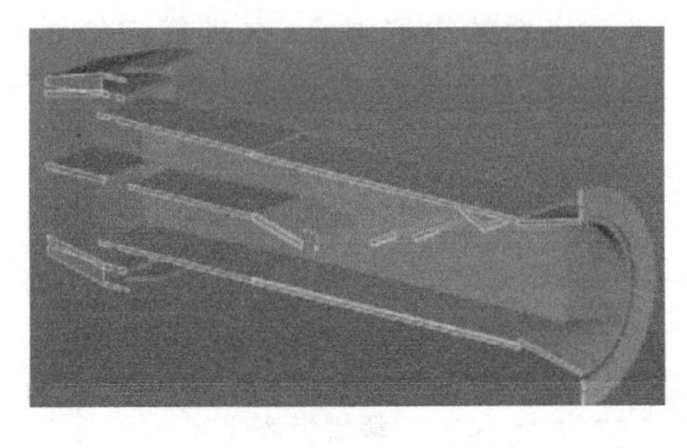

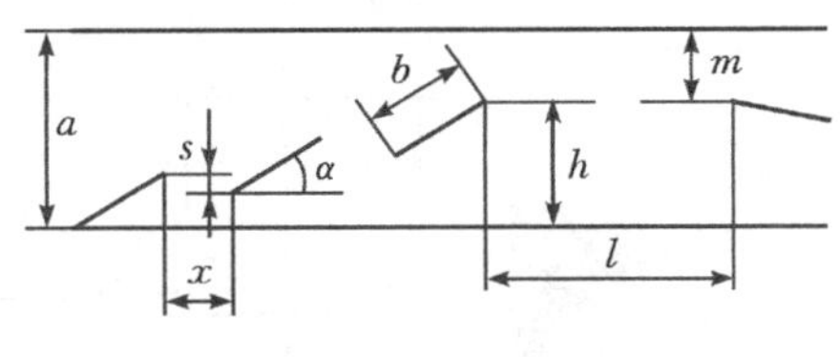

a—浓缩器宽度；b—叶片长度；α—叶片倾角；x—叶片间距；s—叶片遮盖高度；
l—分体长度；m—挡板开度；h—阻塞高度；n—叶片数(未示出)

图3-24　百叶窗水平浓淡燃烧器结构示意图

实现一次风水平浓淡燃烧。

浓淡燃烧的基本思想通常是将一次风分成浓淡两股气流，浓煤粉气流是富燃料燃烧，挥发分析出速度加快，造成挥发分析出区缺氧，使已形成的 NO_x 还原为 N_2。淡煤粉气流为贫燃料燃烧，会生成一部分燃料型 NO_x，但是由于温度不高，所占份额不多。浓淡两股气流均偏离各自的燃烧最佳化学当量比，既确保了燃烧初期的高温还原性火焰不过早与二次风接触，使火焰内的 NO_x 的还原反应得以充分进行，同时挥发分的快速着火，使火焰温度能维持在较高的水平，又防止了不必要的燃烧推迟，从而保证煤粉颗粒的燃尽。

3.3.7.3　燃料分级 NO_x 燃烧器

空气分级燃烧由于着火区为富燃料燃烧，氧量不足，在控制不好时有可能导致着火过程的不稳定。为了提高着火过程的稳定性和进一步降低 NO_x 的浓度，德国斯坦谬勒公司开发出一种按照燃料分级燃烧原理设计的MSM型旋流煤粉燃烧器，如图3-25所示。图中，1为一次燃料的煤粉气流喷口，一次风煤粉混合物在喷口1附近着火并与旋流的二次风混合，形成一级燃烧区。一级燃烧区中的过量空气系数略小于1($\alpha_1=0.9$)，使燃烧在接近理论空气量的条件下进行，因此可以保证煤粉在锅炉运行的全部负荷范围内均有很高的着火稳定性。在距中心一次燃料喷口一定距离处，沿半径方向对称布置有四个二次燃料喷口2，二次燃料和一次燃料一样，均为煤粉。二次燃料在过量空气系数大大小于1($\alpha_2=0.55$)的条件下被送入炉膛，并在距喷口一定距离处和来自一级燃烧区的火焰混合，形成还原性气氛很强的二级燃烧区。在二级燃烧区中，不但可以抑制 NO_x 的生成，而且在一级燃烧区中生成的 NO_x 也在此被还原。同时，二级燃烧区推迟了燃烧过程，使火焰温度降低，也抑制了热力型 NO_x 的生成。保证煤粉完全燃烧的“火上风”由OFA

喷口 3 送入燃烧器上部的炉膛，和来自二级燃烧器的火焰混合，在过量空气系数 $\alpha=1.25$的条件下将煤粉燃尽。

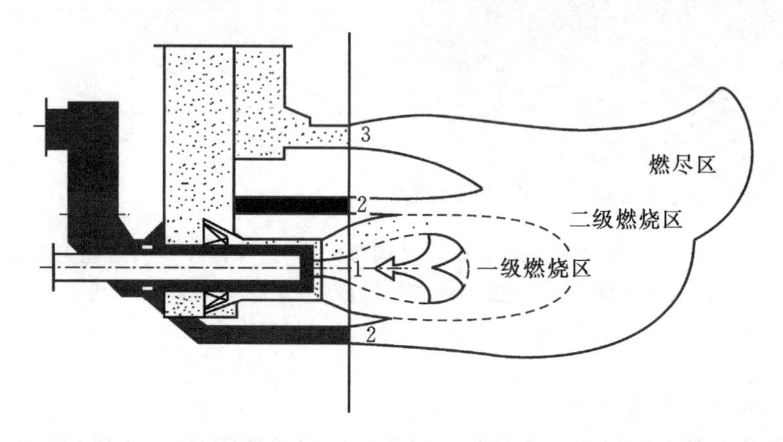

1—α 略小于 1 的一次燃料喷口；2—α 略大于 1 的二次燃料喷口；3—完全燃烧所需的 OFA 喷口

图 3-25 德国斯坦谬勒公司的 MSM 型 NO_x 旋流煤粉燃烧器示意图

3.3.7.4 烟气再循环低 NO_x 燃烧器

巴布科克-日立公司在 DRB 双调风低 NO_x 燃烧器的基础上开发了用于烧油和天然气的烟气再循环燃烧器，采用类似的概念来进行设计，如图 3-26 所示。再

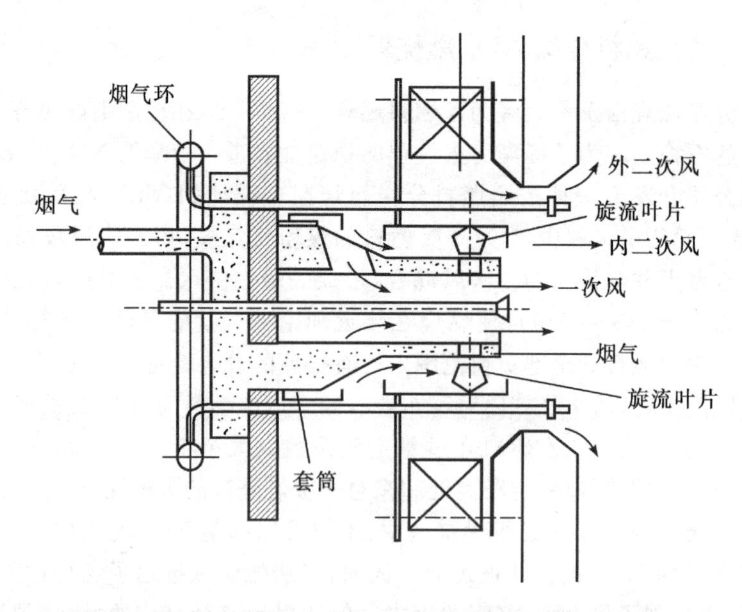

图 3-26 巴布科克-日立公司烟气再循环低 NO_x 燃烧器

循环烟气不经混合直接引入一次风外面的区域，用以降低火焰温度峰值和冲淡火焰中心的氧浓度，以抑制热力和燃料型 NO_x 的生成。烟气区外的内、外二次风起着控制空气和燃料的混合以及调节火焰的形状和 NO_x 浓度的作用。

对于直流煤粉燃烧器，日本三菱公司设计了一种 SGR 型的烟气再循环燃烧器，再循环烟气不与空气首先混合，而是直接送至燃烧器，在一次风煤粉空气混合物喷口的上、下各装一再循环烟气喷口，这不仅使二次风喷口离一次风喷口较远，推迟了一、二次风的混合，而且在一、二次风气流之间隔以温度较低的惰性再循环烟气，从而在一次风喷口附近形成还原性气氛，降低了火焰中心的温度，抑制了 NO_x 的生成。该燃烧器的上二次风起着“火上风”的作用，当它与下面上来的还原性火焰混合时，在过量空气系数大于 1.0 的条件下完成燃尽过程。

3.4 O_2/CO_2低氮燃烧与化学链低氮燃烧技术

从热力学能的观点来看，燃烧过程是热力系统中工质（载能体）作功能力损失最大的过程；从环境学角度看，燃烧过程又是环境污染物的生成源。因此，同时解决能源利用与环境污染问题的最大潜力在燃烧过程。打破传统燃烧方式是解决能源与环境问题的创新性突破口。无火焰化学链燃烧技术与 O_2/CO_2燃烧技术均为无氮燃烧技术（N_2-freeProcess）。

3.4.1 O_2/CO_2低氮燃烧技术

3.4.1.1 O_2/CO_2低氮燃烧技术原理

如果能在燃烧过程中大幅度地提高燃烧产物中的 CO_2浓度，将会使 CO_2分离回收成本降低。组织燃料在 O_2和 CO_2混合气体中燃烧的所谓 O_2/CO_2燃烧技术就是在这一背景下提出来的。O_2/CO_2燃烧技术也称为空气分离/烟气再循环技术或富氧燃烧技术。O_2/CO_2燃烧技术系统示意图如图 3－27 所示。该方法用空气分离获得的纯氧和一部分锅炉排气构成的混合气代替空气做矿物燃料燃烧时的氧化剂，以提高燃烧排气中的 CO_2浓度。用纯氧时，烟气经干燥脱水后可得浓度高达95％的 CO_2，排气经冷凝脱水后，其量的 70％～75％循环使用，余下的排气中的 CO_2经压缩脱水后用管道输送。由此得到的高浓度 CO_2在经过有害气体脱除之后有很好的商业用途，可以作为植物的催肥剂、化工产品的原料；可以在石油开采中灌入油田使分散的原油膨胀聚合并减低原油的黏稠度，便于开采；或者直接将其注入海底，使其与海水中的矿物质反应生成稳定的化合物，实现 CO_2的固化。

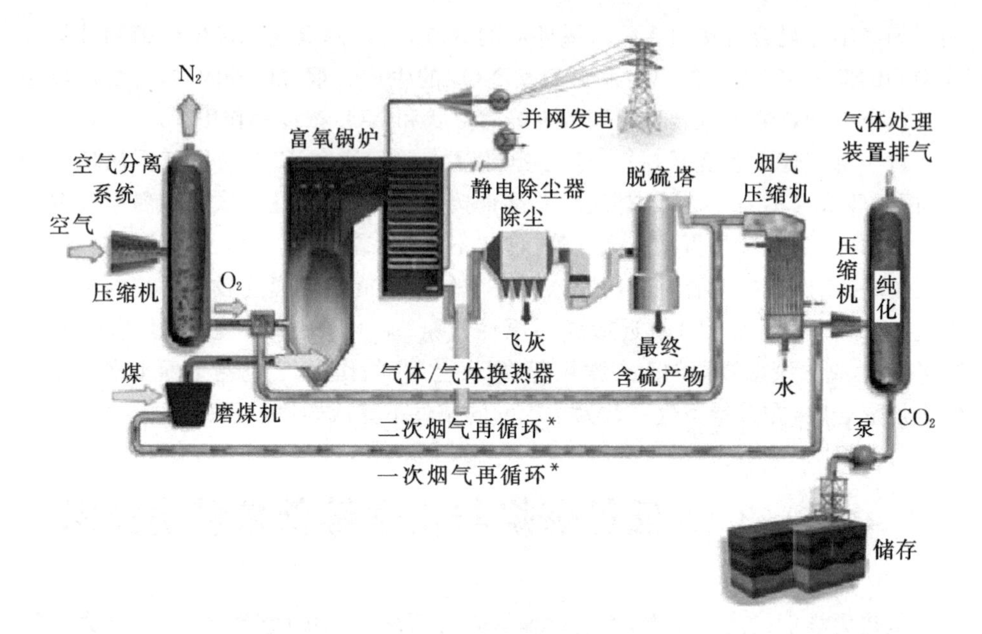

图 3-27　O_2/CO_2 燃烧技术系统示意图

*仅举例,可根据实际情况选择二次再循环的位置

O_2/CO_2燃烧技术按烟气再循环的方式不同可分为干法循环(烟气脱水后循环)和湿法再循环(烟气不脱水)。采用干法的缺点是设备投资和运行费用都高,但可减少再循环烟气中水蒸气的腐蚀作用。从煤粉锅炉系统的安全角度考虑,采用CO_2气体作为一次风携带煤粉,大部分 O_2与其余的 CO_2混合后作为二次风送入燃烧室,少部分 O_2供燃烧初期耗氧,在适当的位置送入。从循环烟气中冷凝分离水蒸气后,用三甘醇(二缩三乙二醇($HOCH_2CH_2OCH_2$))作为溶剂吸收 CO_2,吸收CO_2后的溶剂加热解析 CO_2,获得浓缩的 CO_2,而溶剂再循环使用。

O_2/CO_2燃烧技术按压力可分为常压富氧燃烧和增压富氧燃烧,常压富氧燃烧包括煤粉炉、循环流化床锅炉,增压富氧燃烧多应用于循环流化床锅炉。常压富氧燃烧技术是在现有锅炉设备的基础上,燃烧用氧气纯度在 95%以上,再循环烟气比例为 70%左右(煤粉炉)或者更低(循环流化床锅炉),烟气直接压缩捕集 CO_2。然而常压富氧燃烧系统中空分装置、烟气再循环和 CO_2分离压缩单元的能耗巨大,净发电效率比传统空气燃烧降低 8%~11%,经济性问题严重制约了常压富氧燃烧技术的应用。为提高净发电效率,美国麻省理工学院在 2000 年前后首次提出了增压富氧燃烧的概念,即空分制氧、煤燃烧与锅炉换热到烟气压缩捕集 CO_2的整个过程均维持在高压下完成。

国外学者发现 O_2/CO_2气氛下火焰的着火点模糊和不稳定,未燃尽碳含量高,通过减少循环烟气量和提高二次风中的氧气浓度可以改善燃烧特性。D. Yossefi 等也认为 O_2/CO_2 气氛比空气气氛下的火焰传播速度低。Miyamae 等发现 O_2/CO_2 气氛比相同氧含量的 O_2/N_2 气氛下的火焰温度低。国内早在 20 世纪 90 年代中期已开始富氧燃烧的研究，其中华中科技大学、东南大学、华北电力大学、浙江大学等最早开始关注富氧燃烧的燃烧特性、污染物排放和脱除机制等。国内现已建成热功率为 3 MW 的富氧燃烧碳捕获试验平台以及 35 MW 富氧燃烧系统，致力于富氧燃烧技术在 200～600 MW 规模电厂上的应用。

3.4.1.2　O_2/CO_2 燃烧 NO_x 排放特性

O_2/CO_2 气氛下 NO_2 排放特性的研究主要集中在 NO_x 排放降低的试验研究和定性分析上。Okazaki 等发现 O_2/CO_2 气氛下 NO_x 的排放不到常规空气燃烧的 1/3，主要原因是 NO_x 在随 CO_2 再循环的过程中大量降解。研究者发现在 O_2/CO_2 气氛下燃料 N 转化增长率非常小，主要是由于生成的 NO_x 又循环分解掉了。实验结果表明，O_2/CO_2 气氛下高浓度的 CO_2 会与煤或煤焦发生还原反应生成大量的 CO，在煤焦表面与 NO 和煤焦发生反应，促进了 NO 的降解。Canmetcetc 的试验发现，随送风氧含量的提高 NO_x 排放增大。

本书对不同气氛和工况条件下 NO_2 的生成过程研究发现，O_2/CO_2 气氛与温度、钙硫比等因子联合作用对煤燃烧过程中 NO_x 的生成影响比较明显，较之空气气氛，NO_x 的生成量随温度、钙硫比的变动而变化得更加有利于控制其生成。不同气氛和温度下 NO 的排放规律如图 3－28 所示，不同气氛下钙基脱硫过程中 NO 的排放规律如图 3－29 所示，从 NO_x 排放的峰值来看，在所有实验的温度下，O_2/CO_2 气氛下 NO_x 的峰值都低于空气气氛下。O_2/CO_2 气氛影响 NO_x 的排放主要基于以下原因。

(1)富 CO_2 气氛与燃煤中的碳反应生成大量还原性强的 CO，发生反应

$$2C+O_2 \longrightarrow 2CO \tag{3-34}$$

生成的 CO 又与 NO 发生表面催化反应使 NO_x 还原，即

$$2NO+2CO \longrightarrow 2CO_2+N_2 \tag{3-35}$$

(2)NO 与煤焦发生如下反应

$$C+2NO \longrightarrow CO_2+N_2 \tag{3-36}$$

$$2C+2NO \longrightarrow 2CO+N_2 \tag{3-37}$$

总反应为

$$3C+4NO \longrightarrow CO_2+2CO+2N_2 \tag{3-38}$$

在温度低于 953 K 时，反应主要按式(3－37)进行，CO_2/N_2 是主要产物；当温度高于 953 K 时，反应主要为式(3－38)，产物 CO 与 N_2 随温度升高而增加，CO_2 减

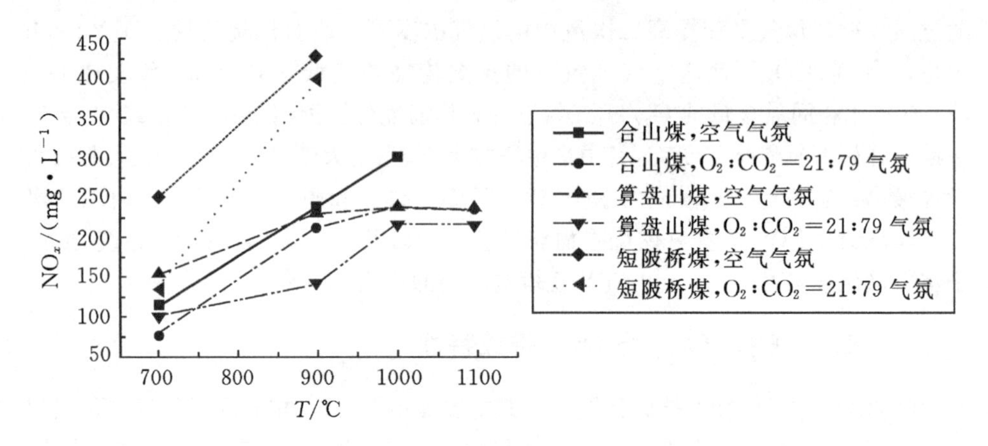

图 3-28　不同气氛和温度下 NO 的排放规律

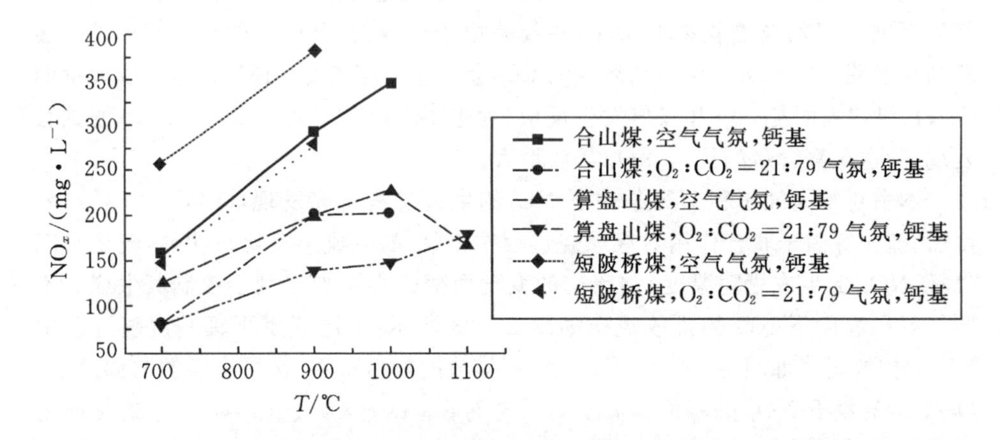

图 3-29　不同气氛下钙基脱硫过程中 NO 的排放规律

少。煤中矿物质尤其是 Fe 和 Ca 的存在对半焦与 NO 的反应有催化作用,而 $CaCO_3$的存在则对 CO 与 NO 的表面反应有催化作用。

J. Hayashi 等总结归纳出的 O_2/CO_2气氛下 NO_x 生成与降解中所涉及的挥发分燃烧的气相基元反应主要是如下的 7 个反应。式(3-39)和式(3-40)显示 NH_3 主要通过 NH 基团生成 NO 和 N_2O,式(3-41)和式(3-42)显示 HCN 主要通过 NCO 基团生成 NO 和 N_2O,式(3-39)～式(3-45)显示生成的 NO 和 N_2O 还会发生降解而还原为 N_2。

$$NH+O \longrightarrow NO+H \tag{3-39}$$

$$NH+NO \longrightarrow N_2O+H \tag{3-40}$$

$$NCO+O \longrightarrow NO+CO \tag{3-41}$$

$$NCO + NO \longrightarrow N_2O + CO \tag{3-42}$$

$$NH_2 + NO \longrightarrow N_2 + H_2O \tag{3-43}$$

$$H + N_2O \longrightarrow N_2 + OH \tag{3-44}$$

$$OH + N_2O \longrightarrow N_2 + HO_2 \tag{3-45}$$

焦炭氮的主要基元反应分别是如下的 5 个反应，式(3－46)～式(3－50)分别显示了焦炭氮的释放和降解的主要过程。

$$C + O \longrightarrow CO \tag{3-46}$$

$$2C + NO \longrightarrow CN + CO \tag{3-47}$$

$$CN + O \longrightarrow CNO \tag{3-48}$$

$$CNO + CN \longrightarrow N_2O + 2C \tag{3-49}$$

$$CNO \longrightarrow NO + C \tag{3-50}$$

3.4.2　化学链低氮燃烧技术

3.4.2.1　化学链燃烧技术原理

化学链燃烧技术(Chemical-Looping Combustion，CLC)在 20 世纪 80 年代就被提出来作为常规燃烧的替代。化学链燃烧技术原理示意图如图 3－30 所示。化学链燃烧技术的能量释放机理是通过燃料与空气不直接接触的无火焰化学反应，打破了自古以来的火焰燃烧概念。这种新的能量释放方法是新一代的能源环境动力系统，它开拓了根除 NO_x 产生与回收 CO_2 的新途径。日本、韩国、瑞典、挪威和中国等很多国家和机构都在进行探索性的研究。

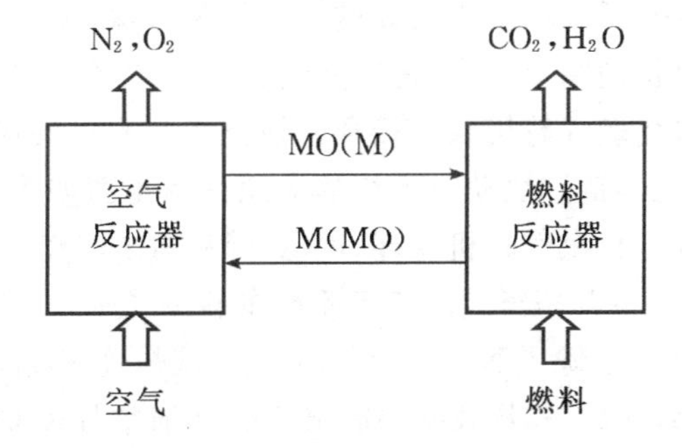

图 3－30　化学链燃烧技术原理示意图

无火焰化学链燃烧将传统燃烧反应分解为以下两个气固化学反应。

(1)燃料侧反应。

$$燃料 + MO(金属氧化物) \longrightarrow CO_2 + H_2O + M(金属)$$

(2)空气侧反应。

$$M(金属)+O_2(空气)\longrightarrow MO(金属氧化物)$$

金属氧化物(MO)与金属(M)在两个反应之间循环使用,一方面分离空气中的氧,一方面传递氧,这样,燃料从 MO 获取氧,无需与空气接触,避免了被 N 化和稀释。燃料侧的气体生成物为高浓度的 CO_2 和水蒸气,采用物理冷凝法即可分离回收 CO_2,燃烧分离一体化节省了大量能源,为燃料反应器的吸热反应提供低温热,因而提高高温空气反应器产生的热量。

由于化学链燃烧中燃料与空气不直接接触,空气侧反应不产生燃料型 NO_x。另外,由于无火焰的气固反应温度远远低于常规的燃烧温度,因而可控制热力型 NO_x 的生成。这种根除 NO_x 的生成,而不是某种程度的减少,对解决环境污染问题是一个重大突破。

燃料与空气不接触,燃气侧的气体生成物为高浓度的 CO_2 和水蒸气,并未被 N_2 稀释。回收 CO_2 不需要消耗额外的能量,因此,用简单的物理方法,将排气冷却,使水蒸气冷凝为液态水,即可分离和回收 CO_2,不需要常规的 CO_2 分离装置。

由于所利用的燃烧中的高品位能源为化学循环反应,因此,无需在燃烧、分离两个过程中大量耗能,分离和回收 CO_2 都不需要额外的能耗,即不会降低系统效率,与采用尾气分离 CO_2 的燃气-蒸汽联合循环电站相比,这种具有化学链燃烧的能源环境动力系统效率可高出 17%。

3.4.2.2 化学链低氮燃烧技术

有学者提出了新一代燃气轮机联合循环(CLSA 系统),该热力循环在高温段应用化学链燃烧,在中、低温段采用高效的空气湿化方法,从而把工程热力学和化学环境学两个学科有机地结合起来,提出高效、低污染的新一代高效动力系统——化学链燃烧与空气湿化燃气轮机联合循环。该技术与先进的燃气-蒸汽联合循环相比,热效率更高。化学链燃烧动力系统的概念性示意图如图 3-31 所示。将化学链燃烧技术与空气湿化燃气轮机循环、IGCC 等动力多联产系统相结合进行了化工与动力广义总能系统的开拓研究。其新颖点在于:一是回收 CO_2 不需要消耗额外的能量,二是它从根本上去除了 NO_x。此外,它的系统热效率较高,与 1200 ℃级的不分离 CO_2 的 IGCC 系统比较,其热效率要高出 5%,而通常分离 CO_2 会使系统效率下降至少 5%~10%。因此,它的热效率比相同等级的分离 CO_2 的系统高 10%~15%。

利用氢能为燃料时,应用无火焰燃烧的先进能量释放机理组成的新型氢能燃气轮机循环,如日本国家项目(WE-NET)的氢氧联合循环,热效率提高 12%,可称之为新一代氢能动力系统。值得重视的是,新型化学链反应对煤气化合成气体的反应特性要好于天然气。

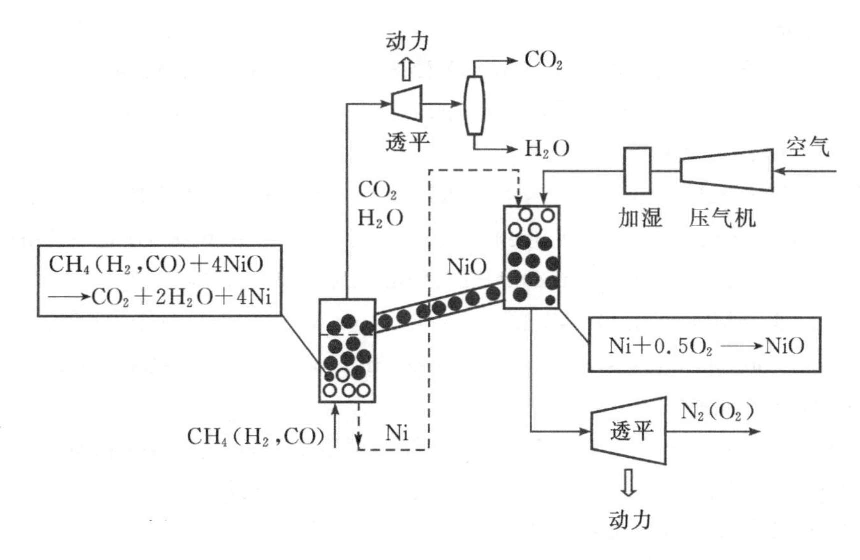

图3-31　化学链燃烧动力系统的概念性示意图

M. Ishida等提出了一种由化学链式燃烧器和燃气轮机、蒸汽轮机构成的联合循环。该循环以化学链式分布反应代替氢气与氧气的直接反应,避免了剧烈燃烧。不仅循环热效率高,而且具有良好的环保性能。由于氧化剂和燃料分开,所以如果在还原器和氧化器中分别通入过量的氢气和空气,利用反应放热就可直接获得高温氢气和空气,分别提供给燃料电池的阳极和阴极,而不必再使用高温气-气换热器加热燃料电池反应物。

国内学者提出了一种新型的以氢为燃料的燃料电池联合循环——采用化学链式燃烧的燃料电池联合循环。该系统利用化学链式燃烧器高温IXT工作性能良好的特性,提高了系统的平均吸热温度和压力;同时采用化学链式燃烧器的氧化器和还原器分别为燃料电池阴、阳极提供高温反应物,从而减少了传热的中间环节及其带来的不可逆损失,循环流程也得以简化;通过采用化学链式燃烧器,避免了燃料与氧化剂的直接接触,有效地抑制了 NO_x 的生成。

参考文献

[1] 毛健雄,毛健全.煤的清洁燃烧[M].北京:科学出版社,1998.
[2] 阎维平.洁净煤发电技术[M].北京:中国电力出版社,2008.
[3] 苏亚欣,毛玉如,徐璋.燃煤氮氧化物排放控制技术[M].北京:化学工业出版

社,2005.

[4] GLARBORG P, JENSEN A D, JOHNSSON J E. Fuel nitrogen conversion in solid fuel fired systems[J]. Progress in Energy and Combustion Science, 2003,29:89 - 113.

[5] VAN DER LANS R P, GLARBORG P, DAM-JOHANSEN K. Influence of process parameters on nitrogen oxide formation in pulverized coal burners [J]. Progress in Energy and Combustion Science,1997,23:349 - 377.

[6] HILL S, SMOOT L D. Modeling of nitrogen oxides formation and destruction in combustion systems[J]. Progress in Energy and Combustion Science, 2000,26:417 - 458.

[7] TANIGUCHI M, KAMIKAWA Y, TATSUMI T,et al. Staged combustion properties for pulverized coals at high temperature[J]. Combustion and Flame,2011,158:2261 - 2271.

第4章 大型循环流化床燃烧技术

4.1 循环流化床概论

4.1.1 循环流化床的发展历史

循环流化床锅炉(CFB)在工业上的应用始于20世纪70年代末。1979年,芬兰奥斯龙(Ahlstrom)公司开发的一台热功率为15 MW的烧泥煤的循环流化床锅炉在皮拉瓦(Pihlava)建成并投入运行。1981年,美国拜特尔(Battelle)公司开发的25 t/h CFB锅炉投入运行。1982年,由德国鲁奇(Lurgi)公司开发的第一台热功率为84 MW的燃煤循环流化床锅炉在德国的鲁能(Luenen)投入运行。

自1980年以来,30多年间循环流化床锅炉技术取得了巨大的进展。在发展大容量高参数循环流化床锅炉的过程中,福斯特惠勒(Foster Wheel, FW)公司起着先锋和领导的作用。在20世纪90年代,福斯特惠勒的循环流化床锅炉就已发展到250 MW的超高压参数等级,并在20世纪90年代末和21世纪初在波兰Bogatynia的Turow电厂建成了6台235～262 MW燃煤循环流化床锅炉,在美国佛罗里达Jacksonville JEA电厂建成了2台300 MW的100%燃烧煤/石油焦的循环流化床锅炉,这标志着循环流化床技术已真正发展到了一个崭新的大容量高参数电站锅炉的时代。

在20世纪末,国际上展开了超临界循环流化床锅炉的研究。国外主要的研发公司有美国FW公司、阿尔斯通(Alstom)法国分公司和Alstom美国分公司。2002年,美国FW公司和波兰的Lagisza电厂签订了提供一台容量为460 MW的超临界循环流化床直流锅炉的合同,并于2005年底完成锅炉的设计工作,此台锅炉是世界上第一台商业化超临界循环流化床锅炉,标志着循环流化床锅炉技术从亚临界参数到超临界参数的飞跃。此后,美国能源部资助FW公司开展了600 MW等级超临界参数的循环流化床锅炉的研究开发,主要是600 MW/31.1 MPa/593 ℃/593 ℃和600 MW/37.5 MPa/700 ℃/700 ℃两种炉型;法国电力公司也委托FW公司进行其600 MW超临界直流锅炉的设计研究,锅炉的主蒸汽参数为31 MPa/593 ℃;西班牙Endesa Generacion电力公司、FW芬兰公司等六家公司,已开始了800 MW的循环流化床锅炉合作研究，此锅炉的运行参数为30.9 MPa/604 ℃/621 ℃。同时，Alstom目前已完成了600 MW超临界循环流化床锅炉的设计，并准备由法国电力公司实施其示范工程。

我国循环流化床燃烧技术发展相对较晚但是进步很快。自1989年11月第一台国产35 t/h CFB锅炉投运以来，我国CFB锅炉技术的开发研究工作进展迅速。其后多家单位先后开发出了35～220 t/h的中、小型CFB锅炉。2000年以后，国内CFB锅炉开发研制工作开始向电站CFB锅炉迈进，国内开发的410 t/h CFB锅炉于2003年6月在江西分宜发电厂投运。国内首台自主知识产权的670 t/h带有外置换热器的CFB锅炉于2006年10月也在江西分宜发电厂投运。国内东方锅炉厂、哈尔滨锅炉厂等大型锅炉制造厂还开发了不带外置换热器的300 MW CFB锅炉，并已开始投入工程应用。在国内容量最大的600 MW超临界CFB锅炉于2013年4月在白马循环流化床示范电站投入商业运行。截至2017年7月，国内350 MW超临界CFB锅炉机组已投运13台，至此中国在役的超临界CFB锅炉总装机容量达到5150 MW。为了进一步提高效率，我国目前正在研制660 MW超超临界CFB锅炉。

4.1.2 循环流化床中的基本概念及名称术语

循环流化床(CFB)的"循环""流化""床"三个词分别描述了其原理和特征。"循环"是指锅炉运行时，大部分物料在炉膛内壁及本体分离器中循环回料燃烧，这是与链条炉、煤粉炉很大的区别，链条炉、煤粉炉中原煤或煤粉进炉膛燃烧完后直接排出，不能实现燃料的循环燃烧。"流化"是指加入的燃料和炉内的床料一起处于强烈湍动的流态化状态，新加入的燃料与高温床料发生强烈的传热传质，从而实现高效燃烧。"床"是指炉膛底部有一个可以提供物料实现流态化的布风板及其上面的风帽，布风板上布置了很多风帽，高压一次风通过风帽进入炉底，形成气垫托住物料并使物料流化。综合这三个词，形成了"循环流化床"燃烧技术。首先介绍与CFB锅炉燃烧技术相关的一些基本名称术语。

1. 物料

循环流化床锅炉运行中，在炉膛及循环系统(分离器、立管、回料系统等)内燃烧或载热的固体颗粒，称为物料。它既包含床料成分，还包括新给入的燃料、脱硫剂及脱硫产物、经循环灰分离器返送回来的颗粒以及燃料燃烧生成的灰渣等。循环灰分离器分离下来的灰颗粒通过回料器送回炉膛的物料又称为循环物料。

2. 床料

流化床锅炉启动前，铺设在布风板上一定厚度、一定粒度的固体颗粒，称作床料，也称为点火底料。床料一般为灰渣、石灰石粉等，有些锅炉在床料中还掺入砂子、铁矿石等成分，甚至有的锅炉在调试或启动时仅用一定粒度的石英砂作床料。

3. 堆积密度与颗粒密度

一般将固体颗粒不加任何约束地自然堆放时单位体积的质量称为颗粒的堆积密度；把不考虑颗粒孔隙的单个颗粒的质量与其体积的比值称为颗粒密度或真实密度。

4. 空隙率

颗粒浓度很高的两相流系统常用到空隙率的概念，其定义为流体所占的体积与整个两相流体的总体积之比，也可称为固定床空隙率。

5. 颗粒球形度

流态化工程领域涉及的固体颗粒多为不规则形状，为表征颗粒形状偏离球形的程度，引入所谓颗粒球形度的概念，其定义为具有与任意形状颗粒相同体积的球体的表面积与该颗粒实际表面积之比。

6. 流化速度

流化速度一般是指假设床内没有床料时空气通过炉膛的速度，因此也称为空塔速度或表观速度。

7. 临界流化速度

气体流动带给颗粒的曳力与颗粒减去浮力后的重力相平衡时，使得颗粒悬浮起来，床层开始出现膨胀，进入临界流化状态，把这时的气流速度称为临界流化速度，也可称为初始流化速度。

8. 终端沉降速度

固体颗粒在静止空气中作初速度为零的自由落体运动时，由于重力的作用，下降速度逐渐增大。速度越大，阻力也就越大。当速度增加到某一数值时，颗粒受到的阻力、重力和浮力将达到平衡，颗粒将以等速度向下运动，这个速度称为颗粒的终端沉降速度。

9. 燃料筛分

进入锅炉的燃料颗粒的直径一般是不相等的。如果粒径粗细范围较大，即筛分较宽，就称作宽筛分；粒径粗细范围较小，就称为窄筛分。宽筛分和窄筛分是相对而言的，但是燃料的筛分对锅炉运行的影响很大，锅炉设计时就要考虑燃料筛分分布，这与临界流化风速有直接关联。

10. 燃料颗粒特性

燃煤循环流化床锅炉，不仅对入炉煤的筛分有一定的要求，而且对各粒径的煤颗粒占总量的百分比也有一定要求。燃料中各种粒径的颗粒占总质量的份额称为燃料颗粒特性,也称为燃料的粒比度。

11. 密相区与稀相区

沿着CFB锅炉炉膛高度,物料颗粒浓度逐渐降低,其中物料浓度大的区域称为密相区,而物料浓度小的区域称为稀相区。一般来说,密相区低于二次风喷口高度,其空隙率在0.7左右;而稀相区高于二次风喷口高度,其空隙率为0.85～0.99。

12. 物料循环倍率

物料循环倍率是单位时间内循环流化床循环物料量与入炉煤量的比值,也就是由分离器捕捉下来并返回炉膛的物料量与新给入的燃料量之比。循环倍率表示了循环流化床中循环物料量的相对大小。其值越大,表示单位时间内物料在床内的循环次数越多。

4.1.3 流态化及其典型形态

流化床燃烧技术的核心是在炉膛内形成一种特殊的气固两相流动状态。固体燃料在此状态下与气体、受热面或固体颗粒之间发生强烈的传质或传热作用,并剧烈燃烧。当具有一定速度的气体对固体颗粒产生的作用力与固体颗粒所受其他外力相平衡时,固体颗粒层会呈现出类似于流体状态的性质,即流态化。

常见的流态化在宏观上可以分为散式流态化和聚式流态化。流化床内使颗粒床层流化的流体称为流化介质,其可以是气体或液体。用气体作流化介质的流化床称为气体流化床;用液体作流化介质的流化床称为液体流化床。液体流化床较接近于理想状态,当流速达到临界流化速度以上时,流化床内部均匀而平稳,床层高度随流速加大而升高,而且有一定的上界面。在正常情况下,观察不到显著的鼓泡和不均匀现象,这样的流态化称为散式流态化(又称均一流态化或平稳流态化)。而气体流化床则不同,当气体速度超过临界流化速度时,就会由于气泡的出现而导致很大的不稳定,主要表现在流化床没有一个固定的上界面,而是以每秒几次的频率上下波动,床层阻力也随之上下波动。若在波动范围内取平均值,仍可近似地认为其床层阻力不随流速的改变而改变,床层高度并不比临界流化状态高很多,这种流态化称为聚式流态化。

气固流态化流型比较复杂,当通过固体颗粒层的气流速度发生变化时,气固系统的混合状态也会发生变化,一般可分为固定床、鼓泡床、节涌、湍流床和快速床。它们之间的转变过程及直观特征可用图4-1表示。

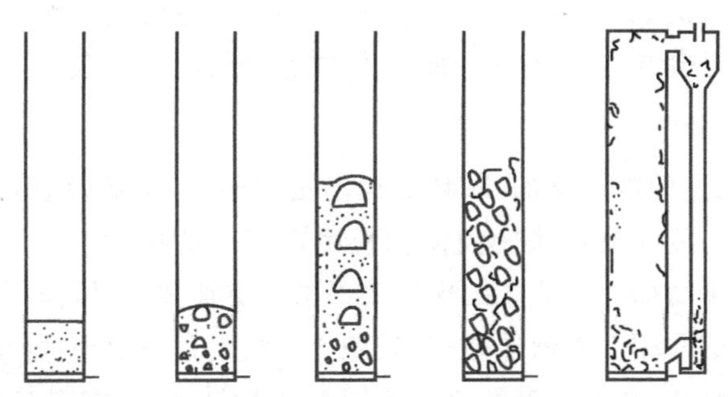

图 4-1　气体表观流速增大时出现的不同流态化工况

1. 固定床

当通过固体颗粒层的气速低于起始流化速度时，由固体颗粒组成的床层静止在布风板上，气体通过固体颗粒的间隙流过床层，这时的床层为固定床。流经固体颗粒的气流对颗粒有曳力，使气体通过床层时产生压力损失，固定床状态下，压力损失随气速的升高而线性增大。

2. 鼓泡床

如果流化风速大于起始流化速度(即临界流化速度)并继续增加，床层开始流化，床层总压降不再变化，流化床内将出现大量的气泡，这些气泡由床底形成，上升过程不断合并长大，达到床面后破裂，并把一些固体粒子抛入床层上部的自由空间，这时气固两相有比较强烈的混合，与水加热沸腾时的情况相似。这种气泡生成、上升和破裂的现象称为鼓泡。以鼓泡方式运行的流化床称为鼓泡流化床，简称鼓泡床。可以认为，此时通过床层的压降近似等于床层的重量。

鼓泡床有着较清晰的上界面，床层总空隙率在 0.45～0.65 范围内，并随着气流速度的增加而增加，鼓泡床膨胀后的高度可达静止床高的 2 倍左右。能使床层内产生气泡的最小流化速度称为最小鼓泡速度。在鼓泡流化床中，当气体以较高的速度流经布风板喷入床层时，一部分气体以最小鼓泡速度流过颗粒之间，其余则以气泡的形式穿过床层。

3. 节涌

节涌流态化是气固密相流态化中一个与床直径密切相关的很特殊的流型。当床中气泡尺寸大到与床直径相当时，气泡会形成一个个的“气栓”，其运动在床中产生一个个向上的“气栓”和颗粒“料栓”，使床中出现剧烈的气固腾涌状态，这种流动形态就称为节涌流态化。由于流化床锅炉的床面尺寸比较大，节涌现象很难发生，但在某些部件中(例如回料器的立管中)这种现象仍有可能出现。节涌不仅会使气固接触不良,而且会导致器壁磨损加剧,同时也会引起设备振动。

4. 湍流床

随着流化风速的继续增加,颗粒的运动更加剧烈,呈湍流状,因此被称为湍流床。此时,呈现为线状或带状的固体颗粒团以很高的速度上下移动,气固混合强烈,颗粒夹带逐渐增加。湍流床的床层表面虽然更加弥散,但仍可清晰地观察到床层界面,流态化的两相性质依然存在,只是床内气泡直径较小,分布更密,气泡边界较为模糊或不规则。在实际循环流化床锅炉运行过程中,物料总处于湍流床或快速床状态。

5. 快速床

如果在湍流流态化下气流速度进一步增加,床层表面将变得更加模糊,床层的表面颗粒夹带量也急剧增加,这时如果不及时向床层底部补充床料,全部固体颗粒都会被带出炉膛,此时的流化状态称为快速流态化,相应的流化床称为快速流化床,简称快速床。快速流化床中不存在气泡,整个床体中一部分固体颗粒均匀地分散于气体中形成稀的连续相,其余的颗粒则呈絮团形式悬浮于稀相中。典型的快速流化床中可观察到不均匀的颗粒絮状物在稀相的上升流中随机地做上行或下行运动,并在运动中不断解体与形成。

快速床的优点是气固接触好,床截面颗粒浓度分布均匀。如果在炉膛后将带出的颗粒通过分离和再循环的方式送回炉内,以维持床内固体颗粒稳定均匀的分布状态,就实现了循环流化床的工作方式。

在实际流态化过程中还会出现一些不正常的流态化。比如当料层中气流分布、固体颗粒大小分布、空隙率等不均匀时,会造成床层阻力不均匀,阻力小的区域气流速度较大,而阻力大的区域气流速度较小,此时,大量的空气从阻力小的地方穿过料层,而其他部位仍处于固定床状态,这种现象称为沟流。

4.1.4 循环流化床锅炉的工作原理及燃烧系统的组成

图 4-2 为循环流化床锅炉的工作过程示意图。下面结合此图简要介绍一下燃煤循环流化床锅炉的基本工作过程。在燃煤循环流化床锅炉的燃烧系统中,燃烧所需要的一次风与二次风被预热后分别从炉膛底部和炉膛侧墙通入;煤由煤场经抓斗和运煤皮带等传输并加入燃料仓,然后由燃料仓进入煤破碎机被破碎成一定粒度范围的宽筛分煤(一般粒径小于 8 mm)后加入炉膛的密相区进行燃烧,与此同时,脱硫剂石灰石也由石灰石仓送入炉膛进行脱硫反应。炉内温度因受脱硫最佳温度的限制,一般保持在 850 ℃左右。送入炉膛的燃料首先进入炉膛密相区

进行燃烧，其中有许多细颗粒物料将进入稀相区继续燃烧，并有部分随烟气飞出炉膛。此后，随烟气流出炉膛的绝大多数颗粒在旋风分离器中与烟气分离，还有很少的细颗粒随烟气排出。分离出来的颗粒可以直接送入炉膛继续燃烧，也可经外置式换热器进入炉膛再次参与燃烧过程。由旋风分离器出来的烟气则被引入锅炉尾部烟道，依次经过尾部烟道中的过热器、省煤器、空气预热器以及除尘器后排入大气。

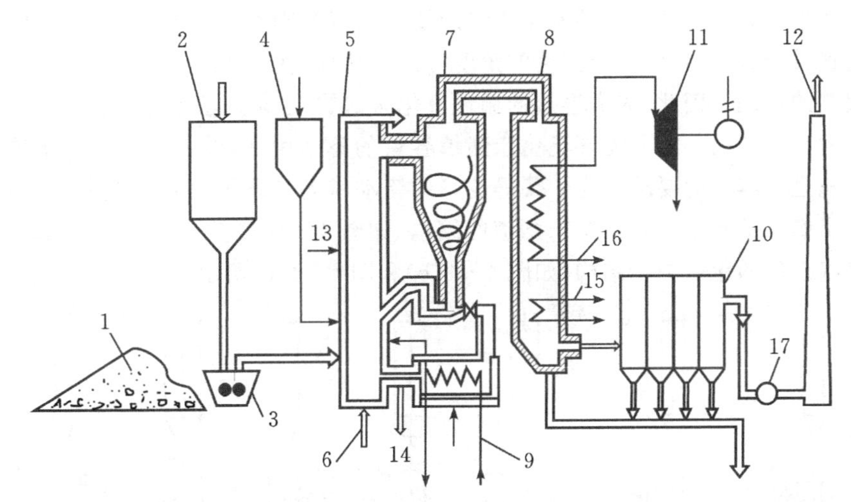

1—煤场；2—燃料仓；3—燃料破碎机；4—石灰石仓；5—水冷壁；6—布风板底下的空气入口；7—旋风分离器；8—锅炉尾部烟道；9—外置式换热器的被加热工质入口；10—布袋除尘器；11—汽轮发电机组；12—烟囱；13—二次空气入口；14—排渣管；15—省煤器；16—过热器；17—引风机

图 4-2　典型电站用循环流化床直流锅炉的工作过程示意图

循环流化床燃烧系统可以大致地分成两部分。一部分是物料循环回路，包括燃烧室、旋风分离器、飞灰回送装置或外置式换热器；另一部分是与常规锅炉近似的锅炉尾部装置，包括过热器、再热器、省煤器和空气预热器。下面主要介绍一下循环流化床中锅炉燃烧系统比较特别的部分。

1. *炉膛*

炉膛也叫流化床燃烧室，它是由炉墙和水冷壁所组成的封闭空间，燃料在其内呈流化态燃烧。按照不同的分类方法，炉膛可以分为不同的区。按照炉膛的形状可以分为下部锥段和上部直段两部分；按照气固两相流的流态，可以分为密相区、过渡区和稀相区；同时，也可以以循环流化床锅炉的炉膛二次风入口为界分为两个区，二次风入口以上的区域是以小颗粒为主的氧化燃烧区，二次风入口以下的区域是以大颗粒为主的还原燃烧区。炉膛是流化床燃烧系统的主体，它大约完成50%燃料释热量的传递过程。燃料的燃烧过程、脱硫过程、NO和N_2O的生成和分解过程主要在燃烧室内完成。因此，循环流化床的燃烧室是集燃烧装置、脱硫装置、换热器装置于一体的反应器。

燃烧室的横断面呈长方形，锅炉容量不同，锅炉的宽深比也不同（见图4－3）。当循环流化床锅炉的容量增加时，炉膛的高度和宽深比将会增加，而截面积与体积将会减小，同时，大容量循环流化床锅炉要求给煤分布均匀，因而还要考虑给煤点的位置及个数。另外，从经济性的角度考虑，炉膛高度不能随着锅炉容量的增加而无限制的增加。因此，对大容量的循环流化床锅炉，必须设法维持炉膛结构尺寸在合理的比例之内。随着循环流化床锅炉容量的不断增加，单一的炉床和布风板已不能满足大容量的要求。为了获得良好的流动状态和增加蒸发受热面的布置，也出现了多个炉膛组合共用尾部烟道的结构，如图4－4(a)所示，以及采用裤衩褪或分隔墙设计的单一炉膛结构，如图4－4(b)和图4－4(c)所示。

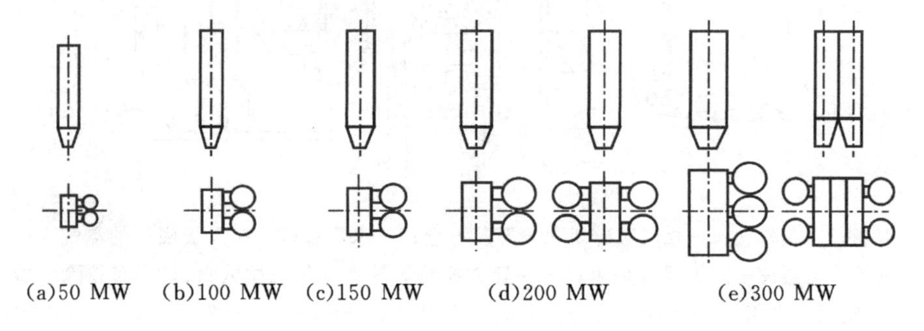

图4－3　典型炉膛形状

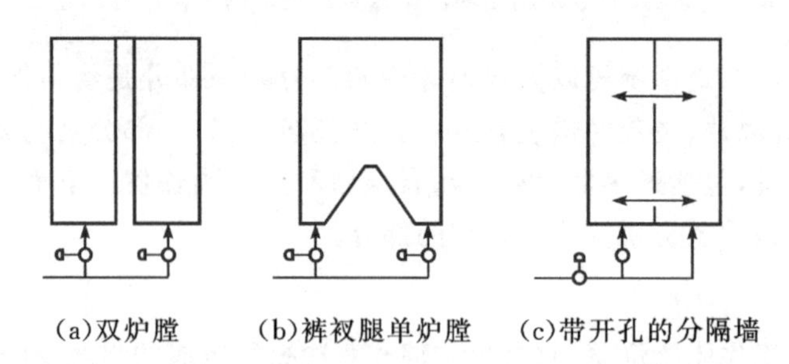

图4－4　大型循环流化床锅炉的炉膛设计方案

2. 布风装置

布风装置是炉膛底部支撑物料并分配一次风的装置，流化床锅炉采用的布风装置主要是风帽式，一般由风室和布风板组成。布风板位于炉膛的底部，其上面布置有大量的风帽，风帽上开有许多小孔。布风板下面是风室。

布风板是布风装置的重要组成部分，它的作用是：①支撑炉内物料，形成封闭炉膛，防止物料漏出；②使布风板上具有均匀的气流速度分布，合理分配一次风，使通过布风板及风帽的一次风流化物料达到良好的流化状态。布风板一般有水冷式布风板和非水冷式布风板两种。大型流化床锅炉一般采用热风点火，要求启停时间短，变负荷快。为适应这些要求，消除热负荷快速变化对流化床锅炉燃烧系统带来的不利影响，采用水冷式布风板是十分必要的。水冷式布风板常采用膜式水冷壁管拉稀延伸形式，在管与管之间的鳍片上开孔，布置风帽。大型循环流化床锅炉也采用双层管的水冷布风结构(见图 4－5)，用下层的管子通过中间鳍片支撑上层的管子，以增加布风板强度，弯管结构较复杂。

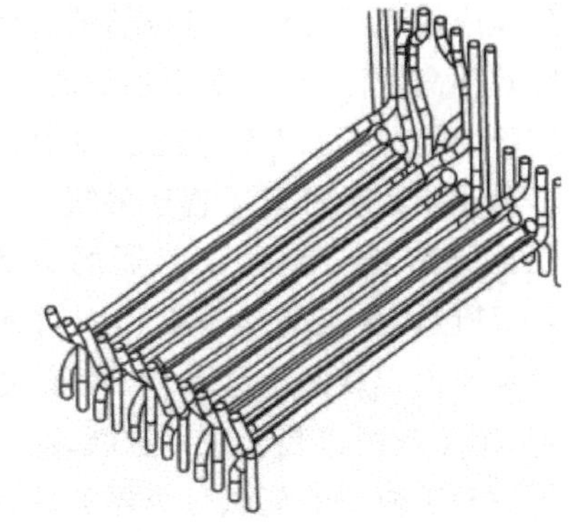

图 4－5 双层管子的布风板结构

风帽是流化床锅炉实现均匀布风以及维持炉内合理的气固两相流动和锅炉安全经济运行的关键部件。随着循环流化床锅炉的发展，出现了多种结构形式的风帽，典型结构有钟罩式、T 形、猪尾形及定向风帽等，如图 4－6 所示。钟罩式风帽是近年来为适应大型循环流化床锅炉而采用的新的风帽，这种风帽可以采用较大的开孔率而不增加运行阻力，没有集中的空气射流，对相邻风帽的威胁很小。这种风帽具有流化均匀，不堵塞，安装、维护方便等优点。

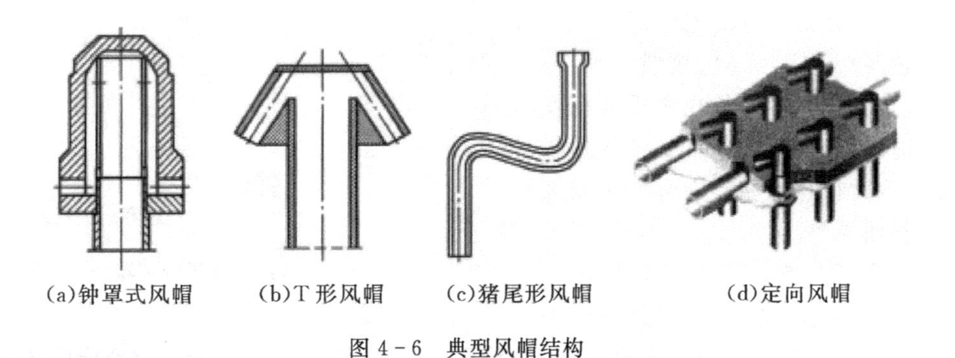

(a)钟罩式风帽 (b)T 形风帽 (c)猪尾形风帽 (d)定向风帽

图 4－6 典型风帽结构

3. 气固分离器

气固分离器是循环流化床的关键部件之一，其主要作用是将大量高温固体物料从气流中分离出来，送回炉膛，以维持燃烧室的快速流态化状态，提高燃烧效率和脱硫效率。循环流化床锅炉的气固分离器有许多形式，如U形槽、百叶窗、旋风分离器等。循环流化床锅炉的大型化已经证明，旋风分离器是工业应用广泛且性能最可靠的气固分离器，分离效率高，特别是对细小颗粒的分离效率远远高于惯性分离，但该分离器体积比较庞大，大容量锅炉因受分离器直径限制，往往需要布置几台分离器。旋风分离器的分离原理如图4-7所示，含灰的烟气沿切向引入筒体后，以一定速度螺旋向下运动，粒径较大的颗粒由于惯性大被分离下来，落入料仓或立管，经飞灰回送装置返回炉膛，而少部分未被捕集细小颗粒从中心筒随烟气逃逸。与一般工业用的旋风分离器的区别是，循环流化床锅炉的旋风分离器处理烟气量大，烟气所携带的固体颗粒浓度较高，分离器工作温度高。

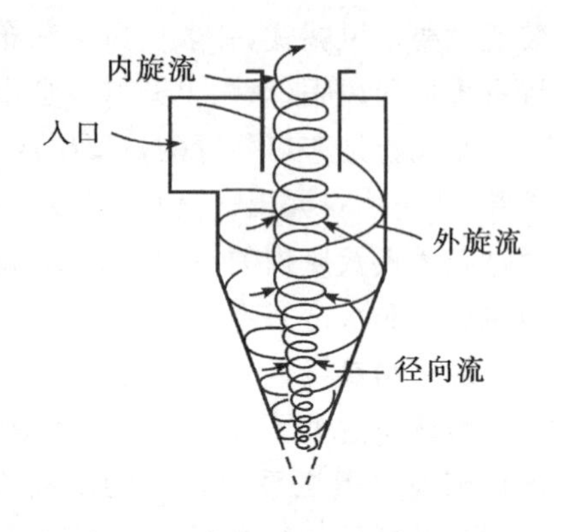

图 4-7　旋风分离器的旋流示意图

根据旋风分离器工作温度，可以将其分为中温分离型(400～600 ℃)和高温分离型(800～920 ℃)；根据冷却方式可分为气冷式和内衬为耐磨耐火材料的绝热旋风分离器。绝热旋风分离器是目前CFB锅炉上应用最多的分离器，它的优点：技术成熟，便于制造和安装，造价相对较低，而且由于高温旋风分离器内烟气物料温度高，甚至会在分离器内继续燃烧，有利于提高燃烧效率；缺点是由于分离器耐磨耐火材料较厚(见图4-8)，热惯性大，冷却启动时间长，另外在燃用低挥发分时，由于分离器基本处于绝热状态，因此很容易在其内部产生局部高温而结焦。

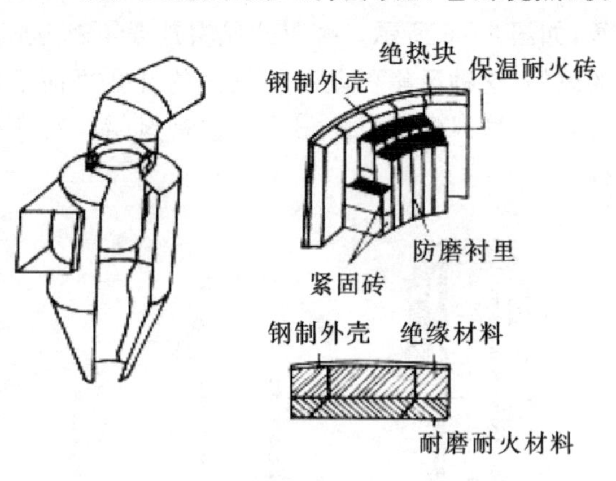

图 4-8　高温绝热旋风分离器

为了有效地克服绝热旋风分离器的缺陷，同时保持其优点，美国Foster Wheeler公司开发出了汽冷旋风分离器，如图4-9所示。汽冷旋风筒可吸收一部分热量，一般作为过热系统的初级过热器，分离器内的物料燃烧后温度不会上升，甚至略有下降，从而防止分离器因CO和残碳后燃造成温度升高而引起结渣，并且还可以节省大量保温和耐火材料；但缺点是汽冷旋风分离器蒸汽管路结构复杂，制造工艺复杂，成本较高。为了克服这类旋风分离器的不足，保持分离器的高效率，芬兰 FWEO 公司于 1992 年提出方形分离器（见图 4－10），并在芬兰 Kuhmo 城的一台 18 MW 的 CFB 锅炉上首次应用。方形分离器有以下优点：①由膜式壁构成，分离器的壁面作为炉膛壁面水循环系统的一部分，在炉膛和分离器之间不存在热膨胀问题，因此与炉膛之间不需要设膨胀节；②方形分离器水冷表面敷设了一层薄的耐火层，这使得分离器起到传热的作用，并使锅炉启动和冷却速度加快；③方形分离器与不冷却钢板卷成的旋风筒制造成本基本相当，考虑到前者所节省的大量保温和耐火材料，最终的实际成本有所下降；④方形分离器可紧贴炉膛布置，从而使整个循环流化床锅炉的体积大为减少，布置十分紧凑。

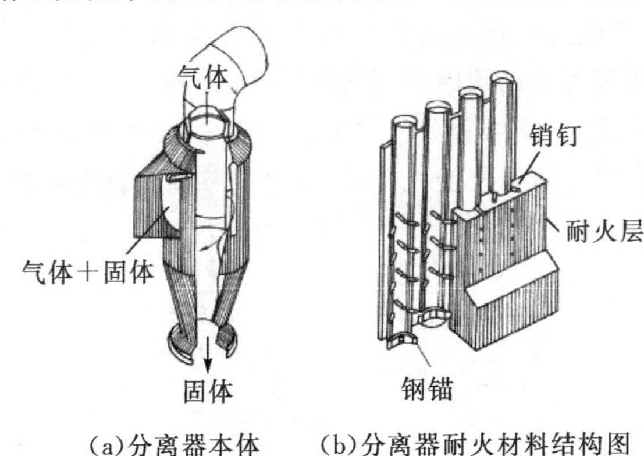

（a）分离器本体　　（b）分离器耐火材料结构图

图 4－9　水（汽）冷旋风分离器结构示意图

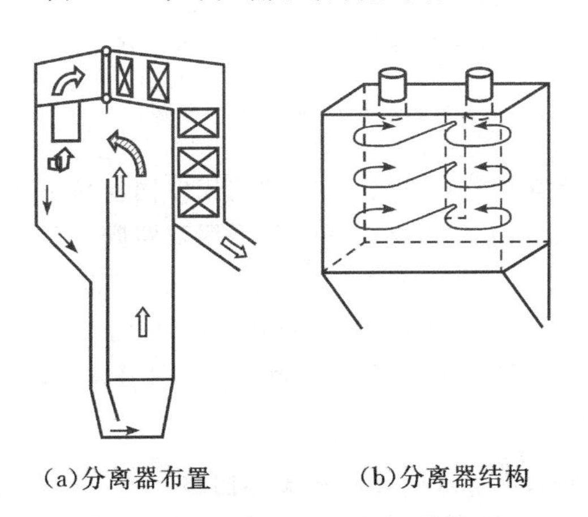

（a）分离器布置　　（b）分离器结构

图 4－10　方形分离器结构示意图

4. 回料器

回料器（也称回料阀）是将分离器分离下来的固体颗粒送回炉膛的装置，是循环流化床锅炉的重要部件之一。由于分离装置中固体颗粒出口处的压力低于炉膛内固体颗粒入口处的压力，所以固体颗粒回送装置的基本任务是将分离器分离的高温固体颗粒稳定地送回压力较高的燃烧室内，并且使气体反窜进入分离器的量为最小。

回料器可采用机械式和非机械式，由于循环流化床锅炉中高温分离的物料常在 800～850 ℃，所以金属机械阀在高温状态下会出现膨胀、卡涩和磨损等问题。现在的循环流化床锅炉很少采用机械式回料器。非机械阀无须任何外界机械力的作用，仅采用气体推动固体颗粒运动，实现在高温工况下，简单、可靠地输送固体物料。由于非机械阀无运动部件，结构简单、操作灵活、价格低廉，因此广泛应用于循环流化床锅炉。非机械式回料阀的具体结构有 L 形阀、V 形阀、J 形阀和 H 形阀等，均为结构相似的气力流动阀原理，如图 4 - 11 所示。另外，非机械式回料阀的具体结构还有 U 形，其中 U 形阀易于实现大型化，只要结构上稍加改变，即可输送较细或较粗的物料，只要适当改变充气量，就可调节固体颗粒流量。

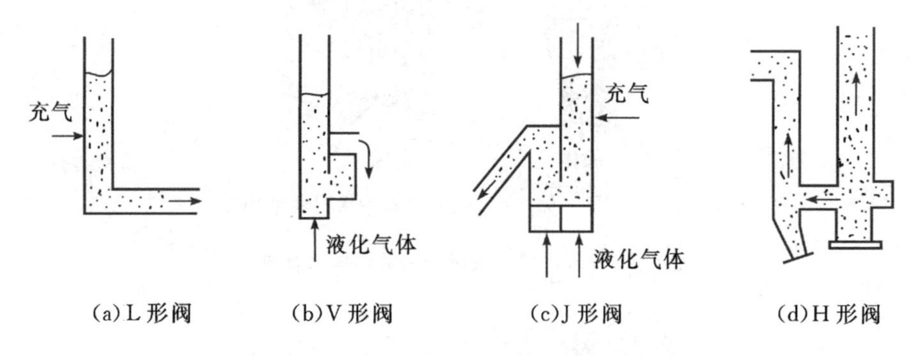

(a)L 形阀　(b)V 形阀　(c)J 形阀　(d)H 形阀

图 4 - 11　可控非机械阀

随着循环流化床锅炉的容量增大，向炉内集中回料易引起物料分布不均匀及局部冲击磨损，所以大型循环流化床锅炉常采用双路阀，其结构如图 4 - 12 所示。该阀可看作两个 U 形阀共用一个立管。在这种分叉式的双路阀中，循环灰被分为两路送入炉膛，提高了循环灰返回炉膛的均匀性。目前，我国已投运的大型循环流化床锅炉机组上已广泛使用 U 形回料密封阀分叉管技术，运行效果良好。

5. 外置换热器

外置换热器是布置在循环流化床灰循环回路上的一种热交换器，又称外置冷灰床，简称外置床。外置换热器实际上是由一个或多个仓室构成的非燃烧细粒子鼓泡流化床，布置在高温灰循环回路中，位于分离器下部，高温循环物料经分离器分离后，在分流装置作用下，一部分经返料装置以高温灰形式返回炉膛，另一部分流经外置式换热器，与布置在外置式换热器内的受热面完成热交换后，以低温灰形

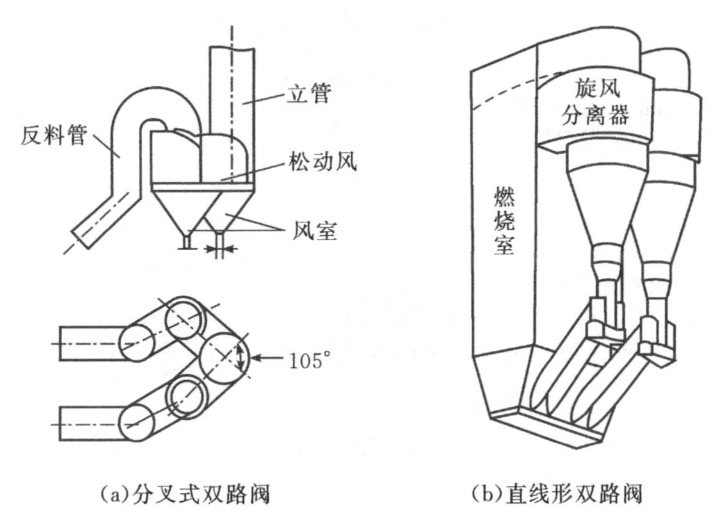

(a)分叉式双路阀　　(b)直线形双路阀

图 4－12　双路 U 形阀

式返回炉膛。外置式换热器内布置的受热面通常为蒸发器、过热器或再热器。

由于大型锅炉蒸汽参数越来越高，外置换热器可以解决循环流化床锅炉尾部过热器布置面积相对不足的问题，所以大容量循环流化床锅炉一般带有外置换热器，当容量到 600 MW 时，外置换热器更是必不可少的关键部件。国外的主要循环流化床制造厂商都对外置换热器的结构进行了研发设计，例如德国鲁奇公司研发的鲁奇式外置换热器和 FW 整体式循环换热器，结构如图 4－13 和图 4－14 所示。

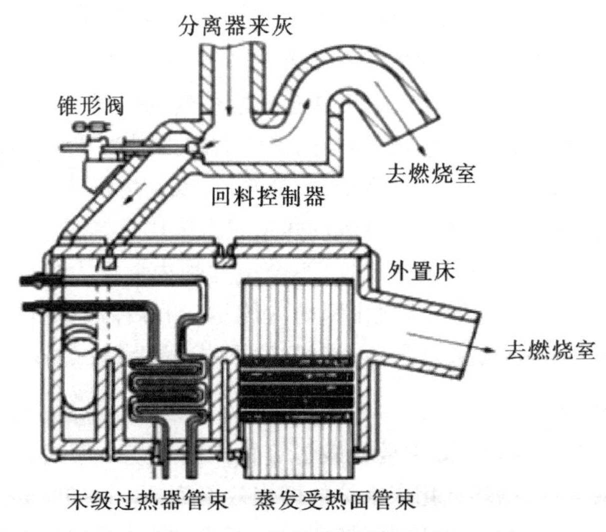

图 4－13　鲁奇式外置换热器

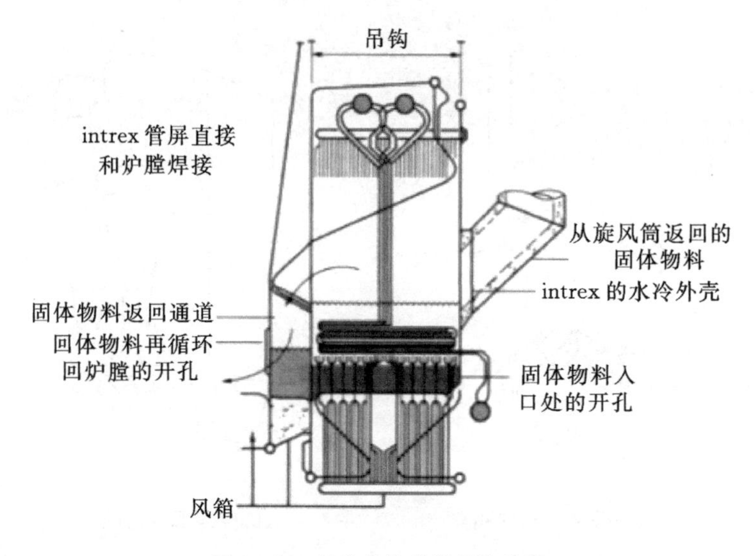

图4-14 FW整体式循环换热器

4.1.5 循环流化床燃烧技术的特点

4.1.5.1 循环流化床锅炉的优点

与其他的固体燃料锅炉相比，循环流化床锅炉有很多优点。

1. 对燃料适应性好

循环流化床锅炉对燃料适应性好，尤其适用于劣质燃料燃烧。在循环流化床锅炉的床料中，燃料颗粒所占的质量分数小于3%，其余为不燃烧的颗粒，如吸附剂、燃料灰或者沙子等。循环流化床的快速床能使气-固、固-固之间进行良好的混合。因此，当新燃料进入炉内后，立即与灼热的物料强烈地掺混，能很快着火燃烧。即便是不易着火和燃尽的高灰分、高水分、低热值、低灰熔点的劣质燃料，进入炉内也能燃烧和燃尽，新给入的燃料所吸收的热量只占床层总热容量的千分之几，甚至更低，由于循环流化床锅炉大的热惯性，不会引起炉内温度大的变化。所以，几乎所有的固体燃料都可以在循环流化床锅炉内燃尽，如各种煤（泥煤、褐煤、烟煤、贫煤、无烟煤、洗煤厂煤泥）以及洗矸石、焦炭、油页岩、垃圾等。

2. 燃烧效率高

循环流化床锅炉的燃烧效率要比鼓泡流化床的燃烧效率高，与煤粉炉的燃烧效率接近。一般来说，循环流化床锅炉的燃烧效率为98%～99.5%。之所以有这么高的燃烧效率，是因为气固两相能够很好地混合，促进了燃料的燃尽。同时，在循环流化床锅炉中，燃烧区扩展到整个炉膛乃至高温旋风分离器，在炉膛中产生的细碳颗粒在穿过燃烧区的过程中有更多的时间燃烧。此外，没有燃烧的焦炭颗粒能被高温旋风分离器收集，并且在没有冷却的情况下返回到炉膛底部继续燃烧，唯一的燃烧损失是由旋风分离器不能捕集的细焦炭颗粒的逃逸造成的。

3. 炉内脱硫效率高

循环流化床锅炉炉内温度在 800～900 ℃，向循环流化床锅炉内加入脱硫剂(如石灰石、白云石)，燃料燃烧过程中生成的 SO_2 与脱硫剂反应生成 $CaSO_4$ 从而实现脱除。烟气在循环流化床中的停留时间长(3～6 s)，脱硫剂的平均粒径小(0.1～0.2 mm)，比反应表面积大，所以从接触时间和比反应表面积来看，循环流化床锅炉的炉内脱硫效率较高。当钙硫比为 2～2.5，循环流化床锅炉的脱硫效率可达 90%。

4. NO_x 排放少

NO_x 的低排放是循环流化床锅炉的一个主要优点。商业循环流化床锅炉 NO_2 的排放量一般在 $50～150\times10^{-6}$ 范围内，这主要由于燃烧温度低和采用空气分级燃烧。循环流化床锅炉的燃烧温度大约为 800～900℃，基本没有热力型 NO_x 生成。空气分级燃烧可以在燃烧室下部营造一个还原性的气氛，减少燃料型 NO_x 的生成。

5. 负荷调节范围大

当炉膛负荷变化时，只需调节给煤量和流化速度就可满足负荷变化。一般情况下，循环流化床锅炉负荷调节速率为 5%～10%，调节范围为 25%～100%，比煤粉锅炉宽得多。有的循环流化床锅炉即使在 20%负荷情况下，也能保持燃烧稳定，甚至可以压火备用。这一优点使循环流化床锅炉特别适宜用于电网的调峰机组、热负荷变化大的热电联产机组和供热工业锅炉。

6. 易于实现灰渣综合利用

循环流化床燃烧过程属于低温燃烧，炉内良好的燃尽条件使得锅炉的灰渣含碳量低，属于低温烧透，灰渣不会软化黏结，活性较好。另外，炉内加入石灰石后，灰成分中含有一定的 $CaSO_4$ 和未反应的 CaO。循环流化床锅炉灰渣可用作制造水泥的掺和料或作建筑材料，易于实现灰渣综合利用。同时，低温烧透还有利于灰渣中稀有金属的提取。

7. 给煤点数量少

130 t/h 蒸发量的鼓泡床锅炉有 6 个给煤点，而循环流化床锅炉有 1～2 个给煤点就够了，这大大简化了炉前给煤点的布置，为循环流化床的大型化创造了有利条件。

8. 燃料前处理设备简单

与煤粉锅炉相比，流化床锅炉燃料处理系统简单、投资低。煤粉锅炉要求将煤粉磨制成 50～80 μm，制粉系统庞大，电耗高。而流化床锅炉进料粒度只需要小于 8～10 mm 就行，原煤只需要经过碎煤机破碎，再经过筛分就可直接进入炉膛。

循环流化床锅炉的一系列优点已使其成为一种适用燃料范围广、高效低污染的燃煤锅炉，不仅适用于工业锅炉，也适用于大型电站锅炉，具有广阔的应用和发展前景。但近几年循环流化床的实践应用表明循环流化床锅炉仍然存在以下缺点。

4.1.5.2 循环流化床锅炉的缺点

1. 烟风系统阻力较高，风机电耗大

循环流化床锅炉有着特殊的燃烧方式，在炉膛底部布置了高阻力布风板装置，有的还有飞灰再循环燃烧系统，使得一次风系统阻力远大于煤粉锅炉的送风系统阻力，运行中需要较高的一次风压头保证炉内床料流化，导致一次风机的电耗高。另外炉内循环物料量大、浓度高，旋风分离器的存在也增加了烟气的流动阻力，这又进一步增加了引风机的电耗。

2. 锅炉受热面部件的磨损严重

循环流化床锅炉受热面及耐火材料因受到高浓度固体物料的不断冲刷而易磨损。循环流化床锅炉的磨损程度远远大于常规的煤粉锅炉，磨损的部位有承压部件、内衬、旋风分离器、布风装置及返料装置等。影响循环流化床锅炉受热面磨损的因素较多，主要有燃料特性、床料特性、物料循环方式、运行参数、受热面结构与布置方式等。由于循环流化床锅炉的固有特性，其对设备的磨损是不可能完全避免的。

3. N_2O 生成量高

N_2O 是一种温室效应很强的气体，还对大气圈中臭氧层有破坏作用，循环流化床燃烧温度处在 800～900 ℃，是 N_2O 生成反应速率最大的区间，流化床燃烧过程中 N_2O 的生成量要比常规煤粉锅炉高 10～40 倍。循环流化床中的温度、氧量、配风方式以及脱硫剂因素都会对 N_2O 的排放产生影响，其中 N_2O 与温度的关系最为密切。

4. 炉膛、分离器和回送装置及相互之间的膨胀和密封问题

由于循环流化床锅炉设备长时间处在高温、高浓度颗粒磨损状态，受热面还附着耐磨材料与保温材料，各个部位受热时间和程度不完全一致，会产生热应力而造

成膨胀不均，导致出现泄漏事故。

4.2 循环流化床床内物料流动、传热及燃烧特性

4.2.1 循环流化床床内物料流动特性

流体动力特性是循环流化床锅炉的重要特性，主要包括局部结构上颗粒聚集行为、气固混合、炉内物料浓度分布、颗粒与气体的速度分布和炉内压力分布等规律。分析和研究循环流化床锅炉炉内气-固两相的流体动力特性，对于掌握循环流化床锅炉的流动、传热、燃烧和污染物控制具有十分重要的意义。

1. 炉内颗粒团聚行为

循环流化床气固两相动力学的研究表明，固体颗粒的聚集行为，是循环流化床内颗粒运动的一个特点。细颗粒聚集成大颗粒团后，颗粒团重量增加，体积增大，有较高的自由沉降速度。在一定的气流速度下，大颗粒团不是被吹上去而是逆着气流向下运动。在下降过程中，气固间产生较大的相对速度，然后被上升的气流打散成细颗粒，再被气流带动向上运动，又聚集成颗粒团，再次沉降下来。这种颗粒团不断聚集、下沉、吹散、上升又聚集的物理过程，使循环流化床内气固两相间发生强烈的热量和质量交换。由于颗粒团的沉降和边壁效应，循环流化床内气固流动形成靠近炉壁处很浓的颗粒团，以旋转状向下运动，炉膛中心则是相对较稀的气固两相向上运动，产生一个强烈的炉内循环运动，大大强化了炉内的传热和传质过程，使进入炉内的新鲜燃料颗粒在瞬间被加热到炉膛温度(850 ℃左右)，并保证了整个炉膛内纵向及横向都具有十分均匀的温度场。

在快速流化床中，颗粒多以团聚状态的絮状物存在。颗粒絮状物的形成与气固之间以及固固颗粒之间的相互作用密切相关。在床层中，当颗粒供料速率较低时，颗粒均匀分散于气流中，每个颗粒孤立地运动。由于气流与颗粒之间存在较大的相对速度，使得颗粒上方形成一个尾涡。当上、下两个颗粒接近时，上面的颗粒会掉入下面颗粒的尾涡。由于颗粒之间的相互屏蔽，气流对上面颗粒的曳力减小了，该颗粒在重力作用下沉降到下面的颗粒上。两个颗粒的组合质量是原两个颗粒之和，但其迎风面积却小于两个单颗粒的迎风面积之和。因此，它们受到的总曳力就小于两个单颗粒的曳力之和。于是该颗粒组合被减速，又掉入下面的颗粒尾涡。这样的过程反复进行，使颗粒不断聚集形成絮状物。另外，由于迎风效应、颗粒碰撞和湍流流动等影响，在颗粒聚集的同时絮状物也可能被吹散解体。

2. 炉内颗粒浓度分布

大量实验结果表明，无论是轴向还是径向，循环流化床锅炉炉膛内的颗粒分布都是不均匀的。从图 4-15 所示的颗粒浓度沿床高的分布特性来看，处于不同流型状态的流化床内的颗粒浓度沿床高分布规律差别很大，但从总体上讲，循环流化床炉内颗粒浓度一般呈上稀下浓的不均匀分布，当运行工况发生变化时，这个结构不变，只是稀相、浓相的比例及其在空间的分布发生相应的变化。尽管循环流化床内的气流速度相当高，但是在床层底部的颗粒却由静止开始加速，而且大量颗粒从底部循环回送，因此，床层下部是一个具有较高颗粒浓度的密相区，处于鼓泡流态化或者湍流流态化状态。而在上部，由于气体高速流动，特别是循环流化床锅炉往往还有二次风加入，使得床层内空隙率大大提高，转变为典型的稀相区。影响颗粒浓度轴向分布的因素主要有运行风速、循环物料量、颗粒物性、床截面尺寸、床体结构等。

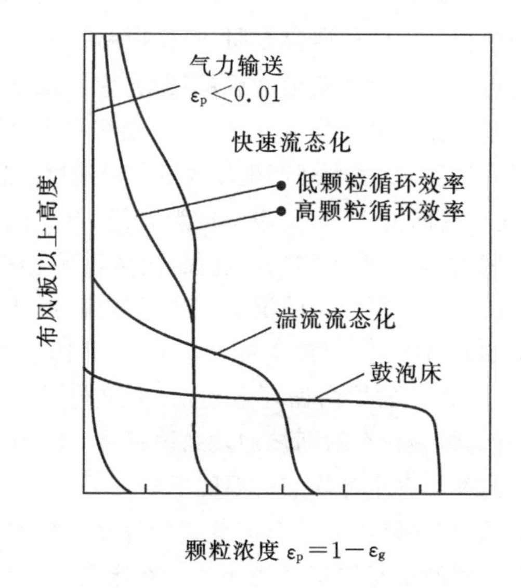

图 4-15　不同流态化型式沿轴向的颗粒浓度分布

在循环流化床中，流化介质以柱塞流的形式向上流动。实验研究表明，由于壁面的摩擦效应，靠近壁面处的气流速度低于床层中心的气流速度。在床内核心区上行的固体颗粒，因为流体动力的作用会向边壁漂移，当到达壁面时，由于此处气流速度较低，流体对颗粒或颗粒团的曳力也降低，从而导致颗粒在近壁面处的上升速度减小或者转而向下运动，循环流化床内径向空隙率分布出现不均匀性，即在床层中心区的空隙率较大，而靠近壁面处空隙率较小。当截面平均空隙率大于 0.95 时，径向空隙率分布就比较平坦。对于圆形截面，一般仅在距床壁 1/4 半径距离内空隙率才有所下降；而对于平均截面空隙率小于 0.95 的床层，径向空隙率不均匀分布就比较明显。

3. 循环流化床的气体速度分布

在循环流化床锅炉中，如果不通入二次风，一般认为循环流化床中的气体是塞状流。若截面保持均匀，则沿轴向的速度分布基本上是均匀的。但为了降低污染物的排放，减少风机能耗，一般将燃烧所需要的空气分为一、二次风送入炉内。二次风的送入及其送入形式对炉内流体动力特性会产生较大的影响。由于二次风的加入和床层截面的变化，气体轴向速度分布出现不均匀。这种不均匀性势必导致固体颗粒的运动速度的不均匀性。

如果要研究颗粒的横向运动、浓度径向分布和磨损等问题，还必须了解气体在床内截面的径向速度分布。由于壁面对气流的作用，以及沿壁面下降的固体颗粒流的作用，气体局部速度在床层径向也有很大的不均匀性，这种不均匀性超过了轴向的不均匀性。根据床内截面变化及二次风送入的情况，常常用截面上的平均值来计算循环流化床中的气体速度在轴向的分布。床内固体颗粒的浓度增大时，床层中心区气流速度增大，而边壁区气流速度减小，即气流速度的径向分布不均匀性增大；截面平均气流速度增大时，虽然床层任一径向位置的气流速度都随之增大，但床中心区气流速度增大较慢，边壁区的气流速度增加较快，导致气体速度径向分布趋于平缓。

循环流化床的压力分布是循环流化床锅炉控制的重要参数，反映了床内固体颗粒的载料量及气固之间的动量交换现象。研究循环流化床的压力分布的目的主要是为了研究循环流化床阻力特性，即流化气体通过料层的压降 ΔP 与按床截面计算的冷态流化速度 u_0 之间的关系。图 4－16 反映了单位床层高度的压降与气流

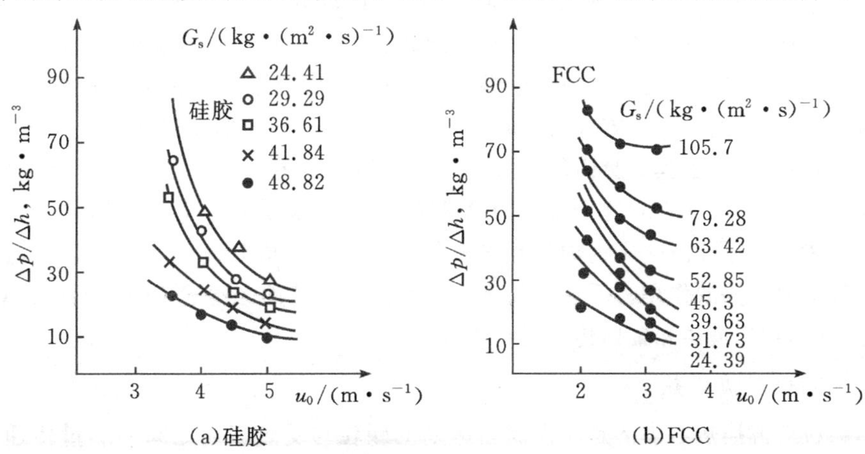

(a)硅胶　　(b)FCC

图 4－16　循环流化床内风速与压降的关系

速度及固体循环流率 G_s 的关系，在同一循环物料量的条件下，床层压降随运行风速的增加而下降，这意味着在同一循环物料量条件下，速度越大，床内的颗粒浓度就越小，因而床内压降和速度成反比关系。另外，相同气流速度下，随循环流率增加，床层压降增加。图 4－17 所示的是不同流型下床内压力沿床层高度的变化曲线，从图中可以看出在床层底部的密相区，压力梯度比较大，在上部的稀相区压力梯度比较小。

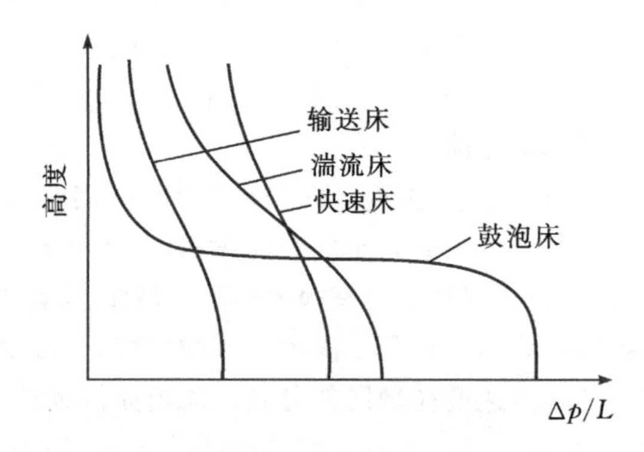

图 4－17　不同流型下床内压力沿床层高度的变化曲线

4.2.2　循环流化床床内物料传热特性及影响换热系数的因素

4.2.2.1　循环流化床床内物料传热特性

循环流化床锅炉炉膛内的传热机理与常规的煤粉炉不同，主要是因为循环流化床锅炉的炉膛内部有高浓度的物料循环，炉内固体与固体、固体与气体混合强烈，气体与固体颗粒以及固体颗粒间的传热系数很大，使得炉膛温度表现出相当程度的均一性。煤粉炉的炉膛内由于烟气携带的飞灰浓度很低，并且炉膛烟气温度较高，因此主要通过辐射方式将燃料燃烧释放的热量传递给受热面。而循环流化床锅炉则不同，由于其炉膛内部有大量的固体物料的循环运动，而且循环流化床的床温保持在 850～900 ℃这个较低的温度范围内，所以颗粒与气体对壁面的对流换热不可忽视。循环流化床锅炉炉膛内部的传热既要考虑到对流换热的影响，也要考虑到辐射换热的作用。循环流化床炉内物料与受热面之间的传热包括颗粒对流换热、气体对流换热和辐射传热三种方式。

1. 颗粒对流换热

颗粒对流换热考虑的是床内高温运动的颗粒与受热表面之间的热量传递，实际上是导热。固体颗粒聚集成颗粒团是循环流化床的一个主要特征。每一颗粒团是由数量众多的颗粒聚集而成的，颗粒团的温度与床温相同，这些颗粒团自成一运动主体。当它们运动到受热面附近时，与受热面形成很大的温差，这时热量很快地从颗粒团经过气膜以导热方式传给受热面，或者颗粒团直接碰撞受热面把携带的热量传给受热面，受热面被间断的颗粒团扫过而不是被连续的颗粒层所覆盖。颗粒团运动一段距离后就会弥散或离开壁面，壁面处又会被新的颗粒团所取代。颗粒团停留在受热面附近的时间愈长，颗粒团与受热面间的温差则愈小。反之，若颗粒团停留时间愈短，亦即颗粒团更新频率愈高，则颗粒团与受热面的温差愈大，热量传递速率就愈高。在其他条件相同的情况下，颗粒尺寸减小，单位受热面上接触的颗粒数量越多，传热就越激烈。此外当床温升高时，床层与受热面之间的放热系数增大。通常颗粒粒径为 40～1000 μm，颗粒对流放热是传热的主要方式。

2. 气体对流换热

气体对流换热是指床内高温气体在一定速度下与受热表面之间的换热。固体颗粒与受热面接触发生导热的同时，气流也在颗粒与受热面表面间进行对流换热。一般情况下，颗粒对流换热的份额要比气体对流传热的份额大得多。但是，在循环流化床稀相区颗粒浓度极低的情况下，气体对流换热份额会增大并变得重要起来。这是因为循环流化床稀相区中颗粒团以外的部分并非“纯气流”，实际上上升气流中还含有少量颗粒，这些颗粒增加了气体的扰动，使颗粒间气流处于湍流前的过渡状态或湍流状态，使得气体对流换热非常显著。

3. 炉内辐射传热

辐射传热是考虑床内高温颗粒和气体对受热面的辐射热交换，辐射传热也是循环流化床锅炉中的主要传热方式。当床温高于 530 ℃以后，辐射传热越来越重要，辐射传热的份额更大。当粒子浓度减小时，由于颗粒对流传热的减小，辐射传热的份额也会增大。在循环流化床锅炉的密相区颗粒浓度较高，对受热面的辐射作用则相对减少；而在稀相区颗粒浓度较小，辐射传热所占比例增大。

由于循环流化床锅炉炉内气固两相混合物中固体颗粒浓度沿炉膛高度方向（或轴向）的分布不同，不同区段的传热方式（包括总传热系数）也不尽相同。所以在讨论循环流化床锅炉物料与受热面之间的传热时，要分别考虑下部密相区和上部稀相区（悬浮段）的不同情况。

循环流化床密相区与受热面之间的传热包括气体对流传热、颗粒对流传热和辐射传热。但由于密相区内物料浓度很大并且返混流动剧烈，气体对流传热作用较小，对受热面的辐射作用也相对较小，所以颗粒对流传热是循环流化床密相区与受热面间的主要传热方式。

对 CFB 锅炉密相区内部的传热机理的研究，目前比较典型的模型有颗粒碰撞传热模型、气膜传热模型、颗粒团更新传热模型以及相膜传热模型，以下主要对颗粒团更新模型进行介绍。

颗粒团更新模型（见图 4－18）的基本观点：将流化床中的物料看成是由许多“颗粒团”组成的，密相区与受热面之间的传热热阻来自贴近受热面的颗粒团。在较高气速的作用下，循环流化床床内物料在运行中聚合成许多絮状颗粒团，它们时而变形，时而分解，时而重新组合。同时，还有许多分散的固体颗粒存在。在快速床运行中，炉膛中心核心区是向上快速流动的低颗粒浓度的两相流体，而周围四壁则是高浓度固体颗粒向下流动的近壁区。循环流化床床内受热面由一层气膜覆盖，受热面与气膜直接进行热交换。颗粒通过与气膜接触，其热量以传导、辐射两种方式传给受热面；气相与气膜接触时，其热量通过气膜以对流的方式传入受热面。流化床与壁面之间的传热速率依赖于这些颗粒团的放热速率及颗粒团同壁面的接触频率。

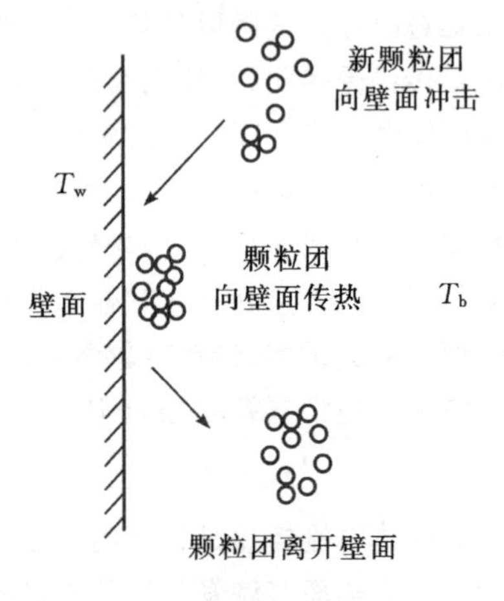

图 4－18　颗粒团更新模型

自颗粒团换热模型提出以来，许多学者在此基础上做了修改、补充和发展，提出了一些更趋完善的模型。譬如，将颗粒团处理成连续介质的连续介质假设模型，将颗粒团处理成离散颗粒（包括单颗粒、双颗粒、四颗粒）的颗粒换热模型，将颗粒团处理成气固交替叠层排列的对颗粒数不做限制的交替层模型（又称交变平板模型）和交替换热模型等。巴苏（Basu）和弗雷泽（Fraser）系统描述了交替换热模型。该模型认为，在快速流态化下，颗粒团和分散相交替流过受热面。总的换热系数由对流换热系数和辐射换热系数直接相加得到，两项换热系数中的每一项再按颗粒团和分散相覆盖壁面的时间比例线性叠加。

循环流化床锅炉上部的稀相区内，气团悬浮体与受热面之间的传热也包含了气体对流传热、颗粒对流传热和辐射传热三种形式。在循环流化床上部稀相区极低颗粒浓度的情况下，气体对流传热变得重要起来。另外在上升气流中，除颗粒团外还包含少量的分散颗粒，它们对受迫对流传热起重要的作用。颗粒团和分散颗粒交替地与壁面接触传热，颗粒团与壁面间的传热热阻包括与壁面的接触热阻和颗粒团本身的导热热阻两部分。在稀相区，由于颗粒浓度较小，颗粒对流传热下降，辐射传热份额变大。

4.2.2.2　影响换热系数的因素

由于循环流化床内存在着复杂的气固两相流动，加之锅炉结构布置的多样化，循环流化床锅炉炉内传热比较复杂，各种因素对传热的影响又因三种不同传热方式而有显著的差别。目前对于循环流化床锅炉炉内传热的机理尚不十分清楚，下面仅对影响床层与受热面之间传热的主要因素作简单介绍。影响炉膛内床层与受热面之间的换热系数的因素有很多，比如物料浓度、燃烧室温度、流化速度、循环倍率、颗粒粒径等。

1. 物料浓度

研究表明，物料浓度是床层对燃烧室内受热面换热系数的最大影响因素，换热系数随着物料浓度的增大而增大，这是因为固体颗粒的热容要比气体大得多，在传热过程中起着重要的作用。有研究认为循环流化床中传热系数与悬浮物密度的平方根成正比，由于悬浮段的固体物料的浓度分布沿床高是按照指数形式衰减的，也就是说不同炉膛高度上的物料浓度是不同的，因此传热系数在不同的炉膛高度上也是不同的。所以在循环流化床锅炉的运行中，可通过调节一、二次风的比例来控制床内沿床高方向的颗粒浓度分布，进而达到控制温度分布和传热系数以及负荷调节的目的。

2. 燃烧室温度

燃烧室的温度对换热系数也有较大的影响。床温的升高，不但加强了辐射换热，而且会提高气体的导热率，减小颗粒贴壁层的热阻，从而有效地提高总传热系数。因此，有些循环流化床锅炉在循环量不能达到设计要求的情况下，采用提高床温的办法来提高传热系数，保证锅炉出力。另外，受热面的垂直长度也对传热系数有影响。

3. 流化速度

对于循环流化床，流化速度对传热没有明显的直接影响。这是因为若保持固体颗粒的循环量不变，当流化速度增加时，床层内的颗粒浓度就会减小，造成这部分传热系数的下降；而与此同时，流化速度的增加又会引起对流传热系数的上升。这两个相反趋势共同作用的结果使得当床层粒子浓度一定时传热系数在不同流化速度下变化很小。

在循环流化床中，空气分级进入炉膛，一次风与二次风对传热系数的影响有所不同，其中二次风速率的改变对锅炉上部的传热系数并无多大影响，而增加一次风速会增加传热系数。这是因为增加一次风速度可将更多的固体物料输送到炉膛上部，从而增加炉膛上部的粒子浓度。

4. 循环倍率

循环倍率对炉内传热的影响，实质上是物料浓度对炉内传热系数的影响。循环倍率 K 与炉内物料浓度成正比，返回炉床内的物料越多，炉内物料量越大，物料浓度越高，传热系数也越大，反之亦然。因此，循环倍率越大，炉内传热系数也越大。影响循环倍率的因素也必然影响炉内的传热。

5. 颗粒粒径

由于小颗粒有较大的比表面积，因此在同样的床层密度条件下，小颗粒与受热面的接触面积与频率都高于大颗粒，因此随颗粒平均粒径的增加，传热系数下降。

4.2.3 循环流化床床内物料燃烧特性

煤颗粒在循环流化床中的燃烧是一个非常复杂的过程，涉及流动、传热、传质、化学反应及若干相关的物理化学现象。燃烧过程对循环流化床锅炉的合理设计和高效运行具有重要意义。一方面，燃烧过程直接影响燃烧效率，进而影响整个电厂的经济效益；另一方面，燃料在循环流化床中的热量释放规律，对受热面的布置、脱硫效率都有重要的影响。由于绝大多数循环流化床锅炉以煤为主要燃料，下面主要讨论煤在循环流化床中的燃烧机理。

在循环流化床中，通常认为煤颗粒的燃烧大致依次经历：①煤颗粒被加热干燥；②挥发分的析出和燃烧；③煤颗粒膨胀和破碎（一级破碎）；④焦炭燃烧和再次破碎（二级破碎）等过程。图 4-19 是燃烧过程各阶段的示意图，图中给出了各阶段的时间量级和所在的温度区间。但实际上，煤颗粒在循环流化床中的燃烧过程并不能简单地划分成以上各阶段，往往是几个过程同时发生，挥发分析出、燃烧过

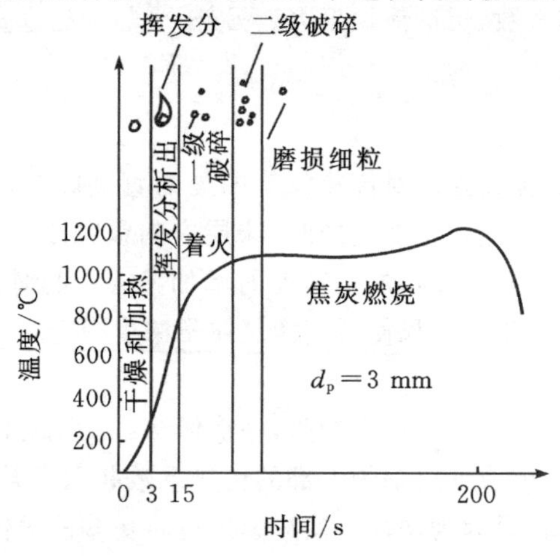

图 4-19　煤颗粒燃烧过程

程与焦炭的燃烧过程存在明显的重叠现象。

4.2.3.1 煤颗粒的加热和干燥

循环流化床锅炉所燃用的燃料一般水分较大，燃用泥煤浆时其水分甚至超过40%。

循环流化床锅炉内的绝大部分物料是灼热的灰渣，可燃成分很少。当新鲜煤粒被送入流化床后立即被不可燃的大量灼热的床料所包围并被加热至接近床温，加热速率为100～1000 ℃/s。加热的时间会随着煤颗粒含水量的不同而不同，一般在零点几秒到几秒范围内，加热干燥所吸收的热量只占床层总热量的千分之几，而且由于床层物料混合比较剧烈而使床温趋于均匀，因而煤颗粒的加热干燥过程对床温的影响不大。影响加热速率的因素有很多，如煤的粒度，煤颗粒粒径越大，加热速率越低，加热时间越长。

4.2.3.2 挥发分的析出和燃烧

挥发分由多种碳氢化合物组成。当煤颗粒被加热到一定温度时，将首先发生热分解反应而释放出挥发分。挥发分的析出是分阶段进行的，第一个稳定析出阶段发生在温度为500～600 ℃的范围内，第二个稳定析出阶段则发生在温度为800～1000 ℃的范围内。影响燃烧过程中挥发分的含量和组成成分的因素有很多，例如煤种、煤粒粒径分布、挥发分析出时的压力以及加热速率、初始温度、最终温度、最终温度下的停留时间等。

对于细小煤颗粒，挥发分的析出释放速率非常快，譬如对于烟煤、褐煤和油页煤等，由于组织结构松软，如果颗粒尺寸较小，煤颗粒一进入循环流化床就能析出绝大部分挥发分，有时挥发分的析出可能瞬间就完成；但对于那些不参加物料循环也未被烟气携带出炉膛的较大颗粒，其挥发分析出的速率就慢得多，如平均直径为3 mm的煤颗粒需要近15 s的时间才可析出全部挥发分。

挥发分析出后，达到相应成分的着火温度时即开始燃烧。挥发分在沿炉膛高度方向的浓度分布与炉内物料的分布和流动有关系，而且，由于挥发分燃烧受到氧的扩散速率的控制，炉膛内的氧浓度分布，特别是悬浮段的氧浓度分布直接影响了挥发分的燃烧，而氧在炉内的分布和扩散取决于床内气固混合情况，所以挥发分的燃烧与床内的物料分布和流动有关。另外，通过对实际运行的循环流化床锅炉的研究发现，挥发分通常比较容易在炉膛上部燃烧。一般在炉膛上部的浓度分布较高，燃烧份额较大。因此，对于高挥发分的燃料来说，其在炉膛上部释放的热量较多；而对于低挥发分的燃料来说，其热量较多的释放在炉膛的下部。要想准确地了解挥发分在炉膛内的燃烧份额的分配，仍需进一步研究挥发分析出和燃烧的规律。

然而，在燃烧过程中，很难将挥发分的析出与燃烧这两个阶段完全分开。挥发分燃烧在氧和未燃挥发分的边界上呈扩散火焰，燃烧过程通常是由界面处挥发分、氧的扩散所控制的。对于煤颗粒，扩散火焰的位置是由氧的扩散速率和挥发分析出速率所决定的，氧的扩散速率低，火焰距煤粒表面的距离就远。对于粒径大于1 mm的大颗粒煤，挥发分析出时间与煤粒在流化床中的整体混合时间具有相同的量级。因此在循环流化床炉膛顶部，也可以观察到大的煤颗粒周围的挥发分燃烧火焰。

4.2.3.3 焦炭的燃烧

挥发分析出后所剩下的固体物质称为焦炭。焦炭燃烧一般是挥发分析出完成后开始的，有时这两个过程也有所重叠。在焦炭燃烧过程中，气流中的氧先被传递到颗粒表面，然后在焦炭表面与碳氧化生成 CO 和 CO_2。焦炭是多孔颗粒，内有大量尺寸和形状不同的小孔，这些小孔的总面积要比焦炭的外表面积大几个数量级，有些情况下氧会通过扩散进入小孔，在小孔表面与碳进行氧化反应。焦炭的燃烧速率取决于化学反应速率与氧气扩散速率，根据化学反应速率和氧气扩散速率快慢程度的不同，可简单地分为以下三种燃烧工况。

1. 动力燃烧工况

在动力燃烧工况中，化学反应速率要远低于扩散速率，所以燃烧反应主要受化学反应速率控制。焦炭的粒度不同，其燃烧工况可能有所不同。对于较大煤颗粒的焦炭，由于其终端沉降速度大，烟气与颗粒之间的滑移速度大，使得颗粒表面的气体边界层薄，扩散阻力小，此时氧气不但容易达到焦炭表面，甚至到达焦炭内部孔隙，因此燃烧反应受化学反应速率控制，所以颗粒粒径越大，反应越趋于动力控制。但对于细颗粒焦炭，如果其多孔且传质速率很高，在800 ℃温度范围内燃烧也可能处于这种工况。在循环流化床锅炉中，动力控制燃烧工况主要发生在启动过程（此时温度低，化学反应速率低）以及细颗粒燃烧（此时扩散阻力很小）等情况。

2. 扩散燃烧工况

在扩散燃烧工况中，扩散速率要远低于化学反应速率，所以燃烧反应主要受扩散速率控制。对细颗粒焦炭而言，其本身较小的终端沉降速度使得气固滑移速度小，颗粒表面的气体边界层较厚，扩散阻力大，因而燃烧反应受氧的扩散速率控制，颗粒粒径越小，反应越趋于扩散控制。

3. 过渡燃烧工况

在过渡燃烧工况中，煤颗粒的化学反应速率与扩散速率大致相当，所以燃烧反应同时受到化学反应速率与扩散速率的作用。对于循环流化床某些区域中的中等粒径焦炭，氧气在焦炭中的透入深度有限，并且在接近焦炭颗粒外表面的小孔内发生反应时大部分会被消耗掉，即焦炭孔隙的氧扩散速率与化学反应速率大致相同。许多研究者认为，循环流化床中焦炭颗粒的燃烧主要在这一控制区域，甚至包括细颗粒也是如此。虽然细粒径颗粒的燃烧在循环流化床温度条件下接近扩散控制，但是由于细颗粒容易形成颗粒团，从而使氧气向焦炭颗粒扩散的效果不佳，循环流化床内的细颗粒也有可能处于过渡燃烧工况。

4.2.3.4　煤颗粒的膨胀、破裂和磨损

煤颗粒进入循环流化床后，所发生的燃烧是非常复杂的，一般要经历热解、破碎和燃烧过程，最后变为许多以灰分为主的颗粒。根据不同的破碎机理，可以将破碎过程区分为一次破碎、二次破碎、渗透破碎和磨损等现象。图 4-20 给出了煤颗粒燃烧时历经变化的示意图。下面分别介绍一次破碎、二次破碎、渗透破碎和磨损等现象。

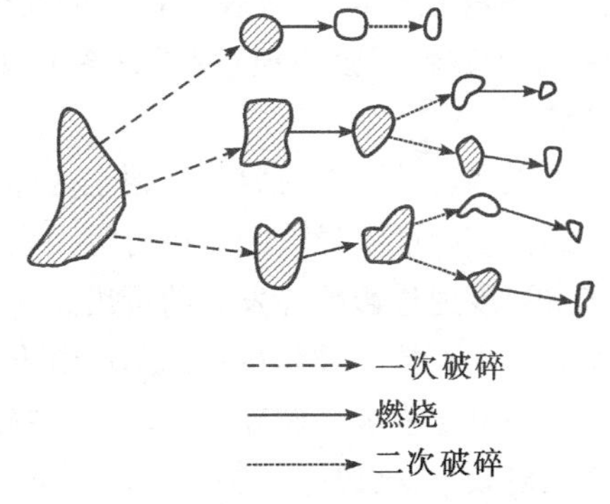

图 4-20　煤颗粒破碎过程示意图

1. 一次破碎

煤颗粒中析出的挥发分有时会在颗粒内部产生很高的压力而使颗粒产生破裂，这种现象称为一次破碎。给煤颗粒被送入循环流化床锅炉中很快被加热，煤中的挥发分开始释放，热解出的挥发分导致煤颗粒中的孔隙内压开始升高，当孔隙内的压力增大到足以克服颗粒本身的强度时，母体煤颗粒将破碎成数片较小尺寸的碎片。一般地，随着挥发分含量的升高，一次破碎程度增强。此外，当燃煤颗粒进入流化床后，其内部由于温度分布不均匀而产生的热应力也是煤颗粒爆裂的原因之一。

一次破碎爆裂会影响固体颗粒在流化床内的粒度分布，进而对物料的扬析夹带过程、床内传热过程、煤和焦炭颗粒的燃烧过程以及燃烧室内热负荷的分布都产生重要影响。爆裂前后颗粒的粒度分布有较明显的变化，初始给煤的粒度分布变窄，而爆裂后焦炭颗粒的粒度分布要比原煤宽。而且，原煤的粒度越大，原煤粒度分布和爆裂后焦炭的粒度分布差别越大，爆裂后焦炭的粒度范围也越大。爆裂后的焦炭颗粒中，相当大的一部分质量集中于较大的碎片，而小颗粒虽然数量较多，但是其所占的质量份额却很低。

2. 二次破碎

当焦炭处于动力燃烧或过渡燃烧工况时,焦炭小孔增多,削弱了焦炭内部的连接力。当连接力小于施于焦炭的外力时,导致焦炭颗粒再次破碎为更小粒径颗粒,这个过程就称为二次破碎。显然,二次破碎发生在挥发分析出后的焦炭燃烧阶段。如果煤颗粒处于动力控制燃烧工况,即整个焦炭均匀燃烧,所有内部的化学键急剧瓦解断裂,导致二次破碎。在焦炭燃烧的最后阶段,随着颗粒中碳的燃尽,煤中的富灰成分暴露出来,形成具有一定孔隙率的灰壳,由于氧气的渗透作用,碳壳会逐渐趋于燃尽,使得整个颗粒的孔隙率不断加大,当孔隙率增大到某个临界值后,整个颗粒就会崩溃,变成许多更小的以灰分为主的颗粒,这一过程称为渗透破碎。

煤颗粒的二次破碎与煤颗粒内部热解产物形成而引起的压力梯度以及煤颗粒内部温度梯度所导致的热应力等因素有关,同时也和煤颗粒的燃烧程度密切相关。床层温度通过影响挥发分的析出速率、煤颗粒内部的温度梯度和煤的燃尽程度,进而影响煤颗粒的破碎过程。不同煤岩组分的样品其二次破碎特性有显著的不同。亮煤的燃尽程度和破碎程度较大,破碎样品的大孔较多,暗煤的燃尽程度和破碎程度相对较小,破碎样品裂隙较多。与一次爆裂后的碎片相比较,二次破碎样品中没有与样品粒径相当的较大片的网状灰壳,大片网状结构在二次破碎中难以保持,将进一步形成细小颗粒,这是灰壳型大颗粒煤焦难以形成的原因之一,也是飞灰生成的一个重要原因。二次破碎过程中颗粒的孔隙结构会发生很大变化,二次破碎使热解过程中形成的一些孔隙和网状结构坍塌、断裂,碎片的孔隙率和比表面积减小,一般小于原煤的孔隙率和比表面积。

3. 磨损

较大的颗粒与其他颗粒在机械作用下产生细颗粒(一般小于 100 μm)的过程称为磨损。一旦煤颗粒进入循环流化床的炉膛,床内的气固两相流将会导致颗粒之间或者颗粒与床之间的碰撞。同时,由于煤颗粒被加热开始燃烧,一次破碎、二次破碎以及磨损也开始进行。可以把磨损过程分为前期和后期两个阶段。前期磨损伴随着颗粒的破碎;后期则代表煤颗粒燃尽后的磨损过程,而这一过程则可以认为没有颗粒的破碎。

在燃烧存在的情况下磨损会加剧,这是因为焦炭颗粒中含有不同反应特性的显微组分聚集体,使得焦炭表面的氧化或燃烧不均匀,在焦炭表面燃烧较快的某些部位形成连接细颗粒之间的“连接臂”,在床料的机械作用下这些连接臂受到破坏,这个过程称为有燃烧的磨损或燃烧辅助磨损。在快速流化床中,机械力与焦炭和床料间的相对速度成正比,因而焦炭的磨损速率也与这个相对速度成正比。煤粒在炉内循环掺混中不断地碰撞磨损使颗粒变小，同时将碳粒外表层不再燃烧的“灰壳”磨掉，这些都有助于煤粒的燃烧和燃尽，提高燃烧效率。

4.2.4 循环流化床床内物料燃烧区域与燃烧份额

1. 循环流化床锅炉的燃烧区域

循环流化床锅炉的燃烧区域的划分根据循环流化床结构形式的不同而不同。如果循环流化床锅炉用的是高温气固分离器，则燃烧主要存在于三个不同的区域，即炉膛下部密相区、炉膛上部稀相区和高温气固分离器区。如果循环流化床锅炉采用的是中温气固分离器，则只有炉膛上、下两个燃烧区。而循环流化床锅炉的其他部分，例如立管、返料装置等，对燃烧的贡献很小，因而从燃烧的角度不再将其划分为燃烧区域。

在炉膛下部的密相区，其物料浓度比上部区域的浓度要大一些，并且充满了灼热的物料，相当于一个贮存热量的大“蓄热池”，是稳定的着火源。新鲜的燃料和从高温分离器收集的未燃尽的焦炭被送入该区域，由一次风将其和床料流化。一次风量为燃料所需风量的 40%～60%，燃料中的挥发分的析出也在该区域。当锅炉负荷增加时，可以增加一次风与二次风的比值，以输送数量较多的高温物料到炉膛上部区域燃烧并参与热量交换和质量交换。当锅炉负荷低而不需要分级燃烧时，二次风也可以停掉，以满足锅炉负荷变化的要求。该区域通常处于还原性气氛。

炉膛上部的稀相区一般要比下部区域高很多。在所有工况下，燃烧所需要的空气都会通过炉膛上部区域。焦炭颗粒在炉膛截面的中心区域向上运动，同时沿截面贴近炉墙向下移动，或者在中心区随颗粒团向下运动，这样焦炭颗粒在被夹带出炉膛之前已沿炉膛高度循环运动了多次，焦炭颗粒在炉膛内停留时间增长，非常有利于焦炭颗粒的燃烧。

在覆盖有耐火混凝土的高温旋风分离器中，被夹带出炉膛的未燃尽的焦炭进入此区域。焦炭颗粒在旋风分离器内停留时间很短，而且该处的氧浓度很低，因而焦炭在旋风分离器中的燃烧份额很小。不过，一部分一氧化碳和挥发分常常在高温旋风分离器内燃烧，使其燃烧份额有所增加。

2. 循环流化床锅炉的燃烧区份额

燃烧份额定义为每一燃烧区域中燃烧量占总燃烧量的比例，一般可用燃料在各燃烧区域内释放出的发热量占燃料总发热量的百分比来表示。在循环流化床锅炉设计和运行中，燃烧份额的概念十分重要。循环流化床锅炉燃烧主要发生在密相区和稀相区，炉膛内这两个燃烧区域的燃烧份额之和接近于 1。因为密相区的燃烧份额会影响到料层温度控制、炉内传热以及锅炉的连续安全运行，所以密相区燃烧份额是一个重要参数。在其他条件不变的情况下，当密相区燃烧份额增加，也就是燃煤在密相区放热份额增加，为保持密相区出口温度不变，必然要增加密相区的吸热量，相应要增加密相区受热面积，如果这部分热量不能有效地被密相区受热面吸收或带走，则密相区的热量平衡必遭破坏，从而使密相区炉膛温度升高。

影响燃烧份额的因素有很多，譬如煤种、煤颗粒的粒径和粒径分布、流化速度、物料循环量、过量空气系数等。

煤种对燃烧份额的影响主要体现在挥发分含量上。挥发分低的无烟煤以及劣质煤在密相区的燃烧份额大，而挥发分高的煤其燃烧份额反而小。其中，褐煤在密相区的燃烧份额最小。这是因为褐煤挥发分在密相区析出以后，一部分还来不及在床层中燃烧便被气流带到稀相区。在密相区，同样的流化速度下，粒径小的燃煤颗粒的燃烧份额比较小。对于同样筛分范围的煤，细颗粒所占份额不同，燃烧份额也就不一样。当细粒份额增加，被扬析往稀相区燃烧的煤增多，燃烧份额会减少。在循环流化床锅炉中采用窄筛分、小粒径的燃煤颗粒时，在密相区的燃烧份额要小得多，这样在密相区不必布置埋管也能维持密相区的热量平衡。

同样粒径的燃煤颗粒的燃烧份额会随着流化速度的增加而减小。为了减少破碎的困难和降低成本，当前有一些循环流化床锅炉采用宽筛分煤粒，国内一般在0～13 mm。在密相区选用较高的流化速度时，细粒被带到稀相区燃烧，使密相区的燃烧份额降低。也有新的观点，为了降低一次风机电耗，认为要采用窄筛分煤粒，一般在0～5 mm，甚至0～3 mm。这对密相区和稀相区的燃烧份额的分布都有较大的影响。新型的窄筛分煤粒流化床锅炉可实现更低的氮氧化物排放。

物料循环量的大小直接影响循环流化床内的热量分配。当循环倍率提高时，一方面循环细颗粒对受热面的传热量及从密相区带走的热量增加，有利于密相区的热量平衡；另一方面，细颗粒循环再燃的机会增加，使燃烧效率提高。

过量空气系数增加，床内氧浓度增加，床内碳含量将明显下降，扬析到炉膛上部区域的颗粒含碳量也会下降，因而此区域的燃烧量增加不明显，甚至会下降。在稀相区的上部，过量空气系数增加时氧气浓度升高较多，虽然颗粒含碳量相对较低，但燃烧份额在稀相区上部仍会有所增加。在密相区，氧气浓度更高，颗粒含碳量更低，一定程度上氧气到达颗粒表面的机会要大，因此密相区的燃烧份额略有上升。

4.3 循环流化床燃烧污染物生成机理与控制

化石燃料的燃烧会产生大量的污染物，主要包括烟尘、二氧化硫、氮氧化物和温室气体等，其中煤燃烧所产生的污染物占大多数。但我国能源结构决定了我国能源利用还必须以煤为主，因此控制煤燃烧的污染物排放，成为目前亟待解决的问题。

4.3.1　SO_2的生成与控制

4.3.1.1　循环流化床燃烧中的脱硫机理

煤中的硫可以分为四种形态，即硫化物硫（以黄铁矿硫 FeS_2 为主）、硫酸盐硫、有机硫及元素硫。煤中的硫除元素硫以外，主要是有机硫和无机硫。其中无机硫中的硫化物硫和有机硫及元素硫是可燃硫，占煤中硫的 90%，而无机硫中的硫酸盐硫是不可燃硫，占煤中硫分的 5%～10%，是煤中灰分的组成部分。

煤在燃烧过程中，所有的可燃硫都可能从煤中释放出来。在氧化性气氛下，被氧化成 SO_2。炉膛的高温条件下存在氧原子或在受热面上存在催化剂时，一部分 SO_2 会转化成 SO_3，但生成的 SO_3 只占 SO_2 的很小一部分，通常为 0.5%～2%左右，相当于煤中 1%～2%的硫以 SO_3 的形式排放。

4.3.1.2　循环流化床中 SO_2 的排放控制

煤燃烧的脱硫技术可以分为燃烧前脱硫、燃烧中脱硫和燃烧后脱硫。在循环流化床中通常采用燃烧中脱硫，即在煤燃烧的同时向炉内适当位置喷入脱硫剂（石灰石或白云石），与煤燃烧过程中产生的 SO_2 和 SO_3 发生反应，生成硫酸盐和亚硫酸盐。一方面，循环流化床炉膛出口安装了高效分离器，较大的石灰石颗粒能被气流带出来，再返回床层，通过外循环提高内循环量，大大增加了脱硫效率。

在燃烧过程中，石灰石或白云石分解生成 CaO，在氧化性气氛下，CaO 与烟气中的 SO_2 及氧反应生成硫酸钙，其基本反应方程式为式(4-1)～(4-3)。

$$CaCO_3 = CaO + CO_2 \tag{4-1}$$

$$CaCO_3 \cdot MgCO_3 = CaO + MgO + 2CO_2 \tag{4-2}$$

$$CaO + SO_2 + 1/2O_2 = CaSO_4 \tag{4-3}$$

在还原性气氛下，煤中的硫分会分解为 H_2S，因而，在还原性气氛中 $CaCO_3$ 和 CaO 遇到 H_2S 时，就会发生如下反应

$$CaCO_3 + H_2S = CaS + H_2O + CO_2 \tag{4-4}$$

$$CaO + H_2S = CaS + H_2O \tag{4-5}$$

若 CaS 遇到氧气，则根据氧的浓度大小会发生如下的氧化反应

$$2CaS + 3O_2 = 2CaO + 2SO_2 \tag{4-6}$$

$$CaS + 2O_2 = CaSO_4 \tag{4-7}$$

由反应式(4-4)～(4-7)可知,在还原气氛中 SO_2 与脱硫剂的生成产物主要为 CaS,而在氧化气氛中主要为 $CaSO_4$,试验结果还表明,在任何周期性气氛变化过程中,CaS 和 $CaSO_4$ 之间的转换必经过 CaO 作为中间状态,同时,温度高于 850 ℃,$CaSO_3$ 是不能形成或很不稳定的,因此脱硫过程中 CaO 与 SO_2 直接反应生成 $CaSO_3$ 的可能性很小。

传统的 CFB 锅炉通过炉内加石灰石和低温燃烧(相比煤粉炉),在一定条件下(如合适的床温、Ca/S 比、高活性的石灰石等)可达到较低的 SO_2 排放(一般小于 400 mg/m^3),但随着环保标准的提高,炉内脱硫和低温燃烧已渐渐无法达到环保要求,特别是对一些高硫、低热值的劣质燃料,如洗煤泥、煤矸石、油页岩、石油焦、石煤等。因此需要对烟气进一步脱硫,可以采用的方法有石灰石/石膏湿法脱硫、烟气循环流化床脱硫、氨法脱硫以及海水脱硫等。

1. *石灰石/石膏湿法脱硫*

石灰石/石膏湿法脱硫的工作原理是在系统的烟道尾部,通过循环泵将吸收塔内的吸收剂浆液与烟气混合接触,使得烟气中 SO_2 与石灰石反应形成亚硫酸钙,再鼓入空气强制氧化,最后生成副产物石膏,从而达到脱除 SO_2 的目的,脱硫净烟气经除雾器除雾后排放。石灰石-石膏法脱硫效率主要受浆液 pH 值、液气比、停留时间、吸收剂品质及用量、塔内气流分布等多种因素的影响。为满足日益严格的排放要求,传统石灰石/石膏喷淋空塔脱硫工艺通过调整塔内喷淋布置、烟气流场优化、加装提效组件等方法提高脱硫效率,形成多种新型高效脱硫工艺。

2. *烟气循环流化床脱硫*

烟气循环流化床脱硫工艺是近些年发展、适用于燃煤电厂的一种新的干法脱硫工艺。它基于循环流化床原理,通过物料在反应塔内的内循环和高倍率的外循环,形成含固量很高的烟气流化床,从而强化了脱硫吸收剂颗粒之间、烟气中 SO_2、SO_3、HCl、HF 等气体与脱硫吸收剂间的传热传质性能,将运行温度降到露点附近,并延长了固体物料在反应塔内的停留时间(30～60 min),提高了吸收剂的利用率和脱硫效率,是一种性价比较高的干法/半干法烟气脱硫工艺。

3. *氨法脱硫*

氨法脱硫原理是溶解于水中的氨和烟气接触时,与其中的 SO_2 发生反应生成亚硫酸铵,亚硫酸铵进一步与烟气中的 SO_2 反应生成亚硫酸氢铵,亚硫酸氢铵再与氨水反应生成亚硫酸铵,通过亚硫酸氢铵与亚硫酸铵不断的循环,以及连续补充的氨水,脱除烟气中的 SO_2。氨法脱硫的最终副产品为硫酸铵,脱硫效率可达到 98%以上。

4. 海水脱硫

海水中含有相当数量的 OH^-、HCO^{3-}、CO_3^{2-} 等碱性离子，pH 值约为 8，使海水具有较强的吸收 SO_2 和酸碱缓冲能力。海水烟气脱硫技术就是利用天然海水的这种特性，脱除烟气中的 SO_2，再用空气强制氧化为硫酸盐溶于海水，系统脱硫效率可达 98%以上。

4.3.2　循环流化床 NO_x 的生成与控制

由于循环流化床锅炉床内温度在 850 ℃左右，空气中的氮气很难与氧气等物质发生反应产生热力型 NO_x；CFB 锅炉煤燃烧过程中自由基 CH_i 生成量极少，快速型 NO_x 可忽略。因此 CFB 锅炉煤燃烧过程中产生的主要是燃料型 NO_x。

循环流化床由于低床温和本身合理的配风方式，其出口 NO_x 浓度一般可控制在 300 mg/m^3 以下，但随着实际煤种与设计煤种的偏离，燃烧工况控制不到位等因素，导致相当一部分循环流化床出口 NO_x 浓度偏高。目前降低循环流化床锅炉 NO_x 排放的方法主要包括低氮燃烧技术和选择性非催化还原(SNCR)。

4.3.3　N_2O 的生成与控制

循环流化床锅炉以其与煤粉锅炉相当的燃烧效率，相对低廉的脱硫设备投资和运行成本，相对低的 NO_x 排放浓度，得到大力推广和广泛使用，其整体装机容量和单机容量逐年提高。然而相对于煤粉锅炉 $(0\sim20)\times10^{-6}$ 的 N_2O 排放浓度，CFB 锅炉 $(100\sim250)\times10^{-6}$ 甚至更高的 N_2O 排放浓度以及其他的污染问题是需要进一步研究和解决的问题。

1. N_2O 的生成机理

N_2O 是一种燃料型氮氧化物，其生成机理和燃料型 NO_x 很相似，也是在挥发分析出和燃烧期间，挥发分 N 首先析出并生成挥发分 NO，然后 NO 再和挥发分 N 中的 HCN、NCO、NH_i 发生反应生成 N_2O，其反应路径如图 4－21 所示。因此，NO 的存在是生成 N_2O 的必要条件。

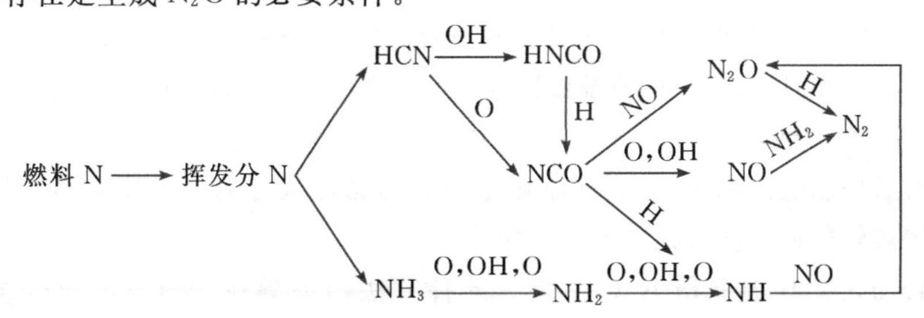

图 4－21　挥发分 N 生成 N_2O 的均相反应途径

同时,焦炭 N 也会在一定条件下通过多相反应生成 N_2O。焦炭 N 与外界发生气固反应生成 N_2O 的途径很多,过程复杂,其中半焦参与的异相反应起着很大的作用。同时由于锅炉加入钙基脱硫剂脱硫,其表面诱发的异相反应也会影响 N_2O的生成。焦炭 N 生成 NO 的反应实际上包括了下面的几个反应。

(1)焦炭 N 的直接氧化生成 N_2O。如果焦炭的灰成分中有 CaO,则 CaO 作为催化剂更有利于 N_2O 的生成。

(2)在焦炭表面上,焦炭 N 和已经生成的 NO 反应。在有氧气存在的情况下生成 NCO,然后再生成 N_2O。在没有氧气存在的情况下,CN 直接与 NO 生成 N_2O。

(3)由焦炭 N 气化生成 HCN,由 HCN 氧化成 NCO 后,通过均相反应的途径由 NCO 和 NO 生成 N_2O。

影响 N_2O 生成的因素很多,其主要有:①床温。循环流化床锅炉平均床温为 850～950 ℃,这是石灰石脱硫的最佳温度,但此时密相区内的 N_2O 生成浓度也出现最大值。N_2O 主要在密相区还原性气氛下生成。随着燃烧温度的升高,NO_x 的生成增加,而 N_2O 的生成量会下降。②燃料特性。燃料特性包括煤阶、煤中含氮官能团种类、挥发分及氮含量等。燃煤粒径也对 N_2O 的排放有一定影响。③锅炉的过量空气系数,通常控制在 1.05～1.30,随着过量空气系数的增加,CFB 锅炉 NO_x 和 N_2O 的生成量理论都将增加,而且 NO_x 的增加幅度要大于 N_2O 的增加幅度。

2.循环流化床中 N_2O 的排放控制

根据 N_2O 生成及破坏机理,流化床锅炉减少 N_2O 排放的主要方法如下。

(1)提高炉膛温度。试验研究表明,将流化床锅炉炉温由 850 ℃提高到 950 ℃,可将 N_2O 排放浓度降低 50%。此后炉温每增加 100 ℃可减少排放 25%～30%。但是,增加炉膛温度会导致脱硫效率的降低和总的 NO_x 排放的增加。

(2)降低过量空气系数。实际经验表明,将流化床锅炉烟气中的过量氧控制在 1.5%～2%,燃烧温度控制在 830 ℃,脱硫所需的 Ca/S=3 时,不但脱硫效率可达 95%～98%,而且可将 NO_x 的排放控制在 40×10^{-6},N_2O 的排放控制在 20×10^{-6} 以下。

(3)后期燃烧。例如,向循环流化床锅炉的循环灰分离器中喷天然气使之燃烧,以提高烟气的温度来控制 N_2O 的排放。

(4)加入催化剂促使 N_2O 分解。此种方法的关键在于研发高效经济的催化剂。

参考文献

[1] 蒋敏华,肖平.大型循环流化床锅炉技术[M].北京:中国电力出版社,2009.
[2] 屈卫东.循环流化床锅炉设备及运行[M].郑州:河南科学技术出版社,2002.
[3] 林宗虎.循环流化床锅炉[M].北京:化学工业出版社,2004.
[4] 孙献斌,黄中.大型循环流化床锅炉技术与工程应用[M].北京:中国电力出版社,2009.
[5] 杨建华.循环流化床锅炉设备及运行[M].北京:中国电力出版社,2010.
[6] 路春美.循环流化床锅炉设备与运行[M].北京:中国电力出版社,2008.

第5章 燃煤烟气污染物处理技术

5.1 我国燃煤电厂污染物排放现状及其危害

5.1.1 我国燃煤电厂污染物排放现状

随着社会经济的快速发展，能源消费量急剧增加。我国在2014年的能源消费总量达到4.26×10^9 t标准煤，2000年以来的能源消费结构如图5-1所示，其中煤炭始终为最主要的能源消费形式。

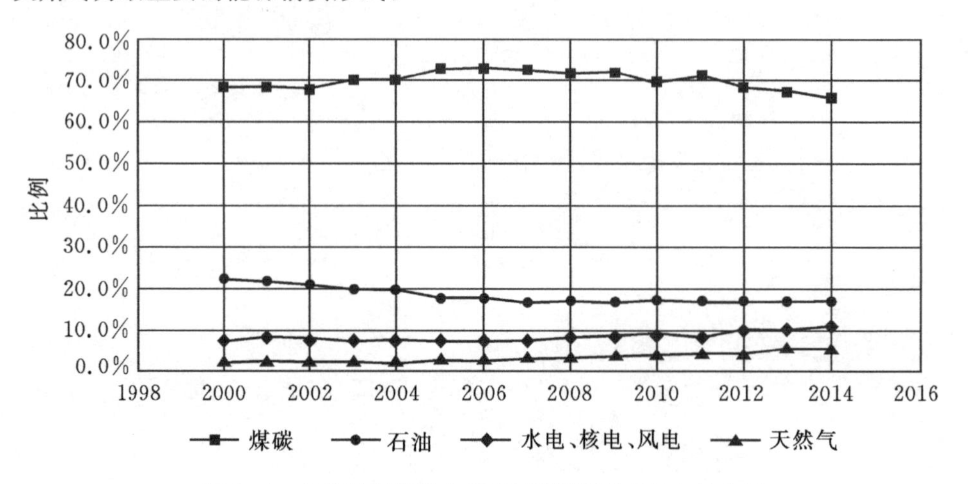

图5-1 各能源消费形式在我国能源消费总量中的比例

煤成分复杂，在燃烧过程中会生成大量的污染物，当前受到广泛关注的是大气颗粒物(Particulate Matter，PM)、二氧化硫SO_2、氮氧化物NO_x(NO和NO_2)、痕量元素和挥发性有机物(Volatile Organic Compounds，VOCs)。《中国环境统计年报2014》显示，2014年火电厂工业废气排放量为1.85×10^{13} m^3，烟(粉)尘排放量为1.96×10^6 t，SO_2排放量为5.25×10^6 t，NO_x排放量为6.71×10^6 t，分别占全国总烟(粉)尘、SO_2和NO_x排放量的11.2%、26.6%和32.3%；煤炭燃烧过程所排放的污染物若不加以合理的控制和治理，会造成严重的大气污染。

5.1.2 燃煤污染物的危害

由于对生态环境和人体健康的严重危害，大气颗粒物早已成为世界范围内普遍关注的重要课题。$PM_{2.5}$（空气动力学直径小于或等于 2.5 μm 的颗粒物）是导致雾霾的直接污染物，会降低大气能见度，破坏水体，影响植物生长等。大量研究结果表明，颗粒物污染可导致或加重呼吸系统、心血管系统、心脏、神经系统和生殖系统等方面的疾病，严重的甚至导致死亡。可吸入颗粒物（PM_{10}，空气动力学直径小于或等于 10 μm 的颗粒物）的日均浓度每升高 10 $\mu g/m^3$，人群死亡率约增加 0.7%～1.6%。

SO_2和 NO_x 是酸沉降中的主要致酸物质，也是导致雾霾爆发和持续发展的硫酸盐、硝酸盐等二次颗粒物的前驱物。酸沉降是指 pH<5.6 的酸沉降前体物经传输、扩散、重力影响或降水等形式降落到地表的现象，一般分为两类：湿沉降和干沉降。湿沉降是以降水形式到达地表的所有污染物质，干沉降则为到达地表的所有颗粒物质和气态物质。近年来酸沉降已经成为全球面临的重要环境问题之一，并且因其具有远距离传输、扩散等特征，可以跨越国界传输，因此对全球生态系统造成极大的威胁。研究表明，酸沉降使得土壤酸化、土壤结构破坏、水体酸化、水质变差、森林衰亡、农作物减产以及建筑物腐蚀等，不仅给人类生活造成极大的影响，更危及人类生存和发展。此外，SO_2、NO_x 以及 NH_3、VOCs 与大气中的正常组分（如氧气）之间通过光化学氧化反应、催化氧化反应或其他化学反应会转化生成二次颗粒物；NO_x 与 VOCs 是产生 O_3的前体物，O_3浓度过高会导致光化学烟雾污染的产生。

煤炭几乎包含了元素周期表中的全部元素，其中含量低于 100×10^{-4} w 的元素称为痕量元素。虽然其含量很低，但会对生态环境造成严重影响。根据痕量元素对环境威胁的大小，可将其分为三类：第一类，As、Cd、Cr、Hg、Pb、Se；第二类，B、P、Cl、F、Mn、Th、Mo、Cu、V、Be、U、Ni、Zn；第三类，Ba、Co、I、Ra、Sb、Sn、Tl。痕量元素对环境影响的大小从第一类到第三类逐类递减。

为应对日趋严峻的燃煤污染，原环境保护部、国家发展和改革委员会、国家能源局于 2015 年 12 月联合发布了《关于印发<全面实施燃煤电厂超低排放和节能改造工作方案>的通知》（环发[2015]164 号），要求 2020 年前全国所有具备改造条件的燃煤电厂力争实现污染物超低排放，即在标准干烟气（0 ℃、101325 Pa、0 体积分数 H_2O）、基准氧体积分数 6%条件下，烟气中粉尘、SO_2、NO_x 排放质量浓度分别不高于 10 mg/m^3、35 mg/m^3、50 mg/m^3；我国东南沿海部分省市已经提出更为严格的颗粒物排放质量浓度限值，即低于 5 mg/m^3。

为了实现燃煤锅炉大气污染物超低排放，需要对燃煤锅炉烟气进行一系列的净化处理。本章将对目前燃煤烟气污染物的主流控制技术和实现超低排放的新型技术逐一进行介绍。

5.2 燃煤烟气颗粒物控制技术

5.2.1 燃煤颗粒物生成特性

5.2.1.1 颗粒物相关常识

大气颗粒物是指分散在大气环境中的固态和液态颗粒物质。大气颗粒物的大小通常用颗粒粒径表示,由于来源于不同生成机制的颗粒物的光学特性和形态特性存在较大的差别,并不能像规则球形那样直观定义几何直径,因此采用当量直径来表征颗粒物的粒径。颗粒物粒径的主要等效表征方法有物理当量直径(沉降法、Stokes 直径、空气动力学直径、电迁移直径等)、几何当量直径(光学直径等)、筛分直径和投影直径(显微镜法)。对于同样的颗粒物,采用不同的表征方法得到的粒径值可能不同。当前在颗粒物研究中广泛应用的是空气动力学直径(aerodynamic diameter)、Stokes 直径(stokes diameter)和光学直径(optical diameter)。

空气动力学直径是指一个粒径为 D 的单位密度($\rho=1\ g/cm^3$)假想球体,该球体在静止空气中做低雷诺数运动的情况下与实际颗粒物具有相同终端沉降速度时,定义 D 为该实际颗粒物的空气动力学直径,也就是将实际的颗粒粒径转换为具有相同空气动力学特性的等效直径。通常难以测得实际颗粒的粒径和密度,而空气动力学直径可直接通过动力学的方法测量求得,这可以使不同形状、密度、光学与电学性质的颗粒粒径具有统一的量度。空气动力学直径是颗粒物采样研究和烟气颗粒物脱除领域最常用的颗粒物大小的表征方法,通常可使用惯性撞击原理的多级串联撞击器获得基于空气动力学直径的颗粒物粒径分布,常用采样器有 Andersen 撞击器、Dekati 低压撞击器等。另一种获得某一确定粒径范围颗粒物的方法是旋风分离器与高效滤膜(absolute filter)的组合。后文中如非特别指出,“粒径”均是指空气动力学直径。

Stokes 直径与空气动力学直径的定义类似,只是要求假想球体的密度等于实际颗粒物的体积密度(bulk density)。空气动力学直径、Stokes 直径与实际颗粒物的对比如图 5-2 所示。

光学直径是指利用光学散射法得到的颗粒粒径。光学散射法主要分为衍射法、全散射法、角散射法和光子相关光谱法。其中最常用的是衍射法,即测量激光

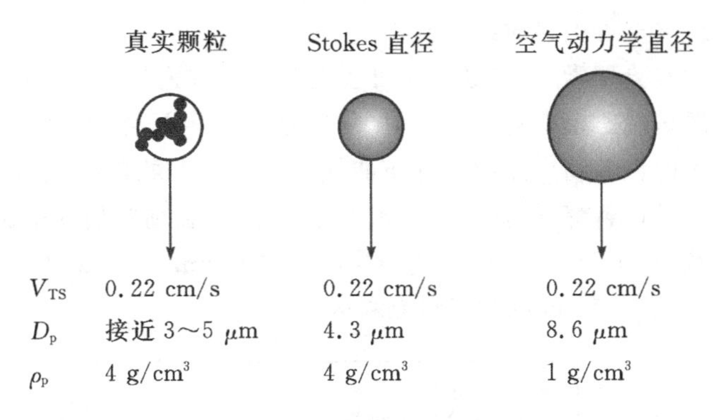

	真实颗粒	Stokes 直径	空气动力学直径
V_{TS}	0.22 cm/s	0.22 cm/s	0.22 cm/s
D_p	接近 3～5 μm	4.3 μm	8.6 μm
ρ_p	4 g/cm³	4 g/cm³	1 g/cm³

图 5-2　当量直径对比

通过颗粒分散系后的散射光强，从而快速求得颗粒的粒径大小。该方法具有较好的重复性，引入侧向和后向散射后，其粒径测量范围可达到 0.020～2000.000 μm。代表性的测量仪器为 Mastersizer 2000 激光粒度分析仪。

基于上述颗粒物的空气动力学当量直径对颗粒物的相关术语解释如下。

悬浮颗粒物(Suspended Particulate Matter，SPM)：包含所有大气颗粒物的通用术语。

大气气溶胶(aerosol)，一般是指在广义大气，即包围地球的全部空气中的悬浮颗粒物。

总悬浮颗粒物(Total Suspended Particulate，TSP)，指大气中空气动力学直径小于或等于 100 μm 的颗粒。

PM_{10}，指空气动力学直径小于或等于 10 μm 的大气颗粒物，可以通过呼吸系统进入人体，因此也称为可吸入颗粒物(Inhalable Particulate，IP)。

$PM_{2.5}$，指空气动力学直径小于或等于 2.5 μm 的大气颗粒物，能够进入人体肺泡，因此也称为可入肺颗粒物(Respirable Particulate Matter，RPM)。

炭黑(carbon black)，指由粒径在 10～1000 nm 的球粒和复合颗粒组成的碳质物质，一般是化学燃料不完全燃烧产生的。

5.2.1.2　燃煤颗粒物生成特性

燃煤电厂烟气排放前要经过一系列的净化设备，这些设备对空气动力学直径大于 10 μm 的颗粒物具有较好的控制效果，因此当前关于燃煤生成的颗粒物的控制研究主要集中在细颗粒物(通常是 PM_{10})。煤粉燃烧过程中细颗粒物的初始生成、演化及最终的生成特性研究开始于 20 世纪 70 年代末，学者针对不同煤种分别在滴管炉和一维炉上开展实验研究，研究了煤种特性、过量空气系数、温度、原煤粒径和煤中镜质组含量等因素对细颗粒物生成的影响。

经过大量的实验探索，当前获得认可程度较高的理论是燃煤颗粒物 PM_{10} 的质量粒径分布一般呈现三模态的形式。图 5－3 为某 25 kW 煤粉自维持燃烧高温一维炉实验中取得的颗粒物样品粒径分布曲线。燃煤颗粒物的生成过程比较复杂，且不能用统一的机理解释，依据生成机理的显著差异，目前的研究中通常把颗粒物分为三个粒径范围：小于 100 nm 的超细颗粒区；100 nm 到 1 μm 的亚微米颗粒区（过渡区）和 1 μm 到 10 μm 的微米级颗粒区。

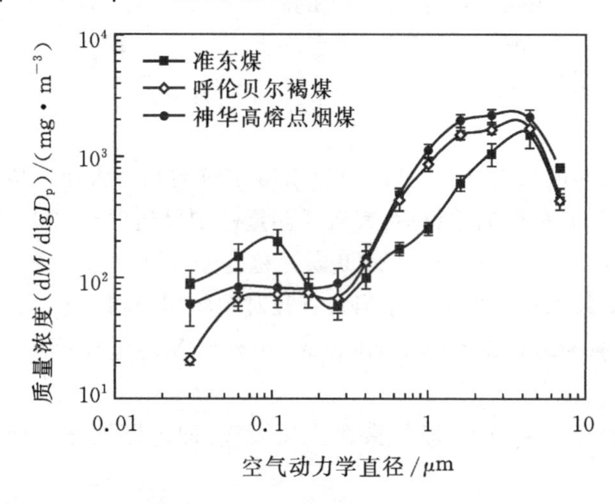

图 5－3 我国典型煤种在高温一维炉中燃烧的颗粒物取样结果

颗粒物的生成机理具体包括：①无机物的气化-凝结；②熔化矿物的聚合；③焦炭颗粒的破碎；④矿物颗粒的破碎；⑤热解过程中矿物颗粒的对流输运；⑥燃烧过程中焦炭表面灰粒的脱落；⑦细小含灰煤粉的燃烧；⑧细小外在矿物的直接转化。由于燃料性质和燃烧条件不同，并非所有机理都起主要作用。通常认为机理①对亚微米颗粒物的形成起决定作用，机理②、③和④是微米级颗粒物和更大颗粒的主要形成途径，其他机理在某些情况下对颗粒物的形成有一定贡献。

典型燃煤过程生成的颗粒物形态如图 5－4、图 5－5 所示。图中，亚微米颗粒物主要是比较规则的球形颗粒（见图 5－4(a)），这些颗粒主要是煤中矿物质经过气化、均相成核、冷凝和团聚等过程形成的，同时也有少量不规则的含碳颗粒聚结在一起形成链状颗粒（见图 5－4(b)）。而微米级颗粒物主要是球形颗粒，也有部分不规则颗粒，如矿物质熔融形成的片状颗粒（见图 5－4(c)）。

空气动力学直径大于 10 μm 的飞灰颗粒如图 5－5 所示，有三种典型的形貌。一类是表面较为光滑的球体或类球体（见图 5－5(a)），这种类型颗粒是较为密实的焦炭颗粒，破碎很少，内部矿物聚合率很高或者发生全聚合时，熔融矿物在表面

(a) (b) (c)

图 5-4 燃煤 PM_{10} 的典型形貌

张力作用下而形成的单个颗粒，这种颗粒在这三种颗粒中粒径是最小的；第二类颗粒是许多小的球形颗粒的黏结体(见图 5-5(b))，由于烟气温度较高，因而燃烧过程中生成的球形灰粒还有一定的黏性，而且颗粒浓度大，部分颗粒就会发生碰撞而黏结在一起，形成较大的团聚物；第三类颗粒是煤焦颗粒(见图 5-5(c))，其粒径是三种颗粒物中最大的，在温度较低时会少量出现。

(a) (b) (c)

图 5-5 空气动力学直径大于 10 μm 飞灰的典型形貌

对 PM_{10} 的化学组成研究表明，颗粒物的粒径越小，其化学成分越复杂，毒性越大。这是因为小颗粒的比表面积大，更容易吸附一些对人体有害的痕量元素和多环芳烃等物质，同时使这些有毒物质有更高的反应活性和溶解速度。

5.2.2 燃煤烟气颗粒物的主流控制技术

图 5-6 为目前各除尘方式在我国燃煤电厂的应用比例，静电除尘技术和袋式除尘技术是主流除尘技术，其中静电除尘技术对烟气条件的适应性好，处理烟气量大，除尘效率高，运行阻力小，具有良好的稳定性和可靠性，在大型燃煤电站获得最广泛的应用；与静电除尘技术相比，袋式除尘技术通常具有更高的除尘效率，但处理烟气量相对较小，运行阻力高，且滤袋使用寿命有限，特别在相对恶劣的烟气条

件下更换滤袋的频率更高,使成本升高。随着燃煤烟气颗粒物排放标准的提高,单一的静电除尘器已无法使烟气排放达标,大型燃煤电站通常在静电除尘技术的基础上,结合其他新型除尘技术实现燃煤烟气颗粒物超低排放;而基于成本的综合考量,小容量燃煤机组,特别是燃用低硫煤的机组以及供热站和工业炉窑则较多选用袋式除尘技术达到颗粒物超低排放标准。

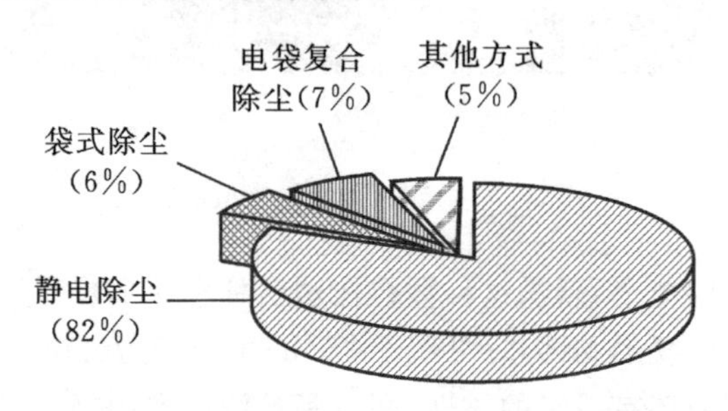

图 5-6　各除尘方式在我国燃煤电厂中的比例

5.2.2.1　静电除尘技术

静电除尘技术已有逾百年的历史,依靠作用于荷电粒子上的电场力将颗粒物从烟气中分离出来,由于其具有除尘效率高、阻力低、耗能少、能够高效处理大流量的高温或腐蚀性气体、自动化程度高及运行维护简单等优点,在电力、冶金、建材等诸多领域获得广泛应用,是国内外燃煤电厂烟尘治理的优选设备。美国静电除尘器比例在80%左右,欧盟静电除尘约为85%,日本燃煤电厂的使用比例更高。静电除尘技术在我国燃煤电厂的应用也占有很高的比例,且几乎所有新建的大中型火电机组都采用了静电除尘技术。静电除尘器(Electrostatic Precipitators,ESP)是烟气颗粒物排放的主要控制手段。

静电除尘技术需要使烟气中的颗粒物荷电,才能在电场力的作用下实现脱除。通过高压电极的电晕放电作用使颗粒物带电,并在电场力作用下使带电粒子向预定的表面沉降是目前普遍采用的方法。静电除尘器是通过气体的电离实现颗粒物带电的。空气在通常状态下不导电,但是当气体分子获得足够的能量时就能使气体分子中的电子逃逸成为自由电子,这些电子是输送电流的媒介,使气体具有导电的本领,这一过程称为气体的电离。

出现电晕后,电场内形成两个不同的区域:围绕在放电极线附近很小的范围内,约1～2 mm的区域称电晕区;电晕区以外称电晕外区,占有电极间的绝大部分空间。电晕外区场强急剧下降,电子能量小到无法使空气分子电离,当颗粒物从电晕外区通过,电子会附着其上,使颗粒带负电(负电晕放电情况)。带电颗粒在电场力的作用下定向移动，在集尘极（又称集电板）放电聚集，达到烟气除尘的效果。

静电除尘器按荷电区和收集区的空间布局不同可分为单区式（见图5－7(a)）和双区式（见图5－7(b)）两种基本结构，均主要由电极、本体及电气系统组成，电极形式有线-管式（见图5－8）和线-板式（见图5－9）两种。

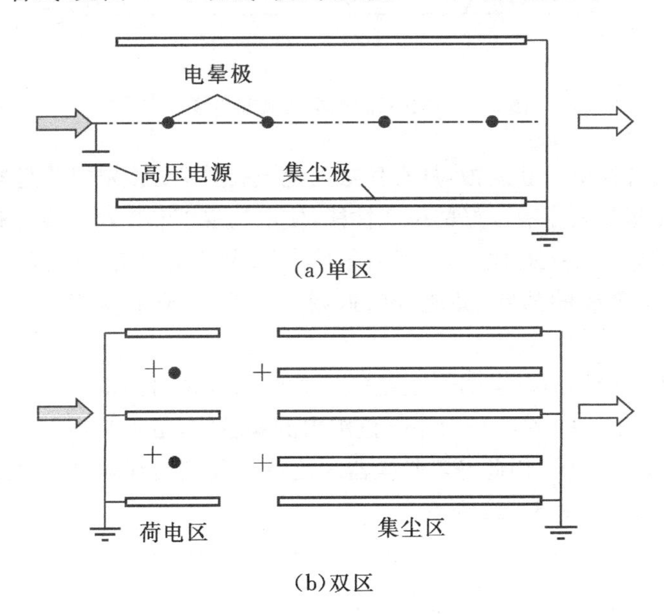

图5－7　单区和双区静电除尘器的电极布置形式

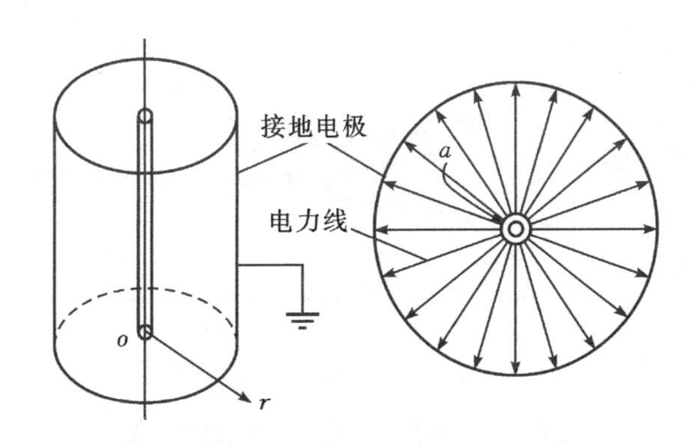

图5－8　线-管式电极及其间电场分布

静电除尘器的放电极（电晕线）和集尘极多数情况下使用钢材制造。放电极一般采用框架固定，并用重物拉直，需使用绝缘套管支持。放电极制造材料要求有很

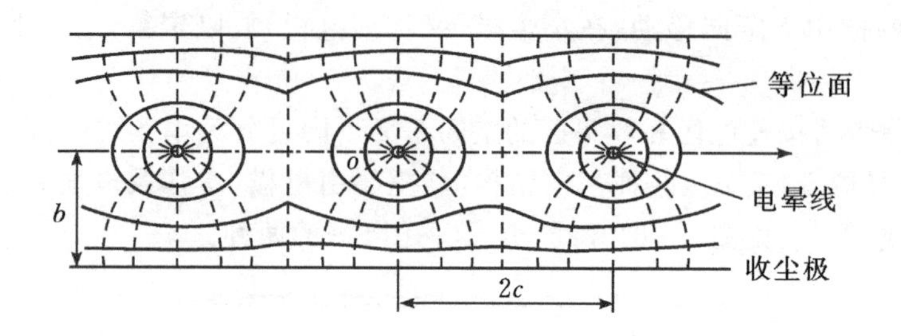

图 5-9　线-板式电极及其间电场分布

好的机械强度并能够防止腐蚀，具有良好的电气性能，能够做到低起晕电压，高击穿电压。集尘极也要求有较好的电气性能，使电场强度和电流密度分布均匀，要求有良好的机械强度和振打性能，并能有效防止二次扬尘。集尘极多有不同形状的沟槽，既提高了极板的强度，又能有效抑制二次扬尘，还提高了电气性能和振打性能。

目前静电除尘器对燃煤烟气颗粒物的总脱除效率可达 99%，乃至更高，但相关研究表明，对于粒径在 0.1～1 μm 范围内的颗粒物，由于其难以荷电，电迁移率处于低谷(见图 5-10)，因此静电除尘器对此粒径范围内细颗粒的脱除效率较低，即存在穿透窗口，如图 5-11 所示。

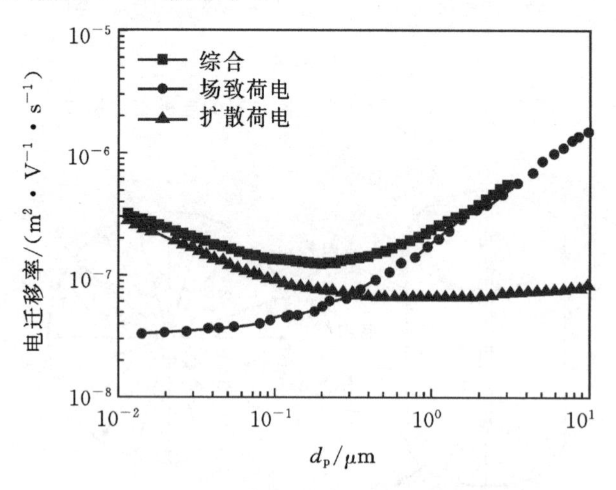

图 5-10　颗粒电迁移率与粒径的关系

除穿透窗口之外，干式静电除尘器还存在二次扬尘和反电晕问题。静电除尘器的二次扬尘是指被捕集在静电除尘器集尘极上的颗粒物再次扬起，被烟气携带逸出静电除尘器，造成静电除尘器除尘效率降低的现象。干式静电除尘器传统的

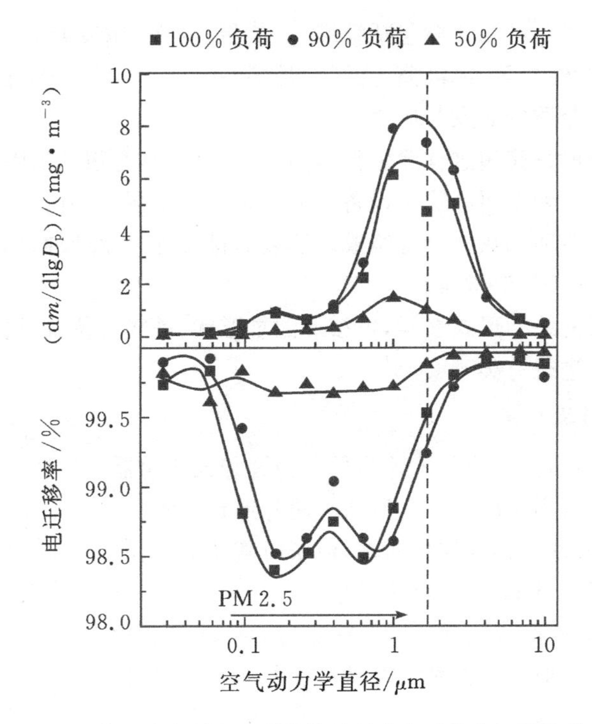

图 5-11　静电除尘器出口颗粒物粒径分布及其分级脱除效率

机械振打清灰方式会恶化二次扬尘。而反电晕是指沉积在静电除尘器集尘极上的高比电阻粉尘层所产生的局部放电现象。高比电阻颗粒物到达集尘极后放电很慢，造成电荷积累，不仅排斥随后而来的荷同极性电荷的颗粒物，影响其沉积，而且随着带电粉尘层的不断加厚，电荷积累越来越多，粉尘层与集尘极之间场强不断增大。当场强达到 10^3 V/cm 时，粉尘层上就发生局部的绝缘击穿现象，这种在集尘极上形成的点状放电现象称之为反电晕现象。反电晕现象会产生与放电极极性相反的离子，并向放电极运动，中和放电极产生的带电粒子，主要表现为电流增大，电压降低，二次扬尘严重，静电除尘器除尘性能下降。

传统的静电除尘器改造路线通常是以增加收尘面积为手段，来提高静电除尘器对颗粒物的脱除效率，但该方法不能有效解决静电除尘技术固有的穿透窗口，以及静电除尘器的反电晕和二次扬尘，无法解决静电除尘技术的瓶颈问题。

5.2.2.2　袋式除尘技术

过滤除尘技术利用多孔过滤介质进行，当烟气进入除尘设备并通过多孔介质时，在惯性碰撞、拦截、扩散以及重力沉降等作用下，颗粒物会被拦截在滤料内，达到脱除的目的。多孔过滤介质包括纤维层(滤纸、滤布、滤袋或者金属绒)、颗粒层(矿渣、石英砂、活性炭等)或液滴,为了满足某些生产工艺高温烟气除尘的需要,也有高温陶瓷过滤介质的研发与应用。

袋式除尘器就是应用过滤除尘技术的除尘设备,具有很高的除尘效率,是目前烟气净化工艺中一种重要的除尘设备。典型袋式除尘器主要由尘气室、净气室、滤袋、清灰装置、灰斗和卸灰装置等组成。滤袋的材质有天然纤维、化学合成纤维、玻璃纤维、金属纤维或其他材料。

袋式除尘器的结构形式多样,可按照滤袋形状、进气口位置、过滤方向、通风方式和清灰方式来进行分类。

1. 按滤袋形状分类

按照滤袋的形状,可将袋式除尘器分为圆袋式除尘器和扁袋式除尘器两类。图 5-12 所示为两种形状的滤袋。圆袋受力均匀,支撑骨架及连接简单,清灰所需动力小,检查维护方便。圆形滤袋直径通常采用 120～300 mm,袋长 2～10 m。扁袋的形式较多,布置紧凑,一般能节约 20%～40%空间。但扁袋结构较复杂,制作要求较高,且清灰效果通常不如圆袋。

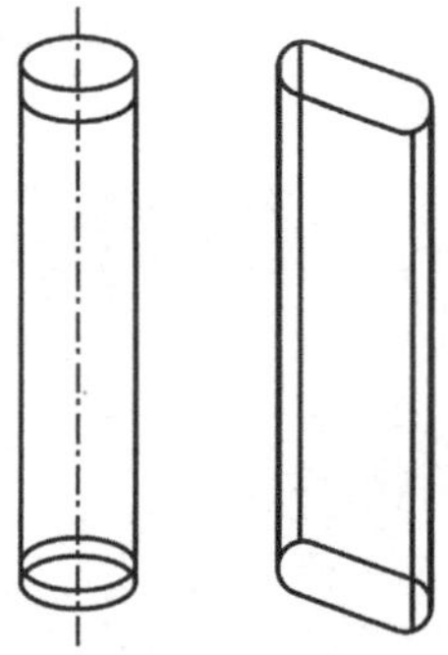

圆袋 (a)　　扁袋 (b)

图 5-12　滤袋的形状

2. 按进气口位置分类

按照进气口的位置,可将袋式除尘器分为下进气式(见图 5-13(a)和(b))和上进气式(见图 5-13(c))两类。下进气式烟气流向与颗粒物的沉降方向相反,会使部分颗粒物重返滤袋表面,影响清灰效果,并增加设备阻力。上进气式烟气流向与颗粒物的沉降方向一致,有利于颗粒物沉降,但滤袋需设置上下花板,结构较复杂且不易调节滤袋张力。

3. 按过滤方向分类

按照过滤方向可将袋式除尘器分为内滤式(见图 5-13(b)和(c))和外滤式(见图 5-13(a))两类。外滤式是指含尘烟气由滤袋外侧向滤袋内侧流动,颗粒物被阻留在滤袋外表面,内滤式则相反。外滤式袋内需设置骨架,以防滤袋被吸瘪。内滤式则一般不需要支撑骨架,但其袋口气流速度较大,容易对滤袋造成严重磨损。

4. 按通风方式分类

按照通风方式可将袋式除尘器分为吸出式和压入式两类。相应的,若按照除尘器内压力进行划分,也可分别称为负压式和正压式。吸出式袋式除尘器设置在

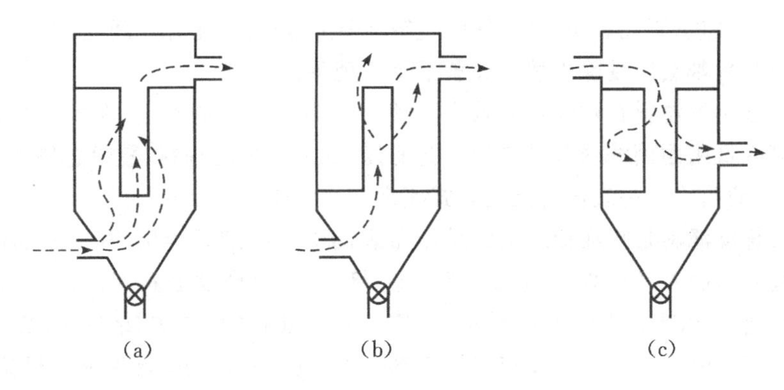

图 5－13 袋式除尘器的进气方式和滤尘方式

引风机之前，除尘器在负压情况下工作，必须采取密封结构；引风机吸入的是净化后的气体，对风机叶片磨损较小。而外滤式袋式除尘器设置在风机（引风机或增压风机）之后，除尘器在正压情况下工作，不需采用密封结构，因此其造价比吸入式的低约 20%～30%；但因含尘烟气通过风机，风机叶片磨损较严重，当粉尘腐蚀性和附着性都较强或含尘浓度大于 3 g/m^{3}时不宜使用。

5. 按清灰方式分类

清灰是保持袋式除尘器长期正常运行的决定因素，也是影响其性能的重要因素，它与除尘效率、压力损失、过滤风速及滤袋寿命均有关系。国家颁布的袋式除尘器分类标准按照清灰方式分为 5 大类：机械振动类、分室反吹类、喷嘴反吹类、振动反吹并用类及脉冲喷吹类。清灰的基本要求是从滤袋上迅速而均匀地剥落沉积的粉尘，同时又要求能保持一定的粉尘层，不损伤滤袋和消耗较少的动力。

滤料是袋式除尘器的关键原件，其性能直接影响除尘器的工作阻力及捕集效率，袋式除尘技术的进步与滤料技术进步息息相关。袋式除尘器的除尘功能通过滤料过滤实现，由于滤料纤维结构的不同，滤料对烟气中颗粒物的过滤方式主要分为深层过滤和表面过滤两种。

深层过滤以传统的针刺毡为代表，针刺毡滤料纤维粗，且孔隙较大。过滤刚开始时，滤料是洁净的，颗粒物通过纤维间的孔隙进入滤料内部，随着过滤时间的增加，沉积粉尘堵塞孔隙，开始与纤维共同参与过滤作用；当纤维层内部颗粒物的量达到饱和后，烟气通过滤料时，粉尘就会被阻挡在滤料的表面，此时，形成的粉尘初层对烟尘的过滤起主要作用。深层过滤滤料开始时的过滤效率较低，随着粉尘层的形成和变厚，过滤效率增加，同时过滤阻力也增大，当烟气经过滤料的压力损失达到一定的值后，需要对滤料进行清灰，此时须注意不可过度清灰，需要在滤料表面保留一层很薄的粉尘层，否则会导致过滤效率下降。深层过滤滤料在工业应用中表现并不理想，研究表明，其整体除尘效率还有较大的提升空间，且在更换新滤料以及清灰后都会出现除尘效率显著下降的现象。

为克服传统滤料在颗粒过滤效率和使用寿命等方面的不足，许多研究者开展了新型高效低阻耐用滤料及其制造工艺研发，如复合梯度滤料、覆膜滤料和水刺滤料等，这些滤料均通过表面过滤的方式实现烟气除尘。

复合梯度滤料是指在传统粗纤维滤布表面引入超细纤维层，利用表面超细纤维层提高对可吸入颗粒物的过滤效率。以 HBT 复合梯度滤料为例，在原材料上主要采用进口 PPS 和 P84 纤维材料，结构上采用独特的“梯次”结构，表层超细纤维通过熔喷、热轧技术制成，基布采用玻璃纤维，提高滤料的耐温性能和机械强度，使传统针刺毡“深层”过滤方式转变为梯度针刺毡“表层”过滤。研究表明其对 PM_{10} 的过滤效率和覆膜滤料接近，对 2 μm 以上颗粒物的过滤效率几乎为 100%，对 0.3 μm 颗粒物的过滤效率也在 85%以上。此外，HBT 梯度滤料具有良好的透气性，其过滤阻力远低于 FMS986 覆膜滤料和 PPS 覆膜滤料，与 PPS、P84、FMS9806 等常规滤料的过滤阻力接近，已在我国多家电厂投入使用。

覆膜滤料的典型代表则为 PTFE 覆膜滤料，以 PTFE 为原料，将其膨化成具有多微孔性的薄膜，将此薄膜用特殊工艺覆合在不同基材上（如针刺毡或编织物），使其形成一种新型的过滤材料。PTFE 覆膜材料不仅具有传统滤料筛滤、拦截、惯性碰撞、扩散和静电等除尘效应，而且由于其薄膜微孔多、孔径小，对于 0.1 μm 以上的颗粒具有很高的去除效率。该材料能实现表面过滤，表面覆膜起到粉尘初层的作用，代替了传统未覆膜滤料的深层过滤，从而使过滤效率显著提高，而滤料的阻力可降低 15%～25%。此外，PTFE 覆膜滤料还具有耐酸、耐碱，摩擦系数小，耐磨、耐高温，疏水性和不黏性等一系列优点。

水刺滤料的技术突破主要在于水刺工艺，它由极细的高压水柱形成水针，其直径比针刺工艺所用刺针要细，因此由水刺工艺制造的水刺毡几乎没有针孔，其表面比针刺毡更加光洁平整。水刺滤料结构简单，可节省 10%～15%的纤维材料，而且具有很高的过滤性能，在 $PM_{2.5}$ 和 $PM_{1.0}$ 过滤方面有较大的发展潜力。

总的来说袋式除尘器的除尘效果优于干式静电除尘器，如图 5-14 所示。然而袋式除尘器最大的缺点是受滤袋材料的限制，在高温、高湿度、高腐蚀性气体环境中，除尘适应性较差；且运行阻力较大，平均运行阻力在 1500 Pa 左右，有的袋式除尘器运行不久阻力便超过 2500 Pa；另外存在滤袋易破损、脱落，旧袋难以有效回收利用等问题。

近年来，随着耐高温、耐高湿、抗腐蚀、抗静电等高性能过滤材料的快速发展，袋式除尘器在燃煤电厂的应用又得到人们的重视。美国环保署的环境技术认证（Environmental Technology Verification，ETV）项目对典型的新型滤料——

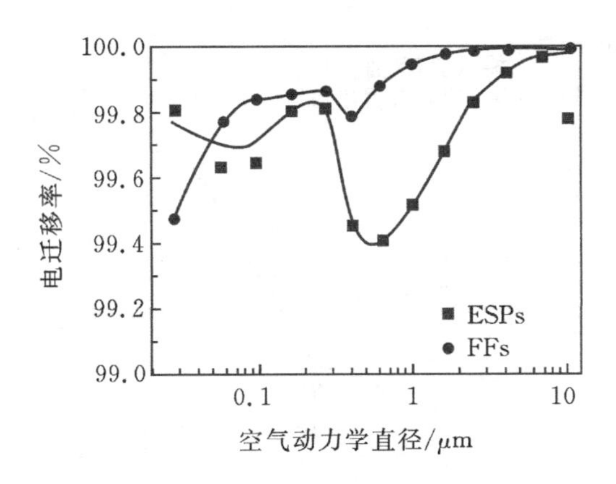

图 5-14 袋式除尘器对颗粒物分级脱除效率

ePTFE 覆膜滤料做过性能检测，发现滤料覆膜可一定程度地控制 $PM_{2.5}$ 和消除有害气体。但一方面袋式除尘器存在固有的阻力较大的问题，使其在与干式静电除尘器的对比中没有占绝对的优势；另一方面在燃煤电厂颗粒物超低排放改造的技术路线上，对脱硫吸收塔之前的着力改造并不能收到理想的最终排放效果（可详细参考下文关于湿法脱硫的分析），因此需对成本、运行维护费用等进行全面综合考量。

5.2.3 湿法脱硫工艺对颗粒物排放特性的影响

湿法脱硫工艺在我国燃煤电厂脱硫设备中所占比例在 97%以上，代表性的工艺如石灰石-石膏湿法、氨法、双碱法等脱硫吸收塔均设置在静电除尘器或袋式除尘器之后，且对颗粒物的排放特性有显著影响，其中氨法脱硫工艺就是由于脱硫过程中会产生大量的气溶胶，而导致无法获得大规模的推广应用。以目前在我国燃煤电厂应用最广泛的石灰石-石膏湿法脱硫为例，说明湿法脱硫过程对燃煤烟气颗粒物排放特性的影响。

作为燃煤电厂传统净化过程中烟气排放前的最后一道处理工艺，石灰石-石膏湿法脱硫工艺对颗粒物排放特性的影响受到了学者的广泛关注。在很多研究中都发现脱硫过程对颗粒物的粒径分布有显著的影响，如图 5-15 所示。

吸收塔中的喷淋浆液对烟气中的大颗粒有一定的洗涤作用，使大颗粒的量在经过吸收塔之后显著减少，而吸收塔中反应生成的 $CaSO_4$ 以及部分未反应的 $CaCO_3$ 存在于脱硫浆液中，浆液被烟气夹带和蒸发会导致脱硫净烟气中的细颗粒物浓度升高。图 5-16 所示为脱硫塔入口和出口颗粒物形貌及元素组成。

综合近年来湿法脱硫工艺对颗粒物排放特性影响的研究可知，烟气中颗粒物

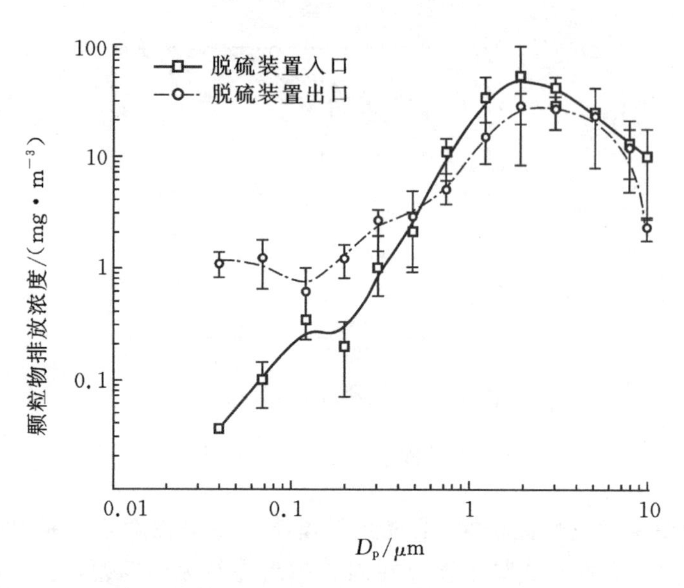

图 5-15　石灰石-石膏湿法脱硫装置入口和出口 PM_{10} 的质量粒径分布

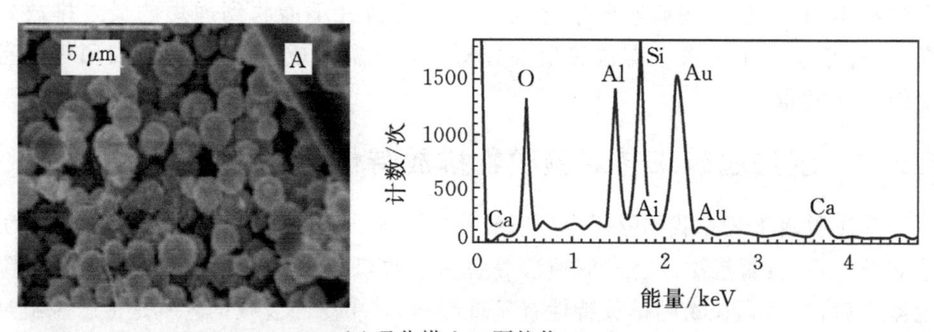

(a)吸收塔入口颗粒物

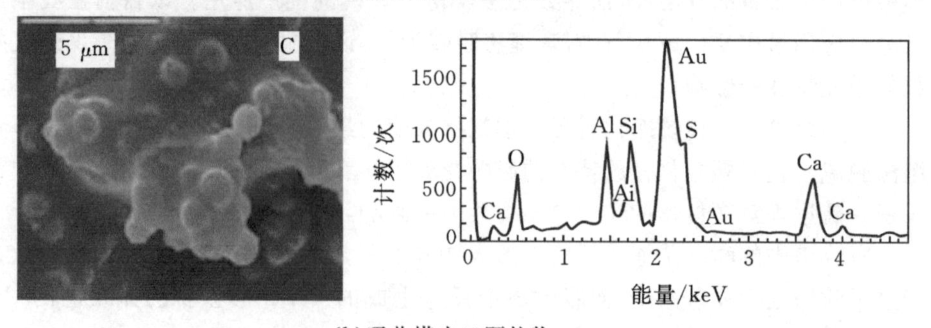

(b)吸收塔出口颗粒物

图 5-16　石灰石-石膏湿法脱硫前后烟气颗粒物对比

的粒径分布、形貌和成分在经过湿法脱硫后均会发生显著改变，如果进入吸收塔的烟气中颗粒物浓度较低，尤其是粗颗粒较少的情况下，烟气通过脱硫塔之后极可能会出现颗粒物浓度升高的情况。

基于此，仅通过提高湿法烟气脱硫系统前除尘设备的效率来实现超低排放的技术路线值得商榷，燃煤烟气颗粒物超低排放的实现需要着眼整个烟气净化过程，作通盘考虑。下面就新型除尘技术做简要介绍。

5.2.4　低低温电除尘技术

低低温电除尘技术是基于传统干式静电除尘器的改进技术，在干式静电除尘器之前布置一套换热装置，使静电除尘器入口烟气温度降低到酸露点以下，从而提高静电除尘器的性能。降低静电除尘器入口烟气温度带来的影响主要有以下几个方面：

(1)颗粒物的比电阻会随烟气温度降低而降低。相关测试结果显示，当烟气温度由 150 ℃降低到 100 ℃左右的时候，颗粒物的比电阻可降低 1～2 个数量级，从而将飞灰比电阻值控制在 10^{11} Ω · cm 以下，缓解反电晕问题，有利于提高静电除尘器的效率。

(2)当烟气温度降低后，相同机组负荷下静电除尘器需要处理的烟气量相应减少。如果烟气温度由 130 ℃降低至 100 ℃左右，烟气体积流量可减少 10%。处理烟气量的减少可降低烟气在静电除尘器内的流速，增加停留时间，有利于提高静电除尘器的效率。

(3)烟气的气体黏性也会随温度的降低而降低，这会导致烟气中颗粒物的电迁移速度增大，有利于提高静电除尘器的效率。

(4)当烟气温度低于硫酸蒸汽的露点时，烟气中的气态 H_2SO_4 分子会与水蒸气结合冷凝形成液态的硫酸雾滴，而静电除尘器前烟气中颗粒物的浓度很高，颗粒物的比表面积大，所以硫酸雾滴极易黏附在颗粒物表面，这样不仅降低颗粒物比电阻，也为增强颗粒物凝并创造了良好条件。

针对装有低温省煤器的某 660 MW 燃煤机组的相关测试表明，低低温电除尘技术可显著提高静电除尘器对颗粒物的脱除效率，低温省煤器运行与关闭情况下，颗粒物粒径分布对比及 PM_{10}、$PM_{2.5}$、$PM_{1.0}$ 的脱除效率分别如图 5 - 17 和表 5 - 1 所示。

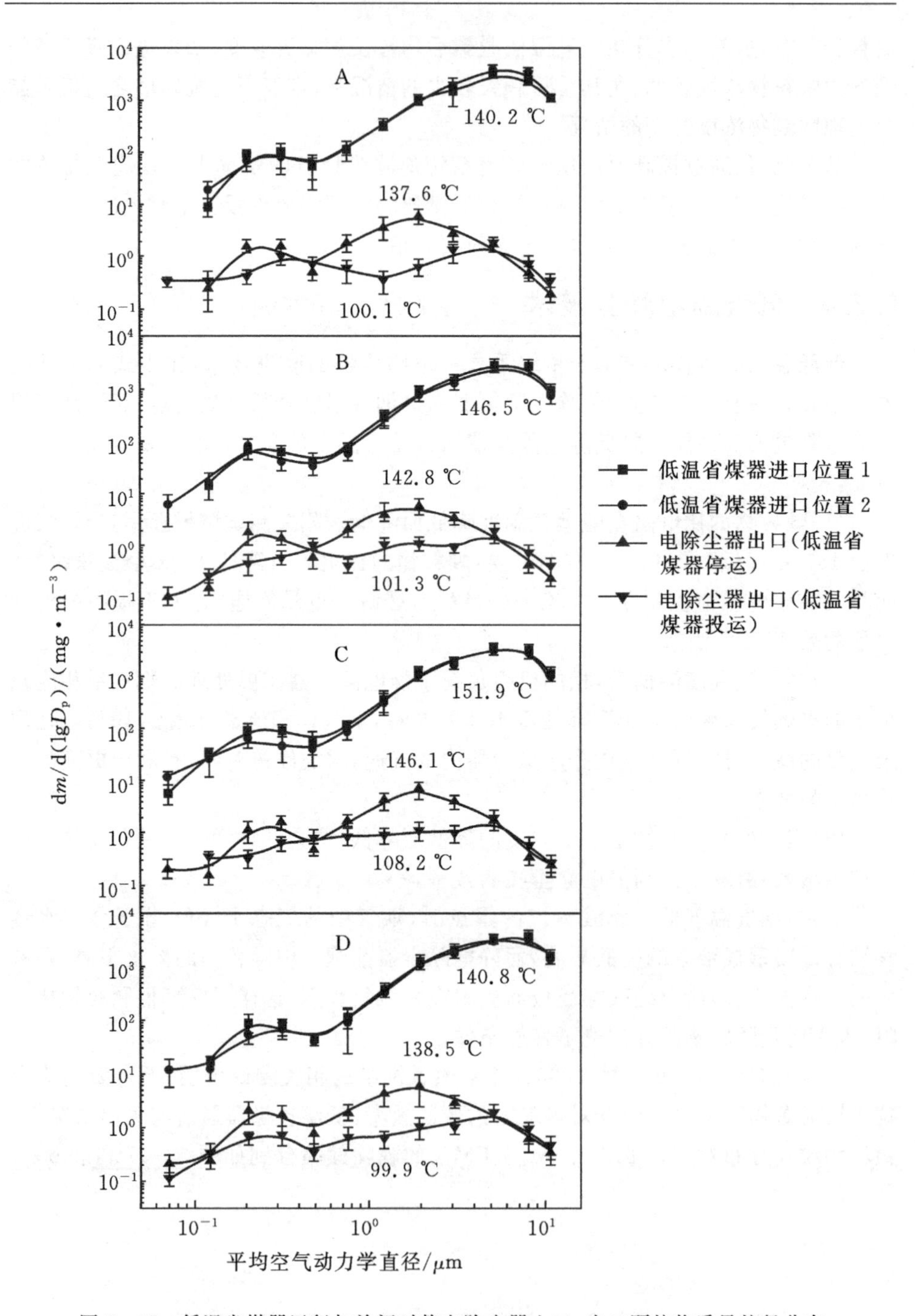

图 5-17　低温省煤器运行与关闭时静电除尘器入口、出口颗粒物质量粒径分布

表 5-1　低温省煤器运行/关闭时静电除尘器对 PM_{10}、$PM_{2.5}$、$PM_{1.0}$ 的脱除效率

取样位置		电除尘的脱除效率/%		
		PM_{10}	$PM_{2.5}$	$PM_{1.0}$
通道 A	LTE 关	99.81	99.46	98.60
	LTE 开	99.93	99.84	99.46
通道 B	LTE 关	99.74	99.24	97.81
	LTE 开	99.90	99.79	99.27
通道 C	LTE 关	99.80	99.44	98.62
	LTE 开	99.92	99.84	99.45
通道 D	LTE 关	99.81	99.48	98.30
	LTE 开	99.93	99.86	99.49

低低温电除尘技术可以在实现烟气余热利用的同时，大幅提高除尘效率，减少湿法脱硫工艺水耗。但是由于烟气温度需要降低到烟气酸露点以下，低温换热器本身和电除尘器均存在酸腐蚀的风险。日本三菱重工研究结果显示，当控制灰硫比（指烟气中颗粒物质量浓度与由气态 SO_3 凝结成 H_2SO_4 雾滴的质量浓度之比）大于 10 时，细颗粒物有足够的表面积作为 SO_3 异相凝结的凝结核，低温换热器及电除尘器的酸腐蚀速率几乎为零。相关的技术在日本已有很多良好的应用业绩，而我国电厂用煤的煤质较差且煤种多变，在应用低低温电除尘技术时还需针对腐蚀问题做更多的考虑。

此外，低低温电除尘技术中低温换热器处于高尘区工作，飞灰磨损对换热器设计也提出了较高的要求，且为了防止低温除尘器灰斗中的灰板结，其灰斗的加热面积要大于普通除尘器。

目前，在国家新的节能减排要求下，余热利用高效低低温电除尘技术已成为各电厂及科研院所关注的热门技术，国内科研机构中清华大学、浙江大学，环保企业中龙净、菲达等多家机构相继进行了相关技术的研究和开发。

5.2.5　电袋复合除尘技术

电袋复合除尘技术是将静电除尘与袋式除尘相结合的除尘技术，兼具两者的特点，其优势不仅在于其中的静电部分在烟气到达滤料之前能够捕集部分粉尘，还在于预荷电的粉尘和滤料周围的外加电场对过滤效果的增强，实现高效除尘。按照静电部分与过滤部分的组合形式，可以将电袋复合除尘器分为三类：前电后袋式、静电增强型和先进混合型。

前电后袋式是指在前级和后级分别布置静电除尘单元和袋式除尘单元，将两者串联起来的除尘方式，有分体式和一体式两种形式。分体式是指前后两级分别是独立的静电除尘器和袋式除尘器；而一体式，以四电场静电除尘器改造为例，保留一个电场，将剩余三个电场空间改为过滤区。粉尘在进入袋式除尘单元之前，先经过电场预处理单元，脱除部分烟气颗粒，并使烟气中剩余的颗粒物荷电，然后利用袋式除尘单元脱除剩余颗粒物。与传统的袋式除尘器相比，“前电后袋”的形式大幅度降低了压降，电荷的静电作用使粉尘更加不易穿过滤料，且可有效缓解静电除尘器二次扬尘的问题，提高除尘效率。

静电增强型可以看作是前电后袋式的一种，是利用粒子荷电后的过滤特性，通过静电场使粒子荷电，主要由滤袋完成集尘作用。

先进混合型（Advanced Hybrid Particulate Collector，AHPC 或 Advanced Hybrid Filter，AHF）是将整个除尘器划分为若干个除尘单元，每个除尘单元均含有静电除尘单元和袋式除尘单元，电除尘电极和滤袋交替排列。AHPC 于 1990 年由美国北达科他大学研发，并于 1999 年获得专利，是目前最受关注的先进除尘技术。

近年来，国内的相关企业和科研院所相继开展了电袋复合除尘技术的研究与开发，如清华大学、西安热工研究院、福建龙净环保、浙江菲达环保、大唐集团公司等，研究主要侧重于前电后袋式及其改进型的技术开发和实践。

电袋复合除尘器在现有电厂的电除尘系统改造和新建大型机组中已有应用，但目前仍处于发展阶段，技术上尚未完全成熟，在实际运行中，难以处理高温烟气，烟气温度太高超过滤料允许温度易“烧袋”而损坏滤袋，而且对锅炉运行烟气湿度及含氧量要求高，辅助系统复杂，故障率仍然较高。

5.2.6 湿式静电除尘器

湿式静电除尘器（Wet Electrostatic Precipitator，WESP）在燃煤电厂中的应用，通常是布置在湿法脱硫吸收塔之后，作为燃煤烟气污染物净化的终端治理设备。湿式静电除尘器的结构和除尘原理与常规干式静电除尘器基本相同，其除尘过程主要包括四个步骤：①高压放电过程；②烟气中颗粒物的荷电过程；③带电颗粒在电场作用下向集尘极板迁移；④对沉积在极板上的颗粒进行清除。湿式静电除尘器与干式静电除尘器区别在于清灰方式，前者采用喷淋系统取代后者的振打系统，通过在集尘极上喷水形成连续水膜将沉积颗粒物冲走，有效抑制了反电晕和二次扬尘，具有更高的除尘效率。

此外，WESP 在含液滴的高湿烟气条件下，烟气的起晕电压降低，放电能力增强；颗粒物表面易形成液膜，相关研究表明颗粒表面液膜中的 OH^-、H^+ 等离子有助于提高颗粒的荷电性能。图 5－18 为工业应用中常见湿式静电除尘器形式。

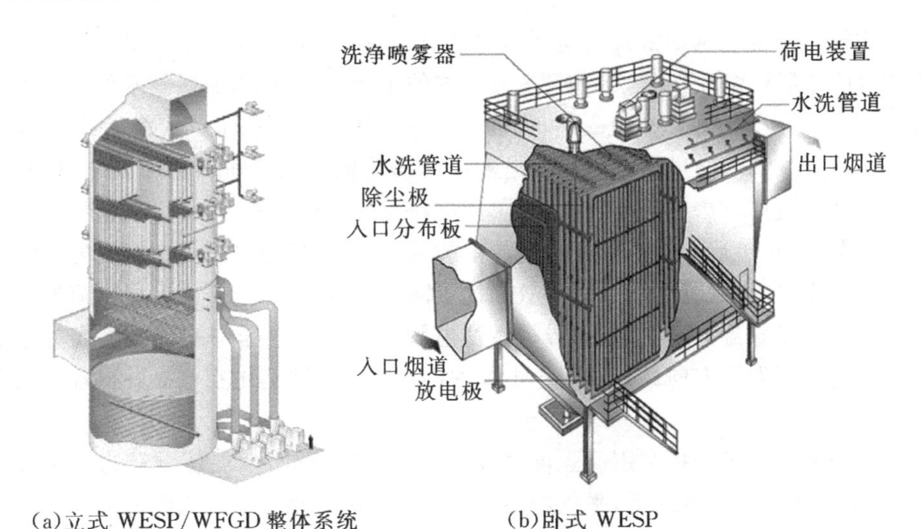

(a)立式 WESP/WFGD 整体系统　　　　(b)卧式 WESP

图 5－18　工业中常用湿式静电除尘器结构示意图

WESP 发挥优势的前提是能够在集尘极板表面形成均匀连续的水膜。对于传统的金属集尘极板来说，由于水表面张力作用和金属表面缺陷，会导致水膜在金属极板上分布不均匀，出现“干斑”，这会导致反电晕、二次扬尘、极板腐蚀等问题，使捕集效率降低，乃至影响设备的安全连续运行。一个可行的解决方法是增大喷淋量，但会增加耗水量，且导致排放烟气雾滴夹带增多。目前国内大中型燃煤电厂的应用中，采用导电玻璃钢或柔性纤维织物等取代金属极板作为集尘极，可在一定程度上解决上述问题。

湿式静电除尘器对湿法烟气脱硫后的低浓度颗粒物有较好的脱除效果，可有效抑制湿法脱硫过程中产生的颗粒物排放。电场强度、烟气停留时间和除尘器入口烟气颗粒物浓度是影响 WESP 除尘效率的重要因素，WESP 的除尘效率随着电场强度的增加、烟气停留时间的增长和除尘器入口烟气颗粒物浓度的降低而升高。由于与常规干式静电除尘器相比，WESP 在除尘原理上没有突破，受到静电除尘原理的限制，WESP 也存在类似于干式静电除尘器的穿透窗口，其分级脱除效率曲线整体呈 U 形。

5.2.7　颗粒物团聚技术

基于静电除尘原理的除尘技术(包括传统干式静电除尘器和湿式静电除尘器)都会存在窗口，导致除尘设备对相应粒径范围内颗粒物的脱除效果较差。如果要克服穿透窗口的问题，就需要采取相应的措施促使颗粒物团聚长大，跳出穿透窗口，再结合常规的除尘技术进行有效的脱除。总的来说，目前常见的颗粒物团聚技术都需要采用某种驱动方式促使颗粒物迁移运动，增加颗粒物之间相互碰撞的频率才可能使颗粒物团聚长大。按照驱动方式的不同，细颗粒物团聚技术可以分为电凝并、声波团聚、磁凝并、湍流凝并、化学团聚、光凝并、热凝并、水蒸气相变团聚等。

电凝并技术是通过荷电颗粒在电场中的运动提高颗粒间的碰撞频率，现有的细颗粒物电凝并方法主要有四种：正负荷电颗粒的库仑凝并，正负荷电颗粒在恒定电场中凝并，正负荷电颗粒在交变电场中的凝并，同极性荷电颗粒在交变电场中的凝并。其中，异极性荷电颗粒凝并效果优于同极性荷电颗粒，交变电场中荷电颗粒凝并效果优于直流电场。因此，异极性荷电颗粒在交变电场中的凝并将成为电凝并技术的主要发展方向。目前关于电凝并的研究还主要集中在电凝并机理以及实验研究阶段。

声波团聚技术是指利用高强度声波对细颗粒进行处理，促使颗粒物发生碰撞团聚，颗粒物数目浓度降低，平均粒径增大。声场中气相与颗粒之间的相互作用非常复杂，目前的研究认为声波团聚机理除了颗粒团聚过程中普遍存在的布朗扩散、重力沉积外，还有同向运动、流体作用、声致湍流等重要机理。在多种机理的共同作用下，颗粒物的粒径分布在几秒钟的时间内完成粒径从小到大的迁移。声波团聚技术的研究已有近百年的历史，该技术对细颗粒物的捕集非常有效，但是由于声波发生装置耗能较高，同时还会造成噪声污染，因此，该技术目前在国内还处在实验研究阶段，尚未见有工程应用的报道。

磁凝并技术是指强磁性颗粒经过磁场作用，即磁选或预磁后，由于剩磁的相互作用使得颗粒间产生碰撞团聚。磁凝并技术用于生产实践已经有很长时间了，但大多用于提纯、磁力选矿等。用外加磁场脱除细颗粒物最早应用在旋风除尘器上，对磁旋风除尘器机理的理论分析认为外磁场对颗粒的磁力作用可以有效提高细颗粒的脱除效率。磁凝并技术对于细颗粒物团聚脱除效果明显，且梯度磁场中，由于颗粒受到磁偶极子力和磁场梯度引起的外磁场力作用，团聚效果更佳。该技术的主要问题是如何高效收集弱磁性颗粒，清除和解磁附着在上面的颗粒。目前，尚未见燃煤电厂工程应用的报道。

湍流凝并技术是指由于流场扰流引起的颗粒间速度差异，使得流场内颗粒局部富集且颗粒间径向速度不均匀，产生明显的颗粒团聚现象。因为即使是对于理想的均匀各向同性湍流这种简单的湍流运动，颗粒的湍流扩散和速度脉动也都呈现极大的各向异性，且由于流体和颗粒的相对速度滑移和颗粒惯性影响，颗粒的湍流扩散存在复杂的“轨道穿越效应”“惯性效应”“连续性效应”以及局部聚积，增大了颗粒之间相互碰撞发生团聚的概率。目前湍流凝并的研究主要在理论和数值模拟方面。湍流凝并只有在较大的流场扰动条件下，效果才比较明显，而这势必造成较大的压力损失，并加重设备磨损。单独使用湍流凝并技术脱除细颗粒物尚未见工程应用报道，现多将该技术作为一种辅助设备同其他颗粒物团聚技术组合使用。

化学团聚技术是指采用各种吸附剂通过化学或物理吸附作用促使细颗粒物团聚长大。对于电厂实际应用，可以分为燃烧中团聚和燃烧后团聚两种，前者是在炉膛内喷入团聚剂或直接在煤粉中混入固态团聚剂，后者是在燃烧后，一般是在静电除尘器入口处喷入团聚剂。化学团聚技术对细颗粒物脱除十分有效，且能实现多种污染物协同脱除，具有较好的商业前景。但廉价的高效化学团聚剂难以得到，对于处理烟气量大的情况须添加大量的团聚剂，增加费用。此外，采用燃烧中团聚，喷入团聚剂还会影响锅炉的热效率及其运行，化学团聚还可能造成二次污染。因此研究高效化学团聚剂是该技术研究的关键。2016 年启动的国家重点研发计划“燃煤 $PM_{2.5}$ 及 Hg 控制技术”项目，其子课题“$PM_{2.5}$ 前驱体多相吸附/反应机理及改性吸附剂控制关键技术研究”即针对燃烧团聚的基础科学问题和工程示范进行相关研究。

光凝并技术是指利用激光辐射原理促进细颗粒团聚，其投资成本太高，工业应用前景欠佳，尚处于研究阶段。

热凝并技术又称为热扩散团聚技术，是指细颗粒在没有外力的高温环境下的成核团聚。对于浓度高、粒径相差较大或低于 0.1 μm 的细颗粒物，热凝并效果明显，但团聚过程缓慢。由于热凝并所需要时间较长，该技术难以实现工业应用。

水蒸气相变团聚技术是指在过饱和水汽环境中，水蒸气在颗粒物表面冷凝，并同时产生热泳和扩散泳作用，促使微细颗粒物迁移运动，提高其相互碰撞的频率。水蒸气在微细粉尘表面凝结长大与微细粉尘脱除是一个复杂的传质、传热过程，且团聚过程需要较高的过饱和度，可以通过添加蒸汽/湿空气或降温的方法达到水蒸气冷凝的目的。基于该技术开发的湿式相变凝聚器经过小试、中试，已经在某 660 MW 超临界燃煤机组实现工程示范，在下文中将对该设备做详细介绍。

5.2.8　湿式相变凝聚技术

湿式相变凝聚器布置在湿法烟气脱硫之后，此处烟气处于水蒸气饱和状态，通过烟气降温的方式使烟气中的水蒸气发生冷凝，综合考虑水蒸气冷凝过程中的雨室洗涤、布朗扩散、扩散泳和热泳等作用，实现烟气中细颗粒物的团聚与脱除。湿式相变凝聚器本体对颗粒物有较好的脱除效果，2014 年在某 660 MW 超临界燃煤机组的工程示范中与湿式静电除尘器联合使用，组成湿式除尘系统。该系统可实现燃煤烟气颗粒物超低排放。湿式相变凝聚器的工作原理如图 5 - 19 所示。

当烟气携带颗粒物进入湿式相变凝聚器后，主要经历水蒸气冷凝、细颗粒团聚和颗粒物脱除三个过程。①水蒸气冷凝过程。通入循环冷却水的管排使烟气温度降低，烟气中的水蒸气以颗粒物和管排为凝结核发生冷凝，在管排表面形成连续液膜。同时管排表面液膜在自身重力和流动烟气作用下会被撕裂，产生大量液滴和

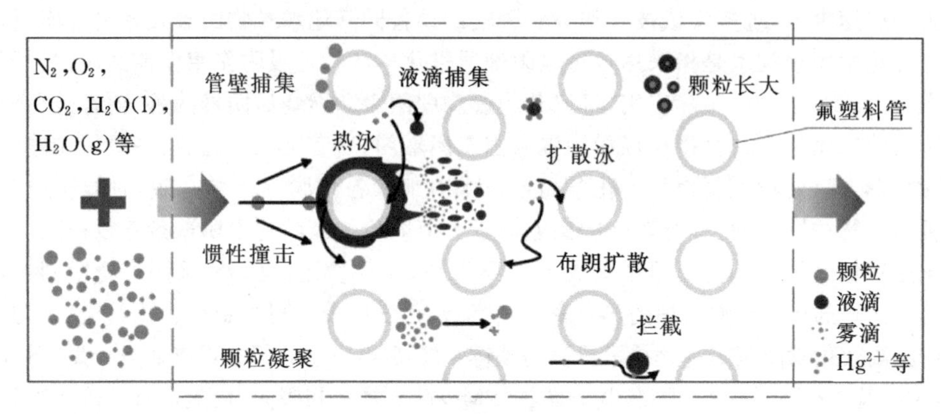

图 5-19　湿式相变凝聚器工作原理

水雾。水蒸气在颗粒物表面的冷凝可使其粒径快速增长。②细颗粒团聚过程。烟气与管排间存在的温度梯度可产生热泳力促使烟气中的颗粒物向管排壁面移动。与热泳类似，水蒸气在大颗粒表面和管排壁面的冷凝所造成的浓度梯度会促使细颗粒向大颗粒和管排运动，即扩散泳。结合细颗粒自身的布朗扩散和管排对烟气的扰动，热泳和扩散泳效应的存在使颗粒物的运动趋于无序，提高了颗粒之间的碰撞频率，进而可增强颗粒物的团聚。③颗粒物脱除过程。由于惯性碰撞、拦截、布朗扩散、热泳和扩散泳存在，烟气中的部分颗粒会被管排和液滴捕集。管壁上的流动液膜会携带被捕集颗粒物随液滴进入系统下方废水箱中，实现管排壁面自清洁。在湿式相变凝聚器中未及被脱除的颗粒物、液滴和雾滴会进入湿式静电除尘器。经过湿式相变凝聚器后，颗粒物、液滴和雾滴的粒径变大，且固相颗粒物的荷电能力增强，更易于被湿式静电除尘器脱除。

湿式相变凝聚器的运行对提高整个湿式除尘系统的微细颗粒物脱除效率有重要作用，表 5-2、表 5-3 为湿式相变凝聚器运行前后该系统对颗粒物的脱除效果对比。由两表中的数据对比可知，在湿式静电除尘器运行的基础上，增开湿式相变凝聚器可以对 $PM_{1.0}$、$PM_{2.5}$ 和 TSP 的脱除能力进一步提升，湿式除尘系统对三者的脱除效率分别由 68.66%、82.75%、88.30%提升至 83.61%、87.69%、92.32%。

表 5-2　湿式相变凝聚器关闭时系统对颗粒物的脱除效率(机组负荷 600 MW)

	入口浓度/($mg \cdot m^{-3}$)	出口浓度/($mg \cdot m^{-3}$)	脱除效率/%
$PM_{1.0}$	3.149	0.987	68.66
$PM_{2.5}$	6.208	1.071	82.75
TSP	13.586	1.589	88.30

表 5-3　湿式相变凝聚器运行时系统对颗粒物的脱除效率(机组负荷 600 MW)

	入口浓度/(mg·m^{-3})	出口浓度/(mg·m^{-3})	脱除效率/%
$PM_{1.0}$	3.149	0.516	83.61
$PM_{2.5}$	6.208	0.764	87.69
TSP	13.586	1.044	92.32

5.3　SO_2排放控制技术

燃煤烟气 SO_2 排放的控制是我国能源和环保部门所面临的巨大挑战。下文将对燃煤源 SO_2 的生成机理和控制技术做简要介绍。

5.3.1　燃煤源 SO_2 生成机理及控制技术概述

5.3.1.1　燃煤源 SO_2 生成机理

煤中的硫以多种不同的形态存在，一般可以分为有机硫和无机硫两类。有机硫包括硫醇、硫醚、噻吩类杂环硫化物等；无机硫主要是黄铁矿(FeS_2)，此外还有少量单质硫和硫酸盐、方铅矿(PbS)、闪锌矿(ZnS)等无机化合物。而按照能否在空气中燃烧进行分类，又可分为可燃硫和不可燃硫两类，其中不可燃硫主要是指硫酸盐，如石膏、绿矾($FeSO_4 \cdot 7H_2O$)等。我国各地区煤中硫的含量差异较大，通常在 0.1%～10%之间，平均水平在 1.13%左右。

硫醇、硫醚和噻吩类杂环硫化物等物质的燃点较低，当温度达到 300 ℃以上时，即可燃烧生成 SO_2

$$S + O_2 \longrightarrow SO_2 \tag{5-1}$$

部分和氧直接反应燃烧

$$C_xH_yS_z + nO_2 \longrightarrow zSO_2 + xCO_2 + y/2H_2O \tag{5-2}$$

在常见的燃煤锅炉燃烧条件下，黄铁矿和氧反应比较完全，即

$$4FeS_2 + 11O_2 \longrightarrow 2Fe_2O_3 + 8SO_2 \tag{5-3}$$

当炉内温度较高时，反应产物还有 Fe_3O_4。

硫酸盐中硫的理论分解温度很高，一般高于 1350 ℃。在通常的燃烧温度下基本上不会分解，不过在某些物质如 MnO_2、Cl 等存在时，温度低于 1000 ℃也会有少量分解。

通过对一种典型高硫煤的硫释放测定，发现 SO_2 的排放主要发生在 850 ℃以

下。煤燃烧时,如果过量空气系数低于1.0,有机硫将分解,除 SO_2 以外,还产生S、H_2S、SO等;当过量空气系数高于1.0,将全部燃烧产生 SO_2,同时还有约0.5%~2.0%的 SO_2 将进一步氧化而生成 SO_3。

5.3.1.2 燃煤源 SO_2 控制技术概述

根据处理阶段的不同,可将燃煤源 SO_2 控制技术分为三类:燃烧前脱硫、燃烧中脱硫以及燃烧后脱硫(即烟气脱硫,Flue Gas Desulfurization,FGD)。相比于前两者,FGD被认为是控制 SO_2 排放的最行之有效的途径。

1.燃烧前脱硫技术

燃烧前脱硫技术包括煤炭洗选技术、煤的气化技术、水煤浆技术、型煤加工技术。

煤炭洗选技术是除去或减少原煤中所含的硫分、灰分等杂质,并按不同用户对煤质的不同要求实行对路供应。选煤技术分物理法、化学法和微生物法3种,目前在我国广泛采用的是物理选煤方法。

煤的气化技术是把经过适当处理的煤送入反应器,在一定温度和压力下通过气化剂(空气或氧和蒸汽)以一定的流动方式(移动床、流化床或携带床)转化成气体。

水煤浆是21世纪70年代发展起来的一种以煤代油的新型燃料。它是把灰分很低而挥发分很高的煤研磨成微细的煤粉,然后按煤水合理的比例,加入分散剂和稳定剂配置而成,可以像液体燃料一样进行储存、运输和燃烧。生产水煤浆的原煤,其灰分一般小于8%,硫分小于5%,因此燃烧时烟尘和 SO_2 排放都远低于烧原煤。

型煤加工技术是用粉煤或低品位煤支撑具有一定强度和形状的煤制品。型煤的固硫率一般在50%左右,并可节煤和减少烟尘排放。

2.燃烧中脱硫技术

燃烧中脱硫技术包括炉内喷钙技术和流化床燃烧技术。

炉内喷钙技术是指将合格的钙基吸附剂粉料,由有组织的气流携带,沿炉膛合适的温度区域喷入,使钙基吸附剂粉料在炉内热解、固硫。

流化床燃烧技术是把燃料和物料(石灰石)一同加入燃烧室的床层中,从炉底鼓风使床料在炉室内沿高度方向上形成有规律的悬浮分布,呈流态化燃烧,适当加大鼓风使一定比例的床料离开燃烧室,进入回料系统分离后,再将分离产物送回炉室进一步燃烧的技术,这种燃烧技术能提高燃烧效率。

3.烟气脱硫技术

烟气脱硫技术,简单地说,是指通过脱硫剂的作用,利用气体吸收、气体吸附或者催化转化的脱除机理将烟气中 SO_2 脱除的技术。相比于燃烧前脱硫技术和燃烧中脱硫技术,FGD是脱硫效率最高,也是目前世界上应用最广、商业化规模最大的 SO_2 控制技术。按脱硫过程和脱硫产物的干湿状态分,有湿法和干法/半干法脱硫技术。

湿法脱硫是通过烟气与含有脱硫剂的溶液接触,在溶液中发生脱硫反应的技术,其脱硫产物的生成和处理均在湿态下进行。优点是由于是气液之间反应,脱硫速度快,煤种适应性好,脱硫效率和脱硫剂利用率都很高。以石灰石-石膏湿法脱硫为例,在Ca/S为1时,脱硫率可达90%以上。缺点是脱硫后烟气温度较低,一般低于露点,对烟道和烟囱的防腐蚀要求较高,且烟气中会有脱硫浆液滴夹带造成二次污染等问题。常见的湿法脱硫工艺有石灰石/石灰洗涤法(包括石灰石/石灰-石膏法等)、双碱法、亚钠循环法(韦尔曼-洛德法)、氧化镁法、氨法、磷铵肥法(PAFP)以及海水脱硫法等。

一般来说,干法/半干法脱硫技术是指那些脱硫产物为干态的脱硫方法。其脱硫剂可以是湿态的,如喷雾干燥法、炉内喷钙尾部增湿LIFAC法;也可以是干态的,如炉内喷钙法、循环流化床烟气脱硫法以及干式催化脱硫等。其主要特点是脱硫过程以干态为主,烟气温度降低较少,无须进行除雾和再热,无废水污染,不易腐蚀和结垢,同时工艺简单,投资和运行费用低。缺点是脱硫剂利用率低,因此当燃烧高硫煤或对脱硫效率要求严格时,脱硫剂的消耗量大。

5.3.2 烟气脱硫的基本原理和常用脱硫剂

从上述分类中可以看出,脱除烟气中SO_2的方法和工艺虽然很多,但其最主要的区别在于脱硫原理和脱硫剂,下面将对两者分别做简要介绍。

5.3.2.1 烟气脱硫原理

工业化应用程度较高的脱硫工艺的脱硫原理包括气体吸收、气体吸附、催化转化、直接反应、自由基氧化等。

气体吸收是指液体对气态污染物的吸收过程。在脱硫应用中,气态污染物SO_2从烟气中扩散到与脱硫剂溶液相接触的气液界面,然后直接溶解在脱硫剂溶液中(物理吸收)或与其中的脱硫剂活性组分发生反应(化学吸收),造成烟气SO_2与溶液之间的浓度梯度,从而使得SO_2组分不断地向溶液扩散,从烟气中脱除。湿法脱硫技术的脱硫过程通常都是气体吸收,除直接用水洗涤为物理吸收之外,其余均是化学吸收过程。

气体吸附又称表面吸附,是指气态污染物向固体表面扩散而被吸附的过程。一般多孔性固体的表面具有吸引力,在脱硫应用中,SO_2从烟气中扩散至吸收剂颗粒外表面(外扩散),然后经微孔扩散至微孔内表面(内扩散),最后在固体颗粒表面被吸附,实现脱除。干法脱硫技术中的活性炭吸附和分子筛吸附就是运用了气体吸附原理。

催化转化是指在催化剂的作用下，通过化学反应将污染物转化为无害或者易于处理的产物，一般是在气固之间进行的，即烟气通过固体催化剂床层发生催化反应。如常见的催化氧化法是利用钒基催化剂将 SO_2 氧化成硫酸；而催化还原法是将 SO_2 转化成单质硫。在脱硫技术中还有一种液相催化法，如日本的千代田法就是利用含 2%～3% Fe^{2+} 或 Mn^{2+} 的液体为硫酸吸收液，直接将 SO_2 氧化为硫酸。

直接反应，或称之为非催化转化。区别于上述三种原理，烟气中的 SO_2 在干态下与脱硫剂直接发生化学反应，如炉内喷钙和循环流化床脱硫技术。

自由基氧化是利用电子加速器或脉冲电晕产生的电子束辐射使烟气中产生大量的自由基，将 SO_2 和 NO_x 氧化成硫酸和硝酸。

5.3.2.2 烟气脱硫的主要脱硫剂

在实际工程应用中，狭义的脱硫剂是指通过气体吸收脱除 SO_2 的吸收剂，广义的脱硫剂还包括通过吸附脱除 SO_2 的吸附剂。常见脱硫剂及其性质如表 5-4 所示，图 5-20 为烟气脱硫技术的总括图。下文将对各常用的具体烟气脱硫工艺做简要介绍。

表 5-4 烟气脱硫工艺中常见的脱硫剂及其性质

脱硫工艺	脱硫剂及其性质
钙法	氧化钙 CaO：生石灰的主要成分，易溶于酸，难溶于水
	碳酸钙 $CaCO_3$：石灰石的主要成分，溶于酸，极难溶于水，825 ℃左右分解
	氢氧化钙 $Ca(OH)_2$：又称消石灰或熟石灰，吸湿性很强，难溶于水，中强碱性
钠法	碳酸钠 Na_2CO_3：又称纯碱，易溶于水，吸湿性强，不溶于乙醇等，强碱性
	氢氧化钠 NaOH：又称烧碱，易溶于水，吸湿性强，溶于乙醇和甘油，强碱性
氨法	液氨 NH_3：强刺激性，能溶于水、乙醇和乙醚等
	氢氧化铵 NH_4OH：氨易从氨水中挥发
	碳酸氢铵 NH_4HCO_3：吸湿性及挥发性强，热稳定性差，不溶于乙醇，能溶于水
镁法	氧化镁 MgO：难溶于水，溶液呈碱性，能溶于酸和铵盐，易从空气中吸收水和 CO_2
	氢氧化镁 $Mg(OH)_2$：碱性，不溶于水，易吸收 CO_2
氧化锌法	氧化锌 ZnO：溶于酸和铵盐，不溶于水和乙醇，能从空气中缓慢吸收水和 CO_2
氧化铜法	氧化铜 CuO：不溶于水和乙醇，溶于稀酸、铵盐溶液等
活性炭法	活性炭 C：比表面积在 700～1000 m^2/g 之间，孔容积为 0.6～0.85 cm^3/g
海水法	海水 H_2O：pH 值为 8～8.3，含有 HCO_3^-、Cl^-、SO_4^{2-} 等，可吸收 SO_2

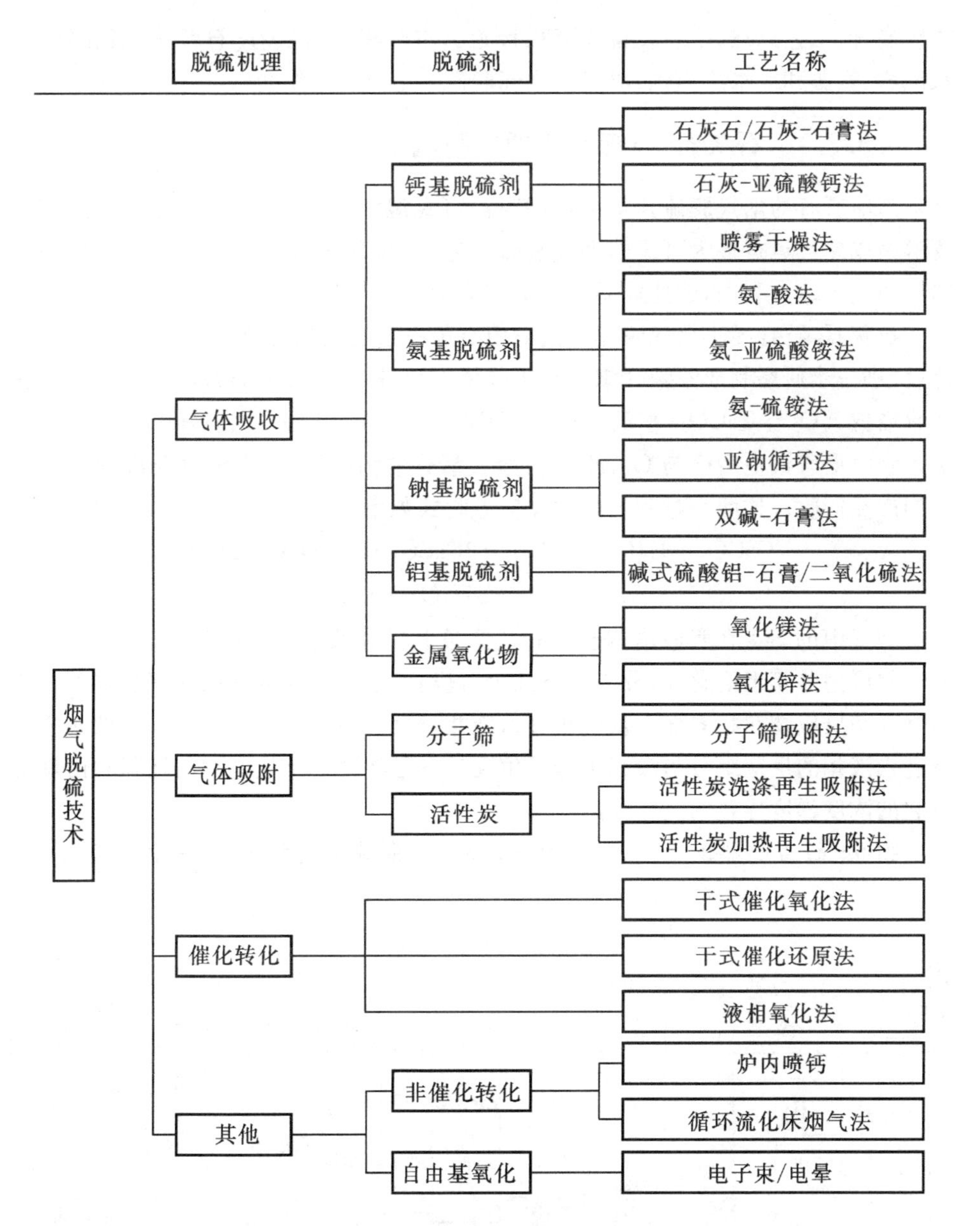

图 5-20　烟气脱硫技术总括图

5.3.3　湿法烟气脱硫工艺

目前湿法烟气脱硫工艺占世界安装烟气脱硫的机组总容量的比例最高，其种类较多，但工艺原理、工艺设备和流程接近。本节将以石灰石-石膏法、氧化镁法、双碱法、氨法和海水法为例，对湿法烟气脱硫工艺进行介绍。

5.3.3.1 石灰石-石膏湿法烟气脱硫工艺

当前所有的烟气脱硫技术中，石灰石-石膏湿法脱硫工艺是煤种适应性最强、技术最成熟且运行最为可靠的烟气脱硫工艺；其脱硫剂资源丰富，价格便宜，脱硫副产物便于综合利用，因此获得最广泛的应用。

石灰石-石膏湿法烟气脱硫工艺采用石灰石浆液做脱硫剂，石灰石破碎与水混合后，进一步研磨制成浆液。烟气从吸收塔下部进入，与石灰石浆液逆流接触。在吸收塔内，SO_2与$CaCO_3$、水反应生成$CaSO_3\cdot 1/2H_2O$和CO_2；$CaSO_3\cdot 1/2H_2O$落入吸收塔浆液池后会与O_2、H_2O反应被氧化成为石膏，石膏经过脱湿处理后作为副产品回收。这两个过程的化学反应方程式如下

$$2CaCO_3+H_2O+2SO_2 \longrightarrow 2CaSO_3\cdot 1/2H_2O+2CO_2 \qquad (5-4)$$

$$2CaSO_3\cdot 1/2H_2O+O_2+3H_2O \longrightarrow 2CaSO_4\cdot 2H_2O \qquad (5-5)$$

烟气中的SO_2在吸收塔内从气相进入液相循环浆液的过程为物理吸收过程，该过程可用薄膜理论解释，分为如下几个阶段：气态反应物从气相内部迁移到相界面→气态反应物在相界面上从气相进入液相→反应组分从相界面迁移到液相内部→进入液相的反应组分与液相组分发生反应→已溶解的反应产物的迁移和由反应引起的浓度梯度导致的反应物的迁移。

图5-21是典型的石灰石-石膏湿法的烟气脱硫工艺系统图。一般情况下，一

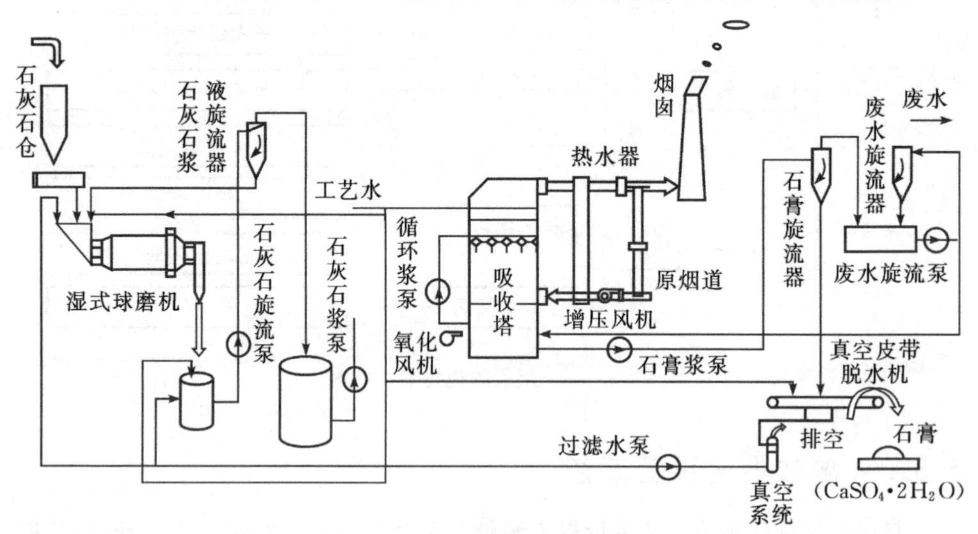

图5-21　石灰石-石膏湿法烟气脱硫典型工艺系统

套完整的系统可分为四个组成部分：石灰石浆液制备部分、吸收和氧化部分（或称SO_2脱除部分）、石膏回收和储备部分以及污水处理部分。此外，通常认为石灰石-石膏湿法烟气脱硫系统还包括净烟气再热部分，即使用烟气换热器（Gas-Gas Heater，GGH）将经过吸收塔前后的烟气进行换热，使已脱硫的净烟气温度升高到露点以上，以减少设备腐蚀；且吸收塔入口烟气温度的降低，有利于降低脱硫水耗，提高脱硫效率。

目前在电厂石灰石-石膏湿法脱硫系统中应用较多的是逆流塔。烟气从喷淋区下部进入塔内，浆液从上部若干个喷嘴中均匀喷出，浆液与烟气一般采用逆流的方式以强化接触，其特点是结构简单，但对喷嘴的要求较高，否则容易发生腐蚀和堵塞。

随着燃煤电厂污染物排放标准的提高，为进一步降低烟气SO_2排放浓度，目前主要有两种脱硫系统改造方式：单塔增效改造和增设新塔改造。单塔增效改造主要有两种方式：①抬高塔身，对单塔增加喷淋层，提高浆液循环量，增加喷淋密度；②在喷淋层下方布置多孔合金托盘，提高传质效率。但是由于单塔脱硫效率一般最高不超过 97%，考虑到一定的裕度，单塔改造适用于设计煤种为低硫煤的机组改造。

增设新塔改造主要有两种方式：①新建一个并联塔，通过烟气分流，减少进入原有吸收塔的烟气量；②在原塔前面或后面串联吸收塔，实现浆液在一级塔和二级塔之间的循环利用，即双塔双循环脱硫技术。双塔双循环系统如图 5-22 所示，一

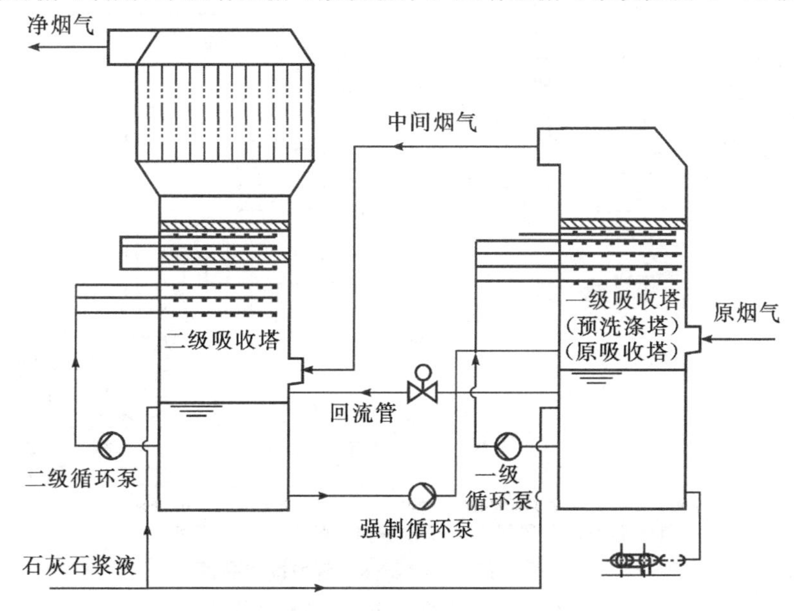

图 5-22　双塔双循环系统工艺流程图

级塔作为预洗涤塔，用于初步降低烟气中 SO_2 浓度并生成石膏，二级塔作为主吸收塔用来吸收烟气中剩余的 SO_2。由于串联吸收塔效率高，运行稳定，目前已经成为煤电机组超低排放改造的首选工艺。

5.3.3.2 氨法烟气脱硫工艺

氨法烟气脱硫工艺常用脱硫剂为 NH_3，氨法脱硫系统本身是一个稳定的气液反应系统，系统阻力小，脱硫效率高达 90%以上，操作简便快速，副产物是利用价值较高的硫酸铵。具体反应如下

$$SO_2+2NH_3\cdot H_2O\longrightarrow(NH_4)_2SO_3+H_2O \tag{5-6}$$

$$2(NH_4)_2SO_3+O_2\longrightarrow2(NH_4)_2SO_4 \tag{5-7}$$

最早的氨法烟气脱硫工艺是 Kroppers 公司开发的 Walther 法，在 20 世纪 80 年代初有一定的应用，但其暴露出净化后的烟气中存在铵盐气溶胶的问题一直未能解决。该工艺被捷斯-比晓夫公司买断后改进发展为 AMASOX 工艺，其主要特点是将传统的多塔改为结构紧凑的单塔，并在塔内安置湿式净电除尘器解决气溶胶的问题，如图 5-23 所示。

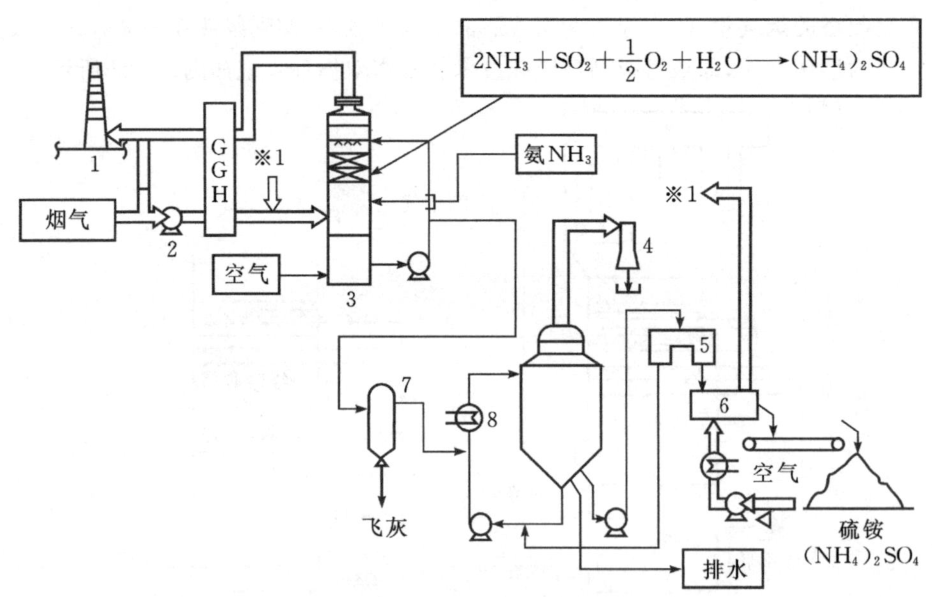

1—烟囱；2—风机；3—吸收塔；4—喷射器；5—脱水器；

6—干燥机；7—过滤器；8—硫酸铵结晶器

图 5-23 典型氨法烟气脱硫系统

氨法脱硫工艺的脱硫效率高，对烟气条件变化的适应性强，副产品硫酸铵可作

为化肥投入市场，无废渣、废气排放，是一种环保的脱硫工艺。但是由于脱硫剂氨的价格较高，导致该工艺成本较高，工艺经济可行性受氨及硫酸铵价格影响，且氨法工艺对设备防腐性能有较高要求。

此外，氨法脱硫脱硝一体化的工艺也得到不少学者的广泛关注，将在后续章节做简要介绍。

5.3.3.3　双碱法烟气脱硫工艺

前述石灰石-石膏湿法烟气脱硫工艺具有脱硫效率高，脱硫剂资源丰富，价格便宜等优点，但是由于脱硫产物 $CaSO_4$ 在水中溶解度较低，极易析出，造成设备、管道堵塞而影响运行。与钙基脱硫剂相比，钠基的碱性化合物 NaOH 和 Na_2CO_3 对 SO_2 的亲和力更高，且不生成固体难溶物，可避免石灰石-石膏脱硫工艺中的结垢和堵塞问题。钠基脱硫剂的成本较高，目前最常用的钠钙双碱法烟气脱硫工艺采用纯碱吸收 SO_2，吸收液再用石灰进行再生，生成亚硫酸钙和硫酸钙的少量沉淀物，再生后的溶液返回吸收器，实现钠基脱硫剂的循环利用。过程中发生的反应如下。

1. 吸收反应

$$Na_2CO_3 + SO_2 \longrightarrow Na_2SO_3 + CO_2 \tag{5-8}$$

$$Na_2SO_3 + SO_2 + H_2O \longrightarrow 2NaHSO_3 \tag{5-9}$$

$$2NaOH + SO_2 \longrightarrow Na_2SO_3 + H_2O \tag{5-10}$$

上述三个反应依次为启动阶段纯碱溶液吸收 SO_2 反应方程式、运行过程的主要反应式和再生液 pH 值较高时的主要反应式。

2. 再生反应

$$2NaHSO_3 + Ca(OH)_2 \longrightarrow Na_2SO_3 + CaSO_3 \cdot 1/2H_2O + 3/2H_2O \tag{5-11}$$

$$Na_2SO_3 + Ca(OH)_2 + 1/2H_2O \longrightarrow 2NaOH + CaSO_3 \cdot 1/2H_2O \tag{5-12}$$

上述两个反应依次为再生反应的主要反应式和再生液高 pH 值时的再生反应。

3. 氧化反应

吸收液中还含有 Na_2SO_4，是吸收液中的 Na_2SO_3 被 O_2 氧化所生成的，反应式如下

$$2Na_2SO_3 + O_2 \longrightarrow 2Na_2SO_4 \tag{5-13}$$

将再生过程生成的亚硫酸钙（$CaSO_3 \cdot 1/2H_2O$）氧化，可制成石膏（$CaSO_4 \cdot 2H_2O$），反应式为

$$CaSO_3 \cdot 1/2H_2O + 1/2O_2 + 3/2H_2O \longrightarrow CaSO_4 \cdot 2H_2O \tag{5-14}$$

双碱法烟气脱硫工艺流程如图 5-24 所示。

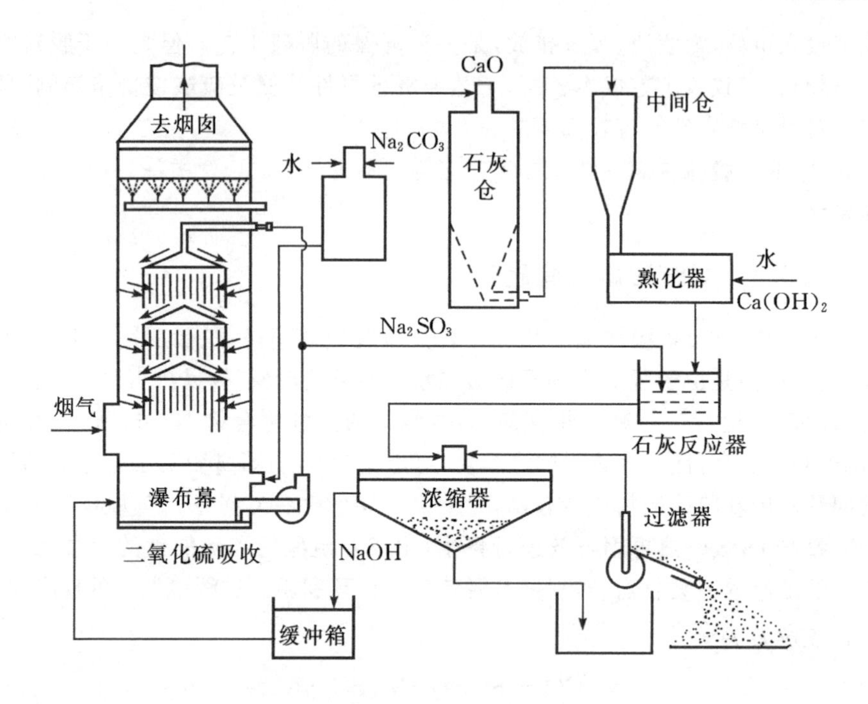

图 5-24 双碱法脱硫工艺流程图

与石灰石-石膏湿法脱硫工艺相比，双碱法循环吸收液基本对水泵、管道等设备无腐蚀和堵塞现象，吸收剂的再生和脱硫渣的沉淀在吸收塔外进行，减少了塔内结垢的可能；但是系统相对复杂，占地面积大，在循环过程中部分 Na_2SO_3 会被氧化生成硫酸钠，而失去吸收 SO_2 的能力，需要及时对吸收液补充钠基脱硫剂以维持较高的脱硫效率，这些都会增加工艺的投资和运行成本。

5.3.3.4 氧化镁法烟气脱硫工艺

20 世纪 60 年代美国成功开发氧化镁法烟气脱硫工艺，其工艺流程如图 5-25 所示。

该工艺将氧化镁溶于水形成的氢氧化镁浆液通入吸收塔，吸收预处理(通常指烟气除尘)后烟气中的 SO_2，吸收塔脱硫产出物过滤干燥后进入燃烧炉，重新生成氧化镁，从而达到脱硫剂循环利用的目的，焙烧温度对氧化镁的性质影响很大，适合氧化镁再生的焙烧温度为 660～870 ℃，当温度超过 1200 ℃时，氧化镁就会被烧结，不能再作为脱硫剂使用。氧化镁法烟气脱硫具体反应如下

$$SO_2+2H_2O+Mg(OH)_2 \longrightarrow MgSO_3 \cdot 3H_2O \tag{5-15}$$

$$SO_2+5H_2O+Mg(OH)_2 \longrightarrow MgSO_3 \cdot 6H_2O \tag{5-16}$$

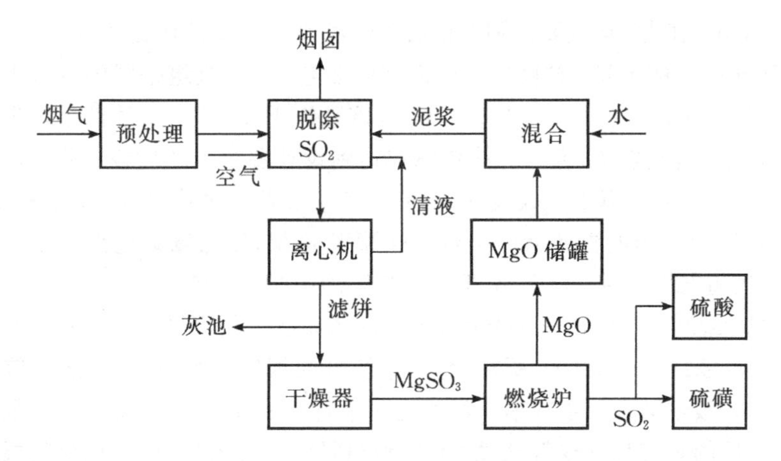

图 5 - 25　氧化镁法烟气脱硫工艺流程

氧化镁法脱硫效率可达 95%以上，甚至高于石灰石-石膏法。此外，氧化镁法脱硫工艺中的脱硫剂氧化镁可以循环利用，无废渣产生，煅烧后产生的 SO_2 可用于生产硫酸，是一种环保型工艺。但是氧化镁法也存在流程复杂的问题，另外由于工艺存在煅烧过程，能耗较高，这也是限制该工艺推广的一个重要因素。

5.3.3.5　海水法脱硫工艺

天然海水中含有大量的可溶性盐，主要是氯化钠和硫酸盐，且海水通常呈碱性。海水法烟气脱硫是利用海水的天然碱度脱除烟气中 SO_2 的湿法脱硫技术，具有脱硫效率高、节能等优点。

国内外很多学者对海水脱硫的原理进行了研究，认为其基本原理为 SO_2 被吸收到海水中电离生成 H^+ 和 HSO_3^-，H^+ 与海水中具有缓冲作用的 HCO_3^- 反应生成 CO_2 和 H_2O，因此海水对 SO_2 具有比水更大的吸收能力。海水中的正四价 S 在氧气的作用下氧化成稳定的正六价 S，随海水排放至海中。主要反应如下

$$SO_2 + H_2O \longrightarrow HSO_3^- + H^+ \tag{5-17}$$

$$HSO_3^- \longrightarrow H^+ + SO_3^{2-} \tag{5-18}$$

$$H^+ + HCO_3^- \longrightarrow H_2O + CO_2 \tag{5-19}$$

$$SO_3^{2-} + 1/2O_2 \longrightarrow SO_4^{2-} \tag{5-20}$$

Andresen 等研究海水中影响脱硫效率的因素，发现海水的碱度、盐度和 Fe^{2+}、Mn^{2+} 等微量元素的存在都会对海水吸收 SO_2 过程产生影响，其中碱度是影响脱硫效率的主要因素。

目前比较典型的海水法烟气脱硫工艺是挪威 ABB 公司开发的 Flake-Hydro

工艺和 Bechtel 工艺，其主要区别是前者不向海水中添加其他化学物质，而后者则添加部分石灰以调节海水碱度。我国深圳西部电厂 4＃机组是国内首次采用海水脱硫技术的企业，引进 Flake-Hydro 工艺，该系统于 1999 年 3 月投运以来一直保持 90％以上的脱硫效率，各项性能指标均达到设计要求。随后该电厂 5＃、6＃和 1～3＃机组全部采用海水脱硫技术，均取得良好效果。此外，福建后石华阳电厂 6 台 600 MW 机组、华电青岛电厂 4 台 300 MW 机组、厦门嵩屿电厂 4 台 300 MW 机组及秦皇岛电厂 1 台 300 MW 机组也都采用了海水脱硫技术。

以深圳西部电厂的 Flake-Hydro 海水脱硫系统为例简要介绍海水法烟气脱硫的工艺流程，系统如图 5－26 所示，整个系统分为烟气系统、供排海水系统和海水恢复系统，其吸收塔采用填料塔。海水通过泵打入吸收塔，经过液体分布器进入填料层，除尘后的烟气与排放气通过 GGH 换热降温后进入吸收塔，在填料层与海水逆流接触脱除 SO_2。海水吸收 SO_2后在塔底富集，并被输送到曝气池（海水恢复系统），向曝气池中鼓入适量空气，使其中的亚硫酸盐转化为稳定无害的硫酸盐，同时释放出 CO_2，待海水达到排放标准后排入大海。吸收塔塔底液体出口处用海水液封，防止烟气从海水出口逸出。

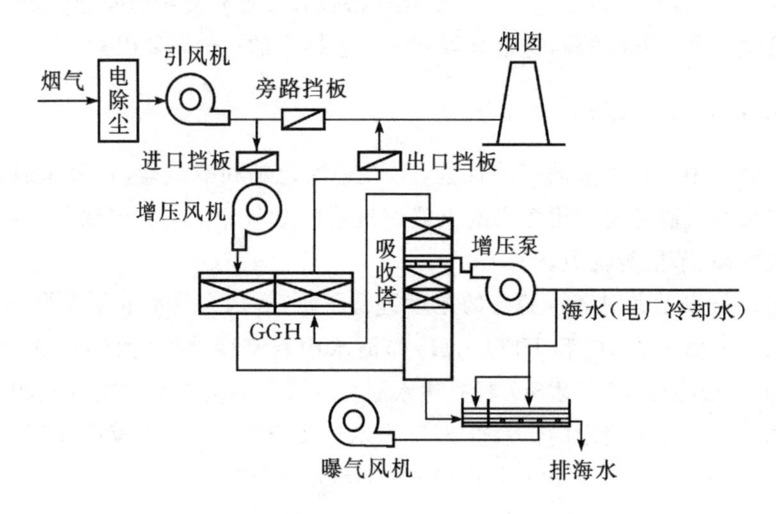

图 5－26　深圳西部电厂 Flake-Hydro 海水脱硫工艺系统

海水法烟气脱硫工艺简单，而且不需废物和废水处理系统，投资和运行费用较低。其存在的问题是仅适用于低硫煤种，且可能会对海洋环境造成影响。自该技术开发以来，许多专家就其对海洋生物的影响进行了观测和研究，基本证明从其开发以来尚未对周围海区的海洋环境构成威胁。

5.3.4　干法/半干法烟气脱硫工艺

干法/半干法烟气脱硫主要有喷雾干燥法、炉内喷钙尾部增湿法(LIFAC 法与 LIMB 法)、循环流化床脱硫技术、荷电干式喷射脱硫法(CSDI 法)、电子束照射法(EBA 法)、脉冲电晕等离子体法(PPCP 法)以及活性炭吸附法等。

与湿法烟气脱硫工艺相比,干法/半干法烟气脱硫工艺投资费用低,设备不易腐蚀、结垢和堵塞,且耗能较少。其突出的缺点是脱硫剂的利用率低,这是因为随着反应的进行,反应产物会覆盖在脱硫剂颗粒的表面,形成产物层,阻碍 SO_2 向脱硫剂表面的扩散,传质速率降低,反应速率下降。一般干法/半干法烟气脱硫工艺脱硫效率比湿法烟气脱硫工艺低,常用于燃用中低硫煤的中小机组(200 MW 以下)电站锅炉。下文以喷雾干燥法和循环流化床脱硫技术为例,对干法/半干法烟气脱硫工艺做简要介绍。

5.3.4.1　喷雾干燥法脱硫工艺

喷雾干燥法脱硫工艺最早应用于食品、化工、橡胶、建材等行业。1980 年,第一台电站喷雾干燥烟气脱硫装置在美国北方电网的河滨电站投入运行,此后该技术在更多美国和欧洲的燃煤电厂中得到应用。

喷雾干燥法脱硫系统如图 5 - 27 所示,将吸收剂浆液雾化喷入吸收塔,在吸收塔内,吸收剂与烟气中的 SO_2 发生化学反应的同时,吸收烟气中的热量使吸收剂中水分蒸发干燥,完成脱硫反应后的产物以干态沉降在塔底或随烟气离开。烟气进入吸收塔之前通常经过旋风除尘器进行预处理,脱硫后的烟气经除尘器除尘后排放。为了提高脱硫剂的利用率,一般将部分脱硫灰加入制浆系统进行循环利用。为了把其与炉内喷钙脱硫相区别,又把这种脱硫工艺称作半干法脱硫。

喷雾干燥法雾化器的性能对脱硫效果也有很大的影响,常用的雾化器有旋转喷雾雾化器和两相流雾化器,前者更为普及,其工艺又称旋转喷雾干燥法(SDA 法)。

整个脱硫过程中的主要反应如下。

SO_2 被液滴吸收后生成 SO_3^{2-},然后与吸收剂发生反应

$$Ca^{2+} + SO_3^{2-} \longrightarrow CaSO_3 \tag{5-21}$$

当液滴蒸发时,$CaSO_3$ 过饱和析出,部分液滴中的 $CaSO_3$ 会被氧化

$$CaSO_3(aq) + 1/2O_2 \longrightarrow CaSO_4 \tag{5-22}$$

喷雾干燥法脱硫工艺技术成熟;工艺流程简单,压降低,能耗低;系统可靠性高,腐蚀性小,不会产生结垢和堵塞,且最终产物为干态,容易处理;但其脱硫效率略低于湿法烟气脱硫技术,且单塔处理烟气量较小。

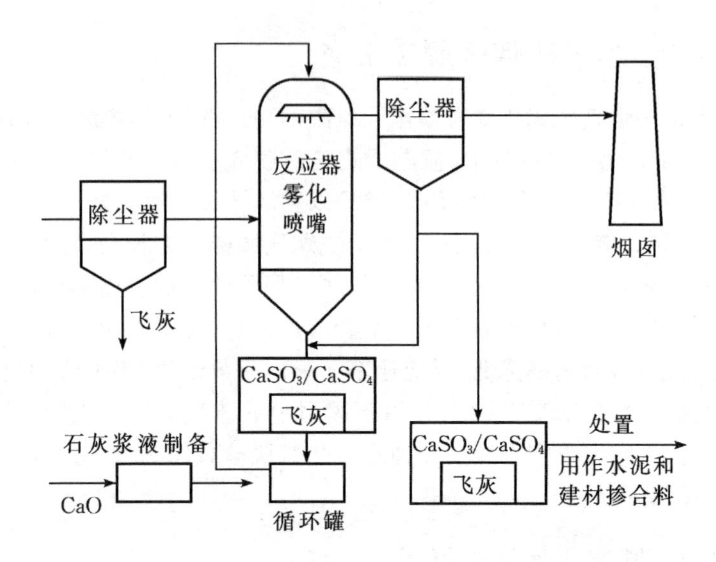

图 5-27　喷雾干燥法烟气脱硫工艺系统

5.3.4.2　循环流化床脱硫工艺

循环流化床脱硫技术是由德国 Simmering Graz Pauker/Lurgi GmbH 公司最早开发的，以循环流化床原理为基础，通过脱硫剂在吸收塔内多次再循环，使烟气中的 SO_2、HF、HCl 等气体与脱硫剂充分接触，延长固体物料在吸收塔内的停留时间(达 30～60 min)，从而提高脱硫剂的利用率和脱硫效率。在钙硫比为 1.1～1.5 时，系统脱硫效率可达 90%以上(有文献报道当 Ca/S 为 1.2～1.5 时，该工艺的脱硫率可达 93%～97%)，可媲美石灰石-石膏湿法脱硫工艺的效率。循环流化床脱硫工艺流程如图 5-28 所示。

循环流化床脱硫工艺的主要优点：系统简单，运行可靠；对煤种适应性强，通过改变钙硫比就可以适应燃煤含硫量的变化；脱硫剂利用率高，在较低的钙硫比下可以达到与湿法烟气脱硫工艺相当的脱硫效率；负荷适应性好，能快速适应锅炉负荷的变化情况；系统基本不存在腐蚀问题，无废水排放；可以脱除部分重金属，特别是可以脱除一部分汞，对烟气的进一步治理具有积极意义。

其自身的局限在于：吸收塔出口烟尘浓度过高，加重了除尘器负荷，且系统(包括烟道)磨损比较严重；脱硫产物为硫酸钙、未反应脱硫剂和飞灰等的混合物，综合利用受到一定的限制。目前多用于处理中、小容量机组烟气，广东恒运电厂(1×200 MW 机组)、山西漳山和古交电厂(各 2×300 MW 机组)、榆社电厂(2×300 MW 机组)均采用循环流化床脱硫工艺。

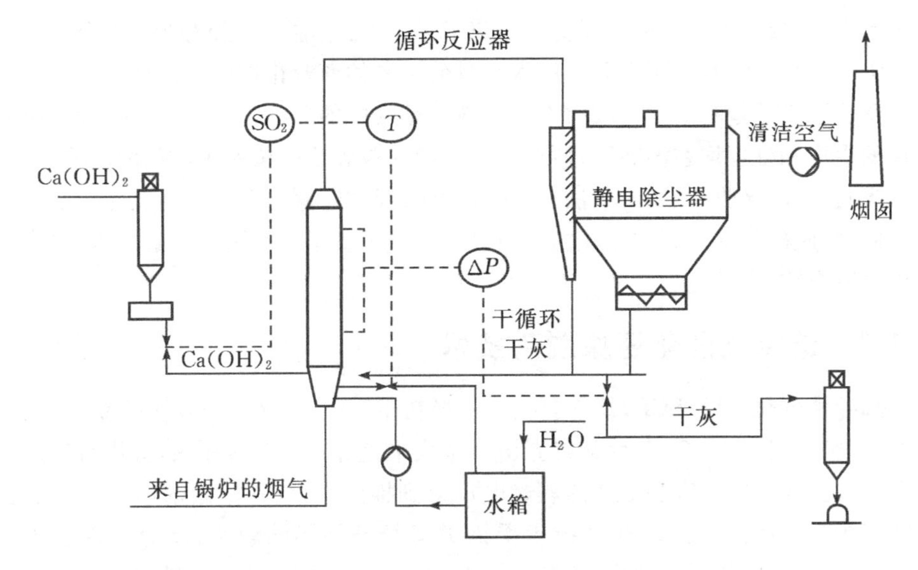

图 5-28　循环流化床脱硫工艺流程

5.4　NO_x 排放控制技术

5.4.1　NO_x 排放控制技术概述

目前针对燃煤锅炉烟气 NO_x 排放的控制技术主要包括低氮燃烧技术和烟气脱硝技术两大类，前者在本书第 3 章高效低氮煤粉燃烧技术已作详细介绍，通过浓淡燃烧、分级配风等燃烧器改造可有效降低 NO_x 的生成量。但仅仅依靠低氮燃烧技术尚无法实现 NO_x 排放达标，当前国内大型燃煤发电机组的减排实践中，均需结合必要的烟气脱硝手段以达到国家标准中 NO_x 的排放限值。

烟气脱硝技术主要包括选择性催化还原(Selective Catalytic Reduction，SCR)烟气脱硝技术、选择性非催化还原(Selective Non-Catalytic Reduction，SNCR)烟气脱硝技术、液体吸收法、固体吸附法、等离子活化法、催化分解法、生物法等。烟气脱硝技术也可以分为干法脱硝和湿法脱硝两类。干法脱硝是目前主流的脱硝技术，采用气态还原剂在高温下与烟气中的 NO_x 反应，生成无污染的干态产物。SCR 和 SNCR 是当前研究和应用最多的脱硝技术，均属于干法脱硝工艺。两者都是利用氨作为还原剂选择性地将 NO_x 转化为 N_2 和 H_2O，只是 SCR 在催化剂的作用下，可以在电厂锅炉尾部烟道 300～400 ℃区域进行还原反应；而 SNCR 没有催化剂的参与，反应温度(980 ℃左右)比 SCR 高，且工作温度范围较窄。SCR 技术、SNCR 技术和 SNCR - SCR 联合技术是目前主要的商业化烟气脱硝技术。

湿法脱硝是指利用含有吸收剂的溶液将烟气中的 NO_x 吸收脱除的技术，脱硝产物的生成和处理均在湿态下进行，即上述液体吸收法。按照吸收剂的不同，可分为水吸收法、酸吸收法、碱吸收法、氧化吸收法、吸收还原法和液相络合法。

此外，脱硫技术介绍的相关内容中提到氨法等属于同时脱硫脱硝技术，将在后文作单独介绍。

5.4.2 选择性催化还原脱硝技术

选择性催化还原(SCR)烟气脱硝技术最初于 1959 年在美国发明并获得专利，在 20 世纪 70 年代末 80 年代初首先由日本发展起来，从 80 年代中期开始迅速在日本、美国、西欧等国家和地区的燃煤电厂得到推广，目前在中国的燃煤电厂也已经获得非常广泛的应用。SCR 技术受锅炉运行条件影响较小，反应条件易于控制，能够达到很高的脱硝效率(可达 90%以上)，但由于采用催化剂，且设备较多，投资和运行费用较高。

5.4.2.1 SCR 技术原理

SCR 技术是在催化剂的作用下，喷入的还原剂将烟气中的 NO_x 还原成 N_2 和 H_2O。可用于上述 NO_x 还原反应的还原剂包括 CH_4、H_2、CO、氨等，在燃煤电厂应用中还原剂以氨为主，催化剂有贵金属和非贵金属两类。反应中所用催化剂不同，催化还原反应所需要的温度也不相同，目前最常用的催化剂为 $V_2O_5-WO_3(MoO_3)/TiO_2$ 系列。其中 V_2O_5 是催化剂的活性组分，加入氧化钨是为了增强催化剂的选择性，减少 SO_2 的催化氧化；而 TiO_2 则是因其具有较好的抗 SO_3 能力，常被选作催化剂载体，此外活性炭、沸石等多孔结构物质也可以作为催化剂载体。

SCR 的化学反应机理比较复杂，但主要的反应是 NH_3 在一定的温度和催化剂的作用下，有选择地把烟气中的 NO_x 还原为 N_2。

$$4NH_3+4NO+O_2 \longrightarrow 4N_2+6H_2O \tag{5-23}$$

$$4NH_3+2NO_2+O_2 \longrightarrow 3N_2+6H_2O \tag{5-24}$$

上面第一个反应是主要的，因为烟气中几乎 95%的 NO_x 以 NO 的形式存在。在没有催化剂的情况下，上述化学反应只在很窄的温度范围内(980 ℃左右)进行，即选择性非催化还原(SNCR)。通过选择合适的催化剂，反应温度可以降低，并且可以扩展到适合电厂实际使用的 300～400 ℃范围。

在反应条件改变时，还可能发生以下副反应

$$4NH_3+3O_2 \longrightarrow 2N_2+6H_2O+1267.1\ \text{kJ} \tag{5-25}$$

$$2NH_3 \longrightarrow N_2 + 3H_2 - 91.9\ kJ \quad (5-26)$$

$$4NH_3 + 5O_2 \longrightarrow 4NO + 6H_2O + 907.3\ kJ \quad (5-27)$$

发生 NH_3分解的反应式(5-26)和 NH_3 氧化为 NO 的反应式(5-27)都在 350 ℃以上才进行，450 ℃以上才变得激烈起来。在一般的选择性催化还原工艺中，反应温度常控制在 400 ℃以下，这时大部分是 NH_3 氧化为 N_2 的副反应式(5-25)发生。

图 5-29 表示了 NH_3和 NO_x 在催化剂上的反应机理，其主要过程：①NH_3通过气相扩散到催化剂表面；②NH_3由外表面向催化剂孔内扩散；③NH_3吸附在活性中心上；④NO_x 从气相扩散到吸附态 NH_3表面；⑤NH_3与 NO_x 反应生成 N_2和 H_2O；⑥N_2和 H_2O 通过微孔扩散到催化剂表面；⑦N_2和 H_2O 扩散到气相主体。

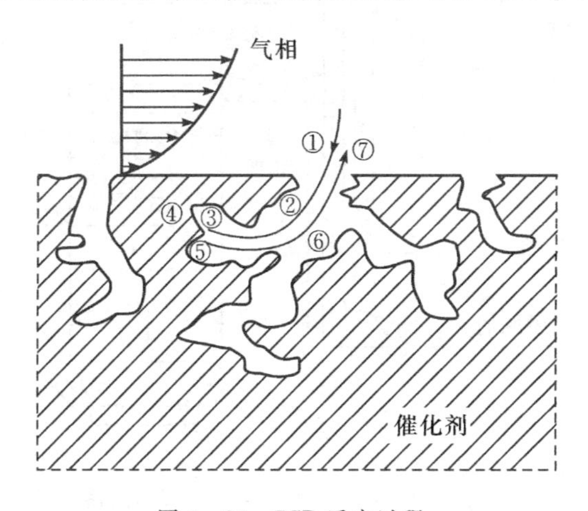

图 5-29　SCR 反应过程

另外，作为催化剂活性组分的 V_2O_5对 SO_2的氧化也有较好的催化作用，当 V 含量增加或温度升高时，可能会有 SO_2氧化的副反应发生。

$$2SO_2 + O_2 \longrightarrow 2SO_3 \quad (5-28)$$

$$NH_3 + SO_3 + H_2O \longrightarrow NH_4HSO_4 \quad (5-29)$$

$$2NH_3 + SO_3 + H_2O \longrightarrow (NH_4)_2SO_4 \quad (5-30)$$

在 400～600 ℃时，生成的 SO_3会与 NH_3、V 等反应生成硫酸盐，降低催化剂活性，堵塞催化剂孔道、引起下游设备的腐蚀等，在 SCR 技术应用中要尽量避免此类副反应的发生。

5.4.2.2　SCR 技术工艺系统

SCR 烟气脱硝技术常用反应器结构及安装位置如图 5-30 所示，反应器是

SCR工艺系统的核心部件，为了防止颗粒堵塞，反应器一般如图5-30所示，垂直设置在锅炉尾部烟道中。一般反应器内串联布置多个催化剂层，且可更换，当催化剂在反应过程中逐渐失去活性时方便更换床层。SCR反应器中烟气温度可通过调节经过省煤器的烟气与旁路烟气的比例来控制。布置在氨喷射器之后的混合系统则有多种形式，其作用是保证喷入的NH_3与烟气充分混合。

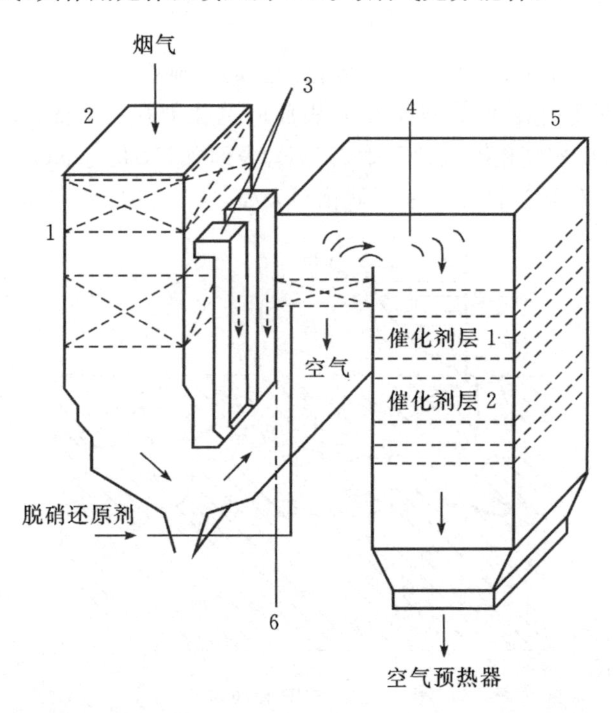

1—省煤器；2—锅炉；3—旁路；4—导流板；5—SCR反应器；6—混合系统

图5-30　SCR反应器结构及安装位置示意图

SCR反应器可以布置于烟道中的不同位置，通常情况下有以下三种布置方式。

(1)布置在静电除尘器之前，如图5-31(a)所示。这种布置方式的优点是进入反应器烟气的温度达300～500 ℃，多数催化剂在此温度范围内有足够的活性，烟气不需要加热即可获得较好的NO_x脱除效果。但催化剂处于高尘烟气中，寿命会受到下列因素的影响：①飞灰中K、Na、Ca、Si、As会使催化剂污染或中毒，容易导致催化剂失活；②飞灰磨损反应器并使催化剂堵塞；③若烟气温度过高会使催化剂烧结失效。

(2)布置在静电除尘器之后，如图5-31(b)所示。烟气中飞灰浓度降低，催化剂受到飞灰的影响减小，但是烟气必须重新加热升温至反应所需温度，会导致能量的损失。

(3)还有一种方式是将 SCR 反应器布置在湿法 FGD 系统之后，如图 5－31(c)所示。该方式可以降低 SO_2 等气态污染物对催化剂的影响，但相比于图 5－31(b)的方案，烟气温度更低，需要气气换热器，甚至要采用燃料气燃烧的方法将烟气温度提高到催化反应所需温度，严重影响系统的经济性。在工业实践中第一种布置方式应用最多。

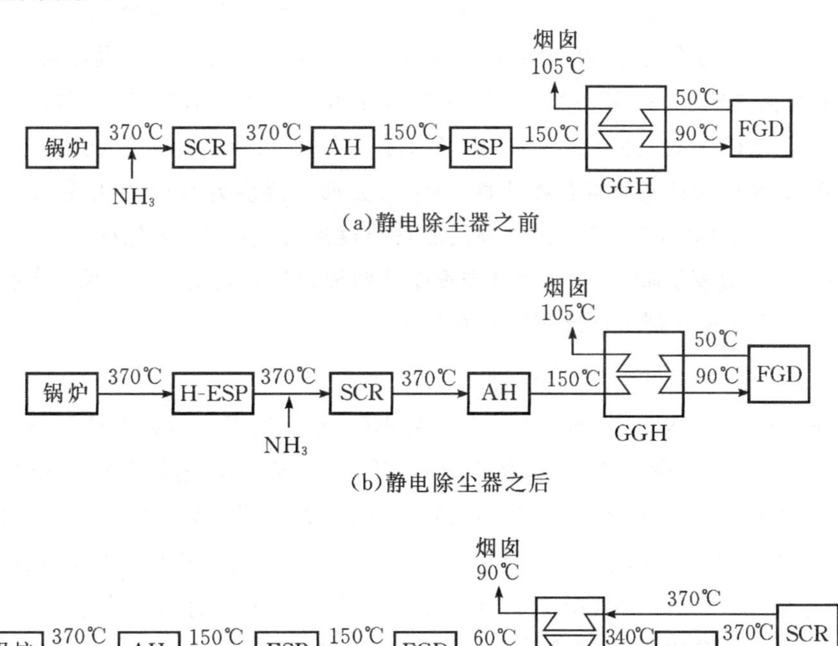

(a)静电除尘器之前

(b)静电除尘器之后

(c)湿去脱硫之后

AH—空气预热器；ESP—静电除尘器；FGD—烟气脱硫；H-ESP—高温静电除尘器

图 5－31　SCR 工艺流程布置示意图

5.4.2.3　SCR 技术的特点及发展前景

在 SCR 技术中，除了反应器和催化剂之外，反应温度、氨氮摩尔比、接触时间、催化剂中 V_2O_5 的含量和烟气中 SO_2 的含量均会直接影响到 NO_x 的脱除效果和工艺的稳定运行。总的来说，SCR 在电站锅炉中的运行表现要明显优于其他技术。

SCR 技术作为当今世界上控制 NO_x 排放的主流工艺在应用时仍存在一些不足：SCR 烟气脱硝技术的投资和运行费用均较高；烟气中含有的 SO_2 和重金属往

往会造成SCR催化剂失活；还原剂NH_3的消耗量大且容易发生逃逸造成二次污染，NH_3与SO_3形成硫酸氢铵造成空预器堵塞等。

5.4.2.4 影响NO_x脱除效率的主要因素

1.反应温度对NO_x脱除效率的影响

在管式固定床反应器中，采用V_2O_5/TiO_2作催化剂，实验研究反应温度对NO_x脱除效率的影响，结果如图5-32(a)所示。从图中可知反应温度对NO_x的脱除有较大影响。在200～310 ℃范围内，随着反应温度的升高，NO_x脱除率急剧增加，升至310 ℃时，达到最大值(90%)，随后NO_x脱除效率随温度的升高而下降。在SCR中温度的影响存在两种趋势，一方面是温度升高使NO_x还原反应速率增加，NO_x脱除效率升高；另一方面随着温度的升高，NH_3氧化反应开始发生，使NO_x脱除效率下降。因此，最佳温度是这两种趋势对立统一的结果。实验制备的V_2O_5/TiO_2催化剂最佳反应温度为310 ℃。

2.$n(NH_3)/n(NO_x)$对NO_x脱除效率的影响

在310 ℃下，NH_3与NO_x的摩尔比对NO_x脱除效率的影响如图5-32(b)所示。图5-32(b)表明NO_x脱除效率随$n(NH_3)/n(NO_x)$的增加而增加，$n(NH_3)/n(NO_x)$小于1时，其影响更明显。该结果说明若NH_3投入量偏低，NO_x脱除受到限制；若NH_3投入量超过需要量，NH_3氧化等副反应的反应速率将增大，从而降低了NO_x脱除效率，同时也增加了净化气中未转化NH_3的排放浓度，造成二次污染。在SCR工艺中，一般控制$n(NH_3)/n(NO_x)$在1以下。

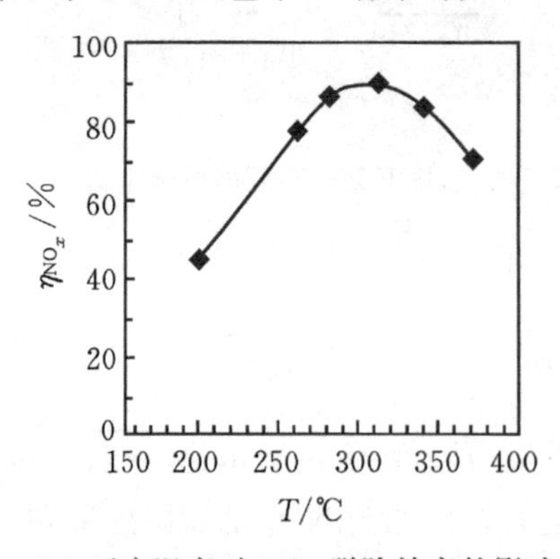

(a) 反应温度对NO_x脱除效率的影响

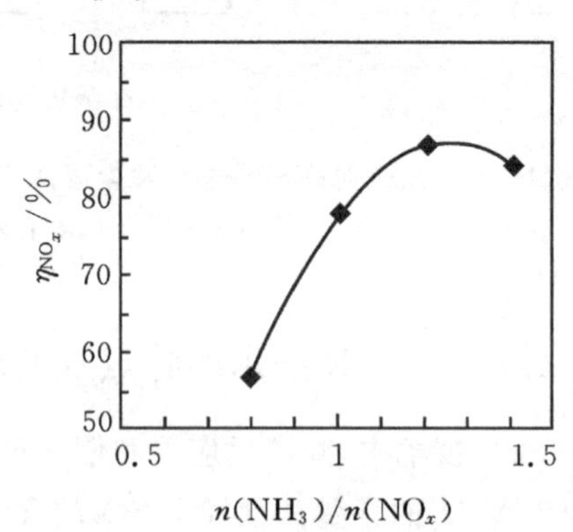

(b) $n(NH_3)/n(NO_x)$对NO_x脱除效率的影响

图5-32 NO_x脱除效率的影响因素

3. 接触时间对 NO_x 脱除效率的影响

在反应温度为 310 ℃和 $n(NH_3)/n(NO_x)=1$ 的条件下，反应气与催化剂的接触时间($t=Q/V$)对 NO_x 脱除效率的影响如图 5－33 所示。图 5－33 表明 NO_x 脱除效率随 t 的增加而迅速增加，t 增至 200 ms 左右时，NO_x 脱除效率达到最大值，随后脱除效率下降。这主要是由于反应气体与催化剂的接触时间增加，有利于反应气在催此剂微孔内的扩散、吸附、反应和产物气的解吸、扩散，从而使 NO_x 脱除效率提高。但是，若接触时间过大，NH_3 的氧化反应开始发生(式(5－25)和式(5－27))。

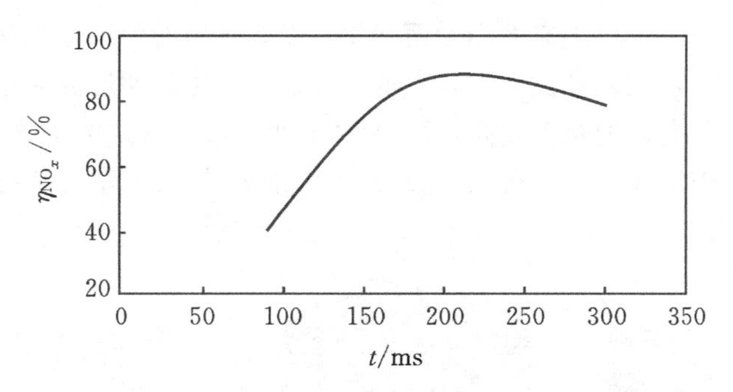

图 5－33　接触时间对 NO_x 脱除效率的影响

4. 催化剂中 V_2O_5 含量对 NO_x 脱除效率的影响

催化剂中 V_2O_5 含量对 NO_x 脱除效率的影响如图 5－34 所示。V_2O_5 含量增加，催化剂效率增加，NO_x 的脱除效率提高，但是，V_2O_5 含量超过 6.6%时，催化效率反而下降，这主要是由于 V_2O_5 在载体 TiO_2 上的分布不通造成的。红外光谱表

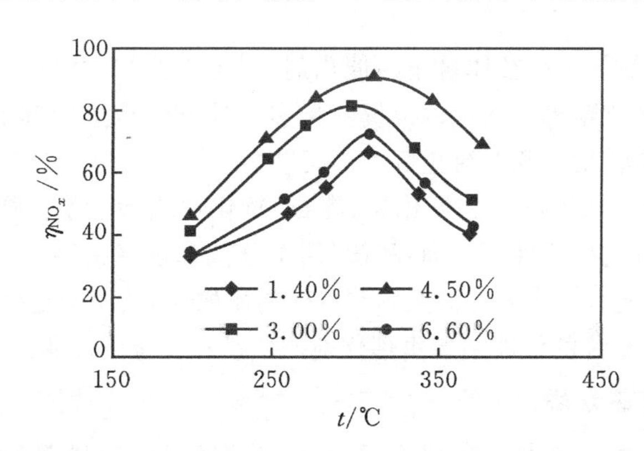

图 5－34　催化剂中 V_2O_5 含量对 NO_x 脱除效率的影响

明，当 V_2O_5 含量在 1.4%～4.5%时，V_2O_5 均匀分布于 TiO_2 载体上，并且以等轴聚合的钒基形式存在；当 V_2O_5 含量为 6.6%时，V_2O_5 在载体 TiO_2 上形成新的结晶区——V_2O_5 结晶区，从而降低了催化剂的活性。

5.4.2.5 SCR 催化剂

催化剂和反应器是 SCR 系统的主要部分。几乎所有的催化剂都含有少量的氧化矾和氧化铁，因为它们具有较高的抗 SO_2 能力。

1. 催化剂结构及特点

催化剂的结构、形状随它的用途而变化。商业应用的脱硝催化剂分为平板式、波纹板式和蜂窝式三类，如图 5-35 所示。平板式催化剂烟气流动相对滞止区小，同样 SO_2 条件下，允许的钒含量高，所以总体积小。波纹板式的主要供应商为丹麦托普索公司和 Hitachi Zosen 公司，以玻璃纤维加固的 TiO_2 作为基材，浸渍法负载钒作为活性成分。

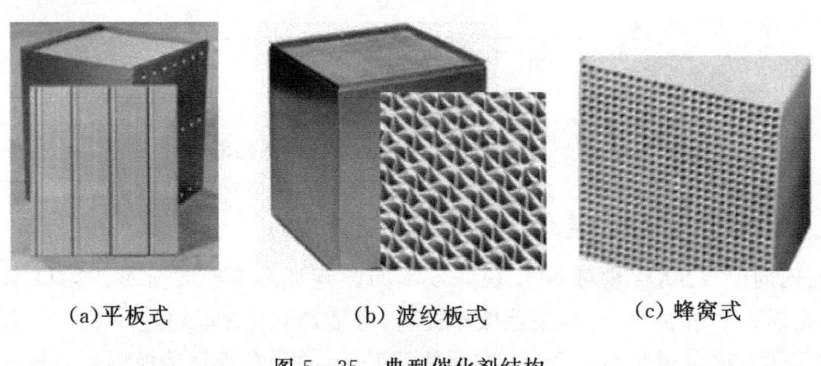

(a)平板式　(b) 波纹板式　(c) 蜂窝式

图 5-35　典型催化剂结构

蜂窝式催化剂是一种整体挤压的催化剂，加工工艺相对简单，市场占有率高，供应厂商较多，孔节距等参数可以根据灰量多少较方便地进行调节。但蜂窝式催化剂也存在易积灰，烟气相对滞止区大等问题。

SCR 催化剂的载体可以是氧化钛、沸石、氧化铁或活性炭。燃煤锅炉使用的大多数催化剂都由钒(活性催化剂)和钛(用于分散和承载钒)混合而成，然而最终的催化剂组分可能由很多的活泼金属和载体物质构成，从而满足每个 SCR 设备的特殊需要。SCR 系统的性能主要由催化剂的质量和反应条件所决定。

2. 催化剂制备方法

目前催化剂的制备方法主要有浸渍法、共沉淀法、溶胶凝胶法和离子交换法等。

(1)浸渍法。

浸渍法适用于活性组分含量较低的催化剂。浸渍法的应用非常广泛，由于其操作简单、成本较低，多数催化剂厂都采用该方法。具体过程是将载体放在含有活性组分的液体中，活性组分将逐渐吸附于载体内表面。待吸附平衡后进行干燥、煅烧等处理使活性组分形成氧化物簇。浓度差是浸渍法的动力，为了缩短制备时间，往往采用超声波振动等辅助手段。浸渍法具体还细分为过量溶液浸渍法、等体积浸渍法、多次浸渍法等。

(2)共沉淀法。

共沉淀法是在含金属的盐溶液中加入沉淀剂，通过复分解反应，生成盐或者金属氧化物的水合物。将沉淀物过滤，经过洗涤、干燥、煅烧等处理手段，得到最终催化剂。为了使得各组分共同沉淀，需严格控制沉淀剂浓度、pH 值等条件。共沉淀法的优点是易获得粒度均匀的纳米材料。

(3)溶胶凝胶法。

溶胶凝胶法凭借其独特的优越性，越来越受到学者的关注。其过程是首先将酯类化合物、金属醇盐分散在含有高化学活性组分的前驱体中，经过水解形成活性单体，单体经过聚合形成稳定的透明溶胶，溶胶再经陈化聚合形成凝胶，最后经过干燥、煅烧，制备出纳米结构的材料。相对于其他方法，溶胶凝胶法的优点在于：反应物可以在分子水平上均匀混合，利于实现分子水平上的元素掺杂；组分之间扩散发生在纳米范围内，反应容易进行。现在报道的关于溶胶凝胶法制备的催化剂也只是集中在实验室，实现工业化生产，还需要解决该制备方法所带来的原材料较昂贵，制备时间较长等问题。

(4)离子交换法。

离子交换法通过离子交换的方式，将活性组分负载到载体上，再经过洗涤、干燥、煅烧等后处理手段制备催化剂。该方法的优点是组分分散度好，尤其适用于贵金属催化剂。常用的载体有二氧化硅凝胶、活性炭、分子筛等。该方法与浸渍法的操作类似，具体区别在于离子交换法依靠骨架中可交换的离子与溶液中的离子交换，因此离子交换法具有一定的选择性，要求载体具有离子交换的性能。而浸渍法主要依赖于表面的吸附性，选择性差，对载体的性质要求低。

3. SCR 催化剂应用与管理

催化剂的寿命决定着 SCR 系统的运行成本。催化剂置换费用约占系统总价的 50%。目前催化剂的寿命一般为 1～2 a。催化剂中毒将会降低它的性能，SO_3 的吸附和氨硫化合物的污染是催化剂中毒的两个主要原因。催化剂中毒取决于反应温度，对于低硫煤和中硫煤，如果反应温度低于 300 ℃，对于高硫煤如果低于 342 ℃，那么催化剂的活性将降低，降低多少取决于这种低温出现的时间长短和频率。在持续的低温下运行将导致催化剂永久性损坏。对任何一种煤,反应器运行在 400 ℃以上会引起催化剂材料的相变,这将减少催化剂孔的容积和总表面积,并将导致催化剂活性的退化。由于相变而引起的催化剂退化是不可逆的。

反应器在正常的温度范围下运行,不会发生永久性的灰中毒和酸蚀。反应器内应避免油或油雾的存在,否则会遮盖催化剂表面和降低它的性能。当用油起动和很低负荷用油时反应器要加旁路,以避免上述问题的出现。

催化剂活性降低是逐步出现的,碱金属或微粒堵塞微孔可造成这种降低。由于这种逐渐退化是正常的,因此选择还原系统的催化剂时,其最初性能必须超过运行担保期。当催化剂活性降低时,为达到所要求的 NO_x 脱除率,必须增加 NH_3 对 NO_x 的摩尔比,因而要相应增加由于催化剂退化而造成的未反应氨的损失。此外,在 SCR 反应器的设计中要仔细考虑催化剂的更换方便,例如把几个催化剂单元串联组成 SCR 反应器,根据催化剂的运行情况来更换损坏的单元以确保整个反应装置的高效运行。置换下来的单元可在装填或置换催化剂后再使用。

(1)催化剂中毒失活。

典型的 SCR 催化剂侵蚀主要有砷、碱金属、碱土金属等引起的催化剂中毒。

砷(As)中毒是由于烟气中含有气态的 As_2O_3 引起的,As_2O_3 分散到催化剂中并固化在活性、非活性区域(见图 5-36)。在砷中毒的过程中将使反应气体在催化剂内的扩散受到限制,且毛细管遭到破坏。100%的灰循环的液体排渣锅炉易遭

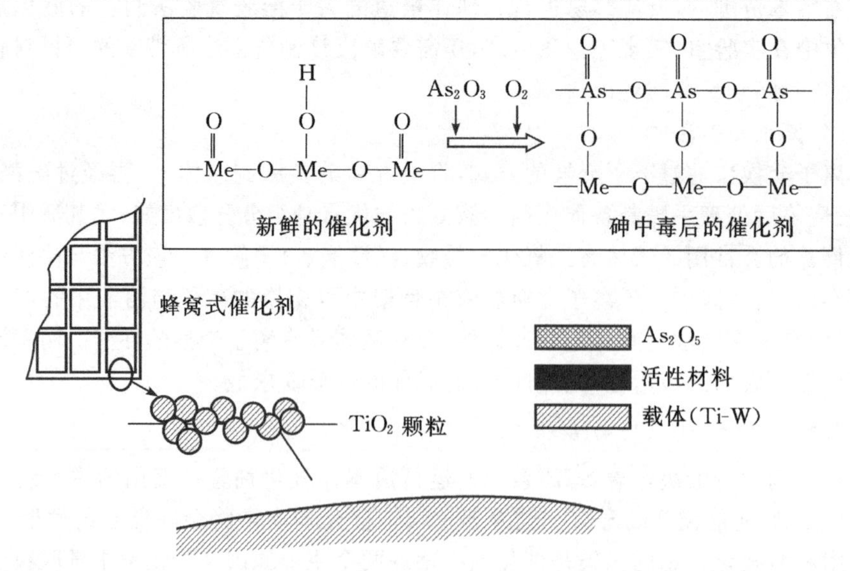

图 5-36 砷在催化剂表面的堆积

受砷中毒引起的催化剂失效，可通过向燃料中加入石灰石以脱除锅炉烟气中高浓度的气态 As_2O_3，石灰石煅烧生成的 CaO 同 As_2O_3 反应生成 $Ca_3(AsO_4)_2$ 固体，该产物对催化剂无毒害作用。也有学者通过催化剂再生技术处理砷中毒的催化剂，采用抗砷植入配方及抗硫配方，在催化剂表面植入特定的化学元素以延缓脱硝催化剂活性的衰减，同时保证 SO_2/SO_3 转化率较低，该技术目前已有实际应用，砷中毒催化剂（砷含量$(20\sim35)\times10^{-6}$）再生后砷含量远低于 0.01%。

碱金属可直接同催化剂活性组分反应，致使它们失去活性。由于脱除 NO_x 的反应主要发生在催化剂的表面，催化剂失活的程度取决于碱金属的表面浓度。这些碱金属如果以水溶液的形式存在，那么它们具有很高的流动性，并将渗入整个催化材料中。由于催化剂的主体全都是由催化材料构成的，在这种迁移的作用下，碱金属的表面浓度则得到稀释，减活率也得到降低。

碱土金属（Ca）使催化剂中毒主要是由于飞灰中的游离 CaO 和催化剂表面吸附的 SO_3 反应生成 $CaSO_4$ 而产生的。$CaSO_4$ 可能引起催化剂表面结垢，从而阻止了反应物向催化剂内扩散，这种结垢尤其易发生在固体排渣锅炉中，因为固体排渣锅炉中的游离 CaO 浓度几乎是液体排渣锅炉中的两倍。描述出其机理和准确地预测钝化率可以确定问题的所在，实验也证明飞灰中游离 CaO 的数量控制着钝化的数量。从工业和实验室数据中发展出来的关于钝化的广泛模型可以为消除这种现象提供设计参考。

（2）催化剂烧结。

高温烧结主要是导致催化剂颗粒内部微孔的破坏，减少催化剂的表面积，影响催化剂的活性。在催化剂的制造过程中加入一定量的钨可使其热稳定性增加。在正常的 SCR 运行温度下，烧结是可以忽略的。

（3）催化剂磨损。

磨损是由飞灰对催化剂表面的冲击引起的。催化剂的磨损是气速、飞灰特性、冲击角度及催化剂特性的函数。用蜂窝状催化剂做试验，在烟气中飞灰的浓度为 30 g/m^3、烟气流速为 6.2 m/s 的条件下，结果表明催化剂的耐久性和催化剂边缘并无明显的侵蚀。改进后的蜂窝状催化剂在气体流速为 12 m/s 以上也可使用。

（4）催化剂堵塞。

催化剂堵塞有两个主要原因：铵盐的沉积和飞灰的沉积。选择合理的催化剂节距和蜂窝尺寸可减少堵塞。当 SCR 装置的入口温度维持在盐的生成温度之上时，铵盐的生成或沉积不会发生，只有锅炉在低负荷下运行并且烟气温度较低时才会发生这种问题。飞灰在催化剂表面的沉积可通过合理地分配流过催化剂表面的流量来消除或减轻。

4.新型催化剂研究

(1)抗 As 中毒。

在德国催化剂发展之初,气态 As_2O_3 引起得非常高的钝化率在液体排渣锅炉的高尘 SCR 装置中常被检测到。此后,砷中毒机理也逐步被分析出来,一种以 TiO_2 为载体的能抵制 As_2O_3 污染的 V/Mo 新型催化剂也就被研制出来了。

(2)降低 SO_2 氧化。

提高含有 SO_2 气体中催化剂的催化效果,减少 SO_2 氧化速率也是催化剂研究中非常重要的内容。在图 5-37 中,比较了三种类型催化剂的活性,催化剂 A 是采用一种传统的钨材料,催化剂 B 是一种用于改善液体排渣锅炉的钼型材料,催化剂 C 是一种最新研制的催化剂。图 5-37 示出了这种新型催化剂具有最高的活性和最低的钝化特性。新型催化剂的活性和 SO_2 氧化速率可以通过改变 V/Mo 母体的数量和组成来调节。新型催化剂的体积大约可减少 15%,在 NO_x 不断地被还原的过程中,这种新型催化剂可以减少 SO_3 的生成。

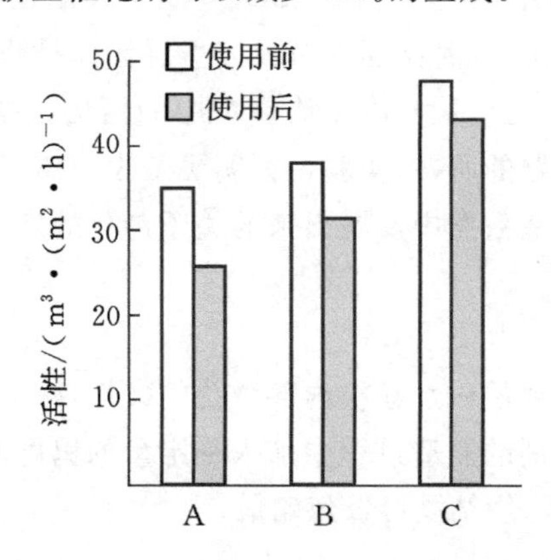

图 5-37 使用前后催化剂活性的变化

美国和日本联合研究小组公布了在不增加 SO_2 氧化速率下提高 NO_x 脱除效率的催化剂方面的研究进展,其中方法之一是通过改进催化剂壁的结构来减少扩散的阻力。NO_x 的脱除效率和 SO_2 氧化速率一般都取决于反应物通过多孔型催化剂的外表面向可发生反应的活性区域的扩散速率。脱除 NO_x 的化学反应速率的提高与扩散速率是相关的,然而,催化剂最有效的部位是在催化剂的外表面,并且,SO_2 氧化速率的减慢也与扩散速率相关,因此,应使反应物分散到整个催化剂体内。

目前已发展了一种将钒优先分散在催化剂表面的改进技术来提高表面反应。这种催化剂与传统催化剂的组成是相同的,它能在不引发高的 SO_2 氧化情况下使

NO_x 脱除效率达到最大。由于该产品完全由催化材料组成，因此，仍然保持了抗毒性能。

5.低温催化剂

在SCR烟气脱硝领域，普遍使用的催化剂为钒系催化剂，如 V_2O_5/TiO_2、V_2O_5-WO_3/TiO_2等，这些催化剂在相对较高的温度(300～400 ℃)下有良好的催化活性，然而在低于200 ℃下表现出非常低的催化活性。从经济性角度出发，为保证SCR装置的脱硝效率，一般SCR位于脱硫除尘装置之前以满足催化剂工作需要的温度，尽管这些催化剂有较强的抗硫性能，但尾气中大量的灰尘仍然会导致催化剂的失活。一种有效解决上述问题的方法是将SCR装置置于静电除尘器后，但此时的烟气温度降低至160 ℃左右，传统的商用钒系催化剂在低温下是不可行的。因此研发低温高活性的SCR催化剂是非常有必要的。

(1)低温催化剂催化原理。

以锰基催化剂为例，目前SCR催化脱硝反应的机理大致可以归为两种：Eley-Rideal机理(简称E-R机理)和Langmuir-Hinshelwood机理(简称L-H机理)。其中，E-R机理是单活性态参与反应的机理，而L-H机理是双活性态参与反应的机理。通俗地讲，就是一个是气态分子与吸附分子之间反应的机理，另一个是两个吸附分子之间反应的机理。

Marbán等对低温催化剂 MnO_x/TiO_2 的SCR反应过程进行TPD研究，针对 O_2 存在对催化剂表面的SCR反应的影响进行讨论。当反应气氛中不存在 O_2，SCR反应机理：NH_3 首先吸附在催化剂的氧空位上；催化剂表面上吸附的 NH_3 解离为—O—NH_2 基；—O—NH_2 基通过与气相中的NO反应生成 N_2 和 H_2O，催化剂的氧空位发生再氧化反应，完成一个SCR循环。当 O_2 存在时的SCR反应机理：NH_3 首先吸附在催化剂的氧空位上；催化剂表面上吸附的 NH_3 解离为—O—NH_2 基；NO吸附在催化剂的氧空位上，气相中的 O_2 将吸附在氧空位的NO氧化成 NO_2 进入到气相中；—O—NH_2 基与气相中的 NO_2 反应生成 N_2 和 H_2O，催化剂的氧空位发生再氧化反应，完成SCR循环。结果表明：在 O_2 不存在的条件下低温SCR反应机理属于E-R机理，而 O_2 存在的条件下SCR反应机理属于L-H机理。

目前低温SCR催化剂的研究还主要集中在实验室研究阶段，应用于实际电厂的情况还比较少，现阶段研究主要集中于改变催化剂活性成分、载体、制备方法和添加不同过渡元素等对低温SCR催化剂性能进行改良。

(2)催化剂活性成分。

在催化剂活性成分研究方面，多是在钒钛催化剂上负载Mn、Fe、Ni、Cu、V和

Cr等元素。有学者在载体TiO_2上分别负载Mn、Fe、Ni、Cu等元素，发现各种金属催化剂在低温区间的脱硝效率为Mn>Cu>Cr>Co>Fe>V>Ni，而在温度小于100 ℃还能保持较高催化活性的只有MnO_x/TiO_2催化剂。Mn基催化剂被认为是活性较强的催化剂之一，例如MnO_x/Al_2O_3、MnO_x/TiO_2、MnO_x-CeO_2、MnO_x-SnO_2等。Mn的电子构型为3d54s2，Mn的四价电子构型为d3，其二价电子构型为d5，d轨道半满导致电子更容易迁移到NH_3和O_2上，这也是Mn作为活性成分在低温下表现出良好脱硝性能的原因；其次，Mn的氧化物种类比较多，并且可以相互转化，有助于氧化还原反应的进行。文献研究结果显示，在一定范围内催化剂Mn的负载量越高，其脱硝效率也越高，当Mn负载量超过10%之后，脱硝效率不再随着Mn负载量的提高而提高，甚至会出现抑制效果。有学者发现用溶胶凝胶法制备的Mn/Ti催化剂，当Mn/Ti达到0.4时，在160～240 ℃内NO脱除率在90%左右，同时N_2O的生成量低于100 mg/m^3。也有诸多学者对单组分的Mn氧化物做了深入研究，探究了不同价态Mn氧化物的催化活性，结果显示，对于低温SCR脱硝反应，MnO_x中Mn的价态对催化剂脱硝活性存在较大影响，锰氧化物催化剂的催化活性由高到低排序为MnO_2>Mn_5O_8>Mn_2O_3>Mn_3O_4>MnO。在制备催化剂过程中，MnO_x的晶型会随着制备温度的变化而不同，制备温度较低时MnO_x主要以MnO_2形态存在，制备温度升高时，则转变为Mn_3O_4，最终以MnO形态存在，不同的晶型对于催化剂脱硝选择性也有差别，催化剂为MnO_2时，SCR反应更易生成N_2O，Mn_3O_4则更易生成N_2，而Mn_2O_3的选择性介于两者之间。

虽然纯的MnO_x低温活性较高，但其N_2选择性较差，且易受烟气中SO_2和H_2O的影响而中毒。通常将MnO_x与其他氧化物结合，制备双金属或复合氧化物催化剂，以提高催化剂的活性和N_2选择性，延长催化剂的使用寿命。例如，在负载型锰基催化剂中掺杂过渡金属或者稀土元素(Fe、Cu、Ni、Cr和Ce等)。催化剂上较多的Lewis酸性位有利于低温SCR反应，因此也有学者从增加催化剂Lewis酸性位方面着手，研究表明V可以提高催化剂表面的酸量，SnO_2是较强的Lewis酸，国内学者制备的MnO_x-SnO_2催化剂在120～200 ℃内具有良好的低温催化活性。MnO_x-SnO_2/TiO_2型催化剂在130～250 ℃内NO的转化率接近100%，并且表现出较好的抗硫耐水性能。

(3)催化剂载体。

在催化剂载体方面，除了TiO_2之外，活性氧化铝由于表面存在大量羟基，有助于NO氧化为NO_2，也常常被用来作为催化剂载体。国内学者制备的CuO/Al_2O_3在200 ℃附近NO的脱除率可以达到80%，但总体上相较于TiO_2载体，Al_2O_3载体的抗硫性能并不理想。Tang等人用浸渍法在活性炭载体上负载Mn的氧化物制成催化剂，发现其在200 ℃时脱硝效率可以达到90%，但是活性炭的原料价格较高,其制造工序也比较复杂,现阶段难以在生产实际中普及。另外分子筛作为催化剂负载Mn-Ce也具有较好的低温催化活性。近年来关于Fe-ASM-5和Cr-ASM-5的报道较多,但这类催化剂的高活性区间还是集中在中、高温。相关研究通过浸渍法制备了Mn-Ce/TiO_2、Mn-Ce/Al_2O_3、Mn-Ce/AC和Mn-Ce/ZSM5,并测试了其脱硝活性,发现温度在130 ℃以下时,Mn-Ce/TiO_2拥有最为优异的脱硝活性,温度高于130 ℃时,Mn-Ce/Al_2O_3脱硝效率最高,而Mn-Ce/AC和Mn-Ce/ZSM5在60～240 ℃的整个温度区间的脱硝效率均低于Mn-Ce/TiO_2和Mn-Ce/Al_2O_3。

(4)催化剂前驱体。

在Mn系催化剂前驱体研究方面,应用中比较常见的Mn氧化物的前驱体为乙酸锰、硝酸锰和碳酸锰,不同前驱体在制备过程中会形成不同的活性组分。对于MnO_x/TiO_2催化剂来说,以硝酸锰为前驱体制备的催化剂,其MnO_x主要以MnO_2为主,而以乙酸锰为前驱体制备的催化剂,其MnO_x主要以Mn_2O_3为主。Kapteijn等人研究发现,以乙酸锰为前驱体制备的MnO_x/Al_2O_3的分散度要高于以硝酸锰为前驱体制备的催化剂。有研究发现,在50～200 ℃温度区间时,以乙酸锰制备的MnO_x/TiO_2催化剂的脱硝活性要优于以硝酸锰为前驱体制备的催化剂,而温度高于200 ℃时,以硝酸锰为前驱体制备的催化剂的脱硝活性更好一些,说明以乙酸锰制备的MnO_x/TiO_2催化剂的低温活性更好。

5.4.2.6 SCR流场优化

均匀的流场为NO_x和还原剂在催化剂表面发生氧化还原反应创造必要的条件,流场设计和优化是SCR脱硝技术的关键。在理论条件下,SCR的脱硝效率可以超过90%,甚至达95%。然而,随着烟气中NO_x浓度经层层催化剂后不断降低,氨氮摩尔比的分布会更加不均匀;脱硝项目的改造,往往因为现场条件限制,难以按理想情况布置烟道与反应器,烟道需要变径和转向,烟道结构的改变也会导致流场不均,进而影响NO_x的还原效果;喷氨格栅处流场不均匀,会造成喷氨不均匀;喷氨格栅后流场分布不均匀,难以保证进入催化剂层时烟气与氨气的均匀性分布等。目前通过计算流体力学(CFD)方法,采取导流装置等内构件保证烟气在反应器中流动和混合的均匀性,实现较高的脱硝效率和较低的氨逃逸率,已成为SCR系统设计和优化的重要手段。

一般在烟道中设置导流板,配合喷氨格栅、静态混合器、整流格栅等一系列措施,改善SCR反应器入口段流场的均匀性(见图5-38)。若原SCR入口烟道已加装导流板,则首先需要进行热态实验,确认脱硝入口流场分布是否已经均匀,若脱硝入口截面速度偏差较大,则需要重新进行SCR系统流场优化计算和改造,使反应器入口速度场分布相对均匀，对喷氨格栅优化调整影响较小。若原入口烟道内无导流板，通过流场模拟确定导流板的最佳安装位置和安装角度等，加装导流板，使入口烟气流场分布均匀。

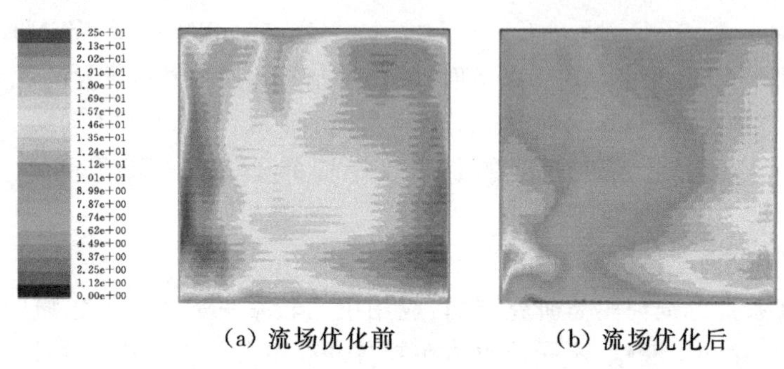

图 5-38　某 SCR 催化剂上方 0.3 m 处截面速度云图

相关研究还针对流场优化前后 SCR 出口氮氧化物浓度进行了测量，结果如图 5-39 所示，其中测点 1、2、3 自西向东分别分布在东侧烟道和西侧烟道内。改造前后氮氧化物浓度分布均匀性显著提高，这是由于烟道优化改造后脱硝反应器流场均匀性得到明显改善。

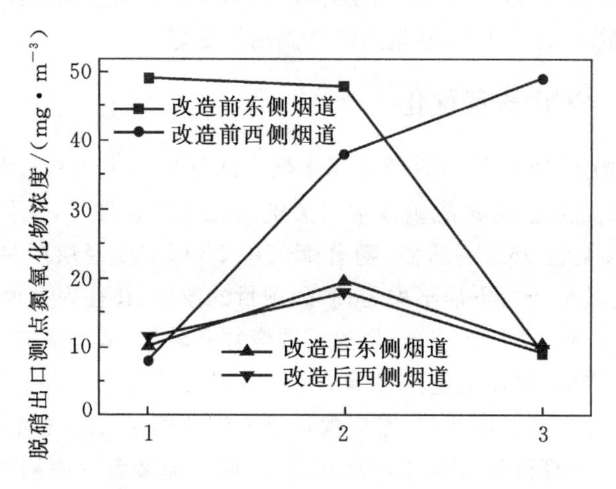

图 5-39　改造前后脱硝出口氮氧化物浓度测量值

通过对 SCR 反应器内烟气流动均匀性和飞灰沉积的数值模拟，开展烟道内导流板布置形式和导流板结构等对 SCR 反应器内流场及飞灰沉积影响的计算，控制大回流和漩涡现象的产生，显著减小由于烟道变径和转向造成的低速回流区，减小喷氨系统入口截面和催化剂层入口截面速度偏差，使烟气和氨混合均匀程度更高，最终减小喷氨量，降低氨逃逸率，保持高脱硝效率。

5.4.2.7　SCR 喷氨优化

SCR 脱硝技术在实际运行过程中，由于存在烟气速度场不均匀，喷氨浓度分布不均，负荷变动引起流场变化造成 NO_x/NH_3 均匀性及氨氮摩尔比发生变化等问题。为了达到超低排放的标准，往往加大喷氨量，这样不可避免地带来氨逃逸大的问题，也是造成空预器堵塞以及尾部烟道腐蚀及积灰堵塞的最主要原因。因此，进行喷氨优化尤为重要。

智能喷氨优化控制系统采用 PID 串级闭环控制系统对原脱硝过程控制系统进行优化。以 SCR 反应器入口 NO_x 质量浓度及烟气流量为前馈，以 SCR 反应器出口 NO_x 质量浓度为反馈，计算出理论喷氨流量，通过 PID 控制氨流量调节阀开度，实现脱硝喷氨量与机组负荷、入口 NO_x 质量浓度的自动协调。图 5-40 为优化前后脱硝喷氨控制系统。

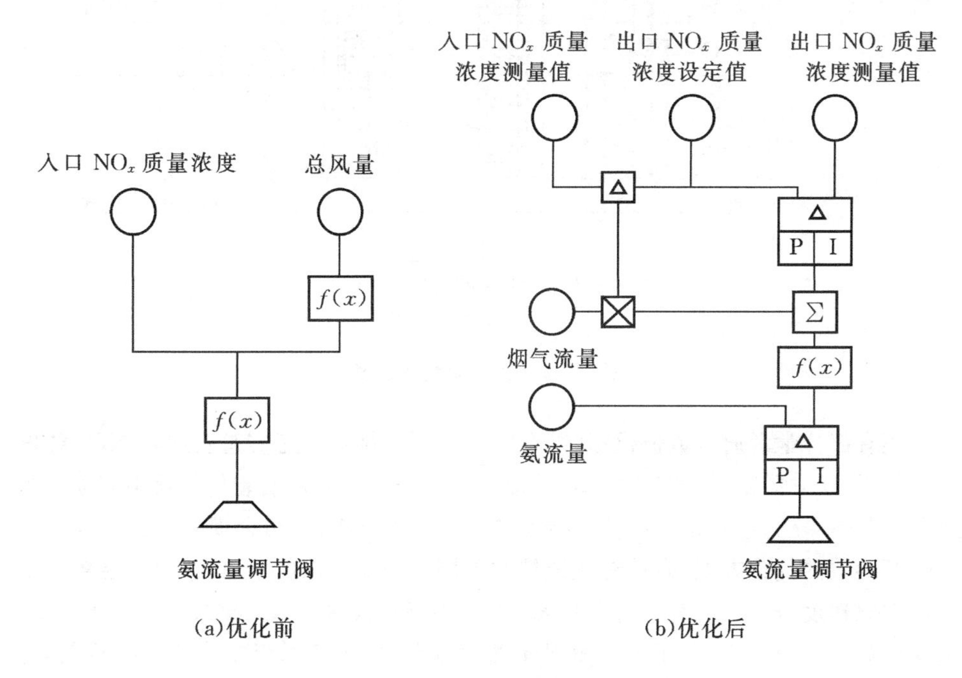

图 5-40　优化前后脱硝喷氨控制系统

也有学者提出多目标协同控制喷氨技术（智能喷氨）。针对烟气流场分布、NO_x/HH_3 浓度分布进行精确协同控制，实现不同区域“按需喷氨”。降低氨逃逸量，同时保证 NO_x 的排放达标。SCR 智能喷氨系统由取样系统、CEMS 及 NH_3 浓度检测系统、软件合成智能控制系统三个模块组成(见图 5-41)。在喷氨入口安装速度测点,测量喷氨入口速度分布,在 SCR 出口安装烟气取样装置,采用网格法在多点分别取样,用以分析 SCR 出口截面不同区域的 NO_x/NH_3 浓度分布情况,提供准确可靠的分析数据。在 DCS 系统上可显示 SCR 出口截面 NO_x 分布情况,通过电动调节各个喷氨阀门达到均匀控制不同区域的喷氨量,在线监测氨氮摩尔比,能有效提高 SCR 脱硝效率,降低 NH_3 逃逸量。

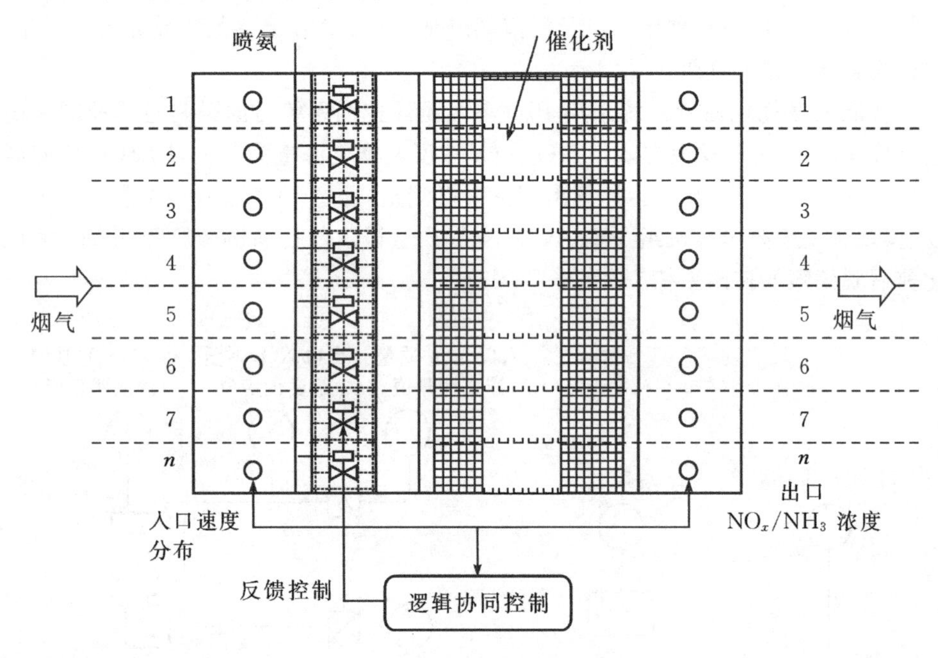

图 5-41 智能喷氨系统图

还有部分学者通过数值模拟,结合物理模型速度场冷态实验及现场 NO_x 浓度测试结果,建立脱硝系统三维模型,模拟了不同圆盘导流板安装角度及不同喷氨方案下 SCR 系统流场分布。对模拟结果进行对比和分析,提出合理差异化调整各喷口喷氨参数的优化方案,有针对性地控制不同区域所对应的喷氨量,对每层各个氨喷口喷氨速度进行合理地差异化调整,可以很好地改善 NH_3/NO_x 摩尔比和 NH_3 浓度分布,使 NH_3/NO_x 摩尔比和 NH_3 浓度在整个 SCR 系统中分布都很均匀,保证了 SCR 系统的脱硝效率,有效控制 SCR 脱硝系统的氨逃逸率。

5.4.3 选择性非催化还原脱硝技术

选择性非催化还原(SNCR)烟气脱硝技术,又称喷氨法,其工业应用是在 20

世纪 70 年代中期日本的一些燃油、燃气电厂开始的，其后欧洲和美国也开始在燃煤电厂采用这项技术。SNCR 技术是把含有 NH_x 基的还原剂喷入炉膛温度为 900～1100 ℃的区域，还原剂迅速热分解成 NH_3，并与烟气中的 NO_x 进行 SNCR 反应生成 N_2。该方法以炉膛为反应器，可通过对锅炉进行改造实现，具有良好的工业前景。

从本质上来看，可以将其视为炉膛喷射脱硝技术的一种，除了喷氨，还可以向炉膛内喷水或二次燃料(燃料分级燃烧)来降低烟气中的 NO_x 含量。喷水脱硝的反应是在有 O_2 参与的条件下 H_2O 与 NO_2 反应生成 HNO_3。但是炉膛内 NO_x 主要为 NO，NO_2 含量很少，如果喷 O_3、$KMnO_4$ 等氧化剂将 NO 转化为 NO_2，既不经济，也不现实。因此，目前炉膛喷射脱硝的方法以 SNCR 为主。

5.4.3.1　SNCR 技术的原理

研究发现，在炉膛温度 900～1100 ℃范围内，在无催化剂作用下，NH_3 或尿素等氨基还原剂可选择性地还原 NO_x，基本上不与烟气中的 O_2 作用，SNCR 技术据此发展而来。

在炉膛 900～1100 ℃范围内的主要脱硝反应如下。

(1) NH_3 为还原剂

$$4NH_3 + 4NO + O \longrightarrow 4N_2 + 6H_2O \tag{5-31}$$

$$4NH_3 + 2NO + 2O_2 \longrightarrow 6H_2O + 3N_2 \tag{5-32}$$

$$4NH_3 + 6NO \longrightarrow 6H_2O + 5N_2 \tag{5-33}$$

$$8NH_3 + 6NO + 3O_2 \longrightarrow 12H_2O + 7N_2 \tag{5-34}$$

(2)尿素 $(NH_2)_2CO$ 为还原剂

$$(NH_4)_2CO \longrightarrow 2NH_2 + CO \tag{5-35}$$

$$NH_2 + NO \longrightarrow N_2 + H_2O \tag{5-36}$$

$$CO + NO \longrightarrow N_2 + CO_2 \tag{5-37}$$

实验表明，以氨基还原剂还原 NO 的最佳反应温度区间仅在一个狭窄的范围内，当温度低于 900 ℃时，反应速率会急速下降，NH_3 的反应不完全，造成氨泄漏到锅炉的尾部受热面，对设备造成危害，并带来二次污染问题。而当温度过高时，NH_3 会被氧化成 NO，即

$$4NH_3 + 5O_2 \longrightarrow 4NO + 6H_2O \tag{5-38}$$

导致 NO_x 排放浓度增大，因此 SNCR 法的温度控制是至关重要的。图 5-42 所示为氨、尿素和氰尿酸为还原剂脱除 NO_x 发生的主要化学反应途径。

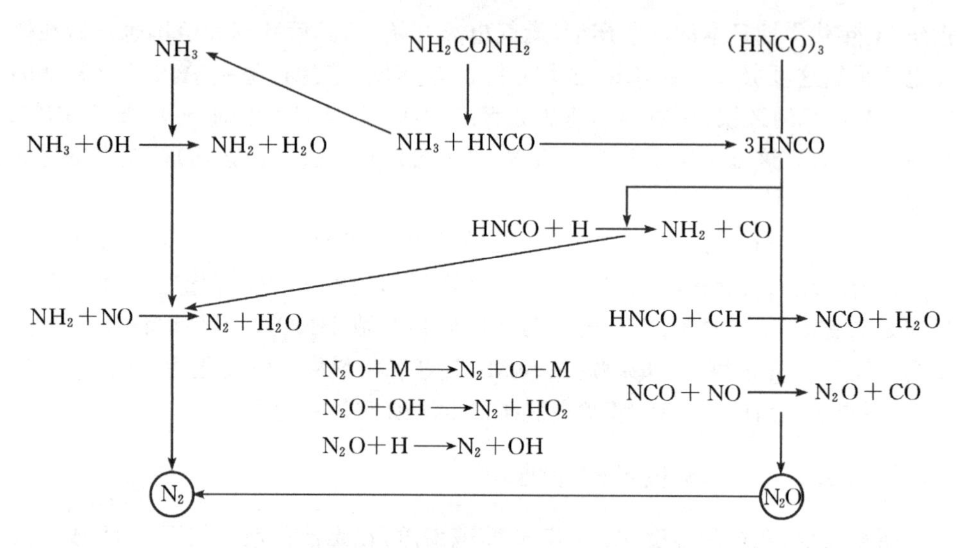

图 5-42　氨、尿素和氰尿酸脱除 NO_x 的途径

5.4.3.2　SNCR 技术工艺系统

图 5-43 所示为一个典型的 SNCR 工艺流程图，由还原剂贮槽、多层还原剂喷入装置和与之相匹配的控制仪表等组成。其工艺流程相当简单，通过对已有锅炉进行小规模的改造即可实现。

从 SNCR 系统逸出的氨可能有两种情况：一是由于喷入氨处烟气的温度低，

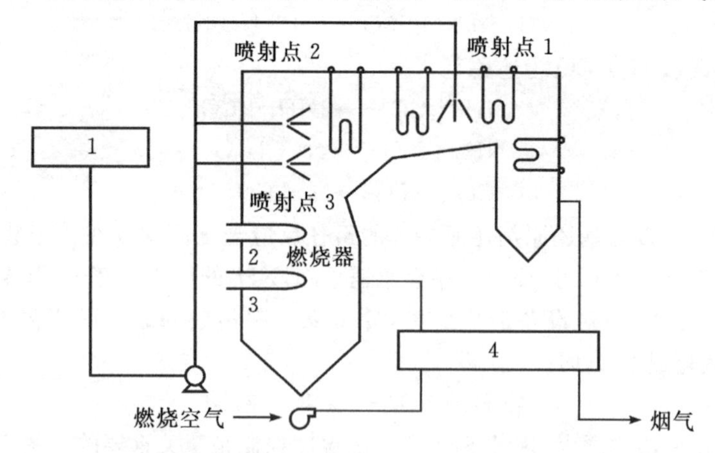

1—氨或尿素贮槽；2—燃烧器；3—锅炉；4—空气加热器

图 5-43　SNCR 工艺流程示意图

影响了氨与 NO_x 的反应；另一种可能是喷入的还原剂过量，导致还原剂不均匀分布。因此，除了 NO_x 在线监测系统之外，需要在出口烟管中加装一个能连续准确测量氨逸出量的装置。

SNCR 工艺中喷氨点的选择十分重要，还原剂喷入系统必须能将还原剂喷入到锅炉内最有效的部位，因为 NO_x 的分布在炉膛对流断面上是经常变化的，如果喷入控制点太少或喷到锅炉中整个断面上的氨不均匀，则一定会出现分布率较差和较高的氨逸出量。在较大的燃煤锅炉中，还原剂的分布则更困难，因为较长的喷入距离需要覆盖相当大的炉内截面。多层投料同单层投料一样在每个喷入的水平切面上通常都要遵循锅炉负荷改变引起温度变化的原则。然而，由于这些喷入量和区域是非常复杂的，因此要做到很好的调节非常困难。为保证脱硝反应充分进行，以最少的喷入 NH_3 量达到最好的还原效果，必须设法使喷入的 NH_3 与烟气良好地混合。若喷入的 NH_3 不充分反应，则泄漏的 NH_3 不仅会使烟气中的飞灰沉积在锅炉尾部的受热面上，而且烟气中 NH_3 遇到 SO_3 会生成 $(NH_4)_2SO_4$，易造成空气预热器堵塞，并有腐蚀的危险。

5.4.3.3　SNCR 技术的特点及影响因素

SNCR 技术在还原 NO_x 的过程中不需要催化剂，系统简单，旧设备改造少，是一种成本较低的烟气脱硝技术，适用于中、小锅炉的改造，但是也存在反应温度高、反应温度需要精细控制和还原剂消耗量高的缺点。在大型电站锅炉中，由于炉膛尺寸大、锅炉负荷变化范围大，增加了对以上因素控制的难度。国外的实际运行结果表明，应用于大型电站锅炉的 SNCR 的 NO_x 还原率只有 25%～40%，具有较高的氨逃逸率。

基于上述问题，国外大型电站锅炉单独使用 SNCR 技术的不多，绝大部分是 SNCR 技术与其他脱硝技术的联合使用，包括 SNCR 与 SCR 的联合使用、SNCR 与低氮燃烧器的联合使用、SNCR 和再燃烧技术的联合使用等。

影响 SNCR 脱氮效果的因素有以下几个。

1. 温度

选择性非催化还原 NO_x 的反应是在特定温度下进行的，温度过高或过低都不利于 NO_x 的有效控制。温度低于 900 ℃，NH_3 反应不完全，造成所谓的“氨穿透”；而温度过高，NH_3 氧化为 NO 的量增加，导致 NO_x 排放浓度增大，所以，SCNR 法的温度控制是至关重要的。一般对于温度不均匀分布的问题只是采取在水冷壁面布置多层还原剂喷口，通过调节还原剂送入的层高来适应由于负荷等因素造成的温度场变化。

2. 烟气与还原剂混合程度

对于SNCR，可以通过改善还原剂雾化效果与穿透深度来达到优化脱硝过程的目的。还原剂与烟气的充分混合是保证NO_x还原的关键因素，还原剂与烟气的混合程度基本决定了其他参数如氨氮摩尔比、停留时间等的设计和选择。还原剂通过喷枪以细小液滴的形式喷入炉内，喷嘴可控制液滴的粒径和粒径分布，通过控制喷嘴的安装角度、喷射速度就可以调节还原剂与烟气的混合程度。一般粒径较大的液滴在烟气中运动的时间较长，但其本身挥发的时间较长，需要较长的停留时间才能充分反应。

一般通过对烟气和还原剂的数值模拟对喷射系统进行优化设计，用增加喷入液滴的动量、喷嘴数量、喷入区的数量以及改善雾化喷嘴的设计来提高还原剂与烟气的混合程度。喷入点位置的选择取决于炉膛温度的制约。采用计算机模拟锅炉内烟气的流场分布和温度分布，同时辅以冷态与实物等比例缩小的流场装置试验，以此为设计依据来合理选择喷射点和喷射方式。喷射点的选取着重考虑以下几个方面：①还原剂分布均匀性；②喷入点温度；③还原剂与NO_x的反应及停留时间；④喷射区CO浓度及氨逃逸比例。对于煤粉炉，SNCR法的最佳喷氨点应选择在锅炉炉膛上部相应的位置，锅炉中注入还原剂的位置一般在过热器和再热器的辐射对流区，并要保证与烟气良好混合，实现高的NO_x还原效率。然而由于不同锅炉之间炉膛上部对流区的烟温相差±150 ℃，锅炉负荷波动也影响炉内温度，因此需要在炉膛内不同高度处安装喷射器，以保证还原剂能够在适当的温度喷入炉内。

对于循环流化床锅炉，SNCR尿素喷入点数量和位置都会影响尿素在反应区域内的分布状况，进而影响SNCR反应效率。一般借助CFD数值模拟来选取合适的喷射点数量和喷入位置，对旋风分离器以及部分附属尾部烟道进行优化。在旋风分离器上可以选择的喷入点大致有5处(见图5-44)。有学者通过数值模拟发现在分离器入口段上侧(位置5)和内外交错(位置3、4)的布置方式下还原剂的脱硝效率较高。

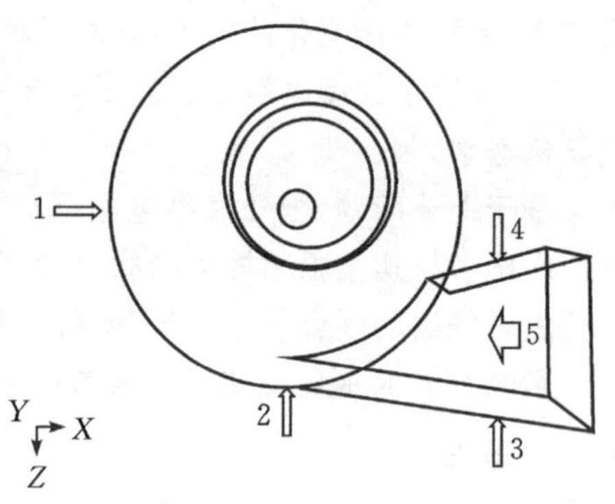

图5-44　尿素喷枪布置方式

另外喷嘴数量的多少也会明显影响脱硝效率与氨逃逸，一般增加喷嘴个数可以使还原剂分布更加均匀，对脱硝效率提升十分显著，但氨逃逸随着喷嘴个数的增加而上升，因此要提高SNCR反应脱硝效率，需要建立旋风分离器模型进行流场模拟，从而确定最佳的喷入位置和喷嘴数量。

3. 停留时间

对于非催化脱硝反应，停留时间是一个很重要的因素。根据化学反应动力学原理，化学反应有一定的特征时间尺度，反应停留时间与这一特征时间的大小关系决定着化学反应进行程度的高低，而反应进行的程度对脱硝过程的效率有着较大的影响。在实际的电站锅炉中由于水冷壁换热的影响烟气温度场的梯度较大，导致在适宜的脱硝温度区间内停留时间较短。对于这一因素，研究人员给予了足够的重视。停留时间增加，NO_x 脱除效率大幅提高。此外停留时间的增加还导致最佳脱硝温度有向低温方向移动的趋势。有实验通过保持气流量不变而改变反应器直径的方式调节停留时间，实验结果显示停留时间从 0.04 s 左右提高至 0.3 s 左右时，NO_x 脱除效率增加非常明显，而继续提高至 0.5 s 左右时，对 NO_x 脱除效率的影响并不明显。

4. 添加剂

近年来，科学工作者对 SNCR 反应过程的研究兴趣转移到添加剂的影响上来。添加剂主要有碱性金属添加剂与还原性气体添加剂两种。其中，碱性金属添加剂（如 Na、K、Ca 盐）机理主要是用于促进对于脱硝还原反应非常重要的中间产物 OH 自由基的生成，从而促进脱硝反应的进程。反应温度窗口的对比研究结果显示添加剂能使温度窗口变宽，并且整体上提高 NO_x 脱除效率，其中以 Na_2CO_3 作为添加剂时的 NO_x 脱除效率最佳。还原性气体添加剂主要由 H_2、CH_4、CO、醇类、烃类等组成。可燃还原性气体的促进机理与碱性金属添加剂相似，基本都是通过与烟气成分之间的反应来促进脱硝反应中有益于自维持反应进行的链载体 OH 或 H 的产生，从而影响脱硝反应进程。多数学者的研究结果显示还原性气体添加剂对脱硝效率的影响不大，但可以使脱硝的温度窗口向低温方向移动。

5.4.4 SNCR/SCR 联合烟气脱硝技术

氨逃逸率的要求限制了 SNCR 的脱硝效率，而在 SNCR/SCR 系统里，SNCR 中未反应的氨可以作为下游 SCR 的还原剂，在 SCR 反应器中进一步脱除 NO_x。这一联合系统将 SNCR 工艺低费用特点同 SCR 工艺的高效脱硝及低氨逃逸水平特点有机结合，在保证 SNCR 较高脱硝效率的同时，减少 SCR 还原剂喷入量，降低整体氨逃逸水平。

SNCR/SCR 联合烟气脱硝技术工艺流程如图 5－45 所示，于 20 世纪 70 年代首次在日本的一座燃油装置上进行试验，验证了该技术的可行性。理论上，SNCR 工艺在脱除部分 NO_x 的同时也为后续 SCR 脱除更多的 NO_x 提供了所需的氨。

在联合工艺的设计中，一个重要的问题是将氨与 NO_x 充分混合。SNCR 体系可向 SCR 催化剂提供充足的氨，但要控制氨的分布以适应 NO_x 分布的改变非常困难。对这种潜在的氨分布不均，在设计上还没有好的解决办法，并且锅炉越大，分布效果就越差。如果 SCR 催化剂上的氨未能与 NO_x 充分反应，那么一部分氨没经过反应就通过了催化剂；相反，如果高浓度 NO_x 区域处烟气中没有充足的氨，则在这些催化区域部分 NO_x 没有发生还原反应。

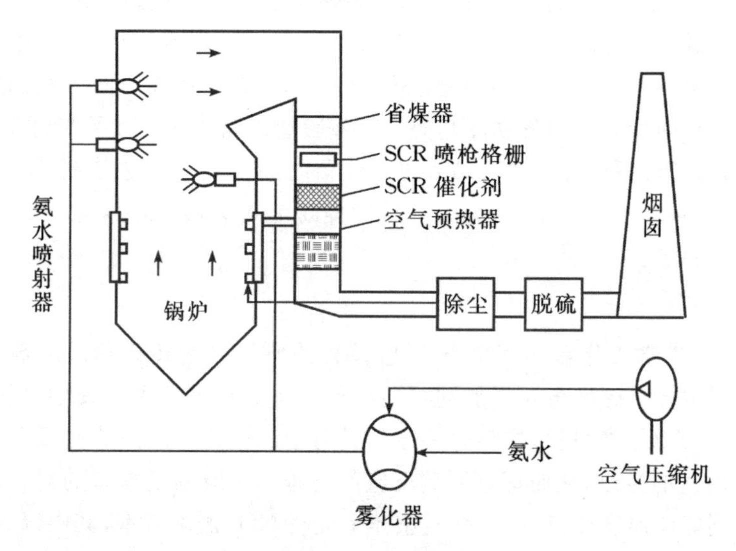

图 5-45　SNCR/SCR 联合烟气脱硝技术工艺流程图

为了弥补这种氨分布不均的现象，联合工艺的设计应提供一个充氨的供给系统，如在标准尺寸的 SCR 反应器中安装一个辅助氨喷射系统。准确的试验和调节辅助氨喷射能减少催化剂中的缺氨区域。

联合工艺 NO_x 的脱除率是 SNCR 工艺特性、氨的喷入量及扩散速率、催化剂体积的函数。要达到 90%以上的 NO_x 脱除率和氨逃逸浓度低于 5×10^{-5} 的要求，采用联合工艺在技术上是可行的。然而，NO_x 的脱除率还必须同还原剂的消耗量和所需催化剂体积保持均衡。

在 1995 年就提出了 SNCR/SCR 联合工艺的催化剂体积设计思路。该联合工艺采用 NO_x 最低脱除效率为 30%的 SNCR 工艺以实现 NO_x 总脱除效率为 70%的目的，因此，催化还原法中 NO_x 的脱硝效率必须要达到 57%。实际应用中催化剂的体积是随着氨的不均匀分布率的增大而增大的，当分布率接近 30%时，联合工艺所需催化剂的体积同分布率为 5%、NO_x 脱除效率为 70%的标准尺寸的 SCR 系统是相同的。这一因素可减少联合工艺潜在的费用，因为联合工艺中还原剂费用总是比标准尺寸的 SCR 系统要高。

5.4.5　湿式烟气脱硝技术

总体来讲湿法脱硝的效率都不太高，目前人们对湿法脱硝的研究开发主要集中在两个方向：一类是利用燃煤锅炉已装的湿式脱硫装置，对其加以改造或调整运行条件，实现 NO_x 的脱除，也即开发同时脱硫脱硝的湿法技术；另一类是单纯的湿法烟气脱硝，寻找效率更高的添加剂以促进 NO_x 在溶液中的吸收。

根据吸收剂的不同，湿式脱硝技术种类繁多，可分为水吸收法、酸吸收法、碱吸收法、氧化吸收法以及液相络合法等，这些方法比较适合于硝酸厂尾气 NO_x 的吸收，而烟气 NO_x 中 90%是 NO，NO 难溶于水，除液相络合法外多数方法并不适用于燃煤电厂烟气的脱硝。

液相络合法是一种利用液相配合剂直接同 NO 反应的方法，生成的配合物在加热时会重新放出 NO，从而使 NO 能富集回收。目前研究的 NO 络合吸收剂有 $FeSO_4$、EDTA－Fe(Ⅱ)、Fe(Ⅱ)－EDTA-Na_2SO_3 和 $Fe(CyS)_2$ 等，但这类研究也大多处于试验阶段。

5.5　同时脱硫脱硝技术

对于烟气脱硫与脱硝，目前我国火电行业普遍采用的是传统的分步脱除方法，就是将单独的石灰石-石膏湿法烟气脱硫装置与选择性催化还原脱硝装置进行简单串联，达到脱硫脱硝的目的。这类系统具有较高的脱硫脱硝效率，主要用于已设有脱硫设施、需再增加脱硝设备的机组。然而这种方式存在系统庞杂、占地面积大、投资运行费用高等问题，因此减少烟气净化的投资，简化工艺，发展高效、稳定、低成本的烟气同时脱硫脱硝的新技术是当今国际上的研究热点。

同时脱硫脱硝技术是指采用一种吸收剂（包含吸附剂）在同一个工艺流程内将烟气中的 SO_2 和 NO_x 一并脱除的工艺技术。国内外对烟气同时脱硫脱硝技术的研究十分活跃，目前烟气同时脱硫脱硝技术可分为湿法烟气同时脱硫脱硝、干法/半干法烟气同时脱硫脱硝。

干法/半干法烟气同时脱硫脱硝技术包括活性炭法、催化氧化还原法、等离子体技术和直接催化还原法等，其中代表工艺有电子束法(EBA)、脉冲电晕等离子体技术脱硫脱硝(PCDP)、电催化氧化法(ECO)、活性焦吸附法(BF)、CuO/γ-Al_2O_3 吸附法、Pahlamn 烟气脱硫脱硝工艺等。干法烟气同时脱硫脱硝的部分工艺已在日本、美国、德国等发达国家实现工业化应用，而在国内基本停留在建立示范性中试装置的阶段。

湿法烟气同时脱硫脱硝技术是在湿法脱硫技术的基础上,在吸收剂中添加可改变 NO 溶解度的添加剂,实现 SO_2 和 NO_x 同时被吸收剂吸收。湿法烟气同时脱硫脱硝工艺的脱除效率高,工艺、设备相对简单,易于和现有湿法脱硫设备结合,运行费用较低,且二次污染较低,是非常有研究价值的同时脱硫脱硝技术。根据对 NO 的处理方式不同,可将湿法同时脱硫脱硝技术分为氧化吸收法和络合吸收法两大类。

氧化吸收法是主要针对燃煤烟气中的 NO_x(主要为 NO)难以被碱液吸收的特点而研发的。烟气通过强氧化性环境,烟气中的 NO 被氧化为 NO_2,然后用碱液吸收。强氧化剂包括氯酸、高锰酸钾、乳化黄磷、臭氧等。这些强氧化剂在氧化 NO 的同时也氧化部分 SO_2,结合不同的吸收剂可实现同时脱硫脱硝的目的。氧化吸收法具有的优势在于:可在常温下进行氧化反应;对入口烟气的浓度要求宽泛;对 SO_2、NO_x 和有毒金属粒子的脱除效率高等。

络合吸收法是向现有湿法脱硫的碱性或中性溶液中添加络合吸收剂,与 NO 发生络合反应,以提高 NO 在液相中的溶解度。目前研究较多的是 Fe(Ⅱ)EDTA 络合物吸收和含有—SH的亚铁络合吸收的同时脱硫脱硝技术。Fe(Ⅱ)EDTA 廉价易得,但在反应过程中,烟气中的氧与配位的 NO 会氧化 Fe^{2+} 为 Fe^{3+},使吸收液失去活性。实际操作过程中需向溶液中加入抗氧化剂或还原剂,抑制铁离子氧化。同时络合剂需要不断再生才能循环使用,其再生速率慢,反应过程中部分损失并生成难处理的副产物。由于以上原因,络合吸收法同时脱硫脱硝工艺目前仍处于实验室研究阶段。

参考文献

[1] 徐明厚,于敦喜,刘小伟.燃煤可吸入颗粒物的形成与排放[M].北京:科学出版社,2009.

[2] 向晓东.除尘理论与技术[M].北京:冶金工业出版社,2013.

[3] 黄其励.先进燃煤发电技术[M].北京:科学出版社,2014.

[4] 杨飏.二氧化硫减排技术与烟气脱硫工程[M].北京:冶金工业出版社,2004.

[5] 阎维平,刘忠,王春波.电站燃煤锅炉石灰石湿法烟气脱硫装置运行与控制[M].北京:中国电力出版社,2005.

[6] 周至祥,段建中,薛建明.火电厂湿法烟气脱硫技术手册[M].北京:中国电力出版社,2006.

[7] 钟秦.燃煤烟气脱硫脱硝技术及工程实例[M].北京:化学工业出版社,2002.

第6章　生物质燃烧技术

6.1　生物质资源概述

当前世界各国发展所面临的问题大多来自两个方面:化石燃料短缺和环境污染严重。化石能源的储存是极其有限的,而人类对化石能源的开采步伐从未减缓,美国能源部和世界能源理事会预测:若以当前化石能源的消耗速度计算,人类使用的常规能源(煤炭、石油、天然气)可开采年限分别为211年、39年、60年。我国是世界上最大的发展中国家和第二大能源消耗国,能源结构主要依赖煤炭,CO_2排放量居世界第二位;不可再生能源的过度开发和利用,导致了严重的能源危机与环境污染。我国燃煤电厂、工业锅炉等燃烧设备排放出大量SO_x、NO_x和粉尘等污染物,也成为冬季雾霾频发的重要诱因之一。

综上所述,不管从能源需求的角度还是从防止或降低环境污染的角度,人类急需寻找可再生的绿色能源以维持人类的可持续发展。目前具有一定开发潜力的新能源包括核能、太阳能、生物质能、风能等。新能源的发展越来越受到世界各国的重视,美国计划在21世纪中期利用可再生能源的比例达到总能源消费量的1/3。生物质能作为一种绿色可再生能源,在国际上已经有大量的应用范例,而对生物质能的关注及探索仍在持续进行当中。生物质燃料来源充足,成本低廉,与煤炭及石油等燃料相比拥有较大的价格优势。因此,面对能源日益短缺的窘境,开发利用生物质能亦具有重要的能源战略意义。

6.1.1　生物质种类及特性

一般而言,生物质被定义为可以用作燃料或工业原料的活着或刚死去的有机物。广义上,生物质可分为如下五类:①农业生物质资源,包括农业废弃物,比如麦秆和其他秸秆等农业废弃物与能源植物,比如油菜、甘蔗、甜高粱和油菜等;②林木生物质,比如森林残余物、木材、木炭等;③禽畜粪便,比如禽畜排出的固、液废弃物;④生活垃圾,比如纸屑、生活垃圾等城市固体废弃物;⑤工业有机垃圾,比如工业产生的大量有机废弃物。

以下将详细介绍我国这五类生物质资源的特点。

1. 农业生物质

我国作为农业大国，农作物种类众多，产量更是巨大。水稻、玉米和小麦是三种主要的农作物，其产生的废弃物——秸秆是我国主要的生物质资源之一。我国秸秆资源主要集中在粮食产区：黑龙江和黄淮海地区的河北、山东、河南，东南地区的江苏、安徽，西南地区的四川、云南、广西、广东等省区，这几个地区的秸秆资源量几乎占全国总量的1/2。据2010年全国农作物播种面积计算，我国主要农作物产量为5.46亿吨，按草谷比计算秸秆产量约7亿吨。据我国粮食发展规划，2020年我国主要农作物的秸秆产量预计可达8亿吨。

2. 林木生物质

按照能源的利用方式林木生物质分为木质类生物质和油料类生物质两大类。其中，木质类生物质资源主要包括薪炭林、林业剩余物、灌木林平茬复壮以及经济林修剪、造林苗木截干、城市绿化树和绿篱修剪产生的枝条等。油料类生物质资源主要包括木本油料树种，用来生产生物柴油。据我国第六次森林资源清查结果可知，全国现有森林面积1.95亿公顷，森林覆盖率18.21%，林木生物质资源总量高于180亿吨。每年通过正常的灌木平茬复壮、森林抚育间伐、果树绿篱修剪，以及收集森林采伐、造材、加工剩余物等，可获得生物质量约8～10亿吨。目前我国木质林业剩余物资源量约为1.61亿吨，折合0.92亿吨标准煤。今后随着造林面积的扩大和森林覆盖率的提高，林木生物质资源量将会不断提高。

3. 禽畜粪便

禽畜粪便营养丰富，原粪中除含有大量有机质和氮、磷、钾及其他微量元素等植物必需的营养元素外，还含有各种生物酶和微生物，对提高土壤有机质及其肥力与改良土壤结构，起着合成肥料不可替代的作用。禽畜粪便虽然是很好的有机肥，但其中的营养成分必须经微生物降解才能被植物利用。同时，禽畜粪便中的病原微生物和寄生虫如果不加处理而直接施用，其有机质会被土壤微生物降解过程中产生的热量、氨和硫化氢损害植物根系，甚至还会造成环境恶臭和病原菌污染，因此，禽畜粪便必须经过腐熟和无害化处理后方可施用。

4. 生活垃圾

我国环境保护部门对城市生活垃圾的定义：在城市日常生活中或为城市日常生活提供服务的活动中产生的固体废弃物，以及法律、行政法规规定视为城市生活垃圾的固体废弃物。我国目前每年城市垃圾量为1.3亿吨，垃圾资源量折合标准煤为2000万吨。今后随着我国城镇化的大力发展，城市垃圾还会不断增加，预计到2020年，全国每年城市垃圾量将达到2亿吨以上。城市生活垃圾中含有大量有机物，可以作为一种能源，我国城市生活垃圾的热值约为3.8～6.3 MJ/kg。目前垃圾处理的方法主要包括卫生填埋、堆肥和焚烧发电三种，而垃圾无害化处理的比例仍然很小，2005年全国垃圾无害化处理量仅为8100万吨，约占垃圾总量的54%。此外，严格分类回收与利用城市垃圾也是未来高效处理大量垃圾的必经之路。

5. 工业有机垃圾

我国农副产品及食品加工业也会产生大量有机废弃物，如粮食、食品、制糖、造纸、酿酒、淀粉等在生产中都会产生大量的有机废渣和废水。目前，我国工业废弃物的利用途径有堆肥、焚烧以及厌氧发酵等，有机废水的处理方式主要为厌氧发酵生产沼气。据估计，中国农产品加工产生的有机废弃物可生产500亿立方米沼气，相当于3500万吨标准煤的能量。

可以发现，同常规能源煤炭相比，生物质能具有以下优势。

(1)生物质能资源可再生，储量巨大。生物质能通过植物的光合作用存储，并具有可再生性。在煤炭、石油、天然气等常规能源日益减少的情况下，能够完全取代或部分取代常规能源在经济发展和社会生产上的作用。生物质能相比太阳能、风能、潮汐能等新能源具有储量巨大、便于利用等特点，是未来能源利用的重要选择方式之一。

(2)生物质能具有低污染性，比煤炭、石油、天然气等常规能源清洁，并且可持续发展的优点。生物质燃料具有较低的碳、氮、硫含量和较高的氧含量，挥发分含量高，着火温度低，燃烧产生的 CO_2、SO_x、NO_x 排放低；生物质燃料还具有灰分低的特点，能减轻粉尘污染；生物质燃烧释放的 CO_2 等于生物质生长过程中光合作用从大气中捕集的 CO_2 量，因此可以实现 CO_2 的“零排放”。国际社会越来越关注环境问题与全人类可持续发展，由于煤炭等常规能源在燃烧中产生较高浓度的 SO_2、NO_x 及 CO_2 等有害气体，所以具有“CO_2 零排放”特性的生物质能正愈来愈受到国际社会的重视。2009年哥本哈根气候峰会和2015年巴黎气候峰会，均对 CO_2 减排提出了明确目标，所以生物质能在未来各国节能减排中必然发挥更重要的作用。

(3)生物质能广泛的地域性及低廉的价格。生物质能源分布广泛，可以随时随地利用，部分煤炭缺乏的地区可以充分利用生物质能资源。我国是一个农业大国，农业分布面广、产量大，在农业生产过程中产生大量的秸秆类生物质资源，由于农用生物质和废弃物长期被放置或就地焚烧，因此可以采用较低的价格回收，并通过发电或者气化实现高效及低成本的利用。

(4)从生物质资源中提取的物质具有市场竞争力。生物质经物理或者化学转化后生成的甲醇、汽油、液氢、柴油等燃料，可以用于内燃机燃烧。目前已经有多个国家正在开展生物质转化成清洁可用燃油的研究，并取得了一定成绩。

(5)生物质发电具有国家补贴政策。我国《可再生能源中长期发展规划》中对生物质发电行业确定的发展目标：到2020年，生物质发电装机达到3000万kW，并且出台了相关法律规定，确保可再生能源发电全额上网，发电项目自投产之日起，15年内享受补贴电价（0.75元/(kW・h)）。因此，在电价补贴的政策性法规下，生物质发电仍会取得较高的效益。

6.1.2 生物质结构特点

生物质是多种复杂高分子有机化合物的复合体，纤维素、半纤维素和木质素是生物质的主要成分，它们交织成高聚合物体系。纤维素、半纤维素和木质素是生物质中被利用的部分，由各种复杂高分子有机化合物复合而成，可直接燃烧、热解、气化、发酵转化为所需要的能源形式。

1. 纤维素

植物通过光合作用，每年能产生出亿万吨纤维素，这也是纤维素最主要的来源。纤维素是植物细胞壁的主要组成部分，也是自然界中分布最广且含量最多的一种多糖，占植物界碳含量的50%以上。棉花是自然界中纤维素含量最高的植物，其纤维素含量达90%～98%。木材是纤维素化学工业的主要原料，纤维素含量占其组分的50%以上。纤维素是由多个D-吡喃葡萄糖酐(1～5)以β(1～4)苷键连接而成的线形高分子，或看成是由n个D-葡萄糖酐（即失水葡萄糖）聚合形成的高分子有机物，通式为$(C_6H_{10}O_5)_n$。纤维素不溶于水，与木质素相比，含有较多的氧元素，更适合水解发酵生产酒精，直接燃烧时热值低。一般木材中，纤维素含量为40%～50%，半纤维素含量为10%～30%，木质素含量为20%～30%。

2. 半纤维素

半纤维素是生物质原料中除木质素、纤维素、果胶以外含量较高的一种不均一聚糖，由两种或两种以上的单糖结合而成，以聚戊糖为代表。它的聚合度一般为150～200，主要结构单元有LD-木糖基、D-甘露糖基、D-葡萄糖基、D-半乳糖基和1-阿拉伯糖基等。半纤维素的碳含量介于纤维素和木质素之间，但是物理和化学性质存在显著差异。半纤维素多糖支链较多，在水中溶解度较高，水解得到的产物随半纤维素的来源不同而有所差异。一般阔叶材和草本植物中的半纤维素含量高于针叶材，针叶材的木质素含量又高于前者，故针、阔叶材可转化产品不同，最适合的转化技术方法也不相同。纤维素和半纤维素热解的成炭率低于木质素，但焦油的产率却相对高一些。纤维素和半纤维素分子链中均含有游离羟基，具有亲水性，但是半纤维素的吸水性和润胀度均比纤维素高，因为半纤维素不能形成结晶区，水分子容易进入。在造纸工业中，半纤维易于水化和溶胀，有利于纤维间交织，可适当增加纸张的断裂强度、透明性和防油性。

3. 木质素

木质素是由四种醇单体(香豆醇、松柏醇、5-羟基松柏醇、芥子醇)形成的一种复杂酚类聚合物,具有复杂的三维空间结构,也是构成植物细胞壁的成分之一,在植物组织中具有增强细胞壁和黏合纤维的作用。苯丙烷为木质素的基本结构单元,又分为三种基本结构:愈创木基(针叶材木质素的主要组成)、紫丁香基(阔叶材木质素的主要组成)和对羟苯基(禾草类)。木质素中碳元素含量高,且在木质生物中木质素含量又较高,但由于它包围在纤维素之外,影响生物质的水解效率,故木质素的含量对原料的能量转换和化学提取加工物有一定影响。木质素通过隔绝空气高温热分解可以得到木炭、焦油、木醋酸和气体产物,而各类产物的产率则取决于木质素的化学组成、反应最终温度、加热速率和设备结构等一系列因素。纤维素开始强烈热分解的温度是280～290 ℃,而木质素热稳定性较高,热分解温度达350～450 ℃,属难分解物质。

4. 无机组分

无机物是生物质必不可少的组成部分,对植物的生长起着重要作用,现已证明有十六种矿质元素为植物生长所必需,它们在植物体内以无机盐或者氧化物的形式(统称无机物)存在。

氮(N)占植物干重的1%～3%,其赋存形式以无机氮为主(NO^{3-}、NO^{2-}、NH^{4+}),少量存在于有机氮中,如尿素$CO(NH_2)_2$和氨基酸等。N是植物生命活动中很重要的元素,是许多化合物的重要成分:①核酸,分为脱氧核糖核酸(DNA)和核糖核酸(RNA);②生物催化剂酶,也就是蛋白质,对植物代谢起着催化作用;③维生素、辅基、辅酶、激素,对植物酶活性的调节具有很大作用;④磷脂,是细胞膜骨架;⑤叶绿素,光敏素;⑥能量载体二磷酸腺苷(ADP)和三磷酸腺苷(ATP),是植物体内能量传递和承载的物质;⑦渗透物质脯氨酸和甜菜碱,对植物渗透作用吸收矿质元素具有重要意义。

磷(P)在植物体内约占干重的0.2%,但是对生命活动起着重要作用,存在形式主要是H_2PO^{4-}和HPO^{2-}。磷元素能提高植物对外界环境适应能力,促进碳水化合物的合成,也是许多植物所必需的化合物组分:①遗传物质核酸;②磷酸辅基、辅酶(FAD、NAD、FMN、NADP)和维生素;③能量载体ADT和ADP;④调节物质运输的物质,如磷酸蔗糖;⑤细胞膜骨架磷脂。

钾(K)在植物体内约占干重的1%,呈离子态,主要起调节作用,功能主要有:①调节气孔开闭;②调节根系吸水和水分向上运输;③渗透作用调节;④调节酶的活性,如谷胱甘肽合成酶、琥珀酰CoA合成酶、淀粉合成酶、琥珀酸脱氢酶、果糖激酶、丙酮酸激酶等60多种酶;⑤平衡电性的作用,在氧化磷酸化中,K^+、Ca^{2+}作为

阳离子平衡 H^+，在光合磷酸化中，K^+、Mg^{2+} 作为 H^+ 的对应离子，平衡 H^+ 的电荷；⑥同时 K^+ 还能调节物质运输。因此，K 能促进光合作用和蛋白质合成，增强作物茎秆的坚韧性、抗倒伏和抗病虫能力，提高作物的抗旱和退寒能力。但是，对生物质燃烧设备而言，生物质燃料中的 K 元素是诱发锅炉受热面积灰、结渣、腐蚀以及流化床床料聚团的主要因素。

6.1.3 生物质能利用方式

一般来说，生物质与化石燃料的利用方式很相近，因此煤炭、石油和天然气的利用方式基本可以应用于生物质能的开发和利用。生物质能的利用方式包括以下几种：物理转化、化学转化以及生物转化等，如图 6-1 所示。

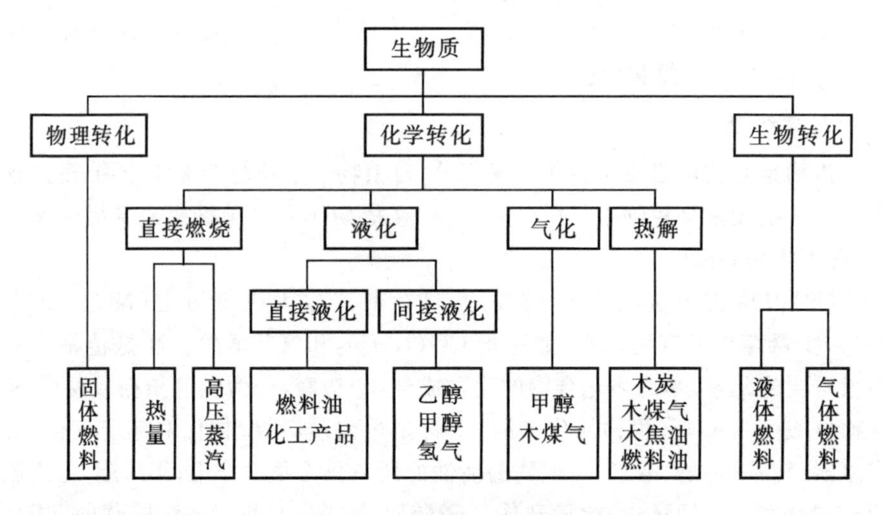

图 6-1 生物质能利用技术

6.1.3.1 物理转化技术

物理转化技术主要是生物质压型技术。生物质压型过程是，首先将生物质粉碎至一定细度，然后在一定压力下利用黏结剂或通过粉碎后颗粒自身黏度，将生物质固化为颗粒状、棒状或圆柱块状。压型过程中生物质会析出水分，从而可以增加热利用率。压型后生物质的体积变为原来的 1/8～1/6，密度变为 1200 kg/m^3，含水量低于 12%，热值为 16 MJ/kg 左右。压型技术投资小，压型后生物质便于运输和使用，是生物质重要的前处理技术之一。

6.1.3.2 生物质化学转化技术

生物质化学转化技术应用最广泛，根据生物质化学转化过程复杂的物理和化学反应，可以分为以下几种技术。

1. 生物质直接燃烧技术

该技术为电厂主要采用，以下为国内外生物质直接燃烧利用的主要技术。

(1)层燃炉燃烧技术。生物质中水分较多，会对其燃烧产生影响。层燃炉炉膛容量大，正好适合于含水量高、尺寸不规则的生物质燃烧，生物质在该类型炉内有足够长的停留时间，层燃炉的高温区温度一般在 1000 ℃左右，但层燃炉燃烧时炉内需要补充大量空气，氧气不足易造成生物质燃烧不充分。

(2)流化床燃烧技术。流化床锅炉中燃料混合充分，炉膛温度均匀性也比较好，因此流化床锅炉能够灵活适用于不同生物质。目前多个国家已经建立了流化床生物质发电机组，2006 年，仅美国就已经有超过 350 座生物质电厂，其总装机容量超过 1000 万 kW。流化床燃烧技术是一种低温燃烧技术，其燃烧温度低于层燃炉和煤粉炉，在 850 ℃左右即可维持稳定燃烧。

此外，煤粉炉掺烧生物质也是生物质直燃常采用的技术之一，混合燃烧技术在北美、北欧等地区应用较多。该混燃方式可以缓解生物质锅炉高碱金属含量带来的腐蚀问题。目前国内对生物质与煤混合燃烧技术的研究也取得了一定进展，部分学者对混燃方面的技术也进行了探索，同时已有电厂积极引进混燃技术，并努力争取国家政策支持。十里泉电厂是生物质与煤混燃发电的成功示范，西安交通大学在某 300 MW 机组上不增加固定投资的前提下，利用磨煤机研磨生物质压型燃料，实现了生物质与煤的直接混燃，也实现了生物质的规模化利用。

2. 生物质液化技术

生物质液化技术主要利用某些化学反应使固态生物质转化为液体燃料。根据液化方式的不同，生物质液化可以分为直接液化、热解液化、水解液化等。在催化剂的作用下，直接液化技术利用高压剔除有害杂质与灰分，将生物质转化为清洁型液体燃料。生物质热解液化是将固态的生物质迅速加热，使其分解为液体燃料。水解液化主要是将生物质中的有机物质分解为可燃用液体，主要产物为酒精，液化产物还可被进一步处理，分离加工成其他化工产品。

3. 生物质气化技术

气化技术将固态生物质利用化学反应转化为可燃气体。生物质气化炉设备简单可行，气化过程容易控制。气化具体过程：在高温下向含有生物质的密闭空间中通入水蒸气、空气、氧气等气化剂，生物质可燃物质逐步转化成可燃气体，气化的固体产物——生物质炭则具有活性高、灰分和硫分含量低、挥发分含量高的特点。

4. 生物质热解技术

生物质热解技术定义为在缺氧或无氧情况下，加热分解生物质的转化方式。热解产物分为气体、固体及液体物质三大类。生物质热解一般不需要添加催化剂，热解产物随热解温度不同而不同。热解温度低于 150 ℃时，生物质基本不会发生变化；热解温度为 150～300 ℃时，生物质释放出 CO_2、CO、CH_4、H_2 等气体；热解温度为 300～600 ℃时生物质会产生大量焦油；热解温度高于 600 ℃时，焦油发生二次裂解。

6.1.3.3 生物质的生物转化技术

生物转化技术是一种以生物学为基础，利用厌氧菌（甲烷菌）将含有蛋白质、脂肪等的碳水化合物转化为液体燃料或气体燃料的技术。目前农村推广的沼气池，就是生物转化技术的典型应用实例。

6.2 生物质燃烧利用方式

由于 20 世纪 70 年代石油危机的爆发，生物质发电很快被纳入各国研究的重点，开始起步并逐步发展，其中丹麦最早开始推广生物质发电技术，并在 1988 年建立起全球第一座秸秆燃烧发电厂。现在欧洲生物质电厂的发电能力占到所有可再生能源发电能力的 70%，而美国生物质能发电的装机容量也已经达到了 1000 万 kW。现在西方工业国家生物质发电量预计到 2020 年时会占到可再生能源发电总量的 15%，为 1 亿个家庭提供电力；其中，法国应用于发电的生物质量将相当于 750 万吨石油。

我国为了建设合理的能源结构，逐步降低煤电比例，同时提高可再生能源发电比例，也把生物质发电作为可再生能源发电中的一个重要方向。2006 年 12 月，我国第一个生物质直燃发电项目国能单县生物质发电厂正式投产。2012 年 7 月国家能源局发布《生物质能发展“十二五”规划》，要求到 2015 年我国年利用生物质能超过 5000 万吨标准煤，其中要求生物质能发电装机容量达到 1300 万 kW，发电量约 780 亿 kW·h/a，折合标准煤 2430 万 t/a。我国《可再生能源中长期发展规划》确定的主要发展目标：到 2020 年，生物质装机容量达到 3000 万 kW，占到总装机容量的 3%。2016 年，我国生物质发电量已达 647 亿 kW·h，占全国总发电量的 1.1%，占可再生能源发电量的 4.2%。截至 2016 年末，我国共有 30 个省份投产了 665 个生物质发电项目，其中排在前三位的省份分别为山东、江苏和浙江，其对应的生物质发电装机容量为 179.4 万 kW、125 万 kW 和 118.2 万 kW。此外，我国政府也出台了一系列相关政策和法规对生物质发电提供补贴和法律保护，并确保可再生能源发电全额上网。政策规定发电项目自投产之日起，15 年内享受 0.25 元/kW · h 的补贴电价。2018 年 6 月，国家能源局下发了关于燃煤耦合生物质发电技改试点项目的通知，正式批复了涉及 23 个省、自治区、直辖市的 84 个燃煤耦合生物质发电的试点项目，以进一步推动能源生产和消费革命，以及发展清洁低碳、安全高效的能源消费方式。

目前的生物质燃烧利用方式主要包括四种：层燃炉燃烧、鼓泡床燃烧、循环流化床燃烧和粉状燃料燃烧，如图 6-2 所示。此外，还包括生物质直接掺烧和气化耦合掺烧方式，以下将详细介绍这几种利用方式。

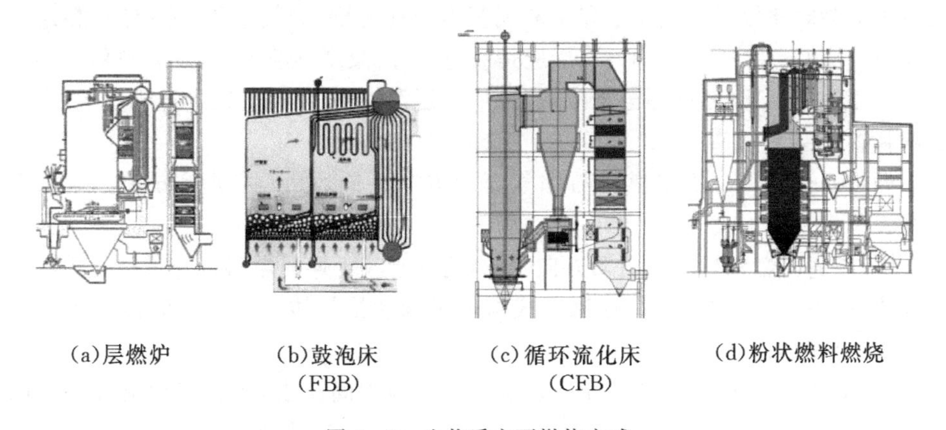

(a)层燃炉　(b)鼓泡床(FBB)　(c)循环流化床(CFB)　(d)粉状燃料燃烧

图 6-2　生物质主要燃烧方式

6.2.1　生物质层燃炉燃烧技术

目前大规模的生物质燃烧发电工程主要集中在欧美等发达地区，但是由于地域燃料资源的差异，这些燃烧利用工程大多数以木质类原料(如枝条、木片、废弃木材等)为主，仅仅有小部分掺烧农作物秸秆，且掺烧比例不高。目前全球范围内较大规模的纯秸秆燃烧技术以北欧的丹麦为代表，该国已建成 100 多家秸秆发电厂，秸秆发电量占全国总发电量的 24%。这些秸秆热电厂规模不同，但共同点是设计燃料均为麦秆，燃料运输和储存采用标准的捆包形式，燃烧系统为振动炉排炉；进料采用秸秆捆绑直接推入炉膛燃烧，或者采用先将秸秆捆分散破碎然后给入炉排的方式。炉排燃烧采用活动式炉排，可使焚烧操作连续化和自动化。该炉型的核心部分是炉排，根据炉排运动方式主要分为逆折移动式、链条式、逆动翻转式、马丁反推式、阶段往复摇动式、DBA 滚筒机械式、阶梯往复式等炉排形式。炉排的布置、尺寸和形状与生物质水分与热值有关，并且不同制造厂商的设计也有所不同。炉排有水平布置，也有呈倾斜面15°～26°布置，炉排的设计分为预热段、燃烧段、燃尽段，各段之间存在1 m左右的垂直落差，也可没有落差。炉排下部为宫式冷风槽道，一次风可通过炉排间隙冷却炉排片，并从炉排片前端以及侧面进入炉排片上部，同时还可以吹扫炉排间隙中的生物质与灰渣。

在层燃燃烧方式中，生物质平铺在炉排上形成一定厚度的燃料层，依次进行干燥、干馏、还原和燃烧。空气(一次风)从炉排下部通过燃料层为燃烧提供氧气，可燃气体与二次风在炉排上方空间充分混合燃烧。空气通过炉排和灰渣层被预热，并和炽热的焦炭相遇，发生剧烈的氧化反应：① $C+O_2 \longrightarrow CO_2$；② $2C+O_2 \longrightarrow 2CO$。氧气被迅速消耗，生成$CO_2$和一定量的CO，温度逐渐升高达到最大值，这一区域被称为氧化层。在氧化层以上氧气基本消耗完毕，烟气中的CO_2与C相遇发生还原反应$C+CO_2 \longrightarrow 2CO$，该反应是吸热反应，温度逐渐下降，该区被称为还原层。在还原层上部，温度逐渐下降，还原反应逐渐停止，再向上则到达干馏层、干燥层和新燃料层。

如图6－3所示，依据燃料与烟气流动方向不同，可以将层燃方式分为以下三类。

(1)顺流。燃料与烟气流动方向相同，适合于较干燥的燃料以及带空气预热器的系统，如图6－3(a)所示。顺流方式增加了未燃尽气体的滞留时间以及烟气与燃料层的接触面。

(2)交叉流。如图6－3(b)所示，烟气从炉膛中间流出，综合了顺流和逆流的层燃技术，按炉排形式不同可分为固定床、移动炉排、旋转炉排、振动炉排等，适用于含水率较高、颗粒尺寸变化较大及灰分含量较高的生物质，一般额定功率小于20 MW。

(3)逆流。燃料与烟气流动方向相反，适合于含水量较多的燃料，热烟气与新进入燃烧室的燃料接触，将热量传递给新燃料，有利于水分的迅速蒸发，如图6－3

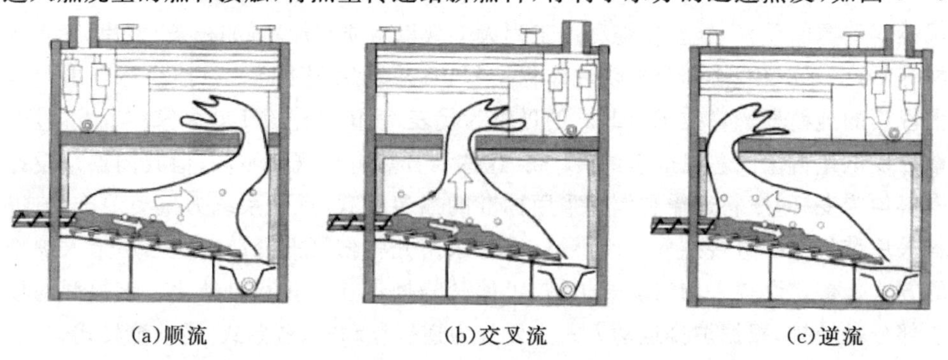

(a)顺流　　(b)交叉流　　(c)逆流

图6－3　生物质层燃方式

(c)所示。

丹麦 BWE 公司开发了水冷式振动炉床燃烧技术，主要用于燃烧麦秆类生物质。该技术通过螺旋给料机将秸秆燃料输送到振动炉排上，首先燃料的挥发分析出，并由炉排上方的热空气点燃，产生的焦炭由于炉排振动和秸秆连续给料产生的压力不断移动并进行燃烧。燃烧产生的高温烟气依次经过位于炉膛上方、烟道中的过热器，再经过尾部烟道的省煤器和空气预热器后，经除尘处理排入大气。炉排的振动间隔时间可根据蒸汽的压力、温度等进行调节。灰斗位于振动炉排的末端，秸秆燃尽的灰到达水冷室后排出。

该技术的优势主要包括以下几点。

(1)高效燃烧。在炉排设计中，物料通过炉排的振动实现向尾部运动，在炉排的尾部设有一个挡块，可以保证物料在床面上有一定的厚度，从风室来的高压一次风通过布置在床面上的小孔保证物料处于鼓泡运动状态，使物料处于层燃和悬浮燃烧两种状态，提高燃烧效率。振动床的间歇振动可以根据运行的需要把燃烧完的灰输送到出渣通道，灰渣经除渣机排出炉外。根据生物质燃烧性质，通过合理的燃料入口设计，入口区燃烧空气和二次风的合理供应以及炉排移动、供风的良好配合可以实现生物质的高效燃烧。

(2)缓解碱金属问题。针对生物质燃料的碱金属问题，通过在炉膛上部、后部增加低温的蒸发受热面使进入第一级对流受热面的烟气温度降低到相对安全的程度，缓解了尾部受热面碱金属问题。其他辅助措施包括降低高温烟气换热区管内工质的温度、采用耐腐蚀管材、强化吹灰以及增加检修次数等。对于落在炉排上的残余燃料和半焦，由于上部辐射加热和自身的燃烧放热，即使在炉排采用水冷的情况下，灰烬也依然会因含碱金属而出现软化、粘黏的现象，该问题的解决主要还是依赖精心设计的炉排移动和振动方式。

但是，水冷式振动炉排锅炉在燃烧方式上仍未摆脱类似悬浮燃烧的高温火焰区，因而对流受热面颗粒沉积、高温受热面金属腐蚀以及炉膛熔渣问题并没有得到根本性解决。

近年来，英国的 Biomass Power 公司提出一种新的生物质/垃圾等固废气化耦合多级燃烧技术，进一步提高了燃料利用效率和燃料的适应性。生物质热解耦合多室燃烧技术流程图，如图 6-4 所示，该技术的原理主要为从炉排下部送入少量预热空气，使炉排上的燃料部分燃烧，产生的可燃气体导入耦合多级燃烧室进行燃烧。

该技术拥有多个优点：

(1)炉内飞灰捕集可以减少受热面积灰和磨损，提高锅炉效率；

(2)特殊设计降低金属壁面高温酸腐蚀；

(3)脱硝系统计算流体力学优化设计,大大提高了脱硝效率;

(4)二噁英、硫化物和重金属等排放低于中国和欧盟标准。

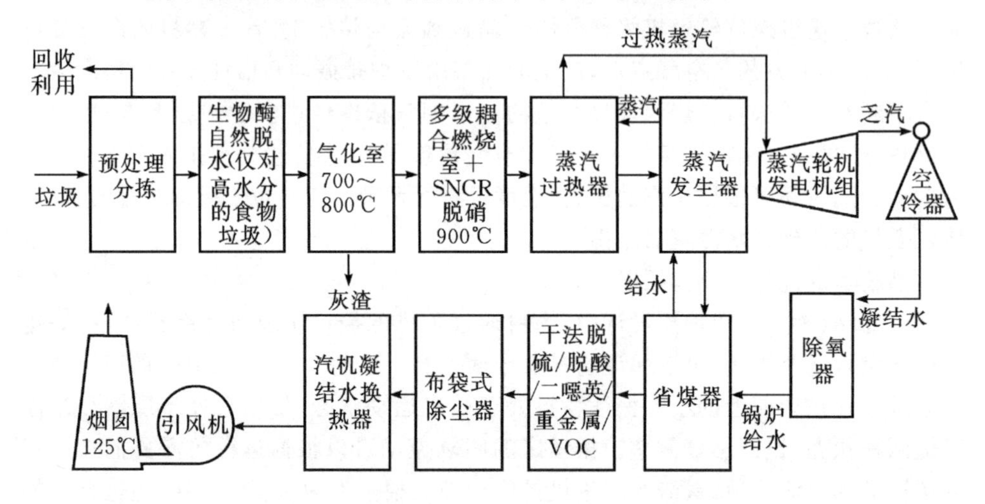

图 6-4　生物质热解耦合多室燃烧技术流程图

图 6-5 为该生物质气化耦合多室燃烧技术的设备模型图。该技术由多个子系统和设备组成,主要包括给料系统、气化室、多级耦合燃烧室、炉内 SNCR 脱硝系统、蒸汽发生器、蒸汽过热器、省煤器、干法脱酸反应室、活性炭喷入系统、布袋除尘器、引风机、排放烟气检测设备和烟囱。

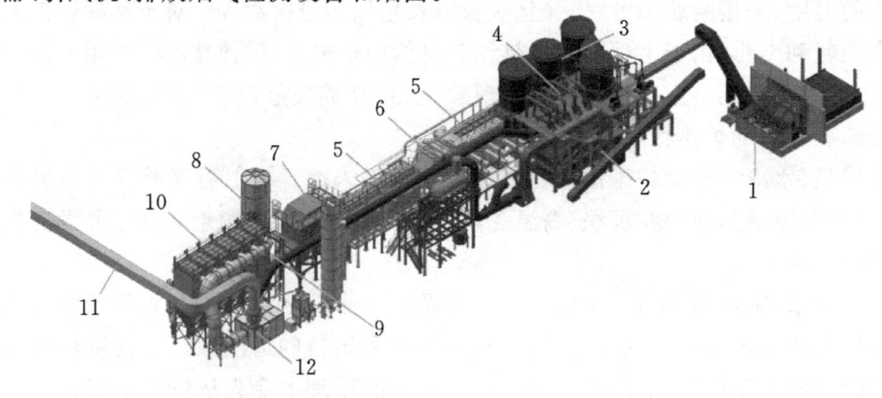

1—给料系统;2—气化室;3—BPL-TEC 多级耦合燃烧室;4—炉内 SNCR 脱硝系统;5—蒸汽发生器;6—蒸汽过热器;7—省煤器;8—干法脱酸反应器;9—活性炭喷入系统;10—布袋除尘器;11—烟气排放检测设备和烟囱;12—引风机

图 6-5　生物质气化耦合多室燃烧装置模型图

6.2.2　生物质流化床燃烧技术

20 世纪 60 年代初英国煤炭利用研究协会和煤炭局共同开发了流化床燃煤锅炉,随后流化床燃烧技术开始快速发展。流化床内大量的床料能够蓄积大量的热量,便于低热值燃料的快速干燥和点火,同时由于床内高温炽热颗粒的剧烈运动,强化了气固流动,使固体燃料表面的灰层被快速剥离,减少了气体的输运阻力且延长了颗粒在床内的停留时间,有利于颗粒的燃尽。与炉排燃烧技术相比,流化床燃烧技术具有布风均匀、燃料与空气接触混合良好、SO_2 及 NO_x 排放少等优点,更适合燃烧水分过高、低热值的秸秆、石煤、煤矸石等低阶劣质燃料。同时,炉内温度控制和机组负荷控制上也具有一定优势。

流化床燃烧是固体燃料颗粒在炉床内经气体流化后进行燃烧的技术,主要包括鼓泡流化床和循环流化床。当气流通过一个固体颗粒的床层时,若其流速可以使气流流阻压降等于固体颗粒层的重力时(即达到临界流化速度),固体床本身会变得像流体一样,原来高低不平的界面会自动地流出一个平面,即固体床料被流态化。如果把气流流速进一步加大,气体会在已经流化的床料中形成气泡,从已流化的固体颗粒中上升,到流化的固体颗粒的界面时,气泡会穿过界面而破裂,就像水在沸腾时气泡穿过水面而破裂一样,这样的流化床又称为沸腾床或鼓泡床。继续加大气流速度,当超过终端速度时,颗粒就会被气流带走,若能将被带走的颗粒通过分离器加以捕集并使之重新返回床中,保证连续不断地操作,则称为循环流化床。循环流化床一般由炉膛、高温旋风分离器、返料器、换热器等几部分组成。鉴于流化床锅炉多项优点,美国、瑞典、德国、丹麦等国家已经采用流化床锅炉大量地燃烧生物质。国内哈尔滨工业大学早在 1991 年就进行了生物质燃料的流化床燃烧技术研究;浙江大学提出了不同规模和不同炉型的生物质燃烧系统方案。

流化床生物质燃烧技术也符合我国能源利用发展的需要,近年来得到快速发展。目前,在运行的流化床生物质锅炉参数基本是中温中压或次高温次高压,今后会逐步向高参数方向发展,因为提高蒸汽参数是提高发电效率的最有效途径。随着生物质循环流化床燃烧技术中飞灰聚团和高温腐蚀两大技术难题在实践中的不断攻克,目前已具备了高温高压循环流化床秸秆锅炉的研发条件,相关研发工作业已完成,即将进入实际应用阶段。

宿迁生物质直燃发电项目是国内第一个采用自主研发,拥有完全自主知识产权的国产化生物质直燃发电示范项目。生物质电厂建设规模为 2 台 75 t/h 中温中压燃烧生物质锅炉,配置 2 台 12 MW 汽轮发电机组。该项目所采用的循环流化床生物质燃烧技术是国内科研机构研发的新型秸秆燃烧系统,该技术充分发挥了循环流化床锅炉燃料适应能力强、锅炉热效率高、有利于碱金属问题控制和缓解等优点，可以同时燃烧灰色秸秆（林业废弃物枝桠材和棉秆等）和黄色秸秆（水稻、玉米和油菜等秸秆），避免对单一燃料品种的依赖，大大降低燃料供应市场风险，实现了对国内资源量最大、利用比例最低的黄色秸秆的有效利用。项目所采用的生物质破碎输送上料系统的主要技术特点：充分考虑了国内小规模农业生产的现状，可以输送多种复合秸秆，满足多品种、多包型的生物质破碎和输送需求，更适合我国的国情。该机组年利用秸秆等生物质燃料 20 万吨左右，节约标准煤 13 万吨，一年减排 CO_2 为 11 万吨，减排 SO_2 1900 吨，使当地农民增收超过 6000 万元。

生物质流化床燃烧技术的优点总结如下。

(1)低温燃烧和炉膛温度均匀。炉膛内大量惰性的床料与燃料之间充分地混合，使燃料燃烧放出的热量均匀分布，不会形成悬浮燃烧和层燃燃烧所难以避免的局部高温，这对于 NO_x 排放的控制有积极意义，同样也可减少秸秆中碱金属的析出，有效避免气相碱金属浓度的增加，同时降低低熔点共融物的形成。

(2)物料循环和良好的炉内反应条件。物料循环和炉内固-固、气-固间良好的混合可提供高效的反应条件，通过合适的添加剂，在循环流化床中可以利用这种反应能力捕集甚至转化秸秆原料带入炉内的碱金属，从而实现对碱金属迁徙的主动控制，进而从根本上缓解碱金属盐对尾部受热面的危害。

(3)循环流化床炉膛内强烈的颗粒运动。循环流化床的密相区存在强烈的颗粒运动，由于物料内循环，稀相区内的水冷壁壁面上也存在大量的颗粒贴壁流动，炉膛内悬挂受热面处的颗粒浓度也相当大。对于秸秆燃烧来说，轻软的秸秆灰没有磨损的危险，有些特殊的床料作为循环物料还能在防止水冷壁或耐火材料上出现熔渣，并防止悬挂受热面上发生初始沉积或凝结。

(4)较好的燃料适应性。在秸秆燃烧中，流态化燃烧不但能适应秸秆原料在种类、破碎条件、水分、杂质含量等方面的变动，维持良好的燃烧组织，更重要的是在燃料变动时，依然能够对碱金属引发的相关问题加以有效控制。

然而，流化床内生物质的燃烧仍存在以下问题。

(1)碱金属导致飞灰聚团，易造成返料系统不畅。大多数生物质的灰熔点较低，碱金属在高温下易析出，因此，应控制炉膛出口温度，减轻生物质锅炉的高温腐蚀和返料飞灰的聚团效应。通过在炉膛出口加水冷屏和屏式过热器来控制炉膛出口温度，并在返料系统上增加返料扰动风，能有效控制炉膛结渣和飞灰聚团，并有助于返料系统的通畅。

(2)秸秆灰熔点低，容易沾污受热面，造成排渣困难。生物质锅炉受热面表面沉积物中富含氯化物、硫酸盐、碳酸钙等物质，受热面的积灰不仅影响了锅炉的安全运行，也大大缩短了锅炉的运行周期。

(3)秸秆灰中含钾组分易在受热面上造成沉积,不仅阻碍传热并能诱发腐蚀,其主要表现为过热器的高温腐蚀,省煤器的积灰,空气预热器的低温段、空气进口段的低温腐蚀。

最近,日本IHI公司经过实验室、中试和终试试验,分别从反应速率、气化性能、连续性和长期运行性能方面逐步测试总结,最终开发了生物质双气化炉技术,如图6-6所示。该技术原理主要采用了鼓泡流化床进行生物质燃料的气化,并采用循环流化床进行生物质残炭的燃烧,既可产生生物合成气,又可生成高温烟气。经鼓泡流化床气化得到的生物质合成气可经过焦油重整、预处理、甲烷化反应和纯化工艺,可进一步实现城市可燃气的供应;经循环流化床燃烧生成的高温烟气能够通过受热面换热,回收烟气热值。

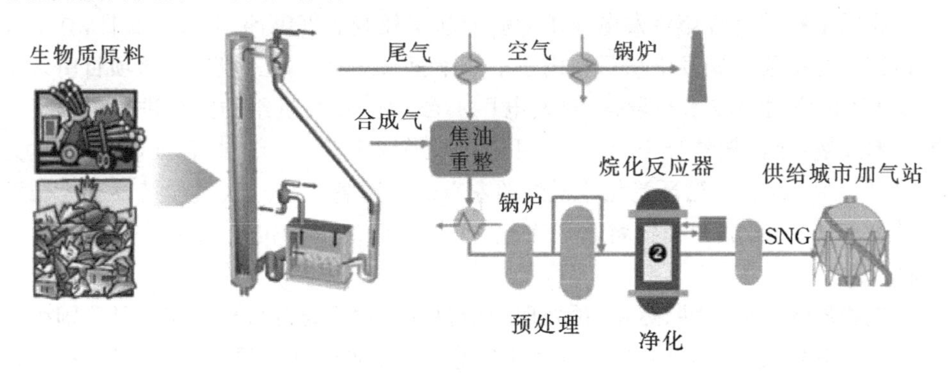

图6-6 IHI双炉气化技术

6.2.3 生物质与煤混燃技术

由于大部分生物质燃料的含水量高、组分复杂、能量密度低、分布分散,从而导致生物质燃料的收集和运输成本高,因此生物质发电成本一般高于常规煤粉发电站。采用生物质与煤混燃的燃烧技术,既可以达到经济上的合理性,又可以降低锅炉污染物的排放。美国和欧盟等国家和地区已经完成了多项生物质和煤的混燃示范工程,主要燃烧设备为煤粉炉,也采用层燃和流化床技术。

6.2.3.1 生物质混燃技术的国内外发展概况

美国和欧盟等国家和地区已建成一定数量的生物质/煤混合燃烧发电示范工程,机组的规模从50 MW到500 MW。早在2003年,美国生物质发电装机容量约达970万kW,占可再生能源发电装机容量的10%,其中生物质混燃发电在美国生物质发电中的比重为3%~12%。英国Fiddler Sferry电厂的4台500 MW机组,直接混燃压制的废木颗粒燃料、橄榄核等生物质，混燃比例可达锅炉总输入热量的20%，每天消耗生物质约1500 t，可使SO_2排量下降10%，CO_2排放量每年减少100万 t。荷兰 Gelderland 电厂 635 MW 煤粉炉是欧洲大容量锅炉混燃技术的示范项目之一，以废木材为燃料，其燃烧系统独立于燃煤系统，对锅炉运行状态没有影响。该系统于1995年投入运行，每年平均消耗约60000 t木材（干重），相当于锅炉热量输入的3%～4%，年替代燃煤约45000 t。芬兰 Fortum 公司于1999年在电厂的一台315 MW四角切圆煤粉炉上进行了为期3个月的混燃实验，煤和锯末在煤场进行混合后送入磨煤机，采用含水率50%～65%（收到基）的松树锯末，锯末混合比例为9%～25%的质量比（体积混合比为25%～50%）。该系统基本上运行良好，但是磨煤机系统出现了一些问题。

我国生物质混合燃烧发电技术的研究起步较晚。2005年12月26日，首个农作物秸秆与煤粉混燃发电项目在山东枣庄十里泉发电厂竣工投产。该项目引进了丹麦BWE公司的技术与设备，对发电厂1台140 MW机组的锅炉进行了秸秆混燃技术改造，年消耗秸秆10.5万t，可替代原煤约7.56万t。此后，山东通达电力公司将一台130 t/h循环流化床锅炉的左右侧下部各一个二次风喷嘴改造为秸秆输送喷嘴，同时增加一套物料输送系统，使改造后的锅炉可以同时燃烧煤矸石和秸秆。

生物质燃料的存储、运输、预处理和给料等辅助系统的成熟和完善是我国生物质混燃产业发展的必要因素，另外大份额掺混，特别是对于稻、麦秸秆等燃料实现较大掺混比例，还存在一定的技术瓶颈，技术有待突破。从混燃产业在我国的产业化发展角度看，在目前国家政策没有向混燃倾斜的情况下，以小型热电机组在较小技术改造强度下掺烧部分生物质的混燃具有较好的经济性，发展条件比较好，这些机组由于量大面广，如果能够较好地实施生物质混燃，不但对于电厂自身可有效降低燃料成本，对于生物质能的转化利用也具有重要意义。

此外，需要引起注意的是混燃灰渣的利用问题。一方面，生物质的掺烧会影响粉煤灰的特性，可能会影响粉煤灰的高附加值利用，例如粉煤灰在建筑行业的使用；另一方面，混燃不利于生物质灰渣的循环利用，从循环经济的角度，生物质灰渣回田、相关无机物质的循环利用在一定程度上是生物质长期可持续利用的基础，但混燃方式给该循环利用过程带来了较大的障碍，需要慎重考虑。

6.2.3.2 生物质混燃的特点和技术路线

1.生物质混燃的特点

生物质混燃是指生物质与其他固体燃料（主要是煤）的混合燃烧。混燃可以充分利用已有燃煤电厂的现成设备，具有工程建设周期短、投资成本和操作成本低的优点。而且，在大型高效燃煤机组中混燃生物质可以实现非常高的生物质转化利用效率；从污染物角度看，在大多数场合混燃都有利于减少硫、氮气相污染物的排放，也可直接降低CO_2的排放量。此外，混燃可以主动灵活地控制燃料掺混比例，避免对生物质燃料过度依赖导致的燃料价格飞涨，因此，其对于规避生物质燃料供应风险有积极的意义。

2. 生物质混燃的技术路线

从混燃的技术角度分析，目前农林废弃物类生物质混燃主要有直接混燃、间接混燃和平行混燃三条技术路线。

(1)直接混燃。它就是将最常见的生物质和化石燃料同时送入燃烧设备进行燃烧，是应用最多的一种形式；直接混燃可根据混燃给料方式的不同，分为以下几种方式。

①煤与生物质使用同一加料设备及燃烧器。生物质与煤在给煤机的上游混合后送入磨煤机，按混燃要求分配至所有的粉煤燃烧器。原则上这是最简单的方案，投资成本最低，但是有降低锅炉出力的风险，仅适用于特定的生物质原料和非常低的混燃比例。该方式下的混燃比例不宜过高，因为多数生物质含有大量纤维素且密度非常小，会影响原有磨煤系统的出力，容易导致加料系统堵塞。通常，该方式下的生物质混燃比例宜控制在20%以下(热量输入)。

②生物质与煤使用不同的加料设备和相同的燃烧器。生物质经单独粉碎后输送至管路或燃烧器。该方案需要在锅炉系统中安装生物质燃料输送管道，通常会受到现有锅炉的场地和布风管道限制。

③生物质与煤使用不同的预处理装置与不同的燃烧器。该方案能够更好地控制生物质的燃烧过程，保持锅炉的燃烧效率，灵活调节生物质的掺混比例。该方案投资成本最高，并需要对生物质的粒径进行考虑。

(2)间接混燃。采用气化技术先对生物质进行预处理，然后将生成的气引入燃烧设备并同化石燃料一起燃烧。间接混燃根据混燃的原料不同，可以分为生物质气与煤混燃、生物质焦炭与煤混燃两种方式。生物质气与煤混燃方式指将生物质气化后产生的生物质燃气输送至锅炉燃烧，该方案将气化作为生物质燃料的一种前期处理形式，气化产物在800～900 ℃时通过热烟气管道进入燃烧室，锅炉运行时存在一些风险。生物质焦炭与煤混燃方式是将生物质在300～400 ℃下热解，转化为高产率(60%～80%)的生物质焦炭，然后将生物质焦炭与煤混燃。上述两种方案虽然均能够大量处理生物质，但是都需要单独的生物质预处理系统，投资成本相对较高。

(3)平行混燃。它是蒸汽侧级联的概念，即利用单独的生物质燃烧装置和化石燃料燃烧装置串联共同完成对工质的加热。

6.2.3.3 生物质混燃的炉型特点

1. 炉排燃烧

瑞典的 Linkoping 热电厂采用移动炉排燃烧方式，其燃烧系统根据各种生物质特点采用3个不同的燃烧器，分别用于燃烧煤(或橡胶)、木材和油。其中烧煤和木材的层燃炉均采用移动炉排燃烧，总装机容量为240 MW和77 MW(其中燃烧木材占65 MW和30 MW)。但是，包括移动炉排在内的层燃炉还普遍存在燃烧效率较低(一般都在70%以下)的问题。另外，目前移动炉排式锅炉所用的控制系统较为落后，不足以使锅炉保持适当的空气与煤的比例以达到最佳燃烧和排放性能，尤其是在负荷变化期间不能及时同步调整工况，以达到最优性能。

2. 流化床燃烧

生物质与煤混燃的燃烧效率可达95%以上，能与煤粉锅炉相媲美，由于采用分级燃烧，温度控制在830～850 ℃范围内，NO_x 的生成量很少。芬兰的 Alholmens Kraft 热电厂，锅炉容量为240 MW，锅炉的额定蒸发量为194 kg/s，过热蒸汽压力为16.5 MPa，温度为545 ℃。锅炉的设计燃料由45%泥煤、10%的森林残余物、35%的树皮与木材加工废料以及10%的煤组成，是现阶段世界上最大的生物质与煤混燃的发电厂，于2002年开始运行，并且在2004年发电1750 GW·h，供热400 GW·h。

3. 煤粉炉燃烧

煤粉炉燃烧具有燃烧效率高、燃烧完全等优点，是目前大型燃煤锅炉最为常见的燃烧方式。德国 Kraftwerk Schwandorf 凝汽发电厂，就是采用煤粉炉燃烧方式。该电厂采用86%的低硫褐煤和14%的农作物秸秆、谷壳等作为燃料进行混燃，装机容量为280 MW。尽管采用煤粉炉混燃生物质和煤，可以适当减少污染，但是受到生物质混燃比例不能过大的限制，与循环流化床混燃相比，煤粉炉混燃产生的 SO_2 和 NO_x 等气体还是较多。另外，煤粉炉燃烧对燃料的颗粒尺寸和含水率要求较为严格，一般生物质燃料的颗粒尺寸要小于2 mm，含水率不能超过15%，因此混燃电厂的生物质预处理系统复杂，投资较大。

鉴于上述问题，煤粉炉也可采用生物质间接混燃的方式。首先，将生物质加入热解室，热解后的气体经过脱氯净化处理加入燃煤锅炉的上方作为再燃燃料。这样解决了生物质在燃烧过程中产生的腐蚀问题，同时还可以利用热解气中的 NH_3 和 HCN 以及碳氢化合物还原燃煤过程中产生的氮氧化合物，而剩余的生物质半焦可经处理制作活性炭，剩余混合物可经处理制作保温材料，可以实现生物质的综合利用。该方案目前在国内已经有应用案例。

(1)国电长源荆门热电厂采用生物质气化耦合发电方式,如图 6-7 所示。该技术首先利用稻壳、秸秆等废气农作物进行气化,产生的生物质气送入 600 MW 火电机组进行再燃。该方式有利于煤电系统保持高效,生物质气化发电效率超过 35%,明显高于生物质直燃发电效率(22%~25%)。而且,致渣性生物质灰组分不会进入煤粉锅炉,有利于减缓受热面积灰/结渣腐蚀倾向。该项目生物质处理量为 8~10 t/h 循环流化床气化炉,2012 年 7 月,该生物质气化耦合发电项目完成了 72 h试运行。

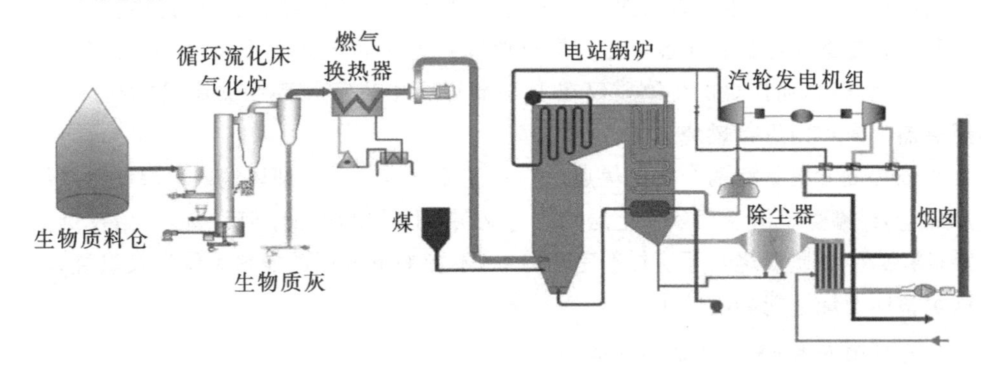

图 6-7　生物质气化与大型燃煤电站耦合高效发电技术路线

(2)华电襄阳电厂生物质气化耦合发电项目,同样采用了国电长源电厂的生物质利用方式,并于 2017 年 8 月投产运行,生物质采用稻壳与秸秆 1∶1 混合制气。该种生物质利用方式是我国首次以农林秸秆为原料的生物质气化与燃煤耦合发电项目。项目新建一台循环流化床气化炉及其附属设备,年处理生物质固废 5.14 万 t,系统年利用小时数为 5500 h。该气化耦合发电系统设计发电平均电功率为 10.8 MW,生物质发电效率超过 35%,年供电量可达 5458 万 kW·h,节约标煤约 2.25 万 t, SO_2和 CO_2分别减排 218 t 和 6.7 万 t。

6.2.3.4　300 MW 大型煤粉炉掺烧生物质直燃发电实例分析

1. 机组概况

大型煤粉锅炉生物质掺烧试验在陕西省国电宝鸡二电厂的 1# 机组上开展。该机组锅炉为东方锅炉厂生产的 DG1025/18.3—Ⅱ9 型亚临界压力、一次中间再热、自然循环、单炉膛、平衡通风、四角切圆燃烧、固态排渣、露天布置、全钢架全悬吊结构的燃煤锅炉,设计用煤为甘肃华亭煤。炉膛断面尺寸为 14706.6 mm× 13743.4 mm,顶棚管中心线标高为 61.8 m。锅炉安装的燃烧器为直流摆动式煤粉燃烧器,分三组布置,均等配风。每组有两个一次风喷口,一台磨煤机带一层一次风喷口。两个一次风喷口之间布置一层油枪。上层燃烧器顶部增设了一层燃烬风喷嘴。

2. 生物质掺烧方案分析

制定该电厂的生物质掺烧方案时，国内仅有山东十里泉电厂在 140 MW 煤粉炉上进行了生物质掺烧的示范工程，但该电厂购买的整套生物质预处理及燃烧设备的初始投入过大，高达 8500 万。通过对国外生物质掺烧技术的调研，并结合宝二电厂炉型的特点，本书作者提出了利用其顶层 F 层备用燃烧器进行生物质混燃方案。该方案实施过程中能够维持原有燃烧系统的下五层 A/B/C/D/E 燃烧系统正常燃烧煤粉，而掺烧的生物质仅在 F 层磨煤机中进行粉碎和磨制，再通过 F 层燃烧器喷入炉内进行燃烧。

该掺烧方案具有两个突出优点：第一，直接将生物质压型块送入上层制粉系统原煤仓，经磨煤机磨制后吹入上层燃烧器区域，不需要增加任何设备，初始投资为零；第二，生物质燃烧与下层煤粉完全分离，不影响下五层的制粉系统以及燃烧，对锅炉整体燃烧性能影响较小。

3. 掺烧试验调整与安全性分析

由于 F 磨煤机系统粉仓中残余煤粉不易完全清除，因此根据现场的测量和预测，F 层(生物质)制粉系统调整试验过程中残余煤粉和生物质的质量比大约为 3∶7，控制生物质给料量为 7 t/h，总给料量约为 10 t/h，以避免磨煤机振动。运行过程中严格控制进口风温低于 100 ℃，出口风温为 42 ℃。试验发现，该压型生物质在中速直吹式辊式磨煤机上的磨制效果良好，F 层制粉系统运行正常，磨煤机电流正常(36 A)。试验过程中对 F 层火焰喷口进行温度监测和图像捕捉，并收集磨煤机出口磨制的生物质粉料。试验所用生物质型料原样及 F 层磨煤机出口磨制的生物质粉料如图 6-8 所示。该原生物质型料质地坚硬，可磨性强；磨煤机磨制

(a)原始压型生物质

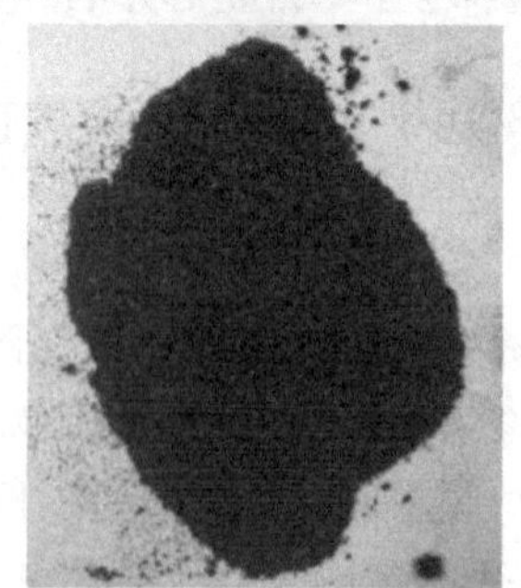

(b)F 层磨煤机出口生物质粉料

图 6-8　生物质燃料

的粉料表明辊式磨煤机系统可以有效地将生物质型料破碎至粉末，并送入炉膛正常燃烧。F 层生物质燃烧器喷口火焰如图 6 - 9 所示。由图 6 - 9 可见 F 层生物质燃料燃烧正常。

(a)　　　　(b)

图 6 - 9　生物质掺烧实验中 F 层喷口火焰

试验工况选取生物质掺烧量分别为 12 t/h、24 t/h 和 32 t/h。当 F 层磨煤机生物质掺烧量为 12 t/h 和 24 t/h，开启正常风量(20 m^3/h 左右)送粉时，F 层磨煤机运行正常，磨煤机电流分别为 33 A 和 37 A，锅炉燃烧稳定。当 F 层磨煤机送粉量为 24 t/h，F 层一次风量降低至 15.99 m^3/h 时，磨煤机运行电流偏大，但逐渐加大一次风量后，磨煤机运行正常。在正常风量下提高 F 层生物质掺烧量至 30 t/h 时，即使增大 F 层一次风量至最大值(注：为保证 F 层磨煤机安全运行，防止 F 层磨煤机内的自燃，热风占 F 层一次风量的份额很小，因此存在 F 层一次风量的极限最大值)，F 磨煤机电流仍持续增大至 40 A 以上，故该工况下未获得稳定工况测量数据。因此，对于该类生物质掺烧方式，建议尽量保证生物质掺烧量不超过 24 t/h，并且在较大生物质掺烧量时需有效控制生物质粉料磨煤机的风量。

4. 生物质掺烧量对燃烧特性及锅炉效率的影响

图 6 - 10 为在不同生物质掺烧量时 F 层生物质喷口炉膛火焰的图片，由图可见：生物质粉料同煤粉一样，在该炉内可保持正常着火和稳定燃烧。图 6 - 10(b) 直观表明，当生物质投料量达到 24 t/h 时，其火焰的黑浓区范围明显更大。

在掺烧试验研究范围内，生物质掺烧比例对炉膛出口烟气温度影响很小，掺烧

(a)生物质掺烧量 12 t/h

(b)生物质掺烧量 24 t/h

图 6-10　不同生物质掺烧量时 F 层生物质喷口火焰图片

量达到 24 t/h 时，炉膛出口烟气温度变化也不超过 10 ℃，说明在一定负荷下掺烧生物质对机组的正常运行影响很小。生物质掺烧量对炉膛温度分布的影响如图 6-11 所示。机组负荷为 250 MW 时，掺烧生物质的炉膛温度水平略有降低，并且随着高温烟气的流动与强烈混合，在炉膛出口区域不同掺烧比例下烟温差异逐渐缩小。

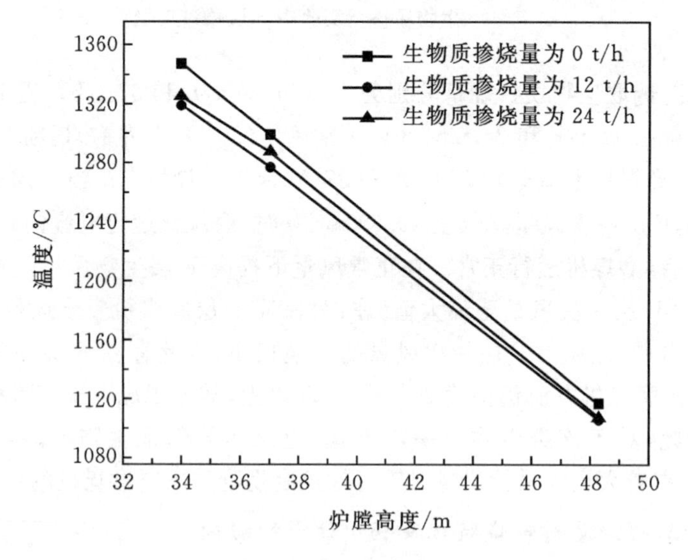

图 6-11　生物质掺烧量对炉膛温度分布的影响

5. 生物质掺烧量对 NO_x 与 SO_2 污染物排放的影响

生物质掺烧量对 NO_x 和 SO_2 的影响如图 6-12 所示，掺烧生物质时 NO_x 排放降低 10%～15%，SO_2的排放略有降低为 84×10^{-6}。脱硫系统的运行参数表明，掺烧生物质时脱硫使入口 SO_2浓度略有降低，对脱硫系统的正常运行未产生负面影响。

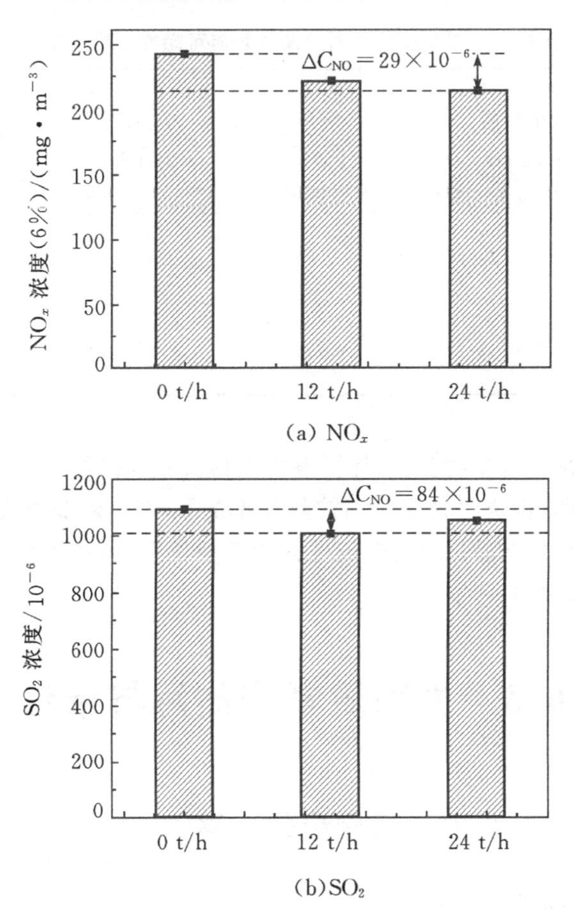

图 6-12　生物质掺烧量对 NO_x 与 SO_2浓度的影响

6. 掺烧生物质对飞灰可燃物及锅炉效率的影响

机组负荷 250 MW 下，对比不同生物质掺烧量与纯烧煤粉工况下飞灰和炉渣的可燃物含量，其结果如表 6-1 所示。由于该锅炉的炉膛高度高，煤粉停留时间长，并且试验期间燃用的煤质较好，纯烧煤粉工况下飞灰可燃物很低（<0.2%）；实施掺烧一定比例的生物质后，飞灰的可燃物含量也没有大幅提高，保持在 0.5%以下，这说明煤粉锅炉掺烧低比例生物质后的燃尽性能良好，飞灰可燃物并未出现明显的上升。同时，炉渣的可燃物含量也未因掺烧生物质而增高，与纯煤粉燃烧工况一样，试验测得掺烧生物质的炉渣可燃物保持在 1%～2%。

此外,通过对掺烧生物质试验工况前后电除尘系统的运行参数的分析表明:掺烧生物质不会对除尘系统各电厂的电流、电压以及温度等产生影响,除尘系统运行正常。

表 6-1　掺烧生物质对飞灰和炉渣可燃物含量的影响

工况 参量描述	1 生物质 12 t/h (一次风量正常)	2 生物质 24 t/h (一次风量正常)	3 生物质 24 t/h (降低一次风量)	4 纯煤粉 (OFA 大)	5 纯煤粉 (OFA 小)
飞灰可燃物 比例/%	0.4737	0.5185	0.1798	0.1793	0.1245
炉渣可燃物 比例/%	1.4384	1.2695	1.8503	1.3932	1.4600

根据飞灰和炉渣可燃物含量,计算掺烧生物质和未掺烧生物质工况下锅炉效率。计算结果表明,掺烧生物质对锅炉热效率的影响甚微,锅炉效率始终保持在 94.15%~94.67%。试验机组的热效率高于普通机组,而在该型机组上掺烧生物质对锅炉热效率的影响特别小。

6.3　生物质燃烧沾污与结焦

6.3.1　生物质燃烧中无机元素的迁移

1. K/Cl/S 元素的释放

国内外学者对生物质热转化过程中碱金属元素的迁移特性开展了大量研究,发现温度、气氛、燃料种类是影响碱金属元素释放的重要因素。Jensen 等研究了麦秆热解过程中 K 元素的释放特性,发现当热解温度低于 700 ℃时,麦秆中 K 的释放不明显;但当热解温度高于 700 ℃,K 会以气态形式迅速释放,且释放量随热解温度升高而升高。Knudsen 等对比研究了 6 种不同种类生物质燃烧过程中 K 的释放比例,发现当温度升至 1100 ℃时 K 的释放比例可达 50%~90%。Van Lith 等研究了四种不同种类的木质类生物质燃烧过程中 K 的释放特性,发现在 500~600 ℃时木质类生物质存在少量钾的析出,但在 800~1000 ℃时 K 的释放比例随温度升高迅速增加。图 6-13 为不同温度下含 K 化合物的热力学稳定形式。当温度低于 600 ℃时 K 的化合物(KCl、K_2SO_4、$K_2O\cdot SiO_2$)均为固态。

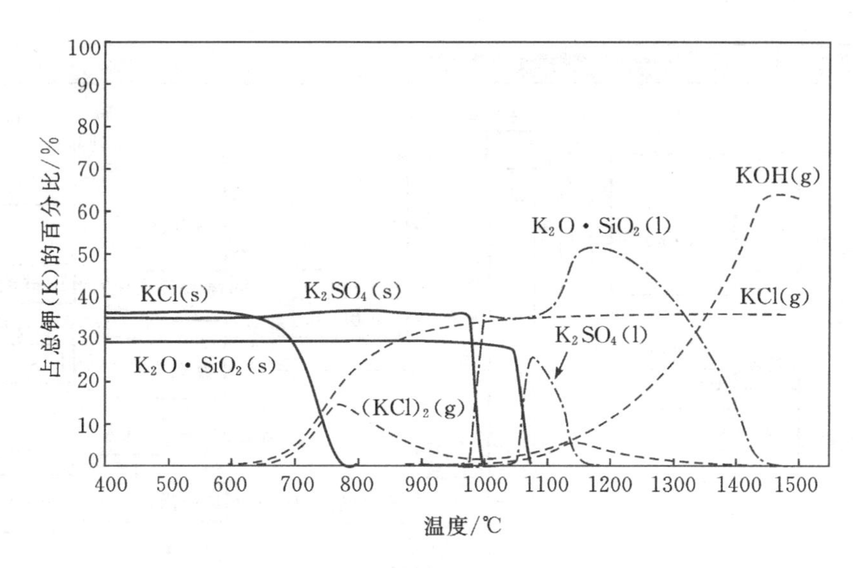

图 6－13　不同温度下含 K 化合物的热力学稳定形式

此外,生物质中 Si 与 Cl 也会对燃烧过程中 K 的释放产生影响。生物质燃烧过程中高浓度的 Si 元素易于同碱金属或碱土金属反应生成稳定性较高的硅酸盐,抑制 K 的释放。研究表明,K 的释放比例随生物质中 K/Si 摩尔比例的降低而降低。但相比于 Si 对钾释放的作用,生物质中 Cl 可以加速 K 元素以 KCl 的形式释放。图 6－14 为生物质中 K 元素的释放路径,其中大量研究表明生物质中 Si、Cl 和 S 元素对 K 的析出具有重要影响。K 元素的转移发生在脱挥发分和焦炭燃烧过程中,但主要发生在高温燃烧阶段。在生物质脱挥发分过程中,钾会以有机物的形式释放,但释放比例极低;温度低于 600～700 ℃时,只有少量 KCl(＜10%)会从生物质中释放;当生物质颗粒温度高于 771 ℃时,K 元素会以 KCl 形式快速升华;当温度超过 900～1000 ℃时,灰中的 K 元素更易于同硅铝物质发生反应,生成硅酸盐或硅铝酸盐。

图 6－15 为生物质中 Cl 元素的释放路径。生物质脱挥发过程中释放的含 Cl 组分主要来自生物质中的有机含 Cl 组分和无机含 Cl 组分:生物质中有机含 Cl 组分在脱挥发过程以焦油的形式释放;无机含氯组分则以 HCl 的形式释放。高温下(＞700～800 ℃)生物质灰中的 Cl 元素主要以 KCl 的形式释放。低温下生物质中 Cl 元素释放比例可以达到 20%～50%,其主要通过有机官能团离子互换反应以 HCl 组分形式释放,反应如下

$$R:COOH(s)+KCl(s)\longrightarrow R:COOK(s)+HCl(g)$$

该反应会受到生物质中有机官能团数目的影响。此外,脱挥发分阶段释放的

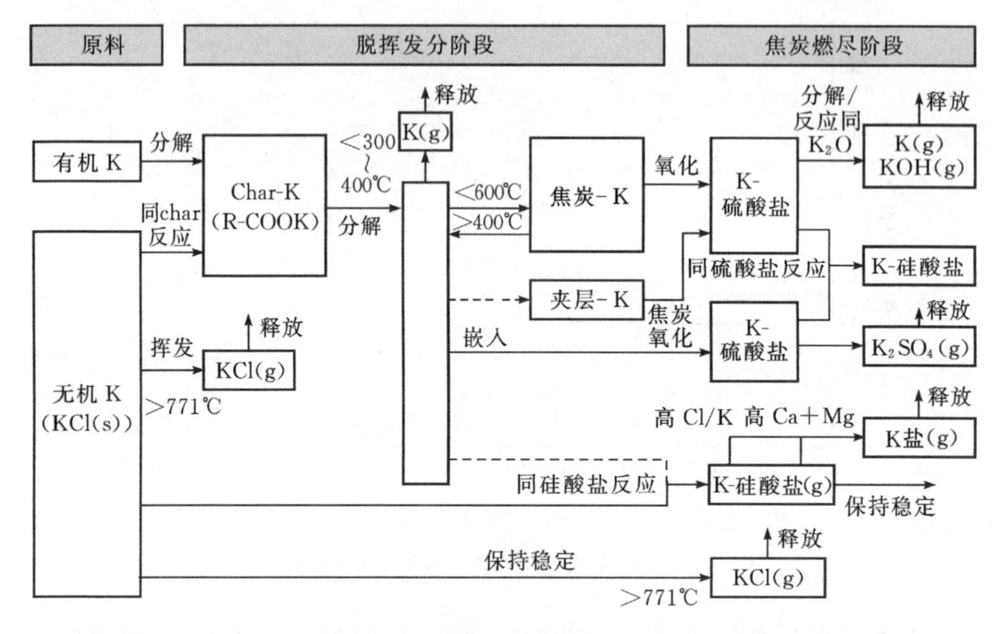

图 6-14　生物质中 K 元素的释放路径

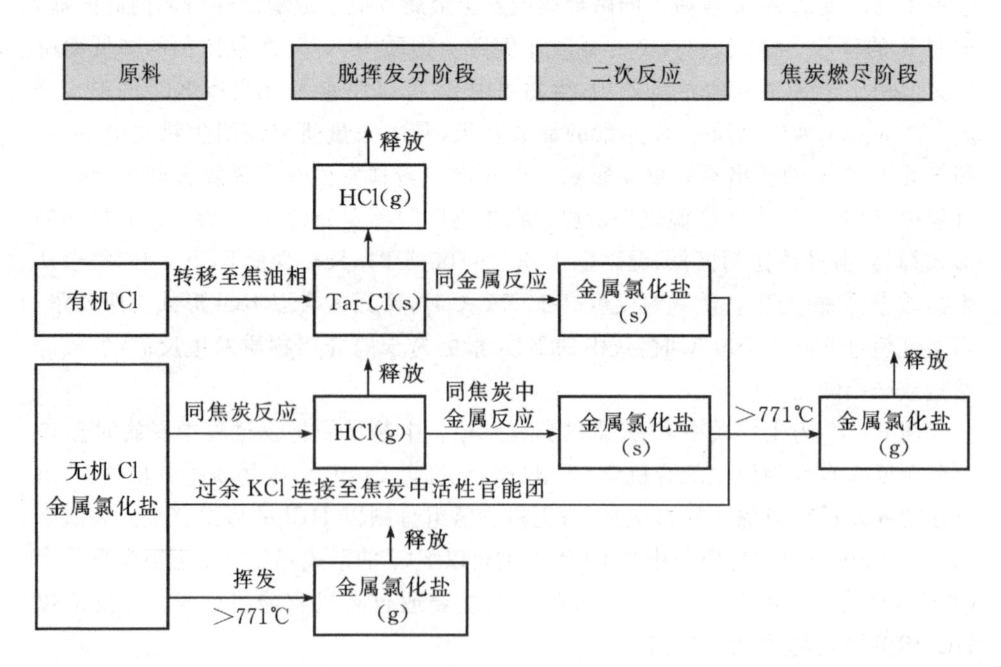

图 6-15　生物质中 Cl 元素的释放路径

含 Cl 组分焦油也会与生物质焦炭中金属发生二次反应。因此，总体而言，生物质中含 Cl 组分的释放主要包括两个路径：低温阶段以 HCl 的形式释放；高温阶段以 KCl 的形式释放，并且高温阶段硅酸盐或硅铝酸盐的生成反应可能会提高 Cl 元素的释放比例。

图 6－16 为生物质中 S 元素的释放路径图。生物质燃烧过程中 S 元素的释放同样也包括有机含 S 组分和无机含 S 组分的释放。燃烧温度对生物质中 S 元素的释放特性具有重要影响，且存在两步释放机理。有机含 S 组分的释放主要发生在低温条件下，无机含 S 组分的释放主要以 SO_2 的形式释放，SO_2 被焦炭的捕获在生物质燃烧过程中同样存在。当温度高于 1000 ℃时，生物质中 S 元素的释放主要包括硫酸盐分解释放 SO_2 或者硫酸盐的直接气化，但一定温度下最终均可实现生物质灰中 S 的完全释放。

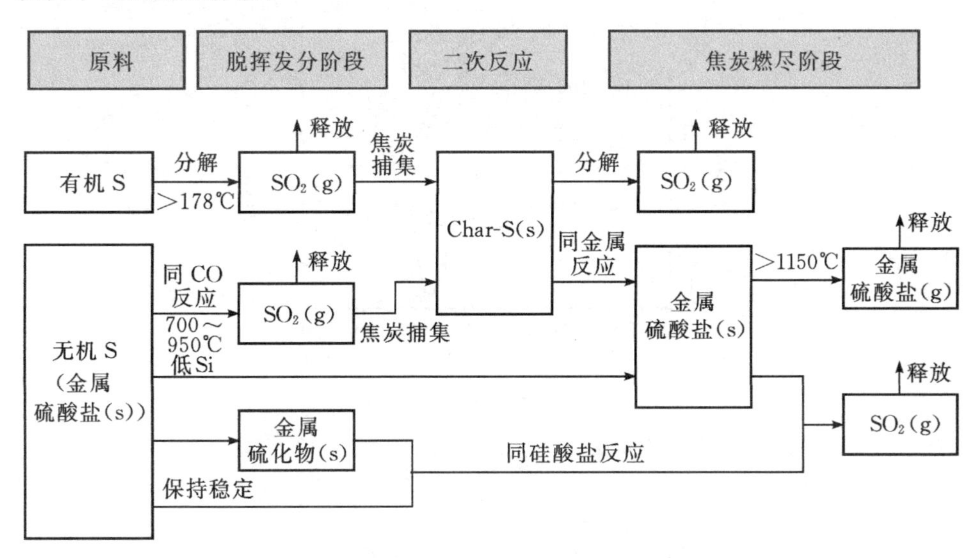

图 6－16　生物质中 S 元素的释放路径

2. 生物质灰的失重特性

为了对比不同温度下生物质的成灰特性，选取辣椒秆、棉秆与麦秆在 400 ℃、600 ℃与 815 ℃三个温度下烧制得到的灰样，分别进行热重燃烧试验。由图6－17(a)、(b)、(c)可知，辣椒秆、麦秆与棉秆在 400 ℃、600 ℃、815 ℃成灰灰样分别经历 3 个、2 个、1 个失重峰，且同一生物质不同成灰温度下的灰样失重峰彼此重合。辣椒秆的三个失重峰为 684 ℃、824 ℃、1170 ℃，棉秆的三个失重峰为 698 ℃、943 ℃、1376 ℃，麦秆的三个失重峰为 655 ℃、917 ℃、1214 ℃。

为了弄清楚生物质灰随温度的变化，对三种不同成灰温度下的生物灰样品分

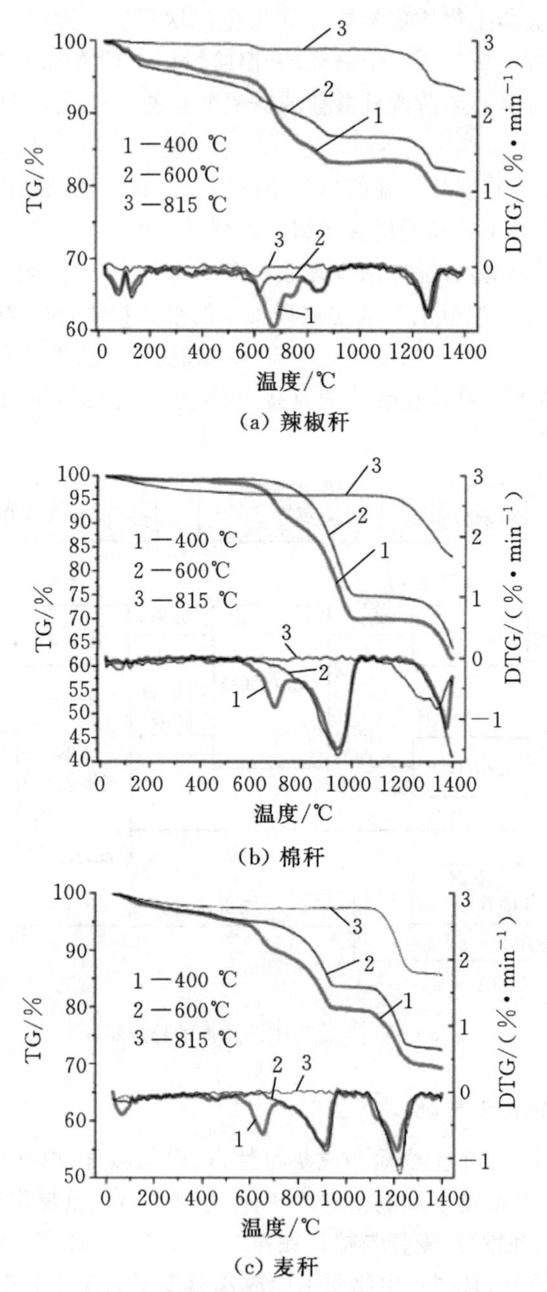

(a) 辣椒秆

(b) 棉秆

(c) 麦秆

图 6-17 不同成灰温度三种生物质灰的失重曲线

别进行 XRD 衍射分析。图 6-18(a)、(b)、(c)分别为辣椒秆灰、棉秆灰和麦秆灰的 XRD 谱图。可以发现,辣椒秆灰的主要成分包括方镁石、石英、铁酸钾、单钾芒硝

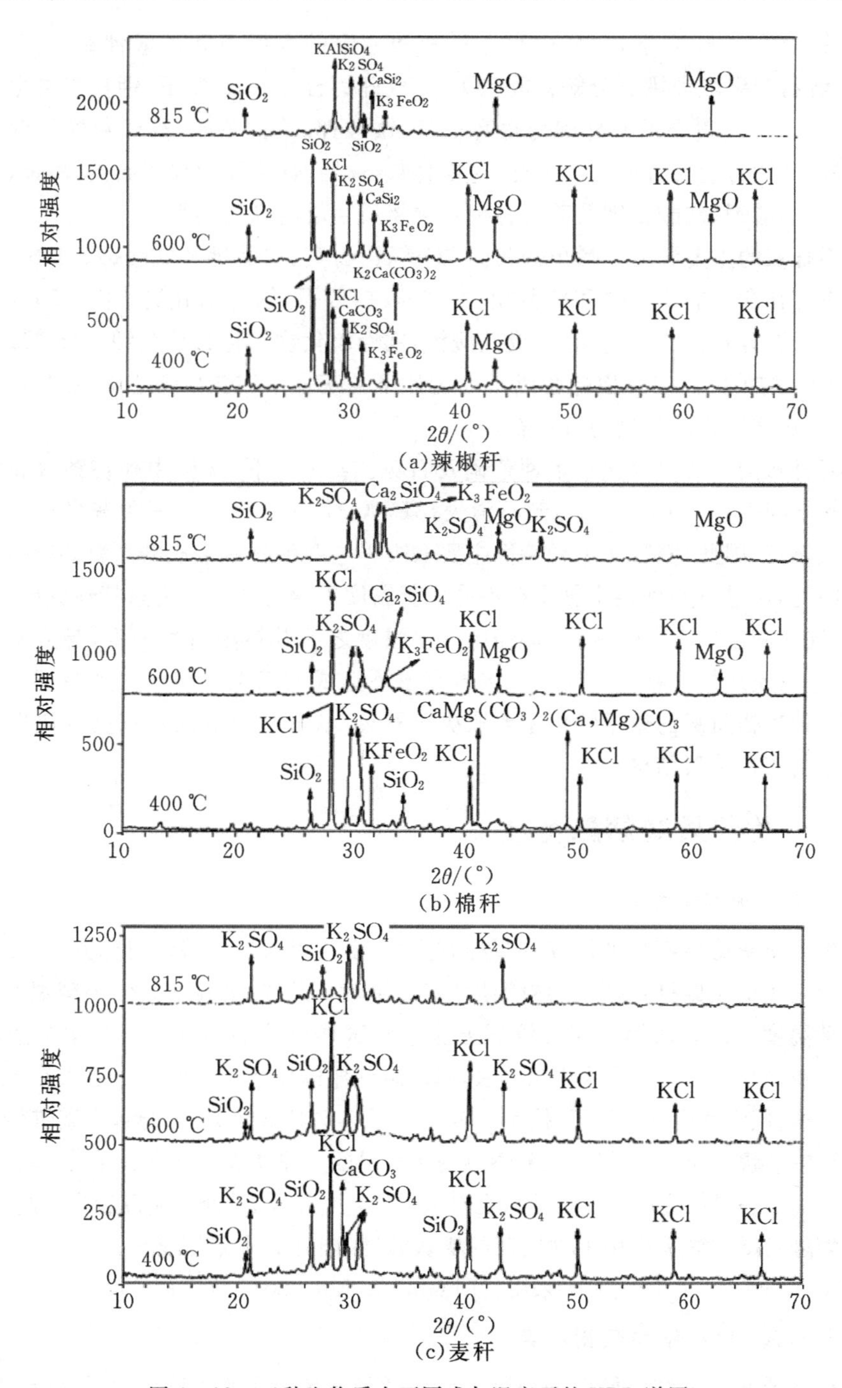

图 6-18　三种生物质在不同成灰温度下的 XRD 谱图

及硅酸铝钾。400 ℃下，灰样中存在钾盐和一定的方解石和碳酸钾钙石；600 ℃下，方解石与碳酸钾钙石分解释放 CO_2，生成硅钙合金；815 ℃下，钾盐消失生成硅酸铝钾。3 个温度下的灰样中均含有石英、铁酸钾、单钾芒硝，高温灰样还含有硅酸铝钾、硅钙合金与方镁石。因此，辣椒秆灰熔融特性主要取决于石英、单钾芒硝、方镁石、铁酸钾、硅酸铝钾及硅钙合金六种物质生成的高温共熔体。

棉秆灰的主要成分包括单钾芒硝、方镁石、石英、硅酸钙及铁酸钾。400 ℃下，灰样中存在含钾的氯化盐和硫酸盐、方解石、白云石、铁钾氧化物；600 ℃时，方解石与白云石分解释放 CO_2，且生成硅酸钙，铁钾氧化物氧化为铁酸钾；815 ℃时，灰中的 KCl 均消失。与辣椒秆类似，3 个温度下的灰样中均含单钾芒硝、石英及铁酸钾，高温灰样还含硅酸钙与方镁石。

麦秆灰的主要成分包括单钾芒硝及石英。400 ℃下，灰样中存在钾盐和一定的方解石与钾盐；600 ℃时，方解石消失；815 ℃时，KCl 消失。三种灰样均含单钾芒硝及石英，因此，麦秆灰熔融特性主要取决于这两种物质生成的高温共融体。

因此，通过不同种类生物质在不同成灰温度下获得样品的失重特性分析，可发现：不同成灰温度下获得灰样，再经历一定温度之后其熔融特性一致，与成灰温度无关，生物质灰熔融特性取决于其本身高温下形成的高温共熔体。辣椒秆、棉秆、麦秆三种生物质灰的熔融特性主要取决于石英、铁酸盐及硅酸盐三类物质生成的高温难熔支撑骨架结构。

6.3.2 生物质灰熔融特性

1. 灰熔融测试方法

生物质灰熔融特性的研究有多种方法，大多与煤灰熔融特性研究方法一致，其中广泛使用的是四种特征灰熔融温度(变形温度 DT、软化温度 ST、半球温度 HT 及流动温度 FT)。灰熔点温度测试方法按照试样形状的不同可分为角锥法和柱体法。我国煤灰熔融标准采用角锥法，即按照制样模具将灰样制成一定大小的三角锥体，在氧化或者还原气氛下，按照一定的升温速率对试样进行加热，观察锥体在加热过程中形状的变化，最终得到灰熔融的特征温度。柱体法测试中试样尺寸较小，在测试过程中一般都会用热显微镜来观察试样的变化过程，其测试精度较高。此外，对于灰熔融测试方法所采用生物质灰的成灰温度，国外大多采用美国 ASTM/E870—82 规定的 600 ℃，而国内大多采用我国 GB/T30726—2014 规定的 550 ℃。

2. 结渣/积灰倾向预测指数

生物质灰熔融结渣倾向的预测大部分借鉴煤灰熔融的预测指数，如硅铝比、碱酸比、铁钙比、污垢指数等。表 6-2 给出了多种积灰/结渣倾向的预测指数与预测法则。生物质灰和煤灰的性质差异较大，若采用煤灰熔融预测指数判别生物质熔融结渣倾向可能存在较大争议，预测结果也可能存在不准确性和矛盾性。一般来说，生物质灰根据灰组分元素富集度可以分为高硅富钾灰、低硅高钙灰、高磷灰和其他。生物质灰中 Si 元素含量明显高于 Al 元素含量，若采用硅铝比指标判别，生物质灰通常均属于严重结渣，但灰中钙的含量也会提高灰熔点。此外，针对生物质灰成分的特殊性，部分学者提出了新的积灰与结渣判定指数，如熔融温度指数、AI 指数。可以发现，一种预测指数可能仅适用于某些特定组分的灰，但造成换热表面积灰/结渣的原因众多，除了考虑颗粒的熔融黏附特性外，外界条件如烟气温度、流速、颗粒浓度等也需要在后续研究中进行关注。总而言之，在实际中应用不同预测指数判定生物质灰颗粒的积灰/结渣倾向时，需结合生物质的灰化学组分、熔融温度和组分相图等因素，以准确给出生物质的积灰/结渣预测倾向。

表 6-2　生物质灰结渣/积灰判定指数

指标	计算公式/质量分数，%	判别方式	判别结果
硅铝比	SiO_2/Al_2O_3	>2.56	严重
		1.87～2.56	中等
		<1.87	轻微
碱酸比 B/A	$(MgO+CaO+K_2O+Na_2O+Fe_2O_3)/(TiO_2+SiO_2+Al_2O_3)$	>0.4	严重
		0.206～0.4	中等
		<0.206	轻微
铁钙比	Fe_2O_3/CaO	0.3～3	偏离越大，结渣越严重
污垢指数	$B/A\times(K_2O+Na_2O)$	>40	极高
		0.6～40	高
		<0.6	低
碱金属含量和氧化钠含量	Na_2O+K_2O	>3.5	高
		<3.5	低
氧化钠含量	Na_2O	>2.0	高
		<2.0	低
熔融温度指数	$(Si+K+P)/(Ca+Mg)$	越大熔融温度越低	—

续表 6-2

指标	计算公式/质量分数,%	判别方式	判别结果
熔融温度指数	Si/(Ca+Mg)	>1.0	熔融温度低于 1100 ℃
AI 指数	$(Na_2O+K_2O)/Q$, Q 为燃料的发热量	0.17<AI<0.34	可能发生
		>0.34	严重结渣

3. 添加剂对灰熔融特性的影响

由于生物质类型多种多样,其灰成分中各类化合物含量差别很大,对我国各类生物质燃料进行统计总结,得到生物质灰中主要成分的大致范围,如表 6-3 所示。

表 6-3　生物质灰成分含量范围

灰成分	含量/%	灰成分	含量/%
Na_2O	0.13~8.94	SiO_2	2.1~84.22
K_2O	0.15~43.22	SO_3	0.15~14.5
Al_2O_3	0.38~32.06	Fe_2O_3	0.2~3.94
MgO	0.7~25.38	P_2O_5	0.07~9.32
CaO	1.67~62.28	TiO_2	0.01~0.64

当前各学者均主要采用高岭土、白云石、飞灰、SiO_2、方解石、土壤等添加剂来提高生物质的灰熔点温度。由图 6-19 可看出,添加 SiO_2 后,初始变形温度 IDT

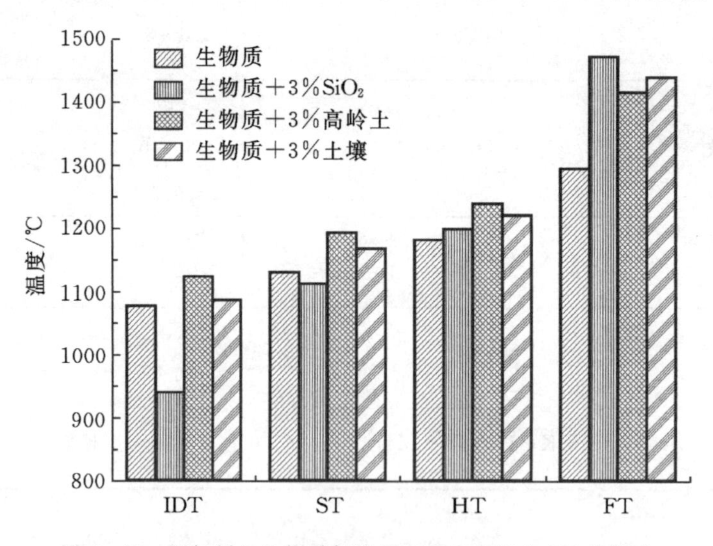

图 6-19　添加剂对生物质灰的 IDT、DT、HT 和 FT 的影响

和软化温度 ST 降低较多，降幅高达 136 ℃；添加高岭土后，初始变形温度 IDT 和软化温度 ST 升高幅度较大；而添加红土后，初始变形温度 IDT 和软化温度 ST 稍有增加。由此可见，添加 SiO_2 虽然可以一定程度上减少气相 K 的释放，但是会让低温熔融温度变低。虽然在流化床燃烧温度时，SiO_2 减轻碱金属结渣的作用明显，但导致的低温硅酸盐结渣聚团会更严重；向生物质中添加高岭土和红土，其所含的 Al 会促使生物质燃烧过程中生成少量的含 K 硅酸盐和较多的硅铝酸盐，从而使得生物质灰低温熔融温度升高。添加 SiO_2、高岭土、红土后生物质灰的半球温度 HT 和流动温度 FT 均升高，其中流动温度 FT 均升高 100 ℃以上，这既和添加 SiO_2、高岭土、红土后反应生成的高温难熔融硅铝酸盐等有关，又和该类添加剂可能没有反应完全，自身的高熔点进一步拉高了生物质灰的高温熔融温度有关。

表 6-4 给出了不同硅铝添加剂对生物质灰中含 K 和 Ca 矿物相的影响。可以看出，每个灰化温度下添加 SiO_2、高岭土和红土的工况与纯生物质工况的含 K 化合物的种类存在一定差异，甚至会产生新的矿物相。但由于 Si 和 Al 的总体含量增加，生物质灰中含 K 的硅酸盐和硅铝酸盐的量有所增加；同时原本某些发生概率低的反应的发生可能性增大，譬如生物质灰中的 $K_2Ca_2(SO_4)_3$，加入 3% 的高岭土后，更易于同高岭土反应生成 K 与 Ca 的硅酸盐或者硅铝酸盐。在各灰化温度下，添加 3% 的 SiO_2 的生物质灰中均检测到含有 K 的硅酸盐，而含 K 的硅酸盐的熔融温度较低，容易导致炉膛的低温结渣。添加高岭土和红土的工况中也含有 K 的硅酸盐，但是由于添加剂中 Al 的存在，硅酸盐的生成量较小，XRD 难以检测到。对不同硅铝添加剂条件下生物质灰中 $Ca_aAl_bSi_cO_d$ 类化合物的 XRD 分析结果表明硅铝基添加剂的加入并未导致新类型物质的产生。因此，添加 Si、Al 化合物后，$Ca_aAl_bSi_cO_d$ 依然是 $CaSO_4$、CaO、$CaSiO_3$ 等含 Ca 化合物反应后的产物。

表 6-4　各工况下生物质灰中含 K 和含 Ca 矿物相汇总

温度/℃	400	600	815	1000
纯生物质	KCl $K_6Ca(SO_4)_4$ $K_2Ca_2(SO_4)_3$ $K_6Si_3O_9$ $KAlSiO_4$	KCl $K_6Ca(SO_4)_4$ $K_6Si_3O_9$ $KAlSi_3O_8$ $CaSiO_3$ $Ca_{1.8}Al_{3.64}Si_{0.36}O_8$ $Ca_6Al_2SiO_{16}$	$K_2Ca_2(SO_4)_3$ K_2SO_4 $KAlSi_3O_8$ $KAlSiO_4$ $CaSiO_3$ $Ca_{1.8}Al_{3.64}Si_{0.36}O_8$ $Ca_6Al_2SiO_{16}$	$KAlSi_2O_6$ $KAlSiO_4$ $KAlSi_3O_8$ $CaSiO_3$ $CaAl_2SiO_6$ $Ca_{1.8}Al_{3.64}Si_{0.36}O_8$ $CaAl_2Si_2O_8$ Ca_2SiO_4 $Ca_2Al_2SiO_7$

续表 6-4

温度/℃	400	600	815	1000
添加 3% SiO_2	—	KCl $K_2Ca_2(SO_4)_3$ K_2SO_4 $K_6Si_3O_9$ $KAlSi_2O_6$ $CaAl_2SiO_6$ $CaAl_2Si_2O_8$	K_2SO_4 $KAlSi_2O_6$ $KAlSiO_4$ $K_2Si_4O_9$ $CaSiO_3$ $Ca_3Al_6Si_2O_{16}$	$KAlSi_2O_6$ $KAlSiO_4$ $KAlSi_3O_8$ $K_2Si_2O_5$ $CaSiO_3$ $CaAl_2SiO_6$ $Ca_{1.82}Al_{3.64}Si_{0.36}O_8$ $CaAl_2Si_2O_8$ $CaAl_2O_4$
添加 3% 高岭土	—	KCl K_2SO_4 $KAlSi_3O_8$ $K_6Si_3O_9$ $CaAl_2Si_2O_8$	K_2SO_4 $KAlSi_3O_8$ $KAlSiO_4$ $CaAl_2Si_2O_8$ $Ca_3Al_6Si_2O_{16}$	$KAlSi_2O_6$ $KAlSiO_4$ $KAlSi_3O_8$ $CaSiO_3$ $CaAl_2SiO_6$ $Ca_{1.8}Al_{3.64}Si_{0.36}O_8$ $CaA_{12}Si_2O_8$ $Ca_3Al_6Si_2O_{16}$
添加 3% 红土	—	KCl $K_2Ca_2(SO_4)_3$ $KAlSi_3O_8$ $CaAl_2Si_2O_8$	K_2SO_4 $KAlSi_2O_6$ $KAlSiO_4$ $CaAl_2Si_2O_8$	$KAlSi_2O_6$ $KAlSiO_4$ $KAlSi_3O_8$ $CaSiO_3$ $CaAl_2SiO_6$ $Ca_{1.8}Al_{3.64}Si_{0.36}O_8$ $Ca_3Al_6Si_2O_{16}$

6.3.3 生物质燃烧受热面结焦与沾污机理

1. 受热面灰颗粒沉积和沾污机理

受热面颗粒的沉积机理主要包括：气态金属或盐蒸气的凝结效应、颗粒惯性碰撞效应、热泳迁移、涡扩散和化学反应。由于生物质原料本身含有较高的 K、Cl 含量，燃烧过程中释放 KCl(g)，当烟气温度降低或化学反应发生时，气态 KCl 将发生成核、聚集与表面生长，也会于管壁或灰颗粒表面发生异相凝结，进而黏附粗飞灰粒子(主要为硅酸盐类矿物质)，在管壁表面形成结渣，如图 6-20 所示。当含高

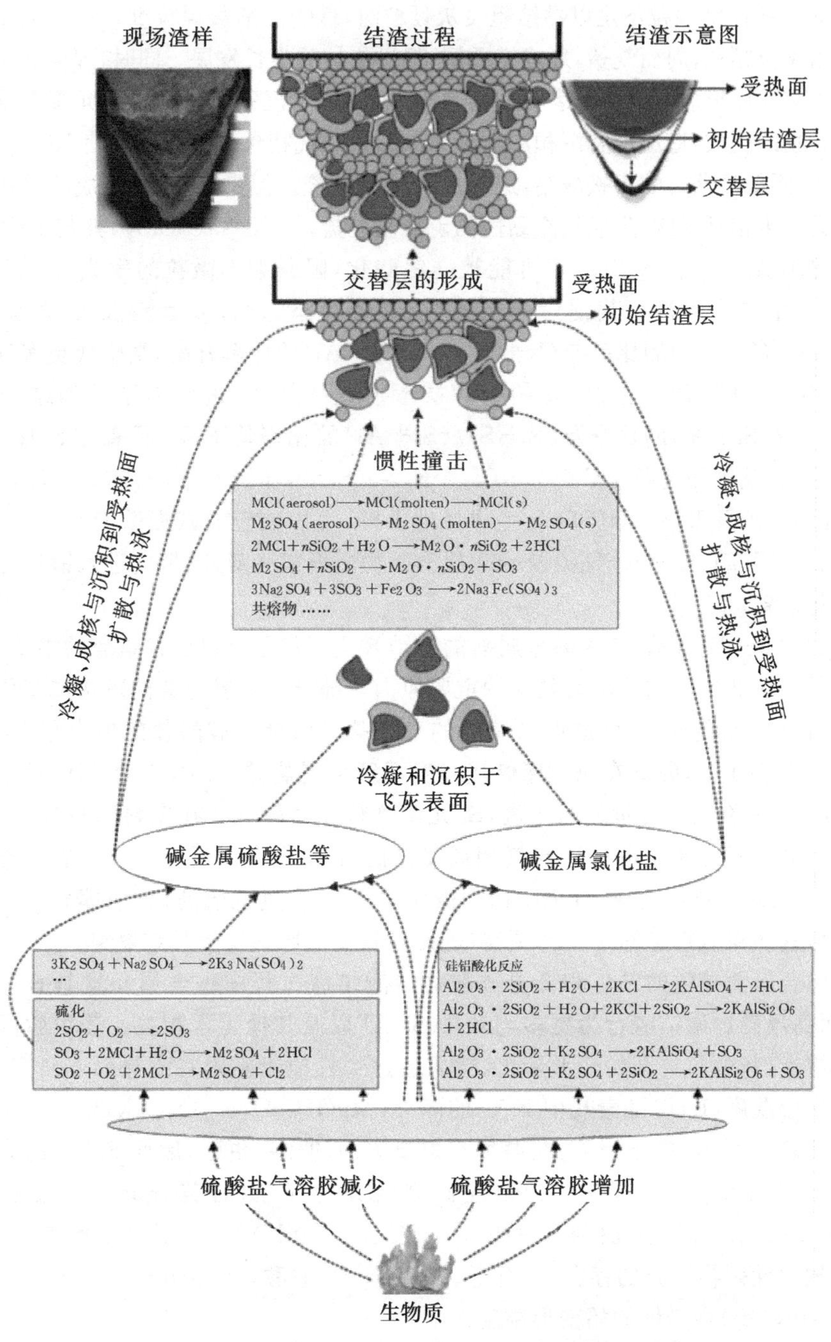

图 6－20　生物燃烧过程中盐蒸气凝结诱发的结渣机理

浓度 KCl 的微细颗粒不足以黏结粗飞灰颗粒时，低熔点细灰颗粒重新富集进而再次黏附粗飞灰颗粒，周而复始，形成交叠层，促进渣体的生长发展。同时，周期性吹灰也可促进交叠层形成。沉积层表面温度逐渐升高，由于沉积灰样中不同元素含量与不同化合物的生成，造成交叠沉积层呈现不同颜色。气相含 S 组分可以使 KCl(g)发生硫酸化，降低盐蒸气的直接凝结，进而有效抑制结渣。但是，硫酸化生成的单质硫酸盐可进一步相互反应，生成较高黏性的硫酸复合盐，如 $K_3Na(SO_4)_2$，其与 KCl 可同时促进结渣。此外，KCl(g)也可能被硅铝酸化，阻碍细小微粒的生成，抑制结渣。因此，当生物质燃料与其他燃料混燃，加入各种添加剂，或者浸洗后，若原料内(K+Cl)/(Si+Al)的比率与($K+S_{volatile}$)/(Si+Al)的比率升高，则生成更多含 KCl 及 $K_3Na(SO_4)_2$ 的气溶胶，初始沉积层形成速率加快，进而加剧壁面结渣。当(K+Cl)/(Si+Al)的比率及(K+S)/(Si+Al)的比率均下降，更多的 K 被 Si、Al 捕捉，生成硅铝酸盐及 HCl(g)，KCl 及 $K_3Na(SO_4)_2$ 生成量下降，初始沉积层形成速率减慢，KCl 及 $K_3Na(SO_4)_2$ 生成量的下降，可以减轻或减慢壁面结渣。此外，大部分 KCl(g)、$K_3Na(SO_4)_2$ 及硅酸盐类矿物质形成飞灰，随烟气进入锅炉尾部烟气净化设备。

如图 6-21 所示，气相碱金属盐的凝结效应不仅是交替层状结渣的主要原因，也是导致在低温硅酸盐熔融黏结的重要原因。部分碱金属盐会同飞灰或流化床锅炉床料中的 SiO_2 反应，生成低温熔融的硅酸盐。碱金属硅酸盐的熔点很低，部分甚至低于 700 ℃，因此在流化床燃烧温度下碱金属盐导致的结渣尤其严重。木质类生物质中 K 元素含量相对较高，Si 元素含量相对较低。在床料颗粒外表面，低温熔融的含钾硅酸盐由 SiO_2 与气相或凝结的含 K 化合物反应生成。农作物生物质中 K 元素含量较高，在有机结构中被束缚的 Si 含量也较高，灰中部分熔融的含 K 硅酸盐颗粒直接黏附于床料颗粒，进而导致低温床料发生黏结聚集。

碱金属盐导致的结渣和低温硅酸盐熔融结渣过程中碱金属元素具有主要作用，而高温硅熔融结渣行为更多与灰中 Si、Al 以及其他元素相关。若炉膛温度超过灰熔点，灰颗粒将开始变形熔化，然后通过惯性撞击黏附在受热面。研究表明，初始变形温度(IDT)随着灰中 K_2O 的降低，MgO、CaO、Fe_2O_3、Al_2O_3 和 SiO_2 的升高而升高。而 Al_2O_3 比 SiO_2 在增加灰熔点方面的作用更强，因此 Si/Al 的升高会导致 IDT 降低。同时，灰中难熔性矿物组分的存在(石英(quartz)、变高岭土(metakaolinite)、多铝红柱石(mullite)、金红石(rutile)等)会提高初始变形温度，而易软化性矿物组分的存在(硬石膏(anhydrite)、硅酸钙(calcium silicate)、赤铁矿(hematite)等)会降低初始变形温度。

生物质中的无机物可以分为三部分：水溶性部分(可以完全溶于水的盐，如碱金属的氯化物、硫酸盐、碳酸盐以及碱土金属的氯化物)，可被低浓度酸溶解的部分

(如被有机物束缚的无机物,不可溶于水但可溶于酸的矿物质,比如碱土金属的碳酸盐、硫酸盐和硫化物),以及不溶于稀酸和水的残渣(如不溶于酸的矿物质,包括硅酸盐、硅铝酸盐和有机基质共价键连接的成分)。因此,根据上述分类,生物质中碱金属盐主要以水溶性的氯化物、硫酸盐、碳酸盐、不溶性硅酸盐和硅铝酸盐的形式存在。水溶性碱金属(如 KCl 和 K_2SO_4)主要通过气化-凝结的方式影响壁面碱金属导致的结渣和低温硅酸盐熔融结渣。生物质灰中不溶性的碱金属硅铝酸盐和碱金属的硅酸钙/镁盐作为难熔的骨架结构决定了高温熔融结渣。此外,可以发现碱金属导致的结渣、低温硅酸盐熔融结渣、高温硅铝酸盐结渣可能发生在相同的颗粒沉积阶段,未来应该研究这三种结渣机理同时作用下的灰颗粒黏附特性。

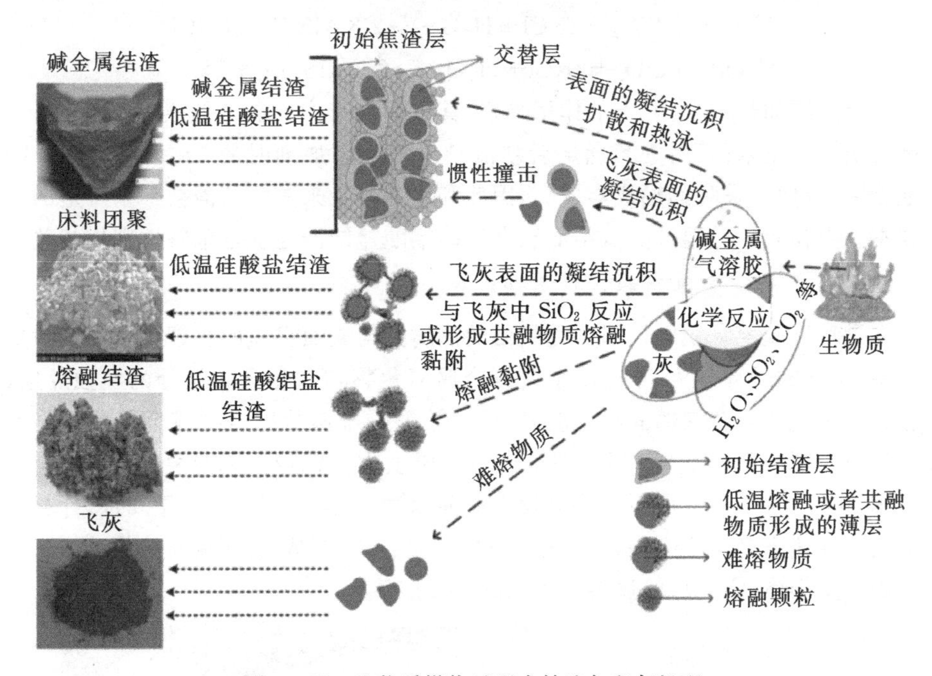

图 6-21　生物质燃烧过程中结渣与积灰机理

水洗过滤生物质燃料的方式可以有效去除水溶性碱金属,进而减少碱金属盐导致的结渣以及低温硅酸盐熔融导致的床层结渣聚团。研究发现,高岭土、沸石、白云石、燃煤飞灰、SiO_2、方解石、Al_2O_3 等添加剂可用于捕捉可溶性碱金属盐和提高灰熔点温度,进一步降低碱金属和低温硅酸盐熔融导致的结渣/聚团。但是,对于大型电站而言,水洗生物质降低碱金属含量的方法成本较高,因此当前生物质发电厂主要采用添加剂的方法减轻壁面的结渣。

大量研究发现气相碱金属盐可促使壁面沉积物形成,而 Si 和 Al 可以阻碍碱金属形成黏性沉积物。当灰中 Si 和 Al 元素含量较高时，它们有助于减少气相碱金属盐的析出，因此可以减轻碱金属盐气化-冷凝方式导致的结渣。对于低温硅酸盐结渣，Al 对于 K 的硅铝化合物可以提高 K/Al 和低(K_2+Al_2)/Si 比例生物质的熔融温度。SiO_2和 Al_2O_3可以提高灰熔融温度，降低高温硅铝酸盐熔融结渣倾向。高岭土中含有大量的 Si、Al 元素，将其添入生物质后，可减少生物质燃烧过程中气态 KCl 的生成，有效增加高温难熔性硅铝化合物的生成量。高岭土加入生物质后与 KCl 的反应可以用如下方程式表示，该反应的产物为白榴石($KAlSiO_6$)与六方钾霞石($KAlSiO_4$)

$$Al_2Si_2O_5(OH)_4 \longrightarrow Al_2O_3 \cdot 2SiO_2 + 2H_2O$$

$$Al_2O_3 + 2SiO_2 + 2KCl + H_2O \longrightarrow 2KAlSiO_4 + 2HCl$$

$$Al_2O_3 + 4SiO_2 + 2KCl + H_2O \longrightarrow 2KAlSi_2O_6 + 2HCl$$

在上述添加剂中，高岭土的作用最好，其可使飞灰中的碱金属仅剩余 20%；若将高岭土添入玉米秸秆，则其燃烧后结渣量仅为无添加剂时的 1/3。但高岭土的产地有限，致使开采和运输成本较高，因此利用高岭土来减轻结渣会带来一定的经济成本。生物质的低温硅酸盐结渣和高温硅铝酸盐结渣与灰熔融特性密切相关。

2. 生物质燃烧受热面积灰热腐蚀机理

在燃秸秆类生物质电厂锅炉受热面的热腐蚀与表面沉积的含钾化合物存在重要联系，该腐蚀过程分为三类：①金属或金属氧化物与气相含氯组分的腐蚀反应；②碱金属氯化物与金属的固相反应；③低温熔融碱金属盐同金属或金属氧化物的腐蚀反应。国内某 130 t/h 振动炉排高温高压生物质锅炉采用丹麦 BWE 公司燃烧技术，运行 14 个月后四级过热器发生泄漏，其源于某管束存在严重腐蚀，计算可知最大腐蚀速率高于 360 nm/h。图 6-22 为某 100 MW 循环流化床混燃 6%～10%高氯生物质(Cl>1%)过热器管束的腐蚀照片。

(a)

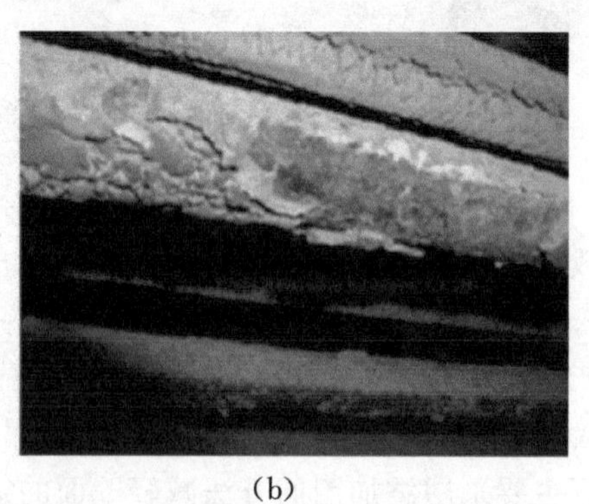

(b)

图 6-22　高氯生物质燃烧中管壁腐蚀

生物质燃烧过程中释放的气态氯化物遇到低温管壁时会凝结黏附于金属壁面。纯 KCl 的熔点为 771 ℃，在高温高压锅炉受热面表面会以部分熔融或固相颗粒的形式存在。此外，它也会与壁面其他无机盐形成低熔点共融物，显著降低壁面灰样熔点而加速壁面沉积与腐蚀速率。在氧化性气氛下，分子氯将会释放

$$2KCl+SO_2+H_2O+0.5O_2 \longrightarrow K_2SO_4+2HCl(\Delta G<0)$$

$$2KCl+xM+H_2O+1.5O_2 \longrightarrow K_2M_xO_4+2HCl(\Delta G<0,\text{其中 M 为 Cr 与 Fe})$$

$$2HCl+0.5O_2 \longrightarrow Cl_2+H_2O$$

在 SO_2气体存在条件下，金属壁面沉积的碱金属氯化盐还会发生硫酸化反应，生成 Cl_2和 HCl。反应生成的分子氯存在于金属壁面氧化层金属多孔内，由于该分子具有较高的蒸气压和穿透扩散性，会穿过积灰层、氧化保护层向金属表面扩散，并与 Fe 元素发生反应生成金属氯化物。当沉积层温度高于氯化亚铁熔点时，会以气相氯化亚铁的形式挥发。但在气相氯化亚铁的传质扩散中遇到氧气则发生反应生成 Cl_2，生成的 Cl_2又会向金属表面扩散渗透，因此造成壁面腐蚀持续进行。该腐蚀过程中分子氯具有转移金属基体中金属元素的作用。此外，生物质燃烧释放的气态碱金属氯化物，也会同金属、金属氧化物和金属碳化物发生腐蚀，其腐蚀反应如下式

$$2M_2O_3+4(K/Na)Cl+5O_2 \longrightarrow 4(K/Na)_2MO_4+2Cl_2$$

$$M+2(K/Na)Cl+2O_2 \longrightarrow (K/Na)_2MO_4+Cl_2$$

$$MC(s)+2(K/Na)Cl+2O_2 \longrightarrow MO+(K/Na)_2O+CO_2+Cl_2$$

3. 现场受热面积灰/结渣取样分析

案例一：某 12 MW 生物质电厂受热面结焦与积灰分析。

该生物质电厂于 2008 年 11 月 20 日投产发电，其锅炉属于丹麦引进的 48 t/h M 型振动炉排链条炉，额定蒸汽压力为 9.2 MPa，额定蒸汽温度为 540 ℃，额定给水温度为 210 ℃，炉膛横截面积为 4320×3760 mm^2，炉顶标高为 17320 mm。图 6-23为该生物质电厂机组示意图，包括燃烧系统、锅筒、水冷系统、过热器、省煤器、烟气冷却器、空气预热器、炉墙及构架等。该机组过热器布置分为四级，一、二级过热器逆流顺列布置，三、四级过热器混流顺列布置。过热器均采用光管蛇形管结构，而省煤器和烟气冷却器由方形鳍片蛇形管组成，空气预热器由螺旋鳍片蛇形管组成。机组运行期间发现每运行 15～20 d，过热器部位出现严重结渣现象。

由于该电厂周围大量种植棉花作物，且每年产生的棉花秸秆质量较大，因此该电厂主要采用燃用棉花秸秆以及掺烧少量木片、锯末、甘草渣、废棉絮等方式。表 6-5 为该生物质发电厂燃用棉花秸秆的工业分析、元素分析和灰成分分析。由表可知，棉秆灰中含有较高比例的 K_2O+Na_2O，其含量高达 28.6%。这表明该类秸秆燃烧过程中可能存在大量气态含钾或含钠组分的析出行为。

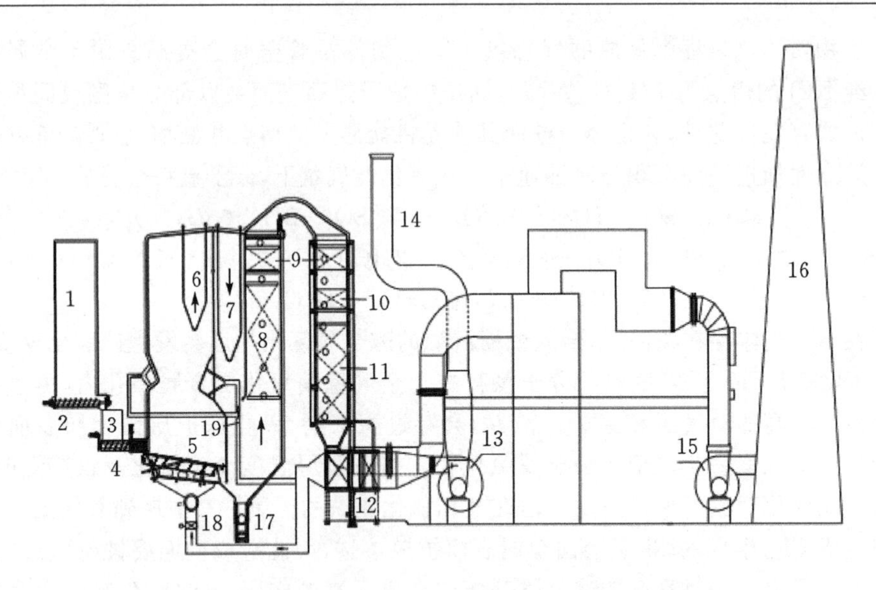

1—炉前料仓；2—炉前筒仓输料机；3—缓冲料仓；4—炉前给料机；5—炉排；
6—三级过热器；7—四级过热器；8—二级过热器；9—一级过热器；10—省煤器；
11—烟气冷却器；12—空气预热器；13—送风机；14—送风机进风管；15—引风机；
16—烟囱；17—捞渣机；18—一次风；19—二次风

图 6-23　生物质电厂设备示意图

表 6-5　燃料特性

样品	工业分析（质量分数/%，空气干燥基）				元素分析（质量分数/%，空气干燥基）						低位发热量 MJ/kg
	分析水	灰	挥发分	固定碳	C	H	O	N	S_{total}	Cl	
棉秆	2.63	4.22	72.61	20.54	45.86	5.53	40.96	0.61	0.19	0.44	16.85

灰成分/%									
SiO_2	Al_2O_3	CaO	MgO	P_2O_5	K_2O	TiO_2	Na_2O	SO_3	Fe_2O_3
12.28	3.6	22.48	9.82	6.24	22.7	0.19	5.88	5.14	1.04

锅炉停炉后，当烟气温度降低至 50 ℃左右时，开始收集各个受热面的沉积渣样及灰样，并保存于密封塑料袋中。图 6-24 为该机组锅炉不同位置受热表面的渣体。图 6-24(a)为四级过热器管束表面渣体，其呈现疏松多孔，渣体高度不超过 10 mm。图 6-25 为该四级过热器表面渣体的元素组分分析，并以元素氧化物

的形式给出。由柱状图可知，该级过热器渣样内 Si、Al、Ca、Mg、Na、K 及 Fe 含量之和高达 98%，特别是 Si、Al 含量几乎占 50%。表 6-6 给出了该渣体的主要矿物结晶相，其主要由白榴石（$K(AlSi_2O_6)$）和辉石（透辉石、斜辉石-$Ca(Mg_xAl_y)(Si_zAl_w)O_6$）构成，与水冷壁渣样相似，为熔融结渣。

(a)四级过热器

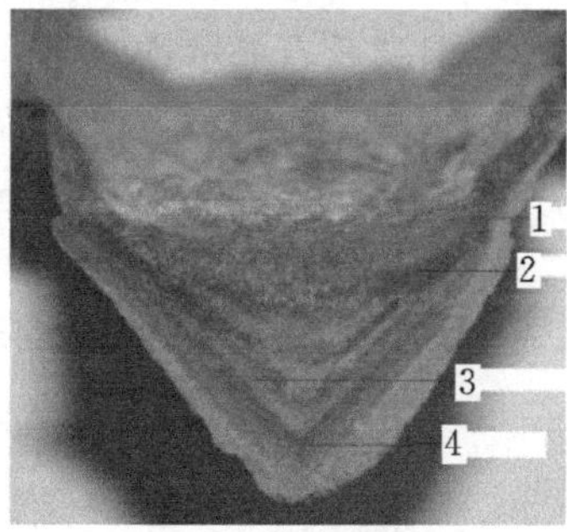

(b)二级过热器

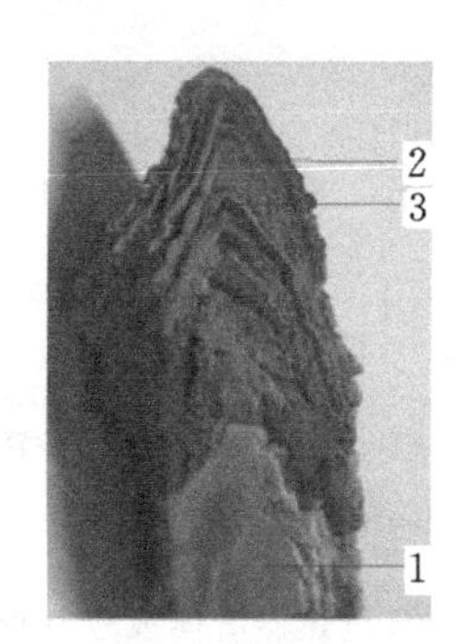

(c)一级过热器

图 6-24　过热器管壁表面的结渣样品

图 6-24(b)为二级过热器渣样，渣体高度达 900 mm，可以明显分为底层、过渡层及交替出现的黄色层与棕色层（分别对应于层 1、2、3、4）。图 6-26(b)图为该渣体不同层元素组分柱状图，相应的元素构成的矿物学组分由表 6-6 可见。分析结果可以看出：渣体整体沿高度方向（即由底层至表层），Na、K、S、Cl 含量逐渐下降，而 Si、Al、Ca、Mg、Fe、P 含量则相对升高。二级过热器渣样主要为钾盐、岩盐、硫酸钙钾、石英、钙镁橄榄石、镁黄长石及钙黄长石。底层主要元素是 Na、K、S、Cl 与 Ca，主要化合物为钾盐、岩盐与硫酸钙钾。此处烟气温度为 507～645 ℃，烟气中气态钾盐遇冷发生直接凝结或异相凝结。钾盐作为黏合剂，黏附粗飞灰颗粒，促进渣体生长。粗灰颗粒含高浓度的 Si、Al、Ca，可能是大量石英存在于过渡层的原

因。交叠层内 Si、Al、Ca、Mg、Fe、P 含量总和占到总含量的一半以上，相对于底层，Na、K、S、Cl 含量显著下降。相对于棕色层，淡黄色层内含较多的 Na、K、S、Cl。矿物组分分析显示，交叠层主要含钾盐、岩盐、石英、镁黄长石及钙黄长石。此外，黄色层内还含钙镁橄榄石，化合物形式主要为 $MgCaSiO_4$、$CaMgSiO_4$、$Ca(Mg_{0.88}Fe_{0.12})SiO_4$ 与 $Ca(Mg_{0.93}Fe_{0.07})SiO_4$。钙镁橄榄石中钙含量高于铁则呈现黄色，否则呈现棕色，而且黄长石显示黄色或者棕色，故该渣样交叠层呈现黄色与棕色交替出现。

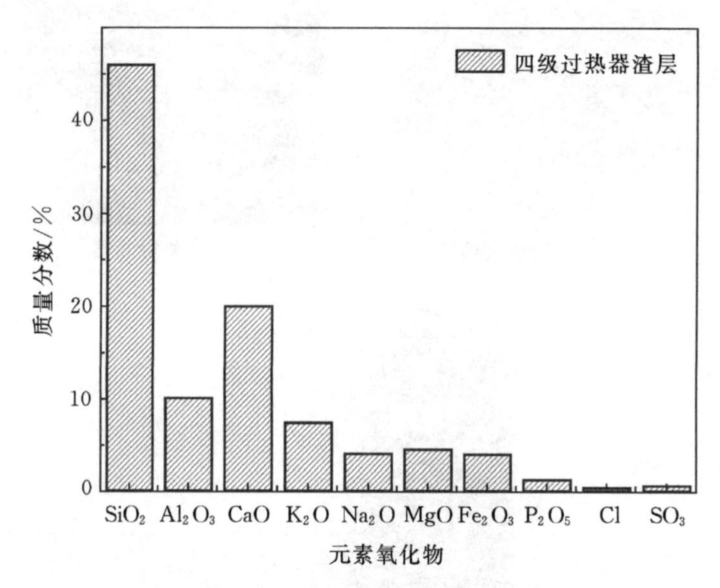

图 6-25　四级过热器渣体成分分析

图 6-24(c)为一级过热器管束表面渣样，渣体高度一般不超过 100 mm，其呈现灰白色的底层及交替出现的淡黄色层与黑色层(分别对应于层 1、2、3)。图 6-26(a)为该级过热器管束表面渣体各层的元素组分分析结果，其相应各层形成的矿物质组分由表 6-6 可知。该级过热器管束表面渣体底层 Na、K、S 含量较高，Si、Al、Ca、Mg、Fe 和 P 则较低。含高浓度 Na、K、S 和 Cl 的细颗粒在热泳力作用下发生沉积，进而形成底部灰白层，显著提高沉积层表面温度。底层化合物主要为钾盐、岩盐、硬石膏、石英及钾芒硝。该位置烟气温度为 378～465 ℃，而钾盐凝结温度为 700 ℃，钾盐在烟气中遇冷发生成核、聚集和凝结等一系列过程。同时，钾芒硝作为硫酸钾与硫酸钠反应生成的复合盐也具有一定的黏性，其反应方程式如下。

$$K_2SO_4 + Na_2SO_4 \longrightarrow K_3Na(SO_4)_2$$

另外，有些学者认为硫酸钾首先成核，然后钾盐在其表面发生异相凝结。具有

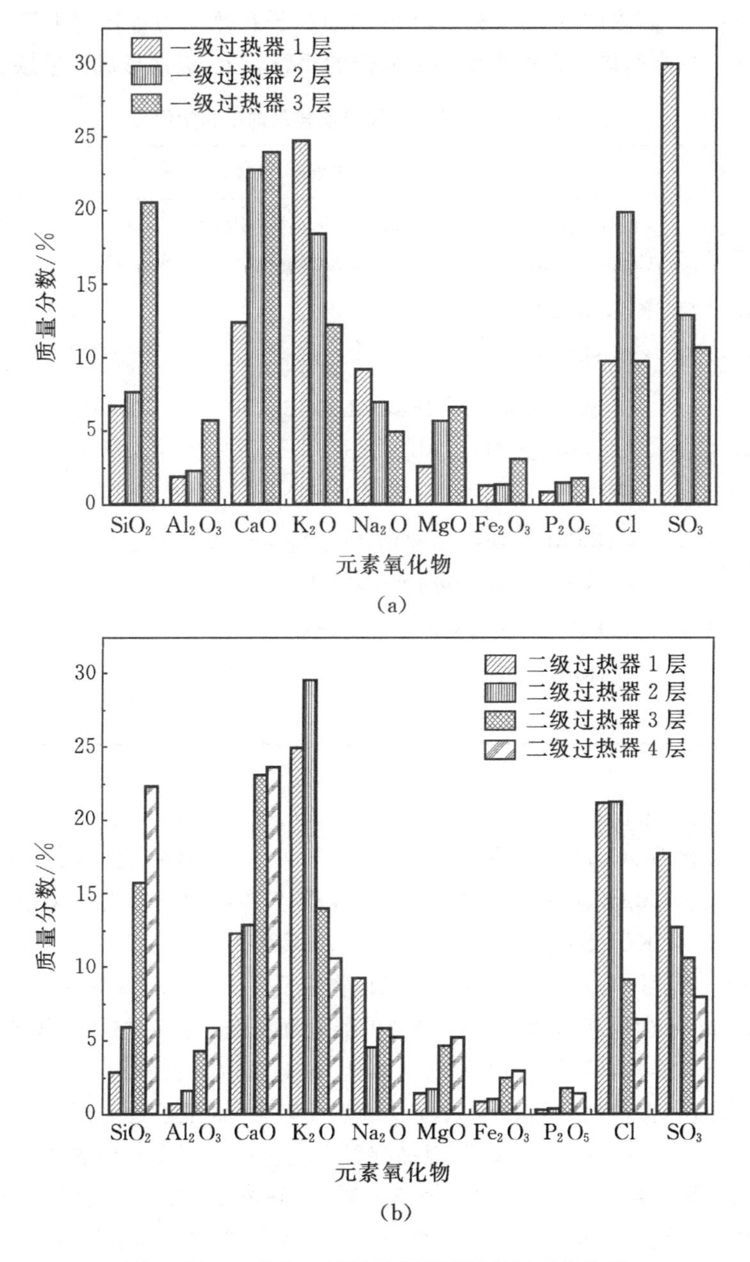

图6-26　一级和二级过热器表面渣体层成分分析

黏性的钾盐及钾芒硝在烟气中遇冷凝结，然后沉积于管子表面，黏附飞灰粒子，促进渣体形成与发展。淡黄色层主要为钾盐、岩盐与硬石膏，黑色层为钾盐、岩盐、硬石膏及石英。含高浓度 Na、K、S 及 Cl 的微细粒子在热泳力等作用下沉积形成淡黄色层，作为黏合剂黏附在惯性作用下撞击的粗颗粒上，进而形成黑色层。

表 6-6　各级过热器表面结渣样品的矿物学组分

过热器级数	主要矿物组分
四级过热器	$CaMgSi_2O_6$，$Ca(Mg,Al)(Si,Al)_2O_6$，$K(AlSi_2O_6)$，$Ca(Mg_{0.7}Al_{0.3})(Si_{1.7}Al_{0.3})O_6$，$Ca(Mg_{0.85}Al_{0.15})(Si_{1.7}Al_{0.3})O_6$
二级过热器-1层	KCl，NaCl，$K_2Ca_2(SO_4)_3$
二级过热器-2层	KCl，SiO_2，NaCl
二级过热器-3层	KCl，$MgCaSiO_4$，$Ca_2(Mg_{0.5}Al_{0.5})(Si_{1.5}Al_{0.5})O_7$，$Ca(Mg_{0.88}Fe_{0.12})SiO_4$，$(Ca_{1.96}Na_{0.05})(Mg_{0.24}Al_{0.64}Fe_{0.12})(Si_{1.39}Al_{0.61})O_7$，$Ca_2MgSi_2O_7$，$(Ca_{1.53}Na_{0.51})(Mg_{0.39}Al_{0.41}Fe_{0.16})Si_2O_7$，$SiO_2$，NaCl
二级过热器-4层	NaCl，KCl，$Ca_2MgSi_2O_7$，SiO_2，$(Ca_{1.96}Na_{0.05})(Mg_{0.24}Al_{0.64}Fe_{0.12})(Si_{1.39}Al_{0.61})O_7$，$(Ca_{1.53}Na_{0.51})(Mg_{0.39}Al_{0.41}Fe_{0.16})Si_2O_7$
一级过热器-1层	$CaSO_4$，KCl，NaCl，$K_3Na(SO_4)_2$，SiO_2，$K_3Al(SO_4)_3$
一级过热器-2层	SiO_2，KCl，NaCl，$CaSO_4$
一级过热器-3层	SiO_2，KCl，$CaSO_4$，NaCl

布袋表面严重积灰，且硬度极高，如图 6-27 所示。由灰成分元素分析结果可知，飞灰主要含 Si、Ca、K、Cl、S、Al 与 Na 元素。飞灰样品主要包括 SiO_2、KCl、$CaMg_3(CO_3)_4$、$CaSO_4$、$CaCO_3$和 NaCl，而布袋除尘器黏附灰样的矿物结晶相主要为 $CaSO_4$、NaCl、KCl、SiO_2、$CaCO_3$、$Mg_{0.03}Ca_{0.97}CO_3$。

由图 6-28 可知，布袋除尘器表面沉积物主要元素为 Si、Ca、K、Cl、S 及 Na，而 P、Al、Mg 和 Fe 含量相对较低。布袋除尘器表面积灰主要矿物相与飞灰相同，仍为钾盐、石英与岩盐，但是镁方解石作为小组分取代碳酸钙镁石。与表面沉积物相比，飞灰则相反，保护性元素 Si、Al、Ca、Mg 含量较高，而危险性元素 K、Na、Cl 和 S 含量则较低。高浓度的 Si 与 Al 可以捕捉碱金属生成高熔点铝硅酸盐与氯化氢气体，进而减少微细粒子的形成，抑制结渣。同时，高浓度的钙与氯化氢反应生成氯化钙，阻止碱金属氯化物的再生。虽然飞灰及布袋除尘器表面沉积物都含钾盐、石英、岩盐、方解石、硬石膏与碳酸钙镁石或镁方解石，但含量却大不相同。矿物学组分分析结果可以看出，表面沉积物内钾盐及岩盐含量显著高于飞灰，且石英含量显著低于飞灰。高浓度的钾盐、岩盐与低浓度的石英促进沉积物的形成，黏附在布袋表面，形成坚硬的沉积物。

(a)布袋除尘器

(b)单元布袋除尘表面

(c)飞灰样品

图6-27 布袋除尘器表面积灰样品

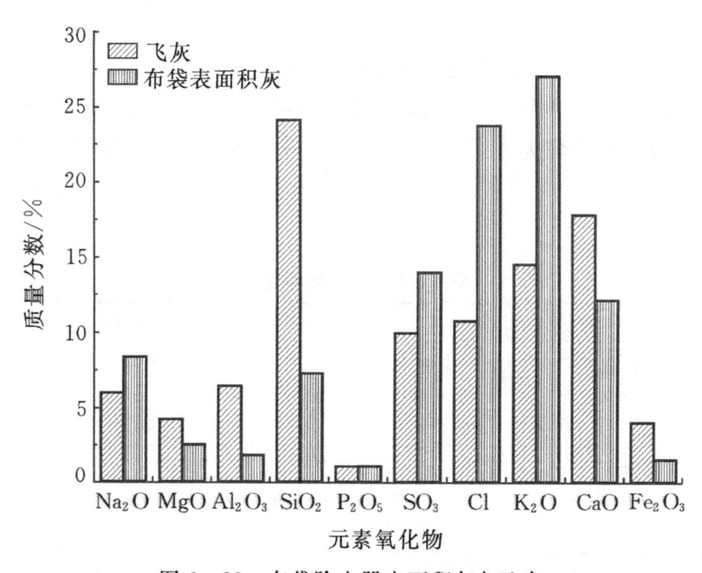

图6-28 布袋除尘器表面积灰与飞灰

此外,在布袋除尘器出口,尾部烟道聚集有大量的NH_4Cl,厚度可达10~15 mm,由图6-29可以看出。生物质锅炉尾部烟道内出现大量NH_4Cl晶体还未见相关报道。通过分析该电厂收集棉秆的土壤成分可知，土壤中的 Cl 含量为 68.34 g/kg（质量分数为 6.834%），几乎是棉秆含量（质量分数为 0.44%）的 16 倍。棉秆收集过程不可避免地夹杂一定比例的土壤，而且，一些农民为谋取更高利润，在秸秆中掺杂土壤以提高其重量。此外，该电站在秸秆进入炉膛之前未进行一定的预处理。NH_4Cl 进入炉膛后，首先被分裂为 NH_3(g)及 HCl(g)，随后未被氧化及炉内反应生成的 NH_3(g)与未反应的 HCl(g)遇冷重新结合生成 NH_4Cl(g)，在布袋出口遇冷生成 NH_4Cl。因此，尾部烟道 NH_4Cl 主要是由于土壤掺杂物造成的。

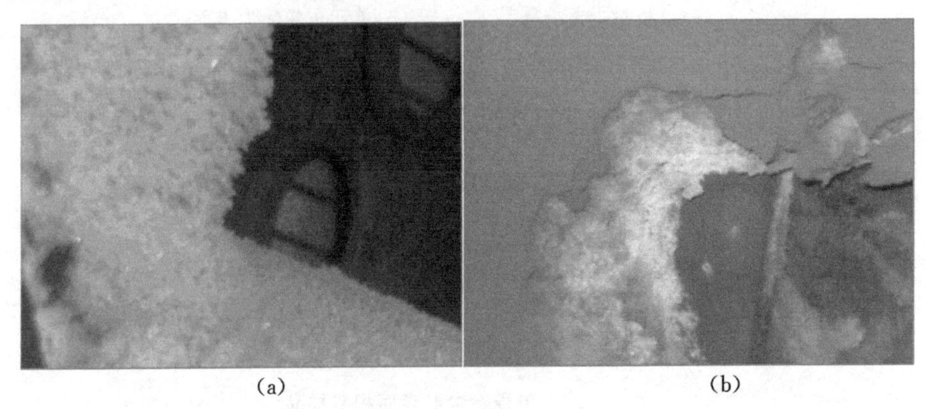
(a) (b)

图 6-29 布袋除尘器出口烟道区域 NH_4Cl 结晶盐

案例二：某 30 MW 生物质电厂受热面结焦与积灰分析。

江苏射阳 30 MW 生物质电厂采用丹麦 BWE 公司生产的 130 t/h 振动炉排高温高压蒸汽锅炉，该锅炉为单锅筒、单炉膛、平衡通风、室内布置、固态排渣、全钢构架、底部支撑。表 6-7 为该机组燃用的生物质燃料，可知该棉秆含有较高的 K 与 Ca 元素。

表 6-7 棉秆燃料性质

燃料	工业分析（质量分数/%，空气干燥基）				元素分析（质量分数/%，空气干燥基）					
	全水	灰分	挥发分	固定碳	C	H	O	N	S_{total}	Cl
棉秆	9.92	2.57	71.1	16.41	46.11	5.9	35.01	0.32	0.18	0.14

灰成分/%									
SiO_2	Al_2O_3	CaO	MgO	P_2O_5	K_2O	TiO_2	Na_2O	SO_3	Fe_2O_3
51.41	9.44	12.3	3.66	2.58	11.72	0.64	2.36	0.85	3.82

由射阳生物质电站二级过热器结渣渣样层结构图可以看出(见图 6－30),射阳二级过热器渣样同样发现明显的底层、过渡层及交替层层状结构(分别对应于层1、2、3),且各层有着不同的颜色及硬度。由底层及过渡层的元素分析结果,可以得到该渣样内元素 Na、K 与 Cl 含量较低,其他的元素含量较高,尤其是 S 含量。由表 6－8 渣体过渡层矿物组分分析结果可知,交替的白色层主要为黏性的钾盐。

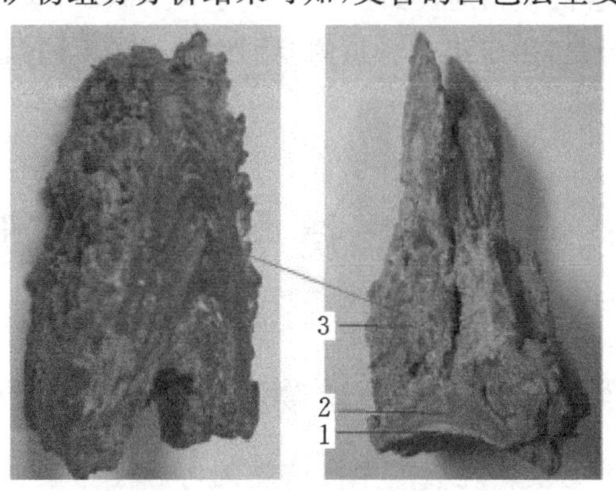

图 6－30　二级过热器渣体层结构

表 6－8　二级过热器渣体层主要矿物学组分

名称	主要矿物学组分
二级过热器 1 层	KCl,SiO_2,$CaSO_4$,$K_2S_2O_7$,$K_3Na(SO_4)_2$,$MgAl_2Si_3O_{10}$,$MgCl_2$,$AlCl_3$,Na_2MgCl_4,Fe_2O_3
二级过热器 2 层	KCl,$K(Na,K)_3Al_4Si_4O_{16}$,$CaSO_4$,SiO_2,$K_3Na(SO_4)_2$,KAl_5O_8,$Na_2S_2O_7$,$MgAl_2Si_3O_{10}$,Na_2SO_4
二级过热器层	SiO_2,$CaSO_4$,$K_3Na(SO_4)_2$,K_2SO_4,$K_3Al(SO_4)_3$,KAl_5O_8

射阳棉秆结渣渣样成分复杂,含有 16 种结晶矿物相。通过详细地分析,可以分为:氯化物钾盐(KCl)、氯镁石($MgCl_2$)、氯化镁钠(Na_2MgCl_4)、氯化铝($AlCl_3$)、硫酸盐-硬石膏($CaSO_4$)、硫酸钾($K_2S_2O_7$)、钾芒硝($K_3Na(SO_4)_2$)、硫酸钠(Na_2SO_4与 $Na_2S_2O_7$)、单钾芒硝(K_2SO_4)、硫酸铝钾($K_3Al(SO_4)_3$)、硅酸盐霞石($K(Na,K)_3Al_4Si_4O_{16}$)、硅酸铝镁($MgAl_2Si_3O_{10}$)及氧化物石英(SiO_2)、氧化铁(Fe_2O_3)、氧化铝钾(KAl_5O_8)。底层主要化合物为 KCl、$MgCl_2$、Na_2MgCl_4、$AlCl_3$、$CaSO_4$、$K_2S_2O_7$、$K_3Na(SO_4)_2$、$MgAl_2Si_3O_{10}$、SiO_2与 Fe_2O_3。虽然射阳棉秆 Cl 含量较低,但是仍可产生可观的微细粒子,将管壁与渣体黏结在一起。此处,过热器烟气温度及蒸汽温度分别为 550～750 ℃与 430～450 ℃,有利于黏性 KCl 的生

成。另外，K_2SO_4与Na_2SO_4反应生成黏性的$K_3Na(SO_4)_2$，同黏性的KCl一样可有效捕捉飞灰粒子，促进壁面渣体的快速发展。相对于底层，过渡层S、Na与K含量显著增加，Cl元素明显下降。由表6-8可以看出，过渡层主要组分是KCl、$CaSO_4$、$Na_2S_2O_7$、$K_3Na(SO_4)_2$、Na_2SO_4、$K(Na,K)_3Al_4Si_4O_{16}$、$MgAl_2Si_3O_{10}$与KAl_5O_8。与底层致渣机理相同，黏性的KCl与$K_3Na(SO_4)_2$捕捉粗飞灰颗粒，进而促进渣体生长。但是，由于组分含量的差别而呈现出不同颜色，底层与过渡层分别呈现白色和黄色。

6.4 生物质燃烧中细颗粒物形成

6.4.1 生物质野外焚烧细颗粒物生成及对大气的影响

农作物废弃物不完全燃烧会产生高浓度的可燃性污染物，比如CO、碳烟、焦油和多环芳烃，若生物质燃料携带少量重金属或氯元素，焚烧也会产生高毒性的重金属和二噁英。某些情况下可能会触发二次颗粒物的暴增以及加速当地大气雾霾形成。我国作为农业大国，每年秋季农作物丰收时期将会产生大量农作物秸秆废弃物。农作物秸秆田间野外焚烧是种植者有效处理秸秆废物和实现秸秆营养元素循环的最方便且廉价的处理方式。特别是某些地区可实现水稻等农作物的多季节种植，田间焚烧秸秆现象非常普遍。秋季农作物秸秆野外焚烧对当地空气质量会产生明显影响，图6-31为焚烧秸秆生物质的图片。

Streets等研究发现亚洲每年生物质焚烧大约释放0.37×10^9 kg SO_2，$2.8\times$

(a)

(b)

图6-31 秸秆田间焚烧图片

10^9 kg NO_x，1100×10^9 kg CO_2，67×10^9 kg CO 和 3.1×109 kg CH_4。Gadde 等给出了东南亚地区印度、泰国和菲律宾每年焚烧的秸秆质量分别为 13.92×10^9 kg、10.45×10^9 kg 和 10.15×10^9 kg。农作物秸秆焚烧不但会产生一次颗粒物，而且这些排放物质也会影响二次颗粒物的形成，但有关农作物秸秆野外焚烧对雾霾形成的具体影响机制仍然不是很清楚。研究发现，焚烧释放的 PAHs 等有机物在 NO_x 存在下会被氧化为二次有机气溶胶，释放的 SO_2 和 NO_x 也会被氧化为硫酸盐和硝酸盐二次无机气溶胶。高浓度的 NO_2 和 NH_3 有助于提高硫酸盐的生成并生成气相物质副产物。二次有机气溶胶的生成机理对于研究空气与气候的变化是重要的。最近的实验室研究发现大气液相发生的反应是大气二次气溶胶产生的重要源头。Gilardoni 等直接观察到二次有机气溶胶产生于生物质燃烧排放物在液相中的反应。在水雾和湿气溶胶条件下均观察到了液相二次气溶胶的形成。

相比于天然气或轻质燃油，生物质燃烧会释放较高浓度的 NO_x 和颗粒物。实验室中燃烧稻秆、麦秆和玉米秆并同时收集气相与颗粒相中的 PAHs，发现这三种燃料 PAHs 的排放因子分别为 5.26、1.37 和 1.74 mg/kg。生物质燃烧会释放大量短生命周期性的全球变暖物质，比如炭黑，且通过前驱物 VOCs 和 NO_x 中的光化学反应显著有利于臭氧形成。

6.4.2　生物质锅炉燃烧细颗粒物生成

生物质燃烧过程中将会产生不同类型的颗粒物，根据产生的来源不同，可将其分为可燃物质不完全燃烧生成的炭黑颗粒、有机颗粒物以及无机组分元素形成的飞灰颗粒。生物质在高温炉膛内燃烧时，大量含硫、氯元素组分易与灰中碱金属形成气态化合物析出。当炉膛烟气温度降低或组分消耗参与化学反应等造成局部温度区域某组分分压力大于该温度下饱和压力时，这些组分将发生成核、凝聚、表面生长等一系列过程，形成液相或固相颗粒。图 6-32 给出了生物质燃烧过程中颗粒的形成机理，生物质颗粒热解过程中释放 KCl、K、KOH、SO_2、HCl 等组分，气态 KCl 或 KOH 发生硫化反应生成 K_2SO_4，也会同硅铝物质发生硅化反应固留于灰颗粒中。气态 KCl 和 K_2SO_4 随烟气温度降低，发生成核、聚集、冷凝等逐渐演化为细颗粒物。生物质焦炭燃尽过程自身由于应力发生破碎、熔融行为，逐步演变为粗颗粒。

大量研究已经表明，碱金属的硫酸盐和氯化物气溶胶在生物质锅炉结焦、积灰与腐蚀过程中起着十分重要的作用。研究含钾细颗粒转化特性发现，随着烟气温度的降低，气态氯化物冷凝于受热面并发生沉积，部分氯化物也会同含硫组分反应生成硫酸盐。由于异相硫化反应速率很低，因此只有部分氯化物转化为硫酸盐。在 Grena 电厂上进行的生物质-煤粉的混燃试验发现 KCl 是水冷探针取样后沉积

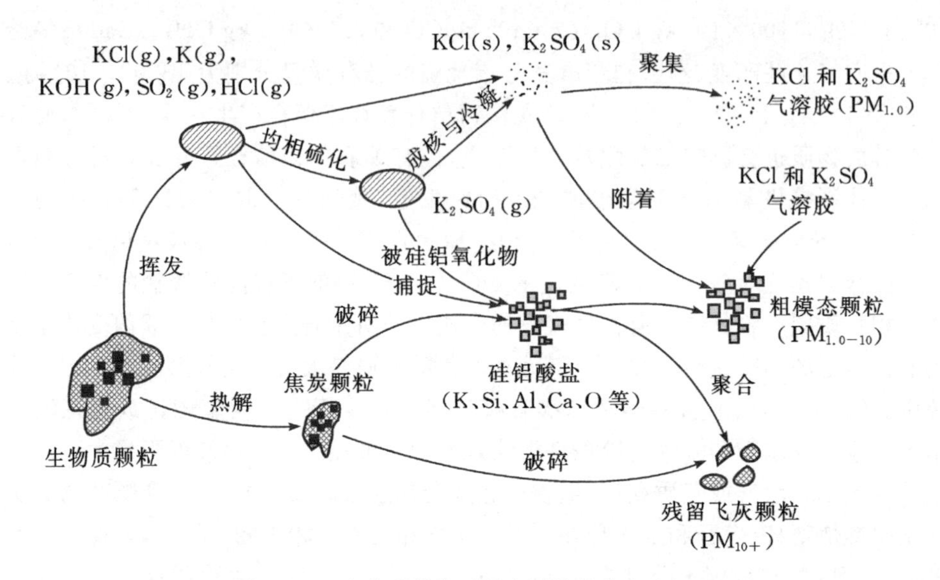

图 6-32 生物质燃烧过程中颗粒物的生成机理

样品中的主要组分,而 Lind 得到生物质在流化床内燃烧后形成的细颗粒中 KCl 含量很高。同时,Johansson 与 Sheth 认为气态氯化物冷凝后在固相中向硫酸盐转化的反应相当关键。近年来,大量试验和机理研究发现高温下释放的氯化物在气相中可能已经转化为硫酸盐,且认为气态氯化物的硫化反应比在固相中更易发生。Jimenez 对生物质燃烧过程中细颗粒的生成特性进行了大量的研究,其试验结果也清晰地表明 K_2SO_4 从 900 ℃即开始成核和冷凝,而 KCl 析出温度更低。Hansen 在某 150 MW 的燃煤炉内进行了生物质混燃试验,得到细颗粒的主要组分为硫酸盐,氯化物的含量低于 0.5%。Nielsen 在 Sandia 国家实验室的多功能实验台上研究了麦秆燃烧过程中含 K、Cl 和 S 组分的沉积特性,结果也表明麦秆沉积物中的 KCl 含量很低,主体为 K_2SO_4。Iisa 在流动反应器内研究氯化物向硫酸盐的转化机理,结果表明气相硫化反应中 KCl 的转化率高达 100%,而固相硫化反应中 KCl 的转化率仅为 0.5%~2%;进一步通过试验和理论分析证明气相中 KCl 向硫酸盐的转化反应主要发生在 800 ℃左右,由于该温度远大于 KCl 的析出温度,因此从理论上分析在较低温度下直接在受热面上沉积的也应该为 KCl 转化后的硫酸盐气溶胶颗粒。基于 KCl 的硫化反应主要发生在气相中的假设,Glarborg 提出了预测碱金属含氯和含硫组分的详细反应机理,利用该机理进行动力学计算得到的结果与 Iisa 的试验结果吻合良好。因此,若能进一步通过试验证实在受热面上直接沉积的是碱金属硫酸盐,而氯化物在冷凝沉积前已在气相中转化为硫酸盐,则碱金属在受热面上结焦的过程可进一步简化,并且先前提出的详细反应机理能更合理地预测气相碱金属氯化物和硫化物的转化过程。

如图 6－33 所示，生物质在高温燃烧过程中释放出气相 KCl 以及含 S 组分，析出的 SO_2 在烟气中可进一步氧化为 SO_3，并与气相 KCl 反应生成 K_2SO_4 气溶胶，该反应显著降低了烟气中气相 KCl 的浓度。随着烟气温度的进一步降低，大部分硫酸盐及少量氯化物开始成核、冷凝析出，形成液相或固相细颗粒。此外，部分硫酸盐还会同含硫组分进一步生成低熔点的焦硫酸盐。最终这些以硫酸盐为主且含有部分低熔点焦硫酸盐的亚微米气溶胶颗粒，在低温换热器表面或跟随烟气流经后续设备发生沉积。

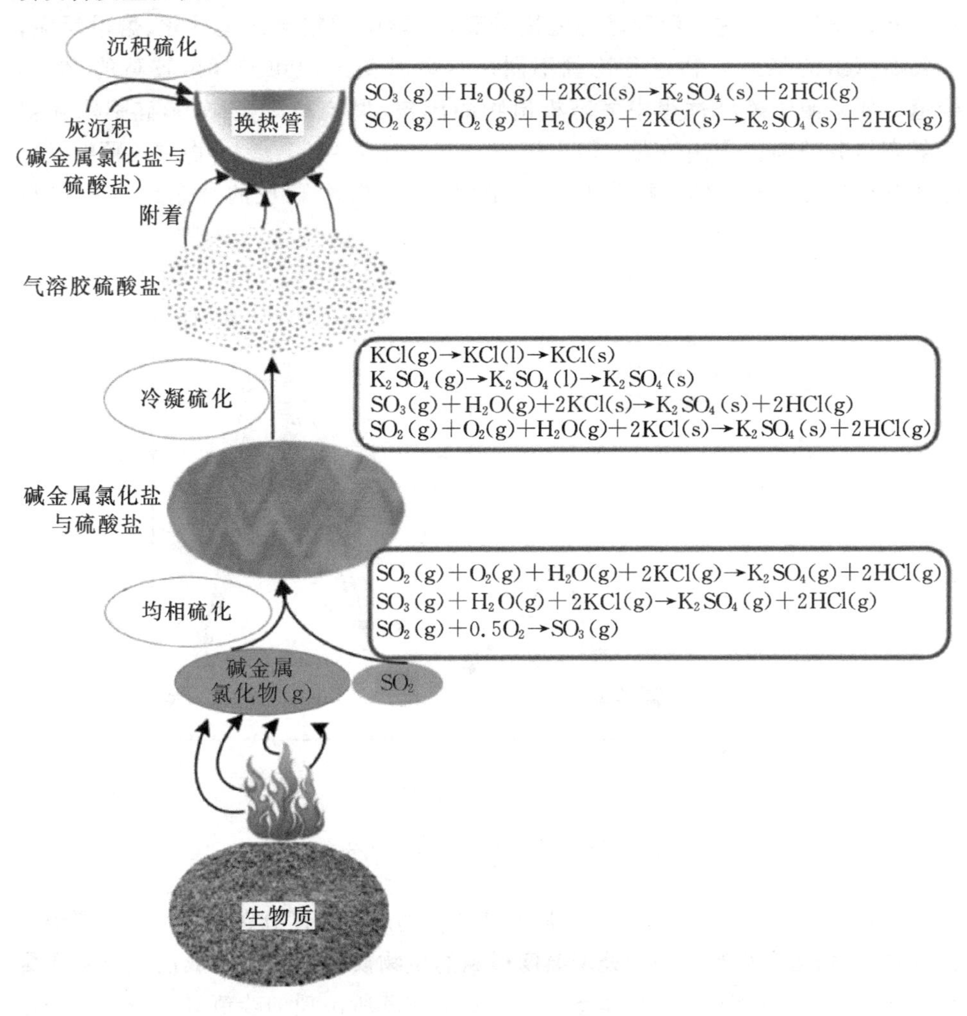

图 6－33　生物质燃烧过程中碱金属盐颗粒的形成

Wang 等和 Hu 等在一维沉降炉中开展了燃烧温度(1100/1100/1200/1300 ℃)以及预处理温度(250/350/500/815/1000 ℃)对生物质燃烧排放细颗粒物的实验。图 6-34 为燃烧温度对生物质燃烧细颗粒质量粒径浓度分布,其中,y 轴代表每单位质量燃料产生的 $PM_{1.0}$ 的质量。实验发现,生物质在 1000 ℃燃烧生成的颗粒物质量粒径分布明显不同于另外三个更高温度燃烧得到的实验结果。燃烧温度由 1000 ℃上升至 1100 ℃时,$PM_{1.0}$ 的产量降低 50%,而且峰值对应的粒径由 274 nm转移至 97 nm,生物质在 1100 ℃燃烧生成最少的 $PM_{1.0}$。当燃烧温度继续上升至 1200 ℃和 1300 ℃,$PM_{1.0}$ 峰值对应的粒径未发生变化,但 $PM_{1.0}$ 的产量却轻微增加。这主要源于燃烧温度升高,生物质颗粒会发生软化、熔融反应,颗粒所析出的气态矿物组分比例不同。燃烧温度为 1000 ℃时,较高的 $PM_{1.0}$ 峰值主要是源于燃烧过程中气态析出物的成核、聚集和冷凝作用,硅铝颗粒对于气态组分的固留作用较弱。但当燃烧温度上升至 1100 ℃,生物质灰颗粒发生熔融甚至熔化,气态组分捕集与反应增强,同时熔融颗粒的气态组分析出也增强。

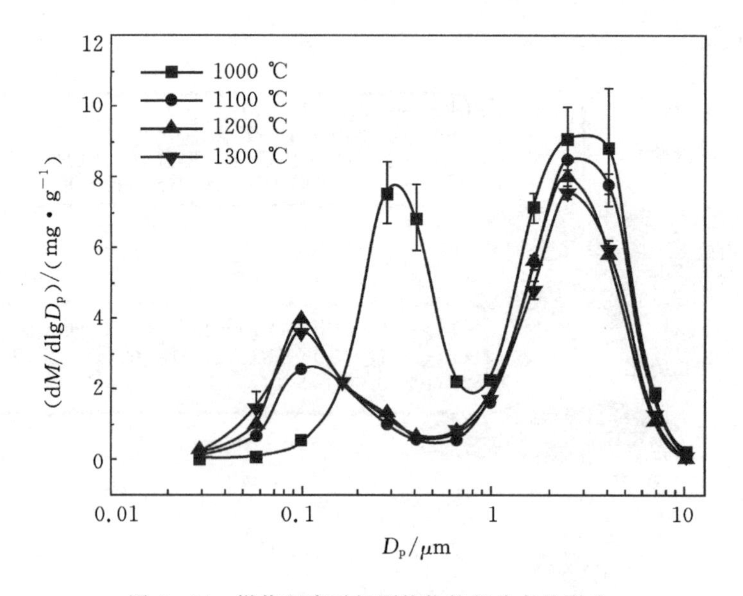

图 6-34　燃烧温度对细颗粒物粒径分布的影响

图 6-35 为预处理温度对生物质燃烧颗粒物质量浓度分布的影响。从图中可以发现,生物质燃烧和不同预处理温度得到的生物质焦炭燃烧生成的颗粒物质量粒径浓度分布呈双峰分布,粗模态颗粒物质量浓度所出现的峰值对应的粒径变化较小,但细模态颗粒物质量浓度出现的峰值所对应的颗粒粒径变化较大。实验发

现预处理温度小于 500 ℃时，燃烧生成更高的细颗粒浓度，且在 500 ℃达到最高排放浓度。

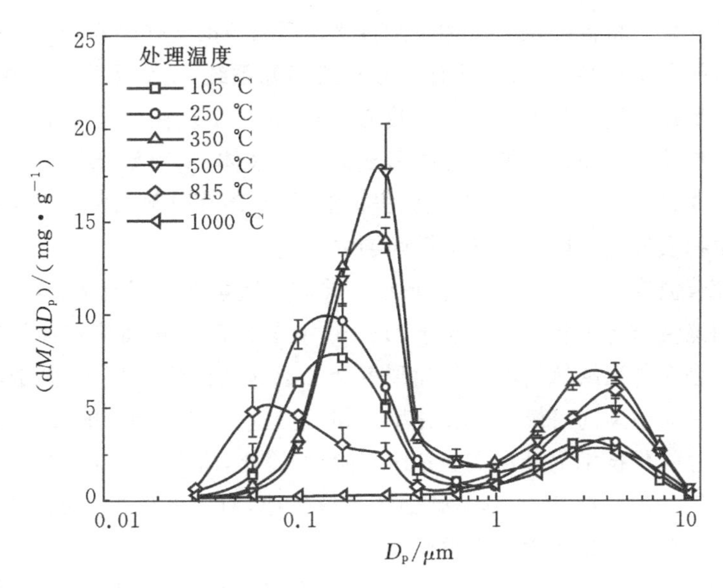

图 6 - 35　预处理温度对生物质燃烧细颗粒物粒径分布的影响

图 6 - 36 为生物质预处理温度为 250 ℃时，细模态和粗模态颗粒物的 SEM。可以看出，细模态颗粒主要由形状规则的 KCl 颗粒组成，粗模态颗粒主要由非规则形状颗粒组成，且表面黏附了少量 KCl 物质。

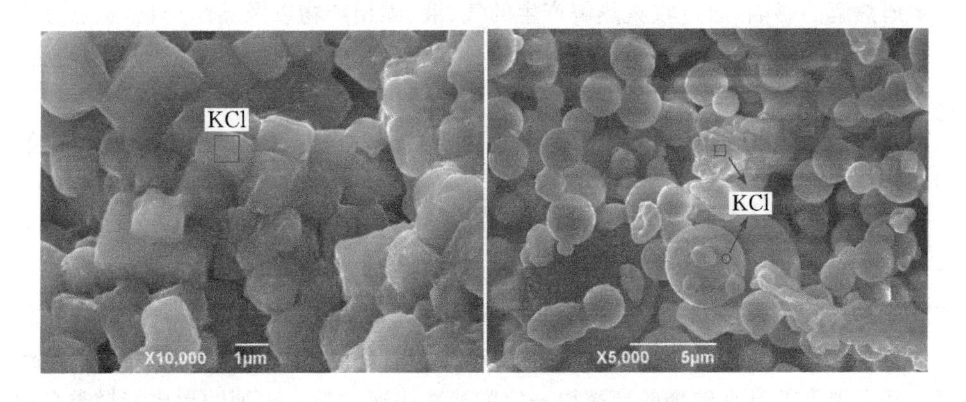

图 6 - 36　秸秆类生物质燃烧中典型颗粒物微观形貌

6.4.3 生物质高温热解碳烟生成

生物质气化可将低品位的生物质能转化为高品位的气体燃料，是一种高效、经济的生物质能利用途径，并且更适宜于分布式能源系统，受到了世界各国的重视。目前大部分生物质气化技术的运行温度较低（<900 ℃），在此温度下生物质热解会产生部分焦油。焦油在后期经冷凝形成黏稠状液体，从而堵塞管路，污染气缸，堵塞火花塞或燃气孔，使发电与供气无法正常运行，还会引起二次污染。焦油问题成为发展生物质气化发电技术的关键问题之一。

焦油随着温度的升高发生裂解，形成气体和二次焦油。气流床、分段式气化技术等是利用该性质将生物质在高温下（$T>1100$ ℃）气化，从而使焦油问题得到彻底解决。但是在高温缺氧情况下焦油裂解会形成新的碳烟颗粒相，碳烟的形成不仅降低了生物质中碳向可燃气的转化率，同时还是空气中 $PM_{2.5}$ 的重要来源之一。目前上述高温气化技术仍处在实验室研究阶段，因此，研究高温下（900～1300 ℃）生物质热解气化产物特性，尤其是碳烟的形成规律，对降低碳烟生成、提高能源利用效率和运用高温气化技术具有重要意义。

当前，大部分学者均采用一维沉降炉研究生物质的高温气化特性以及产气、焦炭和液相焦油三相产物分布以及碳烟形成机理。文献均发现木质类植物热解相比草本农业类植物具有更高的碳烟产量。Qin 等把原因归结为草本类植物中高含量碱金属的催化作用，而 Trubetskaya 等则认为相比碱金属的影响，生物质组分对碳烟的影响更显著。李艳等在一维沉降炉内研究了温度（900～1300 ℃）对麦秆和杨树木屑热解的影响，通过收集热解产生的气、液、固相产物以及碳烟产物，重点分析了碳烟的形成机制。图 6-37 为实验所采用的一维沉降炉，主要包括微量给粉机、供气系统、炉本体和产物收集系统。炉体加热采用三区控温电加热系统，热电偶设置在紧挨炉管外壁处，反应管内恒温区长约 500 mm，通过流化床式微量给粉机控制给粉速率在 220 mg/min 左右。

在简单碳氢气体燃料热解过程中，碳烟的形成可归纳为以下连串反应：链状烃→单环或少环芳烃→多环芳烃→液体焦油→固体沥青质→碳烟。其中由链状烃形成第一个环状烃为整个反应的速控步。对于复杂的固体燃料，碳烟为热解挥发分中简单烃类气体和复杂焦油二次裂解的产物。图 6-38 为两种生物质的碳烟产率。随着温度的升高碳烟的产率以一定的速率快速增长。碳烟的形成需烃类自由基不断脱氢聚合长大，脱氢需要很高的能量，高温有利于碳烟形成。

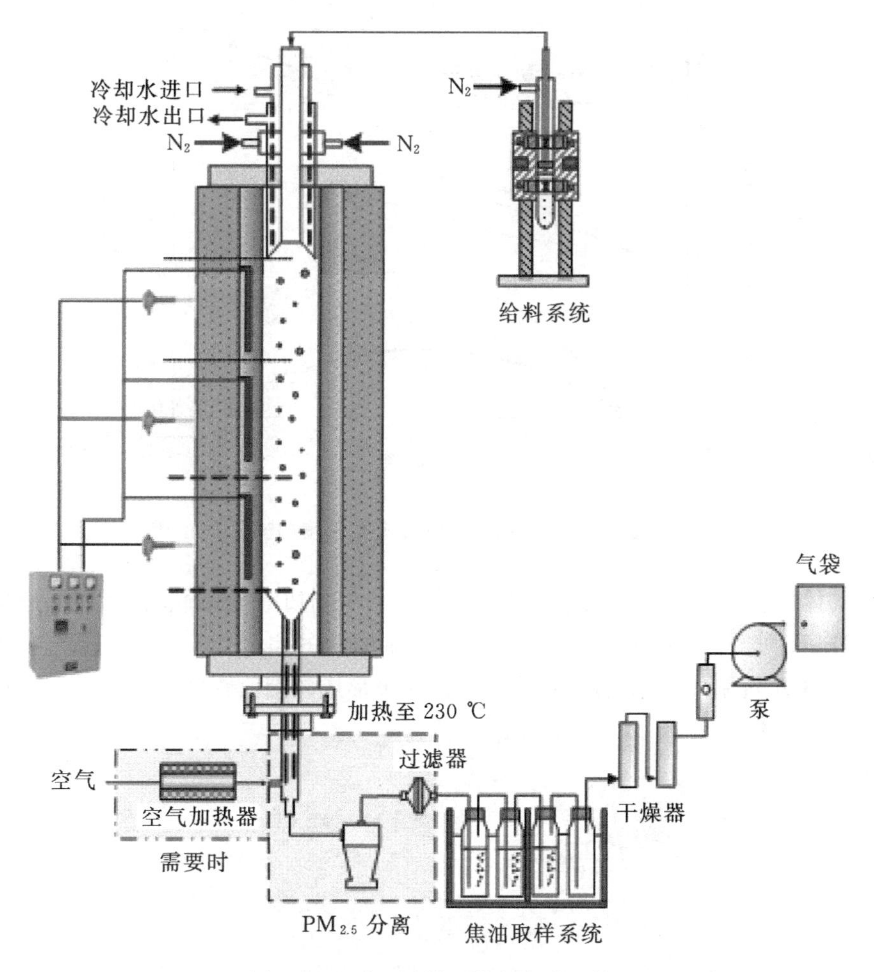

图 6-37　高温生物质热解实验系统

图 6-39 为两种生物质不同热解温度下产生的碳烟微观形貌。可以看出，碳烟颗粒是由多个不同粒径的初始球形颗粒聚集形成的，低热解温度(<1000 ℃)下表现为无序不定形态；高热解温度(>1100 ℃)时碳烟颗粒的形貌变得更为有序，这主要源于高温有利于碳烟颗粒的增长与重整。

碳烟形成过程复杂，由几百上千个基础反应构成。碳烟的生成首先是前驱物的生成，对于简单碳氢气体燃料，第一个芳香环的生成是碳烟生成过程中的速控步；随后芳香环进一步脱氢，通过 C_2H_2 的不断加入(HACA，即脱氢加乙炔)导致芳香环的持续长大，最终成核形成初生碳烟。初生碳烟继续通过 HACA 表面生长机制长大，随后颗粒物之间发生碰撞合并，再通过聚合形成碳烟团聚体。这是简单

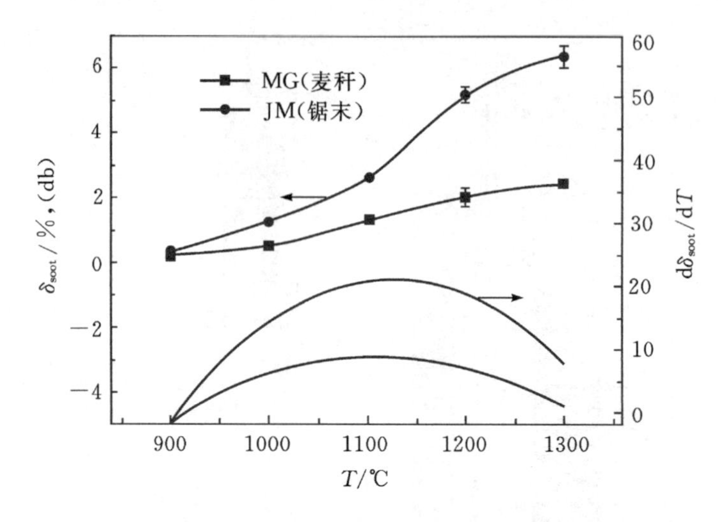

图 6-38　碳烟的产率随热解温度的变化

碳氢气体燃料生成碳烟的几个步骤。对煤或者生物质等固体燃料，热解除产生大量小分子烃类气体外，还包括丰富 PAHs 和侧链的焦油组分，其碳烟的形成除上述HACA 机制外，芳烃分子可通过直接缩聚形成碳烟前驱体，并且 PAHs 也可

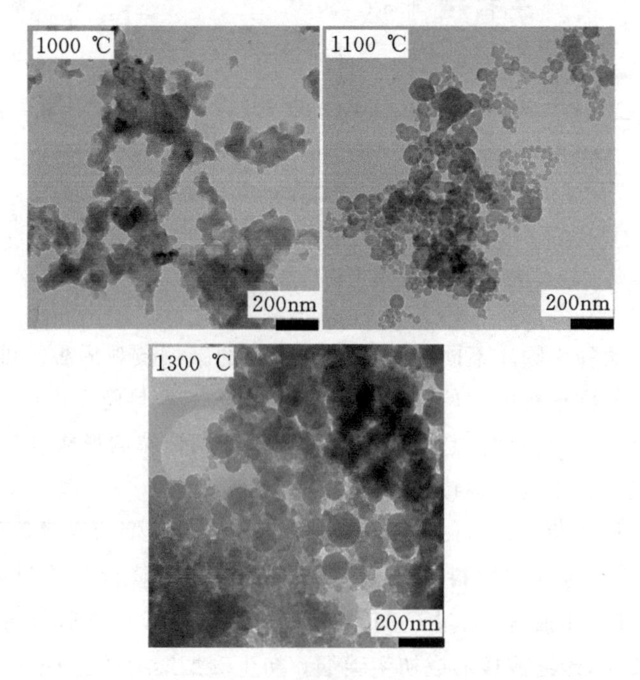

(a)麦秆

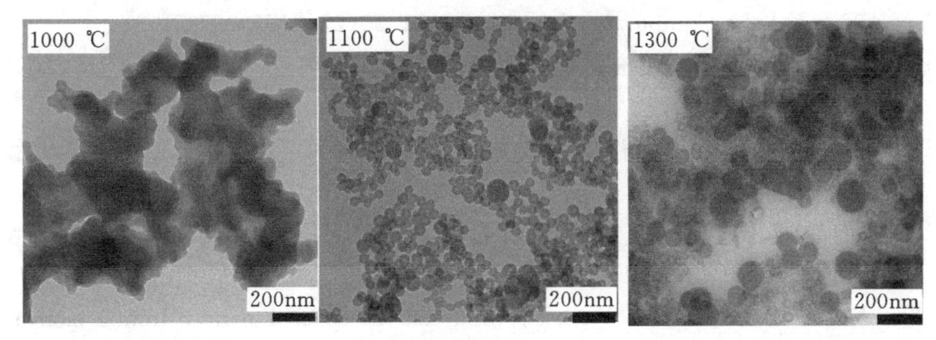

(b)锯末

图6-39 不同热解温度下碳烟颗粒的TEM

直接作为表面生长材料使得初生碳烟颗粒长大。根据初生碳烟粒子形成机制的不同,将生物质热解碳烟的形成分为两种途径:一种为小分子烃类气体裂解形成;另一种为大分子焦油裂解形成。

参考文献

[1] 王海,卢旭东,张慧媛.国内外生物质的开发与利用[J].农业工程学报,2006(S1):8-11.

[2] 杨勇平,董长青,张俊姣.生物质发电技术[M].北京:中国水利水电出版社,2007.

[3] 孙立,张晓东.生物质发电产业化技术[M].北京:化学工业出版社,2011.

[4] DEMIRBAS A. Combustion characteristics of different biomass fuels[J]. Progress in Energy and Combustion Science,2004,30 (2):219-230.

[5] KHAN A, DE JONG W, JANSENS P, et al. Biomass combustion in fluidized bed boilers:Potential problems and remedies[J]. Fuel Processing Technology,2009,90(1):21-50.

[6] 徐婧.生物质燃烧过程中碱金属析出的实验研究[D].杭州:浙江大学,2006.

[7] 李政.生物质锅炉过热器高温腐蚀研究[D].北京:华北电力大学,2010.

[8] 王学斌,谭厚章,陈二强,等. 300 MW燃煤机组混燃秸秆成型燃料的试验研究[J].中国电机工程学报,2010,30(14):1-6.

[9] WANG X, TAN H, NIU Y, et al. Experimental investigation on biomass co-firing in a 300MW pulverized coal-fired utility furnace in China[J]. Pro-

ceedings of the Combustion Institute,2011,33(2):2725 - 2733.

[10] 邱钟明,陈砺.生物质气化技术研究现状及发展前景[J].可再生能源,2002(4):16 - 19.

[11] 吴占松,马润田,赵满成.生物质能利用技术[M].北京:化学工业出版社,2010.

[12] 刘广青,董仁杰,李秀金.生物质能源转化技术[M].北京:化学工业出版社,2009.

[13] LI L, YU C, HUANG F, et al. Study on the deposits derived from a biomass circulating fluidized-bed boiler[J]. Energy & Fuels,2012,26(9):6008 - 6014.

[14] 陈柳钦.中国生物质发电问题探讨[J].全球科技经济瞭望,2012,27(3):1 - 6.

[15] 崔和瑞,邱大芳,任峰.我国秸秆发电项目推广中的问题与政府责任及其实现路径[J].农业现代化研究,2012,33(1):69 - 73.

[16] XU W G, NIU Y Q, TAN H Z, et al. A new agro/forestry residues co-firing model in a large Pulverized Coal furnace:technical and economic assessments[J]. Energies,2013,6 (9):4377 - 4393.

[17] 蒋剑春.生物质能源应用研究现状与发展前景[J].林产化学与工业,2002,22(2):75 - 80.

[18] JENSEN P A, FRANDSEN F J, DAMJOHANSEN K, et al. Experimental investigation of the transformation and release to gas phase of potassium and chlorine during straw pyrolysis[J]. Energy & Fuels,2000,14(6):1280 - 1285.

[19] N K J, JENSEN P A, KIM D. Transformation and release to the gas phase of Cl, K, and S during combustion of annual biomass[J]. Energy & Fuels,2004,18(5):1385 - 1399.

[20] VAN LSC, VIOLETA A, A J P, et al. Release to the gas phase of inorganic elements during wood combustion. Part 1:Development and Evaluation of Quantification Methods[J]. Energy & Fuels,2006,20(3):946 - 978.

[21] VAN LSC, A J P, J F F, et al. Release to the gas phase of inorganic elements during Wood Combustion. Part 2:Influence of Fuel Composition[J]. Energy & Fuels,2008,22(3):1598 - 1609.

[22] JOHANSEN J M, JAKOBSEN J G, FRANDSEN F J, et al. Release of K, Cl and S during pyrolysis and combustion of high-chlorine biomass[J]. Energy & Fuels,2011,25(11):4961 - 4971.

[23] 牛艳青.生物质灰熔融特性、结渣机理及燃烧模式研究[D].西安:西安交通大学,2012.

[24] GARCÍA R, PIZARRO C, ÁLVAREZ A, et al. Study of biomass combustion wastes[J]. Fuel, 2015,148(12):152-159.

[25] 刘正宁.生物质灰熔融特性试验研究[D].西安:西安交通大学,2011.

[26] 杜文智.Si和Al元素对生物质燃烧过程中碱金属及高温熔融结渣特性影响的研究[D].西安:西安交通大学,2014.

[27] BRUS E, MARCUS ÖHMAN A, NORDIN A. Mechanisms of bed agglomeration during fluidized-bed combustion of biomass fuels[J]. Energy & Fuels,2005,19(3):825-832.

[28] NIU Y, TAN H, WANG X, et al. Study on fusion characteristics of biomass ash[J]. Bioresource technology,2010,101(23):9373-9381.

[29] NUTALAPATI D, GUPTA R, MOGHTADERI B, et al. Assessing slagging and fouling during biomass combustion:A thermodynamic approach allowing for alkali/ash reactions[J]. Fuel processing technology, 2007, 88(11-12):1044-1052.

[30] STEENARI B M, LINDQVIST O. High-temperature reactions of straw ash and the anti-sintering additives kaolin and dolomite[J]. Biomass and bioenergy, 1998,14(1):67-76.

[31] DAVIDSSON K, STEENARI B M, ESKILSSON D. Kaolin addition during biomass combustion in a 35 MW circulating fluidized-bed boiler[J]. Energy & Fuels,2007,21(4):1959-1966.

[32] DE GEYTER S, ÖHMAN M, BOSTRÖM D, et al. Effects of non-quartz minerals in natural bed sand on agglomeration characteristics during fluidized bed combustion of biomass fuels[J]. Energy & Fuels,2007,21(5):2663-2668.

[33] TRAN K Q, IISA K, STEENARI B M, et al. A kinetic study of gaseous alkali capture by kaolin in the fixed bed reactor equipped with an alkali detector[J]. Fuel,2005,84(2-3):169-175.

[34] NIELSEN H, FRANDSEN F, DAM JOHANSEN K, et al. The implications of chlorine-associated corrosion on the operation of biomass-fired boilers[J]. Progress in energy and combustion science,2000,26(3):283-298.

[35] 骆仲泱,陈晨,余春江.生物质直燃发电锅炉受热面沉积和高温腐蚀研究进展[J].燃烧科学与技术,2014,20(3):189-198.

[36] CHEN J, LI C, RISTOVSKI Z, et al. A review of biomass burning:Emissions and impacts on air quality, health and climate in China[J]. Science of

the Total Environment,2017,579:1000－1034.

[37] STREETS D, YARBER K, WOO J H, et al. Biomass burning in Asia: Annual and seasonal estimates and atmospheric emissions[J]. Global Biogeochemical Cycles,2003,17(4).

[38] GILARDONI S, MASSOLI P, PAGLIONE M, et al. Direct observation of aqueous secondary organic aerosol from biomass-burning emissions[J]. Proceedings of the National Academy of Sciences,2016,113(36):10013－10018.

[39] ZHANG G, LI J, LI X D, et al. Impact of anthropogenic emissions and open biomass burning on regional carbonaceous aerosols in South China[J]. Environmental Pollution,2010,158(11):3392－3400.

[40] WANG X, HU Z, ADEOSUN A, et al. Particulate matter emission and K/S/Cl transformation during biomass combustion in an entrained flow reactor [J]. Journal of the Energy Institute,2017.

[41] LIND T, KAUPPINEN E I, HOKKINEN J, et al. Effect of chlorine and sulfur on fine particle formation in pilot-scale CFBC of biomass[J]. Energy & Fuels,2006,20(1):61－68.

[42] JOHANSSON L, TULLIN C, LECKNER B, et al. Particle emissions from biomass combustion in small combustors[J]. Biomass and Bioenergy,2003,25(4):435－446.

[43] SHETH A C, WANG S H, HOLT J K. Potassium-chlorine interactions in a coal-fired magnetohydrodynamics system[J]. Environmental Science & Technology,1993,27(8):1532－1541.

[44] JIMÉNEZ S, BALLESTER J. Formation of alkali sulphate aerosols in biomass combustion[J]. Fuel,2007,86(4):486－493.

[45] HANSEN P, ANDERSEN K H, WIECK-HANSEN K, et al. Co-firing straw and coal in a 150-MWe utility boiler: in situ measurements[J]. Fuel Processing Technology,1998,54(1－3):207－225.

[46] NIELSEN H, BAXTER L, SCLIPPAB G, et al. Deposition of potassium salts on heat transfer surfaces in straw-fired boilers: a pilot-scale study[J]. Fuel,2000,79(2):131－139.

[47] IISA K, LU Y, SALMENOJA K. Sulfation of potassium chloride at combustion conditions[J]. Energy & Fuels,1999,13(6):1184－1190.

[48] GLARBORG P, MARSHALL P. Mechanism and modeling of the formation of gaseous alkali sulfates[J]. Combustion and Flame,2005,141(1－2):

22 - 39.
[49] 王学斌. 生物质燃烧及其还原氮氧化物的机理研究及应用[D]. 西安:西安交通大学,2011.
[50] HU Z, WANG X, ADEOSUN A, et al. Aggravated fine particulate matter emissions from heating-upgraded biomass and biochar combustion: The effect of pretreatment temperature[J]. Fuel Processing Technology,2018,171:1 - 9.
[51] QIN K, JENSEN P A, LIN W, et al. Biomass gasification behavior in an entrained flow reactor:gas product distribution and soot formation[J]. Energy & Fuels,2012,26(9):5992 - 6002.
[52] TRUBETSKAYA A, JENSEN P A, JENSEN A D, et al. Effect of fast pyrolysis conditions on biomass solid residues at high temperatures[J]. Fuel Processing Technology,2016,143:118 - 129.
[53]李艳,谭厚章,王学斌,等. 生物质高温热解气、液、固三相产物及碳烟生成特性[J]. 西安交通大学学报,2018,52 (1):61 - 68.

第7章 富氧燃烧技术

7.1 富氧燃烧概述

7.1.1 富氧燃烧的技术背景

随着全球工业化进程加速，温室气体过度排放造成的全球气候变暖问题越来越严重，由此导致的气候异常引起了严重的环境危机。在各种温室气体中，CO_2以其较长的寿命及超高的排放量对“温室效应”的贡献最大。气候变暖造成的海平面上升，使很多城市和地区面临着被淹没的危机，因此温室气体CO_2的排放受到了世界各国的普遍关注。国内最新研究也表明，如果大气层中CO_2浓度不下降，到2100年地表年平均气温可能要上升2.2～4.2 ℃，控制温室气体的排放，尤其是CO_2的排放成为全世界的共同紧要任务。

近年来全球每年的CO_2排放量在300亿t左右，并且逐年增加，尤其是发展中国家排放量增加的幅度很大。2007年，我国CO_2排放总量已经超过美国成为世界上最大的CO_2排放国，这给我国在气候和生态方面带来了严重的负面影响。1997年，《京都议定书》的正式生效标志着人类历史上首次以法规的形式限制温室气体的排放。该法规规定：到2010年，所有发达国家排放的CO_2等6种温室气体的数量要比1990年减少5.2%。我国虽然是《京都议定书》的缔约国，但在2012年以前没有减排指标。然而，在2009年12月的哥本哈根世界气候峰会上，我国总理温家宝郑重向世界承诺，到2020年，我国单位国内生产总值二氧化碳排放量比2005年下降40%～45%，并作为约束性指标纳入国民经济和社会发展中长期规划。在2010年坎昆和2011年德班世界气候大会上，我国代表团重申，将坚定不移地完成碳强度减排40%～45%的目标，因此，我国当前面临的CO_2减排任务十分严峻。作为少数几个一次性能源消耗中以燃煤为主的国家之一，随着经济的飞速发展和人口的急剧增长，我国的能源消耗和CO_2排放量将继续增加，这样势必会给我国及全球带来更加严重的气候和生态的负面影响，因此必须采取有效的措施控制CO_2的排放，减缓“温室效应”的加剧。

为了控制和减少燃煤电站的CO_2排放量，许多新型的CO_2捕集和封存（CO_2 Capture and Storage，CCS）技术应运而生，主要分为以下三类。

（1）燃烧前捕集：整体煤气化联合循环发电系统（IGCC）技术等。

（2）燃烧中捕集：富氧燃烧技术、化学链燃烧技术等。

（3）燃烧后捕集：胺法-MEA吸收技术、冷却氨法吸收技术、低温吸附技术、膜分离技术等。

与其他二氧化碳捕集与封存技术相比，富氧燃烧技术的投资较小、发电成本较低，适用于现有燃烧设备的改造，具有较好的应用前景，符合当前的工业和技术水平。

7.1.2 富氧燃烧技术的基本原理与特点

富氧燃烧技术，又称为O_2/CO_2燃烧技术或者空气分离烟气再循环燃烧技术，最早是由美国Argonne国家实验室（ANL）的Wolsky等在1986年提出，其原理是将空气分离获得的纯度超过95%的氧气与再循环烟气混合作为燃烧所需的氧化剂，以替代空气进入炉膛支持燃烧，使燃烧烟气中CO_2浓度大幅提高。烟气经过处理后，一部分作为再循环烟气返回炉膛用来控制炉膛温度，剩余部分经过除尘、冷凝、净化和压缩后可直接进行CO_2的捕集与封存。富氧燃烧后的烟气中CO_2浓度在70%以上，经过处理后干烟气中CO_2浓度可达到95%以上，能够直接进行封存或商业运用。富氧燃烧的流程图如图7-1所示。

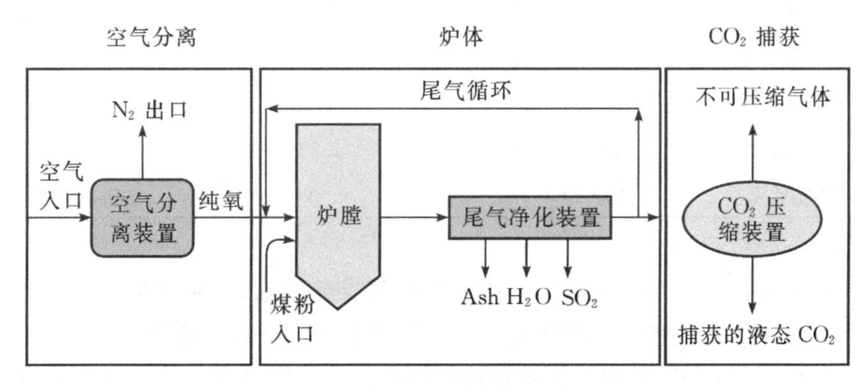

图7-1 O_2/CO_2燃烧技术流程示意图

O_2/CO_2燃烧方式具有以下几个优点。

（1）燃烧产物尾气CO_2浓度可达90%以上，无须采用CO_2分离装置就可以直接对烟气中CO_2进行液化，使得燃烧系统更加紧凑和简洁，提高电厂的热效率。

(2)在压缩液化捕集 CO_2 的过程中，烟气中的 SO_2 及 NO_x 均存在资源化利用的可能性，并省去复杂昂贵的烟气净化设备，减少投资成本。

(3)由于相当一部分烟气参与再循环，锅炉的排烟量大幅度减小，使得锅炉排烟损失减小，锅炉的热效率较空气燃烧显著提高；且烟气中高浓度 CO_2 和 H_2O 强化了气体辐射，炉膛辐射换热量有所增加。

(4) NO_x 的生成量显著减少：①由于燃烧中不存在大量随空气带入的氮气，热力型 NO_x 生成量很少；②由于烟气再循环燃烧，烟气中的 NO_x 再次进入炉膛会被部分还原为 N_2，故可以不必采用低 NO_x 燃烧技术。

(5)通过烟气再循能够更灵活地控制锅炉温度，增强了电站锅炉燃用煤种适用性。

但在工程实践中，实施 O_2/CO_2 燃烧技术，还有许多有待于研究以及解决的问题，主要包括以下几个方面。

(1)燃烧需要大量纯氧，会耗费大量动力，在系统经济性方面有待进一步提高。

(2) O_2/CO_2 燃烧方式中，环境气体的各种热物性(比热容、导热性等)与常规空气燃烧有较大的不同(见表 7-1)，再循环烟气中的水蒸气含量也高，以上因素均会导致相同氧气浓度下煤粉气流的着火推迟，故需要对燃烧器进行改进。

表 7-1　N_2 和 CO_2 主要气体性质参数(1398 K，常压)

气体参数	单位	N_2	CO_2
密度	$kg \cdot m^{-3}$	0.244	0.383
导热系数	$W \cdot (m \cdot k)^{-1}$	0.082	0.097
摩尔比热容	$kJ \cdot (kmol \cdot k)^{-1}$	34.18	57.83
质量比热容	$kJ \cdot (kg \cdot k)^{-1}$	1.22	1.31
体积比热容	$kJ \cdot (m^3 \cdot k)^{-1}$	0.298	0.502

(3)煤粉颗粒在 O_2/CO_2 环境下的热解、挥发分燃烧、焦炭气化和焦炭燃烧的反应动力学特性和常规空气中的燃烧有显著区别，需要深入的研究。

(4)烟气中腐蚀气体以及细颗粒物的浓度会由于烟气再循环的富集效应明显升高。

(5)新模式下由于燃烧过程、辐射换热、对流换热等诸多方面的变化，锅炉的整体最优化设计也亟需开展研究。

7.1.3　富氧燃烧技术的主要类型

1. 按富氧燃烧装置分类

目前，在富氧燃烧概念的基础上，结合不同燃煤装置的特点，先后提出用于发电的富氧燃烧锅炉技术包括以下几种。

(1)煤粉锅炉富氧燃烧技术。在现有的煤粉锅炉基础上，燃烧用氧气纯度在95%以上，再循环烟气比例在70%左右，烟气中CO_2浓度可达90%以上，将烟气脱硫后直接压缩捕集CO_2。

(2)循环流化床锅炉富氧燃烧技术。采用循环流化床锅炉技术，燃烧用氧气纯度在95%以上，烟气中CO_2含量90%以上，但烟气再循环比例大幅度减小，可以炉内脱硫，烟气直接压缩捕集CO_2。

(3)增压富氧流化床燃烧锅炉技术。将锅炉燃烧系统的烟气侧压力提高到6～7 MPa，采用增压鼓泡流化床燃烧锅炉技术，燃烧用氧气纯度在95%以上，采用烟气再循环，烟气中CO_2含量90%以上，烟气水分的气化潜热可在较高温度下回收利用，在常温下能够直接冷却得到液化的CO_2，可显著提高电厂的热经济性。

(4)氧气与空气混合燃烧的富氧燃烧锅炉技术。采用空气为主、纯氧气为辅的混合燃煤方式，氧气含量为30%～40%，取消烟气再循环，烟气中CO_2含量为30%～40%；采用物理吸附的方法分离烟气中的CO_2，然后再压缩液化。

(5)水蒸气调温富氧燃烧锅炉技术。将95%以上纯度的氧气与一定比例的蒸汽混合送入炉膛，与燃料一起燃烧，不采用烟气再循环调节炉膛温度，而用蒸汽参与燃烧过程来实现火焰温度的调节；锅炉尾部排烟中的大量蒸汽可在下游烟气处理过程中冷凝回收，既保证了烟气中高浓度的CO_2，又省去了烟气再循环系统，大大简化了整个系统的辅助设备。

2. 按富氧燃烧技术的实施对象分类

(1)对现役锅炉的改造技术。对按空气燃烧设计运行的煤粉锅炉或循环流化床锅炉进行富氧燃烧技术改造，以达到捕集CO_2的目的。富氧燃烧改造对锅炉设备与蒸汽循环系统影响不大，主要是辅助设备的电力消耗大大增加，尤其是空气分离制氧设备。

(2)全新的富氧燃烧系统设计技术。对于采用富氧燃烧技术新设计的锅炉设备与系统，可以通过改进燃烧，优化辐射与对流换热及各个受热面的布置，提高受热面的高温性能等技术，优化新型锅炉的设计。在常规燃煤锅炉中，过量空气系数确定后燃烧产物的量也相应确定，因此，在考虑燃烧与传热最优化设计时，从未将烟气量作为一个可优化的因素加以考虑。采用富氧燃烧技术后,由于烟气再循环的比例在一定范围内是一个可调因素,因此,有可能在燃烧、辐射传热和对流传热等方面开展进一步的优化设计,使煤的燃烧与燃尽、传热及阻力损失、设备及运行费用等方面更加合理。同时,全新的富氧燃烧系统设计中,还可能进一步的减少烟气再循环比例,还可以在烟气分级冷凝压缩过程中实现 SO_2 与 NO_x 的资源化回收,并进一步提高热力系统的经济性。以上相关技术均可以进一步降低成本,使全新的富氧燃烧系统在各种捕集 CO_2 技术中更具有竞争力。

此外,富氧燃烧技术还能应用于整体煤气化联合循环系统,煤气化的产物直接在 O_2/CO_2 的环境中燃烧,并将主要成分为 CO_2 的燃烧产物作为燃气轮机和余热锅炉的工作介质,但该系统同样需要增加空气分离制氧设备和烟气再循环系统。

富氧燃烧技术还可用于更高效率的发电过程,如新型矿物燃料驱动的燃料电池,煤气化后的可燃产物在电池的阳极反应后,在 O_2 中燃烧产生以 CO_2 为主要成分的烟气又可进一步作为阴极的反应物。

再譬如燃煤磁流体发电技术,该技术将煤在极高温度下燃烧得到的产物通过磁场进行发电,而只有在富氧燃烧的条件下才可能达到该技术所要求的燃烧温度。

7.2 空气分离制氧技术

目前,从空气中分离氧气是大规模获取氧气的唯一来源,全世界各行各业的氧气消耗量仅次于硫酸,为世界第二大化学制品。大型空分装置主要用于化工、冶金等行业。燃煤发电行业最先采用空分制氧装置的是整体煤气化联合循环技术(IGCC),其气化炉采用纯氧作为煤的气化介质。富氧燃烧系统所增加的最主要设备就是制氧设备,它是影响系统经济性和增加发电成本的最主要因素。富氧燃烧发电系统对氧气的纯度要求不很高(95%左右),但该系统的氧气用量极大,在同等燃煤量的条件下,富氧燃烧的氧气用量约为 IGCC 的 4 倍。譬如,300 MW 富氧燃烧发电机组需要约 16 万 m^3/h 的氧气(5500 t/h),而目前世界最大的单台制氧机的制氧量仅为 10 万 m^3/h 等级。

空气分离(空分)法制氧是以空气为原料,将氧气及氮气分离而得到氧气及氮气的方法。目前,按照氧气和氮气分离所采取的方法不同,工业上空分制氧的方法大致分为深度冷冻法、变压吸附法、膜法富集技术等。由于富氧燃烧发电系统需要消耗大量的氧气,变压吸附法和膜分离法均无法满足该系统的氧气需求,目前只有深度冷冻法可以满足富氧燃烧发电系统的需求。各种制氧方法的性能比较如表

7-2和表7-3所示,该表中的副产品品质是指制氮气和氩气等的浓度及产量等。

表7-2　各种制氧方法性能比较

项目	深冷法	膜分离法	变压吸附法
分离原理	将空气液化,根据氧气和氮气的沸点不同实现分离	根据不同气体分子在膜中的溶解扩散性能的差异实现分离	加压吸附,降压解吸,利用氧氮吸附能力不同实现分离
装置特点	工艺流程复杂,设备较多,投资大	工艺流程简单,设备少,自控阀门少,投资较大	工艺流程简单,设备少,自控门较多,投资省
工艺特点	-160～-190 ℃低温下操作	常温操作	常温操作
操作特点	启动时间长,一般在15～40 h,必须连续运转,不能间断运行,短暂停机,恢复工况时间长	启动时间短,一般≤20 min,可连续运行,也可间断运行	启动时间短,一般≤30 min,可连续运行,也可间断运行
维护特点	设备结构复杂,加工精度高,维修保养技术难度大,维护保养费用高	设备结构简单,维护保养技术难度低,维护保养费用较高	设备结构简单,维护保养技术难度低,维护保养费用低
土建及安装特点	占地面积大,厂房和基础要求高,工程造价高。安装周期长,技术难度大,安装费用高	占地面积小,厂房无特殊要求,造价低,安装周期短,安装费用低	占地面积小,厂房无特殊要求,造价低,安装周期短,安装费用低
产气成本	单位产98%纯度氮气的电耗为0.5～1.0 kW·h·(N·m^3)$^{-1}$	以RICH膜分离制氮设备单位产气量能耗为例,单位产98%纯度氮气的电耗为0.29 kW·h·(N·m^3)$^{-1}$	以RICH常温变压吸附制氮设备单位产气量能耗为例,单位产98%纯度氮气的电耗为0.25 kW·h·(N·m^3)$^{-1}$
安全性	在超低温、高压环境运行可造成碳氢化合物局部聚集,存在爆炸的可能性	常温较高压力下操作,不会造成碳氢化合物的局部聚集	常温常压下操作,不会造成碳氢化合物的局部聚集
可调性	气体产品产量、纯度不可调,灵活性差	气体产品产量、纯度可调,灵活性较好	气体产品产量、纯度可调,灵活性好

续表 7－2

项目	深冷法	膜分离法	变压吸附法
经济适用性	气体产品种类多，气体纯度高，适用于大规模制气、用气场合	投资小、能耗低，适用于氮气纯度 79%～99.99%中小规模应用场合。膜分离制氮能耗在氮气纯度 99%以下和变压吸附制氮能耗相差不大，氮气纯度 99.5%以上经济性比变压吸附差。膜分离制氧工艺尚不成熟，一般产氧纯度 21%～45%，基本未得到工业应用	投资小、能耗低，适用于氧气纯度 21%～95%、氮气纯度 79%～99.9995%的中小规模应用场合。RICH 牌节能型变压吸附系列制氮装置经济性优异，特别是氮气纯度 99.9%以上的设备更体现了变压吸附空分法的无与伦比的优势

表 7－3　各种制氧方法性能比较

制氧方法	技术现状	氧气产量/$(t \cdot d^{-1})$	氧气纯度/%	副产品品质	启动时间量级
深冷法	成熟	＞200	＞99	很好	小时
变压吸附法	半成熟	＜150	95	差	分钟
膜分离法	半成熟	＜20	＜40	差	分钟

7.2.1　深度冷冻技术

当氧气产量要求大于 200 t/d 时，工业上一般采用深度冷冻法(cryogenic，简称深冷法)来制取氧气。从 1902 年德国林德公司制造出第一台 10 m^3/h 的制氧设备以来，至今已有 100 多年的历史，制氧的工艺和设备不断改进，制氧流程经历了高压、中压到全低压的变革，能耗不断降低，氧气的提取率也不断提高。深冷法是目前最成熟、最可靠的大规模制氧技术，面对富氧燃烧电站的需求，该技术目前也正在向制氧设备巨型化、全低压、变负荷、高提取率、低能耗方向发展。

世界上最大的单机制氧量已达到 10 万 m^3/h 等级，我国与 IGCC 配套的单机制氧量为 4.6 万 m^3/h，国内某化工企业在建的世界最大单机制氧量达 24 万 m^3/h(8200 t/h)。

深冷法制氧是利用氧气和氮气临界温度的差异，用深度冷冻的方法将空气冷凝后使氧气与氮气分离，得到液态氧气。深冷法除了可获得高纯度的氧气外（>99%），还可获得氮气和氩气等副产品气体。由于深冷法制氧的冷量是由压缩至 0.6 MPa 以上的空气节流或膨胀而获得的，因而该方法的电耗相对较高，设备多，流程复杂，占地面积大。目前，普遍采用的全低压空分系统的单位制氧（每立方米）电耗大约为 0.35～0.45 kW·h，制氧电耗主要源于空压机的耗电，在实际的富氧燃烧燃煤发电机组中可采用汽轮机抽汽来直接驱动空气压缩机，减少空压机的直接耗电，从而提高总体系统的热效率。

深冷法制氧工艺主要由制冷系统和精馏系统组成，如图 7-2 所示。具体包括空气压缩系统、空气净化系统、制冷系统、热交换系统、精馏系统、产品输送系统、液体存储系统和控制系统等。原料空气经空气过滤器除去尘埃等杂质后，由空压机压缩至流程所需压力；加压后的空气进入空气预冷和纯化系统，进行冷却和净化后再经过主换热系统与氮气和氧气等产品进行换热，并通过膨胀机制冷使空气温度达到 100 K 左右，再送入精馏塔实现低温分离；分离所得的产品通过输送系统和液体存储系统送给用户使用；其中，精馏塔是空分的核心设备，通常采用双级精馏塔布置。

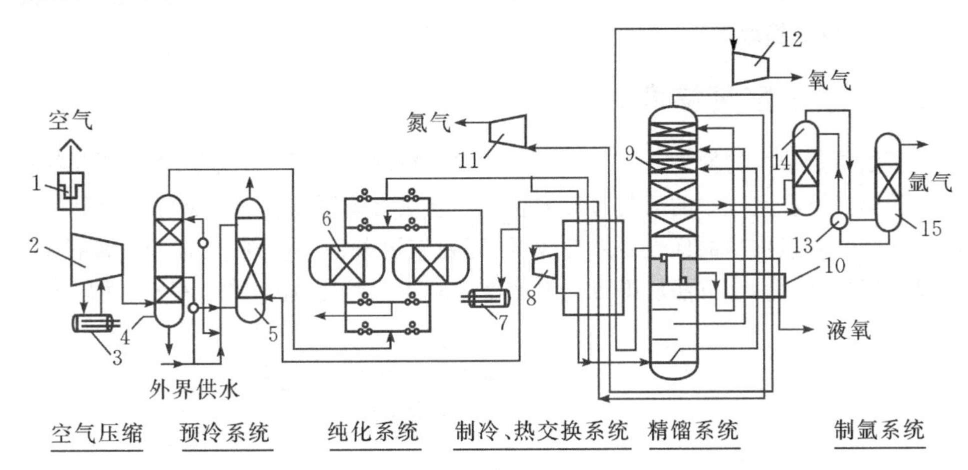

1—空气过滤器；2—空气压缩机；3—级间冷却器；4—空冷塔；5—水冷塔；
6—分子筛吸附器；7—蒸汽加热器；8—透平膨胀机；9—精馏塔；10—过冷器；
11—氮压机；12—氧压机；13—液氩泵；14—粗氩塔；15—精氩塔

图 7-2　深冷制氧流程图

7.2.2　变压吸附技术

变压吸附技术（PSA）的原理：利用分子筛吸附剂在不同压力下气体组分吸附

能力的差异性，通过变压吸附与解吸完成空气分离。变压吸附法制氧流程如图7－3所示，利用这种方法容易得到中等纯度的氧气（90%～93%），但产量极低。

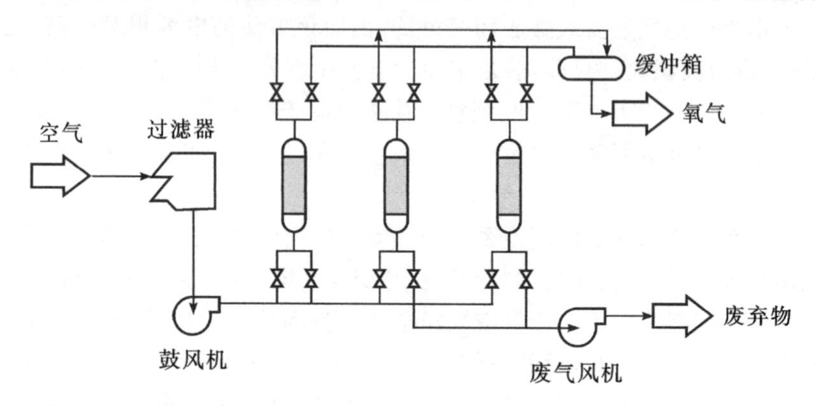

图7－3　变压吸附制氧流程图

与深冷法相比，变压吸附法具有流程简单，能耗低，在常温下工作且占地面积小等优点；但制氧规模小，对设备要求高，如进一步提高其产量和纯度会带来过大的能耗，且氧的提取率较低。

7.2.3　膜法富氧技术

膜法富氧技术的原理：利用空气中各组分通过高分子膜时渗透率的差异，在压力差的驱使下将空气中的氧气富集的技术。膜法富集制氧技术的流程图如图7－4所示。膜法富氧技术的优点是能耗较低，可在室温条件下实现，可连续分离，装置及操作简单；但是，该方法所得氧气纯度低（25%～40%），而且产量很小，并且当产

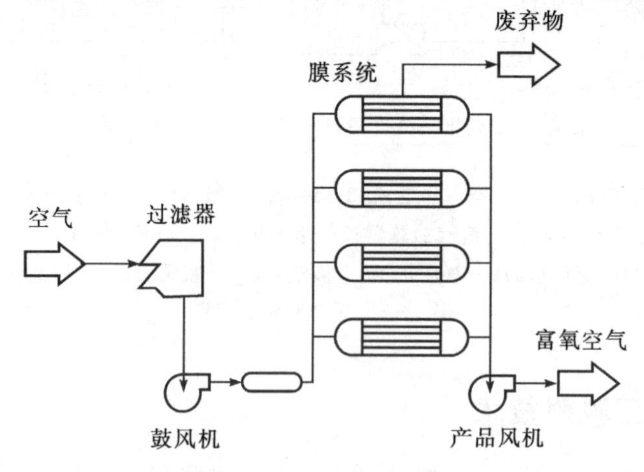

图7－4　膜法富氧流程图

气量较大时，所需薄膜的面积很大，价格昂贵，不适合大规模制氧。

7.3　富氧燃烧下传热特性与炉膛内烟气温度变化

相比于常规空气燃烧，富氧燃烧模式下由于燃烧气氛的改变，烟气中主要以CO_2为主。而CO_2相比于N_2，其物理化学性质差异较大(见表 7-1)，由此引起锅炉内煤粉燃烧特性、火焰特性以及辐射、对流传热等发生较大的变化。

7.3.1　辐射传热

高温烟气辐射传热是锅炉燃烧设备中重要的换热方式之一，与气体介质的温度以及辐射、吸收、散射能力有关。然而富氧燃烧下，由于采用纯氧作为氧化剂，CO_2替代了常规空气燃烧下的N_2，使得富氧燃烧下气体辐射传热相对于常规空气燃烧发生显著变化。炉膛内富氧燃烧火焰的辐射传热量可以简单定性由式(7-1)近似获得

$$\dot{q}_{\mathrm{rad}} \propto \varepsilon A_{\mathrm{f}} \sigma T_{\mathrm{f}}^{4} \tag{7-1}$$

式中：ε为火焰平均发射率；A_{f}为火焰表面积；T_{f}为火焰温度。

可见，炉膛火焰辐射传热量与火焰温度的四次方成正比，辐射传热主要是由火焰温度所决定。因此，为获得与常规空气燃烧下类似的辐射传热量，需保证富氧燃烧下气体温度与常规空气燃烧的近似。但如果保证富氧燃烧和空气燃烧下烟气温度的一致性，那么由于富氧燃烧下发射率升高使得高温烟气辐射传热得到增强。不同于N_2、O_2等分子结构对称的双原子气体，CO_2、H_2O等结构不对称的三原子气体对热辐射是不透明的，具有较强吸收和发射热辐射能力。由于富氧燃烧气氛下CO_2和H_2O气体分压相较于空气燃烧气氛下显著增加，进而导致其高温烟气具有更强的吸收和发生热辐射能力。

当波长为λ的光束进入气体并在其内部进行传递，除部分会穿透气体到达外部或固体壁面外，剩余部分α_{λ}的辐射能被气体所吸收。因此，在整个光谱范围内，光谱辐射强度变化可以由式(7-2)得到

$$\mathrm{d}I_{\lambda} = -k_{\lambda} I_{\lambda} \mathrm{d}s \tag{7-2}$$

式中：I_{λ}为光谱辐射强度；s为光束辐射通过的路程长度，射线程长；k_{λ}为光谱吸收系数，与光束波长、烟气成分、烟气温度以及压力有关。

而气体层的吸收比α_{λ}和光谱发射率ε_{λ}可以由式(7-3)得到。图 7-5 为不同气体(CO_2、H_2O和CH_4)的光谱吸收比随波长的变化。可见在整个光谱范围内，气体层吸收率和发射率是不连续的，对波长具有选择性，只在某几个光谱带具有发

射和吸收辐射的能力。因此,气体有效的吸收和发射率可以经由整个光谱范围内进行积分求取。

$$\alpha_\lambda = \varepsilon_\lambda = 1 - e^{-k_\lambda s} \tag{7-3}$$

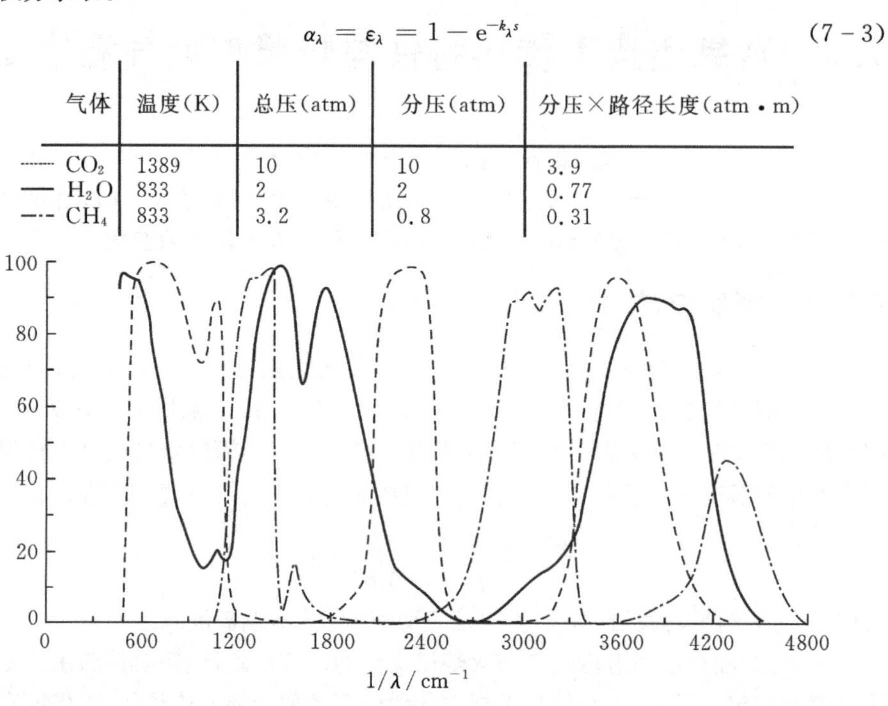

气体	温度(K)	总压(atm)	分压(atm)	分压×路径长度(atm·m)
······ CO_2	1389	10	10	3.9
—— H_2O	833	2	2	0.77
—·— CH_4	833	3.2	0.8	0.31

图 7-5　H_2O、CO_2和CH_4对光谱的吸收率随波长的变化(1 atm=101325 Pa)

实际煤粉燃烧过程会产生大量的碳烟和颗粒物(未燃尽碳、飞灰等),这些物质对热辐射的吸收和发射与CO_2、H_2O等三原子气体一样具有很重要的作用。Andersson 等在 Chalmer 的 100 kW 试验设备中对比燃用丙烷和褐煤时的热辐射强度,通过角度辐射计和 Malkmus 窄谱带模型(Malkmus Statistical Narrow Band Model,SNBM)实现对烟气总热辐射强度和气体热辐射强度的测量和计算,其结果如图 7-6 所示。可见,富氧燃烧气氛下,高温气体热辐射强度均大于常规空气燃烧气氛的热辐射强度。由于 OF25(O_2,25%)条件下烟气温度与空气燃烧时一样(见图 7-9),则富氧气氛下气体热辐射强度的增加主要是由于烟气中高含量的CO_2。此外,气体热辐射强度要远远小于烟气总热辐射强度,约占 30%~40%。这主要是由于烟气中含有大量的飞灰等颗粒物,而这些物质具有较强的光谱热辐射能力。

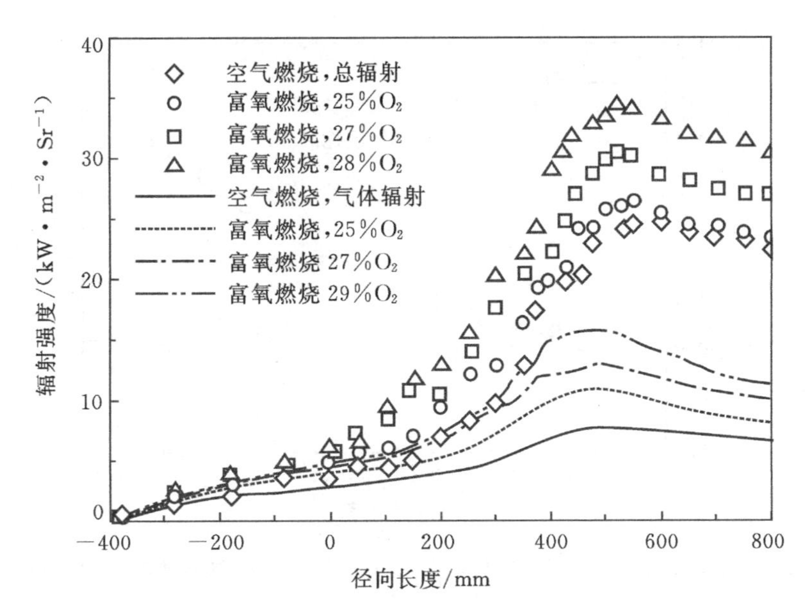

图 7-6　距燃烧入口 384 mm 处总热辐射强度和气体热辐射强度的对比

7.3.2　对流传热

高温烟气的对流传热量 q''_{conv} 可以由式(7-4)得到

$$q''_{conv}=h\Delta T \tag{7-4}$$

式中:h 为对流传热系数;ΔT 为高温烟气与燃烧设备受热面间的温度差。

由于对流传热系数 h 主要是受介质流速、烟气性质(黏度、比热容、热导率和密度)等影响,因此在富氧燃烧气氛下由于烟气成分的改变,势必使其对流传热系数发生显著变化。而富氧气氛和空气气氛下烟气对流传热系数的比值可以由式(7-5)表示

$$\frac{h_{oxy}}{h_{air}}=\left(\frac{Re_{oxy}}{Re_{air}}\right)^m\left(\frac{Pr_{oxy}}{Pr_{air}}\right)^n\left(\frac{k_{oxy}}{k_{air}}\right) \tag{7-5}$$

式中:Re 为雷诺数;Pr 为普朗特数;k 为工质热导率;m、n 为经验几何修正因子。

可见,虽然 CO_2 比热容要相对高于 N_2(见表 7-1),但其对烟气对流传热系数影响有限。然而,在保证富氧和空气气氛烟气流速相同时,由于 CO_2 较小的动力黏度,使得烟气雷诺数显著,进而导致富氧气氛下更高的对流传热系数。Woycenko 等分别对比了煤粉富氧燃烧和空气燃烧下对流传热系数,其对流传热系数之比 h_{oxy}/h_{air} 随再循环烟气比的变化如图 7-7 所示。可见 h_{oxy}/h_{air} 随着再循环烟气比例的增加而升高,这主要是由于再循环烟气比的变化会改变烟气成分。而在目前富

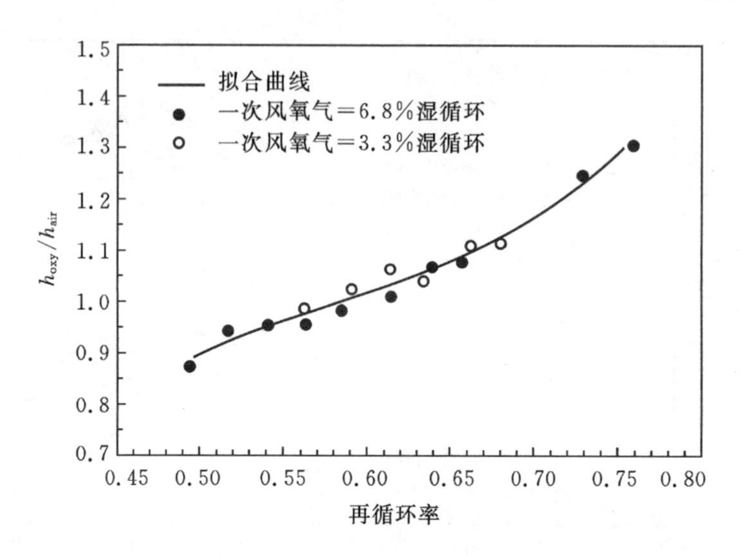

图 7-7　富氧燃烧和空气燃烧下对流换热系数之比 h_{oxy}/h_{air} 随再循环烟气比的变化

氧燃烧下常用的再循环烟气比下(65%～75%),h_{oxy}/h_{air} 稍高于 1.0,比如再循环烟气比为 70%时,h_{oxy}/h_{air} 约为 1.15。此外,对流传热量还与高温烟气与燃烧设备受热面间的温度差 ΔT 有关(见式(7-4))。而由于 h_{oxy}/h_{air} 随再循环烟气比的增加而升高,在保证同样的换热效果时平均温差 ΔT 会降低。

7.3.3　燃烧温度

Wall 等人通过平衡近似方法计算了煤粉富氧燃烧下绝热火焰温度随 O_2 摩尔分数的变化,并与实际空气燃烧下的绝热火焰温度进行对比,其结果如图 7-8 所示。可见,要保证富氧气氛下绝热火焰温度与常规空气燃烧下近似,在采用湿循环方式时 O_2 摩尔分数需增加至约 28%,而在采用干循环时则需进一步增加烟气中初始 O_2 摩尔分数至约 35%。此外,在富氧燃烧下 O_2 摩尔分数维持不变时,干循环的绝热火焰温度相较于空气燃烧降低约 400 K,而湿循环则降低了约 800 K。这主要是富氧燃烧气氛下烟气主要成分由空气燃烧气氛下的 N_2 变为 CO_2 和 H_2O,而 CO_2 和 H_2O 的摩尔比热容要相对较高(见表 7-1)。然而,由于炉膛内辐射受热面的存在,实际燃烧温度并不会达到理论计算得到的绝热火焰温度那么高。

针对富氧燃烧模式下烟气温度的变化,大量的试验研究发现要达到与空气燃烧气氛下相似的传热效果和燃烧温度,燃烧设备入口 O_2 摩尔分数需要在不同程度上增加(约为 23.5%～35%),而这主要取决于燃用煤种。Canmet Energy 中心在 0.3 MW的直燃烧实验系统上针对富氧燃烧下 O_2 摩尔分数对燃烧温度和传热性能进行了一系列的试验。结果发现要达到空气气氛下的烟气温度和传热量,富氧

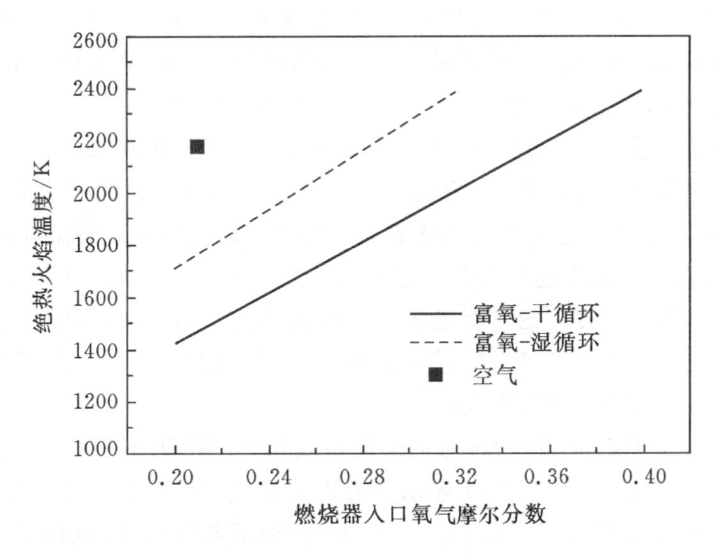

图 7-8　不同燃烧条件下绝热火焰温度随 O_2 摩尔分数的变化

气氛下燃用烟煤和次烟煤时，O_2 初始摩尔分数需增加至 28%～35%。而 Andersson 等和 Hjartstam 等在研究燃用褐煤时发现所需 O_2 初始摩尔分数要相对较低(约 25%)，如图 7-9 所示。进一步从图 7-9 可知，当 O_2 初始摩尔分数分别在

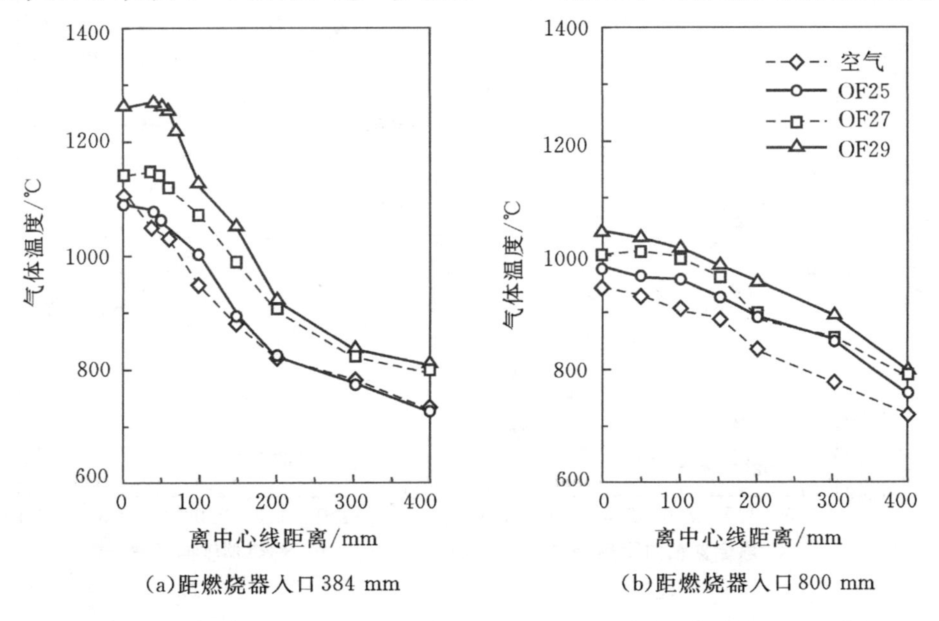

(a)距燃烧器入口 384 mm　(b)距燃烧器入口 800 mm

图 7-9　炉膛内不同位置处富氧和空气燃烧下径向烟气温度分布的对比

27%和29%时，炉膛内烟气温度相比于空气燃烧下分别提高了约50 ℃和100 ℃。

富氧燃烧技术的实际应用中采用的烟气再循环存在湿循环和干循环两种方式。然而由于CO_2的体积比热容相对于H_2O较高，实际采用的烟气循环方式对于燃烧温度具有很重要的影响。在Wall等人的计算中(见图7-8)，富氧燃烧下采用湿循环的绝热火焰温度要远小于采用干循环的，且湿循环方式时O_2摩尔分数达到约28%时，绝热火焰温度就可以达到与空气燃烧时的绝热火焰温度类似，而在干循环时O_2摩尔分数需达约35%。过去大量关于富氧燃烧下燃烧温度的试验研究也同样发现采用湿循环的富氧燃烧所需O_2摩尔分数(23.5%～27%)要相对小于采用干循环方式所需O_2摩尔分数(25%～35%)。此外，富氧燃烧所需O_2摩尔分数还取决于所燃用的煤种和煤质。

图7-10为Canmet Energy中心对比富氧燃烧下燃用不同煤种时烟气温度沿程变化的结果图。可见，在O_2摩尔分数为35%时，富氧燃烧烟气温度在燃用次烟煤时要比空气燃烧时高约80 ℃，而在燃用煤质相对更好的烟煤时则要高约40 ℃。这意味着富氧燃烧下，燃用煤种煤质越好，要达到空气气氛一样的燃烧温度所需的O_2摩尔分数越高。然而，Smart等在某0.5 MW的燃烧系统中却发现相反的趋势，其不同煤种的热辐射强度沿程变化对比结果如图7-11所示。

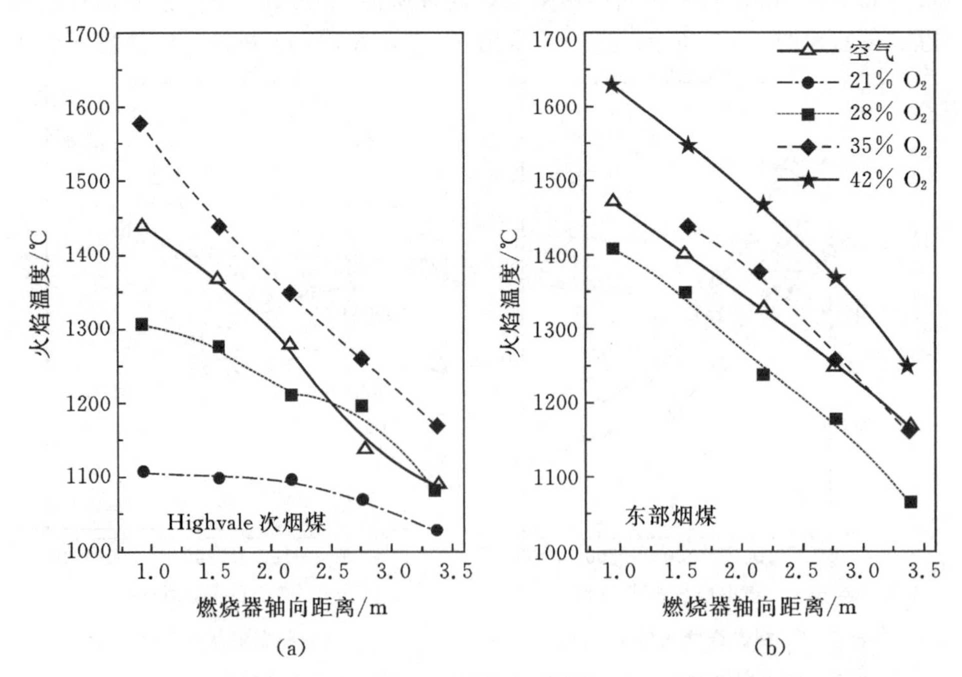

图7-10　富氧和空气燃烧下燃用不同煤质时燃烧器中心处燃烧温度沿程变化

由图 7－11 可知，要达到与空气燃烧下一样的热辐射强度分布，燃用煤质相对更好的南非煤时再循环烟气比例应在 68%～72%之间，而燃用煤质相对更差的俄罗斯煤时再循环烟气比例应在 72%～75%之间。不同的烟气再循环比例表明燃用煤质更好的南非煤，在相对更低的 O_2摩尔分数时，炉膛内烟气温度就可以与空气燃烧下一致。

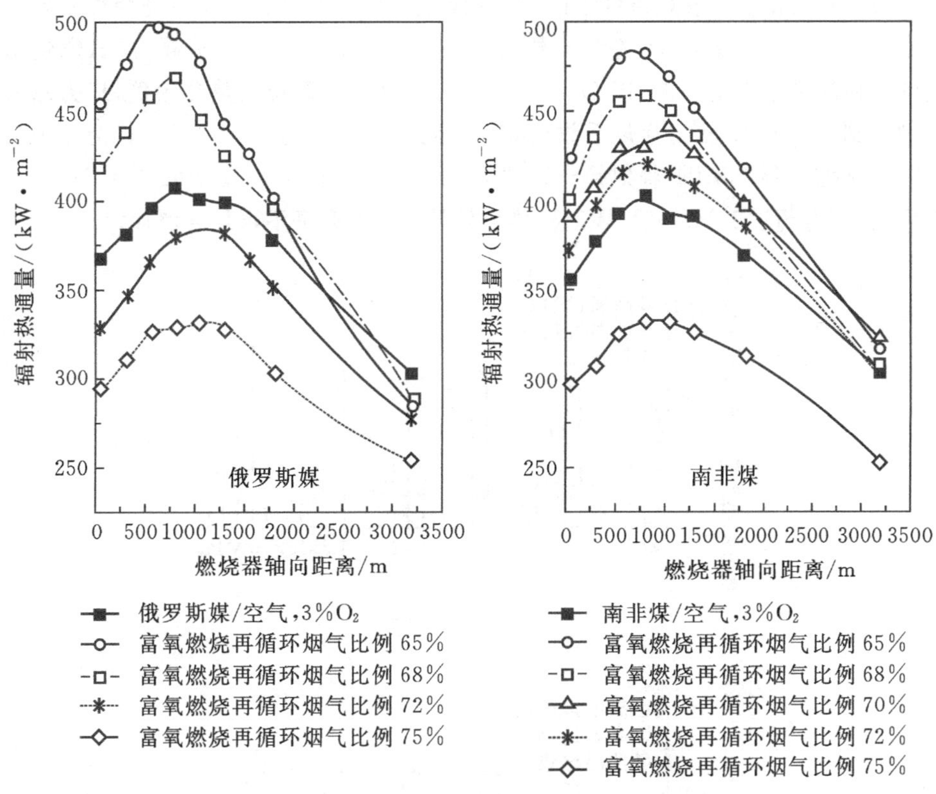

图 7－11　富氧和空气燃烧下燃用不同煤质时燃烧器中心处热辐射强度沿程变化

7.3.4　加压富氧下传热特性

虽然富氧燃烧被认为是最有潜力能得到规模化应用的 CO_2减排技术之一，但由于常压富氧燃烧技术的空分装置、烟气再循环和 CO_2分离压缩单元的能耗巨大，净发电效率比传统空气燃烧降低 8%～11%。因此，净发电效率更高的加压富氧燃烧技术应运而生。但是，燃烧压力的提高将使烟气密度升高，体积流量大为减小，烟气的其他热物性参数也将变化，烟气与炉内对流受热面间的对流与辐射换热特性也必然发生变化。

图 7-12 和图 7-13 为不同条件下各受热面辐射换热系数和对流换热系数。从图中数据可以看出随烟气压力的升高，各受热面处对流换热系数均呈现出略有增大的趋势。随烟气压力的升高，烟气动力黏度变化变小，也就是说虽然烟气密度升高导致流速下降，但烟气的 *Re* 数却基本保持不变，同时由于烟气的导热系数 λ 随压力的升高有所增大，导致对流换热系数有所增加。此外，富氧燃烧条件烟气的辐射换热系数比空气燃烧条件下的辐射换热系数大，原因是空气燃烧烟气主要成分是 N_2，在工业高温下，N_2 不参与辐射与吸收。随燃烧压力的提高，富氧燃烧烟气辐射换热系数是增大的，以 O_2 ∶ CO_2 = 21 ∶ 79 条件高温再热器为例，压力从常压增大到 0.5 MPa，辐射换热系数从 67.4 增大到 71.5，增大了 6.08%，但压力从 0.5 MPa 增大到 1 MPa，辐射换热系数从 71.5 增大到 73.8，仅增大了 3.21%，可以看出，压力超过 1 MPa 后，辐射换热系数随压力的升高不再显著增加。

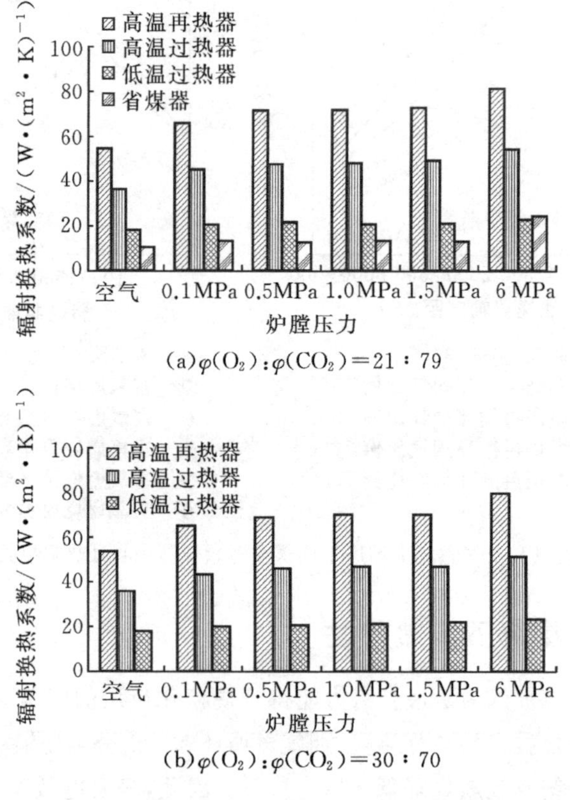

图 7-12　加压富氧下不同受热面辐射换热系数

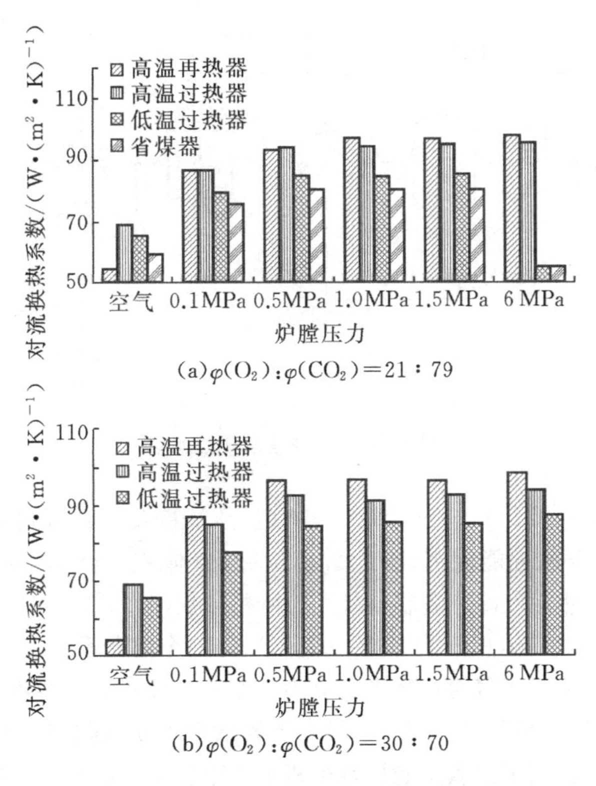

图7-13　加压富氧下不同受热面对流换热系数

7.4　常压富氧燃烧技术

7.4.1　常压富氧燃烧系统

图7-14是一种典型常压富氧燃煤电站的系统，该系统中煤粉在改造后的常规燃煤锅炉中燃烧以产生蒸汽驱动汽轮机发电。燃烧生成的烟气经冷凝脱水后，大部分通过再循环风机经过制粉系统后再送入炉膛以控制炉膛温度，并维持一定的烟气体积以保证锅炉受热面合理的换热；另外一部分再循环烟气与氧气混合后按一定的比例送入炉膛，参与炉膛燃烧组织。由于空分系统已将绝大部分氮气分离，烟气中的CO_2体积分数可达到90%左右，所以烟气可不必分离而直接液化回收处理。

与常规空气燃煤电站相比，富氧燃煤电站增加了额外的空分系统、烟气循环系

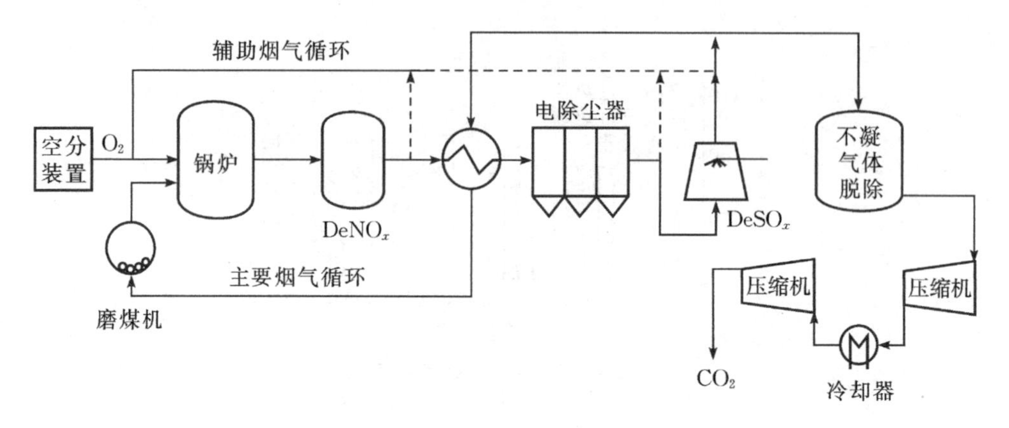

图 7-14　常压富氧燃煤系统

统以及 CO_2 捕集系统。在空分系统中，空气经压缩冷却后送入精馏塔进行氧气和氮气的分离，整个过程能量消耗巨大，单位制氧（体积分数为 95%时）能耗高达 0.24 kW·h。虽然深度冷冻法制得氧气的体积分数（99.5%～99.6%）要高于常压富氧燃烧时所需氧气体积分数（85%～95%），但整个空分系统仍会消耗超过 15%的机组总输出功率。烟气再循环系统分为主循环系统和辅助循环系统。在主循环系统中，烟气经脱水再热（250 ℃）后用来干燥输送煤粉，而在辅助循环系统中，烟气无需脱水可直接高温送入炉膛以减少机组效率损失。CO_2 捕集系统需首先对烟气进行脱水脱气并去除颗粒物（Particulate Matter，PM）、SO_x 和 NO_x 等其他污染物，然后将处理过的烟气送入多级压缩制冷系统以制得液态 CO_2。整个捕集系统运行所需能量约占机组总输出功率的 10%。

7.4.2　常压富氧燃烧下煤燃烧特性

相比于常规空气燃烧，富氧燃烧模式下由于燃烧气氛的改变，烟气中主要是以 CO_2 为主。而 CO_2 相比于 N_2，其物理化学性质差异较大（见表 7-1），改变炉膛内气体辐射传热特性，影响煤粉颗粒着火、炉膛内火焰稳定性和煤粉燃尽率等。同时富氧燃烧下由于大多采用湿循环，增加了炉膛烟气中水蒸气含量，进一步影响煤粉燃烧过程。

Molina 和 Shaddix 在携带流反应器中利用高速 CCD 相机（charge-coupled device）对比了富氧和空气气氛下烟煤颗粒（粒径为 75～106 μm）着火时间，并重点研究了 O_2 浓度的影响，结果发现富氧气氛下煤粉颗粒着火时间比空气气氛下推迟 2～3 ms，并且随着 O_2 浓度的增加而减少，其结果如图 7-15 所示。Kimura 等在 1.2 MW 隧道炉进行试验后发现，富氧气氛中煤粉火焰的着火点模糊且不稳定，与空气气氛下燃烧相比，富氧气氛中未燃尽碳含量较高。樊越胜等和李庆剑等利用常压热天平进行了煤粉富氧燃烧实验，发现在富氧气氛中随着氧气浓度的升高，煤粉的着火温度和燃尽温度逐渐降低，燃尽时间缩短，综合燃烧特性指数逐步增大。根据进一步的实验和分析，Fan 等认为氧气浓度的改变对煤粉的着火机理基本无影响。但是 Huang 等在类似的实验中却发现，随着氧气浓度的升高，煤粉由多相着火转变为均相着火。Huang 等认为着火机理的改变与富氧燃烧初期煤粉热解时挥发分的释放过程有关。

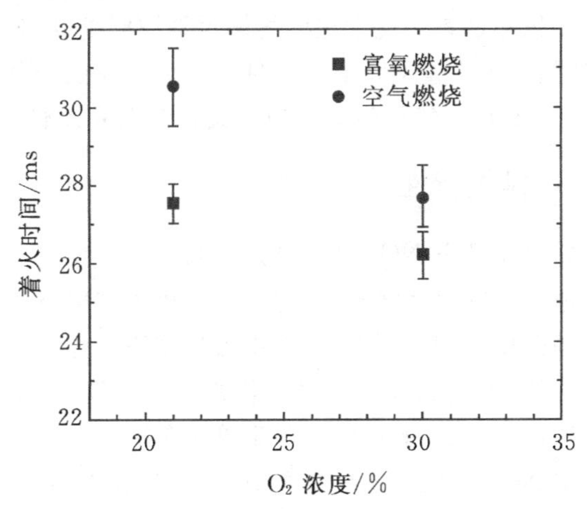

图 7-15　空气气氛和富氧气氛下高挥发分烟煤单颗粒平均着火时间对比

（温度：1250 K，颗粒粒径：106～125 μm）

因此很有必要对煤粉中挥发分着火过程进行分析，当煤粉颗粒中挥发分释放出来之后，其着火过程可以用绝热膨胀理论进行分析。而对于一步总包反应来说，其着火时间可以通过式(7-1)得到

$$\tau = \frac{c_v(T_0^2/T_a)}{q_c Y_{F,0} A\exp(-T_a T_0)} \tag{7-6}$$

式中：c_v 为定压比热容；T_0 为燃料/氧气温度；q_c 为单位质量燃料燃烧释放热；$Y_{F,0}$ 为燃料所占比例；$k = A\exp(-T_a T_0)$ 为燃料/氧气反应速率常数。

由式(7-6)可知，挥发分着火时间与化学反应速率成反比而与燃料/氧气混合气的体积比热容成正比。如表 7-1 所示，高温下 CO_2 的体积比热容远大于 N_2 的体积比热容，而由式(7-6)可知挥发分在 N_2 气氛中相比于在 CO_2 气氛中着火更快。与 CO_2 类似，H_2O 的体积比热容也要较 N_2 高，所以如果富氧燃烧系统烟气再循环采用的是湿循环方式，则会进一步延长挥发分着火时间。O_2 的浓度增加会促进化学反应，从而减少挥发分着火时间，这也揭示了相比于空气燃烧，富氧燃烧需要引入更高的氧气浓度才能保证此时煤粉燃烧特性与空气气氛接近。

7.4.3 常压富氧燃烧下煤燃烧过程中污染物排放特性

与常规空气燃烧一样，富氧燃烧也会排放大量的 NO_x 和 SO_x 等气体污染物。但由于富氧燃烧采用纯氧会使炉膛火焰温度升高，而为控制炉内火焰温度采用大比例的烟气再循环率，使得烟气中主要成分为 CO_2。如果再循环的烟气在引入之前未经处理，气体污染物尤其是 SO_x 由于富集效应加剧气体污染物排放问题，严重影响设备的正常运行。因此，再循环的烟气在引入之前一般都需要进行处理，降低气体污染物含量。虽然富氧燃烧下这些气体污染物形成机制并没有发生太大变化，但因烟气再循环引入的大量 CO_2 和采用纯氧燃烧造成的局部高浓度的 O_2 对煤粉燃烧过程中 NO_x 和 SO_x 等气体污染物的形成有较大的影响。

7.4.3.1 NO_x 排放特性

针对常规空气燃烧条件下 NO_x 排放及其形成机理已经有大量的研究，而这些研究结果大部分也适用于富氧燃烧模式。然而，相比于常规空气燃烧，富氧燃烧下氧气浓度有所增加并采用了烟气再循环，使得煤粉燃烧过程中部分 NO_x 形成过程得到促进或者抑制。因此，在讨论这两种燃烧模式下 NO_x 形成机理的区别之前，很有必要先对空气燃烧下 NO_x 的形成机理简单地介绍一下。

煤粉燃烧过程中 NO_x 生成主要有热力型 NO_x、燃料型 NO_x 和快速型 NO_x 三类。热力型 NO_x 指的是高温下原子态的氧和氮直接反应形成的。一般来说，只有当燃烧温度达到 1400 ℃以上，热力型 NO_x 才开始大量生成。热力型 NO_x 形成机理也称 Zeldvich 机理，其具体过程可以通过以下反应进行描述

$$N + O_2 = NO + O$$

$$N + NO = N_2 + O$$

$$N + OH = NO + H$$

快速型 NO_x 指的是氮气与碳氢自由基(比如 CH 和 CH_2)反应形成的。而燃料型 NO_x 主要是来源于燃料中的含氮有机化合物在高温下脱挥发分过程中受热分解产生的含氮化合物，其主要分为两类：Volatile-N 和 Char-N。Volatile-N 在燃烧过程中会进一步与其他成分反应产生 NO_x 或 N_2，而 Char-N 在焦炭氧化过程中经异相反应产生 NO_x。在典型的煤粉锅炉燃烧过程中(温度<1400 ℃)，燃料型 NO_x 是煤粉燃烧过程中 NO_x 排放的主要来源，而快速型 NO_x 和热力型 NO_x 仅占很少的一部分。但是，当煤粉燃烧温度增加至 1400 ℃时，热力型 NO_x 生成量急剧增加，而当温度在 1500 ℃以上时热力型 NO_x 生成量就超过燃料型 NO_x 生成量。

针对富氧燃烧模式下 NO_x 排放问题，大量研究发现相同条件下富氧燃烧下 NO_x 排放比空气燃烧时明显减少。Canmet Energy 中心利用图 7-16 所示的采用

烟气再循环的垂直燃烧实验系统研究了3种不同煤质的煤(烟煤、次烟煤和褐煤)在富氧燃烧过程中 NO_x 排放特性,并与空气气氛下 NO_x 排放进行对比,其结果如表7-4所示。可见,除烟煤外,富氧燃烧下(O_2/CO_2 为35%)均明显低于空气气氛下NO排放。Liu等通过模拟计算,也发现富氧燃烧中燃料氮的NO转化率只有常规煤粉炉的四分之一。毛玉如等利用循环流化床多功能综合试验台进行了空气气氛和富氧气氛下的煤燃烧试验,发现相同氧浓度下,富氧气氛中的 NO_x 生成量要低于常规空气气氛。

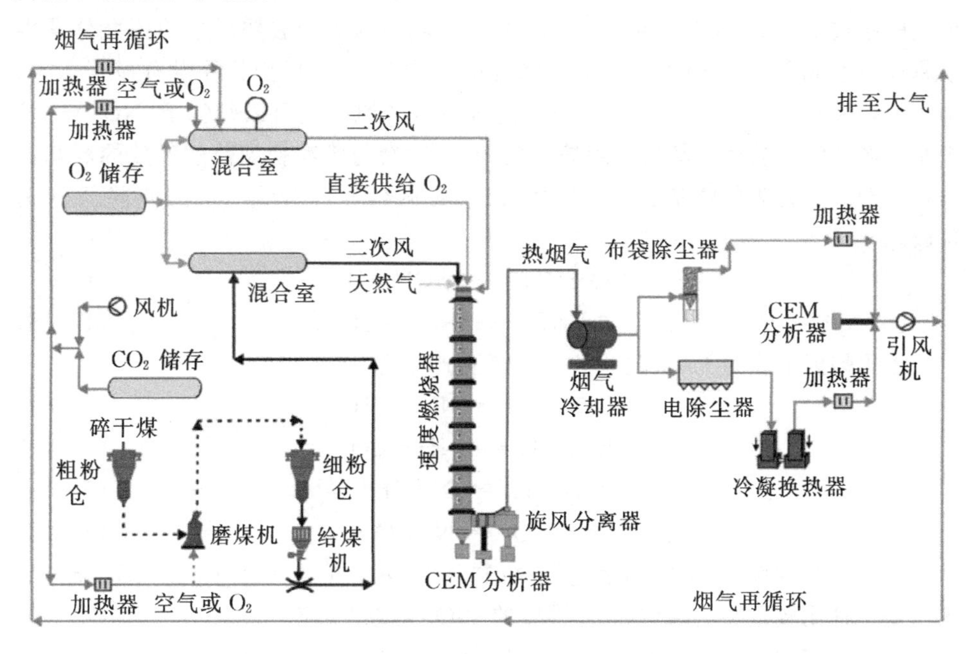

图7-16 垂直燃烧实验系统图

表7-4 空气气氛和富氧气氛下NO排放对比

燃料和燃烧模式	O_2/%	CO_2/%	CO/$\times10^{-6}$	NO/(mg·J^{-1})
烟煤-空气燃烧	2.0	17	51	211
烟煤-富氧燃烧	2.1	97	85	233
次烟煤-空气燃烧	2.0	17	9	236
次烟煤-富氧燃烧	2.2	97	75	148
褐煤-空气燃烧	3.3	17	1	269
褐煤-富氧燃烧	2.7	92	14	68

对于富氧气氛下 NO_x 排放降低最显而易见的原因可能是由于没有 N_2 的存在抑制了热力型 NO_x 的产生，但事实上实际过程中炉膛温度一般设计都不超过 1300 ℃，此时热力型 NO_x 生成量很少，并不是煤粉燃烧过程中 NO_x 排放的主要来源。可见煤粉富氧气氛下抑制热力型 NO_x 形成并不是其 NO_x 排放显著降低的主要原因。

Okazaki 和 Ando 在一维反应器研究了煤粉富氧气氛燃烧下 NO_x 减排机制，发现 NO_x 排放降低主要是由于大比例的烟气通过再循环重新进入炉膛内，而循环烟气中超过 50%的 NO 会与炉膛火焰中心区域的因煤粉裂解产生的挥发分发生还原反应形成 N_2。同时烟气中 CO_2 浓度的变化对于 NO_x 排放并没有显著影响。事实上，Okazaki 和 Ando 发现的 NO_x 排放降低的原因也可以归咎于"NO_x 再燃"机制。经烟气再循环重新引入到炉膛内的 NO_x 会与煤粉初期热解释放的烃基自由基(CH_i)和氨基自由基(NH_i)发生反应(见式(7-7)和式(7-8))，降低 NO_x 排放。

$$NO + CH_i \longrightarrow HCN + O \tag{7-7}$$

$$NO + NH_i \longrightarrow N_2 + H_2O \tag{7-8}$$

而火焰区形成的 HCN 还会进一步转化产生 N_2。

$$HCN + O = NCO + H \tag{7-9}$$

$$NCO + H = NH + CO \tag{7-10}$$

$$NH + H = N + H_2 \tag{7-11}$$

$$N + NO = N_2 + O \tag{7-12}$$

除了上述的那种"NO_x 再燃"反应机制降低 NO_x 排放之外，Char-NO_x 异相反应也是一种比较重要的减少 NO_x 排放的"NO_x 再燃"反应。

$$2(\text{Char})\text{—C} + NO \longrightarrow (\text{char})\text{—C—O} + (\text{char})\text{—C—N} \tag{7-13}$$

$$(\text{char})\text{—C—O} \longrightarrow (\text{char}) + CO \tag{7-14}$$

$$(\text{Char})\text{—C—N} + NO \longrightarrow (\text{char})\text{—O} + N_2 \tag{7-15}$$

与此同时，富氧气氛下由于大量的引入烟气(主要是 CO_2)进入炉膛，而这些引入的 CO_2 在炉膛火焰区会与煤粉初期热解形成的焦炭发生气化反应产生高达0.01 的 CO。而在火焰区，这些高浓度的 CO 的存在会与 C(O)(表面碳氧化物，surface carbon oxide)反应(见式(7-16))产生 C^*(自由位点，free site)。经式(7-16)反应形成的 C^* 会促进 Char—NO 异相反应，降低 NO_x 的形成。而高浓度的 CO 可能本身在焦炭的表面催化下也会与烟气中 NO 发生反应(见式(7-17))，进一步降低 NO_x 排放。

$$CO + C(O) \longrightarrow CO_2 + C^* \tag{7-16}$$

$$CO + NO \longrightarrow CO_2 + 0.5N_2 \tag{7-17}$$

7.4.3.2　SO_x 排放特性

煤中硫主要以黄铁矿或者有机质硫形式存在，在高温燃烧过程中，这两种形式均会释放出来并与氧气反应产生 SO_2。形成的 SO_2 由于 O 自由基的存在会进一步被氧化成 SO_3。然而，高温下 SO_2 - SO_3 平衡转化率非常低，但低温下反应速率又非常慢，因此实际过程中 SO_2 - SO_3 转化率一般不超过 2%～5%。尽管如此，SO_3 的存在对于锅炉实际运行也有很显著的影响，这主要是由于 SO_3 会与烟气中的水蒸气反应产生硫酸气溶胶，而形成的硫酸气溶胶对于燃烧设备的腐蚀性很强，且易与 SCR 设备逃逸的氨反应形成硫酸氢铵(ABS)，严重影响设备的安全经济运行。

但不同于 NO_x，富氧气氛下并没有明显的反应路径来降低 SO_x 排放。然而，许多研究确实发现煤粉富氧气氛下 SO_x 排放的降低。Kiga 等的研究中发现相比于空气燃烧，富氧气氛下 SO_2 排放降低了 50%，这一结果在 Canmet ENERGY 的试验中得到了证实。这可能是富氧燃烧促进了灰颗粒对 SO_2 的捕捉，从而降低了 SO_x 的排放。为了证实这个假设，Maier 等分别对直流炉中的辐射区(约 1150 ℃)和除尘器前(约 450 ℃)的 SO_2 浓度进行监测，并对比常规空气燃烧和富氧燃烧两种条件下的 SO_2 排放。发现相比于空气气氛，富氧气氛下炉膛辐射区内 SO_2 浓度并没有降低，作者归咎于炉内高温抑制了大部分硫酸盐(Ca、Mg、Na 等)的形成，但在低温区 SO_2 浓度却有一定的降低。同时 Maier 等发现富氧燃烧下烟气再循环中高浓度的 SO_2 也可能促进了积灰对 SO_2 的捕捉。然而，这些积灰的固硫作用取决于很多因素，尤其是积灰中的元素组成，其较高含量的碱土金属会进一步促进积灰的固硫作用。可见煤粉富氧燃烧过程中并不会存在和经 NO_x 再燃降低 NO_x 排放类似的机制，降低 SO_x 排放。

但是，由于富氧燃烧采用烟气再循环，炉内 SO_x 富集效应显著，使得 SO_x 排放明显增加。Wall 等在相关综述文章中提到富氧燃烧对 SO_x 的影响，发现相比空气燃烧，富氧燃烧模式下烟气的 SO_2 排放量和 SO_3 浓度均要高近 3 倍。这一结果在 Canmet ENERGY 利用图 7-15 所示的试验台关于 SO_x 的研究中也得到证实，其结果如表 7-5 所示，可见相比空气燃烧，富氧燃烧下烟气中 SO_2 排放和 SO_3 浓度均明显升高。Ahn 等对犹他大学 1.5 MW 煤粉炉和 330 kW 流化床富氧燃烧的 SO_3 排放研究时同样发现富氧燃烧下煤粉炉中高硫煤的 SO_3 生成量是空气燃烧的 4～6 倍，而低硫煤在富氧燃烧和空气燃烧时相近，但在流化床中，即使低硫煤，其富氧燃烧下的 SO_3 生成量也显著高于空气燃烧。

表 7-5　空气气氛和富氧气氛下 SO_x 排放对比

测试工况	SO_2/ppm $(1\ ppm=615\times\frac{48}{22.4}mg/L)$	单位时间排放量 /(mg·min^{-1})		单位输入能量的排放量 /(mg·J^{-1})	
	干基	SO_2	SO_3	SO_2	SO_3
烟煤-空气燃烧	615	7115	325	590	27
烟煤-富氧燃烧	1431	16828	1108	1350	75
次烟煤-空气燃烧	175				
次烟煤-富氧燃烧	372	2429	1.7	193	0.14
褐煤-空气燃烧	277				
褐煤-富氧燃烧	785				

而富氧燃烧下 SO_x 排放，尤其是 SO_3 排放的增加，严重影响了电厂设备的安全经济运行。从表 7-4 可知，对于次烟煤来说，SO_3浓度很低，仅占 SO_x 排放量的不到 0.07%，这主要是由于次烟煤中含硫量很低，且灰中较高的碱土金属含量。灰中较高的碱土金属含量能有效地捕捉烟气中大部分 SO_3，降低 SO_3 排放。而对于含硫量较高的烟煤来说，空气燃烧 SO_3浓度仅占 SO_x 的 4%左右，但在富氧燃烧条件下这一比例却提升至 6%以上。可见相比于空气燃烧，富氧燃烧促进 SO_2-SO_3转化率，这可能是由于富氧燃烧下烟气中较高的 SO_2和 O_2分压引起的。因此，对于燃用高硫煤的电厂，再循环的烟气因经 FGD 处理后引入炉膛，而对于燃用低硫煤的电厂，考虑到运行的经济性，再循环的烟气可以未经 FGD 处理直接引入炉膛中。

7.4.4　富氧燃烧技术在气体燃烧中的利用

富氧燃烧技术与传统的空气燃烧相比具有火焰温度高、燃烧速度快等特点。富氧燃烧提高了火焰温度和黑度，进而强化了辐射传热，同时由于富氧燃烧下氧气浓度升高会提高燃料的燃烧速度，促使燃料燃烧完全。此外，氧浓度提高的同时也降低了燃料的燃点温度，减少了燃尽时间。正是由于富氧燃烧技术相比于传统的空气燃烧具有如此优异的表现，富氧技术目前也开始大量应用在气体燃烧中。然而，由于富氧燃烧下 CO_2替代了空气燃烧中的 N_2，使得气体富氧燃烧环境发生变化，火焰结构、燃烧特性及燃烧速度等均会随之发生变化。

因此，针对气体(主要为 CH_4)富氧燃烧下火焰结构、火焰传播速度等，国内外均进行了研究。Ho 和 Yongmo 对比了 CH_4分别在以空气和纯氧为助燃剂时的火焰特性及结构，其结果如图 7-17 所示。由图可见，CH_4在空气气氛燃烧时，*Re* 数在小于 2000 时，形成的火焰为典型的层流火焰，而当 *Re* 数在 2000～4000 之间时，火焰开始向湍流火焰转戾，当 *Re* 进一步增大到 4000 以上时形成的火焰彻底转变

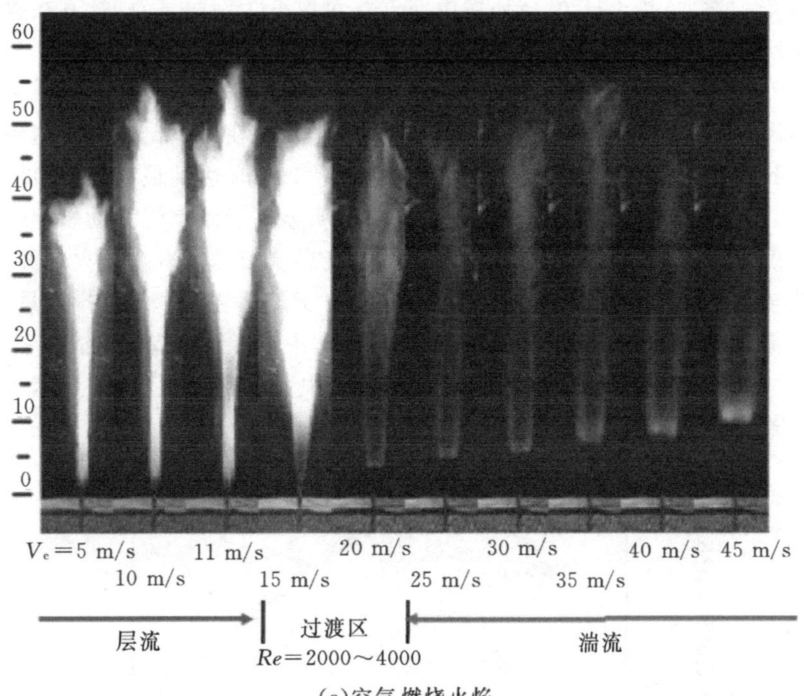

(a)空气燃烧火焰

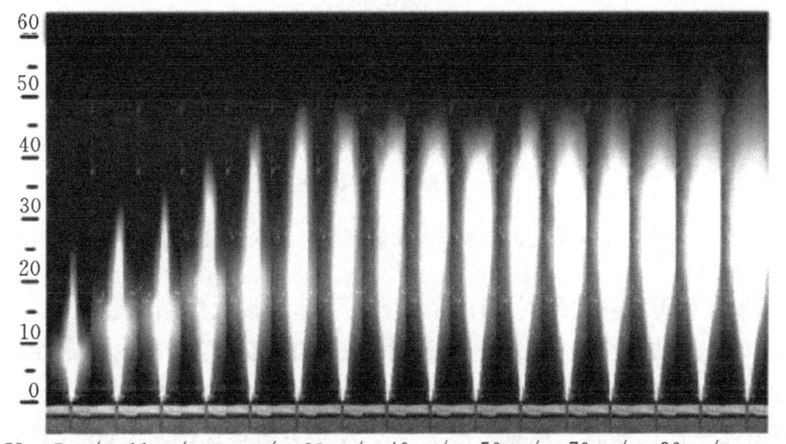

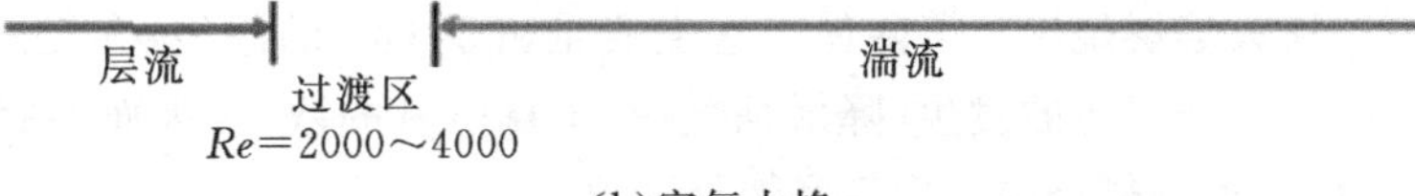

(b)富氧火焰

图 7－17　CH_4分别在空气和纯氧燃烧气氛下火焰结构对比

为湍流火焰。然而，当 CH_4 燃烧环境由空气气氛改变为纯氧气氛时，其在整个试验条件范围内形成的火焰均呈典型的层流火焰形状。

图 7-18 为 CH_4 分别在以空气和纯氧作为助燃剂时理论火焰温度计算结果的对比。由图可见，以纯氧作为助燃剂时的理论火焰温度在当量比 1.1 时达到最高(约 3050 K)，而以空气为助燃剂时的则在当量比 1.0 时达到最高(约 2020 K)。与此同时，以纯氧作为助燃剂时的理论火焰温度明显高于以空气为助燃剂时的理论火焰温度。尽管纯氧燃烧技术相比于常规空气燃烧技术具有理论火焰温度高，火焰结构较为稳定，火焰燃烧速度快等优点，但由于该燃烧技术烟气排放量少，燃烧设备所需空间小等特点，其并不能在现有的锅炉中或者经改造后的锅炉中应用。因此，通常情况下一般都需从烟道尾部向燃烧室中引入部分烟气，利用烟气中的 CO_2 对燃烧进行稀释，降低烟气温度。

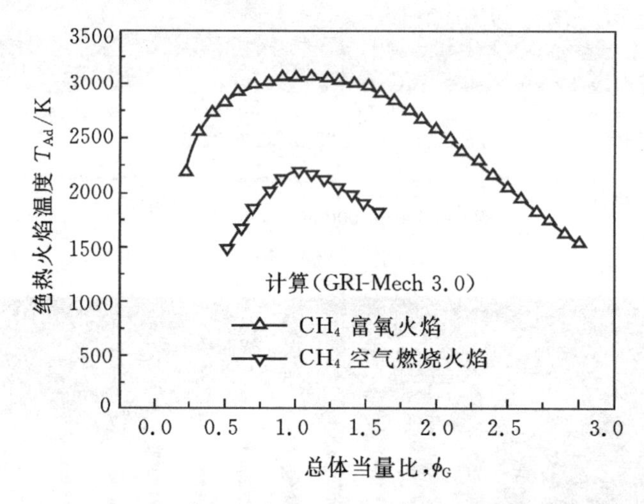

图 7-18　CH_4 分别在以空气和纯氧作为助燃剂时理论火焰温度计算结果的对比

图 7-19 为 CO_2 稀释比例对 CH_4 富氧燃烧下非预混火焰结构稳定性的影响。由图可见，CO_2 的添加显著改变 CH_4 富氧燃烧下非预混火焰结构的稳定性。在没有 CO_2 添加时拥有最广的易燃区，而随着 CO_2 的添加比例的增加，易燃区区域开始缩小，更容易发生回火和脱火现象。图 7-20 为 CO_2 稀释比例对 CH_4 富氧燃烧下预混火焰层流燃烧速度的影响。同样可以看出，随着 CO_2 的添加比例的增加，CH_4 富氧燃烧下层流火焰燃烧度显著降低。这主要是由于 CO_2 的添加，会促使基元反应 $OH+CO \longrightarrow H+CO_2$ 的发生，降低烟气中 H 自由基的浓度，进而抑制 CH_4 的燃烧进程，降低了火焰燃烧的稳定性和燃烧速度。

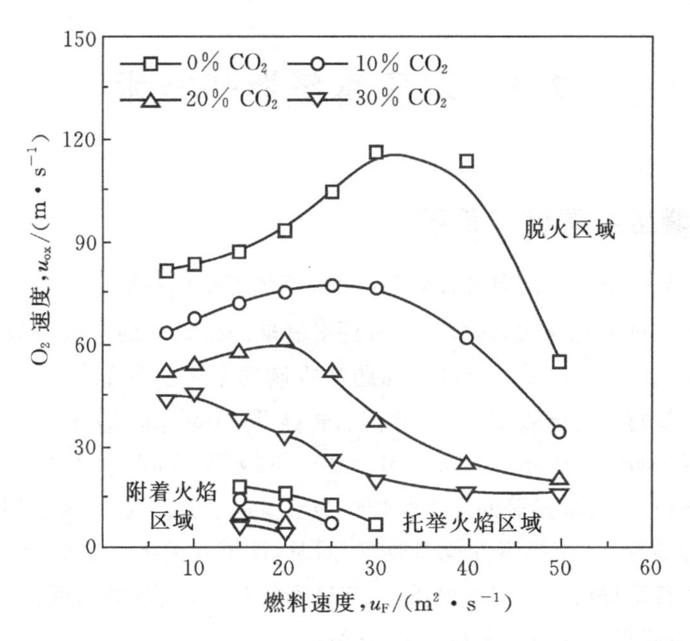

图 7－19　CO_2稀释比例对 CH_4富氧燃烧下非预混火焰结构稳定性的影响

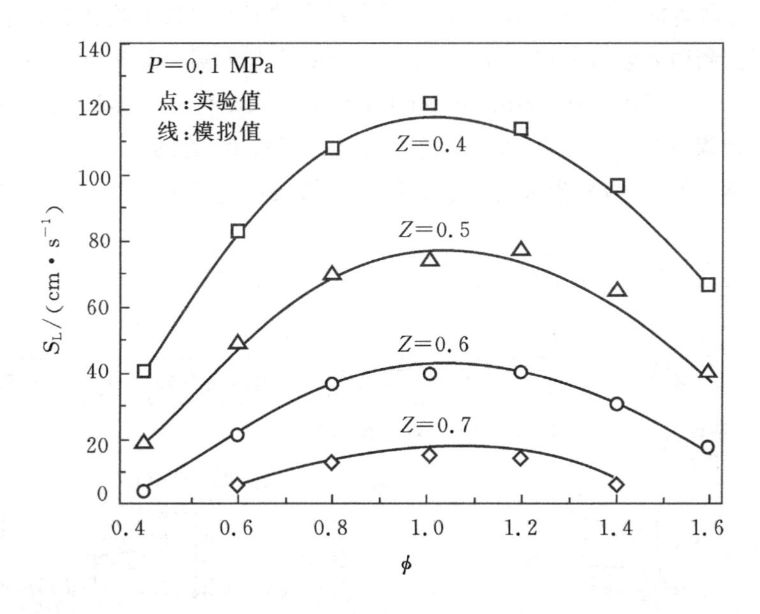

图 7－20　CO_2比例对层流预混火焰层流燃烧速度的影响

7.5 增压富氧燃烧技术

7.5.1 增压富氧燃烧系统

由于富氧燃烧技术的空分装置(ASU)、烟气再循环系统(FGR)和CO_2分离压缩单元(CPU)的能耗巨大,计算表明常压富氧燃烧模式下的发电净效率比传统空气燃烧要降低8%~11%。经济性问题严重制约了常压富氧燃烧技术的应用前景。为进一步提高发电效率,2000年前后美国ThermoEnergy和加拿大矿物能源技术中心(Canada Center for Mineral and Energy Technology,CANMET)提出加压富氧燃烧技术,其最显著的优点是烟气的水露点显著提高,可大量回收排烟中水蒸气的气化潜热,从而提高发电净效率;同时,该模式无需将ASU出来的氧气减压到常压进行燃烧后再将烟气增压到CPU所需压力,故显著降低了CPU单元能耗;此外还有降低设备的占地和成本等优点。

早期国外主要有两种不同的增压富氧燃煤系统,分别是加拿大矿物能源技术中心和巴布科克能源(Babcock Power)联合提出的CANMET增压富氧燃煤系统以及由意大利国家电力公司(Ente Nazionale per l'Energia eLettrica,ENEL)在伊蒂股份有限公司(Istituto Trentino per l'Edilizia Abitative,ITEA)研究基础上提出的富氧燃煤系统。在CANMET增压富氧燃煤系统(见图7-21)中,水煤浆在增压富氧燃烧器中燃烧,生成的高温高压烟气依次经过辐射和对流换热器后进入

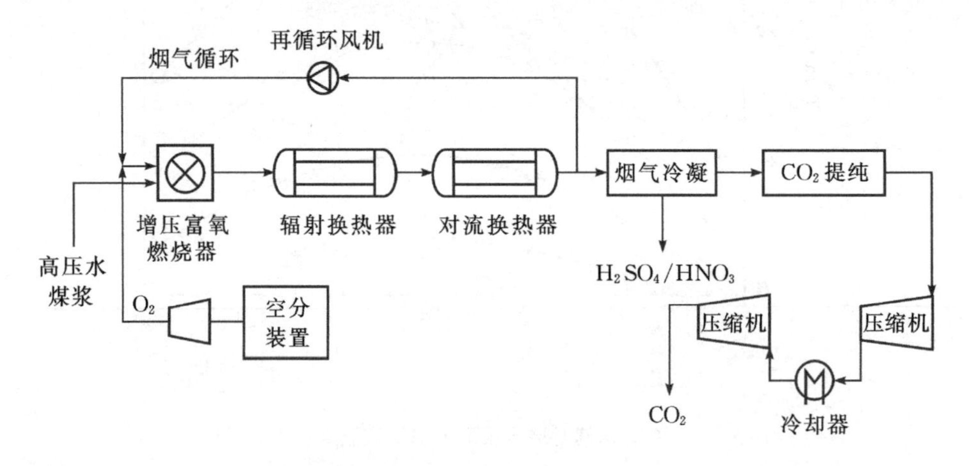

图7-21 加拿大矿物能源技术中心增压富氧燃煤发电系统

排烟冷凝器。在排烟冷凝器中，水蒸气凝结产生的热用来加热给水，烟气中的 SO_x 和 NO_x 等其他污染物则同时被脱除。经过处理后的烟气在经过提纯和压缩后即可获得液态 CO_2。ENEL 增压富氧燃煤系统（见图 7-22）与 CANMET 系统的主要区别在于，增压富氧燃烧器产生的烟气在与部分循环烟气混合后，温度降低到约 800 ℃，无需辐射换热即可直接进入对流换热器，减少了整个系统的初投资与运行成本。

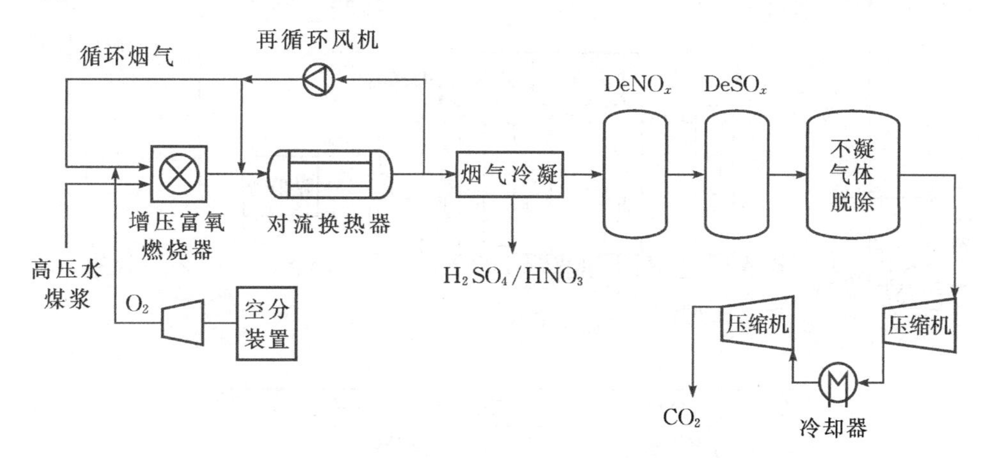

图 7-22 意大利国家电力公司增压富氧燃煤发电系统

近期美国华盛顿大学圣路易斯分校 RichardL. Axelbaum 课题组提出了一种新型的加压富氧燃烧技术——分阶段加压富氧燃烧，可将燃煤电厂碳捕集的效率损失降低一半以上。这种分阶段加压富氧燃烧技术采用了独特的锅炉结构，用强压（约 1500 kPa）使煤粉在最少的烟道气循环中充分燃烧。该系统如图 7-23 所示，与传统的富氧燃烧方法相比，分阶段加压富氧燃烧的关键在于有两个或多个加压锅炉串联在气体一侧。除了减少烟气再循环，多锅炉模块的使用也可以使可变负荷下的工厂设计和操作更具灵活性。虽然图 7-23 中有 4 个锅炉或分为 4 个阶段，但是如果增加烟道气的循环次数，需要的锅炉可以更少一些。分阶段加压富氧燃烧的最佳压力大约为 1500 kPa。煤从每一个锅炉的顶部中心线送入，流经每个锅炉时燃烧。上游锅炉的产物，包括过量的氧气，都会被传输到下一阶段，在那里会遇到更多的煤。这些过程会不断重复，直到所有的氧气都在最后一个环节被消耗掉。而产物的温度会在对流式换热器中进一步降低，紧接着是除灰。当烟道气到达直接接触式冷凝管时，烟道气冷却、水分凝结、潜热收集都会同步发生，硫氧化物和氮氧化物也会在这里去除。之后，大部分烟道气进入气体处理装置进一步提纯，以满足存储或强化回收的严格要求。

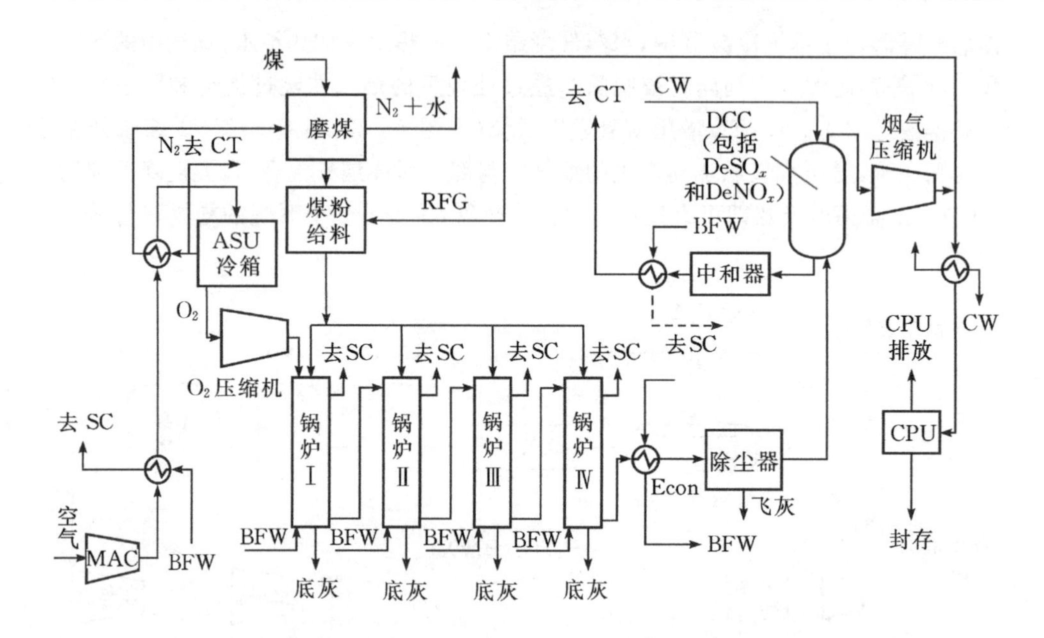

ASU:空气分离单元	DCC:直接接触式冷凝器
BFW:锅炉给水	Econ:省煤器
CPU:压缩纯化单元	MAC:主要空压机
CW:冷却水	SC:蒸汽循环
CT:冷却塔	

图 7-23　新型分阶段加压富氧燃烧系统

7.5.2　增压富氧燃烧模式下的基础热解和燃烧过程

自 20 世纪 80 年代以来,随着加压煤气化和加压流化床技术的发展,对加压模式下的基础反应动力学和焦炭特征的研究十分广泛。早在 1986 年肯塔基大学的 Reucroft 和 Sethuraman 发现压力提高会减弱热解过程中焦炭的膨胀,但最具代表的是美国杨百翰大学的 Charles R. Monson 和 Thomas H. Fletcher 研究小组以及澳大利亚 Terry Wall 研究小组,在过去 20 余年中他们分别利用加压平面火焰燃烧系统和加压沉降炉系统,对加压环境下煤反应的动力学模型、加压热解过程中气相析出和焦炭的膨胀特性等开展了大量研究工作。

Lee 等人利用图 7－24 所示的高压携带流反应器(high-pressure entrained-flow reactor)研究了压力对煤粉快速热解的影响，发现随着压力的提高，抑制了挥发分的释放和焦油的产生，却促进了挥发分的二次反应，且不同压力下煤粉热解过程中煤粉颗粒膨胀和孔隙结构差异较大。

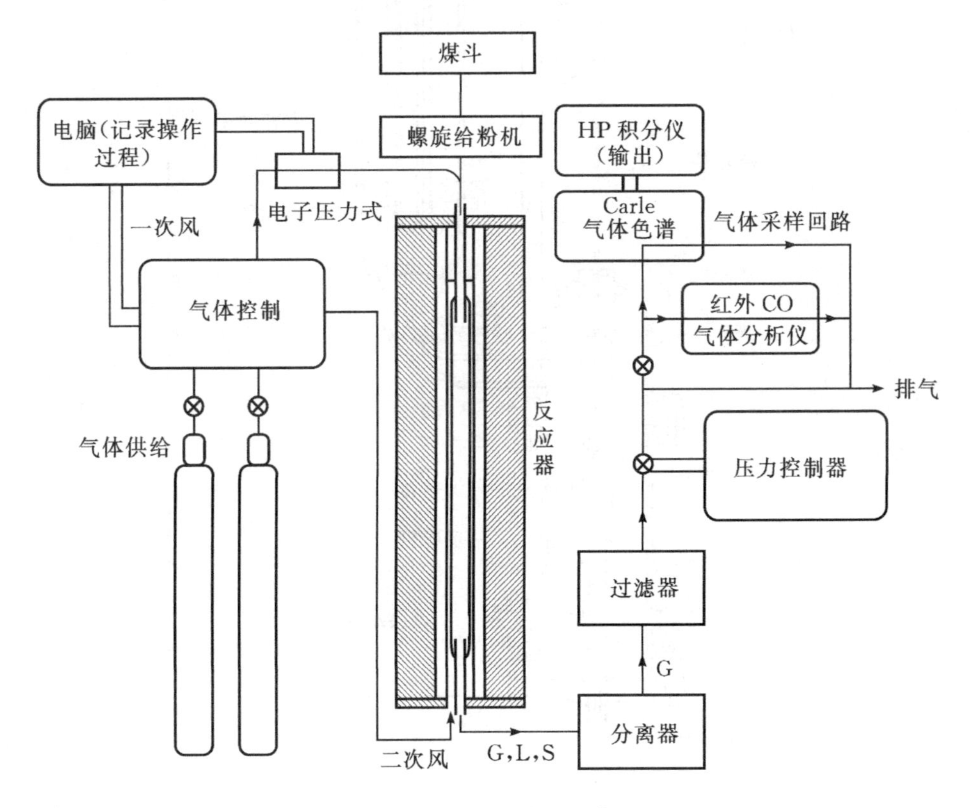

图 7－24　高压携带流反应器

Monson 等人利用图 7－25 所示的高压沉降炉(high-pressure drop-tube furnace)研究并对比了煤焦分别在 5.05×10^5 Pa、1.01×10^6 Pa 和 1.515×10^6 Pa 的燃烧特性，其在不同压力下氧气浓度对煤焦颗粒燃烧温度的影响，如图 7－26 所示。如图可见，氧气浓度和压力对焦炭颗粒温度影响十分显著，氧气浓度提高后，颗粒的温度显著上升，而同等氧气浓度下提高后的颗粒温度明显降低，并且发现由于加压下的活化能和频率因子均降低，使得常压下的总包动力学模型不能准确预测加压燃烧过程，此处需要对总包反应的频率因子和活化能加入压力修正项。

Sawaya 等发现当压力从常压升到 1.6 MPa 时，煤焦的氧化速率提高了 3 倍，

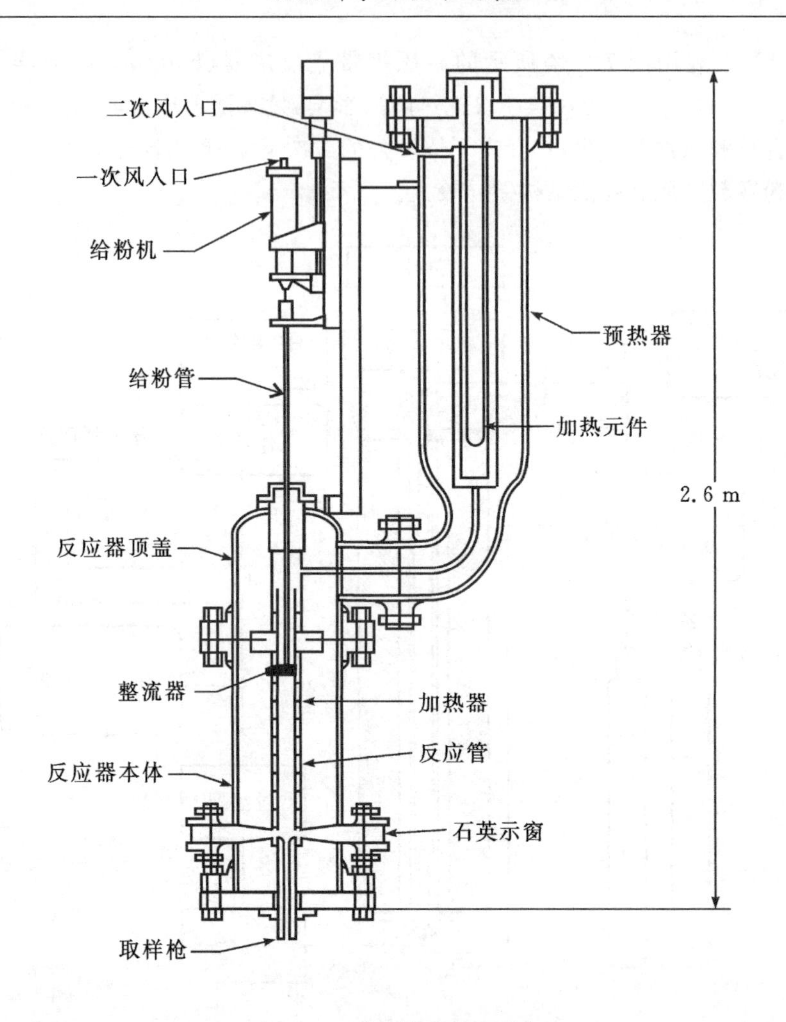

图 7-25　高压沉降炉试验台

也提出加压后相关的煤焦反应的动力学参数需进行压力修正。现有的通用热解、焦炭气化和燃烧模型已逐渐被用于加压气化和燃烧过程的预测。针对加压高温燃烧技术，德国的 Tremel 等针对加压高温(2.5 MPa、1600 ℃)条件下褐煤热解的研究发现，尤其在反应过程初期 1.5～2 s 范围内加压显著提高了煤焦比表面积和煤焦的反应速率；基于试验结果该课题组进一步对加压高温燃烧模式下的热解模型和焦炭反应模型进行了发展，能够准确地预测试验的气相挥发、焦炭颗粒和燃尽特性。

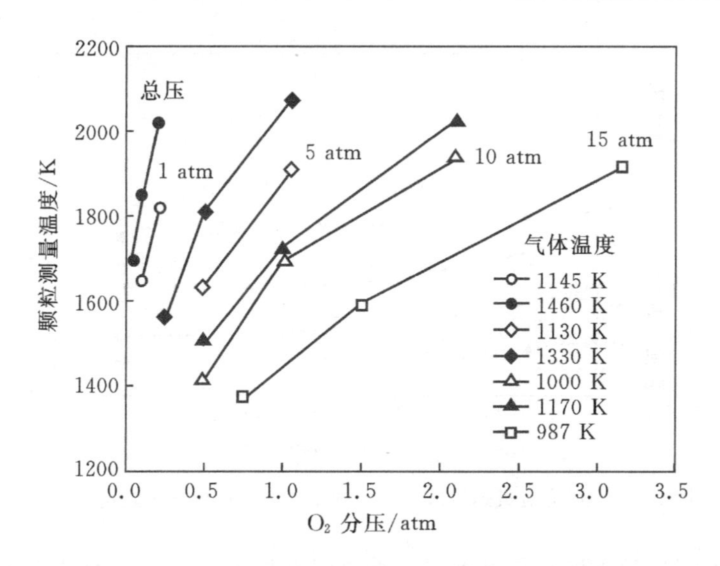

图 7-26　不同压力下 O_2 分压对焦炭颗粒温度的影响

7.5.3　增压富氧燃烧下煤燃烧过程中氮迁移特性

氮在煤中的赋存形态多样且结构非常复杂，受热迁移后的存在形态及反应途径繁多。煤粒受热后，部分氮和挥发物一同逸出煤粒称为挥发氮，剩余的氮残留在固定碳中称为焦炭氮，随着碳的燃烧逐渐释放出来。挥发氮由 HCN、NH_3、NH_2、NH 和 CN 等组成，主要成分是氰化氢(HCN)和氨(NH_3)，HCN 和 NH_3的含量比例不仅取决于煤的挥发分，而且与氮和碳氧化合物的结合状态以及反应条件有关。焦炭氮的释放情况与氮在焦炭中和碳的结合状态有关，这不仅取决于煤的组织结构，还与煤燃烧初期挥发分燃烧所处的条件有关。由于压力会影响煤热解时挥发分的析出，进而影响到挥发分氮的释放过程，因而热解反应中氮氧化合物前驱体(主要是 HCN 和 NH_3)的生成与转化在压力的作用下可能会与常压时有所区别。

Cai 等人在利用丝网反应器(Wire Mesh Reactor，WMR)研究压力的变化对煤热解过程中氮的迁徙转化的影响，其结果如图 7-27 所示。压力由 0.1 MPa 升高到 7 MPa，Illinois 煤热解生成焦油中的含氮量与煤中含氮总量之比由 32%减少到 22%，而 Tilmanstone 煤则由 32%减少到 22%，并认为压力的升高在一定程度上抑制了热解时煤中氮向焦油氮的转化。但 Laughlin 等在加压热天平中的实验却发现，热解压力升高后焦炭的 N/C 与原煤相比变化很小，因此可忽略压力对挥发分和焦炭中氮分布特性的影响。

Nichols 等利用加压气流床气化炉(Pressurized Entrained Flow Gasifier,

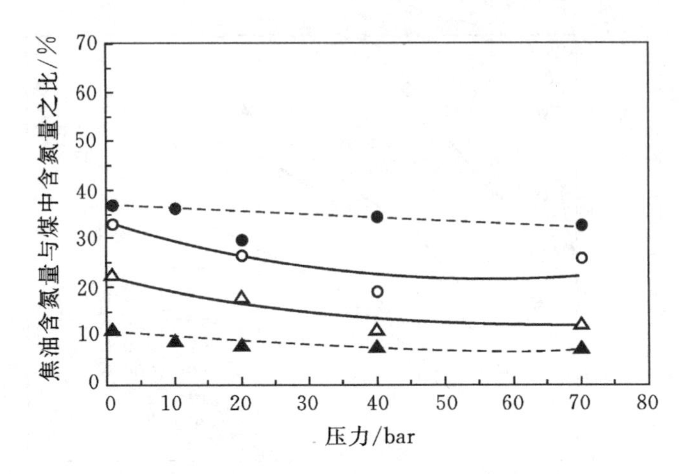

图 7-27 压力对煤热解过程中焦油中含氮与煤中含氮之比的影响

PEFG)研究了扩散火焰和预混火焰两种火焰结构下压力对煤粉热解过程中氮的释放的影响,其结果如图 7-28 所示(1 ppm=10^{-6})。不管是扩散火焰下还是预混火焰下,随着气化压力的升高,煤粉热解过程中 NH_3 浓度升高,而 HCN 浓度却逐渐降低。随后,Hamalainen 等在加压气流床中进行低阶燃料(如煤泥和生物质)的热解实验时发现,压力的升高加速了焦油的分解,提高了 HCN 和 NH_3 的产量;同时指出 NH_3 是自由基和(或)焦炭之间反应的产物。

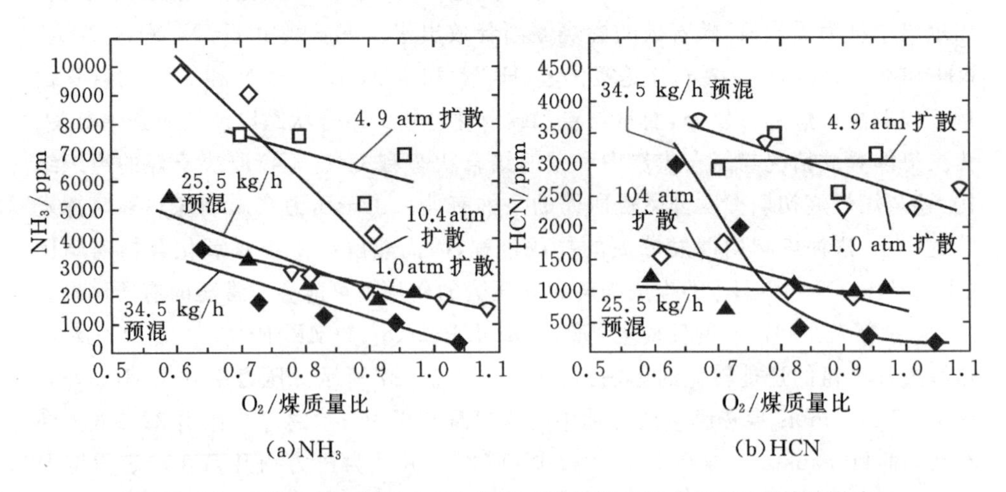

图 7-28 扩散火焰和预混火焰下压力对煤热解 NH_3 和 HCN 释放的影响

Tian 等人利用图 7-29 所示的一种特殊的加压反应器对热解和气化中氮氧化合物前驱体的生成规律进行了研究。实验发现,压力升高后热解和气化反应的

NH_3回收率逐渐升高，但热解反应的 HCN 回收率基本不受压力影响，而气化反应的回收率随压力增加而逐渐升高。这主要是由于热解和气化反应中焦炭氮的直接氢化作用是 NH_3的主要生成途径。

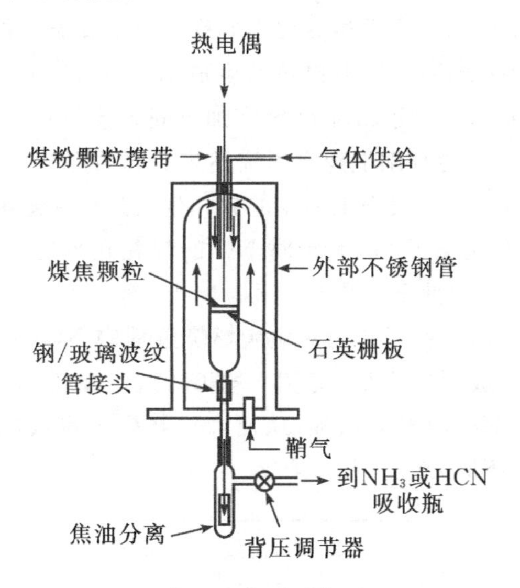

(a)加压反应器系统图

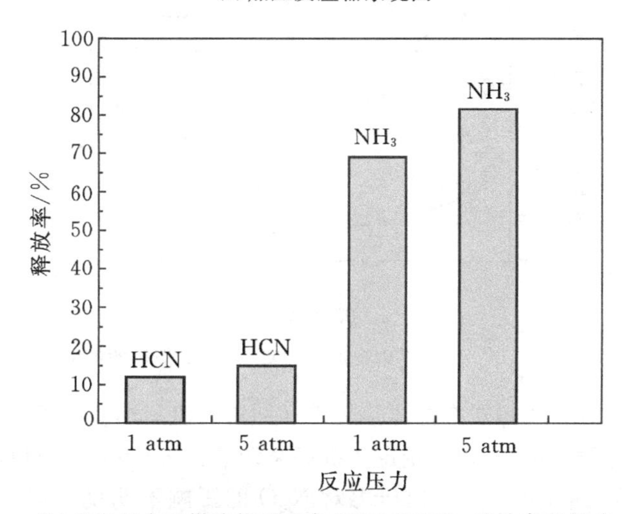

(b)反应压力对煤热解过程中 HCN 和 NH_3 释放率的影响

图 7-29　加压反应器系统图以及压力对煤热解过程中 HCN 和 NH_3释放的影响

在煤的燃烧过程中，无论是挥发分中的氮还是焦炭中的氮都会经过一系列复杂的均相或异相化学反应生成氮氧化合物，主要包括 NO_x(NO 和 NO_2)。关于压力对氮氧化合物生成特性的影响，目前比较一致的结论是，随着压力的升高，NO_x的生成量显著减少，但对 NO_2 的影响规律目前尚无定论。

Gurgel 等建立了描述煤颗粒燃烧前期边界层内脱挥发分过程的数学模型。计算结果显示，由于压力升高后边界层内的反应速率和温度都会有所上升，进而在煤颗粒表面形成了一个还原区，所以热解生成的 NH_3 和 HCN 更多地被还原生成 N_2，而不是氧化生成 NO。而 Croiset 等在加压固定床(Pressurized Fixed Bed Reactor，PFBR)实验结果的基础上建立了描述焦炭表面氮氧化合物异相生成还原机理的模型，认为压力对焦炭表面上 NO 的异相生成过程无影响，但对 NO 异相还原反应的影响较大。压力升高后，焦炭对 NO 的异相还原能力逐渐增强，有更多的 NO 被还原生成 N_2O，因此 NO 排放量逐渐降低，而 N_2O 排放量逐渐升高。

Lin 等利用固定床研究了压力对焦炭燃烧过程中 NO_x 排放的影响，发现随着压力的升高，NO_x 排放明显降低(见图 7 - 30)，这主要是由于压力升高后形成的 NO_x 在焦炭颗粒内部扩散阻力增加，从而增加其析出焦炭颗粒的时间，使更多的 NO_x 在焦炭内部被还原，减少 NO_x 排放。

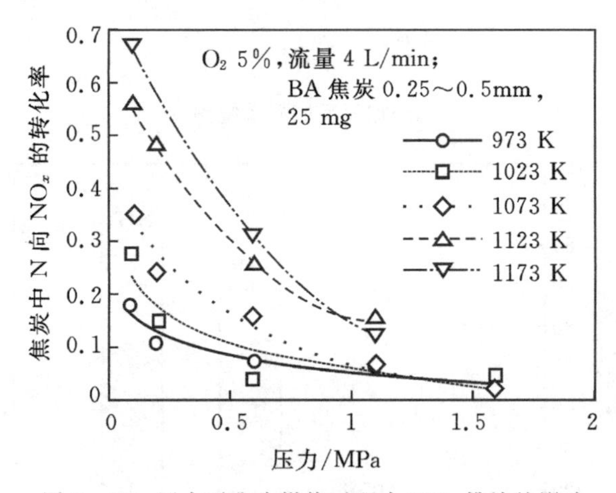

图 7 - 30　压力对焦炭燃烧过程中 NO_x 排放的影响

Mallet 等通过分析焦炭在加压热天平和加压气流床燃烧时的 NO_x 和 N_2O 生成特性发现，在氧气分压一定的情况下提高系统总压，焦炭氮的 NO 转化率逐渐降低，而 NO_2 的转化率逐渐升高，但压力对 N_2O 的影响不明确。Richard 等对此也有类似结论，但认为 N_2O 的转化率随着压力升高而降低。Mallet 等还发现在加压热天平中随着氧气分压的升高，CO 浓度逐渐升高，由于 CO 对 NO 的还原作用，NO 的转化率逐渐降低；而在加压气流床中由于 CO 浓度较低，氧气分压的升高只是强化了 NO 向 NO_2 的均相转化。但 Richard 等在加压热天平中的实验却发现在系统总压一定的情况下提高氧气分压，焦炭氮的 NO 转化率变化不大，而 NO_2 转化率逐渐下降，并认为实验过程中生成的氮氧化合物主要来自焦炭氮氧化过程中的脱吸附阶段。

Lu 等指出与常规煤粉炉相比，增压流化床燃烧温度低，运行压力高，因而 NO_x 生成量较低，但 N_2O 的生成量可能会有所上升。Svoboda 等则认为增压流化床固有的动态特性，例如较高的床层高度、较低的流化速度以及床层内较高的碳负荷会强化 NO_x 在流化床密相区的还原反应，使得增压流化床相对于常压流化床有着较低的 NO_x 生成量。Lu 等通过实验发现，随着系统运行压力的升高，NO_x 生成量逐渐降低，并且压力的影响随床层温度和过量空气系数的增加而变得愈加明显，但压力对 N_2O 的影响不明显，温度才是其主要影响因素。Svoboda 等也有类似的结论。Lu 等进一步研究了系统总压和氧气分压对燃煤过程中 NO_x 和 N_2O 生成的影响。实验发现，在系统总压一定的情况下，提高氧气分压可显著减少 NO 的生成量，但同时会增加 N_2O 生成量；而在氧气浓度一定的情况下，提高系统总压会减少 NO 生成量而增加 N_2O 生成量。沈来宏发现，在增压流化燃烧时，NO 的生成量随着压力的升高明显降低，在过量空气系数较低的条件下，压力越高，NO 降低的幅度越显著；而压力对 N_2O 生成量的影响则相反。

7.5.4　增压富氧燃烧系统经济性分析

Hong 等通过对 ENEL 增压富氧燃煤发电系统进行分析后发现，由于高压下锅炉排烟中水分凝结温度的升高，可采用排烟冷凝器，将原本无法利用的水分凝结热量加热给水、替代部分汽轮机抽汽，提高了机组出力。进一步的计算表明，在系统运行压力为 1 MPa 时，增压富氧燃煤系统可比相同设计参数的常压富氧燃煤系统提高约 3%的净效率，结果如图 7-31 所示。随后，Zebian 等采用多变量优化法对 ENEL 增压富氧燃煤系统进行了系统经济性评估，并比较分析了 Hong 的结论。Zebian 等认为，与 Hong 等得出的最佳运行压力(1 MPa)相比，在系统运行压

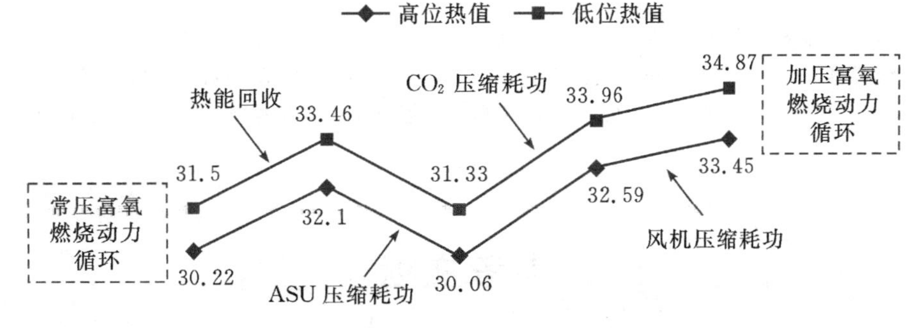

图 7-31　增压和常压富氧燃烧系统发电净效率对比及其中间各部分能量损耗图

力较低时，整个增压富氧燃煤发电循环的性能可得到进一步改善，较为合理的系统运行压力范围是 0.375～0.625 MPa。

ENEL 增压富氧燃煤发电系统虽然较常压发电系统的发电净效率(按低位热值计算)从 30.2%提高到 33.5%，但仍达不到美国能源部提出的与关于富氧燃烧技术系统的净发电效率应不低于 35%的要求。因此美国华盛顿大学圣路易斯分校的 Richard L. Axelbaum 课题组提出了一种新型加压富氧煤粉分级燃烧技术，并对该系统进行了详细的经济性分析，发现该系统发电净效率可较原先的加压燃烧系统发电净效率提高近 4%达到 35.7%～36.7%，相对常规空气燃烧的效率仅降低 4%(见图 7-32)。可见新型的加压富氧煤粉分级燃烧技术可以满足美国能源部对系统经济性指标的要求。

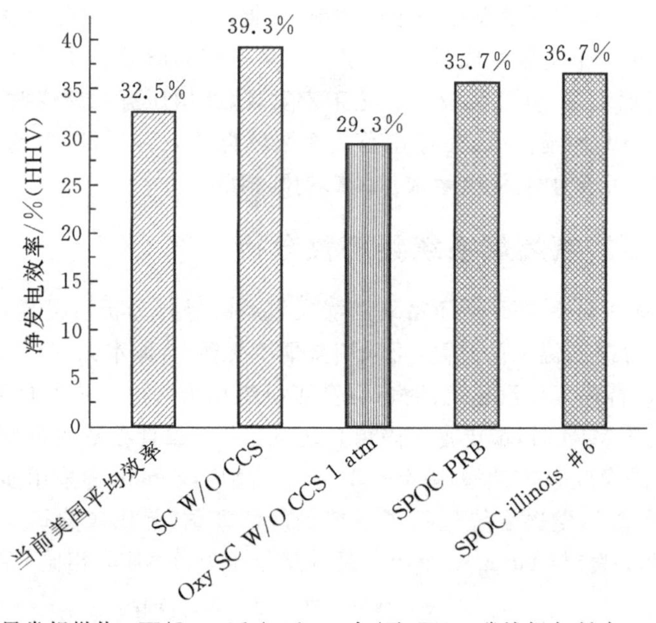

SC—超临界常规燃烧；W/O—with/without 有/无；WS—碳捕捉与封存；Oxy SC—超临界富氧燃烧；SPOC—分级加压富氧燃烧；PRB—PRB 煤；CCS—碳捕集和碳封存

图 7-32 分阶段加压富氧燃烧系统、常压富氧燃烧系统以及常规空气燃烧系统发电净效率对比

参考文献

[1] DESIDERI U, PAOLUCCI A. Performance modelling of a carbon dioxide

removal system for power plants[J]. Energy Conversion and Management, 1999,40(18):1899 - 1915.

[2] 张阿玲，方栋. 温室气体 CO_2的控制和回收利用[M]. 北京:中国环境科学出版社 ,1996.

[3] ZHENG L. Oxy-fuel combustion for power generation and carbon dioxide (CO_2) capture[M]. Amsterdam:Elsevier,2011.

[4] WALL T F. Combustion processes for carbon capture[J]. Proceedings of the Combustion Institute ,2007,31:31 - 47.

[5] WOLSKY A M, DANIELS E J, JODY B J. Recovering CO_2 from large and medium-size stationary combustors[J]. Journal of the Air & Waste Management Association,1991(41):449 - 454.

[6] 阎维平. 洁净煤发电技术[M]. 北京:中国电力出版社,2002.

[7] SMITH A, KLOSEK J. A review of air separation technologies and their integration with energy conversion processes[J]. Fuel Processing Technology, 2001,70(2):115 - 134.

[8] 贺雷. 空分设备性能研究及问题分析[D]. 天津:天津大学, 2006.

[9] HERWIG H. WÄRMEÜBERTRAGUNG AZ: systematische und ausführliche Erläuterungen wichtiger Größen und Konzepte[M]. Springer-Verlag,2013.

[10] EDWARDS D K. Radiation heat transfer notes[M]. Washington, D C, Hemisphere Publishing Corp, 1981.

[11] ANDERSSON K, JOHANSSON R, HJÄRTSTAM S, et al. Radiation intensity of lignite-fired oxy-fuel flames[J]. Experimental Thermal and Fluid Science,2008,33:67 - 76.

[12] GUPTA R, WALL T. The optical properties of fly ash in coal fired furnaces[J]. Combustion and Flame,1985,61:145 - 151.

[13] WALL T, STEWART IM. The measurement and prediction of solids-and-soot-absorption coefficients in the flame region of an industrial PF chamber. Symposium (International) on Combustion [M]. Ansterdam: Elsevier,1973.

[14] ANDERSSON K, JOHNSSON F. Flame and radiation characteristics of gas-fired O_2/CO_2 combustion[J]. Fuel,2007,86(5 - 6):656 - 668.

[15] ANDERSSON K, JOHANSSON R, JOHNSSON F, et al. Radiation intensity of propane-fired oxy-fuel flames: implications for soot formation[J]. Energy & Fuels,2008,22:1535 - 1541.

[16] HJÄRTSTAM S, ANDERSSON K, JOHNSSON F, et al. Combustion characteristics of lignite-fired oxy-fuel flames[J]. Fuel,2009(11):2216-2224.
[17] PAYNE R, CHEN S L, WOLSKY A M, et al. CO_2 recovery via coal combustion in mixtures of oxygen and recycled flue gas[J]. Combustion Science and Technology,1989,67:1-16.
[18] WOYCENKO D, VAN DE KAMP W, ROBERTS P. Combustion of pulverized coal in a mixture of oxygen and recycled flue gas[J]. IFRF Document No F,1995,1:92-99.
[19] WALL T, LIU Y, SPERO C, et al. An overview on oxyfuel coal combustion—state of the art research and technology development[J]. Chemical Engineering Research and Design, 2009,87(8):1003-1016.
[20] CROISET E, THAMBIMUTHU K, PALMER A. Coal combustion in O_2/CO_2 mixtures compared with air[J]. The Canadian Journal of Chemical Engineering,2001,78(2):402-407.
[21] CROISET E, THAMBIMUTHU K. NO_x and SO_2 emissions from O_2/CO_2 recycle coal combustion[J]. Fuel,2001,80(14):2117-2121.
[22] TAN Y, CROISET E, DOUGLAS M A, et al. Combustion characteristics of coal in a mixture of oxygen and recycled flue gas[J]. Fuel,2006,85(4):507-512.
[23] SMART J, O'NIONS P, RILEY G. Radiation and convective heat transfer, and burnout in oxy-coal combustion[J]. Fuel,2010,89(9):2468-2476.
[24] 高正阳，夏瑞青，阎维平，等. 增压富氧燃烧锅炉对流受热面换热特性研究[J]. 中国电机工程学报,2012,32(23):1-8.
[25] 马凯，阎维平，高正阳. 增压富氧燃烧烟气物性及对流传热系数的研究[J]. 动力工程学报,2011,31(11):861-868.
[26] BUHRE B, ELLIOTT L, SHENG C, et al. Oxy-fuel combustion technology for coal-fired power generation[J]. Progress in Energy and Combustion Science,2005,31(4):283-307.
[27] OKAWA M, KIMURA N, KIGA T, et al. Trial design for a CO_2 recovery power plant by burning pulverized coal in O_2/CO_2[J]. Energy Conversion and Management,1997,38(1):123-127.
[28] BABCOCK M. Oxy combustion processes for CO_2 capture from power plant[R]. IEA, Report,2005.
[29] MOLINA A, SHADDIX C R. Ignition and devolatilization of pulverized bi-

tuminous coal particles during oxygen/carbon dioxide coal combustion[J]. Proceedings of the Combustion Institute,2007,31(2):1905－1912.

[30] MOLINA A, HECHT E S, SHADDIX C R. Ignition of a group of coal particles in oxyfuel combustion with CO_2 recirculation[C]. AIChE annual meeting, conference proceedings,2009.

[31] KIMURA N, OMATA K, KIGA T, et al. The characteristics of pulverized coal combustion in O_2/CO_2 mixtures for CO_2 recovery[J]. Energy Conversion and Management,1995,36(6):805－808.

[32] 樊越胜，邹峥，高巨宝，等. 煤粉在富氧条件下燃烧特性的实验研究[J]. 中国电机工程学报,2005,25(24):118－121.

[33] 樊越胜，邹峥，高巨宝，等. 富氧气氛中煤粉燃烧特性改善的实验研究[J]. 西安交通大学学报,2006,40(1):18－21.

[34] 李庆钊，赵长遂. O_2/CO_2气氛煤粉燃烧特性试验研究[J]. 中国电机工程学报，2007,27(35):39－43.

[35] FAN Y, ZOU Z, CAO Z, et al. Ignition characteristics of pulverized coal under high oxygen concentrations[J]. Energy & Fuels,2008,22(2):892－897.

[36] HUANG X, JIANG X, HAN X, et al. Combustion characteristics of fine- and micro-pulverized coal in the mixture of O2/CO2[J]. Energy & Fuels, 2008,22(6):3756－3762.

[37] ARIAS B, PEVIDA C, RUBIERA F, et al. Effect of biomass blending on coal ignition and burnout during oxy-fuel combustion[J]. Fuel,2008,87(12):2753－2759.

[38] LIU H, OKAZAKI K. Simultaneous easy CO_2 recovery and drastic reduction of SO_x and NO_x in O_2/CO_2 coal combustion with heat recirculation[J]. Fuel,2003,82(11):1427－1436.

[39] 毛玉如，方梦祥，王勤辉，等. O_2/CO_2气氛下循环流化床煤燃烧污染物排放的试验研究[J]. 动力工程,2004,24(3):411－415.

[40] OKAZAKI K, ANDO T. NO_x reduction mechanism in coal combustion with recycled CO_2[J]. Energy,1997,22(213):207－215.

[41] HAMPARTSOUMIAN E, FOLAYAN O, NIMMO W, et al. Optimisation of NO_x reduction in advanced coal reburning systems and the effect of coal type[J]. Fuel,2003,82(4):373－384.

[42] CHAMBRION P, ORIKASA H, SUZUKI T, et al. A study of the C+NO reaction by using isotopically labelled C and NO[J]. Fuel,1997,76(6):

493 - 498.

[43] KIGA T, TAKANO S, KIMURA N, et al. Characteristics of pulverized-coal combustion in the system of oxygen/recycled flue gas combustion[J]. Energy Conversion and Management, 1997,38:S129 - S134.

[44] CROISET E, THAMBIMUTHU K. NO_x and SO_2 emissions from O_2/CO_2 recycle coal combustion[J]. Fuel,2001,80(14):2117 - 2121.

[45] MAIER J, DHUNGEL B, MÖNCKERT P, et al. Impact of recycled gas species (SO_2, NO) on emission behaviour and fly ash quality during oxy-coal combustion[C]. Proceedings of the 33rd international technical conference on coal utilization and fuel systems Clearwater, Florida,2008.

[46] STANGER R, WALL T. Sulphur impacts during pulverised coal combustion in oxy-fuel technology for carbon capture and storage[J]. Progress in Energy and Combustion Science, 2011,37(1):69 - 88.

[47] AHN J, OKERLUND R, FRY A, et al. Sulfur trioxide formation during oxy-coal combustion[J]. International Journal of Greenhouse Gas Control, 2011,5:S127 - S135.

[48] KIM H K, KIM Y, LEE S M, et al. Studies on combustion characteristics and flame length of turbulent oxy-fuel flames[J]. Energy & Fuels,2007,21(3):1459 - 1467.

[49] OH J, NOH D. Laminar burning velocity of oxy-methane flames in atmospheric condition[J]. Energy,2012,45:669.

[50] OH J, NOH D. The effect of CO_2 addition on the flame behavior of a non-premixed oxy-methane jet in a lab-scale furnace[J]. Fuel,2014,117:79 - 86.

[51] XIE Y, WANG J, ZHANG M, et al. Experimental and numerical study on laminar flame characteristics of methane oxy-fuel mixtures highly diluted with CO_2[J]. Energy & Fuels,2013,27(10):6231 - 6237.

[52] ZHENG L, POMALIS R, CLEMENTS B. Technical and economic feasibility study of a pressurized oxy-fuel approach to carbon capture[M]. Canada: CANMET Energy Research Centre,2007.

[53] MALAVASI M, ROSSETTI E. High-efficiency combustors with reduced environmental impact and processes for power generation derivable therefrom:US8453583[P]. 2013 - 6 - 4.

[54] GOPAN A, KUMFER B M, PHILLIPS J, et al. Process design and performance analysis of a Staged, Pressurized Oxy-Combustion (SPOC) power

plant for carbon capture[J]. Applied Energy ,2014,125:179 - 188.

[55] GOPAN A, KUMFER B M, AXELBAUM R L. Effect of operating pressure and fuel moisture on net plant efficiency of a staged, pressurized oxy-combustion power plant[J]. International Journal of Greenhouse Gas Control,2015,39:390 - 396.

[56] COPE R F, MONSON C R, GERMANE G J, et al. Improved Diameter, Velocity, and Temperature-Measurements for Char Particles in Drop-Tube Reactors[J]. Energy & Fuels,1994,8(4):925 - 931.

[57] MONSON C R, GERMANE G J. A high-pressure drop-tube facility for coal combustion studies[J]. Energy & fuels,1993,7(6):928 - 936.

[58] SHURTZ R C. Effects of pressure on the properties of coal char under gasification conditions at high initial heating rates[J]. Dissertations & Theses-Gradworks, 2011.

[59] ZENG D. Effects of pressure on coal pyrolysis at high heating rates and char combustion[J]. Energy & Fuels, 2005, 19(5):1828 - 1838.

[60] WU H, BRYANT G, BENFELL K,et al. An experimental study on the effect of system pressure on char structure of an Australian bituminous coal [J]. Energy & Fuels,2000,14(2):282 - 290.

[61] WALL T F, LIU G, WU H, et al. The effects of pressure on coal reactions during pulverised coal combustion and gasification[J]. Progress in Energy and Combustion Science, 2002,28(5):405 - 433.

[62] LEE C W, SCARONI A W, JENKINS R G. Effect of pressure on the devolatilization and swelling behaviour of a softening coal during rapid heating[J]. Fuel,1991,70(8):957 - 965.

[63] MONSON C R, GERMANE G J, BLACKHAM A U, et al. Char oxidation at elevated pressures[J]. Combustion and Flame,1995,100(4):669 - 683.

[64] SAWAYA R J, ALLEN J W, HECKER W C, et al. Kinetics of high pressure char oxidation[J]. ACS Division of Fuel Chemistry,1999,44:1016 - 1019.

[65] LIAKOS H, THEOLOGOS K, BOUDOUVIS A,et al. The effect of pressure on coal char combustion[J]. Applied thermal engineering, 2001, 21 (9):917 - 928.

[66] HONG J, HECKER W, FLETCHER T. Modeling high-pressure char oxidation using langmuir kinetics with an effectiveness factor[J]. Proceedings of the Combustion Institute,2000,28(2):2215 - 2223.

[67] TREMEL A, HASELSTEINER T, NAKONZ M, et al. Coal and char properties in high temperature entrained flow gasification[J]. Energy, 2012,45(1):176 - 182.

[68] TREMEL A, SPLIETHOFF H. Gasification kinetics during entrained flow gasification—Part III:Modelling and optimisation of entrained flow gasifiers[J]. Fuel,2013,107:170 - 182.

[69] 章名耀，李大骥，金保升.增压流化床联合循环发电技术[M]. 南京:东南大学出版社,1998.

[70] CAI H Y, GÜELL A, DUGWELL D, et al. Heteroatom distribution in pyrolysis products as a function of heating rate and pressure[J]. Fuel,1993, 72(3):321 - 327.

[71] LAUGHLIN K M, GAVIN D G, REED G P. Coal and char nitrogen chemistry during pressurized fluidized bed combustion[J]. Fuel,1994,73(7): 1027 - 1033.

[72] NICHOLS K M, HEDMAN P O, SMOOT L D. Release and reaction of fuel-nitrogen in a high-pressure entrained-coal gasifier[J]. Fuel,1987,66(9): 1257 - 1263.

[73] HÄMÄLÄINEN J P, AHO M J. Conversion of fuel nitrogen through HCN and NH3 to nitrogen oxides at elevated pressure[J]. Fuel,1996,75(12): 1377 - 1386.

[74] TIAN F J, WU H, YU J, et al. Formation of NO x precursors during the pyrolysis of coal and biomass. Part VIII. Effects of pressure on the formation of NH 3 and HCN during the pyrolysis and gasification of Victorian brown coal in steam[J]. Fuel,2005,84(16):2102 - 2018.

[75] VERAS CAG, SAASTAMOINEN J, DE CARVALHO J A. Effect of particle size and pressure on the conversion of fuel N to no in the boundary layer during devolatilization stage of combustion. Symposium (International) on Combustion[C]. Amsterdam: Elsevier,1998.

[76] CROISET E, HEURTEBISE C, ROUAN J P, et al. Influence of pressure on the heterogeneous formation and destruction of nitrogen oxides during char combustion[J]. Combustion and Flame, 1998,112(1 - 2):33 - 44.

[77] LIN S, SUZUKI Y, HATANO H. Effect of pressure on NO_x emission from char particle combustion[J]. Energy & Fuels,2002,16(3):634 - 639.

[78] MALLET C, AHO M, Hämäläinen J, et al. Formation of NO, NO_2, and

N_2O from Gardanne lignite and its char under pressurized conditions[J]. Energy & Fuels,1997,11(4):792－800.

[79] RICHARD J R, MAJTHOUB M A, AHO M J, et al. The effect of pressure on the formation of nitrogen oxides from coal char combustion in a small fixed-bed reactor[J]. Fuel,1994,73(7):1034－1038.

[80] LU Y, JAHKOLA A, HIPPINEN I, et al. The emissions and control of NO_x and N_2O in pressurized fluidized bed combustion[J]. Fuel,1992,71(6):693－699.

[81] SVOBODA K, POHORELY M. Influence of operating conditions and coal properties on NO_x and N_2O emissions in pressurized fluidized bed combustion of subbituminous coals[J]. Fuel ,2004,83(7):1095－1103.

[82] LU Y, HIPPINEN I, JAHKOLA A. Control of NO_x and N_2O in pressurized fluidized-bed combustion[J]. Fuel, 1995,74(3):317－322.

[83] LU Y. Laboratory studies on devolatilization and char oxidation under PFBC conditions. 2. Fuel nitrogen conversion to nitrogen oxides[J]. Energy & Fuels 1996,10(2):357－363.

[84] 沈来宏. 增压流化床 N_2O 和 NO 排放特性的试验研究[J]. 中国电机工程学报, 2001,21(4):40－43.

[85] HONG J. Techno-economic analysis of pressurized oxy-fuel combustion power cycle for CO_2 capture[D]. Cambridge, Mass. : Massachusetts Institute of Technology,2009.

[86] HONG J, CHAUDHRY G, BRISSON J, et al. Analysis of oxy-fuel combustion power cycle utilizing a pressurized coal combustor[J]. Energy, 2009,34(9):1332－1340.

[87] HONG J, FIELD R, GAZZINO M, et al. Operating pressure dependence of the pressurized oxy-fuel combustion power cycle[J]. Energy, 2010, 35(2):5391－5399.

[88] ZEBIAN H, GAZZINO M, MITSOS A. Multi-variable optimization of pressurized oxy-coal combustion[J]. Energy,2012,38(1):37－57.

第 8 章　化学链燃烧技术

8.1　化学链燃烧简介

化学链燃烧(Chemical Looping Combustion,CLC)是指通过固体载氧体材料选择性地将氧从空气反应器传递到燃料反应器中,在燃料反应器中将燃料完全转化成 CO_2 和 H_2O 的过程。载氧体在燃料反应器中反应后处于还原态,在空气反应器中再次被氧化,通过这种方式实现氧气的传递,而不必使燃料和空气直接接触。燃料反应器出口产生的高浓度的 CO_2 经过水蒸气的凝结后即可实现 CO_2 的高效低成本捕集,因此受到了广泛的关注。

8.1.1　化学链燃烧历史

化学链燃烧的概念首先是在 1954 年被提出的,当时它被当作一种能够从化石燃料转换中产生高纯度 CO_2 的前沿技术而受到关注。在 1983 年,德国科学家 Richter 等在美国化学学会年会上再次提出了化学链燃烧技术,并将其当作一种能够提高发电厂热效率的先进技术。自 20 世纪 90 年代以来,随着人们对环境问题尤其是温室气体排放对全球气候变化影响的关注,化学链燃烧技术因其具有 CO_2 内分离性质逐渐被各国学者广泛关注,相关研究也逐步开展起来。以日本的 Ishida、中国的金红光、西班牙的 Adnaze 和瑞典的 Mattisson 等为代表的研究者对化学链燃烧技术中的关键因素即载氧体的反应性能进行了大量研究工作,取得了丰硕的成果。但是寻求一种适合实施化学链燃烧的反应器成为该技术发展的瓶颈,直到 2003 年瑞典的 Lyngfelt 等人在循环流化床的基础上设计并建造了一个 10 kW·h 容量的串行流化床化学链燃烧反应器,该装置以天然气为燃料,成功进行了超过 100 h 的运行实验,初步证明了这项新技术的工业化应用可行性。此后,Linderholm 等又利用该反应器,对多种载氧体的化学链燃烧过程特性进行了超过 1000 h 的实验研究。

8.1.2　化学链燃烧应用于 CO_2 捕集

一般来说对于 CO_2 捕集,无论是燃烧前和燃烧后的 CO_2 分离,还是富氧燃烧时

将 O_2 从空气中分离，都包含气体分离的过程。研究表明，在 CO_2 的捕集和储存过程中，有 75.8%的运行成本集中在 CO_2 捕集(分离)阶段，但是在化学链燃烧过程中，燃料和空气并不直接接触，因此是一种非接触燃烧技术。金属氧化物以固相形式选择性地将氧从空气反应器传递到燃料反应器中，如果选择合适的金属氧化物，那么理想情况下从燃烧反应器中出来的废气只有高浓度的 CO_2 和 H_2O，经过 H_2O 的凝结分离之后可以很容易地实现 CO_2 的压缩和存储，从而可以避免成本高昂的气体分离过程。因此，化学链燃烧技术被认为是一种非常高效和经济的 CO_2 捕集技术。

目前应用化学链燃烧技术进行发电有两种选择，一种是加压化学链燃烧与燃气轮机联合循环，另一种是煤的直接化学链燃烧与蒸汽联合循环，现在遇到的主要挑战是 CLC 系统在加压条件下的运行、固体燃料的转化以及生成灰的处理。除了发电之外，在使用气体燃料产生蒸汽的场合也可以应用 CLC 技术。

8.1.3　化学链燃烧的原理

化学链燃烧是将传统的燃料与空气直接接触的燃烧借助于载氧体的作用而分解为两个气固反应，燃料与空气无需接触，由载氧体将空气中的氧传递到燃料中，从而实现无焰燃烧释放能量。如图 8-1 所示，CLC 系统包括两个连通的流化床反应器：空气反应器(air reactor)和燃料反应器(fuel reactor)，固体载氧体在空气反应器和燃料反应器之间循环，燃料进入燃料反应器后被固体载氧体氧化，完全氧化后生成 CO_2 和 H_2O。由于没有空气的稀释，产物纯度很高，将水蒸气冷凝后即可得到较纯的 CO_2，而无需消耗额外的能量进行分离，所得的 CO_2 可用于其他用途。其反应式如下

$$(2n+m)M_yO_x + C_nH_{2m} \longrightarrow (2n+m)M_yO_{x-1} + mH_2O + nCO_2 \quad (8-1)$$

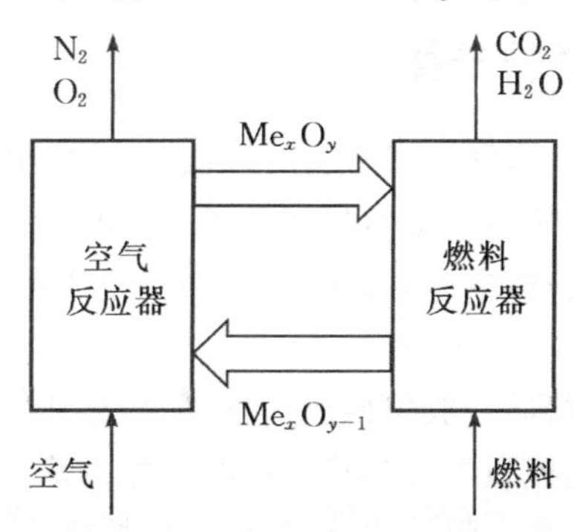

图 8-1　化学链燃烧原理示意图

在燃料反应器中完全反应后,被还原的载氧体(M_yO_{x-1})被输送至空气反应器中,与空气中的氧气结合,发生氧化反应,完成载氧体的再生。其反应式如下

$$M_yO_{x-1} + \frac{1}{2}O_2 \longrightarrow M_yO_x \tag{8-2}$$

综上可以看出,燃料反应器中没有空气的稀释,产物为纯的 CO_2 和水蒸气,可以通过直接冷凝分离,而不需消耗额外的能量;空气反应器中没有燃料,载氧体的重新氧化在较低的温度下进行,可以避免 NO_x 的生成,出口处的气体主要为氮气和未反应的氧气,对环境几乎没有污染,可以直接排放到大气中。如从能量利用的角度来看,化学链燃烧过程中氧化反应和还原反应的反应热总和与传统燃烧的反应热相同,化学链燃烧过程中没有增加反应的燃烧焓,但该过程把一步化学反应变成两步化学反应,实现了能量的梯级利用,且燃烧后的尾气可与燃气轮机、余热锅炉等构成联合循环以提高能量的利用率。由于化学链燃烧具有 CO_2 的内在分离特性,同时能避免 NO_x 等污染物的生成,具有更高的燃烧效率、很好的经济和环保效益,因此得到国内外学者的广泛关注,相关研究的重点集中在以下 3 个方面:载氧体的制备和反应性研究、反应器的设计和运行以及系统的集成优化和分析。

8.2 化学链燃烧中的载氧体

载氧体在两个反应器之间循环使用,将氧从空气传递到燃料中反应,其作用类似于血液中的红细胞。载氧体既要传递氧,又要传递热量,因此,研究适合于不同燃料的高性能载氧体是化学链燃烧技术能够实施的先决条件,也是化学链燃烧技术的研究重点与热点。

8.2.1 载氧体材料的选择

对于可以应用于流化床反应器系统的载氧体,需要满足以下条件:对于燃料和氧气都有很好的反应性,能够将燃料尽可能地全部转化为 CO_2 和 H_2O;不易破碎和磨损,同时也不易结块;成本低廉;安全可靠,不危害健康;具有足够的传递氧的能力等。

评价载氧体性能的指标一般包括反应性、载氧能力、持续循环能力(寿命)、能承受的最高反应温度、机械强度(抗破碎、抗磨损能力等)、抗烧结和抗团聚能力、载氧体的颗粒尺度分布、内部孔隙结构、价格和环保性能等。国内外对于载氧体的研究较多,研究载氧体时一般使用热重(TGA)、固定床、双流化床反应器。在化学链燃烧技术提出前期,主要通过热重和固定床反应器研究各种载氧体失重速率(与燃

料发生还原反应)和增重速率(与氧气发生氧化反应),初步评价其反应性,确定其作为载氧体的可行性,找出最优的载氧体。但是实验室条件下测试条件一般比较温和,并且升温速率较低,很多的材料在实验室中工作良好,但是在实际的恶劣运行环境中则很快出现各种问题。目前能模拟实际运行情况下载氧体特性的研究主要通过双流化床反应器进行,利用该反应器可最终得到各方面性能都优良并且适合于工业应用的载氧体。

8.2.1.1 金属氧化物载氧体

对于载氧体的类型,研究较多的是金属氧化物载氧体,目前已被证实可用作载氧体的活性金属氧化物主要包括 Ni、Fe、Co、Mn、Cu 和 Cd 的氧化物。除了金属氧化物活性组分外,载氧体中还要添加一些惰性载体,为载氧体提供较高的比表面积和适合的孔结构,改进载氧体的强度,提高载氧体的热稳定性,并且还可以减少活性组分的用量。目前文献中报道较多的惰性载体主要有 SiO_2、Al_2O_3、TiO_2、ZrO_2、MgO、钇稳定氧化锆(YSZ)、海泡石、高岭土、膨润土和六价铝酸盐,由不同比例的活性组分和惰性载体构成了各种不同的载氧体。另外,考虑到各种金属的优缺点,一些研究人员还将几种金属氧化物以一定的比例混合作为载氧体的活性组分,以期得到综合性能更好的复合载氧体。以下对几种常用的金属载氧体进行简要介绍。

1. 镍基载氧体

金属镍的熔点为 1453 ℃,常见氧化物形式为 NiO,其熔点为 1990 ℃。镍基载氧体具有很高的活性、较强的抗高温能力、较低的高温挥发性和较大的载氧量,因而较早地受到人们的关注。

早期对镍基载氧体的研究使用的是纯净的镍基材料,但是这对于大规模利用来说太过于昂贵,对于生产制备过程来说亦是如此。为了能够适用于化学链燃烧的大规模商业化利用,载氧体原材料大量易得并且廉价就十分重要。因此人们便开始了关于使用易得的原料在商业上制备高性能载氧体 $NiO/NiAl_2O_4$ 的研究。此外,这项研究也涉及载氧体颗粒的大规模制备工艺,例如喷雾干燥法。

许多的研究使用 Al_2O_3 作为 NiO 的支撑材料,在这些材料中过量的 NiO 与作为基底支撑材料的 Al_2O_3 反应生成 $NiAl_2O_4$,而这种材料在此前被普遍认为是惰性的。但是研究表明这会造成 NiO 反应性的下降,这包括以下几方面:

(1) $NiAl_2O_4$ 本身就是一种载氧体,尽管其反应能力比 NiO 低不止一个数量级;

(2)被还原的载氧体经过氧化后会生成 NiO 和 $NiAl_2O_4$ 的混合物;

(3)NiO 与支撑材料的反应很大程度上取决于使用的氧化铝支撑材料。

有研究表明常用的NiO/NiA_2O_4对于CH_4的转化率可达90%，但是即使投入更多的载氧体，也无法实现CH_4的完全转化。此外，硫的存在会导致镍基载氧体失活，容易生成有毒的硫化物，如Ni_3S_2、NiS、NiS_2，反应性降低，限制了其应用，并且镍基载氧体价格昂贵、对环境有害，反应产物中一般有CO和H_2产生，碳沉积严重也是影响其发展的一个重要因素。在CLC系统上的实验表明镍基载氧体不能使燃料完全转化，因此需要加强在系统分析和数值模拟方面的研究，建立完善的动力学模型。

2. 铜基载氧体

金属Cu熔点1083 ℃，常见的氧化物有CuO和Cu_2O，熔点分别为1336 ℃和1230 ℃。铜基载氧体具有较高的活性、较大的载氧能力，而且不易与载体发生反应，碳沉积现象也较少，以CH_4/H_2S为燃料的实验证实H_2S的存在不会降低系统燃烧效率，铜基载氧体依然能够保持良好的稳定性，这说明铜基载氧体适用于含硫燃料的化学链燃烧。但铜金属氧化物CuO较低的熔点使得其在高温下易发生分解反应生成稳定的Cu_2O，降低其在高温下运行的活性，且载氧量有所下降。还原态铜基载氧体与O_2的氧化反应和氧化态铜基载氧体与碳的还原反应均为放热反应，可以减少燃料反应器中对能量的需求。因此相比于其他的载氧体材料，使用铜基材料可使用更少的循环次数，在实际的反应过程中，为了避免燃料反应器和空气反应器之间的温差过大，循环次数必须足够才行。

与NiO材料类似，CuO也可以与作为支持材料的Al_2O_3反应生成$CuAl_2O_4$或$CuAlO_2$。$CuAl_2O_4$作为载氧体具有很高的反应性，并且结块的趋势较小，但是缺点是形成铜铝化合物会失去氧解耦能力。

尽管铜基材料相比于镍基材料便宜得多，但是由于铜矿石中铜含量一般较低，导致材料的生产制备依然价格昂贵。此外，许多使用铜基材料的实验表明，在运行过程中会有灰分的形成，因此铜基材料目前仅适用于气体燃料或者是低灰分燃料。而对于灰含量较高的固体燃料，除非能够有较好的灰分和载氧体分离方法，否则难以大规模利用。

铜基载氧体在CH_4的化学链燃烧中经过不同循环次数的图片如图8-2所示。

3. 锰基载氧体

金属Mn熔点为1244 ℃，常见氧化物为Mn_2O_3和Mn_3O_4，熔点分别为1347 ℃和1562 ℃。其还原态为MnO，并且无法被继续还原。在化学链燃烧中，其氧化态和还原态分别为Mn_2O_3和Mn_3O_4，但是只有空气反应器的温度低于800 ℃，氧气浓度在5%左右时才能氧化这种材料。而实际上在这样的温度下将其氧化为Mn_2O_3

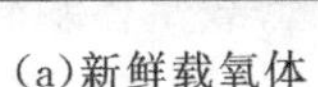

(a)新鲜载氧体　(b)CH_4 中单循环后载氧体　(c)CH_4 中十循环后载氧体

图 8-2　$Cu_{80}Si_{950}$载氧体的 SEM 图片

并不可能。

锰基材料对于 CO、H_2和 CH_4都有很高的反应性，相比于铁、铜、镍等材料其结块趋势较小，这可能是因为单质锰几乎无法在反应中生成。

相比于铜矿石和镍矿石，锰含量高的矿石产量相对很丰富，这就使得锰基材料相对便宜，但是其价格依然无法与铁基材料相比，这是由于两种矿石的产量差异巨大。

锰基载氧体是一种高活性元素，相比镍、铜、铁基等载氧体各自的优缺点，它相对折中的性价比可使得其成为一种良好的载氧体。Mn_3O_4经过 20 次循环前后的微观形貌如图 8-3 所示。

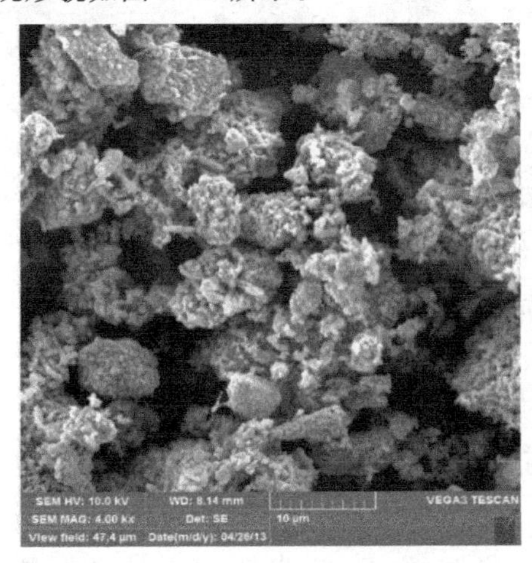

(a)Mn_3O_4循环前　(b)Mn_3O_4循环前

图 8-3　Mn_3O_4 20 次循环前后 SEM 图

4. 铁基载氧体

金属 Fe 熔点为 1535 ℃，常见的氧化物有 FeO、Fe_2O_3 和 Fe_3O_4，熔点分别为 1377 ℃、1565 ℃和 1597 ℃，还原产物通常同时包含 Fe、FeO 和 Fe_3O_4。铁基载氧体具有相对较高的活性，其较高的熔点使其在高温下也能维持较好的反应性，而且具有稳定性好和不易发生碳沉积等优点；其不足在于，和其他几种常用金属载氧体相比，其反应性稍差，尤其对于甲烷的反应性很低，但是对于合成气的反应性要高许多。在化学链燃烧反应的最初阶段，Fe_2O_3 被还原为 Fe_3O_4，载氧体颗粒表面烧结导致反应性降低。但相对于镍、钴等载氧体，它具有来源广泛和环保等优势，是一种非常经济且有工业应用前景的载氧体。Fe_2O_3 经过不同循环时的微观形貌如图 8-4 所示。

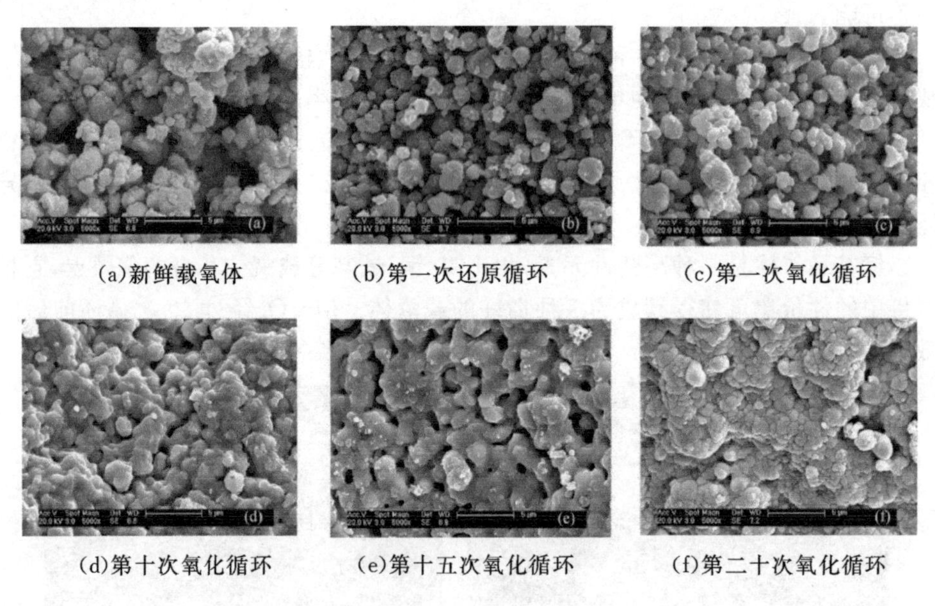

(a)新鲜载氧体　(b)第一次还原循环　(c)第一次氧化循环

(d)第十次氧化循环　(e)第十五次氧化循环　(f)第二十次氧化循环

图 8-4　循环反应前后 Fe_2O_3 颗粒的 SEM 图

5. 钴基载氧体

金属 Co 熔点为 1495 ℃，其氧化物有 CoO、Co_2O_3、Co_3O_4 3 种，CoO 在 1000 ℃以上是稳定的，而 Co_2O_3 和 Co_3O_4 分别在 895 ℃和 900～950 ℃时分解为 CoO。和铁基载氧体相比，钴基载氧体有较好的反应性，但 Co 有毒性，价格也相对较高。在 700～1000 ℃下，包括钴基载氧体的金属氧化物能够为煤的燃烧提供足够的晶格氧。CoO 与 Al_2O_3 会生成稳定的化合物 $CoAl_2O_4$，而导致反应性下降；CoO/YSZ 与 H_2 反应性较好，但与 CH_4 反应出现碳沉积，反应性明显下降。CoO 和

TiO_2可反应生成 $CoTiO_3$，$CoTiO_3$能被 H_2还原为 Co 和 TiO_2，但速率较低。

6. 复合载氧体材料

各种单金属氧化物构成的载氧体均有自身难以克服的缺点，如机械性能不足而容易破碎，同时也使得载氧体用量增大，但是可将两种或者两种以上的金属氧化物按照一定的比例混合，通过物理化学反应制得复合金属载氧体，例如 $Cu_{0.95}Fe_{1.05}AlO_4$，$Co_{0.5}Ni_{0.5}FeAlO_4$，$CoFeAlO_4$，$CuFeGaO_4$和 $NiFeAlO_4$等。这些材料中有些含有钙钛矿结构，比如 $La_{1-x}Sr_xFe_{1-y}Co_yO_{3-\delta}$和 $Sr(Mn_{1-x}Ni_x)O_3$。

锰氧化物的复合物常展现出氧解耦能力，即释放出气态氧气的能力，这包括 Mn 与 Ca、Fe、Si、Mg、Cu 和 Ni 的复合物。研究发现 Mn 和 Fe 的复合物会迅速释放出大量 O_2，目前 Mn－Fe、Mn－Fe－Ti、Mn－Fe－Si 都经过了测试，这些材料都表现出释放 O_2的能力，并且有很好的气体转化率，但是这些材料都会形成灰，而亚锰酸钙则表现出较低的形成细灰倾向。尽管这些材料相比于镍基材料对于甲烷的直接反应性较低，但在实验室规模装置中，它们的表现都不比镍基材料差。这可能是因为释放出的 O_2使得载氧体不必直接与甲烷接触便可以完成转化过程。图 8－5展示了两种不同类型的复合载氧体。

(a)碱金属修饰铁矿

(b)双金属载氧体

图 8－5　复合载氧体

7. 混合载氧体材料

相比于复合载氧体材料，混合载氧体材料仅仅是机械混合，通过这种方式利用多种金属氧化物之间发生的相互协同作用能够有效抑制高温下的相态转变和焦炭的产生，从而使得载氧体能够维持高活性和高温稳定性，并且还可以使颗粒比表面积和颗粒的机械强度、载热能力得到增强。

金属氧化物的优点在于反应性高，耐高温等，但是在实际的工业化中，金属载氧体也存在诸多问题，例如：经济实用性差，易磨损结块，与固体燃料混合在一起难以分离等，同时一般会对环境造成重金属污染。这一系列问题使得金属氧化物作为载氧体受到了一定程度的限制。

8.2.1.2　非金属载氧体

金属氧化物在作为载氧体过程中的一些不足促使人们将目光放到非金属氧化物上，非金属氧化物以其载氧能力强、价格低廉以及环境友好得到了越来越多的关注。非金属氧化物可以作为载氧体的材料包括钙基（$CaSO_4$/CaS）、钡基（$BaSO_4$/BaS）和锶基（$SrSO_4$/SrS）等。其中钙基载氧体是目前研究最多的非金属载氧体，其具有很高的氧传递能力，并且 $CaSO_4$ 是一种稳定且价格低廉的天然物质，尤其对于环境没有重金属污染。其作为载氧体用于化学链燃烧与金属氧化物载氧体的原理相同，在化学链燃烧过程中 $CaSO_4$ 被还原为 CaS，随后 CaS 再被空气氧化又可以生成 $CaSO_4$。不过由于在高温下容易分解生成 SO_2 等有害气体，并且机械强度较低，也限制了其应用。图 8－6 展示了 $CaSO_4$ 在不同温度下经历化学链燃烧前后的微观形貌对比。

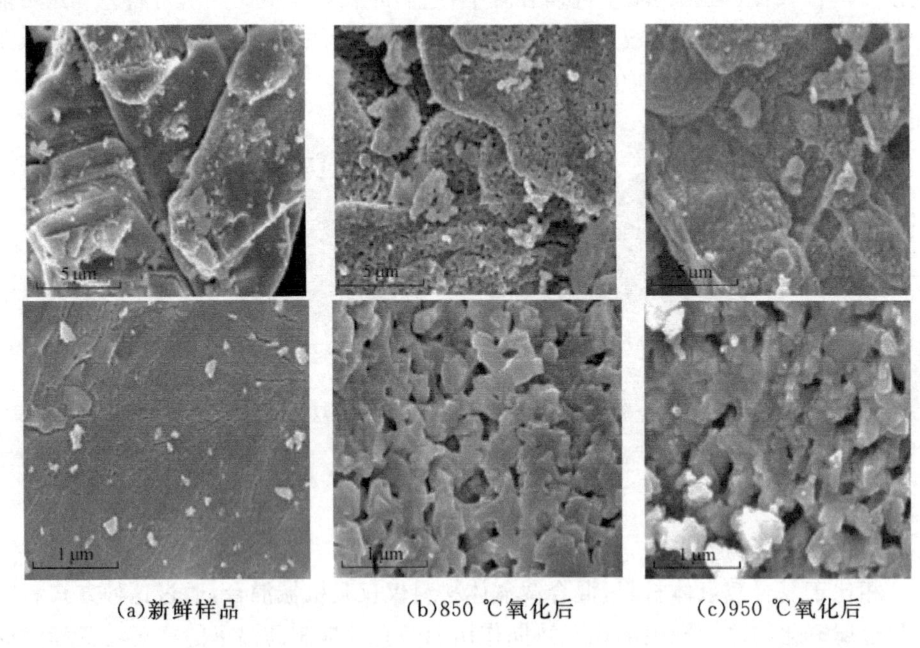

（a）新鲜样品　　（b）850 ℃氧化后　　（c）950 ℃氧化后

图 8－6　添加 Ni－Fe 复合助剂的 $CaSO_4$ 载氧体反应前后的 FSEM 扫描电镜图

对于载氧体材料，表 8－1、表 8－2 对不同金属载氧体从反应性、成本、对环境的影响等几方面进行对比。几种载氧体材料都各有优缺点，低成本环境友好的材料往往反应性差，而反应性最好的 Ni 基材料则成本非常高昂，而且环境危害较大。作为载氧体材料还必须考虑到能够为燃料提供足够的氧。在表 8－2 中使用 Ro 来表示传递氧的能力，它表示能够传递的氧的最大比例。但是表中展示的 Ro 数据仅适用于纯载氧体系统，当加入支持材料进行稀释时，该数值会相应减小。

表 8-1　达到平衡时不同载氧体对 CO 转变为 CO_2 的最大转化率

	T/℃	CO 转化率
Fe_2O_3/Fe_3O_4	800	1.0000
	1000	1.0000
Mn_3O_4/MnO	800	1.0000
	1000	0.9999
CuO/Cu	800	1.0000
	1000	1.0000
NiO/Ni	800	0.9949
	1000	0.9883
CoO/Co	800	0.9691
	1000	0.9299

表 8-2　几种载氧体材料的比较

	Fe_2O_3/Fe_3O_4	Mn_3O_4/MnO	CuO/Cu	NiO/Ni
Ro(氧所占比例)	0.03	0.07	0.20	0.21
对 CH_4 反应性	轻微	较高	高	非常高
对 CO 反应性	较高	高	高	高
成本	低	较低	高	非常高
环境危害性	低	低	较低	高

8.2.2　载氧体的制备

载氧体开发也是研究的重要内容，通常一种新型载氧体的开发需要投入大量的时间、精力和经费，其一般流程如图 8-7 所示。

对于同一种载氧体，不同的制备方法通常也会对载氧体颗粒的性能有不同影响，而且还影响到载氧体成本和能否大规模利用。

研究表明：不同的惰性载体、金属氧化物、混合比例、制备工艺、烧结温度等均对载氧体的性能有明显的影响。目前应用的载氧体制备方法有机械混合法、冷冻成粒法、浸渍法、分散法、溶胶-凝胶法等。

机械混合法制备载氧体时，将一定粒径的金属氧化物、惰性载体(有时加入质

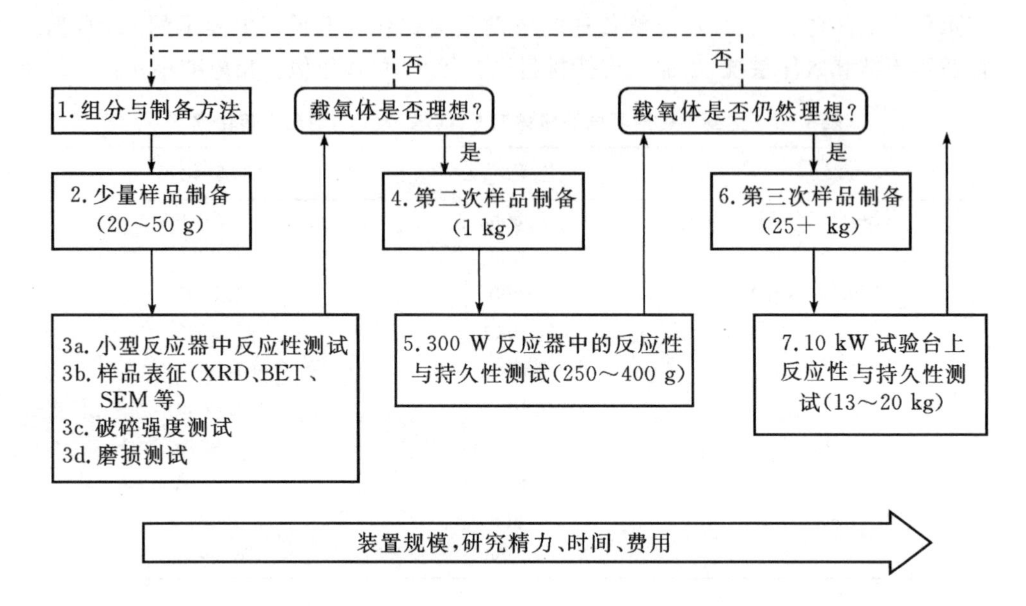

图 8-7　载氧体材料开发一般流程图

量分数为 10%的石墨作为添加剂）以一定的浓度混合、粉碎，加入适量的水使之成为具有适当黏度的糊状物，然后成型，并在较温和的温度下干燥，之后置于马弗炉中于较高的温度下烧结，最后通过筛选以获得一定粒径的载氧体。

浸渍法制备载氧体时，首先将金属氧化物的硝酸盐（如 $Cu(NO_3)_2$）溶于溶剂中（如 H_2O）得到饱和溶液，并向溶液中加入惰性载体，然后除去溶剂，并在一定温度下煅烧使硝酸盐分解，以达到活泼相加载的目的（通过多次浸渍可增大加载量），所得颗粒即可作为载氧体。

分散法制备载氧体时，将金属氧化物和惰性载体的硝酸盐按一定比例溶于水中并搅拌一段时间后，在不同的温度梯度下分阶段干燥，最后通过烧结得到制备载氧体的原料，将上述原料按机械混合法相同的程序处理后即可得到载氧体。

喷雾干燥法制备载氧体时，与分散法一样得到制备载氧体的原料，将该原料粉碎、加水使其成为浆状物，然后利用喷雾干燥器干燥上述浆状物后烧结，即可制得载氧体。

冷冻成粒法制备载氧体时，将金属氧化物、惰性载体和少量的分散剂与水混合后（有时加入体积分数为 10%的淀粉作为添加剂），利用球磨机得到浆状物，通过喷嘴使浆状物雾化后进入液氮而得到冻结的球状粒子，粒子中的水利用冷冻干燥法除去，然后利用热解法除去粒子中的有机物后于一定温度下烧结，最后通过筛选得到一定粒径的载氧体。

对于溶胶-凝胶法，以制备 NiO/YSZ 载氧体为例：将四正丁氧基锆（$C_{16}H_{36}O_4Zr$）和六水合硝酸钇（$Y(NO_3)_3 \cdot 6H_2O$）溶于异丙醇（C_3H_8O）中（ZrO_2和 Y_2O_3的摩尔比为 92∶8，醇盐浓度为 25 mol/m³），加入硝酸使得硝酸和醇盐的摩尔比为 4∶1，将所得溶液搅拌 1 h，然后按所需比例将硝酸镍溶于上述溶液，将所得溶液在 373 K 干燥 3 h，423 K 干燥 24 h，473 K 干燥 5 h，773 K 煅烧 3 h，即可得到 NiO/YSZ 粉末，上述粉末经与机械混合法相同的程序处理后即可制得 NiO/YSZ 载氧体。

在上述方法中，溶胶-凝胶法可制得精细、均匀的粉末，但由于所用到的金属醇盐一般很昂贵，因此在工业生产中该方法没有得到广泛应用。另外，在机械混合法和冷冻成粒法中，分别加入石墨和淀粉作为添加剂，其作用是在高温下作为气孔形成物，增加载氧体的孔隙率，以此来改善载氧体的反应性。用上述方法制备载氧体时，需要进行烧结，烧结温度不同对载氧体的性能也有较大影响：一般而言，随着烧结温度升高，载氧体的破碎强度增大，反应性下降，这是由于高温时烧结的载氧体具有较高的密度和较低的孔隙率。总体而言，冷冻成粒法和浸渍法是制备载氧体最常用的两种方法，一般来说，镍基和铁基载氧体通常使用冷冻成粒法，而铜基载氧体则使用浸渍法。

8.2.3 化学链氧解耦材料

化学链氧解耦（Chemical Looping with Oxygen Uncoupling，CLOU）过程与化学链燃烧密切相关但是又有区别。因为在燃料反应器中载氧体释放氧不是立即完成的，例如 CuO 和 Cu_2O 在 913 ℃的情况下会在 O_2浓度为 2%时达到平衡，这就意味着在 O_2浓度较高的空气反应器中 Cu_2O 会被氧化为 CuO，而在燃料反应器中因为燃料消耗氧则会释放出 O_2，如图 8－8 所示。因此燃料气并不是直接与氧气反应，而是分成了两步进行。首先，载氧体释放氧气，如式(8－3)，然后燃料被释放的氧气氧化，如式(8－4)。

$$2CuO \longrightarrow Cu_2O + \frac{1}{2}O_2 \tag{8-3}$$

$$O_2 + C \longrightarrow CO_2 \tag{8-4(a)}$$

$$2O_2 + CH_4 \longrightarrow CO_2 + 2H_2O \tag{8-4(b)}$$

化学链氧解耦过程要求载氧体必须具有在空气反应器中与氧气反应并且在燃料反应器中可以分解出氧气成为还原态的能力。目前已经有三种具有合适的热力特性的材料经过了检验，分别为 Mn_2O_3/Mn_3O_4、CuO/Cu_2O 和 Co_3O_4/CoO，其中 Co_3O_4/CoO 在燃料反应器中反应时总体来说是吸热的，并且价格昂贵，对于人体健康也有一定的危害。

对于 CuO/Cu_2O，在 950 ℃左右 O_2平衡浓度大约为 5%。在燃烧的过程中绝

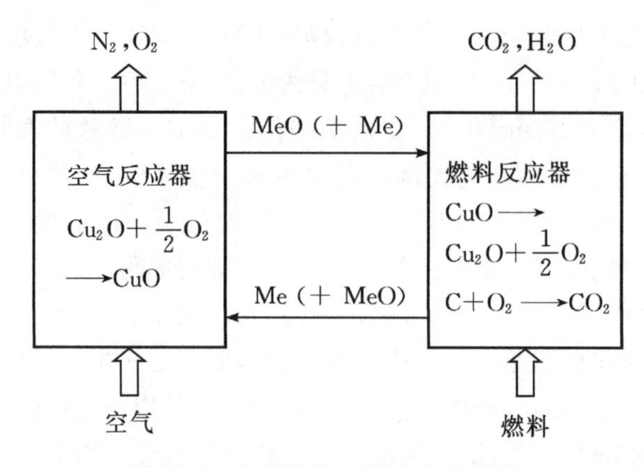

图 8-8 化学链氧解耦过程示意图

大部分的氧气需要被消耗掉,从而避免出口气体流速过大带走较多热量。这就意味着在空气反应器中 O_2 浓度需要减少到 5%以下甚至更低,相应的反应温度应当维持在 950 ℃以下。使用 CuO 的化学链氧解耦反应首先于 2008 年在固体燃料实验室规模的流化床中进行测试,后来在 2013 年进行了连续的运行实验。

在 800 ℃左右时,Mn_2O_3/Mn_3O_4 的平衡氧浓度为 5%,因此对于含 Mn 系统,空气反应器中的运行温度一般要低于 800 ℃。然而在此温度下反应速率有可能会很低,到目前为止还是没有成功将 Mn_2O_3/Mn_3O_4 应用于化学链氧解耦过程的案例。

另一个有前景的选择是使用锰氧化物的混合物,从而比单纯使用锰的系统有更低的平衡氧气分压,这样就可以在更高的温度下实现氧化。

化学链氧解耦过程的机理研究对于任何燃料都是非常有用的,尤其是固体燃料。在普通的固体燃料燃烧中有一个中间的气化反应,即焦炭会被水蒸气或者 CO_2 气化生成反应性很强的气态化合物,而这些气态化合物会与载氧体颗粒发生反应。焦炭与水蒸气或者 CO_2 的反应速度是很慢的,而化学链氧解耦过程中不需要中间的气化反应,焦炭直接与气态 O_2 反应,因此可以避免缓慢的气化过程。

此外,对于气体燃料来说化学链氧解耦也会很有优势,因为燃料气体不需要和载氧体颗粒直接接触,这就使得燃料有可能实现完全的转化,即可以弥补气体与固体颗粒之间的不完全接触的劣势。同时也应当注意到氧气的释放和载氧体与燃料气体的反应是同时进行的,想要严格地区分这两种反应机理在一定程度上是很难的。

8.2.4 载氧体的性价比

由于载氧体在实际运行中寿命的不确定性,载氧体的成本就变得非常重要。

其中，低成本的天然材料和废弃物就很有优势；此外，尽管矿石、金属和氧化物的成本随着年份的变动很大，但是大规模的材料生产成本大致会处于一个范围内。

载氧体的成本增加会提高 CO_2 捕集的成本，这一项由于载氧体生产而增加的成本可以表示为每吨捕集到 CO_2 的成本，表达式为

$$CCC_{OC} = \frac{C_{OC} \cdot SI}{SE \cdot \tau} \tag{8-5}$$

式中：CCC_{OC} 是每捕集 1 吨 CO_2 所需要的载氧体的成本，欧元/t(CO_2)；C_{OC} 是每吨载氧体的价格，欧元/t；SI 是每 MW 功率需要的固体物料存量，t/MW；SE 是每 MW 功率排放的 CO_2 质量，t(CO_2)/MW；τ 是载氧体的平均寿命，h。

对于那些低成本的载氧体如钛铁矿，其寿命一般为几百小时，这样一来其成本就很小；另一方面，对于更加昂贵的铜材料，为了使其成本足够小，就要求其寿命增加很多倍。很明显，为了使高性能的材料可以得到广泛应用，就要求载氧体具有良好的性能表现以抵消生产过程中的成本。由于目前对于载氧体性能如何影响过程成本以及载氧体的实际寿命都了解得不够深入，因此还很难准确的判定哪些低成本材料或者是高成本材料更加适用。

表 8－3 给出了几种载氧体捕集 CO_2 的成本对比。

表 8－3　几种载氧体材料捕集 CO_2 成本

	钛铁矿	锰矿石	亚锰酸钙	铜	镍
SE/(t·(MW)$^{-1}$)	0.334	0.334	0.334	0.334	0.198
SI/(t·(MW)$^{-1}$)	1	1	1	0.3	0.5
τ/h	300	1000	3000	3000	20000
C_{OC}/(欧元·(t(载氧体))$^{-1}$)	100	350	1000	3000	8000
CCC_{OC}/(欧元·(t(CO_2))$^{-1}$)	1.00	1.05	1.00	0.9	1.01

8.2.5　天然矿石与其他材料

载氧体的制备中，成本是一个非常重要的问题，这也限制了载氧体的广泛应用，而研究发现利用一些天然矿石及其他废料可以在达到较好反应性的基础上大幅降低载氧体制备成本，因此众多的天然矿石受到了广泛关注，学者们对此进行了大量的实验研究工作。

1. *铁矿石*

早期的研究发现铁矿石对于甲烷有较低的反应性，但是后来的研究发现对于

合成气却有较高的反应性，铁矿石的低成本以及对合成气相应高的反应性使其在固体燃料的化学链燃烧中有较大的优势。对于铁矿石在固体燃料化学链燃烧中的应用，目前已经在四个不同的实验装置上进行了总共 404 h 的成功实验，分别为东南大学的 1 kW 实验装置、西班牙高级科学研究委员会(CSIC)的 0.5 kW 实验装置、查尔姆斯(Chalmers)理工大学的 0.3 kW 实验装置、CSIC 用于固体燃料化学链燃烧的 0.5～1.5 kW 实验装置。图 8-9 展示了不同循环次数后的铁矿石微观形貌。

(a)新鲜铁矿石　　(b)一次还原反应后的铁矿石

(c)新鲜 6%Ca-铁矿石　　(d)19 次还原反应后的 6%Ca-铁矿石

图 8-9　Ca 修饰的铁矿石载氧体 SEM 照片

2. 钛铁矿

钛铁矿是以 $FeTiO_3$ 形式存在的化合物，在化学链燃烧中为还原态，其氧化态形式为 $Fe_2TiO_5+TiO_2$，研究表明 Fe 会迁徙到材料表面，因此钛铁矿实际上也是一种铁氧化物。钛铁矿的优势在于对合成气有着较高的反应性，并且流动特性良好。据报道在 8 个不同的实验装置上共有 810 h 的运行经验。分别为瑞典 Chalmers 理工大学的 0.3 kW、10 kW 和 100 kW 的固体燃料化学链燃烧装置以及 0.3 kW 适用于液体燃料的化学链燃烧实验装置、维也纳科技大学的 140 kW 装置、斯图加特大学的 10 kW 装置、西班牙科学研究理事会(CSIC)用于固体燃料的化学链燃烧装置以及汉堡大学用于固体燃料的 25 kW 装置。

3. *锰矿石*

尽管锰矿石没有铁矿石那么便宜，但相对于其他非矿石载氧体也算是相当便宜。锰矿石可以有多种状态，并且可以和其他元素化合生成不同的矿石。由于锰矿石中常常含有 Si 和 Fe，因此常常会具有化学链氧解耦(CLOU)性质。实验证明相比与钛铁矿，锰矿石有更高的气体转化率，但是锰矿石存在的问题是会产生灰沉积，从而缩短使用寿命。据报道在 Chalmers 理工大学等使用锰矿石已经有 148 h 的成功运行实验。

4. *石灰岩*

石灰岩是一种非常便宜且储量丰富的材料，经硫酸化后可以制得 $CaSO_4$，而 $CaSO_4/CaS$ 是固体燃料化学链燃烧过程中的一种低成本载氧体，氧转化率可达 47%，但是受热力学性质限制，其对于 CO 和 H_2 的转化率不超过 98%～99%，而且在反应过程中会发生 S 的逃逸，从而将载氧体转化为 CaO。

图 8－10 展示了几种天然矿石作为载氧体的图片。

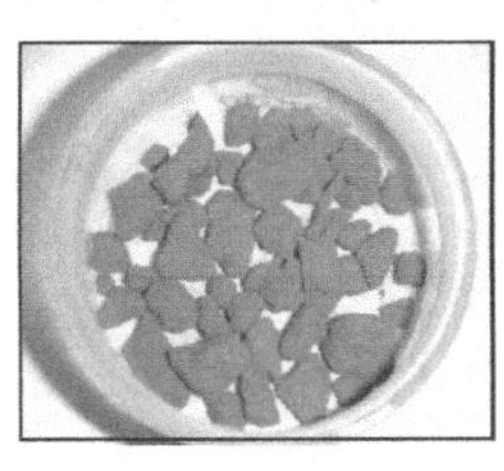

(a) 铁矿石

(b) $CaSO_4$

(c) 锰矿石

图 8－10　天然矿石材料

8.2.6　载氧体的发展趋势

对于化学链燃烧技术的大规模商业化应用来说，大量易得并且性能可靠的载氧体是至关重要的。这就意味着需要寻找性能与成本俱佳的载氧体，并且可以在较大实验设备上长期运行测试。在选择最佳载氧体时有太多的因素需要考虑，因此很难说某一种载氧体最优，目前常用的做法是针对不同的化学链燃烧技术、针对不同的工况列出可供选择的载氧体，在具体选用时根据具体的要求去选取。对于载氧体的发展趋势，未来主要集中于以下几个方面：

(1)开展试验运行及寿命评估;

(2)实现在合理成本下的商业化;

(3)发展有部分或者全部化学氧解耦(CLOU)性质的载氧体材料;

(4)发展适用于固体燃料化学链燃烧的低成本载氧体材料。

8.3 气体燃料化学链燃烧

化学链燃烧技术首先被应用于常压下的气体燃料燃烧,如天然气和合成气等,目前针对气体燃料的化学链燃烧已提出了不同的设计方案,并且进行了大量的实验。假设燃料气的分子式为$C_nH_{2m}O_p$的形式,则还原反应如式(8-6)所示,第一步的反应生成H_2O和CO_2,H_2O经过冷凝除去后便得到了高纯度的CO_2,便于压缩运输和储藏。由于CO_2气体没有与燃料气体进行混合,因此具有CO_2的内分离特性,这也是化学链燃烧相比于其他CO_2捕集技术的巨大优势所在。在第二步反应式(8-7)中,金属或者金属烟氧化物被氧气进一步氧化,进入新的循环,而N_2和未反应完的O_2则留在烟气中。气体燃料化学链燃烧的过程如图8-11所示。

$$(2n+m-p)\,Me_xO_y + C_nH_{2m}O_p \longrightarrow (2n+m-p)Me_xO_{y-1} + nCO_2 + mH_2O \tag{8-6}$$

$$(2n+m-p)\,Me_xO_{y-1} + \left(n+\frac{m}{2}-\frac{p}{2}\right)O_2 \longrightarrow (2n+m-p)Me_xO_y \tag{8-7}$$

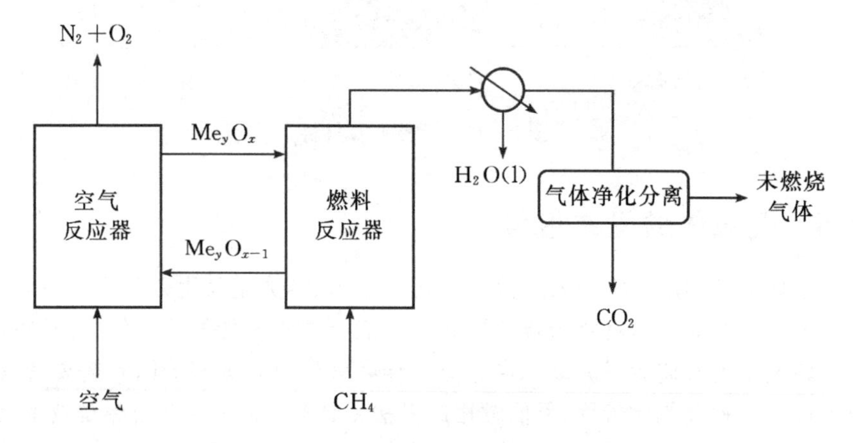

图8-11 气体燃料化学链燃烧过程图

8.3.1　气体燃料化学链燃烧载氧体

大部分适用于气体燃料的载氧体都是由人工合成的有活性的金属氧化物，如 CuO、Fe_2O_3、NiO、锰氧化物等，以及有钙钛矿结构的包含锰元素的混合氧化物，这些材料通过机械混合法、喷雾干燥法、冷冻成粒法等进行加工制造成为载氧体。此外，还有一些研究发现使用铁矿石、锰矿石、钛铁矿等以及钢铁工业的废料作为载氧体也是合适的，只不过它们的性能相对较差。

气体燃料化学链燃烧主要的额外成本取决于载氧体的更换，因此载氧体的性能至关重要。这些载氧体需要有一系列特性才能满足化学链燃烧的需要。这些材料必须有较高的载氧能力，在氧化反应和还原反应中都有较好的反应性，并且可以经受多次的反应循环，在将燃料转化为 CO_2 和 H_2O 的过程中还要有较好地热力学性能；同时，还要防止碳沉积，否则会降低 CO_2 捕集的效率；在流化床反应器中，良好的流化特性以及防止颗粒的团聚对于系统的良好运行也非常重要；除此之外，载氧体对环境和人体健康的影响也不可忽略，Ni 和 Co 在运行中有稍高的危险性，而 Fe 是无毒的，Cu 和 Mn 在溶液中处于离子态时会产生一些环境问题。

在流化床反应器中，载氧体的抗磨损消耗能力对降低更换费用是很关键的，除了需要考虑在正常情况下载氧体的机械性能之外，还必须考虑在反复的氧化反应过程中的化学应力损耗和运行过程中的物理磨损。因此，在长时间运行的条件下测量载氧体各方面的指标对于工业化应用以及载氧体寿命评估十分重要，而通常这些参数的准确数值需要在全尺寸的装置中进行测量。载氧体的寿命可以定义为一个颗粒在化学链燃烧反应中没有任何反应性的降低，并且消耗程度没有达到被筛除的平均时间。表 8-4 列举了在长时间运行的试验系统中一些载氧体的寿命，其中 Ni 基和 Cu 基载氧体的使用寿命较长，但是由于对环境的影响，没有得到广泛应用。

表 8-4　从连续运行的化学链燃烧装置上得到的基于磨损数据的载氧体寿命

载氧体	装置功率	运行时间/h	温度/℃		磨损率/($\% \cdot h^{-1}$)	寿命/h	参考文献
			燃料反应器	空气反应器			
NiO/Al_2O_3	10 kW	100	约 900	1000	0.0023	40000	Lyngfelt 和 Thunman(2005)
$NiO/NiAl_2O_3+MgAl_2O_4$	10 kW	1016	约 940	1000	0.003	33000	Shulman 等 (2009)
$NiO/NiAl_2O_4$	10 kW	160	约 940	1000	0.022	4500	Linderholm 等 (2008)

续表 8-4

载氧体	装置功率	运行时间/h	温度/℃		磨损率/(%·h^{-1})	寿命/h	参考文献
			燃料反应器	空气反应器			
$NiO/\alpha\text{-}Al_2O_3$	500 W	70	880	950	0.01	10000	Adanez 等 (2009)
$CuO/\gamma\text{-}Al_2O_3$	10 kW	100	800	800	0.04	2400	de Diego 等 (2007)
$CuO/\gamma\text{-}Al_2O_3$	500 W	60	800	900	0.09	1100	Forero 等 (2011)
$CuO/NiO\text{-}Al_2O_3$	500 W	67	900	950	0.04	2700	Gayan 等 (2011)
$Ca_{0.9}Mg_{0.1}Mn_{0.9}O_{3-\delta}$	10 kW	55	900	900	0.0085	12000	Kallen 等 (2013)
$Ca_{0.9}Mg_{0.1}Mn_{0.9}O_{3-\delta}$	500 W	54	900	900	0.09	1100	Cabello 和 Dueso 等 (2014)
$Fe_{20}Al_2O_3$	500 W	46	950	950	0.09	1100	Gayan 等 (2012)

载氧体的更新置换费用取决于载氧体寿命、化学链燃烧系统中载氧体存量以及载氧体的成本,这些因素又都受到载氧体的反应性、载氧体使用的金属及其含量的影响;而系统中为了使燃料气完全反应需要的载氧体用量,则取决于载氧体反应性、氧化剂的种类、气体和固体的流动特性、固体在反应器中的循环情况等。

为了实现燃料完全反应需要的载氧体存量很大程度上还取决于使用的载氧体种类和反应器中的流动形式。用于计算燃料和空气反应器中的载氧体存量的方法很多,但是这些方法都有很高的不确定性,通过间歇式流化床反应器或者热重分析仪的数据计算获得的反应器中载氧体存量是非常不准确的:例如,速率指数(rate index),即每分钟反应的金属氧化物的百分比,但是速率指数只能给出初始时刻的估计值,而气体的浓度会随着气体的膨胀和还原反应的进行而发生变化。为了得到更加可信的结果,需要根据载氧体和燃料之比获得燃烧效率的评价指标 Φ,载氧体与燃料之比定义为由载氧体提供的氧和燃料按化学计量比反应所需要氧量的比值。

$$\text{速率指数} = 60.100\frac{dw}{dt}(\%/\text{min}) \tag{8-8}$$

图 8-12 给出了 ICB-CSIC 在 500 W 鼓泡流化床反应器上获得的使用不同载氧体的实验燃烧效率与 Φ 的关系。

从图 8-12 可见,不同载氧体达到完全燃烧对应的 Φ 值差别很大,Cu15Ni3 和

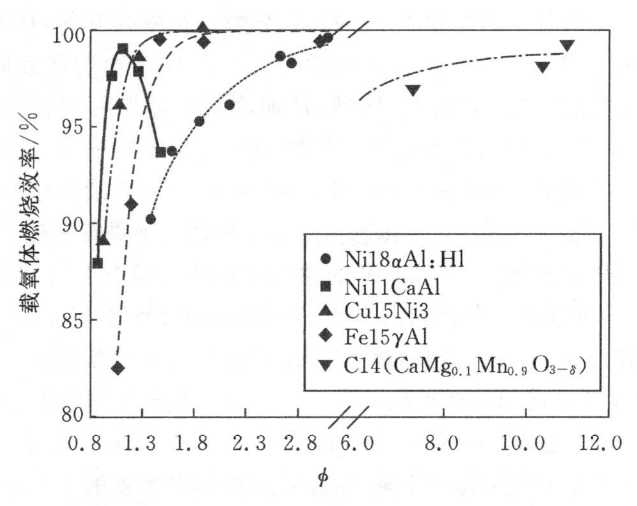

图8-12 不同载氧体燃烧效率与Φ的关系图

Fe15γAl需要Φ值约为1.5，而Ni18需要3.5，$CaMn_{0.9}Mg_{0.1}O_{3-\delta}$需要12。这与反应器中载氧体转化率$\Delta X$的变化有直接的关系，相关研究发现对于Ni11CaAl，ΔX为83%，对于$CaMn_{0.9}Mg_{0.1}O_{3-\delta}$，$\Delta X$为8%，应当注意不同的$\Phi$值表示需要在不同固体物料循环流率下运行。表8-5对比了不同种类载氧体的载氧能力、反应过程中载氧体的转化率以及产生单位热量需要的载氧用量。对于这些合成材料来说，由于载氧能力和反应性上的差异，在反应器中需要的固体物料量差别很大，Ni基载氧体的反应性是最强的，其次是Cu基载氧体。尽管这些反应器中得到的所需物料量数据不能用于实际化学链燃烧装置的设计，但是如能结合需要的物料量、损耗量以及载氧体的成本，可以用于小型化学链燃烧装置的成本估算。

表8-5 燃料反应器中不同形式氧的性能表现

载氧体	载氧容量 R_0/%	载氧体转化率 ΔX/%	燃料反应器用料量 /kg·MW^{-1}
Ni18-αAl	3.5	28	600
Ni11CaAl	1.1	83	180
Cu11Ni3	1.4	71	260
Fe15γAl	1.5	67	500
$CaMn_{0.9}Mg_{0.1}O_{3-\delta}$	12	8	720

通常来说气体燃料如天然气、合成气、炼油气、酸性天然气中都会有含量不同

的 H_2S 气体，比如酸性天然气中 H_2S 的体积分数甚至高达 10%，H_2S 的存在会影响工业上化学链燃烧反应装置的设计和运行。一方面，S 会与载氧体发生反应生成硫化物，导致载氧体失活，反应性降低，从而降低气体燃料的燃烧效率；另一方面，从环境角度考虑，S 会以 SO_2 的形式释放到空气反应器出口烟气中，因此必须要满足相关的排放标准，并且还会影响 CO_2 的纯度，对于后续的压缩、运输和储存都会带来问题。因此，有必要在气体燃料进入反应器之前进行脱硫。

ICB-CISC 研究团队在一个 500 W 的化学链燃烧实验台上研究了燃料气体的 H_2S对四种反应性很强的载氧体的影响，这四种载氧体分别是 Ni、Fe、Cu 的氧化物以及一种有钙钛矿结构的 Mn 基载氧体（$CaMn_{0.9}Mg_{0.1}O_{3-\delta}$）。实验发现：所有工况下 Ni 基载氧体都不适合在 H_2S体积浓度高于 0.0001 时用于气体燃烧，因为会生成 Ni_3S_2导致载氧体失活。图 8－13 表明，当 CH_4气体中 H_2S 含量上升时，燃料反应器出口 CO_2浓度以及 CH_4燃烧效率会下降，这说明随着 H_2S 浓度的上升，Ni 基载氧体会迅速失活。对于 $CaMn_{0.9}Mg_{0.1}O_{3-\delta}$，$H_2S$ 的加入会导致载氧体失活，失去氧解耦能力并且发生团聚，研究人员将其归因于生成了不希望出现的 $CaSO_4$ 和 CaS。

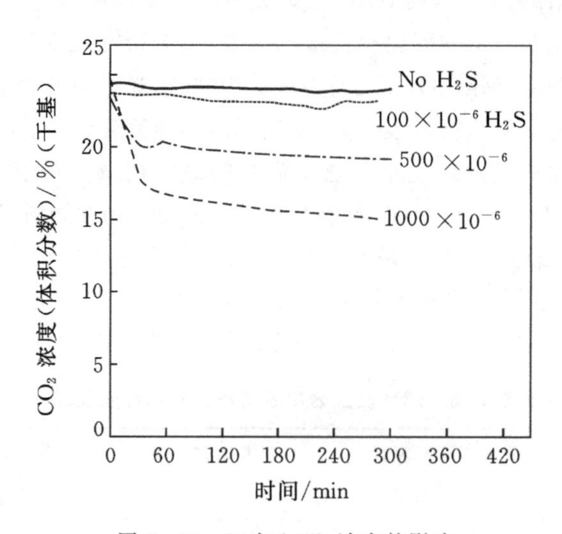

图 8－13　S 对于 CO_2浓度的影响

（燃料气为不同 H_2S 含量的 CH_4，载氧体是以 Al_2O_3 为基体的 18%NiO，燃料反应器温度为 870 ℃，空气反应器温度为 950 ℃）

Cabello 等人研究发现当燃料气体中含有 H_2S 时，Fe 和 Cu 基载氧体依然具有比较好的活性。对于 Cu 基载氧体，当载氧体与燃料比 Φ 超过 1.5 时，即使当 H_2S 浓度高达 0.0013 也不会导致失活的出现，依然能够实现燃料的完全燃烧，而大概 95%的 S 会以 SO_2的形式从燃料反应器出口释放。当 Φ 低于 1.5 时，会有

Cu_2S 生成导致载氧体的失活，但是载氧体材料会在没有 H_2S 的环境中重生。但是 Diego 等人发现当酸性天然气中的 H_2S 体积分数在 0.3%～15%的时候，载氧体可以将 CH_4 和 H_2S 完全燃烧，S 在燃料反应器中大部分转化为 SO_2，尽管仍有一些会释放到空气反应器中。Diego 等人还发现当载氧体与燃料之比增加时，空气反应器中的 SO_2 含量随之减少。

对于 Fe 基载氧体，H_2S 的存在并不会显著影响载氧体的性能，并且不受 H_2S 含量的影响。图 8－14 给出了某 Fe 基载氧体用于含有 H_2S 的 CH_4 燃烧时的性能变化。当载氧体和燃料的比例 Φ 高于 1.5 时，即使酸性天然气中的 H_2S 含量高达 15%也可以实现完全燃烧，而且不会生成 Fe 的硫化物，无论有没有 S 的存在氧化还原反应都可以维持，并且能够达到较高的燃烧效率。此外，所有的 S 都以 SO_2 的形式与 CO_2 一起从燃料反应器排出，因此可以将酸性天然气中 CH_4 和 H_2S 的能量同时利用。

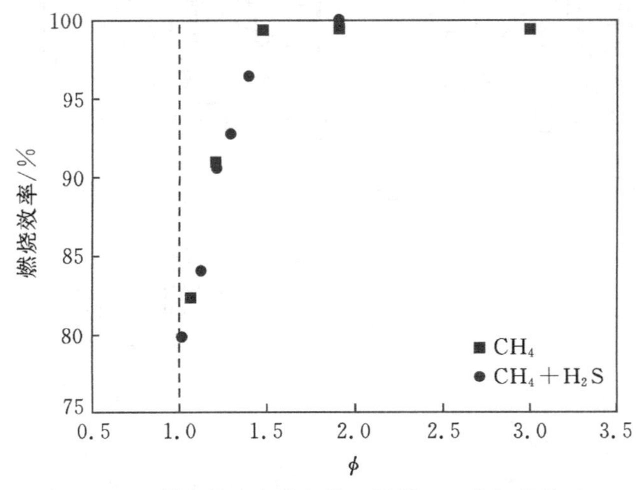

图 8－14　燃烧效率与载氧体和燃料比 Φ 之间的关系

8.3.2　气体燃料化学链燃烧的实验装置运行现状

实验证明以 Ni、Cu、Fe 和 Mn 的氧化物为基底的材料都适合作为气体燃料化学链燃烧的载氧体，目前已经进行的实验大部分使用的都是 NiO、CuO 和 Fe_2O_3 载氧体材料，这一系列实验中，针对不同的金属氧化物含量、载氧体制备方法以及载氧体支撑材料等都进行了研究，这些测试大部分都是在由两个串行循环流化床组成的实验装置上常压运行的。

文献中报道的气体燃料化学链燃烧系统功率大小不一，主要包括：瑞典 Chalmers 理工大学、ICB-CSIS、法国石油研究院（IFP-TOTAL）和西安交通大学的 10 kW 实验台，韩国 KIER 的 50 kW 实验台，维也纳科技大学的 120 kW 实验台，以上实验台都是以串行双流化床锅炉为基础开发的，相关气体化学链燃烧装置的示意图如图 8－15 所示。

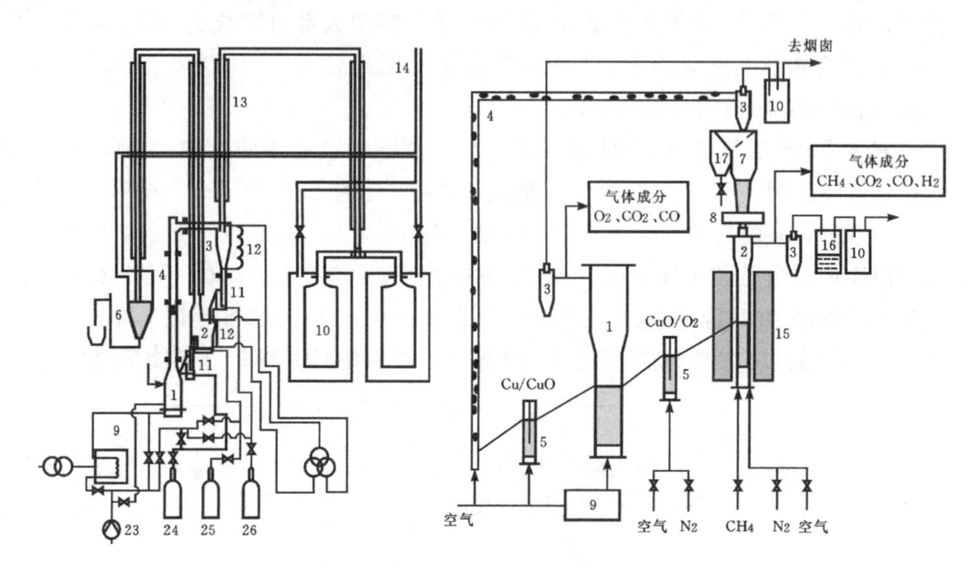

(a)瑞典 Chalmers 理工大学 CLC 装置　　(b)西班牙 ICB-CSIC CLC 装置

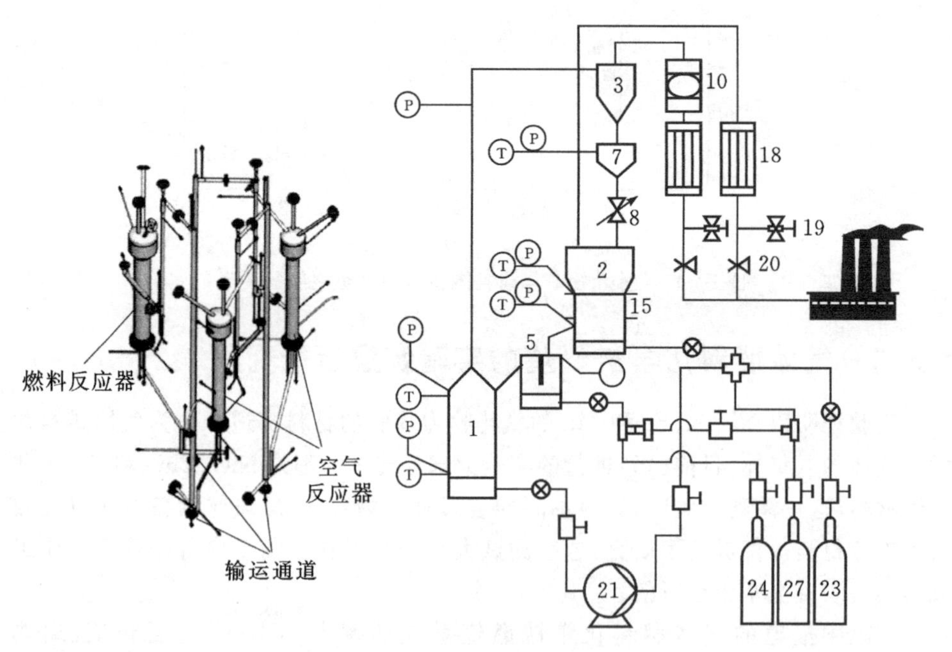

(c)法国 IFP-TOTAL CLC 装置　　(d)西安交通大学加压 CLC 装置

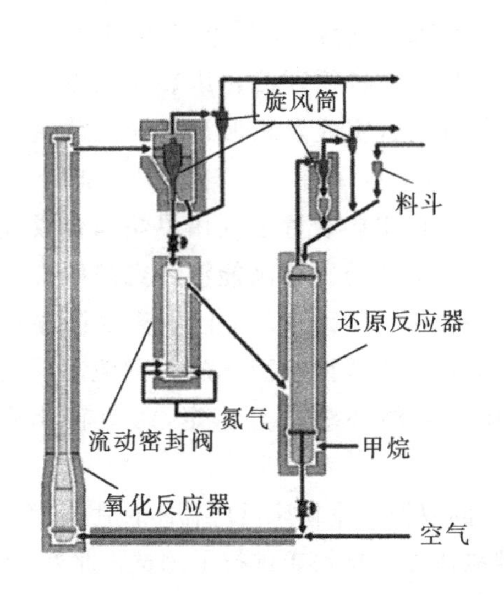

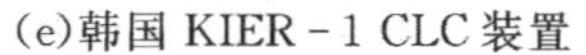
(e)韩国 KIER－1 CLC 装置

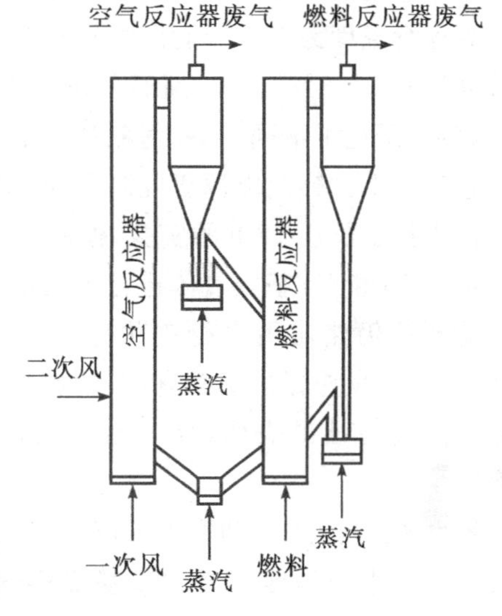

(f)奥地利 TUWIEN CLC 装置

1—空气反应器；2—燃料反应器；3—旋风分离器；4—提升管；5—环封；6—水封；7—固体物料仓；8—固体物料阀；9—空气预热器；10—过滤器；11—上、下部颗粒锁；12—加热管；13—气体冷却管；14—烟囱连接管；15—加热炉；16—凝水器；17—固体分流阀；18—冷凝器；19—取样点；20—背压阀；21—空气压缩机；22—电加热器；23—空气；24—氮气；25—天然气；26—氩气

图 8－15　气体燃料化学链燃烧装置示意图

Chalmers 理工大学和 ICB-CSIS 的两个 10 kW 实验台都进行了长时间的运行，其中 Chalmers 理工大学的实验台运行时间超过 1400 小时，研究人员在这个实验台上使用天然气为燃料，利用 Ni 和 Fe 载氧体进行实验，并且还对一种结构为 $CaMn_{0.9}Mg_{0.1}O_{3-\delta}$的混合氧化物进行了测试；在该实验台上还对 Ni 基载氧体进行了长达 1000 h 以上的连续运行实验，以此来分析载氧体颗粒的完整性和反应性等。实验表明反应器之间没有载氧体的泄漏，燃料转化率高达 98%～99%，并且载氧体颗粒变化很小。在 ICB-CSIC 的实验台上，研究人员以甲烷为燃料，对利用浸渍法制备的 Cu 基载氧体进行了长达 200 h 的实验。这套实验系统允许反应器之间的固体物料循环率变动，也可以精确地控制循环率，实现甲烷向 CO_2 和 H_2O 的完全转化。尽管在运行最初的 50 h 里发现了少量的 CuO 损失，但是并没有检测到载氧体颗粒的失活或者团聚发生。

西安交通大学的研究人员在加压化学链燃烧实验台上，以焦炉煤气为燃料，

使用以 $MgAl_2O_4$ 为支撑物的 Fe_2O_3/CuO 载氧体进行实验，整个实验过程中系统的最高运行温度为 950 ℃，压力维持在 0.3 MPa，实验连续运行 15 h，燃料转化率最高达到 92.3%。阿尔斯通公司在 15 kW 的串行循环流化床装置上以天然气为燃料，研究了不同的 Ni 基载氧体的损耗情况，实验发现四种不同的载氧体损耗量都很少。韩国能源研究院在 50 kW 装置上以甲烷为燃料，对 Ni 和 Co 基载氧体进行了长达 28 h 的实验，他们还在第二代实验装置上利用甲烷和合成气为燃料对 Ni 和 Co 基载氧体进行了长达 300 h 的实验。韩国能源研究院的第二代实验装置仍然使用串行流化床，但是没有使用回路密封，上升管后接输运管线，在每个反应器内部都有固体物料喷嘴来独立地控制固体颗粒的流动。长期运行的实验结果表明：反应器间固体物料的循环顺畅且稳定，燃料转化率较高。

维也纳科技大学的研究人员，在 120 kW 的双循环流化床反应器中使用甲烷和合成气为燃料，对两种 Ni 基、Cu 基、Fe 基载氧体以及钛铁矿进行了测试。此外，还开展了由钙钛矿结构的混合氧化物（$CaMn_{0.9}Mg_{0.1}O_{3-\delta}$ 和 $CaMn_{0.775}Mg_{0.1}Ti_{0.125}O_{3-\delta}$）作为载氧体的实验，其中 H_2S 杂质影响的实验，还对 Ni 载氧体进行了长达 90 h 的连续运行测试。该实验台上获得的实验数据表明：对于 H_2 含量高的燃料，钛铁矿是一种潜在的载氧体；在较高的载氧体与燃料比下，比如对于 $CaMn_{0.9}Mg_{0.1}O_{3-\delta}$ 的 Φ 值取 25，对于 $CaMn_{0.775}Mg_{0.1}Ti_{0.125}O_{3-\delta}$ 的 Φ 值取 20，几乎可以实现 CH_4 的完全燃烧。

8.3.3 气体燃料化学链燃烧展望

目前对于载氧体的研究主要集中在材料的反应性、环境友好性以及对硫的抗性上，对于适用于化学链燃烧的载氧体已经有了大致的清单，并且大规模工业化生产也逐渐展开。如何延长载氧体的使用寿命是载氧体研究中最为重要的任务，因为载氧体的生产是化学链燃烧中 CO_2 捕集最主要的附加成本；对于气体燃料的化学链燃烧，加压相比常压有着很大的优势，可以提高反应效率；此外，目前的化学链燃烧过程都主要在较小规模的装置上进行实验，通常只有 10～120 kW，未来的研究需要扩大装置规模，在更大尺寸和容量的装置上开展。

8.4 液体燃料化学链燃烧

液体燃料是当今社会最主要的燃料来源，但目前关于化学链燃烧技术的研究大都集中在气体和固体燃料上,对于液体燃料化学链燃烧的研究相对较少,出现这种现象的一个主要原因是目前大多采用的流化床反应器,最开始用于气体燃料,后来应用到固体燃料;另一个原因是尽管液体燃料的消费量大,但大多数使用在交通运输领域,无论流化床还是 CO_2 捕集技术都不适用于汽车之类的移动排放源。但是研究液体燃料的化学链燃烧依然有重要的意义,尤其是可以用于使用重油或者沥青来产生热能和电能的场合。

8.4.1 液体燃料化学链燃烧载氧体

关于液体燃料化学链燃烧的研究很少,并且研究的方法差别很大,Moldenhauer 等人使用煤油作为燃料开展化学链燃烧的研究,并比较不同的载氧体材料,得到以下结论。

(1)使用 40%NiO 以 Mg-ZrO_2 为基底的载氧体在转化烃方面有很高的效率,但是比较容易积碳。在该实验情况下,反应器出口并没有发现较重的烃类,CH_4 浓度也很低,这是由于金属 Ni 具有非常好的催化作用;而另一方面,根据 NiO 的热力学特性,少量的 CO 和 H_2 是难以避免的。在温度为 900 ℃,功率为 144 W 时,燃料转化为 CO_2 的整体效率可达 99%。

(2)使用 40% Mn_3O_4 以部分稳定 Mg-ZrO_2 为基底的载氧体转化烃类的效果没有 NiO 基载氧体好,但是在转化 CO 和 H_2 上的表现更优,在 950 ℃,功率为 144 W 时,燃料转化为 CO_2 的效率可达 99.3%。

(3)使用 20% CuO 以非稳定 ZrO_2 为基底的载氧体转化烃类及中间产物 CO、H_2 等的效果都非常好,在 900 ℃,功率为 144 W 时,煤油中 99.99%的碳被转化为 CO_2,几乎实现了完全燃烧。

(4)钛铁矿也被证实是一种很好的载氧体,在 950 ℃,功率为 144 W 时,99%的燃料可以转化为 CO_2,少量未转化的主要是 CH_4 以及一些其他烃类。在此项研究中对含硫的煤油也进行了测试,但是发现对于燃料转化和载氧体都没有什么影响。

以上研究表明,含有 CuO、Mn_3O_4 和 Fe_2O_3 作为活性组分的载氧体都是可行的,但是如果想将液体燃料直接注入反应器中,NiO 并不是一种很好的选择,因为其对焦炭的生成具有催化作用,降低了 CO_2 捕集效率,而且价格昂贵,有毒性。在选择液体燃料化学链燃烧的载氧体时还需从以下几个方面进行考虑。

(1)燃料中的硫,比如重油的硫含量很高,含油砂中硫含量也可达 5%,这将对含有能够与硫反应的载氧体材料产生影响。

(2)燃料中的痕量金属,比如重油中通常有较多痕量金属,包括能够使催化剂失活的钒,但是这些痕量金属对于化学链燃烧的影响有多大还有待研究。

8.4.2 液体燃料化学链燃烧燃料

不同的液体燃料性质差别很大,通常使用的液体燃料范围很广,包括低黏性、纯度很高的乙醇,半固态、纯度很低的沥青之类的石油产品。因此,液体燃料的化学链燃烧反应器设计很大程度上取决于使用的液体燃料种类。

1. 液体化石燃料

液体化石燃料包括原油、汽油、煤油、柴油、重油等。在这些燃料中,汽油、煤油、柴油大多应用在交通领域中,尽管有关于这些燃料的化学链燃烧的研究,但是大规模使用时成本太高,并且燃油锅炉的大规模使用也受到能源供应的限制,因此,最有希望应用在大规模化学链燃烧中的是重油。重油通常包含多种不同性质和来源的组分,可能是石油分馏之后的重质残留物,也可能是重质的天然原油。无论来源如何,重油的黏性和沸点都较高,在室温下一般为近似固态,因此无论是对重油的燃烧还是处理都是一个挑战。不过通过加热或者添加轻质烃类可以降低其黏性,经过这种处理可以极大地增强其流动性,容易应用。但是不同来源的重油可能会包含较高浓度的S、V、Ni等重金属元素,对燃烧过程产生较大影响。此外,使用液体燃料的电厂也只占了很小一部分,据2013年的世界能源数据显示,只有5%的电能由液体燃料产生,并且份额还在逐渐减小,但这并不意味着在发电领域液态化石燃料将不再使用。部分液体燃料仍是重要的发电来源,此外,化学链燃烧技术在含油砂的处理方面也具有独特的优势。

2. 液态生物质燃料

应用最广泛的液态生物质燃料当属通过生物质发酵制得的乙醇以及通过生物质油的酯化反应制得的生物质柴油。这两种燃料已经替代汽油和柴油应用在交通工具上,但是它们的成本太高,并不适合化学链燃烧。

8.4.3 液体燃料化学链燃烧反应器设计

目前应用于液体燃料的化学链燃烧反应器与气体燃料的差别并不太大,在液体燃料化学链燃烧反应器设计中首先考虑的因素是如何将液体燃料引入反应器中。一般来说有三种常用的方式:先汽化再注入、先热解再注入、直接注入反应器。

1. 先汽化再注入

通过预热和汽化将液态的燃料转化为气态，对于轻质的液体燃料来说可以使用与气体燃料化学链燃烧相似的装置，而不需作出重大的改动。例如，正丁烷 C_4H_{10} 和正戊烷 C_5H_{12} 都是常用的燃料，并且拥有类似的化学性质和燃烧特性。但是正丁烷常压下沸点为 −1 ℃，在室温下为一种气体，而正戊烷常压下沸点为 36 ℃，在室温下是液体。尽管物理状态有所不同，对于正戊烷来说，可以通过简单的预热将这种液体燃料以气态的形式注入反应器中进行燃烧。

对于许多的轻质液体燃料来说，可以通过先预热和汽化的形式将其应用于气体燃料的化学链燃烧装置中。许多的生物质燃油和合成燃料都有较低的沸点，例如甲醇沸点为 65 ℃，乙醇为 78 ℃，葵花籽油为 230 ℃，因此都是很容易汽化的。同样的，对于一些轻质石油产品（如汽油、柴油等）汽化后再注入都是可行的。相比于直接注入和热解后再注入，该方法的优点在于先汽化液体燃料还可以利用低品位热能，减少能量损失。目前，在先汽化再注入燃料方面已有少量利用气体燃料化学链燃烧装置开展的研究。某使用不同的载氧体对煤油进行先汽化再注入反应器的化学链燃烧实验装置如图 8 - 16 所示。

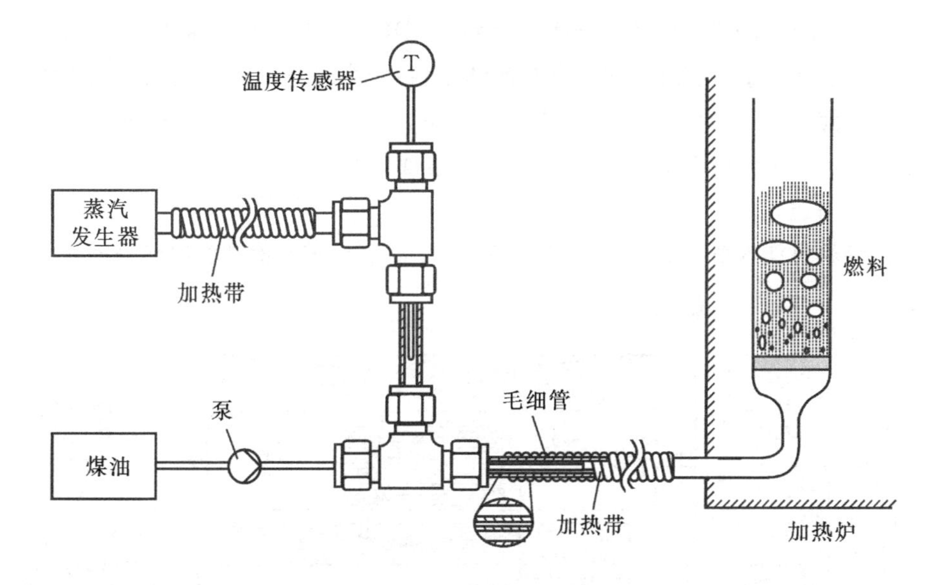

图 8 - 16　先汽化再注入系统示意图

在该实验中，未反应的煤油体积流量相比于天然气很小，因此为了保证流化效果，向反应器中加入了一些水蒸气。煤油在一个单独的毛细管中加热汽化，然后与水蒸气混合，随后进入反应器，将毛细管的长度和加热带的加热温度调整到使煤油恰好在毛细管端部汽化。汽化后的煤油送入 Chalmers 理工大学 300 W 气体燃料化学链燃烧反应器中。该实验结果表明：燃料注入系统工作良好，在使用 NiO、CuO、Mn_3O_4 或者 $FeTiO_3$ 作为载氧体时将煤油转化为 CO_2 和 H_2O 的效率高达 99%。

但是先汽化再注入的给料方式对于重质液体燃料来说并不可行，主要是因为重质燃料油碳化温度低，这一温度通常低于某些重质组分的汽化温度，这就造成重质组分在完全汽化前发生分解产生焦炭。因此，对于这一类的燃料，需要考虑其他的给料方式。

2. 先热解再注入

重质液体燃料如沥青等很难汽化，这些燃料中很多组分的沸点一般很高，可达 400～600 ℃甚至更高，并且在远低于沸点温度的时候就开始发生分解产生焦炭。重质液体燃料的受热分解指的是大分子受热裂解为小分子。根据燃料种类和热解工况的不同，产物可能会有差别，一般来说低碳氢比的燃料以及更高的温度会导致大量焦炭的生成，其反应为

$$HC_{heavy}(l)+heat \longrightarrow HC_{light}(g)+CO(g)+H_2(g)+coke(s) \qquad (8-8)$$

如果想在化学链燃烧中使用重质液体燃料，一个可行的方法就是通过热解对燃料进行前处理，如果产物中轻质碳氢化合物、CO 和 H_2 的含量较高，那么热解气就很适合用于化学链燃烧中的 CO_2 捕集，热解残留的焦炭则不会进入反应器，可以用作其他用途。

先热解再注入系统示意图如图 8-17 所示。进行重质液体燃料热解的化学链

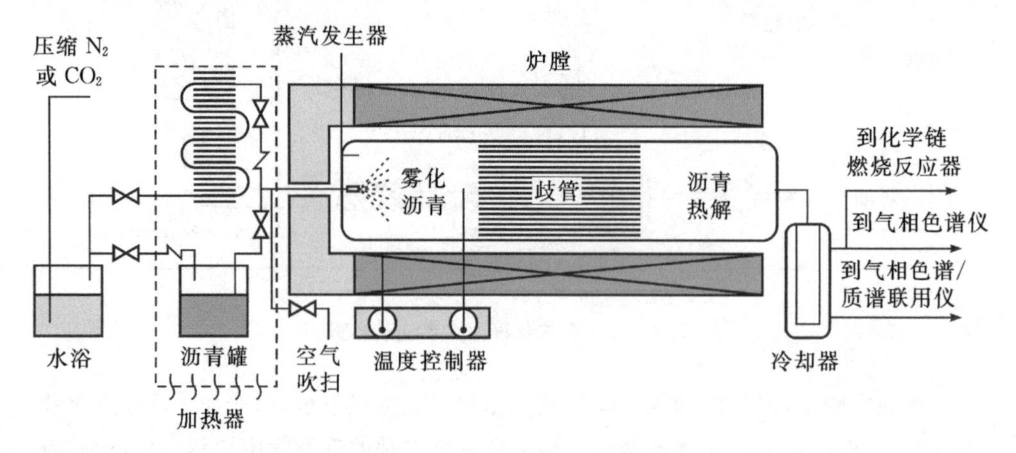

图 8-17　先热解再注入系统示意图

燃烧实验时，首先，将燃料在一个单独的反应器中进行热解，然后使用水蒸气或者CO_2将热解气携带进入化学链燃烧的燃料反应器，当最高温度为 900 ℃，停留时间为 2～4 s 时，热解可燃气体的产率最高，质量分数可达 90%。热解气在使用 CuO 载氧体的反应器中可完全转换成 CO_2。在先热解再注入的方式中，可以使用气体燃料化学链燃烧反应器，而该方法的另一个优势是热解的副产物石油焦可以用作固体燃料化学链燃烧的燃料。

3. 直接注入反应器

无论是先汽化再注入，还是先热解再注入，都是将燃料以气体的形式引入反应器中，但是将液体燃料直接注入化学链燃烧反应器也是可行的。这就要求燃料需要通过喷嘴注入反应器，但是此时可能会由于反应器中的高温导致喷嘴积碳，并且流化床中燃料的迅速汽化会导致流动状况发生改变。目前这些问题的影响程度有多大还未知，尽管已经有了一些使用燃油喷嘴的流化床锅炉，但是商业化大规模应用的案例还没有。此外，对于液体燃料应用于流化床燃烧中的研究也很少。

实验研究表明将重油注入流化床中进行燃烧最主要的问题就是喷嘴积碳，但这一问题可以通过喷嘴的优化设计得到改善。需要指出的是，目前的优化设计要求燃料喷出后立即与空气混合来避免喷嘴的积碳，而在化学链燃烧中，这并不可行。不过可以使用氧化性较弱的 H_2O 或者 CO_2，以及很少量的纯 O_2来避免喷嘴的积碳。有学者开展了将十二烷和其他两种燃料直接注入间歇式反应器的实验，使用的载氧体为 60% NiO - 40% $NiAl_2O_4$，结果显示给料情况良好。其系统图如图 8 - 18 所示。

Hoteit 和 Forret 等人的研究表明将液体燃料直接注入 NiO 基材料为载氧体的反应器中会有积碳的倾向，很大一部分燃料在注入之后立即被氧化，在注入之后的几分钟内还是会持续产生 CO_2。有报道表明对几乎所有的燃料，在两分钟之内就可以氧化掉 90%。应当注意到在这些研究中都使用 N_2作为注入燃料的流化气体，而如果使用水蒸气的话积碳的问题有可能得到缓解。此外，在 NiO 作为载氧体被还原时会生成金属 Ni，而这种物质可以催化烃类的分解和焦炭的生成。

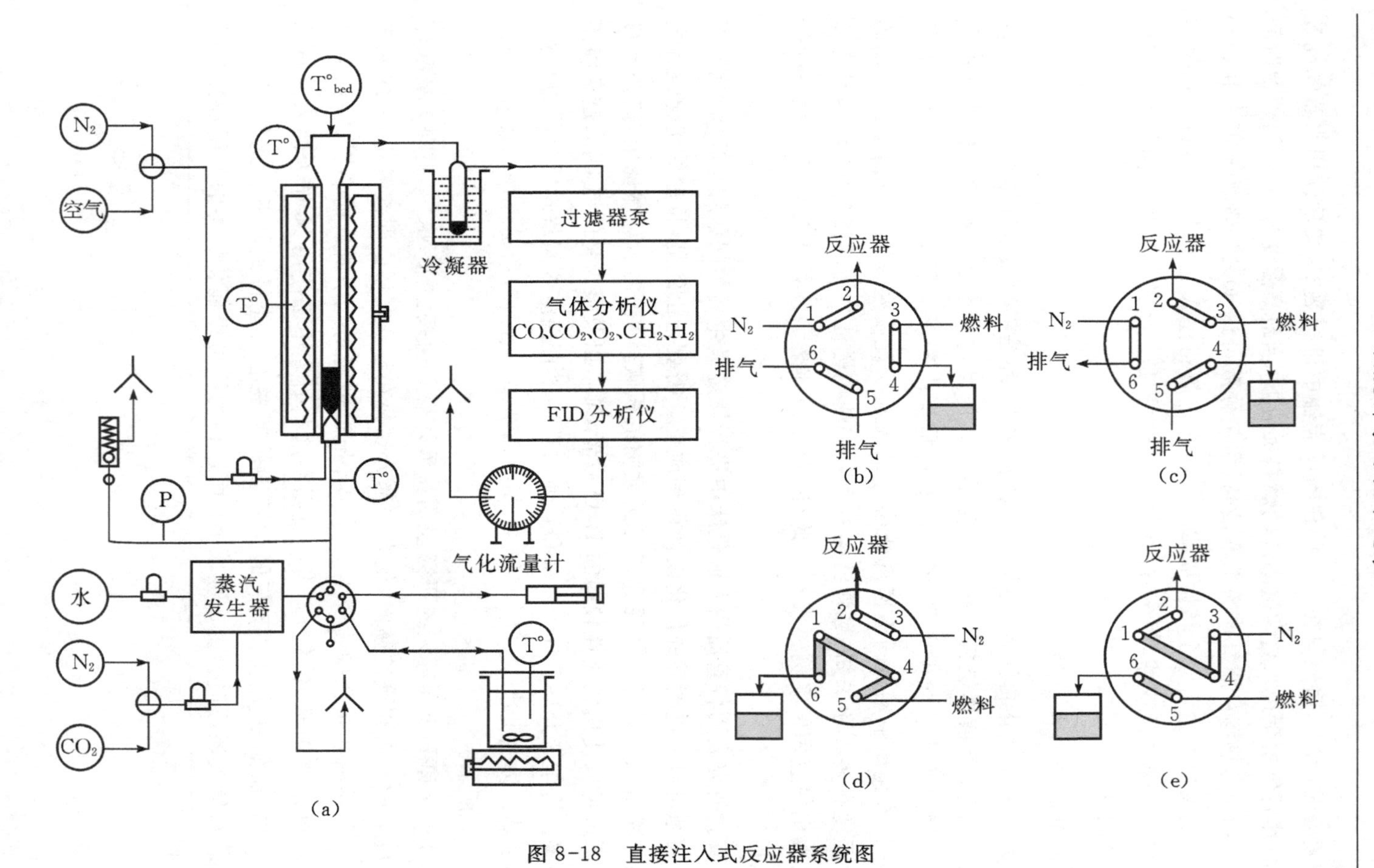

图 8-18　直接注入式反应器系统图

8.4.4 液体燃料化学链燃烧展望

未来最有希望利用液体燃料化学链燃烧技术来捕集CO_2的就是燃烧重油或者沥青的热电厂，同时，化学链燃烧技术也为处理这些燃料提供了一种独特的方法。目前已经有一些小型的实验装置来进行此类实验，大多数的实验也表明通过化学链燃烧来处理重油燃料是可行的，但是还需要进一步研究。已有的实验装置包括以下几种。

(1)优质液体燃料的化学链重整(CLR)。通过化学链重整技术生产合成气或者H_2，是化学链燃烧技术可以应用的另一个领域。

(2)生物质焦油的化学链重整。化学链技术可以用于将生物质焦油转化成价值更高的CH_4、CO、H_2上，大多数焦油包含多环芳烃，室温下常为液态。在生物质气化中焦油通常影响气化效果，降低气体产率。

(3)废弃液体燃料的化学链燃烧及重整。许多的工业生产过程中会产生可燃的液体燃料，这些燃料可以成为化学链燃烧中非常好的燃料。

8.5 固体燃料化学链燃烧

目前，对化学链燃烧的研究大部分集中在以气体为燃料的过程上。显然，气体燃料(如天然气、合成气、H_2和煤气化产物等)与固体氧载体之间的高反应性更利于化学链燃烧系统的实现及能量转换效率的提高，但是在中国，天然气等气体燃料比较贫乏，而固体燃料(煤、生物质和城市垃圾等)较为丰富，研究固体燃料的化学链燃烧对我国能源清洁、高效利用和减少温室气体排放具有重要意义。

固体燃料的化学链燃烧反应机理比气体和液体燃料复杂得多，实现难度也要更大，一种实现方案是分成两步进行，首先将固体燃料气化生成合成气，然后按照气体燃料化学链燃烧的方式进行反应。但是气化过程比较困难，而且需要耗能高的空气分离过程，气化反应器的布置也会使系统成本增加，因此两步途径经济性并不高。另一种方案是将固体燃料直接注入反应器系统中，即直接反应。在这种方案中，由于固体与固体的反应速度太慢，固体燃料并不是直接与载氧体发生反应，而是先转化为气体。反应示意图如图 8－19 所示。

在反应器中燃料首先脱挥发分，生成的焦炭进行气化反应，挥发分和气化产物与载氧体反应生成CO_2、H_2O和SO_2。在这个化学链燃烧反应中，气化反应在高浓度的CO_2和H_2O气氛下进行，这比常规的气化反应更有优势。化学链燃烧系统

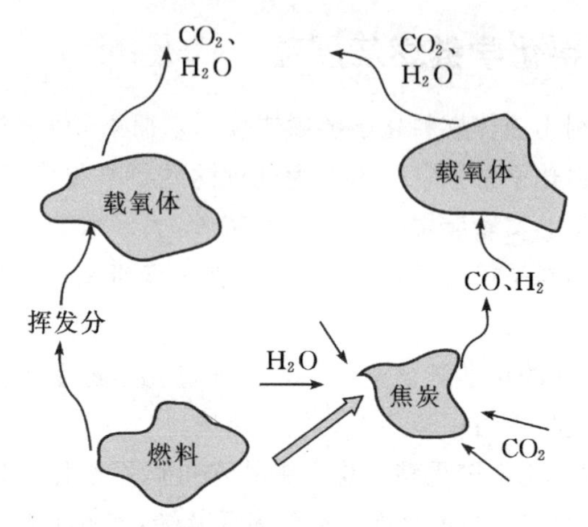

图 8-19　固体燃料直接化学链燃烧示意图

中常用的燃料粒径通常小于 250 μm，这些颗粒的干燥进行得非常迅速，而且脱挥发分过程也只需要几秒钟的时间，但气化过程可能会需要几分钟，因此使用 H_2O 或者 CO_2 的气化反应通常是整个反应过程的速度控制步。固体燃料化学链燃烧的主要反应如下。

(1)空气反应器

$$Me_xO_{y-1}+\frac{1}{2}O_2 \longrightarrow Me_xO_y \tag{8-9}$$

(2)燃料反应器

①气化反应

$$C+H_2O/CO_2 \longrightarrow CO+H_2/CO \tag{8-10}$$

$$CO+H_2O \longrightarrow CO_2+H_2 \tag{8-11}$$

$$CO_2+C \longrightarrow 2CO \tag{8-12}$$

②载氧体的反应

$$(2n+m)MeO_y+C_nH_{2m} \longrightarrow (2n+m)Me_xO_{y-1}+mH_2O+nCO_2 \tag{8-13}$$

$$Me_xO_y+H_2 \longrightarrow Me_xO_{y-1}+H_2O \tag{8-14}$$

$$Me_xO_y+CO \longrightarrow Me_xO_{y-1}+CO_2 \tag{8-15}$$

在固体燃料化学链燃烧中气化反应是至关重要的，燃料反应器的设计应尽量满足以下的要求。

(1)高的固体燃料转化率，即烟气中未转化的焦炭尽可能少。

(2)高的气体转化率，即未转化的 H_2、CO、CH_4 等气体尽可能少。

(3)高的 CO_2 捕集率，即进入空气反应器的焦炭尽可能少。

8.5.1　固体燃料化学链燃烧的载氧体

载氧体是化学链燃烧研究中最重要的内容，载氧体颗粒需要反复经受高温下的氧化还原反应，与其他颗粒和反应器壁面的高速撞击。用于固体燃料化学链燃烧的载氧体，尤其是 Ni 基、锰钙基载氧体还要经受灰垢、与硫反应失活等过程，即载氧体经受的物理和化学过程都是有害的。因此固体燃料化学链燃烧载氧体需要满足以下条件。

(1)与燃料和氧的高反应速率。这对于减小装置的尺寸、降低成本非常重要。

(2)良好的载氧能力。当达到热平衡之后，高的载氧能力可以使得固体物料循环率更小，从而减小鼓风风扇功率，减轻对于换热器表面的腐蚀。

(3)低成本。循环流化床锅炉中的灰分是要不断从炉膛中排出的，基于循环流化床的化学链燃烧装置也是如此，在此过程中一些载氧体会随着灰分排出而造成损失，因此固体燃料化学链燃烧需要低成本的载氧体。

(4)对人体和环境无害。应当尽量避免使用 Ni 基载氧体，因为 Ni 和 NiO 都是致癌物质。如果载氧体对于环境是有害的，那么相应的处理固体废弃物的成本会上升。

(5)经过长时间运行仍能够保持机械性能良好和化学性能稳定。机械性能完好并不意味着非常坚硬，而是能够在运行过程中保持其物理结构不发生破坏。颗粒结构通常会由于以下因素受到破坏：①颗粒之间或颗粒与反应器壁面之间的高速撞击；②化学链燃烧装置中反复的氧化还原反应。

(6)高的熔点。装置运行温度应当低于载氧体材料的熔点，从而避免烧结和团聚。

(7)能够将燃料完全转化为 H_2O、CO_2 的能力。

(8)能够释放气态氧的能力，即化学链氧解耦(CLOU)能力。某些材料可以在适合的温度分解，释放出气态氧直接与燃料反应。

应用于固体燃料化学链燃烧的低成本载氧体材料包括铁矿石、锰矿石、钛铁矿、工业废料等，许多的研究都用到了钛铁矿，因为它价格低廉，对合成气有较高的反应性，而且流化特性好。

关于载氧体的研究大都集中在 Fe、Ni、Mn、Cu 等单一金属的氧化物上。Ni 的氧化物价格昂贵，并且会与硫反应失活，并不是适合固体燃料化学链燃烧的载氧体；Mn 和 Fe 的氧化物成本很低，并且可以通过矿石或者废料大量获得；Cu 的氧化物成本较高，并且熔点低，不适合应用于高温场合，但是 Cu 的氧化物具有化学链氧解耦特性，值得深入研究。

载氧体并不一定是单一金属的氧化物，将不同的金属氧化物复合使用可以得到具有理想性质的化合物，这方面的研究包括将 Ca、Fe、Si、Mg、Cu 和 Ni 复合得到具有部分释放 O_2 能力的材料。此外，研究发现 Mn 和 Fe 的化合物具有迅速释放大量 O_2 的能力。目前已经成功进行测试的复合载氧体是钛铁矿（$FeTiO_3$），这是一种低成本的天然矿石，已经在许多的固体燃料化学链燃烧研究中得到了应用。复合氧化物的概念与氧化物的混合物不同，混合物不涉及产生新的化合物，而是利用不同性质载氧体材料之间的协同作用。

到 2010 年为止，已经有超过 700 种单一金属氧化物及复合氧化物载氧体材料经过了测试，这些研究的重点都在反应性上，而关于结构稳定性的研究则不多。在连续运行的机组上可以测算载氧体破碎形成的粉末产率，从而测算载氧体寿命。研究表明气体燃料化学链燃烧系统中 Ni 基载氧体的寿命可达上千小时，而固体燃料化学链燃烧系统中使用的载氧体寿命则短得多，只有数百小时。

8.5.2 固体燃料化学链燃烧的燃料

可以用于固体燃料化学链燃烧的燃料包括生物质、煤以及石油焦等，燃料的种类对于反应器系统的设计、载氧体的选择都有影响，以下将对几种常用的燃料进行讨论。

1. 煤

煤是储量最丰富的化石燃料，成本低廉，便于运输和储存。全球排放的 CO_2 中 43%都是由于煤燃烧产生的，因此绝大多数碳捕集与储存都是与煤相关的。煤通常根据煤阶的不同进行分类，生物质和泥煤可以看作是低阶煤的前驱体，随着时间的迁移可以转变为高阶煤。严格地说，石墨拥有最高的煤阶，但是很难燃烧，而且一般不作为燃料使用。一般来说随着煤阶的升高，挥发分含量降低，而固定碳含量会升高。低阶煤的反应性一般比高阶煤高几个数量级。相比于高阶煤，低阶煤更接近生物质。同高阶煤相比，低阶煤一般有如下特征：

(1)更高的挥发分含量；

(2)更丰富的孔隙结构；

(3)有机结构中有更多的杂化原子，如 O、N、S 等；

(4)低有序化的芳香结构；

(5)含量高并且弥散的催化性金属元素，如 Ca、K、Na 等。

低阶煤的无定型结构中包含更多的活性位点，因此更易与氧和水蒸气反应。在高阶煤中，碳原子晶格更加有序，孔隙率减少，在高阶的无烟煤中可以形成类似石墨的层状结构，并且焦油反应性降低。

挥发分含量高于 20%的烟煤在被加热到 300～350 ℃时会经历不稳定的中间阶段，导致黏性增加并出现烧结现象。在 10 kW 机组上使用烟煤进行实验发现煤黏性的增加会导致给料困难，但在大型化机组上运行时不会出现此类问题。此外，烧结的煤会生成冶金用的焦炭，可以应用于炼铁高炉中。但是这些焦炭反应性太低，不适合应用于化学链燃烧。研究还表明低阶煤有更高的碳捕集率和燃料转化率，但无论是低阶煤还是高阶煤，在挥发分与载氧体接触良好时都有较高的气体转化率。低阶煤的挥发分含量高于高阶煤，而挥发分中烃类含量较高，因此选择载氧剂时，应使用对烃类反应性强的。

2. 石油焦

石油焦是炼油厂将原油蒸馏后残余的重油经过热裂解得到的固体产物。石油焦硫含量较高，主要应用于水泥工业和电厂中，在煤粉锅炉中燃烧比较困难，但比较适合在流化床中燃烧。在2012年全世界共生产了1亿t石油焦，足够100座500 MW的电厂使用，并且石油焦产量还在增长。石油焦中碳含量很高，挥发分约10%，灰分约1%，尽管反应性较低，在很多的固体燃料化学链燃烧研究中都使用石油焦作为燃料，这是因为石油焦中挥发分含量很低，可以用于小型化学链燃烧装置，并且黏结性不高，便于在小型装置中给料。

3. 生物燃料

生物质中的挥发分含量很高，其干燥基挥发分含量一般可到70%～80%，并且在脱挥发分之后的焦炭是多孔的，有许多活性位点，含有气化催化剂，比低阶煤的反应性更强。但是生物质的性质与其来源密切相关，不同生物质性质差异很大。使用生物质燃料的另一个好处是可以实现CO_2的零排放，因为生物质在全生命周期内并不产生CO_2，因此无论是单独利用生物质燃料还是联合使用生物质和化石燃料，对于减少CO_2排放都是有利的。将生物燃料应用于化学链燃烧的另一个好处是燃料反应器中不用设置换热面，燃料在燃料反应器中反应，而几乎所有的热量都在空气反应器中释放，因为空气和载氧体的反应是高度放热的。因此在燃料反应器及其下游都没有过热器，从而可以避免生物质燃料中的碱金属在高温下以气态氯化物的形式释放出来，造成过热器的高温腐蚀及结焦。流化床锅炉中蒸气的温度受到生物质中高金属含量的限制，通常只能达到500～540 ℃，而化学链燃烧的流化床系统中的蒸气温度可达600 ℃，从而可以提高发电效率。

4. 混合燃料

生物质与煤的混合燃料中包含的无机元素对于燃料的转化具有非常重要的影响。煤中灰分主要由Si、Al、Ti、Fe、Ca、Mg、Na、和K的氧化物组成，其灰熔点一般为1100～1400 ℃。灰的软化温度一般高于1000 ℃，高于全尺寸化学链燃烧系统的运行温度，这说明对于固体燃料化学链燃烧来说煤灰的黏性不会影响装置运行。此外，煤和煤焦的反应性很大程度上取决于其中的无机元素类型和含量，很多的碱金属和碱土金属,如K、Na、Ca都是很有效的催化剂。值得注意的是,想要得到良好的催化效果,催化剂必须均匀地分布于有机结构中,因此向流化床锅炉中添加催化剂并不能提高气化反应的速率。生物质灰分中Ca、Mg、Na、K和P的氧化物含量丰富,导致生物质灰的熔点较低,某些秸秆燃烧后的灰分熔点可以低于800 ℃,这些灰分对耐火材料有很强的侵蚀作用,会造成过热器腐蚀。因此,使用这些生物质会对化学链燃烧反应器造成影响,限制燃料反应器温度提高。另一方面,生物质焦炭中含有的无机元素是良好的气化反应催化剂,可以提高燃料反应性。在许多燃烧生物质的循环流化床锅炉中,使用混合燃料是一种不错的选择,比如将煤与生物质混合使用,可以中和生物质灰中的有害组分,降低对换热面的损害。如上文中提到的,使用生物质燃料的化学链燃烧装置受过热器腐蚀的影响比传统的循环流化床锅炉小,不过,使用混合燃料依旧有优势,对于化学链燃烧来说也是一个不错的选择。

8.5.3 固体燃料化学链燃烧反应器设计

1. 空气反应器

现有的化学链燃烧系统反应器都是按照循环流化床的形式进行设计的,用空气反应器来驱动整个系统的固体物料循环。空气反应器的优化设计应当从以下几个方面进行考虑:①床料充足以保证载氧体有足够的停留时间进行再氧化;②从床底部携带的颗粒量需要达到满足整个系统固体物料循环的最小量,同时又要避免过量循环。循环流化床的全局流量取决于物料种类、上升管高度、固体总量以及气流速度,载氧体颗粒的循环必须能够为燃料反应器提供充足的氧和热量。

2. 燃料反应器

现有使用固体燃料的燃料反应器包括鼓泡床、循环床、喷动床、移动床等。将来全尺寸化学链燃烧的燃料反应器很有可能设计成循环流化床的形式,因为循环流化床有更高的气流速度,可以提高机组单位面积的输出热量,节省成本。在气体燃料化学链燃烧系统中,所有的气体都是从反应器的底部送入,作为流化气体。与气体燃料不同,使用固体燃料的化学链燃烧系统需要考虑不同的燃料反应器设计,还需要考虑载氧体的相关性质,包括以下几个方面。

(1)固体燃料中含有灰分,会降低载氧体寿命。一方面灰结垢会降低载氧体的反应性,另一方面灰携带载氧体从炉膛底部排出造成载氧体损失。因此寻找低成本的载氧体材料对于固体燃料化学链燃烧研究有重要意义。

(2)焦炭的气化过程比较缓慢,这就要求燃料反应器在设计时需要保证固体物料有充足的停留时间,防止焦炭颗粒气化不完全进入空气反应器中继续燃烧产生

无法被捕集的 CO_2。

(3)为了提高挥发分的转化率，进入燃料反应器的燃料应当能够使载氧体和热解释放出来的挥发分充分接触。

需要考虑的不仅是焦炭气化生成的 CO 和 H_2 的转化问题，燃料释放出的挥发分中也包含反应性较低的甲烷，不易与廉价的载氧体发生反应，这也是需要考虑的。提高燃料转化效率的措施包含以下几方面。

(1)在燃料反应器的下游加入纯 O_2，用来氧化残留的 H_2、CO 和 CH_4。

(2)将未反应气体的分离同 CO_2 的液化相结合，然后将分离出的气体送入燃料反应器进行再循环。

(3)使用能够在燃料反应器中释放 O_2 的化学链氧解耦材料。

未反应的焦炭通过分离器同载氧体分离后送回燃料反应器继续进行反应，从而可以提高碳捕集的效率。如果焦炭和载氧体末速度不同，可以通过设置分离器中的流化速度来达到更好的分离效果。对于高阶煤来说，分离器应用前景更加广泛，因为相比于低阶煤和生物质，高阶煤的焦炭反应性更差，未反应的焦炭也相应更多，模拟发现使用分离器后 CO_2 的捕集效率可以从不到 50%提高到 90%。此外，使用分离器也增加了燃料停留时间，从而可以抑制焦炭进入空气反应器。Chalmers 理工大学 100 kW 机组上使用的四腔室分离器如图 8 - 20 所示。

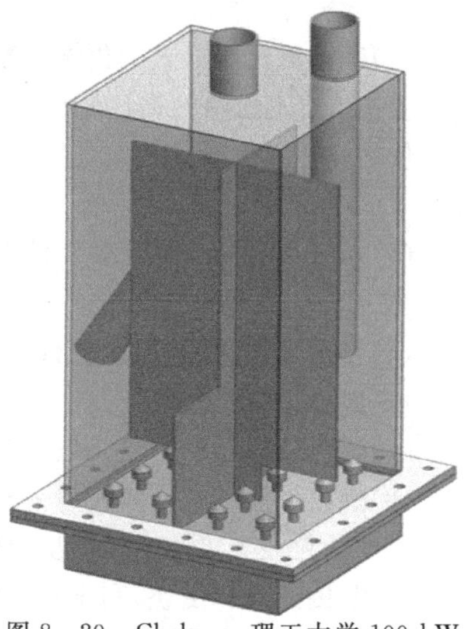

图 8 - 20　Chalmers 理工大学 100 kW 机组上使用的分离器示意图

颗粒从图中右侧的管道进入分离器，然后依次进入四个腔室，后面的管道为出口，连接到空气反应器，气体及携带的颗粒从中央上部的管道出去。

8.5.4　固体燃料化学链燃烧实验运行现状简介

为了实现化学链燃烧的大规模应用，在连续运行的机组上进行实验是非常必要的，通过这些工作可以找到性能最优的载氧体材料和反应器的最优设计方法。到目前为止已经有十多个使用固体燃料的化学链燃烧装置在运行，容量从 0.5 kW 到 100 kW 不等。另外，一个 1 MW 的实验装置已经建成，由于该系统需要使用空气氧化来保持燃料反应器的温度，只能以部分化学链燃烧的模式运行。阿尔斯通实验室也建成了一个 3 MW 的固体燃料化学链燃烧实验台，初步的实验数据显示这个装置运行良好。

现有功率为 0.3～130 kW 的化学链燃烧机组已经累计运行了 1350 h，这些机组运行的实验结果有许多共同特点。

(1)所有的系统都使用了流化床，并且绝大部分都是串行流化床。

(2)空气反应器都被设计成高速上升管的形式，为系统中载氧体的循环提供推动力，仅有的例外是法国石油研究院设计的装置，他们将空气反应器设计成两个单独的部分，按照鼓泡床的形式运行。

(3)这些系统中使用的载氧体都是天然矿石，表明低成本载氧体材料受到较多关注。

(4)基于流化床形式的化学链燃烧系统中使用的载氧体粒径一般为 100～500 μm，这也是技术成熟的循环流化床中使用的床料粒径。而俄亥俄州立大学建造的系统使用高速上升管作为空气反应器，移动床作为燃料反应器，其使用的载氧体粒径为 1～5 mm。

(5)烟煤和石油焦是最常用的燃料，最近几年使用生物质燃料进行的研究开始增多。

(6)使用煤作为燃料时，燃料粒径一般为 37～100 μm，而使用生物质时则要大得多，一般在 1000 μm。

(7)燃料反应器的温度一般维持在 900～970 ℃。

(8)燃料反应器中床料用量一般为 500～1500 kg/MW。

燃料的粒径会影响燃料的反应性和颗粒的流动特性，粒径小的燃料有更高的比表面积，因此气化更快，利于 CO_2 的捕集；另一方面，小颗粒无法像大颗粒一样留在反应器中，除非旋风分离器效果足够好，否则会有更多的固体颗粒被气流携带出去，导致固体燃料转化率降低。不过如果燃料和载氧体的末速度差别较大，就可以在分离器中将它们进行分离。在使用煤为燃料、钛铁矿为载氧体研究燃料粒径对于反应的影响时，发现当燃料粒径减小时，焦炭转化率会增大。

Chalmers 理工大学的 10 kW 串行流化床反应器的燃料反应器设计成两腔室低速鼓泡床形式，利用蒸汽进行流化，然后进入分离器，该装置使用钛铁矿作为载氧体，烟煤和石油焦作为燃料。早期的实验中燃料转化效率并不高，在改进给料方式后得到了改善。后续的研究发现当载氧体改为锰矿石后，气体转化率、气化速率都较钛铁矿有显著提高，气体转化率从使用钛铁矿时的 80%提高到使用锰矿石时的 85%～90%，实验装置示意图如图 8-21 所示。

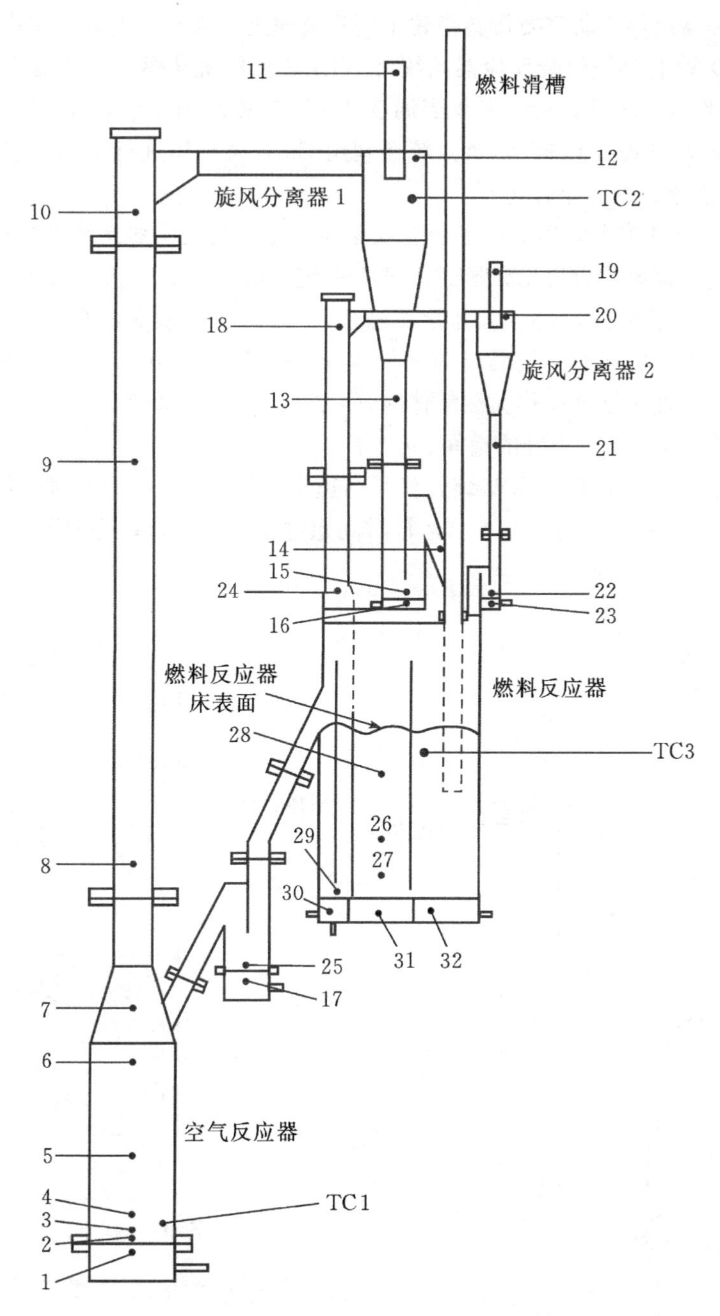

1—32 代表压力测点位置;TC1—3 代表温度测点位置

图 8-21　Chalmers 理工大学 10 kW 固体燃料化学链燃烧系统示意图

西班牙高级科学研究委员会搭建了利用高速上升管和鼓泡流化床作为燃料反应器的 500 W 化学链燃烧反应器系统，使用螺旋给料机从燃料反应器底部直接给料，钛铁矿作为载氧体。研究发现当温度从 870 ℃提高到 950 ℃时，燃料反应器中燃烧效率从 70%提高到 95%，该系统还利用 Cu 基载氧体进行了化学链氧解耦实验，可以实现燃料的完全转化。

Chalmers 理工大学还搭建了一套双循环流化床的反应器系统，即空气反应器和燃料反应器都设计成流化床形式。这套系统的特点是运行灵活性强，它的空气反应器中气流速度很高，驱动固体颗粒循环，而燃料反应器中则有内循环回路，颗粒通过循环上升管回到空气反应器中，分离器的设计也较 10 kW 反应器中使用的有所改进。在使用钛铁矿作为载氧体时，CO_2 捕集率可以达到 99%，气体转化率可以达到 84%，并且还有提升的空间。

俄亥俄州立大学的 25 kW 装置使用高速上升管作为空气反应器，移动床作为燃料反应器，在有燃料的情况下总运行时间超过 300 h，实验装置如图 8 - 22 所示。

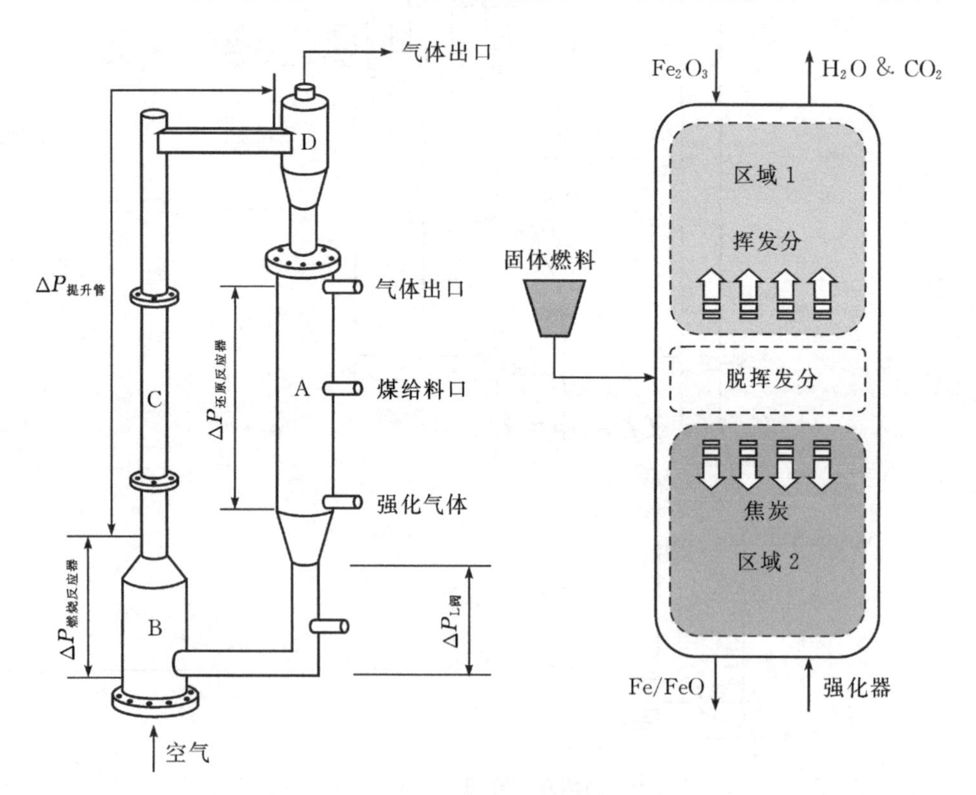

图 8 - 22　俄亥俄州立大学 25 kW 化学链燃烧装置

Bayhan 等人在这套装置上使用 Fe 氧化物作为载氧体，实现了有燃料情况下 203 h 不间断运行，固体燃料转化率几乎可以达到 100%，燃料反应器出口 CO_2 纯度超过 99%。

汉堡科技大学的研究者们也搭建了一套 25 kW 化学链燃烧反应装置，利用高速上升管作为空气反应器来驱动物料循环，但是燃料反应器设计成两级鼓泡床。使用澳大利亚钛铁矿为载氧体，燃料反应器出口的干燥基 CO_2 浓度可达 90%，逃逸到空气反应器中的碳约为 1.5%，实验装置图如图 8-23 所示。

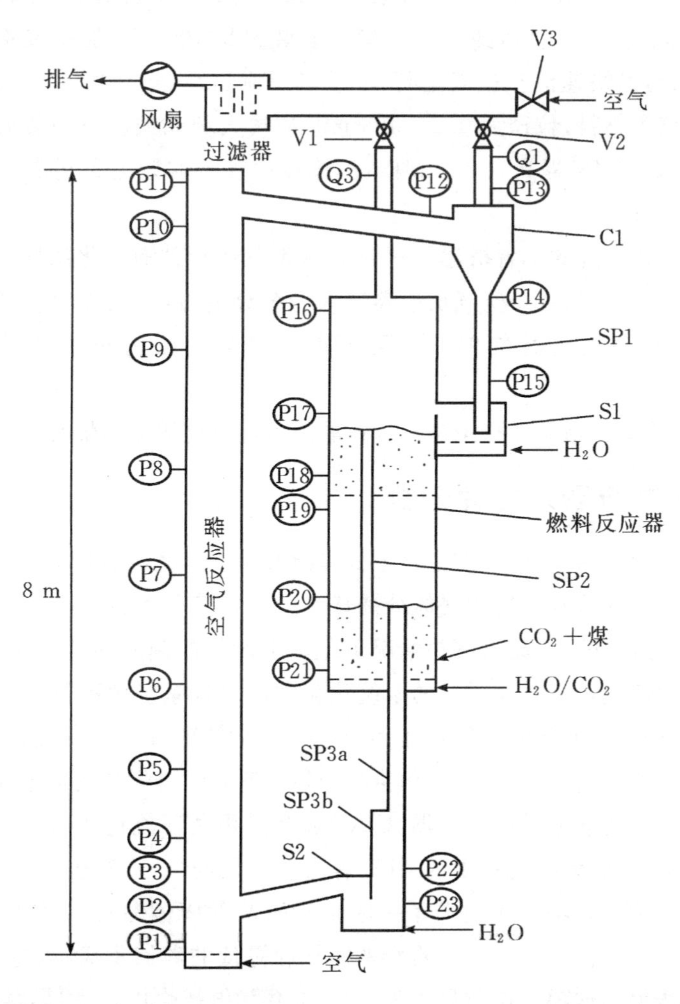

P1—P23 为压力测点；V1，V2，V3—阀门；C1—旋风分离器；S1—环封；S2—虹吸管；SP1，SP2，…—竖管；Q1，Q3—流量计

图 8-23　汉堡科技大学 25 kW 化学链燃烧系统示意图

东南大学的研究者设计了三套反应器系统，其中 10 kW 和 1 kW 的系统利用高速上升管作为空气反应器，喷动流化床作为燃料反应器。在 10 kW 反应器上以 Fe 氧化物为载氧体，锯末为燃料时，气体转化率并不高，使用 Ni 基载氧体时，只有 93%的气体可以转化为 CO_2。研究人员在该装置上还进行了长达 100 h 的实验来研究在硫和灰分的影响下 Ni 基载氧体的反应性变化情况，结果表明在实验过程中载氧体反应性下降，对载氧体颗粒的分析表明造成这种现象的原因主要是烧结效应以及表面积减小。在 1 kW 装置上使用赤铁矿为载氧体，烟煤为燃料，运行温度 950 ℃时气体转化率可以达到 96%。第三套装置是 100 kW 加压实验台，燃料反应器高 8.5 m，以快速流化模式运行，而空气反应器则处于湍流区。在热功率 50 kW，使用烟煤为燃料，粒径为 0.2～0.8 mm 的澳大利亚铁矿石为载氧体时，随着运行压力从 0.1 MPa 提高到 0.5 MPa，气体转化率从 94%提高到 98%，实验装置图如图 8-24 所示。

法国石油研究院的学者搭建了一套 10 kW 的串行鼓泡流化床反应器，该系统包括一个燃料反应器、两个空气反应器以及一个分离器，使用煤为燃料，天然矿石为载氧体，当燃料反应器在 940 ℃运行时，碳捕集率可达 99%，气体转化率高于 90%。

表 8-6 总结了相关文献中连续运行的固体燃料化学链燃烧装置。

8.5.5 成本与额外能耗分析

关于二氧化碳捕集，通常有三种方式：燃烧前捕集、燃烧后捕集与富氧燃烧，但是这些捕集方式都涉及昂贵的气体分离成本。而对于化学链燃烧来说，气体的分离是整个燃烧过程的一部分，理想情况下化学链燃烧的额外能耗产生于二氧化碳的压缩。使用燃气轮机联合循环的系统比化学链燃烧系统效率更高，但除非使用加压系统，否则还是低于蒸汽轮机循环的效率。事实上，不采用气化的固体燃料燃烧效率都低于蒸汽循环，这也是为何推进固体燃料化学链燃烧的商业化如此迫切。

固体燃料的化学链燃烧反应器(CLC)通常采用循环流化床(CFB)的形式，因此固体燃料的 CLC 系统同常规的 CFB 有许多相似的特征，这也是一个巨大的优势。欧盟的 ENCAP 项目中建造了一座 455 MW 的固体燃料 CLC-CFB 电厂，相比于常规的 CFB 电厂，它有更少的额外能耗和更低的碳捕集成本，主要的额外成本来自 CO_2压缩。这项工作前景乐观，因为在化学链燃烧中，气体燃料的转化率几乎可以达到 100%。

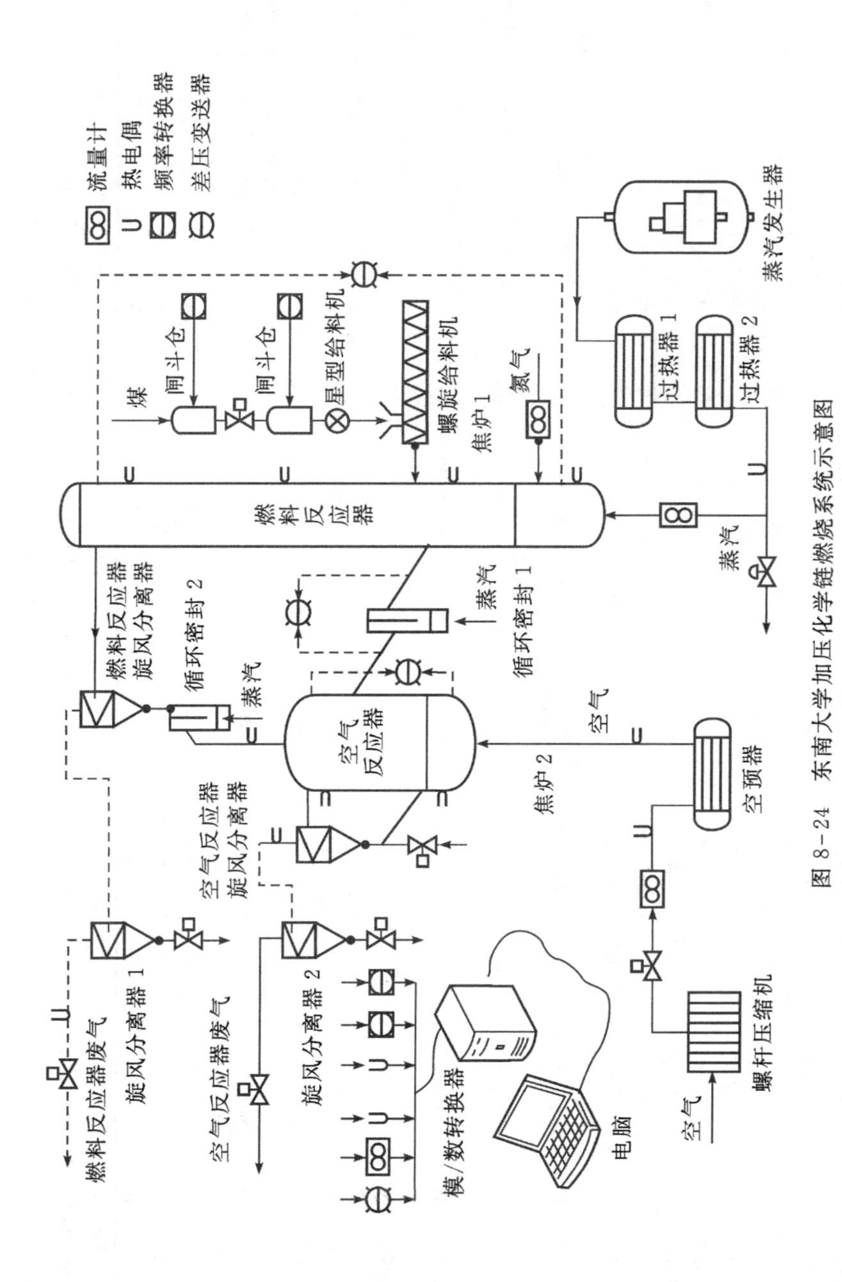

图 8-24　东南大学加压化学链燃烧系统示意图

表 8－6　固体燃料化学链燃烧装置运行状况

机构	年份	容量/kW	载氧体	载氧体粒径/μm	燃料	燃料粒径/μm	燃料功率/kW	燃料反应器温度/℃	运行时间/h	参考文献
CSIC	2011	0.5	钛铁矿	225	烟煤	100/160/250	0.3	820～950	61	Cuadrat 等(2011a,2011b)
CSIC	2012	0.5	铁基铝土矿	200	烟煤	200	0.5	875～925	50	Mendiara 等(2012)
CSIC	2013—2014	1.5	60%CuO	160	无烟煤、烟煤、褐煤、生物质	250(煤)/1000(生物质)	0.5～1.2	860～950	65	Adanez-Rubio 等(2013,2014)和 Adanez-Rubio 等(2014)
CUT	2008	10	钛铁矿	170	烟煤	100	3.3	950	22	Berguerand 和 Lyngfelt(2008a)
CUT	2008—2009	10	钛铁矿	170	石油焦	80	6～10	950～1000	55	Berguerand 和 Lyngfelt(2008b、2009a、2009b)
CUT	2011	10	钛铁矿＋石灰	170	石油焦	80	4～9	950～1000	8	Cuadrat 等(2011)
CUT	2012	10	锰矿石、钛铁矿	170	石油焦、烟煤	80	3～9	950～1000	39	Linderholm 等(2012)
CUT	2013	10	锰矿石、锰矿石＋石灰	170	石油焦	80	5.9	930～960	15	Linderholm 等(2013)
CUT	2012—2014	100	钛铁矿	170	烟煤、石油焦	45(烟煤)、80(石油焦)	43～130	915～980	23	Markstromom, Lyngfelt 和 Linderholm (2012), Markstromom, Linderholm 和 Lyngfelt (2013b,2014)
HUT	2013	25	铜基载氧体	285	褐煤	70	9～26	900	22	Thon, Kramp, Hartge, Heinrich 和 Werther (2013)
HUT	2014	25	钛铁矿	200	褐煤	70		895～940	21	Thon, Kramp, Hartge, Heinrich 和 Werther (2014)
IEP	2012	10	矿石	—	生物质	120		850～940	52	Sozinho, Pelletant, Stainton, Guillou 和 Gauthier(2012)
OSU	2013—2014	25	铁氧化物	2500	烟煤、半烟煤、褐煤、煤焦	≤100	25	900～1010	313	Bayham 等(2013), Kim 等(2013)和 Luo 等(2014)
SU	2009	10	Fe_2O_3	450	生物质	1500	12	740～920	30	Shen, Wu, Xiao, Song 和 Xiao(2009)
SU	2009	10	NiO/Al_2O_3	300	烟煤、生物质	380(烟煤)	8.3(生物质)	720～980	230	Shen, Wu, Gao 和 Xiao(2009), Shen, Wu 和 Xiao(2009)和 Wu, Shen, Xiao, Wang 和 Hao (2009)
SU	2011	1	铁矿石	200	烟煤、生物质	325		720～930		Gu 等(2011)
SU	2012	1	赤铁矿	200	烟煤、烟煤焦	325	0.7	880～950	40	Song 等(2012)
SU	2012	100	铁矿石	500	烟煤	1000	0.3	950	19	Xiao 等(2012)

注：CSIC：西班牙高级科学研究委员会(Consejo Superior de Investigaciones Científicas,Spain)；IFP：法国石油研究院(Institut Français du Pétrole,France)；
OSU：俄亥俄州立大学(Ohio State University,USA)；　CUT：Chalmers 理工大学(Chalmers University of Technology,Sweden)；
SU：东南大学(Southeast University, Nanjing,China)；　HUT：汉堡科技大学(Hamburg University of Technology,Germany)

常规的 CFB 锅炉与 CLC 锅炉形式对比如图 8 - 25 所示，图中是由三个柱状单元组成的大型锅炉。总体来看在流速接近的情况下通过系统的气量是一致的，因此横截面是十分相似的。但是在 CLC 系统中大约四分之三的气体是空气，而剩下的四分之一则是燃烧产生的 CO_2 和 H_2O。此外，载氧体需要在两个反应器之间循环，因此空气反应器之中的气体会进入燃料反应器中，而床料需要通过管道之类的通道返回到空气反应器中。至于锅炉的成本，最主要的差异在于燃料反应器不需要冷却，因此需要使用耐高温材料来建造，从而减小热损失。这也会减少整体的冷却区域，导致在其他的地方需要额外的冷却。

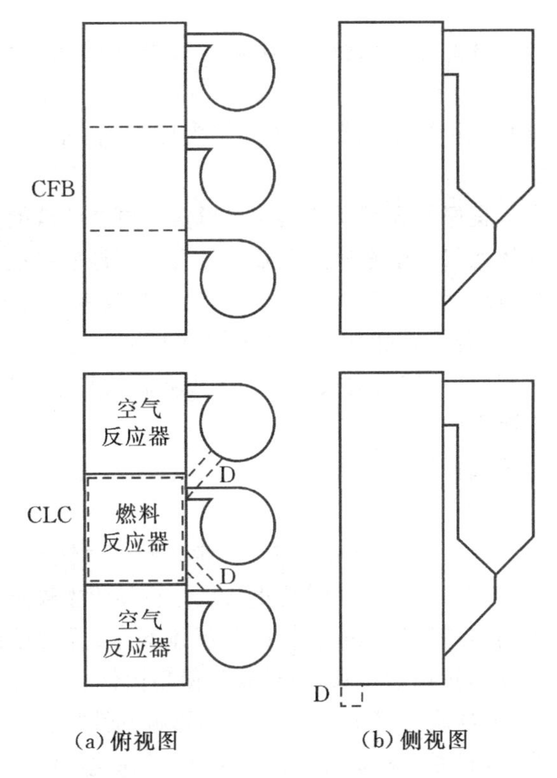

图 8 - 25　CFB 与 CLC 锅炉示意图对比

总的来说，CLC 锅炉要比 CFB 锅炉成本高，但是这种成本一般不会高于 25%～50%。假设锅炉成本是电厂总成本的 40%，那么整体的投资会提高大约 10%～20%。

除了锅炉成本的上升之外，CO_2 压缩、载氧体以及通入 O_2 提高燃料转化率等都是主要的额外成本。但是相比于传统的 CFB 锅炉，从空气反应器处理的烟气中

一般没有 NO_x 和 SO_2 等有害气体。由于燃料中的 N 和 S 等形成的化合物主要集中在燃料反应器的少量气流中，便于分离，从而降低了脱硫和脱硝的费用。

8.5.6 固体燃料化学链燃烧总结与展望

经过多年研究，在固体燃料化学链燃烧方面已经取得了一些进展。

(1)多种燃料反应器，包括鼓泡床、循环流化床、移动床等都已被设计出来，并进行了相关测试。

(2)灰分对于载氧体颗粒的影响已经有了一些研究，但是还需要进行更多的工作。

(3)硫、氮在反应器中的演变过程以及硫与载氧体的相互作用已经进行了研究。

(4)研究发现同时使用多种载氧体材料作为床料时，不同颗粒间存在协同作用。

研究也发现在设计良好的大型反应器中可以实现更高的碳捕集率以及更高的固体燃料转化率。固体燃料化学链燃烧面临的最大挑战是如何在燃料反应器中实现较高气化率，在燃料反应器中产生的一些气体无法与载氧体实现充分接触，导致 CO、H_2 等无法完全反应，便会在燃料反应器出口有残留。使用化学链氧解耦材料可以改善这种状况，但是目前使用的天然材料都没有释放气态氧的特性，这就无法避免在燃料反应器下游发生氧化反应。

对于最优的载氧体选择目前还没有定论，正如前面所提到的，天然矿石可能是一种不错的选择，锰矿石的反应性较高，但是在流化床中的稳定性不好；另一种可行的途径是使用混合的天然材料，比如钛铁矿、赤铁矿以及锰矿石的混合物，通过这种方法可以在实现较高反应性的同时防止载氧体破碎产生较多粉末。

有些学者研究了固体燃料化学链燃烧中载氧体寿命的预测问题，发现载氧体寿命一般在 500～1000 h，这虽然不长，但远高于使用固体燃料的循环流化床床料使用寿命，这是因为有害物质会沉积在床料表面，影响其性能。不断更换床料是清除这些物质的好方法，床料通常从炉膛底部排出，但是在化学链燃烧的循环流化床中，床料通常和飞灰、细载氧体粉末共存，不可避免地会造成物料的损失。

许多关于固体燃料化学链燃烧的研究使用的都是化石燃料与生物质燃料，这些燃料最大的区别就是挥发分含量的不同，生物质中焦炭与挥发分之比约为1∶4，而在一些烟煤中则为 4∶1。由于挥发分为气态，并且气体与载氧体反应较之固体焦炭更加容易，因此只要挥发分与载氧体能够接触良好，并且载氧体对挥发分气体反应性高，那么生物质是一种非常适合用于化学链燃烧的燃料。考虑到煤储量丰富，而且目前是电厂发电的主要燃料，因此煤和生物质联合使用也是很有前景的。

未来固体燃料化学链燃烧更加关注以下几方面：

(1)在大型化装置上长时间运行的实验；

(2)基于全尺寸化学链燃烧反应器的更加详尽的研究；

(3)反应器尤其是燃料反应器的优化设计；

(4)对于载氧体寿命的更精准的预测。

固体燃料化学链燃烧电厂与传统的循环流化床电厂之间有许多共同点，这些共同点使得固体燃料化学链燃烧装置更容易投入实际应用，实现电能的规模化生产。尽管固体燃料化学链燃烧反应器的优化设计还有很多的工作要做，但毫无疑问化学链燃烧技术在避免 CO_2 捕集气体分离的高昂成本上有着巨大优势，在未来的应用有着巨大潜力。

参考文献

[1] 魏国强，何方，黄振，等. 化学链燃烧技术的研究进展[J]. 化工进展，2012，31(4)：713－725.

[2] 卢玲玲，王树众，姜峰，等. 化学链燃烧技术的研究现状及进展[J]. 现代化工，2007，27(8)：17－22.

[3] 刘杨先，张军，盛昌栋，等. 化学链燃烧技术中载氧体的最新研究进展[J]. 现代化工，2008，28(9)：27－32.

[4] 刘永强，王志奇，吴晋沪，等. 铜基载氧体与可燃固体废弃物化学链燃烧特性研究[J]. 燃料化学学报，2013，41(9)：1056－1063.

[5] 王强. 化学链氧解耦燃烧中锰基载氧体特性实验研究[D]. 重庆：重庆大学，2014.

[6] 高正平，沈来宏，肖军，等. 煤化学链燃烧 Fe_2O_3 载氧体的反应性研究[J]. 燃料化学学报，2009，37(5)：513－520.

[7] 汪文榕. 基于钙基载氧体的化学链燃烧实验研究[D]. 武汉：华中科技大学，2012.

[8] FENNELL P, ANTHONY B. Calcium and chemical looping technology for power generation and carbon dioxide (CO_2) capture[M]. Cambridge, Eng.: Woodhead Publishing, 2015.

[9] RYDÉN M, MOLDENHAUER P, LINDQVIST S, et al. Measuring attrition resistance of oxygen carrier particles for chemical looping combustion with a customized jet cup[J]. Powder Technology, 2014, 256: 75－86.

[10] 刘黎明,赵海波,郑楚光. 化学链燃烧方式中氧载体的研究进展[J]. 煤炭转化,2006,29(3):83-93.

[11] SCALA F. Fluidized Bed Technologies for Near-Zero Emission Combustion and Gasification[M]. Cambridge, Eng.: Woodhead Publishing,2013.

[12] 张思文,沈来宏,肖军,等. 碱土金属 Ca 对铁矿石载氧体煤化学链燃烧的影响[J]. 中国电机工程学报,2013,33(2):39-45.

[13] ADANEZ J, ABAD A, GARCIA-LABIANO F, et al. Progress in chemical-looping combustion and reforming technologies[J]. Progress in Energy & Combustion Science,2012,38(2):215-282.

[14] CABELLO A, DUESO C, GARCÍA-LABIANO F, et al. Performance of a highly reactive impregnated Fe_2O_3/Al_2O_3 oxygen carrier with CH_4 and H_2S in a 500 Wth CLC unit[J]. Fuel,2014,121(4):117-125.

[15] GAYÁN P, CABELLO A, GARCÍA-LABIANO F, et al. Performance of a low Ni content oxygen carrier for fuel gas combustion in a continuous CLC unit using a CaO/Al_2O_3 system as support[J]. International Journal of Greenhouse Gas Control,2013,14(2):209-219.

[16] GARCÍALABIANO F, DIEGO L F D, GAYÁN P, et al. Effect of fuel gas composition in chemical-looping combustion with Ni-based oxygen carriers. 1. Fate of Sulfur[J]. Industrial & Engineering Chemistry Research,2009,48(5):2499-2508.

[17] DIEGO L F D, GARCÍA-LABIANO F, GAYÁN P, et al. Performance of Cu-and Fe-based oxygen carriers in a 500 Wth CLC unit for sour gas combustion with high H_2S content[J]. International Journal of Greenhouse Gas Control,2014,28:168-179.

[18] LYNGFELT A, THUNMAN H. Construction and 100 h of Operational Experience of A 10-kW Chemical-Looping Combustor[M]. Amsterdam: Elsevier Ltd,2005:625-645.

[19] ADÁNEZ J, GAYÁN P, CELAYA J, et al. Chemical Looping Combustion in a 10 kW_{th} Prototype Using a CuO/Al_2O_3 Oxygen Carrier: Effect of Operating Conditions on Methane Combustion[J]. Industrial & Engineering Chemistry Research,2006,45(17):6075-6080.

[20] RIFFLART S, HOTEIT A, YAZDANPANAH M M, et al. Construction and operation of a 10 kW CLC unit with circulation configuration enabling independent solid flow control[J]. Energy Procedia,2011,4:333-340.

[21] WANG S, WANG G, JIANG F, et al. Chemical looping combustion of coke oven gas by using Fe_2O_3/CuO with $MgAl_2O_4$ as oxygen carrier[J]. Energy & Environmental Science, 2010, 3(9): 1353 - 1360.

[22] RYU H J, JIN G T, BAE D H, et al. Continuous operation of a 50 kW_{th} chemical-looping combustor: long-term operation with Ni-and Co-based oxygen carrier particles[C]. 5th China-Korea Joint Workshop on Clean Energy Technology, 2004.

[23] RYU H, JO S H, PARK Y C, et al. Long term operation experience in a 50 kW_{th} chemical looping combustor using natural gas and syngas as fuels [C]. 1st International Conference on Chemical Looping, 2010.

[24] KOLBITSCH P, PRÖLL T, BOLHAR-NORDENKAMPF J, et al. Design of a chemical looping combustor using a dual circulating fluidized bed (DCFB) reactor system[J]. Chemical Engineering & Technology, 2010, 32 (3): 398 - 403.

[25] MOLDENHAUER P, RYDÉN M, MATTISSON T, et al. Chemical-looping combustion and chemical-looping with oxygen uncoupling of kerosene with Mn- and Cu-based oxygen carriers in a circulating fluidized-bed 300 W laboratory reactor[J]. Fuel Processing Technology, 2012, 104: 378 - 389.

[26] MOLDENHAUER P, RYDÉN M, MATTISSON T, et al. The use of ilmenite as oxygen carrier with kerosene in a 300 W CLC laboratory reactor with continuous circulation[J]. Applied Energy, 2014, 113(1): 1846 - 1854.

[27] MOLDENHAUER P, RYDÉN M, MATTISSON T, et al. Chemical-looping combustion and chemical-looping reforming of kerosene in a circulating fluidized-bed 300 W laboratory reactor[J]. International Journal of Greenhouse Gas Control, 2012, 9: 1 - 9.

[28] CAO Y, LI B, ZHAO H Y, et al. Investigation of asphalt (bitumen)-fuelled chemical looping combustion using durable copper-based oxygen carrier[J]. Energy Procedia, 2011, 4(1): 457 - 464.

[29] HOTEIT A, FORRET A, PELLETANT W, et al. Chemical looping combustion with different types of liquid fuels combustion en boucle chimique avec differentes charges liquides[J]. Oil & Gas Science & Technology, 2011, 66(2): 193 - 199.

[30] AZIMI G, RYDÉN M, LEION H, et al. $(Mn_zFe_{1-z})_yO_x$ combined oxides as oxygen carrier for chemical-looping with oxygen uncoupling[J]. Aiche

Journal,2013,59(2):582 - 588.

[31] MARKSTRÖM P, LINDERHOLM C, LYNGFELT A. Chemical-looping combustion of solid fuels-design and operation of a 100 kW unit with bituminous coal[J]. International Journal of Greenhouse Gas Control,2013,15:150 - 162.

[32] STRÖHLE J, ORTH M, EPPLE B. Design and operation of a 1 MW_{th} chemical looping plant[J]. Applied Energy,2014,113(C):1490 - 1495.

[33] ABDULALLY I, BEAL C, ANDRUS H, et al. Alstom's Chemical Looping Prototypes, Program Update[C]//37th International Technology conference on clean coal & Fuel system,2012.

[34] LINDERHOLM C, LYNGFELT A, CUADRAT A, et al. Chemical-looping combustion of solid fuels-operation in a 10 kW unit with two fuels, above-bed and in-bed fuel feed and two oxygen carriers, manganese ore and ilmenite[J]. Fuel,2012,102(6):808 - 822.

[35] CUADRAT A, ABAD A, GARCÍA-LABIANO F, et al. The use of ilmenite as oxygen-carrier in a 500 W chemical-looping coal combustion unit[J]. International Journal of Greenhouse Gas Control,2011,5(6):1630 - 1642.

[36] BAYHAM S C, KIM H R, WANG D, et al. Iron-Based coal direct chemical looping combustion process: 200-h continuous operation of a 25-kW_{th} subpilot unit[J]. Energy & Fuels,2013,27(3):1347 - 1356.

[37] THON A, KRAMP M, HARTGE E U, et al. Operational experience with a system of coupled fluidized beds for chemical looping combustion of solid fuels using ilmenite as oxygen carrier[J]. Applied Energy,2014,118(1):309 - 317.

[38] XIAO R, CHEN L, SAHA C, et al. Pressurized chemical-looping combustion of coal using an iron ore as oxygen carrier in a pilot-scale unit[J]. International Journal of Greenhouse Gas Control,2012,10(5):363 - 373.

第 9 章　微小尺度燃烧

9.1　微小尺度燃烧背景

微小尺度燃烧的需求来自军事和民用两个方面。例如，不断涌现的微小型飞行器、微小机器人、单兵作战系统以及各种便携式电子设备对动力的迫切需求。目前这些设备大都由传统的化学电池驱动，然而化学电池存在能量密度小、使用时间短、体积和重量大、充电时间长等缺点，而氢气和碳氢化合物燃料相比传统电池有着高几十倍的能量密度。美国加州大学伯克利分校的 Fernandez-Pello 教授在第 29 届国际燃烧会议的特邀报告中指出：典型液体碳氢化合物的能量密度约为 45 MJ/kg，而锂电池的能量密度仅约为 1.2 MJ/kg，如图 9－1 所示。因此，如果基于燃烧的微小型动力装置和系统能够实现稳定高效的燃烧，就具有与化学电池竞争的巨大潜力。

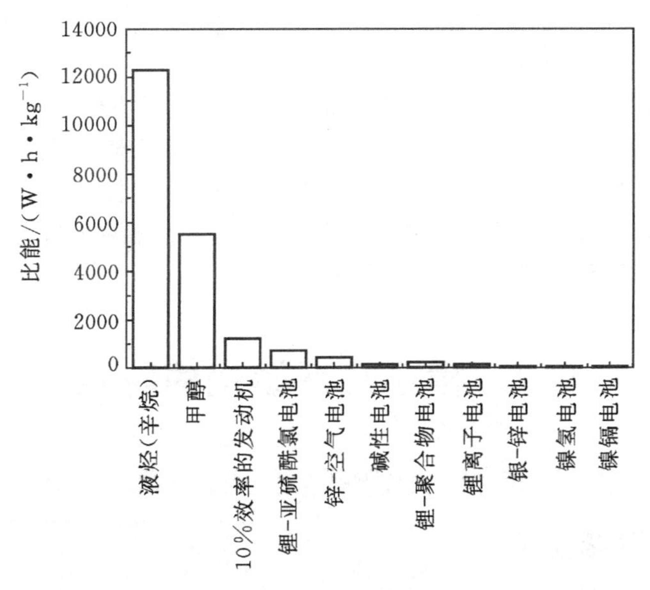

图 9－1　液体碳氢化合物、效率为 10% 的内燃机以及几种一次、二次电池技术的比能

在经典燃烧学的文献中，很多学者对表面散热损失对燃烧的影响进行了研究。在预混气体中，当燃烧放热量减去从气体传出的热量后，如小于点燃混合气体所需的能量时，火焰将会熄灭。对管内预混燃烧的研究表明，如果火焰管的内径小于某个临界直径，从火焰向管壁的传热将使反应发生淬熄。在该临界直径以下，燃烧只有依靠外界对管壁的加热才能稳定，故该临界直径一般称为淬熄直径（或称消焰直径），对于平行通道而言称作淬熄距离。

在以往研究中，“微尺度燃烧”的定义通常采用三种不同的长度尺寸。第一种被广泛用来定义“微尺度”和“介观尺度”燃烧的长度尺寸是燃烧器的物理尺寸。如果燃烧器的物理尺寸小于 1 mm，燃烧就被称为微尺度燃烧，如果燃烧器的物理尺寸大于 1 mm，但处于 1 cm 量级，燃烧则被称为介观尺度燃烧，这种定义在开发微型内燃机时被广泛采用。第二种定义使用火焰稳定性的临界长度尺寸——淬熄直径。如果燃烧器尺寸小于（大于）淬熄直径，则被称为微尺度（介观尺度）燃烧，这个定义从火焰的物理状态来说更有意义，因此进行微尺度燃烧基础研究的学者更倾向于采用该定义；然而，由于淬熄直径是由混合物组成（当量比）和壁面性质（温度和表面反应性）共同决定的，因此很难定量地定义微尺度和介观尺度燃烧的边界。第三种定义微尺度和介观尺度燃烧的方式是出于相似和比较目的，使用该微小型装置与传统大尺度装置的相对长度尺寸。例如，用于微卫星的微燃烧器并不意味着燃烧器是微尺度，其仅表明该燃烧器用于微卫星，这种卫星的质量为 10～100 kg，与典型商业卫星（>1000 kg）相比是微小的，这种定义常被开发特殊用途的微型推进器的研究者所采用。

由于本章主要讨论微小尺度下燃烧的基础问题，为了方便起见，本书中将小于或接近淬熄直径的燃烧，统称为微小尺度燃烧。在微小尺度下，燃烧室特征尺寸已经接近或小于淬熄直径或淬熄距离，从而使得燃烧不稳定性急剧增加。面对该挑战，从 20 世纪 90 年代开始，关于微动力系统和微小尺度燃烧的研究就受到世界各国科学家的高度重视，我国学者也进行了大量研究。

9.2 微小尺度燃烧的特点

与传统燃烧过程相比，微小尺度燃烧主要面临以下四个方面的挑战。

9.2.1 散热损失大

传统燃烧器通过壁面的热损失通常可忽略不计，但对于微小型燃烧器来说这却是一个非常重要的因素。因为常规燃烧器的面体比为 3～5 m^{-1}，而微尺度燃烧器的面体比大约为 500 m^{-1}，相比而言增大了两个数量级。

对于一个燃烧器来说，表面散热损失与燃烧反应的总放热量之比可以写成式(9-1)

$$\frac{E''}{\dot{E}}=\frac{A_s h(T-T_w)}{vol \times \dot{Q}} \tag{9-1}$$

式中：E''为表面散热损失，kJ；$\dot{E}$ 为燃烧反应的总放热量，kJ；A_s为表面面积，m^2；h 为对流换热系数，W/(m^2·K)；T 为燃烧器表面温度，K；T_w为环境温度，K；vol 为燃料体积流量，m^3/s；$\dot{Q}$ 为单位体积放热量，kJ/m^3。

对于给定的燃料、当量比、进气温度和压力，燃烧过程中每单位体积释放的能量 $\dot{Q}$ 是不变的。同时，因为不同流动工况下努塞尔数与雷诺数之间的关系不同，湍流情况下努塞尔数对雷诺数更为敏感，如式(9-2)所示

$$Nu_d \propto \sqrt[5]{Re_d^4} \tag{9-2}$$

式中：Nu_d为努塞尔数，1；Re_d为雷诺数，1。

对流换热系数可表示为式(9-3)

$$h=\frac{k \cdot Nu_d}{d_h} \tag{9-3}$$

式中：k 为导热系数，W/(m·K)；d_h为水力直径，m。

综合式(9-2)和式(9-3)，可见对流换热系数和当量直径的 1/5 次方成反比；另外，燃烧器的面积和体积分别与当量直径的 2 次方和 3 次方成正比。如果假设壁面和流体之间的温差对常规燃烧器和微小型燃烧器来说大致相等，综合以上几个方面，最后根据式(9-1)可得到热损失与产热量之间的比例关系如下式所示为

$$\frac{E''}{\dot{E}} \propto \frac{1}{d_h^{1.2}} \tag{9-4}$$

由于微尺度燃烧器的水力直径是 2 mm 的数量级，比常规燃烧器水力直径小数百倍，因此，热损失与产热量之比要比常规燃烧器大两个数量级。大的表面热损失对气相燃烧有两重影响。首先，大的热损失对总的燃烧效率有直接影响，因此，微小型燃烧器不太可能达到常规燃烧器情况下高达 99%的效率；其次，热损失会降低反应温度，从而增加化学反应时间，并使可燃极限变窄，加剧燃烧过程的恶化。

9.2.2　气体混合物停留时间短

燃料能否在有限的空间内燃烧完全，还取决于燃料与氧化剂混合物的停留时间。表 9-1 对微尺度燃烧器与传统燃烧器在几何尺寸和运行参数等方面进行了比较。对于能量转换装置来说，功率密度是最重要的度量标准，表 9-1 表明微尺

度燃烧器的功率密度比传统燃烧器高50%以上，这是由于微尺度燃烧器内每单位体积对应的高气体流量的直接结果。

因为化学反应时间并不随质量流量或燃烧装置容积而变化，因此微尺度燃烧器高功率密度的实现要看气体混合物在通过燃烧装置中的有限时间内能否完成燃烧过程而定。

表9-1　微尺度燃烧器与传统GE90燃烧器的运行参数比较

项目	传统燃烧器	微尺度燃烧器
长度/m	0.2	0.001
容积/m^3	0.073	6.6×10^{-8}
横截面积/m^2	0.36	6×10^{-5}
进口总压/atm	37.5	4
进口总温/K	870	500
质量流量/($kg\cdot s^{-1}$)	140	1.8×10^{-4}
停留时间/ms	～7	～0.5
效率/%	>99	>90
压比	>0.95	>0.95
出口温度/K	1800	1600
功率密度/($MW\cdot m^{-3}$)	1960	3000

对于气体燃烧器内时间的限制可以用基于邓克尔数Da_1来定量化，该无量纲数是特征停留时间与特征化学反应时间之比，如下式所示为

$$Da_1=\frac{\tau_{\text{residence}}}{\tau_{\text{reaction}}}\tag{9-5}$$

为了保证Da_1大于1，要么增加特征停留时间，要么减少化学反应时间。

特征停留时间可用通过燃烧器的容积流表示，即

$$\tau_{\text{residence}}\approx\frac{\text{volume}}{\text{volumetric}\cdot\text{flow time}}=\frac{VP}{\dot{m}RT}\tag{9-6}$$

式中：$\tau_{\text{residence}}$为特征停留时间，s；V为燃烧室体积，m^3；P为运行压力，Pa；$\dot{m}$为质量流量；kg/s；R为气体常数，8.314 $J\cdot(mol\cdot K)^{-1}$；T为燃烧温度，K。

可以通过增大燃烧腔的尺寸、减小质量流量或者提高运行压力来增加停留时间。

反应时间主要是燃料性质和混合物温度及压力的函数。一种减小化学反应时

间尺度的方式是应用非均相表面催化作用。然而，使用催化反应要考虑引入另一个时间尺度，即扩散时间。因为反应组元扩散到催化表面常常是催化反应的控制因素。当一种组元穿过另一种组元进行传输时，其扩散时间跟分子扩散系数 D_{AB} 相关。

另外，还需要引入两个相关的无量纲参数。其中一个为基于扩散的邓克尔数 Da_2，它是扩散时间与特征化学反应时间的比值，如下式所示为

$$Da_2 = \frac{\tau_{\mathrm{diffusion}}}{\tau_{\mathrm{reaction}}} \tag{9-7}$$

它指出是化学反应还是质量传输起支配作用。另一个为贝克来数 Pe，其定义为扩散时间与停留时间的比值，如下式所示为

$$Pe = \frac{\tau_{\mathrm{diffusion}}}{\tau_{\mathrm{residence}}} \tag{9-8}$$

贝克来数大于 1 意味着很大数量的反应物通过燃烧器时没有到达催化剂表面进行反应，对于一个具有短通流时间的高功率密度微型燃烧器来说，这是对功率密度最基本的限制。

9.2.3　材料方面的限制

对于利用硅制造的微燃烧系统来说，在材料方面也受到限制，其中最重要的要求就是壁面极限温度要低于 1300 K，当壁温高于此温度时，硅开始软化。当然，硅材料具有较好的导热和辐射换热性能，能够将热量快速传递到外界环境从而使燃烧器壁温保持在 1300 K 以下。对于有旋转部件的微型燃机来说，为了防止材料蠕变，需要保持更低的壁温，比如低于 1000 K；另外，如果使用贵金属催化剂薄膜时，对材料还有更进一步的限制，当铂催化剂长时间暴露于超过 1200 K 的环境时，开始发生凝聚结块现象，这将减小发生催化作用的活性表面积。

在温度要求更高的情况，经常使用 SiO_2、SiC、Si_3N_4 和 Al_2O_3 之类的陶瓷材料，它们能够承受大约 1700 K 的温度，但是，这些材料容易因为热应力而发生损坏。

9.2.4　化学基元的壁面淬熄

对于微尺度燃烧装置，由于表面积与体积的比率大大增加，这一变化不仅会导致通过燃烧器壁面的散热增加，也会增大反应自由基与壁面碰撞而销毁的概率。这些变化都会增加化学反应时间，甚至可能会阻止气相燃烧反应的开始，或者导致正在进行的反应发生淬熄，因此，对于微尺度燃烧装置通常需要采用一定的控制热损失和反应过程的措施。

9.3 微小尺度燃烧技术研究

9.3.1 微小通道中的燃烧

1. 常见的实验装置

微小通道中的燃烧试验装置通常包括图 9-2 所示的 3 种,这些装置的不同之处仅仅在于微通道的加热方法不同,而并没有本质上的区别。

在装置Ⅰ中,使用了圆筒形的电加热器来对微通道进行加热,由于电加热器的覆盖,微通道内的火焰动态特征不能直接观察。为此,在使用过程中,加热 3 min 后,当微通道壁温达到稳定状态,将电加热器迅速往下游方向移开,这样就可以观察到内部燃烧情况。由于石英管的管壁比较厚(2.0 mm),热容量较大,当电加热器移除后的几秒内管壁温度保持基本不变。该装置的优点是微通道的横截面方向的加热非常均匀,缺点在于当将电加热器移开后再对火焰位置进行测量时,由于耗时较长,壁温会逐渐降低,从而会对实验结果造成一定的影响。

在装置Ⅱ中,使用了两块平板状的电加热器从上下两面对微通道进行加热,这种加热方式下可以实现对管内火焰的直接观察。此外,由于加热器的纵深宽达 30 mm,远大于微通道的内径,因此,微通道横截面方向的温度分布非常均匀。该装置虽然可以精确测量火焰位置,但由于电加热原件的可见光太强,很难用肉眼来对火焰进行直接观察,尤其是对发光度很低的火焰观察就变得更加困难,通常需要采用图像增强器来解决该问题。

在装置Ⅲ中,采用一个平面火焰加热炉来代替电加热器,该方法不仅能对火焰进行肉眼观察,而且实验所需时间也比其他两种装置短,微通道壁温的调节通过改变平面加热炉的燃料/空气预混气的流量和当量比。该装置的缺点是利用高温燃气从微通道的下部对其进行加热时,微通道上下两侧可能产生微小温差。相关测量表明温差较小,如内径为 2.0 mm 的微通道内最大温差为 20 K,内径为 1.0 mm 的微通道内最大温差也只有 5 K,因此,该方法导致的温差对实验结果的影响可以忽略。

2. 微通道内壁的温度分布

微通道内壁的温度分布用 K 型(ϕ100 μm)和 R 型(ϕ50 μm)热电偶来测量。测量结果表明,使用装置 III 测得的壁温分布与使用装置Ⅰ和Ⅱ测得的大致相同。因此,本部分给出的温度分布曲线采用装置Ⅲ测得的结果作为代表,并用 T_W 和

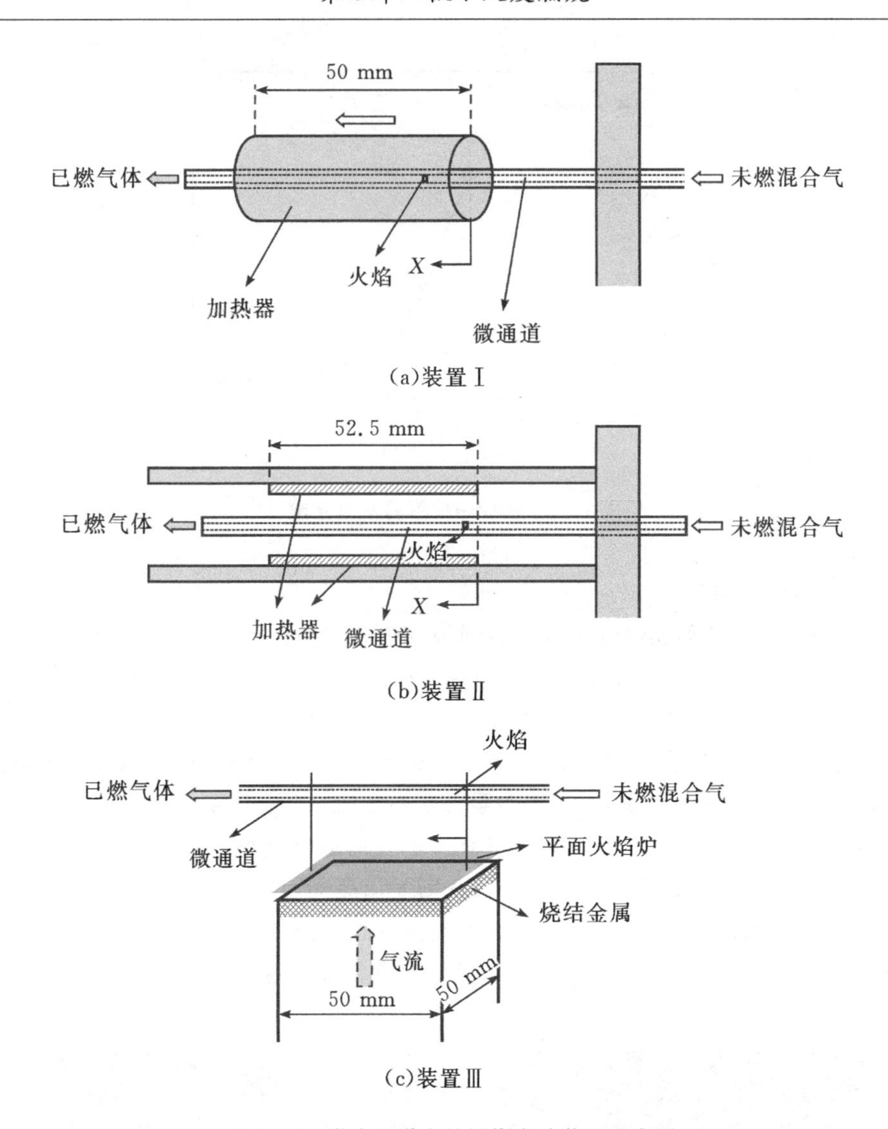

图 9-2　微小通道中的燃烧实验装置示意图

$T_{W,max}$来分别表示微通道内壁温度和最高温度。由于气体从微通道右端送入，因此，在温度分布图中以加热炉的右端作为横坐标的零点，沿烟气下游方向为 x 轴正方向，实验中使用的微通道内径为 1.0～2.0 mm，燃料为甲烷/丙烷，氧化剂使用干燥过的压缩空气，微通道内预混气的截面平均流速范围为 1～100 cm/s(常温常压)，化学当量比在 0.05～2.0 内变化。实验测量得到的壁温分布如图 9-3 所示，其最高温度为 1273 K，在 $x=-10$～15 mm 时有较大的温度梯度，因此通常需对该区域进行重点研究。

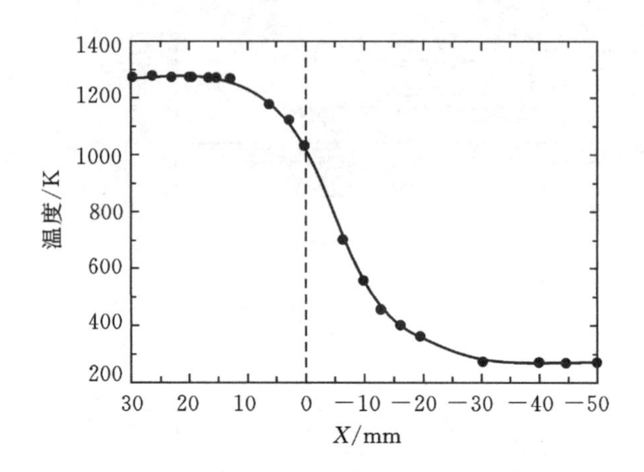

图 9-3 实验中使用的壁温分布

3. 火焰动态特性

图 9-4 给出各种火焰的位置随时间的变化规律。其中图 9-4(a)是传统的平面状的常规稳定火焰(normal flame),它广泛地存在于进气速度大于层流火焰速度的工况下,其位置不随时间发生变化。图 9-4(b)中的火焰看上去很厚,实际上这是一种反复熄火、着火的动态火焰(flame with repetitive exunction and ignition,FREI),由于其频率很高,人的肉眼分辨不出来,借助于带有 OH 滤镜的高速数码摄像机就可以清楚地显示出来。FREI 的反应区在周期性的运动中并不始终保持发光。当预混气在下游的某个点着火时发出亮光,然后向上游传播,直到它到达一个壁温较低的位置而熄灭,此时火焰失去发光能力。经过一段时间的延迟,在原来的着火位置燃料被再次点燃,火焰又向上游传播。这个循环有规律地重复发生,如图 9-4(b)所示。

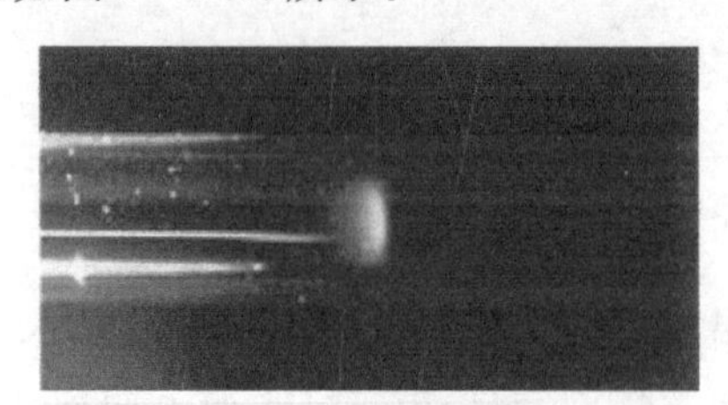

(a)常规稳定火焰

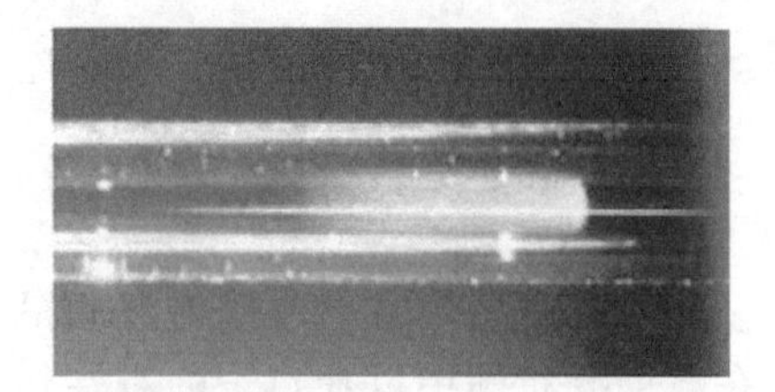

(b)反复熄火、着火的动态火焰(FREI)

图 9-4 用数码摄像机拍摄的火焰图像

除了以上提到的两种燃烧模式之外,还发现了具有其他不同动态特征的火焰,如图 9-5(c)和(d)所示。图 9-5(c)就是所谓的一维脉动火焰,这种火焰表现出周期性的小幅度的脉动，而且它的发光度几乎保持稳定不变。此外，也观察到同时具有脉动和反复熄火、着火的动态火焰，它的位置随时间的变化规律示于图9－5(d)中，它的主要特征是既有小幅度的脉动，又有大幅度的反复熄火、着火过程。

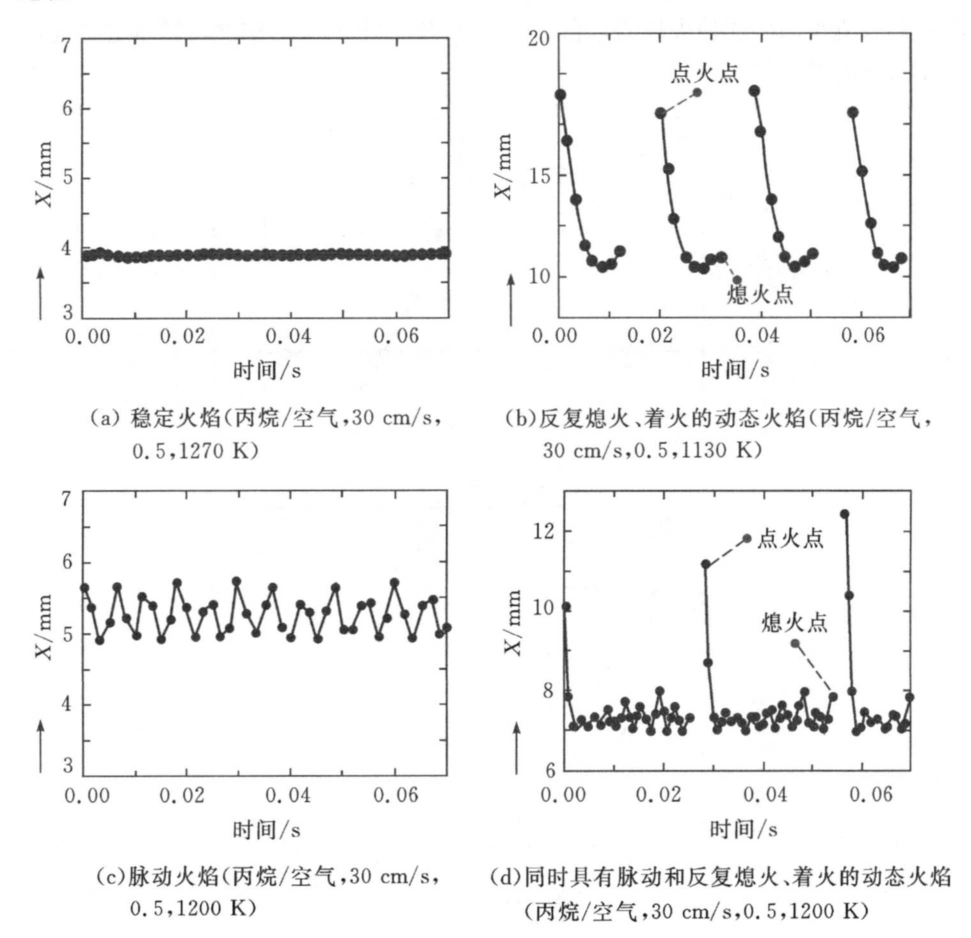

(a) 稳定火焰(丙烷/空气，30 cm/s，0.5，1270 K)

(b) 反复熄火、着火的动态火焰(丙烷/空气，30 cm/s，0.5，1130 K)

(c) 脉动火焰(丙烷/空气，30 cm/s，0.5，1200 K)

(d) 同时具有脉动和反复熄火、着火的动态火焰(丙烷/空气，30 cm/s，0.5，1200 K)

图 9－5　不同条件下各种火焰的瞬时运动(混合物、平均速度、当量比以及最高壁温)

值得一提的是，在非常低的进气速度条件(如 $V_{in}=0.2$ cm/s)下，通过长时间的曝光(约 20 min)还发现非常微弱的常规稳定火焰。

以上结果表明，加热的微通道中的火焰存在很多动态行为，因此有必要对其中的燃烧特性做进一步系统的研究。反应区的位置与进气速度之间的关系示于图9－6中，其中横坐标的起点是加热器靠上游的边缘位置。图 9－6 证实存在四种不同的火焰形态，即区域 A 和 D 中两种稳定火焰，区域 B 和 C 中的两种不稳定火焰。在区域A中,传统的预混火焰被稳定在有温度梯度的地方。这种火焰对应于图9-4(a)中的火焰,几乎是平面的,并且驻定在管内。除了区域A中的火焰外,在更低的预混气速度条件下也观察到一种驻定火焰。虽然它们的发光度与区域A中的火焰相比非常低,但这些火焰也是呈平面状稳定的。因此,需要一个带图像增强器的相机来确认这种火焰的存在。区域A和D中的火焰位置均随着进气速度的增大而向下游移动。

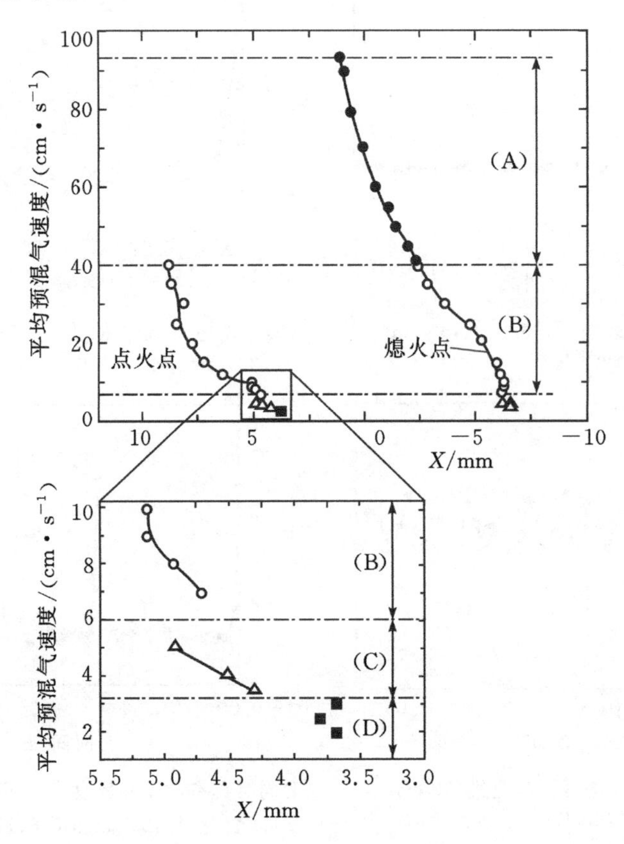

图9-6 反应区的位置与平均预混气速度之间的关系(实验结果)

其他具有动态行为的火焰在区域B和C中被确认。在区域B中,观察到反复熄火、着火的动态火焰,与图9-4(b)中显示的等价。在区域C中,确认另外一种动态火焰,它同时具备周期性的小幅度脉动火焰以及周期性的反复熄火、着火的动态火焰的双重特征。

4. 关键参数的影响

(1)流量与当量比的影响。

图 9－7 为可燃区域图。它反映了流速与当量比对燃烧的影响,实验中发现的常规火焰与反复熄火、着火的动态火焰存在的区域在图 9－7 中都显示出来。这里使用的燃料为甲烷,微通道内径为 200 mm,最高壁温为 1380 K。为了从大的方面去把握,未把脉动火焰包括进去。

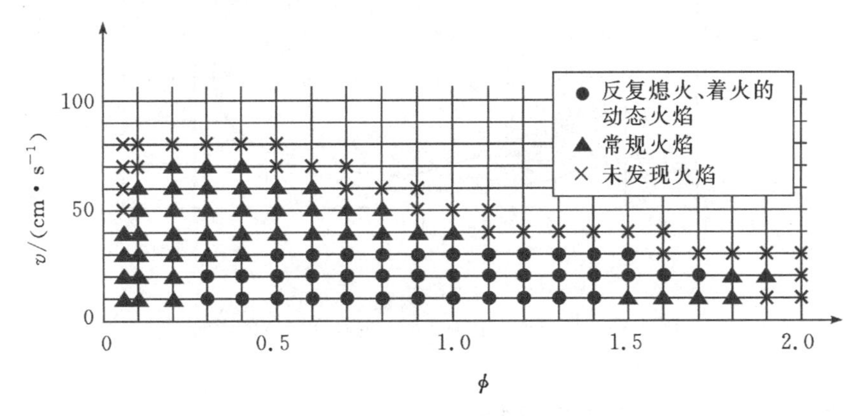

图 9－7　可燃区域

由图 9－7 中可见,在 40 cm/s 以下的很宽范围内都存在反复熄火、着火的动态火焰(FREI)。而比这更高的速度范围内则存在常规的稳定火焰。此外,一般来说,在使用甲烷作燃料的场合,当量比的可燃范围为 0.5～1.7。而本实验由于未燃预混气存在预热效果,所以可燃的当量比范围大大拓宽了。另外,在当量比 0.2 以下以及 1.8 以上的条件下,就不再存在反复熄火、着火的动态火焰(FREI)。这是因为在很低和很高的当量比下,燃烧速度非常低,它与流速的平衡位置在较远的、壁温较高的下游区域,因此从火焰经由微通道壁面的散热损失较小,FREI 就不再存在。最后,由图 9－7 还可看出,火焰的吹熄极限随着当量比的增加而减小。

(2)微通道内径的影响。

图 9－8 给出微通道内径对 FREI 的存在区域的影响。FREI 存在区域的外侧为常规火焰。实验中使用的燃料为丙烷(C_3H_8),微通道内径分别为 1.55 mm 和 1.0 mm。根据测量可以发现,两根不同内径微通道的壁温分布几乎是一致的。实验结果表明,随着内径的减小,FREI 的存在区域向高流速侧移动。这是因为内径缩小会导致壁面热损失与反应放热量之比增大。换句话说,随着尺寸的减小,火焰的不稳定区域向更高的速度范围推广,这为微小型燃烧器的实际应用提供了重要信息。

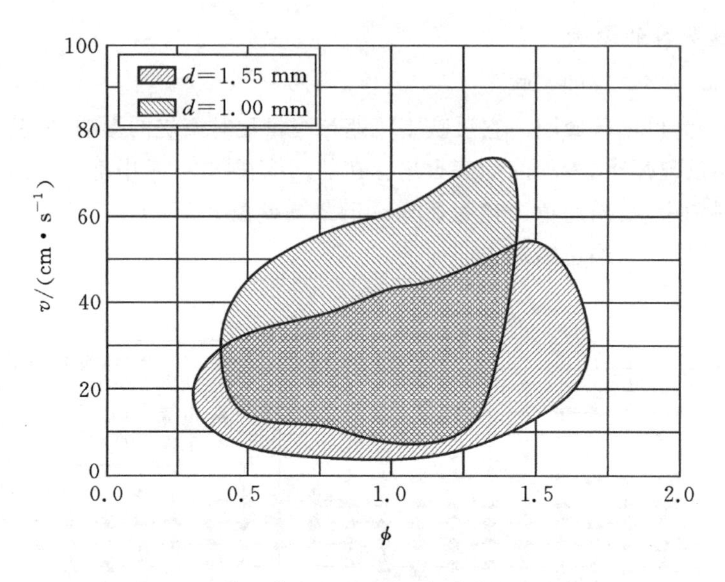

图 9-8　微通道内径对 FREI 的存在区域的影响

9.3.2　径向微通道中的燃烧

1. 实验装置与方法

径向微通道中燃烧的整个实验系统如图 9-9 所示。径向微小通道由直径为 50 mm、厚度为 1 mm 的两块石英玻璃板构成。进气管内径为 4 mm，与上板中心孔相连。此外，进气管外包覆小直径的冷却水管，使其外壁大致保持在室温左右。加热炉采用烧结的圆形金属多孔板来产生一个均匀的平面火焰。进行燃烧实验前，先点燃加热炉对径向微通道底部进行加热，同时通入一定速度的常温空气，待形成稳定的壁温分布后，送入甲烷/空气的预混气进行燃烧实验。

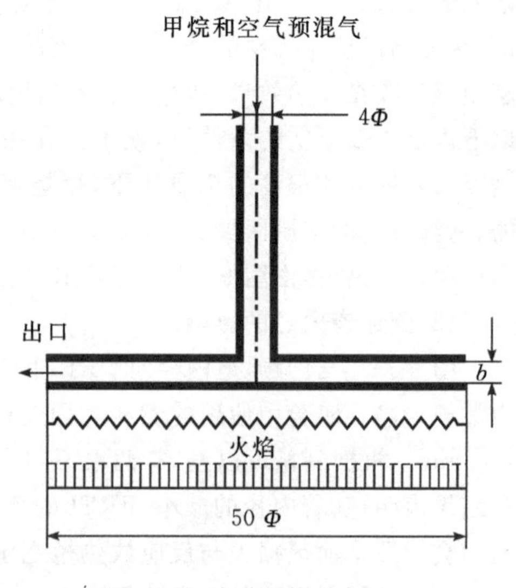

图 9-9　实验系统示意图

2. 火焰形态及分布图谱

(1)间距 b=0.5 mm。

图 9-10 给出间距为 0.5 mm 的径向微通道的火焰形态谱。其中，横坐标为进气速度，纵坐标为预混气当量比。从图 9-10 中可以看出，火焰只存在于进气速度为 3.5～6.5 m/s 时，进气速度低于 3.5 m/s 时发生回火，高于 6.5 m/s 时则被吹出微通道。随着进气速度的增加，可燃的当量比范围逐渐缩小。这种火焰的锋面不是一个完整的圆环，而是有一个缺口，因此被称为破裂火焰(broken flame)，其图像如图 9-11 所示。该火焰锋面的两端不断产生透平叶片形的小火焰，并在向对方传播的途中熄灭。由于火焰锋面不封闭，必然有大量燃料没有充分反应就被吹出，由此可知其燃烧效率是很低的。

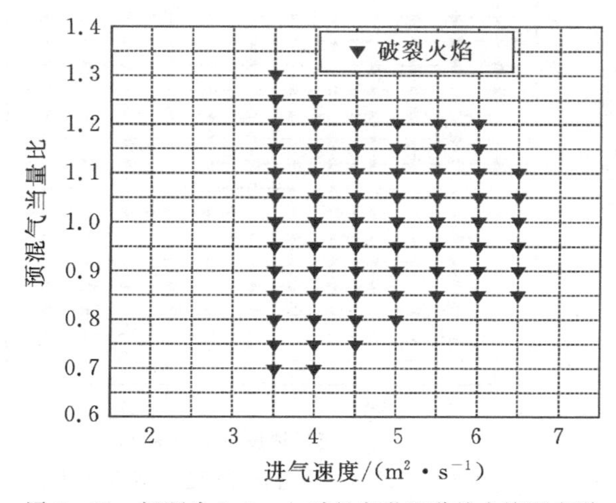

图 9-10　间距为 0.5 mm 时径向微通道的火焰形态谱

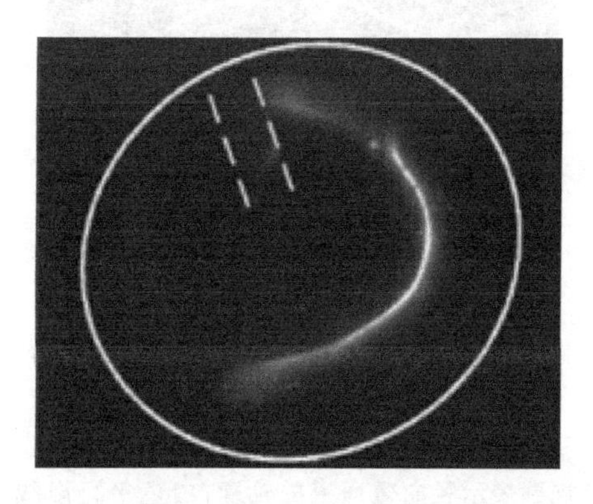

图 9-11　破裂火焰的图像(白色椭圆表示径向微通道的轮廓；白色平行虚线代表进气管)

(2)间距 b=1.5 mm。

图 9-12 给出间距为 1.5 mm 的径向微通道的火焰形态谱。从图 9-12 中可以看出,随着通道间距的增大,破裂火焰已经消失,大部分区域被移动式火焰占据。在该通道中出现的另一个有趣现象是多透平叶片形火焰。在当量比为 1.35 的条件下,当进气速度为 4.0 m/s 时,不仅出现了单透平叶片形火焰,而且出现了双透平叶片形火焰,即两个透平叶片形的小火焰在径向微通道中对称地旋转,如图 9-13 所

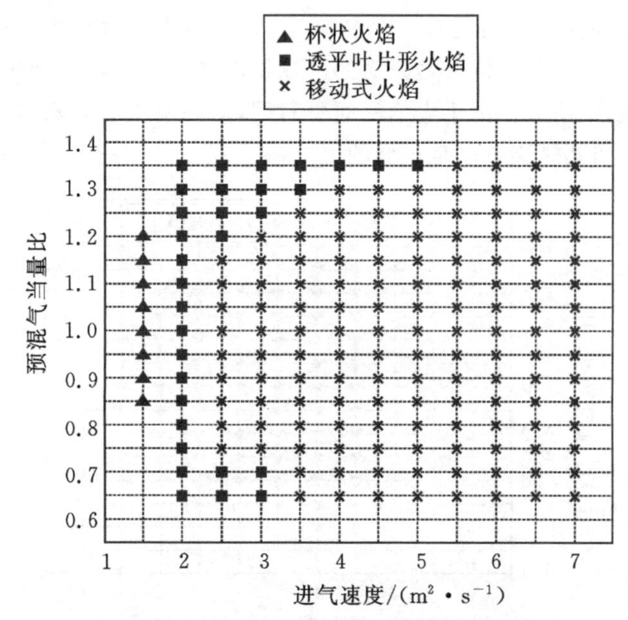

图 9-12 间距为 1.5 mm 时径向微通道的火焰形态谱

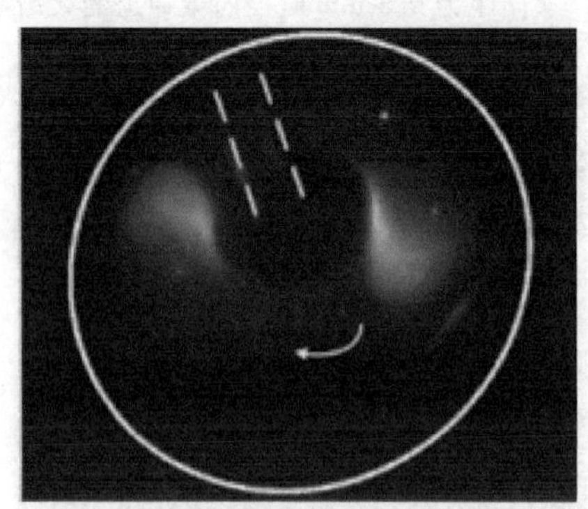

图 9-13 双透平叶片形火焰的图像

(白色椭圆表示径向微通道的轮廓;白色平行虚线代表进气管;箭头指示表示火焰的旋转方向)

示。当进气速度提高到 4.5 m/s 时，还发现三个旋转的透平叶片形火焰，如图 9-14(a)所示。当进气速度进一步增加到 5.0m/s 时，又出现了 4 个和 5 个透平叶片形火焰(见图 9-14(b)和(c))。当进气速度为 1.5 m/s 时，在径向微通道的进口处发现了杯子形状的火焰，如图 9-15 所示。这种火焰应该是锥形火焰的一种变形，即有限的通道间距使锥形火焰受到压缩而形成的。

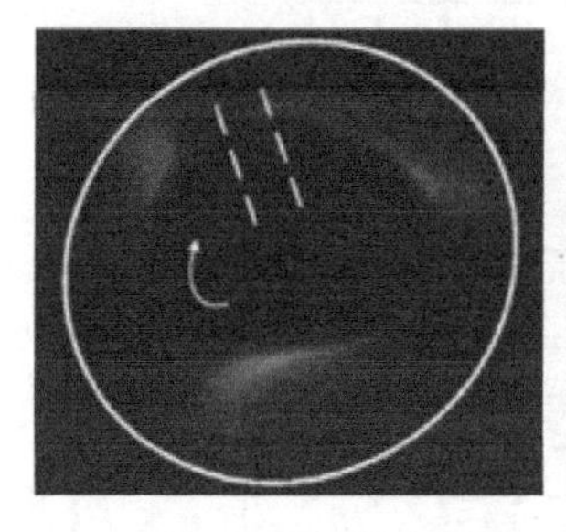

(a)三个透平叶片形火焰

(b)四个透平叶片形火焰

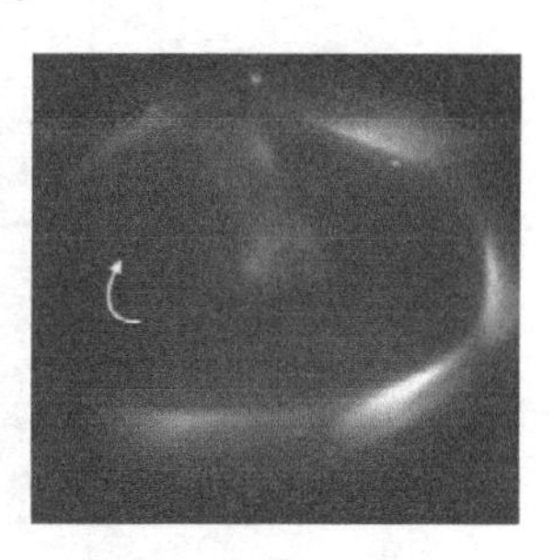

(c)五个透平叶片形火焰

图 9-14　多个透平叶片形火焰的图像

图 9-15　杯状火焰的侧视图

(3)间距 $b=2.5$ mm。

图 9-16 给出间距为 2.5 mm 的径向微通道的火焰形态谱。与间距为 2.0 mm 的情况相类似，图 9-16 的中心区域也被稳定的圆形火焰所占据，而在进气速度较高的区域，除了有三分叉火焰之外，还有螺旋形火焰(spiral-like flame)存在，如图 9-17 所示。这种螺旋形火焰围绕中心轴快速旋转，它的头部和尾巴比其他部位更厚、更亮。此外，当进气速度为 1.0 m/s 时，在当量比为 1.0～1.2 内，锥形火焰出现在径向微通道的进口处，如图 9-18 所示。在进气速度为 1.0 m/s，当量比为 0.9、0.95、1.25 和 1.3 时，以及进气速度为 1.5 m/s，当量比为 0.8～1.3 时，杯状火焰仍然存在。关于透平叶片形火焰，只有当进气速度为 4.5 m/s 和 5.0 m/s，当量比为 1.35 时，才有双透平叶片形火焰存在，而在其他情况下则为单透平叶片形火焰。

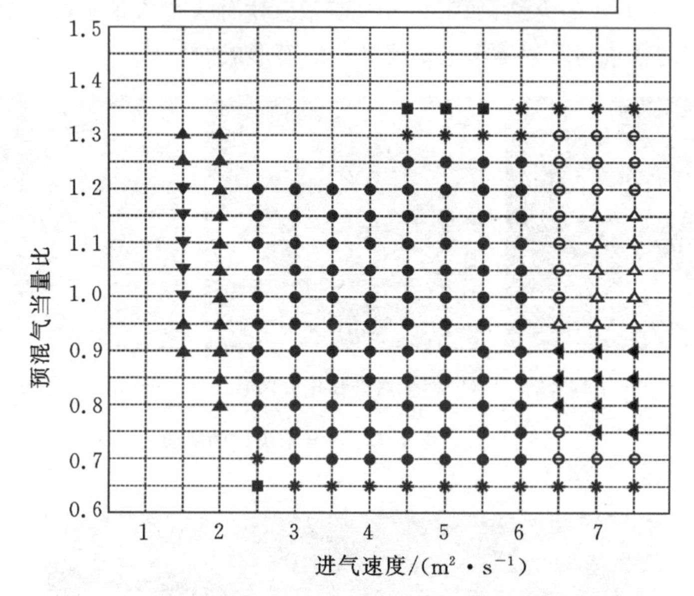

图 9-16 间距为 2.5 mm 时径向微通道的火焰形态谱

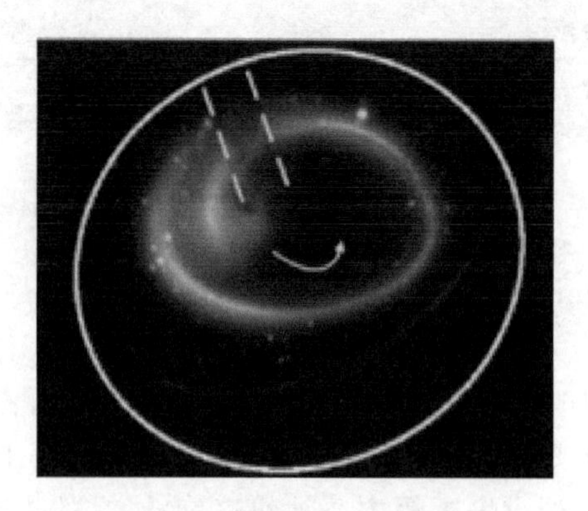

图 9-17 螺旋形火焰的图像

（白色椭圆表示径向微通道的轮廓；白色平行虚线代表进气管；箭头指示表示火焰的旋转方向）

图 9－18　锥形火焰的侧视图

3. 燃烧产物及效率与火焰形态的关系

从上节的实验观察可以推测，径向微小通道中的燃烧产物及效率与火焰形态之间必然有密切的关系。因此，本节应用气相色谱仪对间距为 2.0mm 的径向微通道中的五种燃烧产物（CO_2、CO、CH_4、O_2、N_2）进行测试分析。在此基础上，应用下式对燃烧效率进行计算，即

$$\eta=\frac{h}{h_{max}} \tag{9-9}$$

式中：η 为燃烧效率，%；h 为燃烧过程释放的总焓，kJ；h_{max} 为燃烧可能释放的最大焓值，kJ。

图 9－19 给出进气速度为 4.0 m/s 时，燃烧产物中 CO_2、CO、CH_4 和 O_2 的摩尔分数和燃烧效率与当量比 ϕ 的关系。从图 9－19(a)中可以看到，当 ϕ＝0.8～1.2

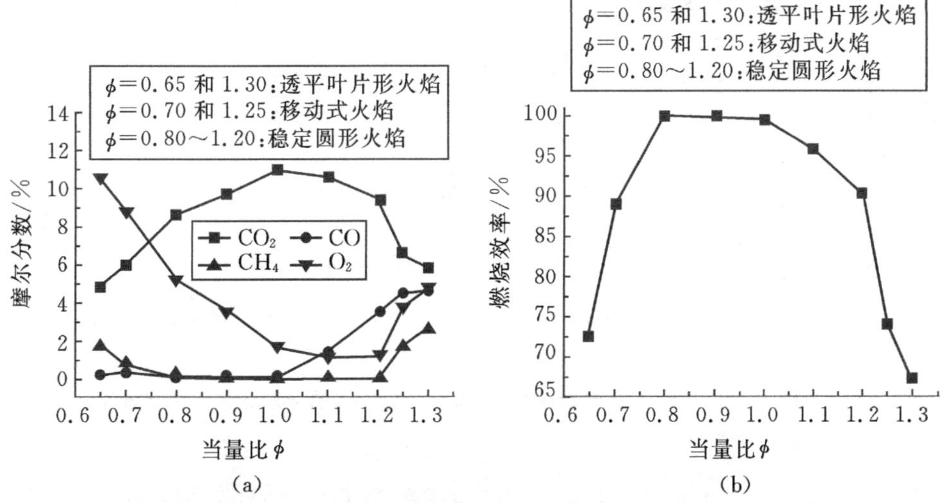

图 9－19　进气速度为 4.0 m/s 时燃烧产物中 CO_2、CO、CH_4 和 O_2 的摩尔分数和燃烧效率与当量比 ϕ 的关系

时(对应稳定的圆形火焰),排气中没有检测到未燃的甲烷燃料,而且 $\phi=0.8\sim1.0$ 时,排气中 CO 的浓度很低,但在富燃工况下($\phi=1.1\sim1.2$)时,排气中 CO 的浓度迅速增加。因此,当 ϕ 从 0.8 增加到 1.2 时,燃烧效率从 99.9%降到 90.4%(见图 9-19(b))。当 $\phi=0.70$ 和 1.25 时(对应移动式火焰),在排气中检测到大量的 CH_4 和 CO,燃烧效率分别约为 89.0%和 74.0%(见图 9-19(b))。当 $\phi=0.65$ 和 1.30 时(对应单透平叶片形火焰),排气中的 CH_4 浓度分别比 $\phi=0.70$ 和 1.25 时高,而 CO 的浓度则分别比 $\phi=0.70$ 和 1.30 时低。$\phi=0.65$ 和 1.30 时的燃烧效率分别约为 72.4%和 67.4%(见图 9-19(b))。

图 9-20 给出预混气当量比为 1.0 时燃烧产物和效率与进气速度 V_{in} 之间的依赖关系。从图 9-20(a)中可以看出,当 $V_{in}=1.5\sim6.0$ m/s 时(对应稳定的圆形火焰)排气中没有检测到未燃的甲烷,同时 CO 浓度也非常低,因此燃烧效率高达 99.6%(见图 9-20(b))。然而,当 $V_{in}=6.5$ m/s 时(对应不稳定的圆形火焰),在排气中检测到未燃的甲烷气体,CO 浓度也有所升高,导致 CO_2 浓度降低和 O_2 浓度升高,燃烧效率也降至 95.1%(见图 9-20(b))。当 $V_{in}=7.0$ m/s 时(对应三分叉火焰),排气中未燃的甲烷浓度明显上升,CO 浓度也略微升高。同时,O_2 浓度急剧升高,CO_2 浓度也明显降低,结果导致燃烧效率降至 78.8%。

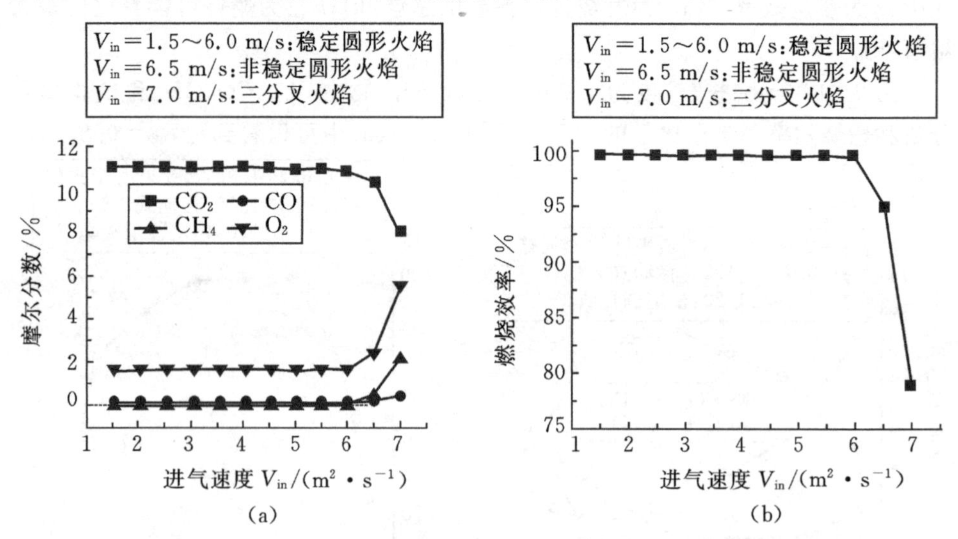

图 9-20 当量比 $\phi=1.0$ 时燃烧产物中 CO_2、CO、CH_4 和 O_2 的摩尔分数和燃烧效率与进气速度的关系

图 9-21 给出当量比 $\phi=0.65$ 时单、双透平叶片形旋转火焰燃烧产物的主要成分和燃烧效率随进气速度的变化关系。从图 9-21(a)中可以看出,在相同的进

气速度下双透平叶片形旋转火焰燃烧产物中 CO_2 和 CO 的摩尔分数比单透平叶片形旋转火焰的高。与此同时，双透平叶片形旋转火焰燃烧产物中 CH_4 的摩尔分数比单透平叶片形旋转火焰的低。因此，进气速度相同时，双透平叶片形火焰的燃烧效率比单透平叶片形火焰高（见图 9-21(b)）。这些区别是由这两种火焰中透平叶片形火焰的个数不同导致的。双透平叶片形火焰在燃烧过程中显然能够消耗更多的燃料。此外从图 9-21 中可见，当进气速度从 4.5 m/s 增加到 5.0 m/s 时，这些差别尤其明显。这是因为当进气速度为 5.0 m/s，单透平叶片形旋转火焰的外侧顶点几乎延伸到圆盘的边缘，即径向微通道的出口，这将导致大量燃料未经燃烧就泄漏出去，燃烧效率也急剧降低。

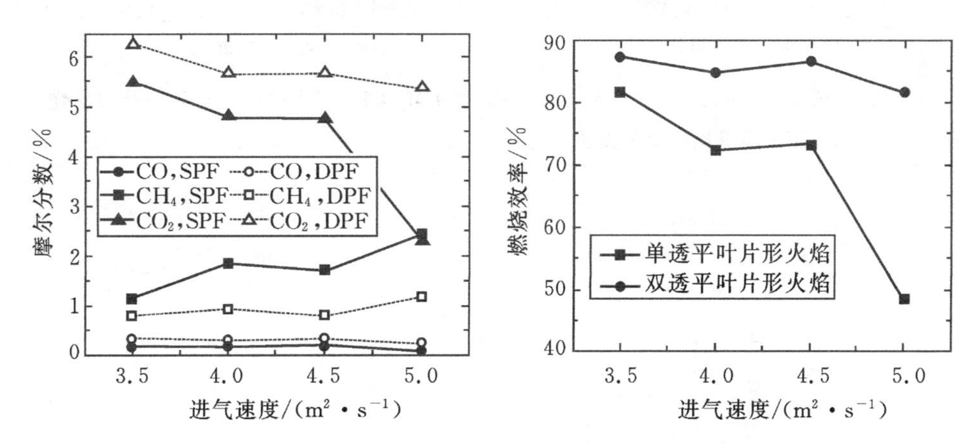

图 9-21 当量比 $\phi=0.65$ 时，单、双透平叶片形旋转火焰排气中 CO_2、CH_4 和 CO 的摩尔分数和燃烧效率随进气速度的变化关系（SPF 和 DPF 分别代表单、双透平叶片形火焰）

由上述可知，三分叉火焰出现在进气速度 $V_{in}=7.0$ m/s、当量比 $\phi=0.75\sim1.0$ 的工况下。当量比对主要燃烧产物和燃烧效率的影响示于图 9-22 中，从图 9-22(a)中可以看出，在所有工况下未燃 CH_4 的浓度非常高。同时，CO_2 和 CO 的摩尔分数随预混物当量比的增加而增加，而 O_2 和 CH_4 的摩尔分数则随当量比的增加而减小。这些表明，对于贫燃预混气，局部的火焰传播速度随当量比的增加而增加。由图 9-22(b)可见，随当量比从 0.75 增加到 1.0，三分叉火焰的燃烧效率从 61.9%增加到 78.8%。图 9-23 给出三分叉火焰的旋转频率与当量比之间的关系。从图 9-23 中可以看出，旋转频率随当量比的增加而增大。这表明，三分叉火焰的旋转频率与当地的火焰传播速度以及燃烧效率成正相关。

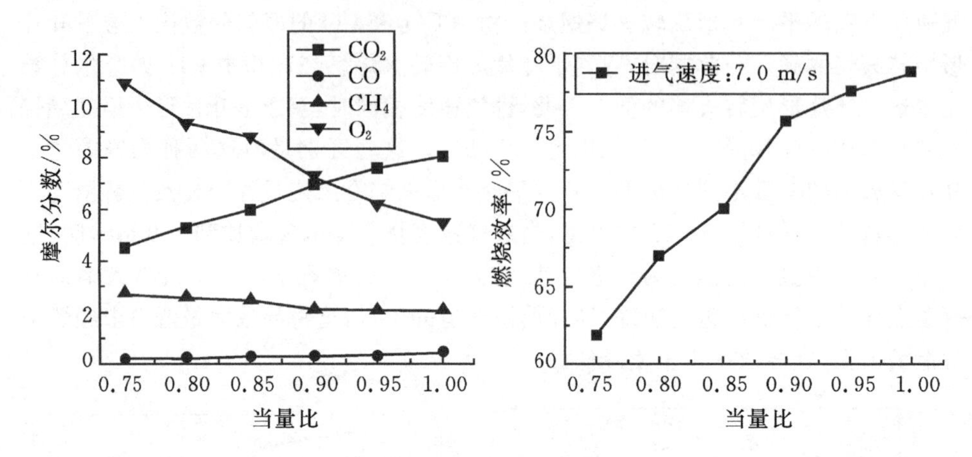

图 9-22　V_{in}=7.0 m/s 时,三分叉火焰排气中的 CO_2、CH_4、CO 和 O_2 的摩尔分数和燃烧效率随当量比的变化关系

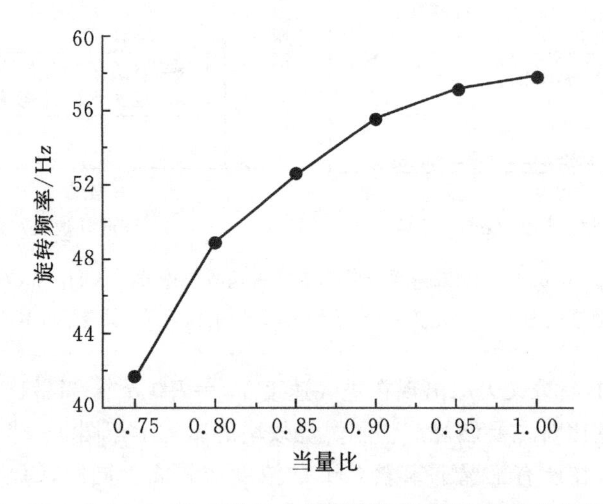

图 9-23　V_{in}=7.0 m/s 时,三分叉火焰旋转频率随当量比的变化关系

9.3.3　微尺度扩散燃烧

对于微小型燃烧器,既可以采用预混燃烧,也可以采用扩散燃烧,而目前的实验室研究中,大都采用预混燃烧。但是对于实际应用来说,预混燃烧具有以下两个缺点:①预混燃烧虽然不需要在燃烧器中对燃料和空气进行混合,但需要另外的气体混合系统,增加了系统复杂性;②预混燃烧存在回火等安全问题,而基于燃烧的微小型动力系统是应用于各种便携式设备的,因此,保证安全是首要问题,必须对

此引起足够重视。

相反，扩散燃烧不需要独立的气体混合系统，同时也不存在回火问题，所以对于实际的微小型动力系统来说更为适用。但它同时也面临一个重大挑战，就是气体在微小型燃烧器内的停留时间很短，因此必须保证燃料和空气在燃烧器内充分混合，才能实现高效燃烧。此外，微小尺度扩散燃烧还面临一个和预混燃烧相同的问题，即如何稳燃。

1. Y 形微通道中的扩散燃烧

(1)实验方法。

微燃烧器的横截面照片如图 9 - 24 所示。燃烧器是一个倒置的 Y 形结构，包括燃料和氧化剂两个进口，尾气由燃烧器的上部向大气空间排出。分流板上面的矩形截面燃烧室长 30 mm、宽 5 mm。燃烧室上、下壁面的间隙为 0.75 mm，低于一般烃类燃料的淬熄距离。微燃烧器由多晶氧化铝材料制作，它的熔点高达 2323 K，能够承受较高的燃烧温度而不至于损坏燃烧器。通过对氧化铝表面进行处理，可以消除离子和重金属污染物，以及晶界和其他表面缺陷，从而使烃类燃料和氢气的均相燃烧成为可能。

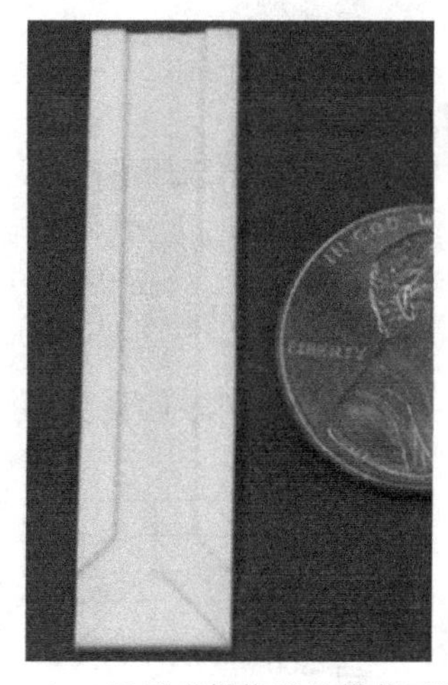

图 9 - 24　Y 形微燃烧器的横截面照片

(2)实验结果。

对于甲烷/氧气的扩散燃烧来说，不论是远离熄火条件还是接近熄火条件，实验中均观察到多个孤立的火焰单元(flame cell)，如图 9 - 25 所示。这些火焰单元在长 2～3 mm 的小区域内具有很强的化学发光度。在单个小火焰区域内，燃烧器外壁温度的差别为 50～125 K。接近燃烧器的顶部，火焰呈现出三分支结构，有一个非常短的扩散火焰尾巴。在燃烧器出口还可以看到一个甲烷/空气扩散火焰。在图 9 - 25(b)中，右边的三个白色亮斑是微通道壁面的反光造成的假象。燃烧器内观察到的火焰单元个数从 1 个变到 4 个，依赖于气体流量和化学计量数，如图 9 - 26所示。对于贫燃 CH_4/O_2 混合物，随着进口流速从 2 m/s 降到 1 m/s，火焰单元数从 2 个减少到 1 个。对于理论当量比和富燃混合物，火焰单元数先从高流速下的 2 个增加到中等流速下的 4 个，然后随着流速的降低而减少。在固定的低流速下，当量比为 0.6 时出现的唯一小火焰随着当量比的进一步降低而熄灭。在固定的中等流速下，随着当量比的增加，火焰单元数一般来说从 2 个增加到 4 个。而在固定的高流速下，火焰单元数基本保持不变。

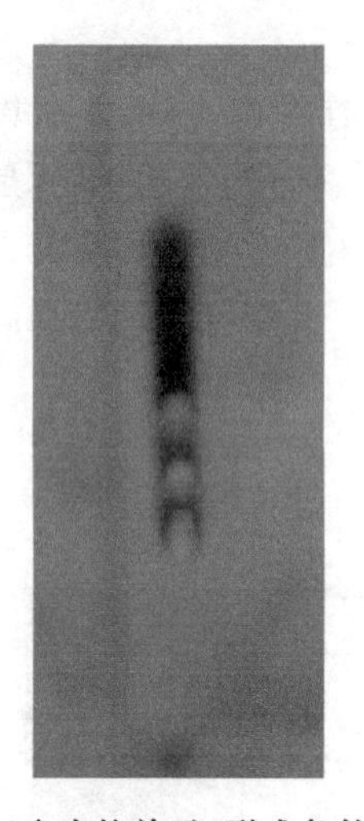

(a)三个火焰单元,形成条件为 100 sccm CH_4/200 sccm 场

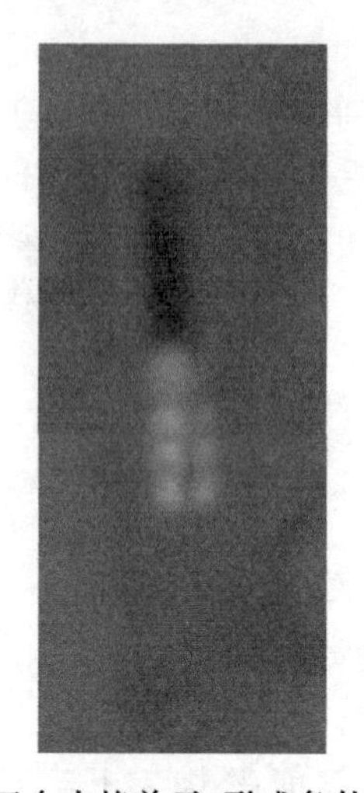

(b)四个火焰单元,形成条件为 100 sccm CH_4/130 sccm O_2

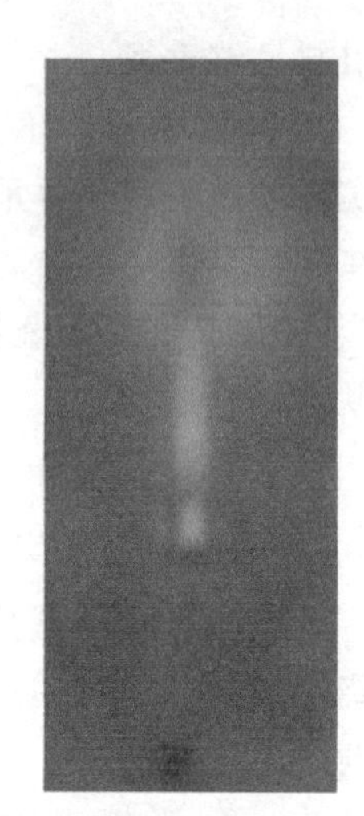

(c)单个火焰单元上有一个层流扩散火焰(惊叹号火焰),形成条件为 65 sccm CH_4/150 sccm O_2

图 9-25 火焰的化学发光图像(1 sccm=1 mL/min)

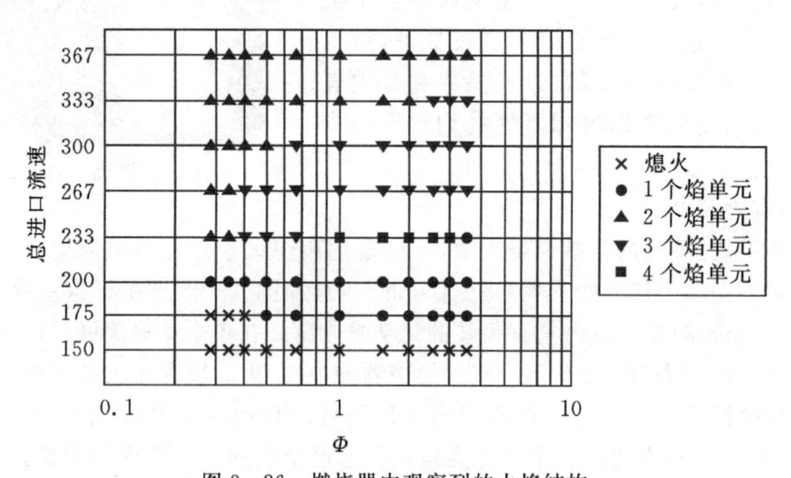

图 9-26 燃烧器中观察到的火焰结构

2. 平行射流扩散燃烧

(1)实验方法。

为了研究微小尺度扩散燃烧中孤立小火焰的形成机理,普林斯顿大学的 Xu 和 Ju 构建了一个矩形截面的反应器,它由两块水平的陶瓷板和两块垂直的石英窗口组成一个 240 mm×100 mm×6 mm 的长方体。通过两侧的石英窗口可以对燃

烧室内的火焰进行观察，两块陶瓷板的表面由电阻丝进行加热，甲烷和空气通过矩形蜂窝结构送入通道内形成混合层，如图 9-27 所示。

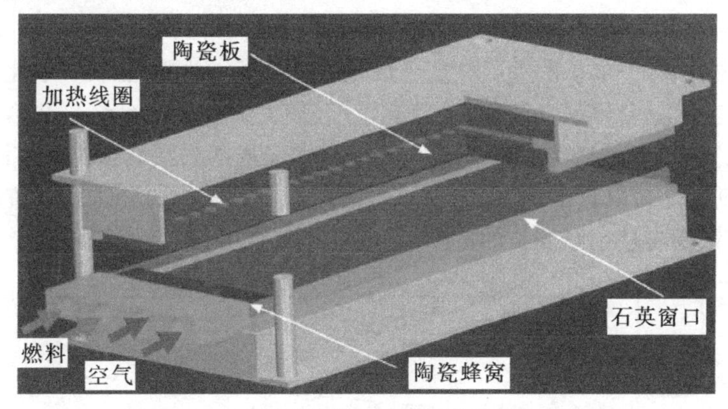

图 9-27　平板型介观通道燃烧器的结构示意图

(2)结果与讨论。

通过控制流速和壁温，在实验中首次观察到混合层内存在由多个小火焰组成的“火焰街(flame street)”现象，如图 9-28 所示。多个小火焰存在于较低流速和

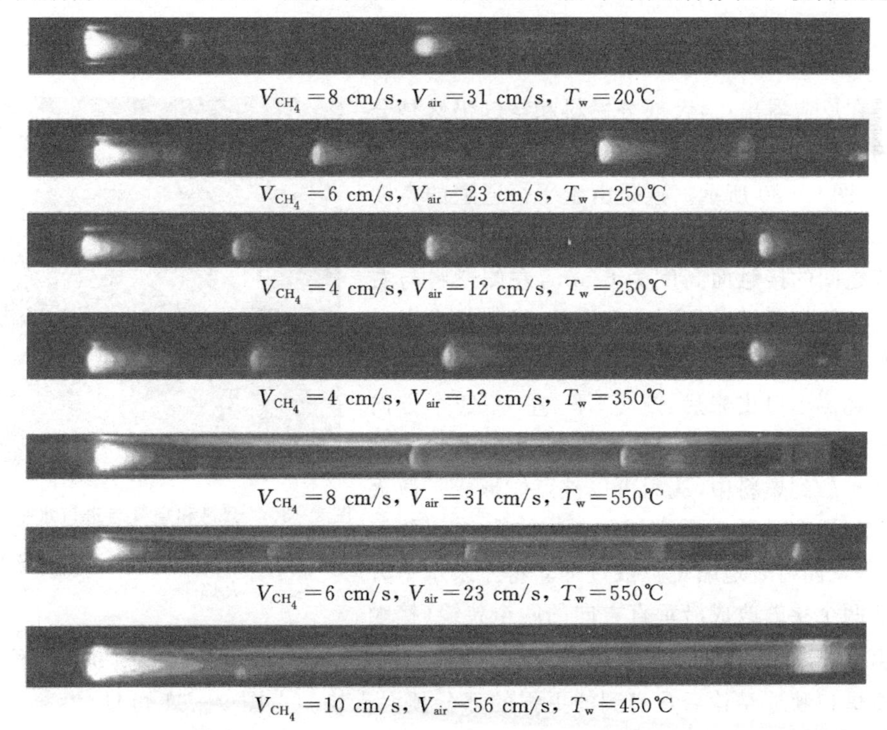

图 9-28　不同流速和壁温条件下的火焰街照片

高壁温条件下，其个数从 0 变化到 3。在高流速和高壁温条件下，混合层内观察到连续的反应区。

火焰街的形成是由于扩散过程和再着火导致的，其机理示于图 9－29 中。从图 9－29 中可见，一个扩散火焰驻定于混合层的前缘。此后，燃料和氧化剂扩散到彼此之中，变成部分预混合气体，然后被点燃，形成第一个小火焰。在第一个小火焰之后，燃料和氧化剂需要更长的时间进行扩散变成部分预混合物，然后再次被点燃。由图 9－29 可以看出，小火焰之间的距离是逐渐增加的。这意味着随着混合层变宽，扩散距离是逐渐变长的。

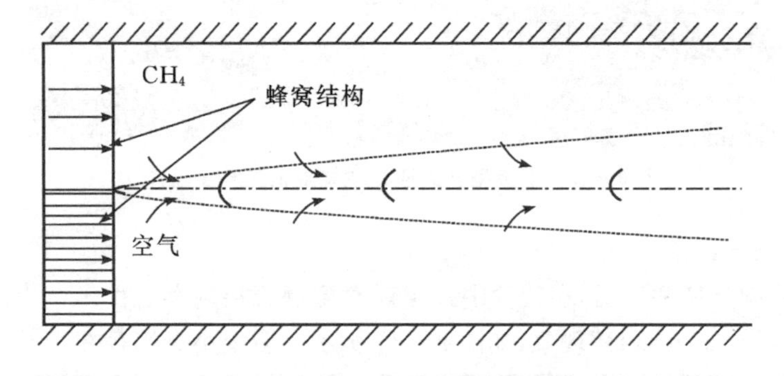

图 9－29　火焰街的形成原理示意图

在反应器出口，大部分燃料和空气仍然是分开的，只有燃料侧才能被点燃，而空气侧没有火焰，如图 9－30 所示。这是由于平行通道的宽度(100 mm)远大于高度(6 mm)，微通道内燃料和空气之间的接触面高度为 6 mm，左侧燃料与右侧空气的相互扩散很困难。因此，即使是在出口处右侧也不能形成火焰。另外，未燃烧完的燃料从燃烧器出口出来后，从上、下、左、右四个方向都能与外界自由空间的空气接触，因此氧气能够迅速扩散到燃料中，从而可以被点燃形成扩散火焰。如果在微通道内增加燃料和空气之间的接触面，就能显著地缩短扩散过程。将原来水平方向的两个狭缝改成沿垂直方向的两个狭缝(接触面由 6 mm 增加到 100 mm)，进而促进燃料和氧化剂之间的混合。图 9－31 给出改变进口狭缝结构后观察到的更强的部分预混火焰。由图 9－31 可见，燃料与空气在混合层的前缘(进口处)即形成了很强的扩散火焰，而不再出现“火焰街”现象。

图 9－30　燃料和空气与进口水平布置时在反应器出口形成的火焰

显然，这意味着在垂直方向实现了更充分、更迅速的混合。

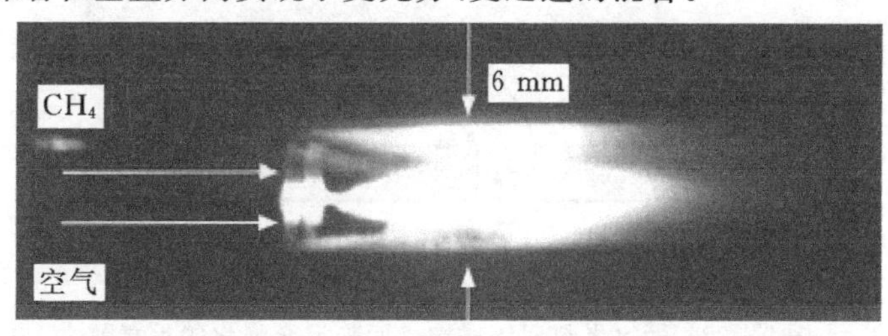

图 9-31　燃料和空气与进口垂直布置时在平行通道的垂直混合层内形成的部分预混火焰

在微小尺度扩散燃烧中，除了要考虑散热损失和壁面自由基淬熄等因素的影响外，燃料与空气之间的混合强化也是必须要重点考虑的关键问题。否则，就不能在有效的停留时间内实现高效稳定的燃烧。

(3)微尺度扩散燃烧中燃料与空气的混合强化。

任何流动中发生的燃料与空气的混合都是一个复杂的过程。一般来说，混合以两种主要方式发生：①对流与分子扩散的联合；②单纯通过分子扩散。在第①种方式中，混合过程通常很快，一般为高雷诺数的湍流过程。与之相比较，在第②种方式中，一般为低雷诺数的层流过程，黏性力占支配地位。微燃烧器中的流动状态大致落在层流-过渡区域内，因而在微尺度下燃料/空气的混合比较困难，混合主要依赖于分子扩散。

在非对流控制的混合条件下，经常需要采取措施来强化燃料与空气之间的混合。一般来说，混合强化是通过激发流动使其变得更加紊乱，使之发生对流混合来实现的。这通常有三种途径：主动方式和被动方式或者这两种方式的某种组合。

①被动混合强化策略。被动混合强化方式的主要优点是简单易行，因为它们没有运动部件。此外，因为结构不复杂，所以很少发生失效。一种适用于微燃烧器的普通混合强化策略是表面粗糙化。研究表明通过对管壁进行粗糙化能够加速流动向湍流的转变。应用这种方式同样能使处于支配地位的混合机制由扩散向对流转变，从而强化微燃烧器内燃料与空气的混合。

壁面碰撞是另一种能够强化微燃烧器内混合的被动式策略，如图 9-32 所示。在这种技术中，为了促使燃料射流被横向空气流更快地破裂，燃料射流被撞击在混合通道的壁面上。壁面碰撞混合强化能够很容易地应用于微燃烧器，因为它只需简单地增加射流速度即可。

②主动混合策略。主动混合强化技术的主要优点是它能在较宽的工作范围内提供最优的混合强化。然而，这个优点会因为其固有的复杂性和实施时存在的困难而出现偏差。在过去 30 年中，许多主动强化方案被广泛地进行了研究。

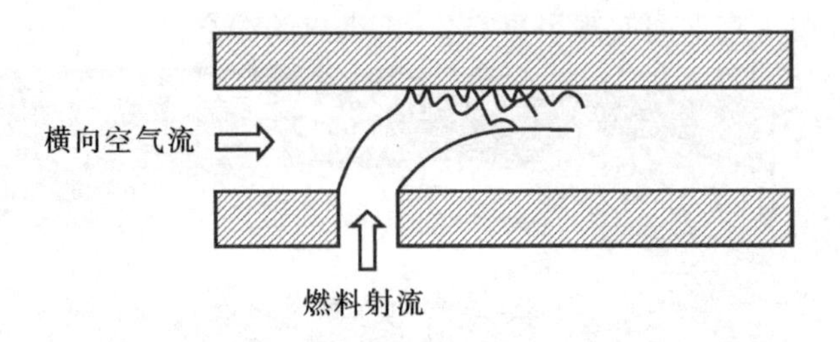

图 9-32　通过燃料射流碰撞壁面来混合强化的示意图

一种能够容易应用于微燃烧器的主动混合技术是脉冲或者强制燃料射流注射方案。当流体射流向下游前进时，高频脉动能够产生小尺度的速度扰动，增强射流中的自然不稳定性（又称 Kelvin-Helmholtz 不稳定性）而强化混合。射流的典型驱动方式有声学的、机械的或者热的方式。在声学驱动中，射流的激发是通过一个声波发生器，而在机械驱动中则是使用制动器。在热驱动中，射流激发是通过在射流注射口的边缘附近加热流体，产生高达 100 kHz 频率的扰动。然而，后一种方式对于微燃烧器是不适用的，因为需要高温和高电压来充分激发射流。

在过去 20 年中，声学驱动作为一种混合强化方式被广泛地进行了研究。1986 年，Raman 研究了声学驱动对轴对称空气射流的混合效果。他使用了单根热线探针和麦克风来使喷嘴出口以及沿射流中心线出现湍流水平。他发现，在适当的 St 数（$St=fD/U$，其中 f 是驱动频率，D 是通道宽度，U 是特征速度）时能实现混合的巨大改善，在 $0.4<St<1.0$ 时效果最为显著。

还有很多学者对机械驱动强化混合进行了研究，其中研究得最多的是压电致动器和合成喷制动器。压电致动器通过在高频下产生小振幅变形，激发流体射流的不稳定性，从而强化混合。相反，合成喷制动器通过流动系统的工质与主要射流的相互作用，形成零质量通量的射流来强化混合，这些相互作用用来促进向主要射流的动量传输。

③混合强化的定量评价。为了评估前面介绍的混合强化方案的性能，需要设计一种对混合强化进行定量化的方式。一种简单的方法是基于混合长度 L_m 定义一个混合强化"效率"。混合长度是要求燃料和空气混合到事先规定的水平所需的距离（从燃料注射点开始）。如果考虑没有强化和有强化的混合长度分别为 $L_{m,UE}$ 和 $L_{m,E}$，则混合强化效率 η_{ME} 可定义为

$$\eta_{ME}=\frac{L_{m,UE}-L_{m,E}}{L_{m,UE}}\times 100\% \tag{9-10}$$

这里，如果 $\eta_{ME}=0\%$，则强化的混合长度和未强化的混合长度是相同的；如果 $\eta_{ME}=100\%$，则强化的混合长度为 0，这对应于非常完美的混合。

使用方程(9－10)能够有效地对微燃烧器中的混合强化进行定量化，以及评价不同混合强化方案的性能。最好的方案或者组合方案应该具有最高的混合强化效率。

9.3.4　微小尺度下的稳燃方法

目前微尺度稳燃方法大致可分为以下几大类：①利用热循环或者减少热损失的方法，例如“瑞士卷(Swiss-roll)”型微小燃烧器、有多孔壁面的自绝热型燃烧器；②通过结构设计产生回流区来稳燃，例如微小型钝体燃烧器、带台阶的突扩型燃烧器等；③对燃烧室表面进行特殊处理，削弱表面对自由基的捕获而导致淬熄，包括表面钝化处理、催化表面燃烧等。

9.3.4.1　“瑞士卷”型微小燃烧器

这种燃烧器的基本原理是利用高温烟气与常温预混气之间进行热循环，从而提高着火前的温度，实现稳燃的目的。它可以在某些场合作为小型加热器用来取代传统的电加热。

图 9－33 给出由不同材料制作的“瑞士卷”燃烧器。图 9－34 给出各种不同尺寸的“瑞士卷”燃烧器的俯视图和侧视图。为了称呼上的方便，根据燃烧器外形直径的大小分为三大类：首先，把直径为 64 mm 的燃烧器叫作“基本尺寸燃烧器

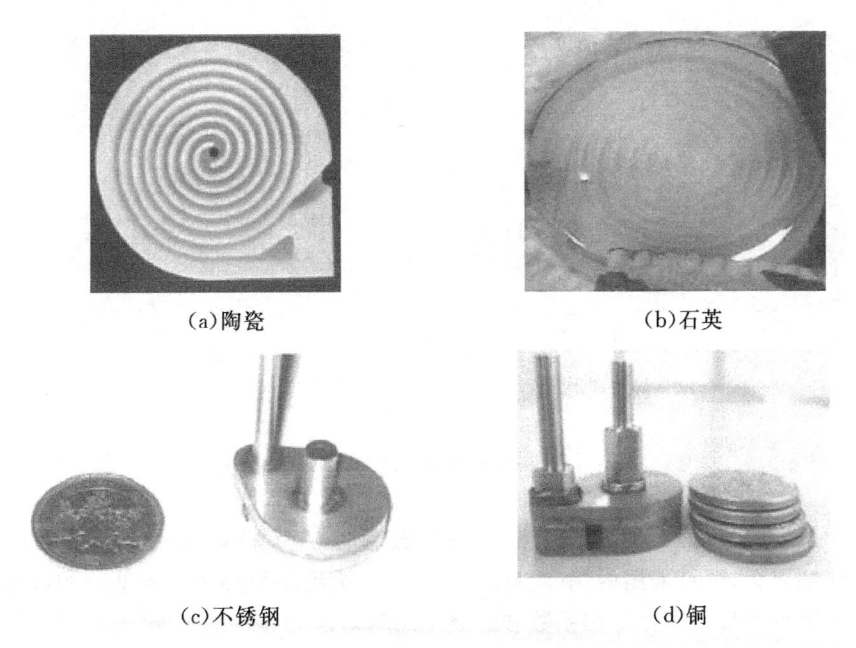

(a)陶瓷　(b)石英　(c)不锈钢　(d)铜

图 9－33　不同材料制作的“瑞士卷”燃烧器

(basic combustor)”,它是在研究的初始阶段作为原型制造的。其次,将基本尺寸燃烧器的外径缩小为 70%,制造出直径为 46 mm 的燃烧器,称为“小型燃烧器(small combustor)”。最后,制造出与 500 日元和 1 日元硬币直径相等的燃烧器,称为“硬币大小的燃烧器(coin-size combustor)”。图 9-35 和图 9-36 分别显示“瑞士卷”燃烧器的剖面图和燃烧室附近的概略图。

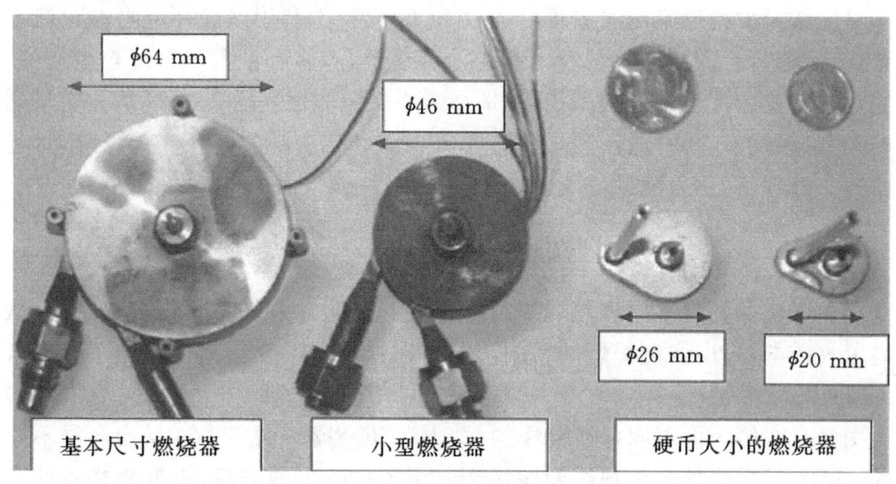

(a)俯视图

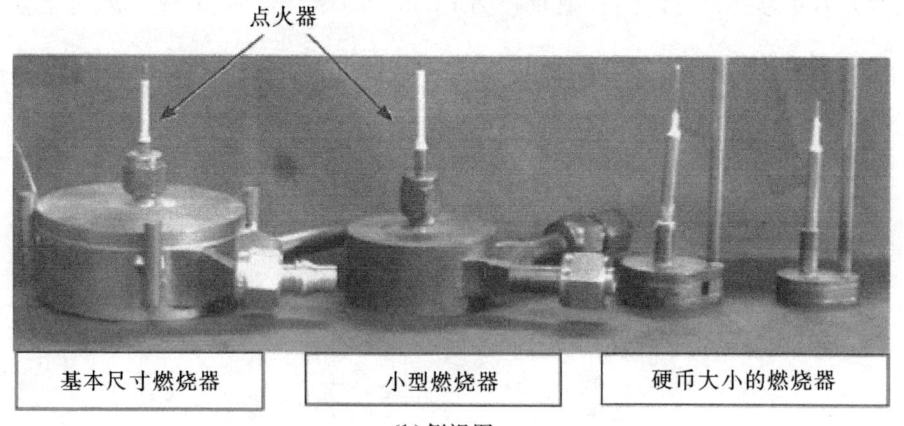

(b)侧视图

图 9-34　各种不同尺寸的“瑞士卷”燃烧器

为了进一步深入了解“瑞士卷”型微小燃烧器,本节将对“小型燃烧器”的燃烧特性详细介绍,燃料采用丙烷(C_3H_8)。表 9-2 给出小型燃烧器各部分的尺寸,本节主要考察燃烧室本体导热系数和燃烧室结构对燃烧特性的影响。

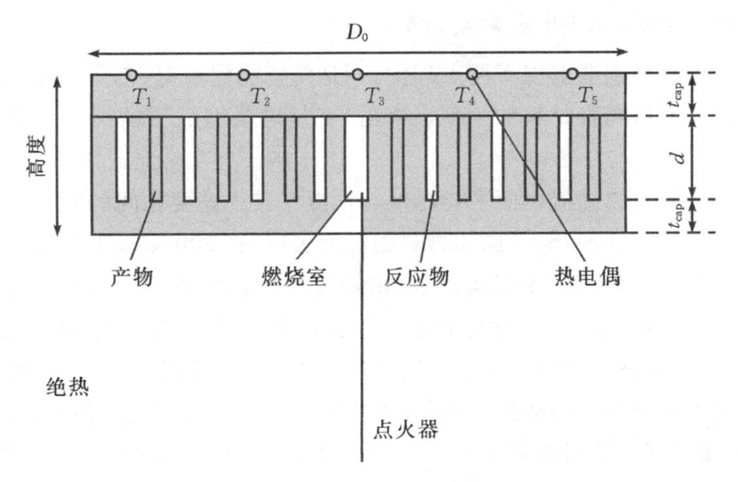

图 9－35　“瑞士卷”燃烧器的剖面图

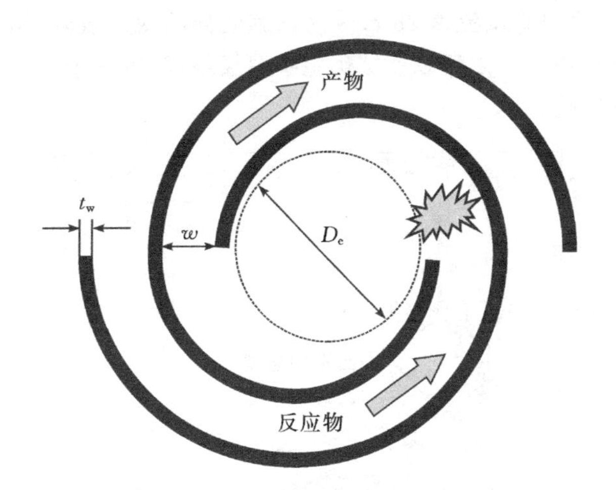

图 9－36　“瑞士卷”燃烧器的内部概略图

表 9－2　小型燃烧器的尺寸

名称	材料	D_0	H	D_c	d	n	w	t_w	t_{cap}
S-SUS	SUS	46	20.5	2.5	10.5	4	1.4	1.05	5
S70-Cera-A	Ceramic	46	20.5	2.5	10.5	4	1.4	1.05	5
S70-Cera-B	Ceramic	46	20.5	2.5	10.5	4	1.4	1.05	5

注：SUS 为不锈钢（SUS304）；Ceramic 代表氧化铝陶瓷；S70-Cera-A 表示燃烧室入口宽度为流道宽度的 1/2，其他所有燃烧器均相同；S70-Cera-B 表示燃烧室入口宽度与流道宽度相同；D_0 为燃烧器外径（mm）；H 为燃烧器高度（mm）；D_c 为燃烧室直径（mm）；d 为通道深度（mm）；n 为通道圈数；w 为通道宽度（mm）；t_w 为通道隔板厚度（mm）；t_{cap} 为盖板与底板的厚度（mm）。

1.燃烧室本体材料导热系数的影响

选择陶瓷材料主要有以下两点理由:一是陶瓷能耐高温;二是陶瓷可以进行机械加工。通过使用陶瓷材料的小型燃烧器,有望确认前面不锈钢燃烧器无法确定的吹熄极限。

图 9-37 示出燃烧器表面平均温度与预混气进气速度之间的关系。对于不锈钢材料的燃烧器 S70-SUS,考虑到材料的温度极限,在 900 ℃以上的范围内没有进行实验。另外,与 S70-SUS 相同形状、由陶瓷材料制作的 S70-Sera-A 燃烧器,在流速为 4.8 m/s 附近表面温度达到最高值 680 K。但是,当流速增加到 5.0 m/s 附近时,燃烧器本体与盖板由于热效应产生分离而导致破坏。因此,在这个流速以上的范围内没有获得实验数据。然而,可以从表面温度的变化推测出,当流速继续增加时,表面温度会变得更低。对于陶瓷材料制作的 S70-Cera-B 燃烧器,在流速为 4.0 m/s 附近表面温度达到最高值 730 K,然后随着流速的继续增加,表面温度缓慢降低。此外,可以确认流速 23 m/s 为该燃烧器的吹熄极限,这时对应的表面平均温度为 600 K 以下。之所以能够确定吹熄极限,其中一个原因可能是燃烧器材料导热系数的影响。

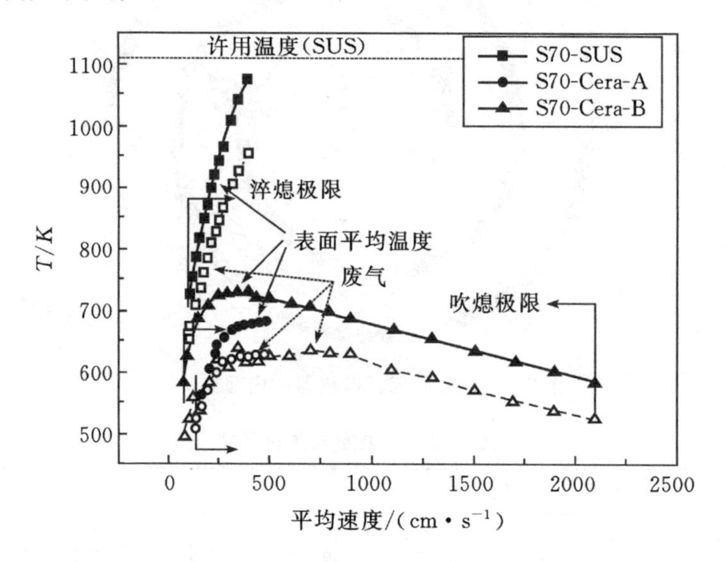

图 9-37 燃烧器表面平均温度与预混气进气速度之间的关系

图 9-38 给出燃烧器本体材料的导热系数和比热容随温度的变化规律。从图 9-38 中可见,不锈钢与陶瓷的比热容随温度的变化趋势没有太大的差别。对于导热系数来说,高温时不锈钢的导热系数变大,而陶瓷的反而变小。因此,由不锈钢制作的燃烧器盖板,在高温时,底板和通道隔板的热循环量比陶瓷制作的燃烧器

要大很多。由于陶瓷燃烧器的热循环量较小，火焰温度也较低，所以容易发生吹熄现象。由此可见，燃烧器本体材料的导热系数对燃烧特性有很大的影响。

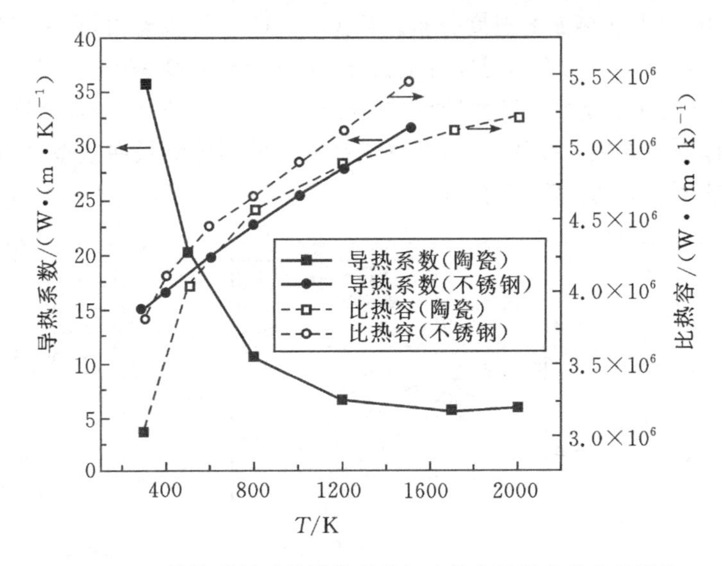

图 9-38　燃烧器材质的导热系数与比热容随温度的变化规律

2. 燃烧室结构的影响

下面通过 S70-Cera-A 与 S70-Cera-B 之间的比较来考察燃烧室结构的影响。这两者之间除了燃烧室形状以外其他都相同。如图 9-39 所示，S70-Cera-A 以及其他所有燃烧器为了防止回火以及稳焰，燃烧室入口宽度只有通道宽度的 1/2，而 S70-Cera-B 燃烧室的入口宽度与通道宽度相同。因此，如果要保持 S70-Cera-B 的

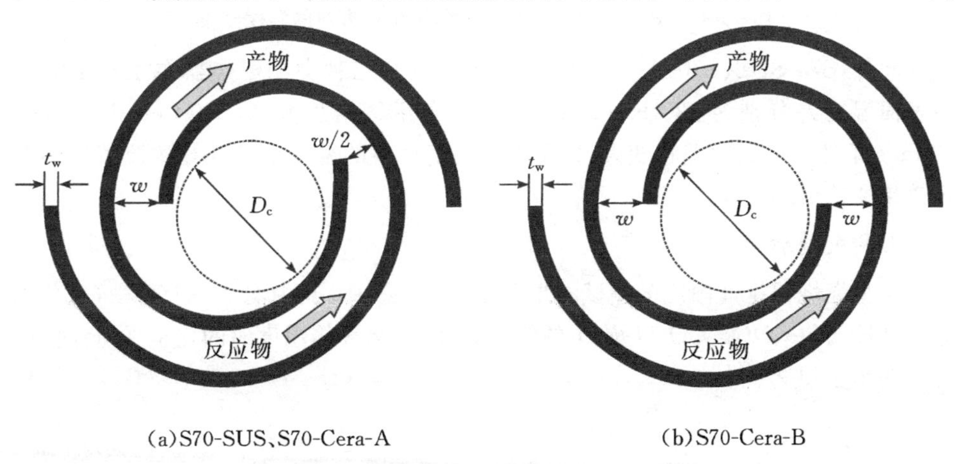

(a)S70-SUS、S70-Cera-A　　　(b)S70-Cera-B

图 9-39　不同形状的燃烧室入口

火焰位置在燃烧室中，则应增加混合气流量，从而火焰温度比 S70-Cera-A 要高，燃烧器表面温度也相应升高。

图 9-40 给出加热面的温度分布。从图 9-40 中可以看出，在相同流速条件下，S70-SUS 型燃烧器的表面温度看上去比 S70-Cera-A 和 S70-Cera-B 高很多，原因是温度测量是在燃烧器上表面进行的。对于陶瓷材料的燃烧器，燃烧室内为高温，此处固体壁面导热系数变小，通过燃烧室侧面的固体隔板向盖板、底板的导热量减小，加热面表面的温度相对较低。

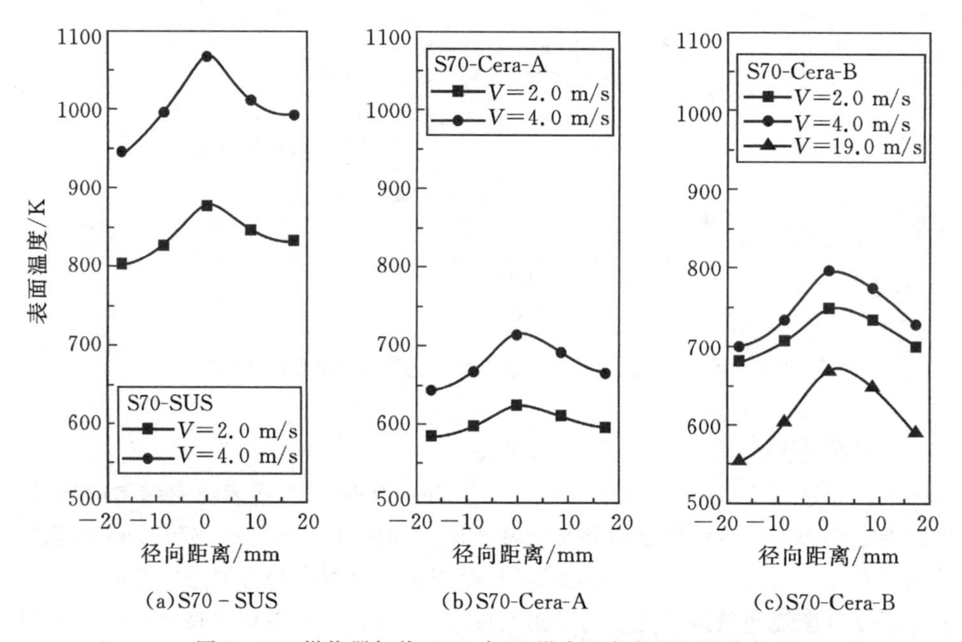

(a) S70-SUS　　(b) S70-Cera-A　　(c) S70-Cera-B

图 9-40　燃烧器加热面(上表面)沿半径方向的温度分布

此外，S70-SUS、S70-Cera-A 以及 S70-Cera-B 三种类型燃烧器在 4.0 m/s 时的表面温度差分别为 120 K、80 K、100 K。若继续增加流速，S70-Cera-B 在流速 19 m/s 条件下的温度差将变大，这是由于陶瓷材料的温度依赖性导致流道的热循环效果变差引起的。

3. 排气特性

小型燃烧器排气浓度的测试结果示于图 9-41 中，其中图 9-41(a)—(e)分别显示 THC、CO、NO_x、CO_2 以及 O_2 的值。此外，绝热火焰温度时的化学平衡计算值也一并示于图 9-41 中。

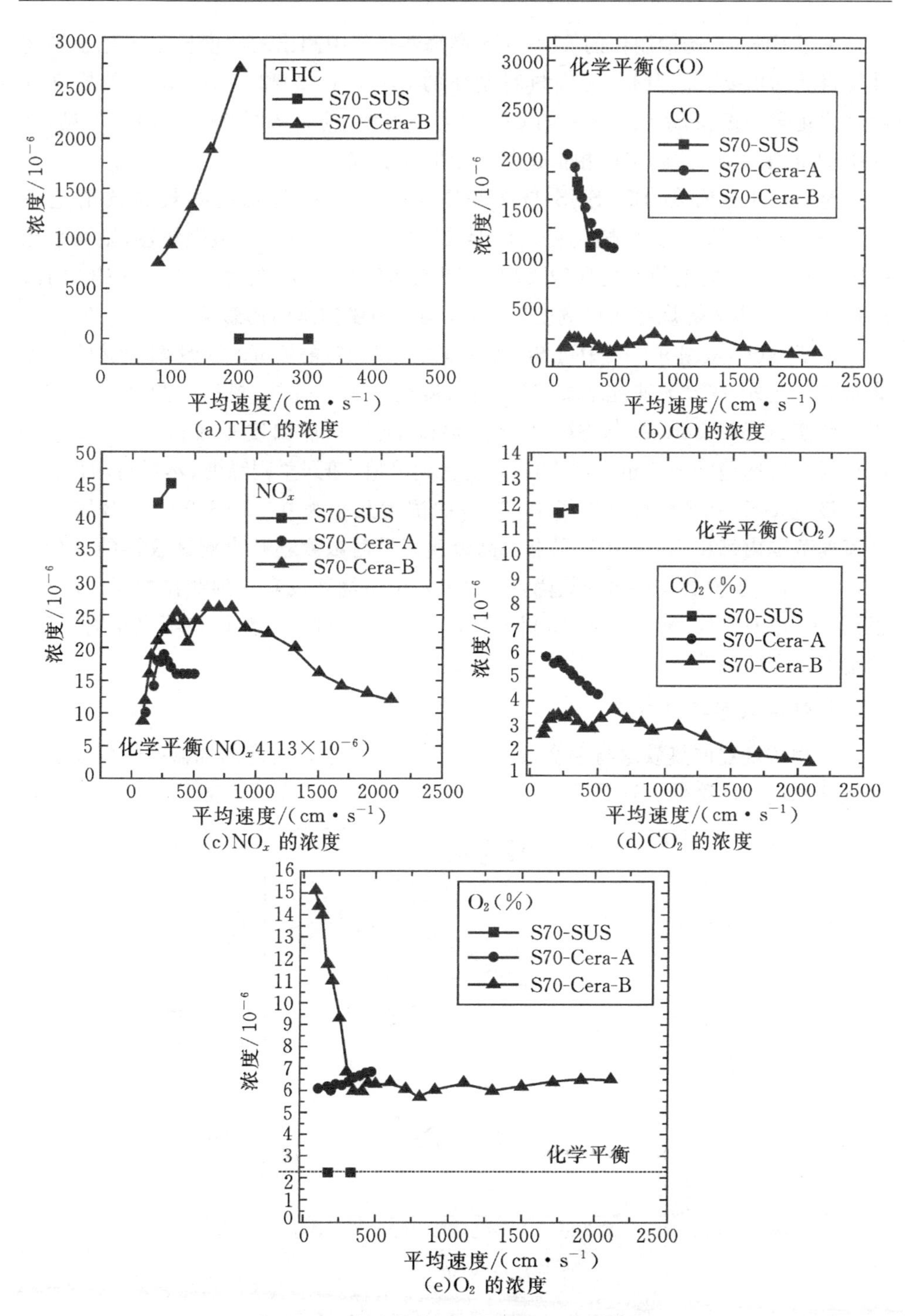

图 9－41　小型燃烧器排气中各组分的浓度

关于CO_2，不锈钢制作的S70-SUS燃烧器排气中测出的浓度比基于化学平衡计算得到的值要大。但是，陶瓷材料制作的S70-Cera-A和S70-Cera-B的排气浓度则比化学平衡和S70-SUS-A的CO_2浓度小很多，进而从图9-40(e)中可见，排气中O_2的浓度非常高，很难相信这是一个完全燃烧。

至于CO的浓度，S70-SUS与S70-Cera-A几乎都是相同的较高数值范围$(1300\sim2400)\times10^{-6}$。而燃烧室入口形状不同的S70-Cera-B型燃烧器，则几乎保持约500×10^{-5}的定值。之所以S70-SUS与S70-Cera-A燃烧器排气中CO的浓度这么高，是因为燃烧室入口宽度较小，火焰容易受到壁面的影响。

关于NO_2，从图9-41中可知，认为发生完全燃烧的S70-SUS燃烧器的浓度非常高。此外，随着流速的增加，NO的浓度也增加。另外，根据推测处于不完全燃烧状态的S70-Cera-A与S70-Cera-B燃烧器的NO_x浓度则较低。S70-Cera-B燃烧器在流速稍低于5 m/s时NO_2浓度达到峰值，随即急剧降低，然后再增加。

最后，S70-SUS燃烧器排气中THC的浓度几乎为0。而S70-Cera-B则在整个流速范围内都在750×10^{-5}以上。高流速区域时浓度还超出测试仪器的测量范围。另外，由于测试仪器出现故障，S70-Cera-A燃烧器没有得到测试数据。然而，根据CO_2以及NO_x浓度较低、CO浓度较高的事实，可以推测燃烧不完全时THC的浓度也会较高。

4.燃烧效率与热效率

小型燃烧器的热效率与燃烧效率示于图9-42中。所有燃烧器的热效率均随着流速的增加而降低。这是因为在流速较大的场合，燃烧器内部的混合气以及燃

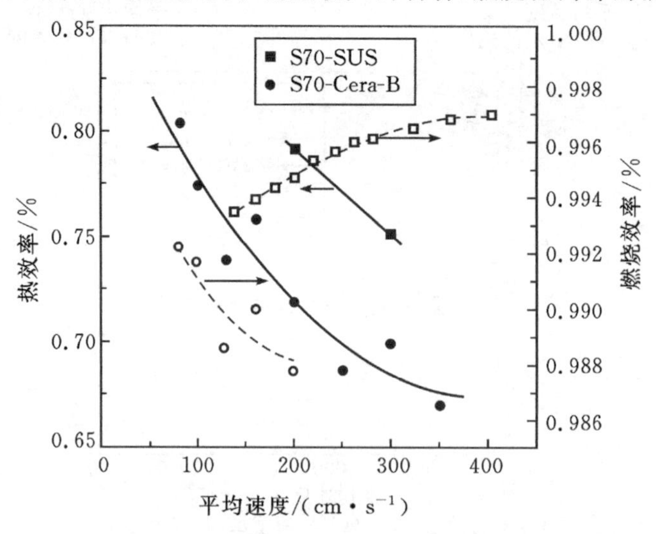

图9-42　小型燃烧器的热效率与燃烧效率

烧气体的停留时间减少、高低温气体之间的热交换受到抑制导致的。S70-SUS 在低速条件下的热效率达到了 0.8 左右。如果在相同流速下比较的话，S70-SUS 比 S70-Cera-B 的热效率高，这是因为 S70-SUS 的导热系数较大，热循环效果更好。此外，S70-Cera-B 热效率的估算稍微有点高。这是因为在热效率的定义式中没有考虑燃烧气体中残留的 THC 浓度的影响。但是，在测试范围内从排气分析的结果可知，投入的 C_3H_8 中残留的 THC 比例最大也只有 0.08%左右。因此，可以认为忽略残留 THC 浓度对热效率的计算结果影响不大。对于 S70-SUS 燃烧器，THC 与 CO 的排出量非常小，燃烧效率在全范围内都超过了 99%。但是，S70-SUS-B 燃烧器的 THC 与 CO 的排出量比较大，燃烧效率大都没有超过 99%。

9.3.4.2 微形钝体燃烧器

众所周知，钝体稳燃技术已经广泛地应用于工业锅炉燃烧器以及航空燃烧系统中的湍流扩散火焰的稳燃，其主要原理是利用钝体后回流区的低速、高温、高浓度等特点来形成所谓的“值班火焰”，点燃周围燃料达到稳燃目的。实践证明，该技术能够有效实现常规尺度下低热值燃料、低负荷工况下的稳燃，也能够大大提高燃料的吹灭极限，并且对气体、液体和固体燃料均有较好的适用性。

本节借鉴以上思想，将钝体稳燃技术应用于微小燃烧器中，通过 CFD 模拟研究了 H_2/空气预混火焰的温度分布、吹熄极限、燃烧效率等燃烧特性，并讨论了预混气当量比以及钝体的阻塞比等因素的影响。为了体现钝体型微燃烧器的稳燃效果，首先对间距相同的平板型微通道中的燃烧特性进行数值模拟研究，然后再与有钝体的情况做比较。

1. 计算模型与方法

燃烧器结构如图 9-43 所示，板间距 $W=1$ mm，燃烧室的长度 $L=10$ mm，燃烧室壁面厚度 $\delta=0.2$ mm，钝体位置 $L_1=1$ mm。定义钝体阻塞比为 B/W。氢气与空气预混合后由进气口(左侧)进入燃烧室，燃烧后剩余气体由排气口(右侧)排出。对燃烧室进行整体计算。

由于微燃烧室的特征长度为 1 mm，空气在其中的 Kn 数为 7×10^{-5}，小于 10^{-3}，可以认为流体为连续介质，N-S 方程适用于此范围。在所有计算工况中，冷态下的最大雷诺数为 600 左右。虽然冷态下钝体尾迹可能会出现不稳定流动，如涡的产生和脱落，但是在燃烧情况下，由于气体流速正比于 T，而运动载度正比于 $T^{1.5}$，所以燃烧流场的有效雷诺数比冷态情况下小，涡的产生及脱落会受到明显的抑制。也就是说，燃烧情况下钝体后方的尾流区内基本上为层流流动。此外，通过应用低雷诺数的 $k-\varepsilon$ 湍流模型进行计算和比较，证明采用层流模型是合适的。因此，后面给出的计算结果均为采用层流模型所求解。

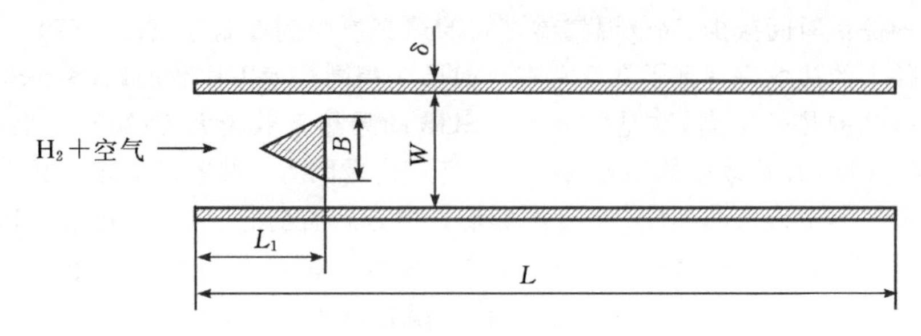

图 9-43　有钝体的平板型微燃烧室的几何模型

由于燃烧室壁面和钝体对来流流体的导热可能对火焰稳定性产生重要影响，因此在数值计算中加以考虑。固体材料为石英玻璃，假设常物性，其密度、比热容和导热系数分别为 2650 kg/m^3、750 J/(kg·K)和 1.05 W/(m^2·K)。

化学反应动力学模型采用 Dryer 等提出的氢气与空气反应的详细化学反应机理，包括 13 种组元和 19 个可逆反应。采用 FLUENT 二维双精度稳态求解器和二阶离散格式求解层流流动模型和有限速率的化学反应模型。化学反应机理、各组元的热物性和输运系数从 CHEMKIN 数据库输入。考虑到链式反应中不同反应的速率不同，采用刚性求解器(stiff chemistry solver)。同时，忽略微燃烧器的表面反应。

进口采用速度进口，混合气初始温度为 300 K。出口采用压力出口边界条件。燃烧室外表面采用定热流边界，等效对流换热系数为 100 W/(m^2·K)。

2. 计算结果与讨论

(1)温度场与壁温分布。

图 9-44 给出当量比为 0.5 时无钝体的平板型微燃烧器的温度场随进气速度的变化规律。从图 9-44 可以看出，当进气速度为 0.5 m/s 时，无钝体燃烧器内的高温区域位于进口附近，且在靠近进口一侧为扁平状，表明此时存在扁平状的火焰结构。计算发现相比于其他速度，在此工况下获得当量比 0.5 时的最高燃烧温度。当进口气流速度增大到 1 m/s 时，火焰锋面开始弯曲，燃烧器内高温区域的范围有所扩大。当进口气流速度增大到 2 m/s 和 3 m/s 时，火焰锋面变得更加弯曲，呈 V 形，高温区域进一步增大。当速度增大到 4 m/s 时，燃烧器内出现不对称的温度分布，向燃烧器上壁面偏斜，表明此时存在不对称的火焰结构。经多次计算验证，发现这是一个随机现象。再增加进气速度，火焰将被吹出燃烧器，表明在当量比为 0.5 的情况下，无钝体的平板型微燃烧室的吹熄极限大约为 4 m/s。

图 9-45 给出阻塞比为 0.5 的钝体型微燃烧器的温度场分布。与没有钝体的情况相比，当进口速度为 0.5 m/s 时，高温区域仍然位于燃烧室进口附近，呈锥形，

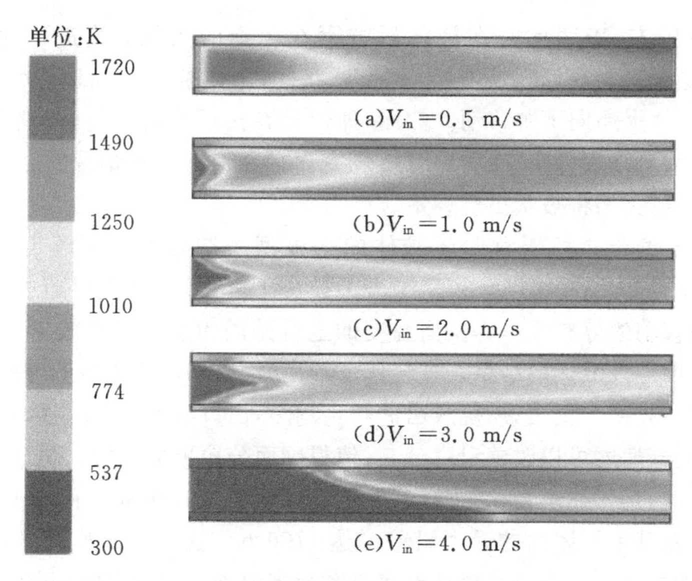

图 9-44　当量比为 0.5 时,不同进气速度下无钝体的平板型微燃烧室的温度场

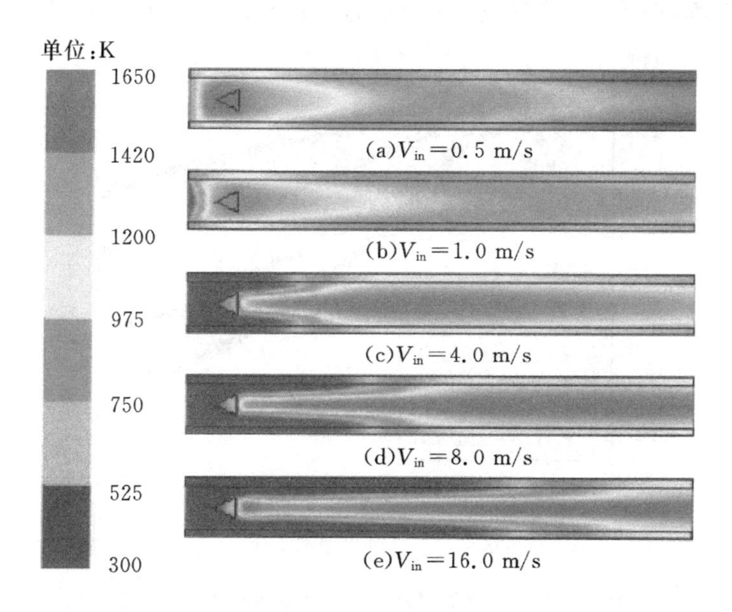

图 9-45　当量比为 0.5 时,不同进气速度下有钝体的平板型微燃烧室的温度分布

靠近进口侧为扁平状,表明此时火焰形态应为扁平状。当进口速度增大到 1 m/s 时,火焰锋面发生弯曲,燃烧室内高温区域扩大。当进口速度继续增大时,高温区

域位于钝体后方，表明此时在钝体后方存在稳定的火焰。当进口速度增大为16 m/s时，燃烧室内高温区域变窄，呈长条状，位于燃烧室中间，且火焰锋面已接近燃烧室出口，火焰向下游移动。然而，即便是在接近吹熄极限的情况下，可以看出温度场仍为对称式分布，表明此时燃烧室内存在对称的火焰分布。再继续增加进口气流速度，火焰将被吹出燃烧室。

图 9-46 给出火焰对称时无钝体的平板型燃烧器的壁面温度分布。从图 9-46中可以看出，壁面温度分布呈现先上升再下降，温度峰值则随进气速度增大向出口方向移动的分布规律。壁面温度的上升是因为燃料燃烧放出了热量，下降则是由于壁面向外散热的结果。进气速度越高时，火焰位置越向下游推移，进口附近壁面温度就越低。反之，燃烧放出的热量越多，出口附近温度就越高。此外还可发现，增加进气速度可以改善温度分布，使得壁面分布更加均匀。图 9-47 给出火焰发生偏斜时(进气速度为 4 m/s)上下壁面外侧的温度分布。由图 9-47 可见，同一轴向位置处上下壁面的最大温差可达 1100 K。这种不对称的温度分布对微动力系统，如微热光伏发电系统和微热电系统来说是非常有害的，不仅会严重影响系统输出功率，而且会导致燃烧室壁面热应力分布不均，影响燃烧器使用寿命。

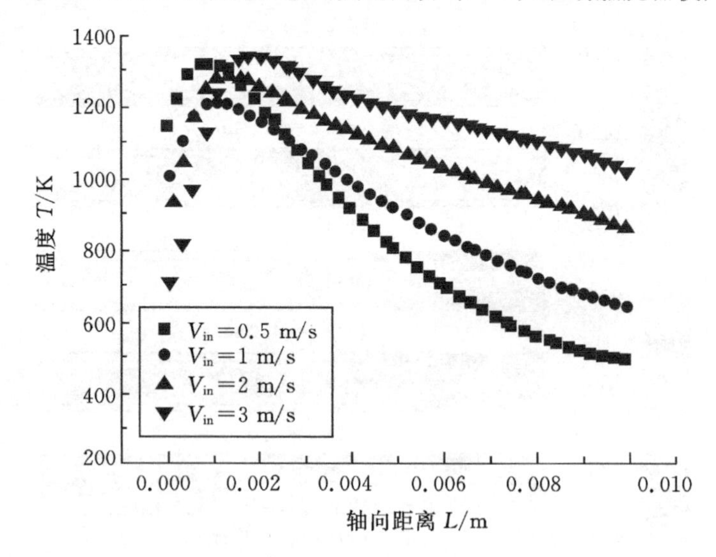

图 9-46　当量比为 0.5，火焰对称时无钝体平板型燃烧器的壁面温度分布

图 9-48 给出当量比为 0.5 时，不同进气速度下有钝体的燃烧器的壁面温度分布。由图 9-48 可以看出，低速情况下有钝体和无钝体的微燃烧器的壁面温度分布基本相同，这是由于此时火焰位于钝体前方，钝体未起到稳燃作用。当速度增大时，火焰将稳定于钝体后方，会带来一段十分均匀的壁面分布，说明钝体在提高

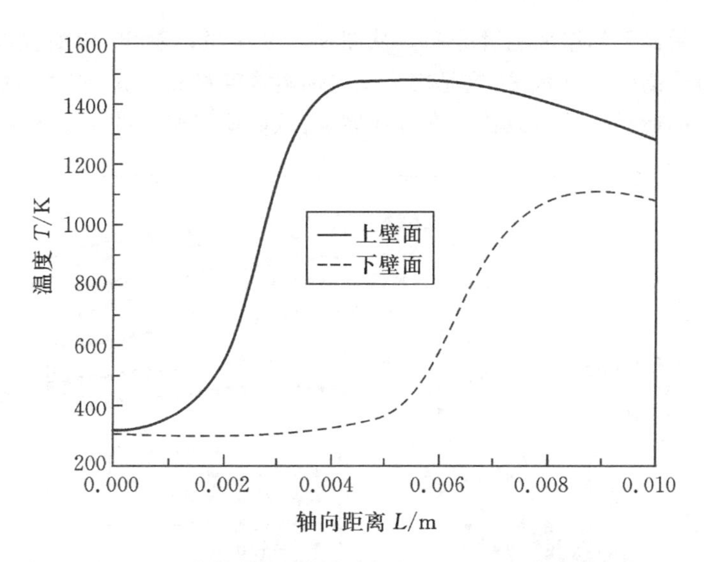

图 9-47　当量比为 0.5，火焰偏斜时(进气速度为 4 m/s)无钝体燃烧器的壁面温度分布

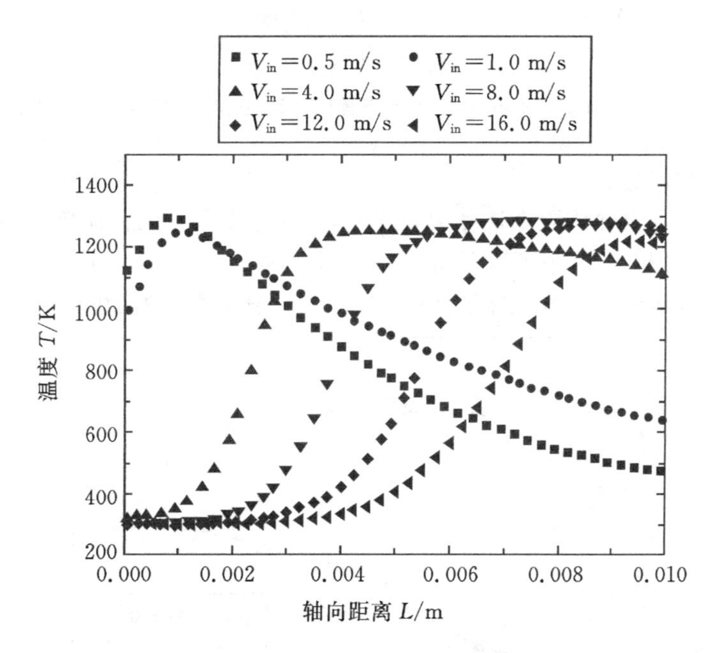

图 9-48　当量比为 0.5 时，不同进气速度下有钝体燃烧器的壁面温度分布

吹熄极限的同时可以改善壁面温度分布。随着进气速度的继续增加，钝体后方的火焰变得细长，且位于燃烧器中心区域，只有靠近出口的部分壁面的温度才较高。

图 9-49 考察当量比对壁温的影响，给出进气速度为 4 m/s 时有钝体的燃烧

器在不同当量比下的壁面温度分布。从图 9-49 中可以看出，壁面温度在当量比为 1 时获得最高的温度水平，这是因为此时燃料浓度最高，同时钝体的稳燃作用使高当量比下的燃料仍然可以比较充分地燃烧，从而使得壁面的温度水平达到最高。

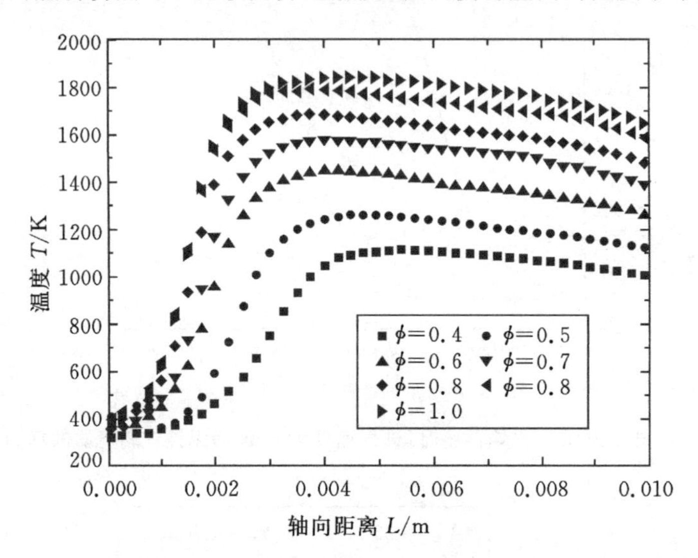

图 9-49　进气速度为 4 m/s 时，不同当量比下有钝体的燃烧器的壁面温度分布

(2)吹熄极限。

图 9-50 示出钝体阻塞比 ζ 为 0.5 时，其吹熄极限与无钝体燃烧器的吹熄极限的比较。从图 9-50 中可以看出，在每一个当量比下，有钝体的燃烧器的吹熄极限都比没有钝体的燃烧器提高了 2～4 倍。此外，钝体燃烧器的吹熄极限在很大范

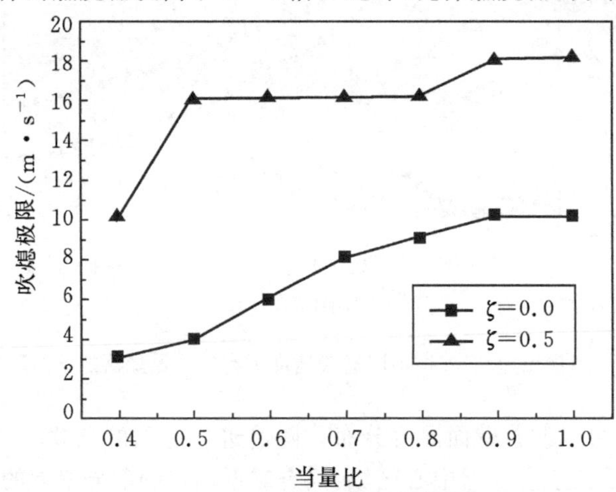

图 9-50　有、无钝体的平板型燃烧器的吹熄极限的比较(ζ 为阻塞比)

围内为常数，即在当量比为 0.5～0.8 时，钝体燃烧器的吹熄极限保持为 16 m/s。

由于钝体的相对大小（即阻塞比）对回流区的大小有很大影响，从而对稳燃效果有直接的重大影响。因此，通过计算考察了钝体阻塞比对吹熄极限的影响，结果示于图 9-51 中，从图 9-51 中可以发现几个特性。首先，有钝体的微燃烧器在阻塞比为 0.6 时获得最优的稳燃效果。当量比从 0.5～1.0 都可以稳定保持在 18 m/s 的吹熄极限。而当当量比为 0.4 时，燃烧室壁面散热量与反应放热量之比增大，导致钝体扩展吹熄极限的效果降低。其次，阻塞比为 0.5 和 0.4 时的稳燃效果（吹熄极限）完全相同，而且当当量比为 0.5～0.8 时，吹熄极限保持在 16 m/s 不变。

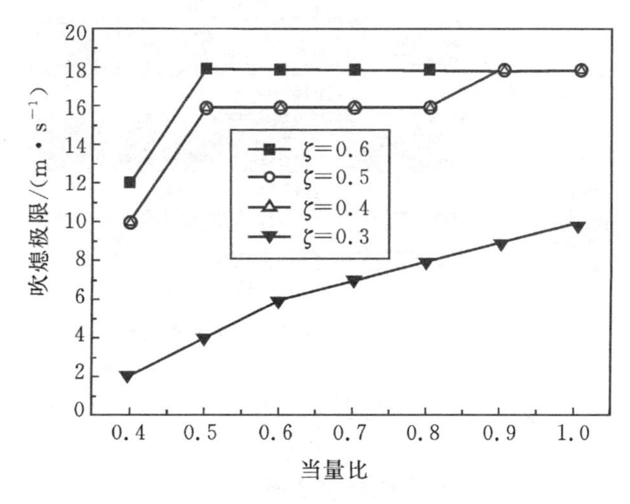

图 9-51　阻塞比对吹熄极限的影响

最后，在阻塞比为 0.3 的工况下，可以看到吹熄极限随当量比的减小而几乎呈线性降低，不存在稳定的吹熄极限。这是由于钝体太小时，其后方的回流区域太小，无法形成值班火焰点燃来流预混气体，此时钝体失效。为了更直观地体现这种情况，图 9-52 给出钝体阻塞比为 0.3 时不同进气速度下的温度场（当量比为 1.0）。从图 9-52(e)中可见，当进气速度较大（如 6.0 m/s）时，火焰被推移到钝体后面，但是并没有稳定在紧贴钝体的回流区内。相反，在钝体后方一段距离处，火焰发生了偏斜，这与无钝体的情况相似。此外，由于钝体的存在扰乱了流体的速度分布，需要一定的时间和空间重新恢复；钝体减小了气体的流通面积，缩小了在燃烧器内的停留时间。因此，在阻塞比太小的情况下燃烧效果甚至比无钝体的燃烧器还要差。

(3)燃烧效率。

对于微小型燃烧器，其燃烧效率可用下式来定义

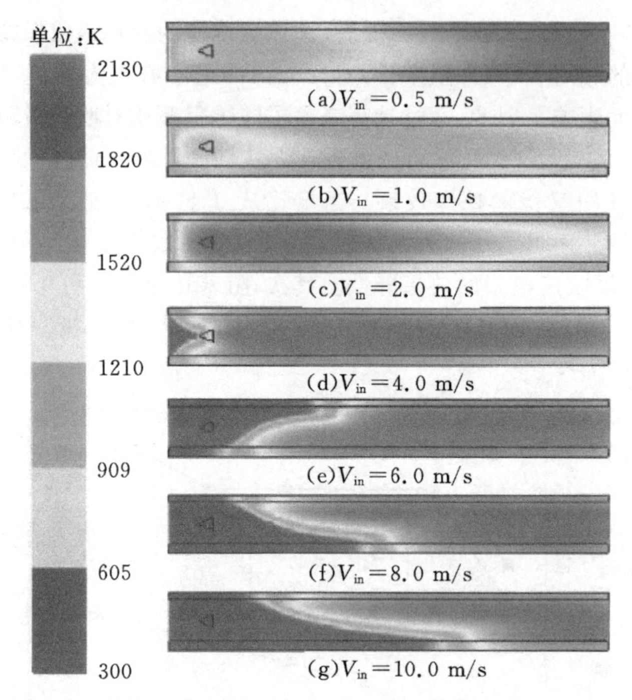

图 9-52　当量比为 1、阻塞比为 0.3 时，钝体燃烧器的温度分布

$$\eta_c = \frac{[(\dot{m}_a - \dot{m}_f)h_2 - m_2 h_1] + Q_{loss}}{\dot{m}_f h_f} \tag{9-11}$$

式中：$\dot{m}_a$和$\dot{m}_f$分别为空气与燃料在燃烧室截面 x 处的质量流率；h_1、h_2和 h_f分别为燃烧室进口、出口的焓和燃料的发热量；Q_{loss}为燃烧室损失的热量。

当只有一种燃料时，燃烧效率可以用消耗掉的燃料来表示，即

$$\eta_c = \frac{\dot{m}_{fuel,in} - \dot{m}_{fuel,out}}{\dot{m}_{fuel,in}} \tag{9-12}$$

图 9-53 给出当量比为 0.5 时，有、无钝体的微燃烧器在不同进气速度下的燃烧效率。从图 9-53 中可以看出，两种情况下燃烧效率均随着进气速度的增大呈现先增大、后降低的规律。当进气速度较低时，单位时间内进入燃烧室的燃料总量很小，低的燃料质量流量虽然增加了燃料在燃烧室的停留时间，但也导致了较弱的化学反应速率和较低的燃烧效率。随着进气速度的增大，虽然此时的化学反应速率加快，但由于有更多的混合物需要反应，所以完全反应需要更长的时间，同时进气速度的增大导致火焰向燃烧室出口移动，缩短了燃料在燃烧室内的停留时间。两者同时作用会导致燃烧效率随进气速度的增大而降低。虽然如此，燃烧效率在整个可燃速度范围内保持着很高的水平。

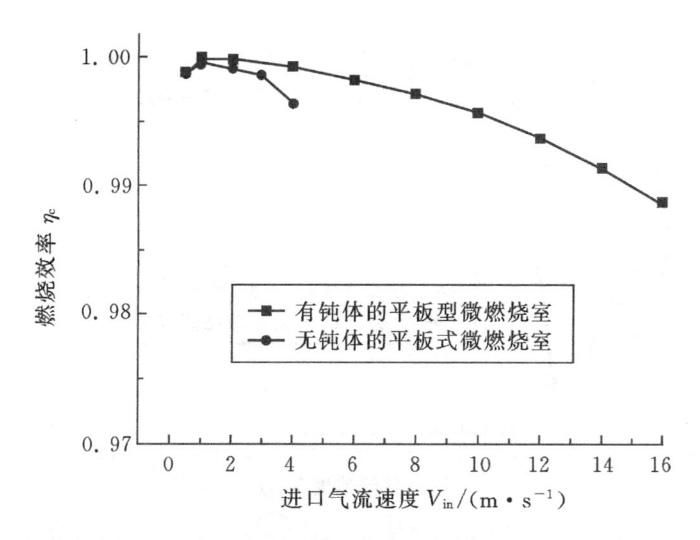

图 9－53　当量比为 0.5 时，不同进气速度下有、无钝体的微燃烧器燃烧效率的比较

此外，由图 9－53 还可以看出，在低速下有、无钝体的微燃烧器的燃烧效率基本相同。这是因为在速度为 0.5～2 m/s 时，对于钝体微燃烧器，由于火焰位于钝体前方，钝体对稳定火焰不起作用，相当于无钝体的微燃烧器，所以此时两种微燃烧器的燃烧效率非常接近，而且燃烧效率均较低。当速度大于 2.0 m/s 时，火焰已位于钝体后方，可以明显看出当进气速度相同时，有钝体的情况燃烧效率更高。这是钝体后方高温低速回流区的存在增加了气体的停留时间，并加快了化学反应速率导致的。

图 9－54 给出当量比 1 时，不同进气速度下有、无钝体的微燃烧器燃烧效率的比较。从图 9－54 中可以看出，当量比为 1 时燃烧效率随进气速度的变化规律与当量比为 0.5 时相似。稍微不同的是，当进气速度为 2 m/s 时，由于反应区已经接近钝体，当地流场受钝体干扰导致火焰结构发生变化，此时有钝体的燃烧效率反而比无钝体的情况略低。

此外，比较图 9－53 和图 9－54 还可以看出，相同速度下当量比为 1 时的燃烧效率小于当量比为 0.5 时的效率，尤其是在低流速下这种差别更为明显。这是因为氢气浓度较高时，在这么短的燃烧器内来不及充分转换，因此燃烧效率降低。当进气流速较低时，由于反应释放的热量较少，所以燃烧效率的降低更为显著。

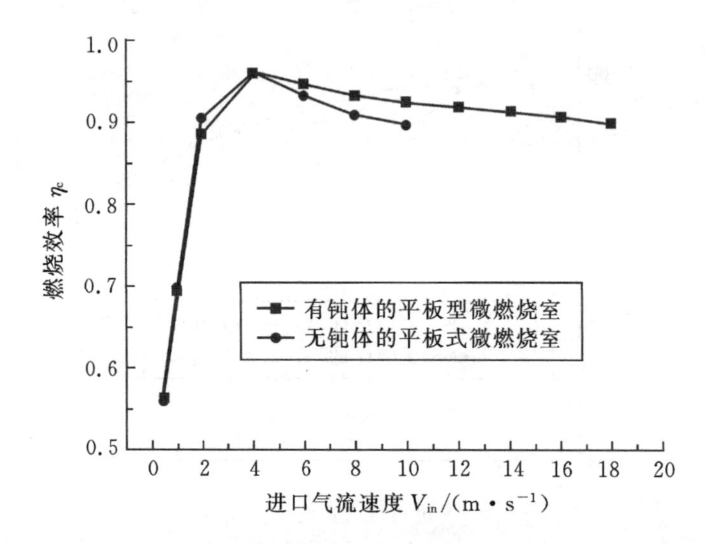

图 9-54　当量比为 1 时，不同进气速度下有、无钝体的微燃烧器燃烧效率的比较

9.4　微小尺度燃烧的应用

为了让读者对微小尺度燃烧的具体应用有个大致了解，本节介绍国内外已经出现的一些微小型动力/电力系统（micro power generation system）。

9.4.1　微小型热电/热光伏系统

1. 微小型热电系统（μ-TE）

微小型热电系统的原理是利用热电材料的塞贝克效应（Seebeck effect），将燃料产生的热能直接转化为电能。这些设备的明显优点是没有运动的部件，缺点是整个系统的效率过低。尽管有些热电材料的效率不错，但这些材料的冷、热端难以维持一个大的温差。这是因为设备的尺寸太小，同时也因为热的良导体一般来说也是电的良导体。因此，进行良好的热管理，以及能否对导热和导电进行解耦是这些设备成功的关键。

南加州大学开发的微型 Swiss-roll 燃烧器已经被用来进行热电发电。研究表明，尽管该设备的效率不高，但已经能够产生电能。因为热量损失极小，这些设备（见图 9-55）的三维 Swiss-roll 造型看起来非常适合 MEMS 大小的设备。

普林斯顿大学研发的 MEMS 大小的化学能转换和发电装置由再循环催化剂、

图 9-55　用于微型热电装置的 Swiss-roll 燃烧器

氧化铝陶瓷制作的 12.5 mm×12.5 mm×5.0 mm 的微型反应器(二维 Swiss-roll),以及一个热电堆单元构成。在实验样机中加入氢气和丁烷进行了运行。在使用氢气的情况下,燃料/空气混合物在较大范围内都能连续运行,化学能输入从 2 W 到 12 W,运行温度控制在 300 ℃。这一装置产生的电能足以驱动 100 mW 的电灯泡发光。通过将这些设备堆叠成三维结构有望减少热量损失,提高发电机效率。

2. 微小型热光伏系统(μ-TPV)

微小型热光伏系统是另一种直接将热能转换为电能的装置,其布局如图 9-56 所示。TPV 一般由四个基本部件组成,分别是热源、选择性发射器、过滤系统以及低能带隙光伏转换器。首先,燃料在燃烧室内将化学能转换为热能,被选择性发射器吸收。当发射器被加热到足够高的温度时,便向外发射光子。因此,选择性发射器是用来将热能转换为辐射能的,它可以用宽带材料(SiC),或者选择性发射材料($Er_3Al_5O_{12}$,氧化饵)、Co/Ni 掺杂的 MgO 和 Yb_2O_3(氧化镱),或者采用微加工制作的表面微结构。宽带发射器的光谱通常工作在 1000～1600 K。当发射器发出的光子撞击在 PV 阵列上时,它们将诱发自由电子,从而产生电功率输出。因此,光伏转化器的功能是将热辐射转化为电能。

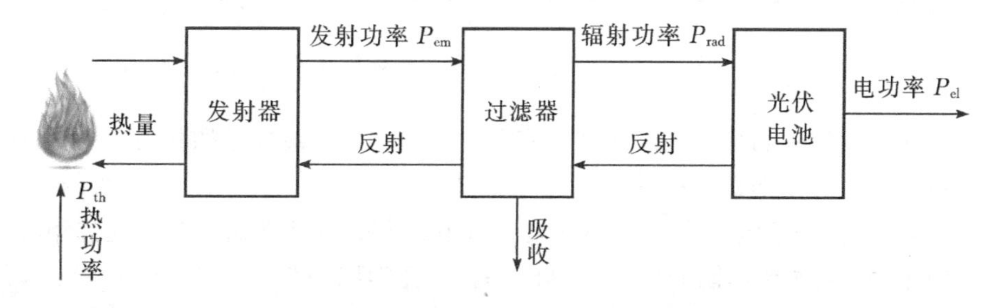

图 9-56　热光伏发电系统的布局示意图

然而,发射器发出的光子中只有能量高于光伏电池的带隙(例如,对于 GaSb

电池为 0.72 eV,对应的波长为 1.7 μm)才能被转换为电能。换句话说,波长大于 1.7 μm 的光子撞击到 PV 电池上时不能产生自由电子和电能。如果这些光子没有被中途停止,它们将被 PV 电池吸收,从而会成为导致系统元件破坏的热负荷,这将降低系统的转换效率。因此,为了改善系统效率,这些光子应该被送回到发射器。这样,在传统的 TPV 系统设计中经常采用一个过滤器,用来将低于带隙的所有低能光子反射回发射器,实现再循环;同时将可转换的光子传输到 PV 阵列。但是,在微型 TPV 系统中,过滤器的存在将会使制造复杂化,并增大系统的体积。

9.4.2 微型燃气轮机/内燃机

麻省理工学院燃气轮机实验室研发了一种基于 MEMS 的燃气轮机发电机,总体积约为 300 mm^3,设计功率为 10～20 W,其剖面图如图 9－57 所示。它包括径向压缩机/透平单元、燃烧室和一个与压缩机合为一体的发电机。压缩机和透平直径为 12 mm,厚度为 3 mm,材料选用传统的 CMOS 材料,设计转速超过了 100 万 r/min。从燃烧室到压缩机/入口空气的传热以及实现良好制造公差的困难是使系统效率低下的主要问题。但是仍然取得了一些主要成就,在使用空气轴承和采用 H_2/空气混合物的硅基燃烧器连续运行的基础上,透平转速达到 130 万 r/min。

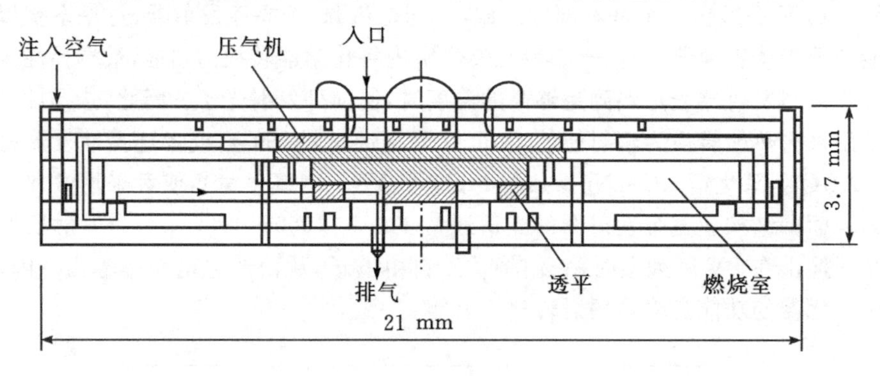

图 9－57 麻省理工学院开发的微型燃气轮机剖面图

加州大学伯克利分校的燃烧实验室开发了一系列以液烃做燃料的微小型内燃转子(汪尔克型)发动机。一种是介观尺寸的“迷你转子发动机”,能产生大约 30 W 的功率;另一种是微观尺度的“微型转子发动机”,设计功率为毫瓦级。迷你型转子发动机采用 EDM 技术制造加工,材料为钢,外壳形状为外摆线型,转子尺寸大约为 10 mm。迷你转子发动机最简单的形式如图 9－58 所示。对不同设计的迷你发动机进行了测试,以考察密封性、点火、设计、热管理对效率的影响。在 9000 r/min 的转速下,尽管效率很低(约 0.2%),但还是获得了 3.7 W 的净功率。效率不高的一个主要原因是由于转子顶点密封和外壳之间以及转子表面的泄漏导致压缩比太低。发动机的尺寸为 EDM 制造技术的下限，因此，即使采用了顶点密封也很难达到设计所要求的公差而获得良好的密封性。微型转子发动机的研究使用 MEMS 技术，旨在开发转子尺寸为毫米级的发动机。转子发动机采用平面结构，部件少，能够自我开关调节运行，故非常适合采用 MEMS 制造技术。

图 9－58　EDM 技术制造、转子直径为 10 mm、钢材料的迷你型转子发动机

9.4.3　微小型加热器

除了以上一些应用之外，微小型燃烧器还可以直接用来做加热器，比如：小型燃料电池的蒸发器、氢气改质器的热源，液晶基板制造过程的加热，等离子体显示器的透明导电膜的加热粘贴，以及调理器具（煎锅）等。Maruta 教授课题组开发了圆盘形 Swiss-roll 燃烧器用来做加热器。Kim 等和相墨智对这种燃烧器的性能进行了系统的研究。测试表明，基于微小型 Swiss-roll 燃烧器直接加热的方式比传统的电加热方式要节能 50%，CO_2 排放也减少 50%左右。此外，可以将单个微小型燃烧器组合成阵列的形式，以满足不同加热功率的要求。

参考文献

[1] FERNANDEZ-PELLO A C. Micropower generation using combustion: issues and approaches [J]. Proceedings of the Combustion Institute, 2002, 29 (1): 883－899.

[2] WALTHER D C, AHN J. Advances and challenges in the development of

power-generation systems at small scales [J]. Progress in Energy and Combustion Science,2011,37(5):583 - 610.

[3] MARUTA K. Micro and mesoscale combustion [J]. Proceedings of the Combustion Institute,2011,33(1):125 - 150.

[4] WAITZ I A, GAUBA G, TZENG Y S. Combustors for micro-gas turbine engines [J]. Journal of Fluids Engineering,1998,120(1):109 - 117.

[5] MARUTA K, KATAOKA T, KIM N I, et al. Characteristics of combustion in a narrow channel with a temperature gradient [J]. Proceedings of the Combustion Institute,2005,30(2):2429 - 2436.

[6] FAN A, MINAEV S, KUMAR S, et al. Regime diagrams and characteristics of flame patterns in radial microchannels with temperature gradients [J]. Combustion and Flame,2008,153(3):479 - 489.

[7] FAN A, MINAEV S, KUMAR S, et al. Experimental study on flame pattern formation and combustion completeness in a radial microchannel [J]. Journal of Micromechanics and Microengineering,2007,17(12):2398 - 2406.

[8] FAN A, MINAEV S, SERESHCHENKO E, et al. Experimental and numerical investigations of flame pattern formations in a radial microchannel [J]. Proceedings of the Combustion Institute,2009,32(2):3059 - 3066.

[9] MIESSE C M, MASEL R I, JENSEN C D, et al. Submillimeter-scale combustion [J]. AIChE journal,2004,50(12):3206 - 3214.

[10] MIESSE C, MASEL R I, SHORT M, et al. Diffusion flame instabilities in a 0.75 mm non-premixed microburner [J]. Proceedings of the Combustion Institute,2005,30(2):2499 - 2507.

[11] DELLIMORE K H. Investigation of Fuel-air Mixing in a Micro-flameholder for Micro-power and Scramjet Applications [D]. Maryland: University of Marland,2005.

[12] GAD-EL-HAK M. Modern developments in flow control [J]. Applied Mechanics Reviews,1996,49(7):365 - 3679.

[13] RAMAN G. Enhanced mixing of an axisymmetric jet by aerodynamic excitation [M]. Cleveland: Lewis Research Center,1986.

[14] PAREKH D, KIBENS V, GLEZER A, et al. Innovative jet flow control: mixing enhancement experiments [J]. AIAA paper,1996,3(08).

[15] POTHOS S, LONGMIRE E K. Asymmetric forcing of a turbulent rectangular jet with a piezoelectric actuator [J]. Physics of Fluids (1994-pres-

ent),2001,13(5):1480 - 1491.

[16] 刘思远. 基于钝体的微尺度稳燃方法的数值模拟 [D]. 武汉:华中科技大学,2011.

[17] LI J, ZHAO Z, KAZAKOV A, et al. An updated comprehensive kinetic model of hydrogen combustion [J]. International Journal of Chemical Kinetics,2004,36(10):566 - 575.

[18] SITZKI L, BORER K, SCHUSTER E, et al. Combustion in microscale heat-recirculating burners[C]. Proceedings of the Third Asia-Pacific Conference on Combustion, F,2001. Seoul, Korea.

[19] VICAN J, GAJDECZKO B, DRYER F, et al. Development of a microreactor as a thermal source for microelectromechanical systems power generation [J]. Proceedings of the Combustion Institute,2002,29(1):909 - 916.

[20] EPSTEIN A, SENTURIA S, AL-MIDANI O, et al. Micro-Heat Engines, Gas Turbines and Rocket Engines œ The MIT Microengine project [J]. American Institute of Aeronautics and Astronautics,1997:1 - 12.

[21] FU K. Design and experimental results of small-scale rotary engines[C]// Proceedings of the 2001 ASME International Mechanical Engineering-Congress and Exposition. NewYork: ASME, 2001.

第10章　微重力燃烧科学进展

10.1　微重力燃烧的研究背景

宇航科学的进步使人类有机会深入了解微重力环境下的科学问题，因为在这独特环境中的物理现象可能与地球重力场中不同。为确保航天器飞行的成功及宇航员的安全，在相关装置和系统的设计中必须解决许多以前无须考虑的问题，其中包括微重力条件下贮箱中液体推进剂行为、分离动力学、燃烧过程等。此外，在微重力环境下，还能够合成或生产许多地面上无法生产的材料、药品、生物制品等，因此，微重力环境相关的巨大科学价值、军事价值、经济价值都吸引了各国投入巨大的人力、物力进行微重力应用方面的研究。

长期以来，人们对于燃烧科学的实验研究均立足于地球重力环境下，而重力给燃烧科学的实验研究不可避免地带来一定影响，如燃烧反应机理和火焰传播速度等均受重力影响，但该影响在燃烧各理论模型中却往往被忽略。

随着人们对燃烧过程受重力影响认识的深入，人们逐渐了解到在正常重力条件下自然对流引起热的轻的燃烧产物从火焰处上升，而微重力环境下火焰的形态和特性完全不同，火焰的传播不是向上，而是以扩散方式传播或是从火源向外呈辐射状对称的球状传播，而浮力和由其引起的自然对流对燃烧过程的影响十分微弱，因此在微重力燃烧过程中起着重要作用的传热、传质过程将主要由扩散、辐射和传导机制控制。

另一方面，随着航空航天技术的发展，载人航天器火灾事故的发生也使得人们越来越关注微重力条件下的燃烧过程，尤其是阿波罗飞船发生的数次火灾事故，也使得科学家高度重视与航天器防火安全相关的燃烧研究。

10.1.1　微重力环境下燃烧机理研究的延伸

人们很早就认识到重力对燃烧过程有着重要影响，特别是通过浮力对流影响火焰中热和物质的传输速率，从而直接影响火焰结构、稳定、传播和熄灭等一系列燃烧基本现象。在地面的研究环境下，在一系列复杂的物理化学作用下，重力让火焰有了重心，并使其具有一定的形状，重力场使得火焰形成“液滴”状，而在微重力条件下火焰则呈圆形。常规重力与微重力条件下燃烧的化学反应过程也存在差别，正常的燃烧产物为烟尘、二氧化碳和水，而燃烧温度比地球上普通火焰低的冷燃火焰(cool-burning flame)的燃烧产物为一氧化碳和甲醛。

燃烧的复杂过程，使得经典燃烧理论的数学模型中往往忽略了重力因素。微重力条件下的燃烧相比常重力燃烧具有一些特征：燃烧过程的自然对流减弱甚至消除，由流动产生的不稳定性会减弱，有利于研究静止或低速流动状态的燃烧；热辐射、静电力等一系列因为浮力及其诱导效应掩盖的基本效应和现象能更加突出地表现出来；重力沉降的消除，可形成没有悬挂的液滴、颗粒、液雾和粉尘燃料群；能有效扩大燃烧的时空尺度。因此，利用微重力燃烧的特点，能进一步细化燃烧研究的参数，深化对燃烧现象的认识，完善燃烧过程的模型，验证一些在地面上无法论证的燃烧理论。总之，微重力提供了一种减轻浮力，抑制颗粒或液滴沉降的环境，这无疑为检验经典燃烧理论，揭示燃烧过程中的物理化学机制开辟了一条真正有效的途径。

2009年美国发布《微重力燃烧与防火项目指南》，建议开展微重力条件下的5项研究：①不同重力、流速和材料放置方向下材料可燃性的基础研究；②现有的材料可燃性试验方法与部分重力和低重力条件下的相关性研究；③微重力和部分重力下材料可燃性评估的试验方法及其验证；④星际计划中可居住的空间站环境内材料燃烧生成的气体和颗粒物的量化研究；⑤微重力条件下的湍流燃烧。

2013年，日本JAXA公布了《至2020年“希望”号实验舱应用计划》，其中也将发展新型燃烧技术作为其空间站长期科学研究的首个方向，希望通过研究提升对燃烧过程的理论认识，为高效和低二氧化碳排放燃烧技术的开发提供理论基础；此外，该计划还高度重视航天器的防火安全，将材料可燃极限作为重要研究方向，目标是为制定可燃性评价标准提供数据。

综上所述，微重力环境为探索未知的燃烧现象和检验已有的燃烧理论提供了强有力的工具。在消除浮力的影响后许多被掩盖的物理现象都能被观察到，从而为揭示燃烧机理、发展燃烧理论提供了证据。目前，初步的微重力燃烧实验已经取得了一些令人意想不到的研究成果。可以预料微重力燃烧科学的持续研究和发展，将给燃烧科学的研究带来一个新的春天。

10.1.2　载人航天器火灾安全研究的发展

人类使用载人航天器进行宇宙探索时，确保飞行任务完成的重要内容之一就是防火安全问题。美国NASA微重力科学和应用分部(MSAD)，在高技术发展计划中(ATD)就包括微重力燃烧特性的研究(MCD)。其工作目标就是发展先进的燃烧特性诊断技术，提供微重力燃烧特性与参数的非接触测量方法，以提高微重力燃烧试验的科学性和质量。21 世纪 80 年代末至 90 年代初的主要研究内容为固体表面燃烧、分子云燃烧、液滴燃烧、气体喷流扩散火焰、微重力燃烧特性诊断技术等。日本、美国、西欧等国家和地区开展微重力燃烧研究的动力是型号研究的需要。

在载人宇航器中，宇航员呼吸使用的是高氧或纯氧环境，由于宇航器中许多材料是易燃的，因此在长期飞行中纯氧的使用和潜在的易燃设备材料都对微重力条件下的着火、火焰传播及灭火技术的研究提出了需求，同时还应对燃烧产物中有毒污染物进行分析，以确定对人体的危害。此外，航天发动机的研发还需要深入了解微重力下发动机燃料(固、液)的燃烧特征及火焰的扩散特性。早期水星号发射过程中就出现过防火安全问题的事故，而阿波罗着火事故则更加推动了微重力条件下火灾科学的研究。

空间飞行活动的风险很高，尽管短期飞行中发生火灾的概率不大，但是航天器内氧气再生系统产生的高浓度氧气环境(最高氧气浓度可达 30%～40%)和广泛应用的非金属材料和大量电气设备使得发生火灾的可能性大增。而航天器空间狭小、距离遥远、逃逸和营救不便，封闭的环境又会使得火灾孕育期的放热速度显著增大，因此对长期运行的载人航天器而言火灾安全仍需高度重视。

历史上也确实曾发生过载人航天器火灾事故，例如：1961 年，在苏联载人航天的地面训练中，高浓度氧气舱内随手扔在电热器上的酒精棉球引起大火，航天员被严重烧伤，经抢救无效死亡；1967 年，美国阿波罗 Ⅰ 号在发射台进行登月飞船的地面试验时，充满纯氧的指令舱，因导线短路产生的电火花引燃了舱内(在正常空气中不易燃烧的)塑料制品，并引发爆炸，三名航天员遇难；1970 年，美国阿波罗 13 号进行登月飞行时，服务舱贮氧箱因电路过载和短路引起爆炸，导致舱内许多设备损坏，指令舱电力照明、水和氧气正常供应不能满足，航天员不得不转移到登月舱，幸运的是最终死里逃生；1997 年，俄罗斯和平号空间站因氧气发生器破裂引起火灾，火焰长度达到 0.5 m；美国航天飞机的 10 多次飞行任务中，出现过至少 6 次火灾危险事故。为载人航天器提供火灾安全保障，一直是推动微重力燃烧研究的主要动力之一。

载人航天器的设计在防火安全方面需要注意两点：一是点火源要尽可能的少；另一是可燃材料的采用要尽可能的少。火源可能是电系统故障(电器过热、线路短路等)、摩擦引起的机械系统过热或化学反应产生的热源等。在阿波罗计划中 NASA 和工业部门的目标就是尽力满足第 2 点要求，即采用新材料防火，因为许多材料在空气中是不燃的，但在纯氧或富氧的环境中一旦有火源引燃后其可剧烈燃烧。尽管在水星、双子星座计划中完成了一些微重力燃烧试验，但在阿波罗计划前并未开展广泛的可燃性试验等。经过 NASA 路易斯研究中心、载人航天中心等单位的努力，目前 NASA 系统已建立起一系列标准试验项目用以评价在高氧或纯氧环境中材料的燃烧特性，为航天系统设备的材料选用提供了准则基础。

10.2　微重力燃烧的研究手段

获得微重力环境的途径有宇宙飞船、探空火箭、国际空间站等，此外，还包括落塔实验和数值模拟等。微重力代表一种受力环境，即在该环境中的有效重力水平极低，按照英文中 microgravity 的原意，微重力应指该环境中的重力水平为地球表面重力 9.8 m/s^2 的 10^{-6} 倍。

通过减小重力加速度实现微重力的方法，一般可分为两种：一种是由重力提供向心力的在轨飞行方法；另一种方法是在地面利用自由落体原理获得微重力环境。因此，获得微重力环境的设施分别为空间设施和地基设施两类。

空间微重力设施主要包括：①空间站和空天实验室；②航天飞机和宇宙飞船；③微重力卫星。空间微重力实验具有持续时间长，微重力环境稳定，研究人员能直接参与实验等突出的优点，目前可用的设施主要是国际空间站（美国的航天飞机已退役）和我国的“天宫”系列空天实验室。微重力卫星一般是无人操作的长周期空间实验平台，目前主要是俄罗斯和我国在进行这样的实验；随着我国“神舟”系列载人飞船的成功发射，大量的微重力实验也在载人飞船上顺利开展。

地基微重力设施主要包括：①落塔、落井和落管；②抛物线飞行飞机和高空气球；③探空火箭。空间微重力实验虽有突出优点，但实验费用昂贵，机会难得，不可能广泛采用，因此，采用地基设施是广泛进行微重力燃烧实验的主要手段。其中，抛物线飞行的飞机能提供 5～25 s 的微重力时间，微重力水平为 $10^{-3}g$ 至 $10^{-2}g$（g 为地球表面重力加速度），这种飞机的典型代表是美国的 KC-135 和 DC-9 飞机。高空气球搭载可提供 30～60 s 的微重力时间，微重力水平为 $10^{-3}g$ 至 $10^{-2}g$。这两种设施的微重力实验水平较低，要获得定量化的实验结果有困难。探空火箭飞行高度可达 3000 km，微重力时间由 6 min 到 40 min 不等，微重力水平好，可达到 $10^{-5}g$，但是这种方法费用相当高，不能作为经常性的实验手段。因此，地基微重力实验设施应用最广泛的是落塔、落井和落管，这种设施利用几何高度，使系统自由下落来获得微重力条件。虽然落塔（井）只能提供 2.2～5.2 s 的微重力时间，但它能提供较高的微重力水平，并且能满足一些典型实验的时间要求，其费用比空间设施上的实验低几个数量级。所以，绝大多数微重力燃烧实验是在落塔（井）上完成的。

上述的直接微重力实验法，仍具有一些共性的不足：实验费用昂贵，实验次数有限，实验设备使用受到限制。抛物线飞机、高空气球和落塔等设施，无法提供长时间的微重力环境，制约了一些微重力课题的深入研究。比如航天防火工程要求大量的微重力实验建立载人航天飞行器的防火安全数据资料库，制订飞船防火安全规范，指导飞船的防火安全设计，从而保证载人飞船飞行任务的成功。

只有系统地开展微重力环境中材料可燃性、着火先期特性及其火灾演变规律的研究，才能为筛选微重力下材料的防火性能和火灾早期预警提供理论支撑。为了实现这一目标，目前主要是在地面建立弱浮力环境来模拟微重力。自然对流对燃烧过程的影响，可用表示浮力与黏性力之比的格拉晓夫数 Gr 来表示，因此，可以通过减小格拉晓夫数 Gr 建立弱浮力环境来模拟微重力环境。根据格拉晓夫数 Gr 定义式可知：限制燃烧实验物理特征尺寸，减小密度差或者增大黏性系数，可减小 Gr 数，从而减少浮力对燃烧过程的影响，实现模拟微重力环境。但是，这两种方法还是存在一定不足。前者，尺寸无法缩得太小，受火焰淬熄距离的制约；后者，环境密度的变化会影响化学反应速率特征。由于改变环境密度可以通过改变体系压力获得，是最容易实现的方法，因此，目前基于该思路的微重力模拟方法已成为预测微重力下实验结果的重要手段。常见设施的微重力特征时间与微重力水平如图 10-1 所示。

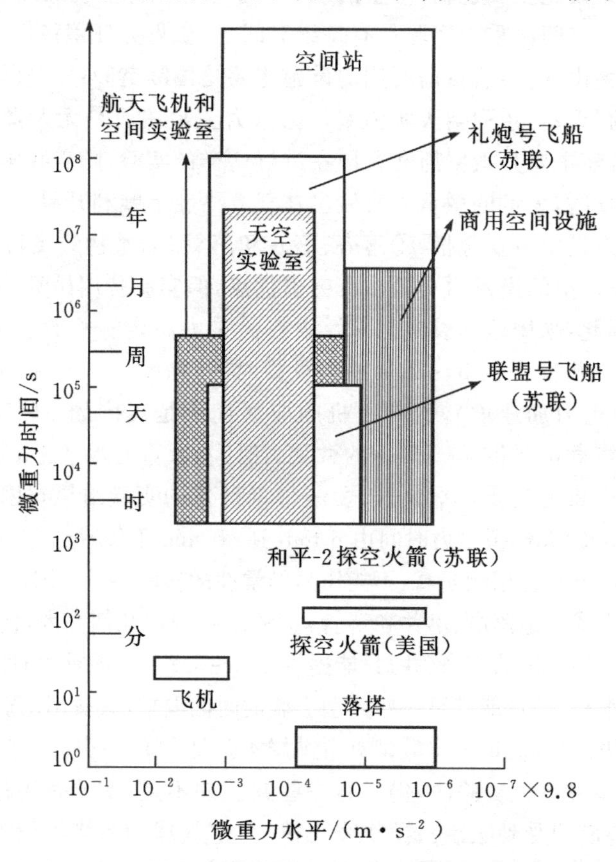

图 10-1 常见设施的微重力特征时间与微重力水平

10.2.1　空间环境微重力试验

国际空间站(ISS)依然是目前国际空间活动的主要热点之一,它是一个由多个国家和组织联合实施的有人长期驻留、操作的大型空间实验室,微重力科学、空间生命科学及航天医学等是其主要研究内容。2013 年末,美国航空航天局(NASA)评选出国际空间站十大科学成就,其中 2 项属于微重力科学研究、3 项属于生命科学研究。俄罗斯也与欧空局(ESA)合作,用其专门的 Foton-、Bio-系列返回式卫星共同开展微重力科学和生命科学研究。

近年来我国空间微重力环境技术发展迅速。我国早期的微重力科学和空间生命科学的空间实验研究主要通过各种搭载途径开展,在返回式卫星、“神舟”系列飞船等航天器上都曾开展过相关研究,但搭载机会及其可利用的航天器资源依然十分有限。

2012 年 12 月 31 日,我国实践 10 号(SJ－10)卫星工程正式启动。工程利用 SJ－10 返回式卫星提供的长时间微重力环境及空间辐射条件,通过空间实验遥控的科学技术手段和样品回收分析方法,围绕微重力科学与空间生命科学研究的基本和热点科学问题,特别是针对航天器技术及空间环境的利用、未来空间重大应用及理论突破,开展了多项物质运动规律和生命活动规律的科学及技术实验研究。该研究揭示了在地面上因重力存在而被掩盖的物质运动规律和生命活动规律,认识了在地面上无法模拟的空间复杂辐射环境对生物体的作用机理。SJ－10 卫星共有 28 项微重力科学和空间生命科学研究,整合为 19 项载荷任务,涉及领域包括:微重力流体物理、微重力燃烧、空间材料科学、空间辐射生物学、重力生物效应和空间技术 6 个学科方向。

2016 年 4 月 6 日 1 时 38 分 04 秒,酒泉卫星发射中心长征二号丁运载火箭成功发射,在 559 s 后将中国科学卫星系列第二颗星 SJ-10 号返回式科学实验卫星送入高度约 250 km 的轨道,卫星发射取得圆满成功。卫星入轨后,各项载荷有序运转,共在太空开展了 21 d 科学实验。回收舱在轨工作 12 d 后返回内蒙古四子王旗落区,SJ－10 号卫星实物图和返回舱如图 10－2 和 10－3 所示。

SJ-10 号卫星在微重力燃烧方面,重点关注以下方面。

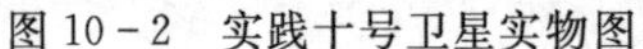
图 10-2　实践十号卫星实物图

图 10-3　实践十号卫星返回舱

1. 导线绝缘层着火早期烟的析出和烟气分布研究项目

安全防火是发展载人航天必须妥善解决的最重要问题之一，典型电子电气部件是火灾隐患的主要源头。本项目为发展微重力下的着火监测和早期报警技术提供基础数据和技术支撑。本项目首次在长时间的微重力环境下获得了导线在自身电流过载下的着火突变规律；首次在长时间的微重力环境下获得了导线在自身电流过载下引起的绝缘层烟气析出及其在受限空间中的分布规律；首次获得了长时间微重力环境下过载电流大小和绝缘层厚度等因素对导线着火先期征兆的影响规律。

SJ-10 号的卫星微重力导线燃烧传播特性研究装置如图 10-4 所示。

图 10-4　SJ-10 号微重力导线燃烧传播特性研究装置

2. 微重力下煤燃烧及其污染物生成特性研究项目

本项目的意义在于揭示煤在微重力条件下燃烧的基本现象，提高人们对煤燃烧基本特性和机理的认识，为修正现有模型和发展新模型提供更准确的实验数据，促进我国煤炭的清洁、高效和安全利用。由于地面微重力实验装置时间过短，不足以观察煤粒的全燃烧过程或使煤粉在燃烧室内达到均匀分布，本项目将获得在传热传质各向同性条件下煤粒及煤粉颗粒群着火燃烧全过程的基本现象、规律及低温火焰特性，丰富燃烧学理论；获得在微重力下我国典型煤种的煤粉和煤粒燃烧等重要基础参数；对比地面上的煤粉和煤粒燃烧实验数据揭示浮力对煤燃烧作用的大小，为地面上煤的高效低污染燃烧发展建立更为准确的数学模型。SJ－10 号的煤粉微重力燃烧装置如图 10－5 所示。

(a)

(b)

图 10－5　SJ－10 号煤粉微重力燃烧装置

以 SJ－10 号科学实验项目中有关煤的燃烧实验为例，人类之所以要在太空中开展这种主要在地面应用的实验项目，是因为在地面进行的煤燃烧是一个多因素作用的结果，特别是浮力对流掩盖了许多燃烧的基本过程；而在太空中把重力因素排除之后，煤的燃烧机理、特性及物性参数的测量会如何边变化？这些研究成果对于发展更加精确的煤燃烧模型，实现地面上煤的高效和低污染燃烧是非常有指导意义的。

3. 典型非金属材料在微重力环境中的着火及燃烧特性研究项目

空间实验将获得微重力环境中热厚非金属材料(聚甲基丙烯酸甲酯等)着火和

火焰传播特性的可靠数据，深入理解热厚材料在微重力条件下的燃烧过程和火焰特性，进而为载人航天器材料防火性能评价的实际应用提供科学依据。热厚材料燃烧实验需要的微重力时间较长，卫星等航天器为其提供了理想的实验平台。本项目突出载人航天器防火安全的应用方向和固体材料燃烧机理的科学需求，通过空间实验的系统研究，将丰富和完善固体材料燃烧理论，并取得航天器火灾预防的关键环节“材料防火性能评价技术原理”的突破，直接服务于我国载人航天工程实践。SJ－10号的非金属材料微重力燃烧装置如图10－6所示。

图10－6　SJ－10号非金属材料微重力燃烧装置

10.2.2　落体运动微重力实验

采用地基设施通过自由落体运动获得微重力环境是微重力燃烧研究的一种主要方法。这些设施包括落塔和落管，它们能提供2.2～11 s的微重力环境及$10g$～$30g$的冲击过载。目前落塔或落井在美国至少有3座，在欧洲至少也有3座。除落塔和落井外，地基微重力设施还包括飞机和高空气球。飞机作抛物线飞行可提供$10^{-2}g$～$10^{-3}g$、5～15 s的微重力环境，其减速载荷约为$2g$，这种飞机在美国有2架，法国有1架。高空气球搭载可提供$10^{-2}g$～$10^{-3}g$、30～60 s的微重力环境。

至于微重力燃烧具体选用什么样的设备，须综合考虑实验时间、微重力水平、减速冲击过载及试验费用。落塔和落井虽然只能提供几秒的微重力环境，但由于它能提供较高水平的微重力度，因此总体上能满足一些典型试验的要求。

在地面试验设备中，落塔是最有效的研究手段之一。落塔可用于开展分离、流体静动热力学、燃烧、材料阻尼、合金冷凝等试验研究，具有重复性好、微重力水平高、初始条件易于保证、数据采集方便、费用低、易于操作、干扰小等优点；它的缺点是可用时间短。针对落塔的缺点，国外近年在建设高深度落井，使可用试验时间达 10～11 s，以满足研究工作的需要。德国 Bremen 落塔、中科院力学所落塔、NASA 失重飞机及失重飞机微重力环境原理分别如图 10－7、10－8、10－9、10－10 所示。

图 10－7　德国 Bremen 落塔，高 123 m，微重力时间 4.74 s

图 10－8　中科院力学所落塔，高 116 m，微重力时间 3.60 s

图 10－9　NASA 失重飞机，提供微重力环境

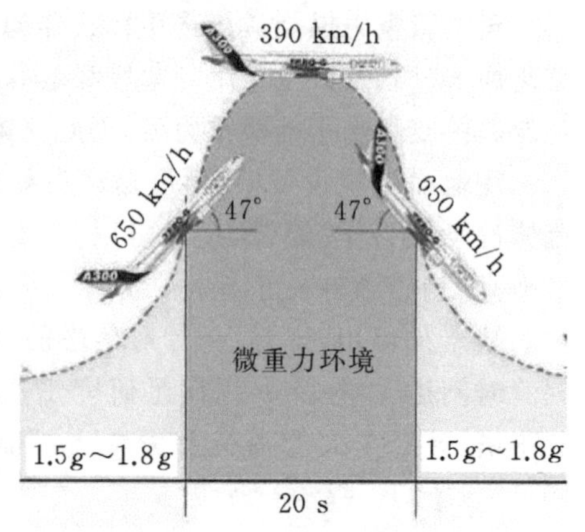

图 10－10　失重飞机微重力环境原理

10.2.3　微重力数值模拟

在目前微重力条件下火蔓延的理论分析和数值模拟研究中，Makhviladez 等人建立了微重力条件下密闭容器内火焰传播的数学模型，Bhaathcarjee 等人研究了微重力条件下纤维素薄片的三维稳态火蔓延。这些研究只局限于二维问题，并且认为固相是极薄的可燃材料，因而简化了实际的过程。

在微重力条件下气固两相界面耦合燃烧的数值模拟方面，数值求解表明，微重力条件下的燃烧与地面重力条件下的燃烧相比，有以下基本特征：在没有通风气流的情况下，正常重力条件下燃烧时由于自然对流的影响，低密度的燃烧产物在浮力抽吸的作用下产生较强的向上运动，而微重力条件下燃烧无此现象，燃烧产物主要依靠热膨胀向四周扩散；由于缺乏自然对流，微重力条件下燃烧时的火焰温度和火焰形态有所变化，它说明燃烧过程的物理化学反应是不相同的；微重力条件下火焰以扩散方式向外呈辐射状传播，火焰基本上呈球状，在与重力方向垂直的固相可燃物表面的蔓延，比正常重力条件下容易得多；在有通风气流的情况下，火焰在通风气流流动方向的传播加快。

在微重力蜡烛火焰特征数值模拟方面，分析表明，在静止微重力环境中，虽然蜡烛灯芯周围存在燃料气体的斯蒂芬流，但其影响的区域很小，蜡烛火焰内部的燃料和氧气的供应主要通过燃料气体的扩散完成。由于微重力条件下扩散过程各向同性，尽管选择轴对称的坐标系，但计算得到的火焰仍然为半球形火焰。如果在模型中不考虑辐射热损失，则在静止的微重力环境中，除火焰的形状和尺寸发生变化外，火焰的温度明显高于实验测定值。而当模型包括辐射热损失时，计算得到的火焰温度与实验值接近，表明辐射热损失对静止微重力蜡烛火焰的特征有重要影响。当环境气体的流动速度加大时，辐射热损失对火焰温度的影响逐渐减小，微重力蜡烛火焰的温度与正常重力蜡烛火焰的温度逐渐接近。环境气体中的氧浓度对火焰峰值温度有重要的影响，当环境气体中的氧气浓度较低时，火焰的平衡温度可能低于碳烟的生成温度阈值，此时火焰为无碳烟的蓝色，当环境中氧浓度较高时，火焰的平衡温度高于碳烟的生成温度阈值，此时火焰内有碳烟生成，火焰为亮黄色。

在重力加速度对煤粉锅炉燃烧过程影响的数值模拟研究方面，研究发现：煤粉燃烧机制在正常重力和微重力条件下有重要的不同。在正常重力和微重力环境下，高温区的形状、炉膛内的温度场、火焰的传播速度、污染物的生成浓度和流场等都发生了很大的变化。与正常重力条件下的煤粉燃烧相比，微重力条件下的炉膛内平均温度降低，火焰的传播速度减小，出口污染物浓度降低。由于微重力提供一种重力影响很微弱的极端物理条件，因此，重力引起的自然对流基本消除，扩散过程成为主要因素。在正常重力条件下，气相燃烧区的温度梯度使得气相存在较大的密度差，密度梯度驱动了浮力诱导的流动即自然对流，低密度的燃烧产物出现向上运动的现象；而微重力条件下，自然对流消失，由于缺乏对流，高温区的形态和特性完全不同，高温区的传播不是向上的，而是以扩散方式传播，高温区的形状由长条形变成球形。基于煤燃烧模型采用数值分析方法研究正常重力和微重力条件下炉膛内温度场的变化规律、NO 浓度分布规律等问题，对改进煤燃烧模型具有一定指导意义。

10.3　微重力燃烧的主要研究方向

10.3.1　微重力环境下的预混气体燃烧研究

微重力环境下已开展的预混气体燃烧研究项目主要分为三大类：火焰传播速度和可燃极限研究，火焰不稳定性机理分析，重力对火焰结构的影响。

基于燃料-氧化剂-惰性气体混合物比例的可燃浓度极限，在正常重力环境中已进行过大量的研究。这方面的研究结果表明，浮力对可燃极限的影响十分显著，向上传播的火焰其可燃极限范围比向下传播的要宽，并且在不同的实验设备上，得到的可燃极限值也各有差异。因此，尽管对可燃极限的研究已经进行了许多年，但是对其成因仍没有统一的认识。那么，是否存在一个仅与混合物比例有关的基准可燃极限？如果存在，它应该与外界因素无关，而单纯由反应动力学、辐射热损失等控制，这只有在消除浮力的影响后，才有可能得到证实。

而微重力实验的结果表明：重力对层流预混火焰的着火极限和火焰传播速度是有明显影响的，在消除重力的影响后，近可燃极限时的火焰传播速度与实验设备无关，这无疑证实了基准可燃极限的存在。

在正常重力条件下，预混火焰中发生的不稳定性主要有3类：流动不稳定性、扩散热不稳定性以及浮力诱导不稳定性。微重力下研究火焰锋面不稳定性机理，主要是为了认清在不同的火焰结构中，哪一类不稳定性机理起主导地位；在消除了浮力的影响后，就有可能揭示火焰的固有不稳定性机理。

不同类型的火焰稳定性机理是不一样的，对自由球形传播的火焰，它在正常重力下没有呈现出网眼，而在微重力下观察到了蜂窝状火焰结构，这说明浮力对这类火焰起稳定作用。同时火焰与燃烧器的相互作用对火焰的稳定性也有重要影响，对稳定于燃烧器出口的火焰，正常重力和微重力实验的结果表明：重力对这种火焰结构无明显影响，这说明在这种火焰中，是燃烧器的热损失而不是浮力效应对火焰稳定性起主要作用。

重力与火焰的相互耦合作用以及浮力对火焰结构的影响也是微重力燃烧研究的一个热点。有学者采用直接照相法研究了重力对本生灯型预混火焰的影响，发现锥形火焰在微重力环境下，火焰高度增大，火焰闪烁现象消失。还有学者采用纹影照相法，研究了重力对锥形火焰和圆杆稳定的V形火焰的作用，以及浮力对这类火焰稳定性的影响规律，实验中也发现锥形火焰的闪烁现象是浮力诱导产生的火焰不稳定性，这一现象在微重力环境和反向重力场中并不存在。同时，重力对锥形火焰流场和平均火焰高度、对V形火焰的张角和层流、V形火焰的稳定极限（回火极限和吹灭极限）均有明显的影响。他们还发现向下传播的微重力火焰中存在浮力稳定型的平面火焰。

图10－11是火焰在正常重力和微重力下的各一帧照片，可以非常明显的观察到进入微重力状态后火焰锋面的影像展宽并变短，即进入微重力状态后火焰皱褶增大，火焰刷展宽。

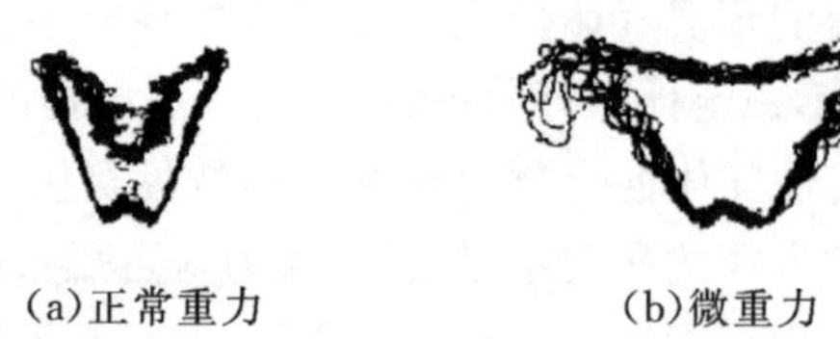

(a)正常重力　　(b)微重力

图10－11　正常重力和微重力下V形火焰的照片

图 10－12 是整个实验过程中右侧火焰锋面影像的内、外轮廓线张角的平均值随时间的变化，除了从正常重力状态进入微重力状态引起的火焰跃变外，火焰峰值的张角始终围绕着固定值波动，进一步证明了驻定的预混火焰能够在微重力环境中保持稳定。

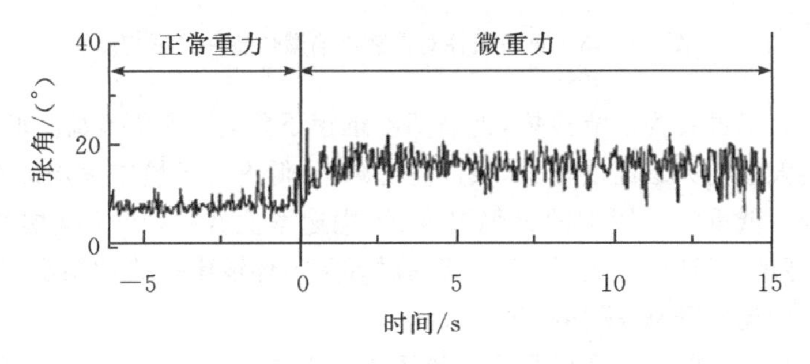

图 10－12　高空气球实验中火焰张角随时间的变化

重力对预混火焰的影响分为界面效应和体积效应。界面效应是指重力对火焰锋面的影响，在 V 形火焰中，界面效应体现为进入微重力状态后火焰皱褶尺度增大、湍流火焰传播速度增加。体积效应是指浮力增强使得炽热的燃烧产物产生向上流动的趋势，从而影响整个流场；在 V 形火焰中，体积效应体现为在重力作用下燃烧产物上升加快和由此而引起的流场速度分布的变化。

10.3.2　微重力环境中的射流扩散火焰研究

许多工业设备中发生的燃烧现象属于扩散火焰，火灾也是一类形式复杂的扩散火焰，因此研究扩散火焰具有重要的实用价值。在正常重力下，自然对流是火灾中起主导作用的因素，它常常掩盖了化学反应等因素在燃烧现象中的作用，使得人们对于火灾这样的燃烧现象很难得出更为科学的认识。在微重力下，由于浮力的消除或抑制，人们对燃烧中发生的化学反应、扩散、辐射、碳烟形成等过程的研究成为可能，从而可以更科学地认识火灾的各种行为，这对于预防和控制火灾的发生十分有意义。此外，微重力下对扩散火焰的研究也是研究火焰中物理化学过程的最佳途径，当对这些现象认识清楚后，可以把火焰的数学模型做得更为精确。重力条件对扩散火焰燃烧特性的影响如图 10－13 所示（自左向右重力依次减小）。

利用数值模拟方法对甲烷/空气同轴射流层流扩散火焰碳烟生成特性的研究表明，随着重力水平的降低，火焰峰值温度降低，微重力下碳烟浓度的最大值约为正常重力下相应火焰的两倍，这一计算结果与已有的试验数据符合较好。模拟研究还发现，重力也影响碳烟成核和表面生长的位置和强度。随着重力水平的下降，

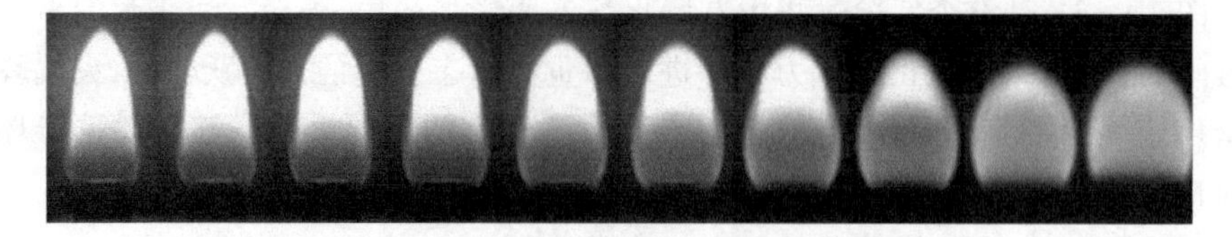

图 10-13　重力条件对扩散火焰燃烧特性的影响

火焰从湍流火焰过渡为层流火焰，火焰高度迅速下降，火焰根部宽度增大，残余重力水平的增大会使火焰高度增加，根部宽度减小，低重力环境中火焰形态更易受空气流动影响。低重力环境中的火焰温度、燃烧速率比较低，由于碳烟的生成量减少，火焰的亮度明显降低；此外，空气流动对低重力环境中火焰的温度有显著影响，使逆风侧温度迅速升高，平均亮度增大。

甲烷扩散火焰的宽度在微重力环境下大于常重力环境，这是因为微重力环境缺少浮力，燃料与氧化剂的混合主要靠扩散。图 10-14 为常重力和微重力环境下甲烷扩散火焰的高宽比与 $u_{a,0}/u_{f,0}$（$u_{a,0}$为初始空气速度，$u_{f,0}$为初始燃料速度）的关系图。从图中可以看出：微重力环境下甲烷扩散火焰的高宽比大于常重力环境下甲烷扩散火焰的高宽比，这是由于常重力环境下甲烷火焰的轴向流场会受到重力加速度影响的原因，使得火焰高宽比较大。

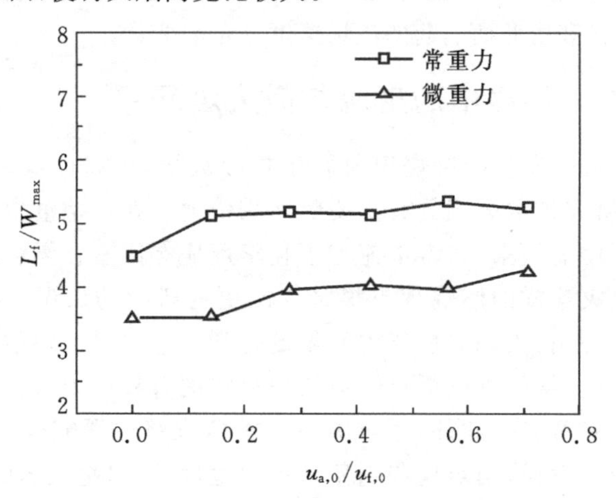

图 10-14　常重力和微重力环境下甲烷扩散火焰的高宽比与 $u_{a,0}/u_{f,0}$ 的关系图

对于扩散火焰，火焰的颜色和亮度可用火焰中碳烟的特性来解释，无碳烟的火焰颜色偏蓝，亮度较暗，碳烟较多的火焰亮度较高。图 10-15 所示为常重力和微重力环境甲烷扩散火焰蓝色火焰区高度和火焰高度的比值（γ）与 $u_{a,0}/u_{f,0}$ 的关系图。从图中可以看出：常重力环境下甲烷扩散火焰蓝色火焰区高度高于微重力环

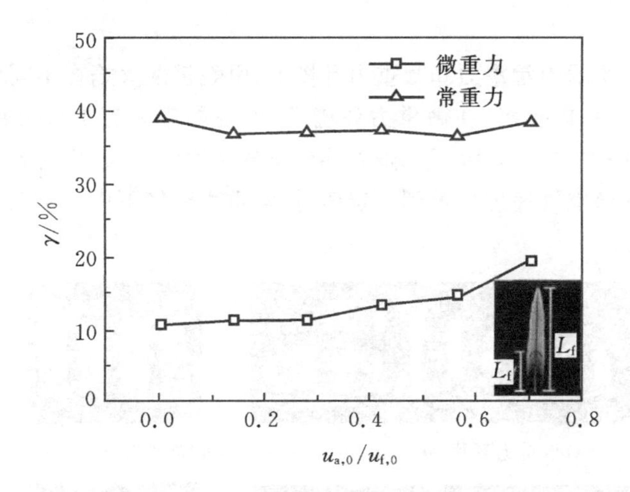

图 10 - 15　常重力和微重力环境甲烷扩散火焰蓝色火焰区高度与 $u_{a,0}/u_{f,0}$ 的关系图

境，这说明常重力环境下的火焰含碳烟较少；而常重力环境下甲烷扩散火焰蓝色火焰区高度随 $u_{a,0}/u_{f,0}$ 的变化不大，而微重力环境下甲院扩散火焰蓝色火焰区高度随 $u_{a,0}/u_{f,0}$ 的增大而增大，也就是说 $u_{a,0}/u_{f,0}$ 对微重力环境下甲烷扩散火焰蓝色火焰区高度的影响较大，且随着 $u_{a,0}/u_{f,0}$ 的增大，微重力环境下甲烷扩散火焰的碳烟生成量减少。

图 10 - 16 所示为甲烷层流射流扩散火焰的辐射分数随 $u_{a,0}/u_{f,0}$ 的变化。从图中可以看出，相比于相同条件下的微重力甲院火焰辐射分数，常重力环境下的辐射分数随 $u_{a,0}/u_{f,0}$ 的变化较小，也就是说 $u_{a,0}/u_{f,0}$ 对微重力环境下的火焰辐射分数的

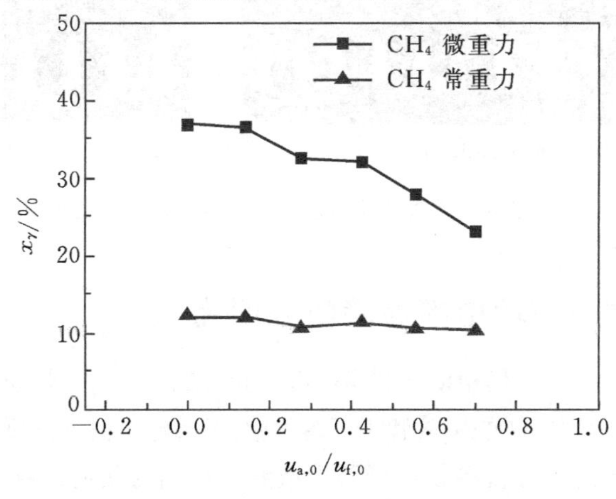

图 10 - 16　常重力和微重力环境下甲烷火焰辐射分数与 $u_{a,0}/u_{f,0}$ 的关系图

影响更加明显。

图 10 - 17 所示为常重力和微重力环境下，甲烷扩散火焰在不同伴流空气速度下的图像序列。可以看出，在微重力环境下，甲烷层流射流扩散火焰没有振荡现象，无振荡频率；在常重力环境下，随着伴流空气速度的增大，甲院扩散火焰的振荡频率增大，当伴流空气速度增大到一定值时，常重力环境下甲烷扩散火焰的振荡频率消失。

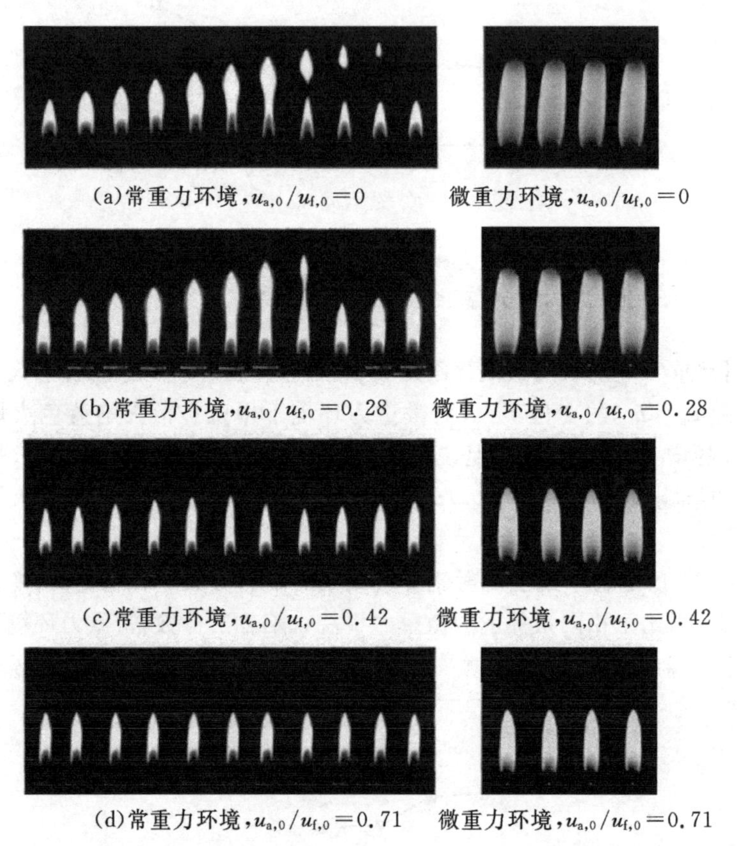

(a)常重力环境，$u_{a,0}/u_{f,0}=0$　　微重力环境，$u_{a,0}/u_{f,0}=0$

(b)常重力环境，$u_{a,0}/u_{f,0}=0.28$　　微重力环境，$u_{a,0}/u_{f,0}=0.28$

(c)常重力环境，$u_{a,0}/u_{f,0}=0.42$　　微重力环境，$u_{a,0}/u_{f,0}=0.42$

(d)常重力环境，$u_{a,0}/u_{f,0}=0.71$　　微重力环境，$u_{a,0}/u_{f,0}=0.71$

图 10 - 17　常重力和微重力环境下甲烷空气扩散火焰图像序列

10.3.3　微重力环境中的液滴燃烧研究

国外自 21 世纪 50 年代初期就利用落塔试验开展微重力燃烧研究。液滴燃烧试验是在燃烧室内进行的，燃烧室放置于下落舱中，下落舱自由下落可以达 $10^{-4}g$ 量级的微重力。利用高速摄像机等仪器可测定液滴与火焰的几何形状及其随时间的变化。静态小滴燃烧试验装置和静态小滴燃烧室如图 10 - 18 和图 10 - 19 所示。

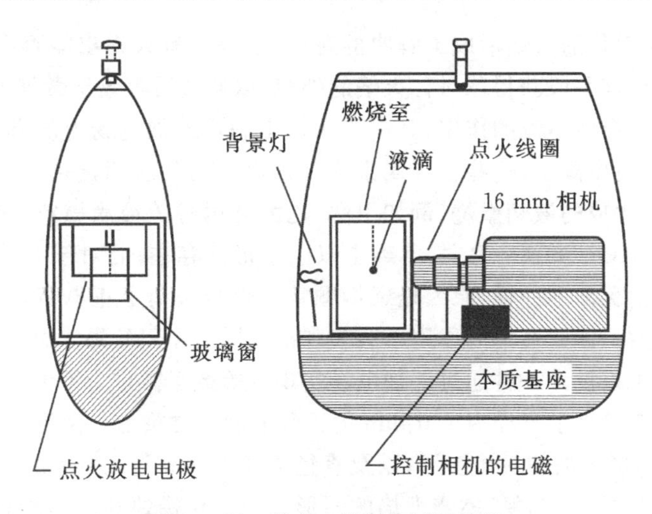

图 10-18　静态小滴燃烧试验装置

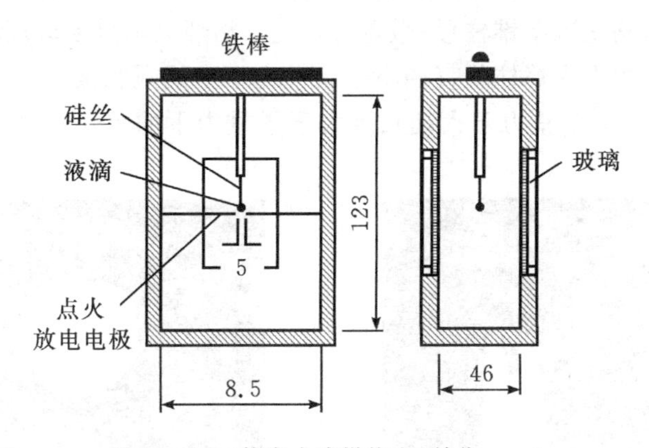

图 10-19　静态小滴燃烧室(单位:mm)

孤立的单组分液滴燃烧是在微重力状态下完成的较为早期的试验,其目的是检验液滴燃烧过程中液滴直径 d 变化所遵循的规律,即 d 平方定律。在该实验中,确实观察到了液滴是球形的,但因试验时间太短而无法观察到液滴燃烧的整个过程。

近期的微重力实验观察到一个有趣的结果,即在液滴表面和火焰之间形成一稳定的碳烟层。这一现象是由于向液滴表面扩散的火焰蓄热力与液滴蒸发向外传播的燃料蒸气之间的平衡造成的。而在正常转戾环境下,却没有观察到液滴燃烧过程中会产生碳烟层。这对于我们理解在有无外在对流情况下碳烟的生成有重要的启示。

在常重力场下,由于自然对流的作用,液滴燃烧时火焰呈现出椭球形的外貌,与微重力下球对称的火焰形成了鲜明的对比，于是就有人提出能否在常重力场的环境下，利用外加手段获得球对称火焰的外貌，以便获得等效于微重力下的燃烧条件，并以此抵消自然对流的作用，其中有人提出利用外加电场力的方式，并且火焰中也同时存在自由离子，这些客观因素为外加电场力的应用提供了有利条件。对于无碳烟颗粒生成的液滴燃烧，例如甲醇、乙醇和丙醇等液滴燃料，火焰中的正离子主要是以 CHO^+、H_3O^+ 为主，负离子以电子形式存在；而对于有碳烟颗粒生成的液滴燃烧，情况却不一样，原因是碳烟颗粒有部分被荷上正电荷，但同时也有部分被荷上负电荷，因此在电场作用下会表现出不同的作用效果。总而言之，从实验的角度出发，可以设计一种通过外加电场实现的等效于微重力下的燃烧条件。

图 10-20 给出了直径为 1.0 mm 的乙醇液滴在常重力与微重力条件下(40%氧-60%氮)燃烧火焰的对比图形，以及直径为 1.5 mm 与 1.0 mm 丙酮液滴微重力条件下(40%氧-60%氮)燃烧火焰的图形。通过对蜡烛和液滴燃烧试验现象的观察，常重力与微重力环境中的火焰行为之间有着明显不同：常重力环境下蜡烛与液滴的火焰形状均呈狭窄锥柱形；微重力环境下蜡烛火焰呈半球冠形，而液滴火焰近似球形。常重力下火焰柱状直径小于微重力下火焰冠状或球状直径，它们的平均直径比约为 1∶3；常重力下火焰长度大于微重力下的火焰长度，它们的长度比约为 3∶1。

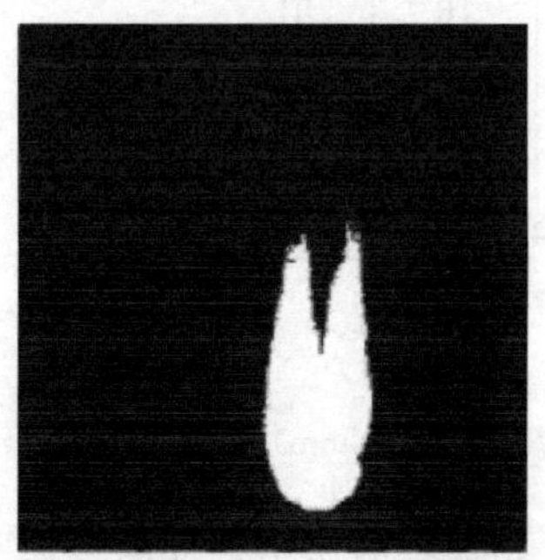

(a)常重力下乙醇，直径=1.0 mm

(b)微重力下乙醇，直径=1.0 mm

(c)常重力下丙酮，直径=1.5 mm

(d)微重力下丙酮，直径=1.5 mm

图 10-20　常重力和微重力下乙醇和丙醇燃烧火焰(40%氧-60%氮)

10.3.4　微重力环境中的阴燃火焰传播研究

阴燃及悬浮体中的火焰传播属于多相预混火焰的范畴。阴燃多发生在多孔可燃材料中，是一种无火焰的放热过程，同时也是火灾发生的先兆。阴燃的传播及反应过程十分复杂，它除表面化学反应外，还涉及多孔介质中的流体流动及传热、传质过程。这些物理、化学过程及其相互作用最终决定了阴燃过程的特性。微重力下研究阴燃是为了满足宇宙飞船中防火的需要，同时微重力环境也为阴燃的基础研究提供了简化的条件。

在固体表面的火焰传播方面，由于载人航天的历史上发生过多次火灾事故或危险事件，因此载人航天器的防火安全问题尤为关键，而剔除材料中潜在的高可燃性物质是载人航天器防火的根本措施。材料表面火焰传播的可能性以及火焰传播速度是评价航天器用材料可燃性的关键指标。根据传播方向与空气流动的相对方向，火焰传播可以分为逆风传播和顺风传播两大类，而微重力下的低速气流环境中，发生逆风火焰的可能性更大。

由于浮力对流的特性不同，材料在微重力下和地面上的燃烧特性必然差别甚大，因此不能不加验证就把地面上材料的燃烧特性照搬到载人航天器中，而应该开展微重力条件下材料燃烧特性的研究。但微重力燃烧实验成本昂贵，因此需要发展常重力下能够在功能上模拟微重力燃烧的设备。俄罗斯提出用窄通道(高度远小于长度和宽度的通道)实现这种设想，实验表明:水平窄通道内获得的极限气流速度和火焰传播速度与和平号空间站上获得的结果定性一致，但定量上极限气流速度偏大，火焰传播速度偏小。目前水平窄通道设备已经在气体灭火剂检验和薄燃料的闷烧等研究中得到应用。微重力下阴燃火焰传播研究如图 10-21 所示。

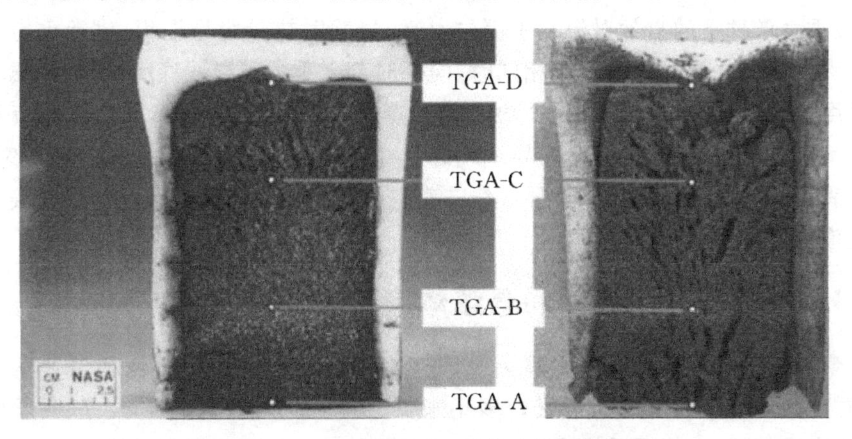

图 10-21　微重力环境中阴燃火焰传播研究

阴燃产生的烟颗粒也是航天器火灾产生的重要有害物质之一,已有多位学者对阴燃产生烟颗粒的特性展开了研究。对树脂阴燃烟颗粒进行的研究表明:阴燃烟颗粒可能来自材料燃烧产生的有机气体,在环境中冷凝后成核,形成近似球形的颗粒。有机可燃物的阴燃烟气颗粒物大部分都是液态的黏稠焦油状物质。多位学者测量了阴燃烟颗粒的电迁移粒径和光散射粒径,测量结果显示,阴燃烟颗粒中还存在大量数百纳米的颗粒。图 10－22 所示是棉绳与木材阴燃烟颗粒的图像,可以看出,图像中大部分颗粒的投影尺寸都在 10 μm 以内;颗粒在铜网的碳膜上呈扁平的圆丘状,这可能是由于阴燃液滴为液态焦油状物质,游离在空气中时近似球形,直径较小,而吸附在碳膜上,沿平面铺开呈圆丘状,其直径显著偏大。

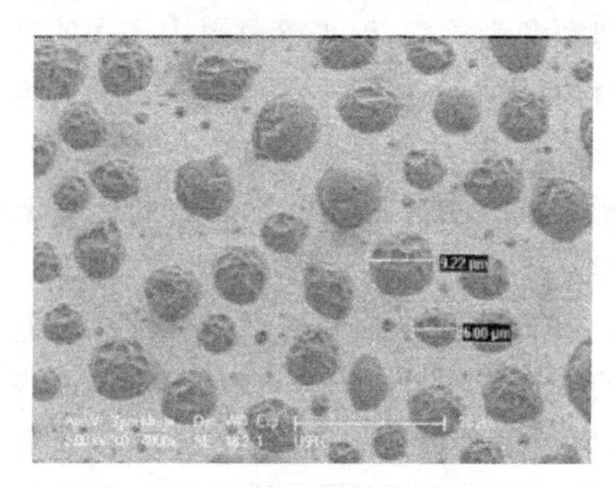

(a)棉绳阴燃烟颗粒

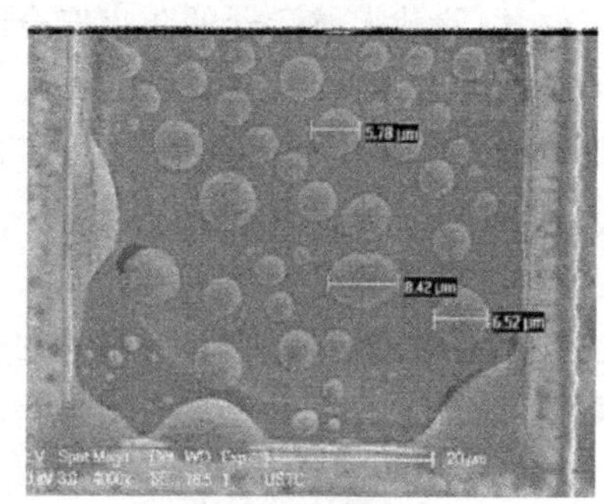

(b)木材阴燃烟颗粒

图 10－22　棉绳阴燃烟颗粒与木材阴燃烟颗粒 SEM 图像

还有学者利用卫星上的微重力环境开展研究,对微重力和低压条件下聚氯乙烯导线着火前期的温度分布、温升速率和热辐射等进行了定量分析研究。结果发现:微重力条件下的自然对流几乎消失,导线过载时热量容易堆积,比常重力下更容易引发火灾。导线通电电流相同时,同一时刻微重力下导线温度更高,低压下导线温度更高。同时,他们也通过“功能相似模拟”的手段研究了不同通电电流和不同环境压力下,导线捆绑数量和导线线芯尺寸对导线温升速率及平衡温度的影响。结果表明,绝缘层厚度相同时,导线线芯直径越小,导线捆绑数量越多,导线表面平衡温度就越高。

10.3.5　微重力环境中的悬浮体颗粒着火研究

悬浮体中的火焰传播与喷雾燃烧、粉尘(如煤粉、铝粉等)燃烧和爆炸密切相关,对国民经济发展有重要意义。多年来英、美等发达国家都曾投入过大量的人力、物力进行研究,但因其难度太大,进展缓慢。一些重要的基本燃烧参数,如最小点火能、火焰传播速度、可燃极限等可靠信息仍未获得,其主要困难是由于重力引起的颗粒沉降导致很难或无法生成均匀的悬浮体，这主要表现在悬浮体制备或燃烧过程中存在颗粒沉降效应。颗粒的沉降改变了火焰的特性，从而无法生成静态的均匀悬浮体，而在微重力下的实验则可克服这些困难。

粉尘爆炸实验一般采用点火延迟时间 Δt_{di}（即扬尘用电磁阀启动时刻与粉尘云点火时刻之间的时间间隔）来表征点火时刻。图 10－23 给出了在重力和微重力条件下粉尘浓度为 500 g/m^3 的铝粉（粒径为 7.2 μm）和玉米粉（粒径为 20 μm）对应于不同点火延迟时间 Δt_{di} 的粉尘等容燃烧压力-时间曲线，图中还附上了湍流衰减特性。微重力条件下的实验结果与湍流衰减特性表明：两种粉尘由于微重力实验条件保持了粉尘浓度不变，从而可将曲线 1 与 2 之间明显的差异归于当湍流强度在点火延迟时间从 50～200 ms 范围内由 5 m/s 骤减至 0.2 m/s 的原因；至于曲线 2、3、4 之间差异较小，则是由于在点火延迟时间大于 200 ms 后，扬尘湍流已衰减到可忽略的强度，并且变化量也不大的原因。在重力条件下的实验结果则表明，重力条件下的曲线 1′与 2′之间的变化基本上与微重力条件下的曲线 1 与 2 相似，都主要是由湍流强度的骤减而引起的，此时粉尘浓度因点火延迟时间小于 200 ms 时的残存扬尘湍流强度还能阻止粉尘云沉降而保持不变；至于曲线 2′、3′、4′之间的变化则主要应归于在重力影响下粉尘云沉降而使粉尘浓度下降之故，此时残存湍流强度已降低至可忽略的程度。

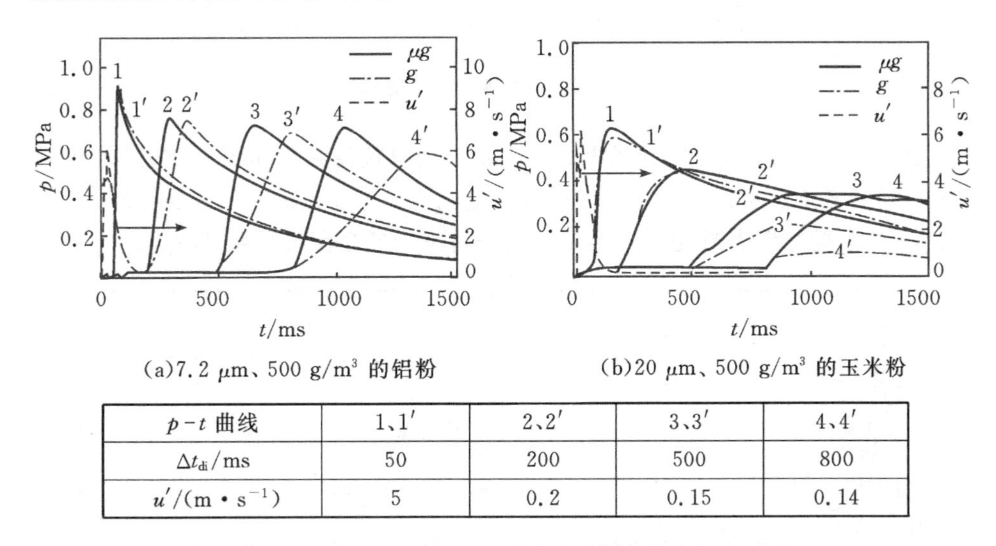

(a)7.2 μm、500 g/m^3 的铝粉　　(b)20 μm、500 g/m^3 的玉米粉

$p-t$ 曲线	1、1′	2、2′	3、3′	4、4′
Δt_{di}/ms	50	200	500	800
u'/(m • s^{-1})	5	0.2	0.15	0.14

图 10－23　对应于不同 Δt_{di} 的粉尘等容燃烧压力-时间曲线

图 10－24 给出铝粉（d_{50}＝7.2 μm）和玉米粉（d_{50}＝20 μm）在等容（V＝7 dm^3）重力与微重力条件下燃烧过程的 Δp_{max}（即最大爆炸压力 p_{max} 与点火时刻燃烧室内的初始压力 p_0 之差）随 Δt_{di} 的变化规律，图中也附有扬尘湍流强度随时间的衰减规

律。参考扬尘湍流强度的衰减特性，以 $\Delta t_{di}=150$ ms 为界，可将 4 条 $\Delta p_{max}-\Delta t_{di}$ 曲线分成前后两个部分。曲线的前一部分处于点火时残存扬尘湍流强度由 5 m/s 降至 0.4 m/s 的范围内，此时即使在重力条件下，粉尘浓度也基本上保持不变，所以重力条件下的 $\Delta p_{max}-\Delta t_{di}$ 曲线基本上与微重力条件下重合，它们的 Δp_{max} 值均只随湍流强度的衰减而显著减小，其中铝粉降约 15%，玉米粉则降约 30%。曲线的后一部分，处于点火时的残存扬尘湍流强度已衰减至可忽略的程度（<0.2 m/s），此时微重力条件下，因粉尘浓度保持不变而使得 Δp_{max} 值随 Δt_{di} 的增加也基本保持不变；但在重力条件下，则因粉尘浓度明显下降而导致 Δp_{max} 值随 Δt_{di} 的增加（至 800 ms）继续显著减小，其中铝粉又降低了约 15%，而玉米粉则又降低了约 50%。

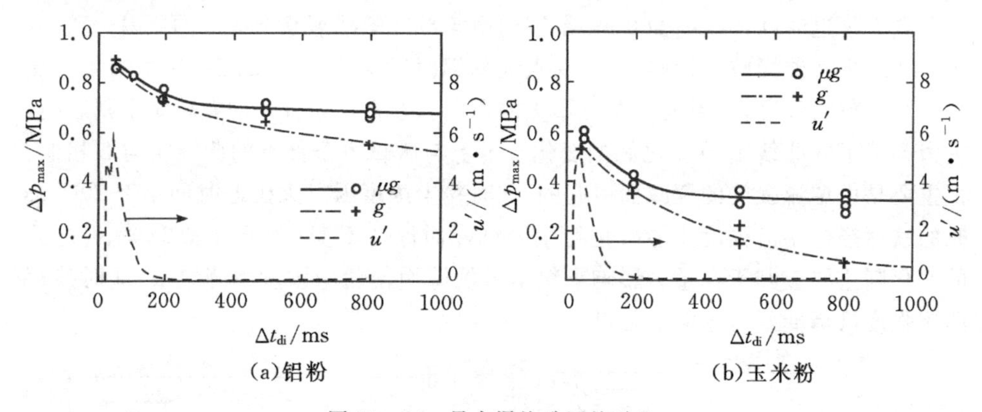

图 10-24　最大爆炸升压的对比

图 10-25 给出了铝粉（粒径为 2 μm）和玉米粉（粒径为 20 μm）在重力与微重力条件下等容燃烧过程的 $(dp/dt)_{max}$ 随 Δt_{di} 的变化规律。曲线的前半部分（$\Delta t_{di}=50\sim150$ ms）的实验结果表明，在重力与微重力条件下的扬尘湍流强度对 $(dp/dt)_{max}$ 值的

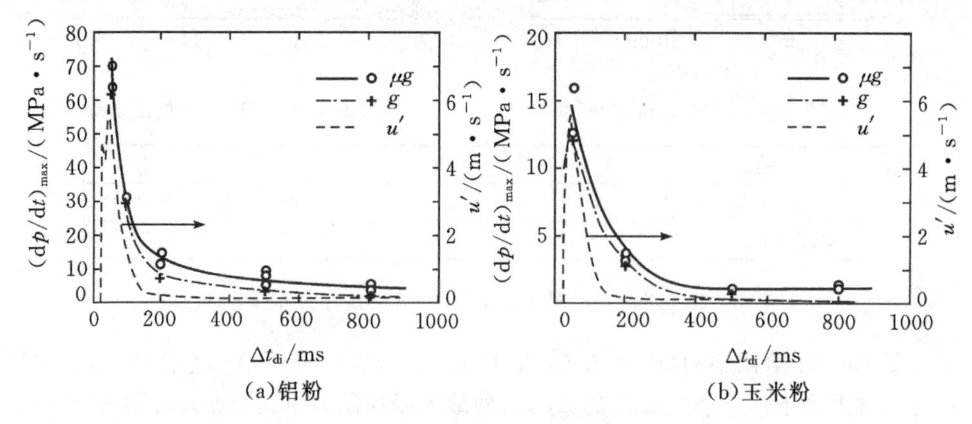

图 10-25　最大压力上升速率随点火延迟时间的变化

影响规律基本相似，湍流强度由 5 m/s 减至 0.2 m/s 时，两种重力条件下的 $(\mathrm{d}p/\mathrm{d}t)_{\max}$ 值均减小至 $\frac{1}{6}$。同时 $(\mathrm{d}p/\mathrm{d}t)_{\max}$ 值随 Δt_{di} 迅速下降的规律与扬尘湍流强度随时间衰减呈指数状的关系相似，由此可推断 $(\mathrm{d}p/\mathrm{d}t)_{\max}$ 值与湍流强度之间呈线性关联。曲线后半部分（$\Delta t_{\mathrm{di}} > 200$ ms）的实验结果表明，当扬尘湍流强度衰减至可忽略程度后，在重力条件下的 $(\mathrm{d}p/\mathrm{d}t)_{\max}$ 值与微重力条件下一样，基本上不再随 Δt_{di} 的增加而变化，而且只比微重力条件下的最大值降低约 10%。

10.4　中国微重力燃烧的研究案例展望

我国的微重力燃烧研究从 20 世纪 90 年代开始起步，相继开展了微重力下蜡烛火焰、粉尘燃烧机理、闷烧及其向明火演变规律、固体表面火焰传播、可燃极限附近预混火焰特性等科研项目，取得一批重要成果，实现了对国际上主要研究方向的跟踪，同时还开展了大量的地面实验模拟方法研究。近年来，我国微重力燃烧研究呈现出良好的发展势头。

随着我国载人航天工程的顺利推进，对载人航天器火灾安全的研究提出了全新的挑战，切实提高载人航天器防火安全的水平已经成为当务之急；同时，航天事业的发展为进行微重力燃烧研究提供了前所未有的机遇。2006 年，利用“实践八号”卫星成功完成了两项空间燃烧实验，该实验分别对 21% 和 35% 氧气浓度条件下的多孔材料闷烧点火和发展过程进行了测量。实验结果表明，在微重力环境中，只需要较为微弱的热源即可引发闷烧，很小的气流速度即可支持闷烧的传播，当材料长度较大时，闷烧虽然不能到达材料端部，但闷烧过程释放的有毒产物的危害依然十分严重。闷烧也可以自维持传播直到材料末端，进而引燃临近的可燃材料，使火灾范围扩大，在高氧气浓度（如 35%）条件下，闷烧可向明火燃烧转变，燃烧温度显著提高，更容易引起火灾的蔓延，造成严重后果。该实验结果为研究闷烧机理提供了理想的基础数据，对载人航天器舱内的火灾安全具有实际意义。

2012 年底，中国科学院空间科学战略性先导专项“实践十号”返回式科学实验卫星工程正式立项启动。目前，空间实验有效载荷研制已进入工程实施阶段，成为我国微重力燃烧研究滚动发展的良好契机。相比国外空间实验计划，我国由于空间实验机会少，且主要依靠搭载，空间实验提供的资源还不够充分，前期研究相对不足，微重力燃烧科学不管是空间实验还是地基实验，与国际前沿领先水平相比都有明显的差距。与国际先进水平相比，国内在微重力燃烧实验技术方面也存在明显差距，突出表现为实验设备缺少通用性，实验条件保障能力不强，燃烧诊断技术不够完备,技术队伍不足。

空间微重力燃烧科学的发展应以取得的有重要应用价值的成果为依托,以解决航天工程的重大需求为目标,兼顾对燃烧基本过程和规律的科学研究、与载人航天器防火安全直接相关的应用基础研究。通过综合利用空间微重力实验平台,按照循序渐进的原则,促进该领域的快速稳定发展。

此外,国内正在研究广泛存在于航空发动机、火箭发动机、内燃机、能源和冶金化工炉中的湍流和两相燃烧相互作用问题。湍流燃烧可大幅度提高能效,需要搞清诸如两相速度分布、涡的结构和各方向湍流度等问题,地面重力对湍流的抑制有碍于得到真实的规律。在微重力下研究气体湍流和颗粒/油滴湍流(脉动)相互作用以及气体湍流和气体燃烧反应,以建立精确的数学物理模型和CFD软件,对发动机研究十分重要。相关的科学问题包括湍流火焰的熄灭机理、湍流扩散火焰的瞬态响应特性和微重力下湍流扩散火焰特性等。

结合国内外研究现状与规划,我国研究和发展的重点应集中在如下几方面。

10.4.1 近可燃极限燃烧研究

近可燃极限燃烧指的是燃料配比远离化学当量比的情况,该现象大量存在于内燃机、燃气轮机、火灾防治等过程和许多工况条件下,并且燃烧温度、当量比、能效和氮氧化物排放几个方面均存在内在关联,发展近可燃极限燃烧技术对占全球60%的石油消耗的发动机节能和减排方面有重大意义,在解决航空发动机大机动微重力状态下的贫油熄火、高空再点火以及燃烧室内火焰稳定等方面具有重大应用前景。

微重力为研究近极限微弱燃烧现象提供了必要的实验条件,在以往微重力实验对气体微弱火焰的研究取得显著成果的基础上,近可燃极限液体和固体燃烧规律也开始受到关注,研究方向包括近极限燃烧的点火、火焰传播与熄火、热辐射与火焰的耦合作用、催化燃烧、球形扩散火焰及碳烟生成、近极限湍流火焰速度及湍流熄火等。

已有学者研究了加压条件下甲烷/空气层流预混火焰的可燃极限,并搭建了适用于中国科学院力学研究所国家微重力实验室微重力落塔的高压对冲火焰实验系统,对高压条件下甲烷/空气层流预混火焰的可燃极限进行了理论和实验的研究,测定了不同压力和不同重力下甲烷/空气预混火焰的熄灭极限,讨论了高压贫可燃极限的控制机理。结果发现:①压力的增高会使燃烧加强,一维火焰的数值模拟结果显示压力的增高会增加火焰的质量燃烧速率,改变火焰传播速度,但对最高火焰温度无明显影响。②压力对强火焰和弱火焰的影响截然不同,说明强火焰和弱火焰的化学动力学性质有很大差别。③辐射热损失是导致可燃极限的主要原因,但是压力变化对辐射热损失的影响不明显。④通过数值模拟发现一维火焰的基本可燃极限与压力变化之间并不是单调关系，在 5 atm 左右基本可燃极限会存在一个峰值，而对于对冲火焰，各个重力下的峰值均出现在 4 atm 左右。⑤通过对不同压力下近极限火焰反应机理的敏感性分析，发现随着压力升高，H/O 之间的反应机理会受到很大影响，链终止反应 $OH+HO_2 = O_2+H_2O$ 会由次级反应成为主要的控制反应，正是这种变化导致了可燃极限与压力之间的非单调性。⑥成功地搭建了适用于高压条件和微重力落塔的对冲火焰实验系统，并在常重力下和微重力下对甲烷/空气预混对冲火焰的可燃极限开展了研究，结果表明浮力引起的对流热损失会严重地影响到近极限微弱火焰，在消除其影响之后，实验测得的可燃极限随压力变化趋势与数值模拟结果基本一致。单舱结构示意图、落塔结构示意图、回收装置示意图如图 10－26、图 10－27 和图 10－28 所示。

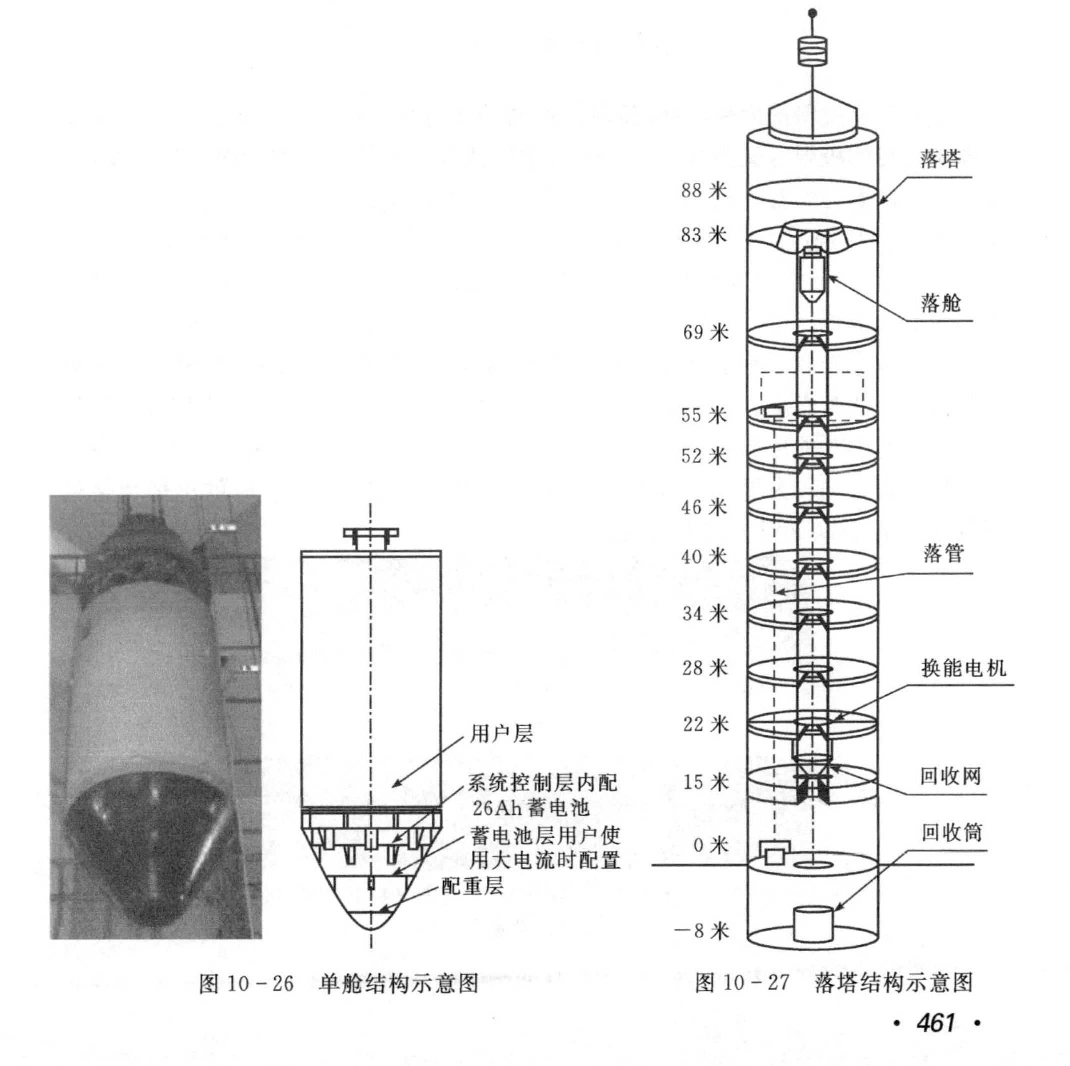

图 10－26　单舱结构示意图

图 10－27　落塔结构示意图

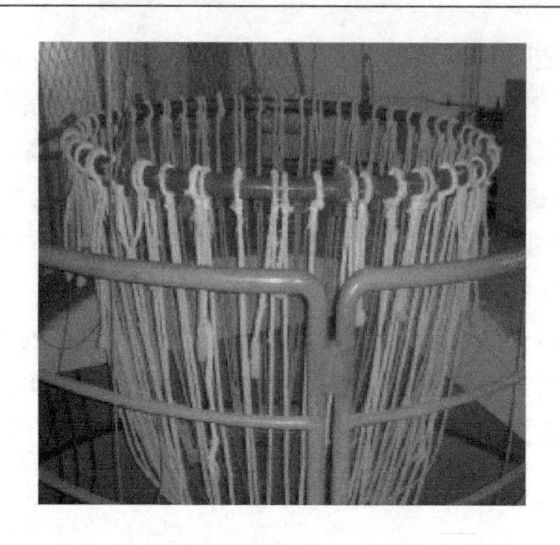

图 10－28　回收装置示意图

重力对富燃料的丙烷/空气预混火焰的传播有显著影响。微重力条件下密闭容器中的可燃极限定义为可支持火焰定常传播直到容器壁面的极限燃料浓度，根据这一极限测得的富丙烷/空气混合物的可燃极限为 8.6%丙烷。当丙烷浓度小于 7.0%时，燃烧速度较大，火焰可同时向上和向下传播，但向上传播较快，随着燃料浓度的增大，燃烧速度逐渐减小，当浮力引起的气流上升速度大于燃烧速度时，火焰只能向上传播，此时火焰呈蘑菇形，当到达容器顶部时才向两侧和下方传播；当燃料浓度大于 8.5%时，火焰到达容器顶端后也不能再向下传播，容器中下半部分的燃料无法被燃烧。而在微重力条件下，对所有的可燃预混气体，火焰基本都能保持球形对称对外传播，但是由于极限附近火焰微弱，火焰形状易受到影响，在点火电极附近火焰较为平坦。图 10－29 给出了丙烷浓度为 8.5%时的火焰传播过程的纹影图，t=0 s 时为点火时刻。

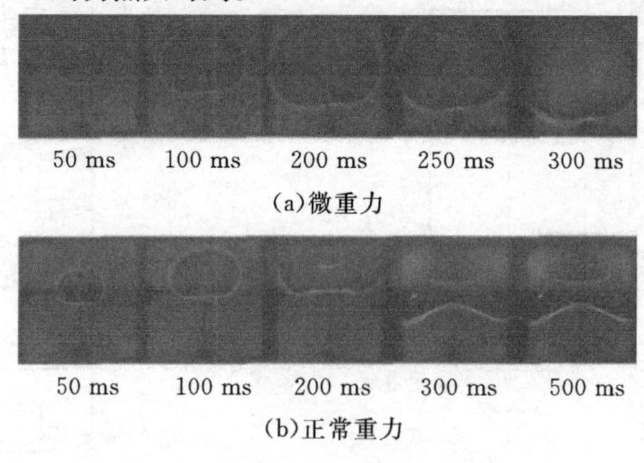

图 10－29　8.5%C_3H_8火焰传播过程的纹影图

10.4.2　蜡烛火焰

蜡烛火焰是另一类特殊的扩散火焰，它与射流扩散火焰不同，是非传播扩散火焰。它的表面是气态的蜡和氧气在高温下结合并且剧烈反应的地方，蜡烛火焰燃烧产生的热辐射和热传导使火焰下面的蜡烛熔化，熔化后的液态蜡通过烛芯向上运动，然后进入燃烧的火焰部分，受热后开始气化，气态的蜡又通过气体的扩散运动进入火焰中，大气中的氧通过分子扩散和输运也进入火焰当中，然后与气态蜡发生化学反应，蜡烛火焰表面的形成主要是上述反应的持续平衡造成的。

从上述分析可知，除了蜡烛灯芯附近的斯蒂芬流外，蜡烛火焰中的扩散是质量传递的唯一输运模式，这种独特的性质使得蜡烛火焰成为研究纯扩散火焰特征的极好对象，蜡烛火焰与另一种经典燃烧问题即单一液滴火焰有许多相似之处，在微重力环境中，液滴和蜡烛火焰的流场/温度场很相似，不过液滴的燃料损耗不能及时补充，液滴的准稳态燃烧只能维持几秒钟的时间，而蜡烛火焰却可以通过较长的时间建立起几乎稳态的火焰。因此，蜡烛火焰更加适合用于研究一系列与燃烧有关的现象。当然蜡烛火焰与液滴火焰之间也有一些差别。例如，蜡烛火焰的根部不封闭，这会影响火焰的熄灭行为，蜡烛的燃烧还涉及液体在灯芯内的动力学特征，这使蜡烛火焰的研究比起液滴燃烧的研究更为复杂。

在正常重力环境下，通过降低环境气体的压力也可以得到受扩散控制的火焰，用负压可以代替微重力的作用，对蜡烛火焰进行研究，正常重力环境中的蜡烛火焰为亮黄色的羽状火苗；而在一定的条件下，如低压环境下的蜡烛火焰为半球状的暗蓝色火焰；在适当的条件下，我们还可以得到半球状的黄色火焰，不同工况下火焰颜色的研究对于揭示碳烟的形成机理，设计高效低污染的燃烧设备具有指导意义。

有学者研究了不同的重力环境下蜡烛燃烧现象的差异性，如图10－30所示，航天飞机和落塔中的蜡烛火焰几乎呈半球形，火焰与灯芯之间的距离为5～7 mm，而在正常重力环境中，根部火焰与灯芯之间的距离是1～2 mm，这表明在微重力环境中，蜡烛火焰向灯芯的传热比正常重力时弱，因此燃料的消耗速率也较小，球形火焰还意味着火焰的所有部分均向灯芯传热，而在正常重力环境中，只有一部分蒸发燃料气体在蜡烛灯芯附近燃烧，其余部分则被浮力对流冲刷到下游的焰羽中燃烧，因此，只有靠近灯芯的那部分火焰才向灯芯传热。在做抛物线飞行的飞机中，火焰因受到残余重力而产生波动，从而引起自然对流的扰动而导致变形，即使如此，该环境下火焰的形状与正常重力蜡烛火焰仍然有很大的差别。

尤其让人感兴趣的是，微重力蜡烛的火焰颜色为蓝色，而正常重力和低重力蜡烛火焰为黄色，这说明微重力蜡烛火焰的碳烟生成量很小，研究微重力条件下蜡烛火焰碳烟量减少的机理非常有意义。关于微重力蜡烛火焰碳烟量减小的原因目前有三种观点:第一种观点认为这是因为微重力蜡烛火焰的温度较低,小于一般物质的最低碳烟生成温度;第二种观点认为火焰中仍存在碳烟粒子,但由于火焰温度较低,碳烟粒子不发出黄色光;第三种观点认为氧气从火焰与蜡烛的交界面处进入火焰内部,从而形成碳烟量较小的预混火焰。如果第一或第二种观点正确,则火焰温度必然较低,如果第三种观点正确,则由于火焰为预混火焰,那么火焰的温度必然很高,因此,验证以上观点正确与否的直接方法是测量微重力蜡烛火焰的温度,不同重力环境中的蜡烛火焰如图 10-30 所示。

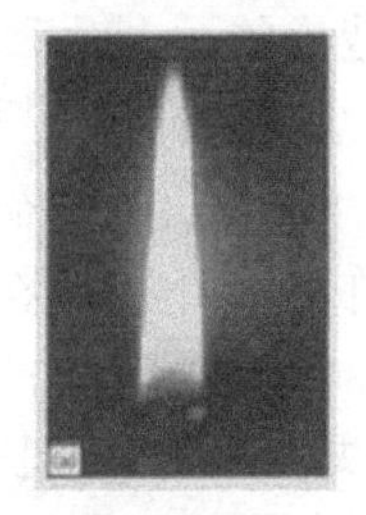
(a)正常重力环境中的蜡烛火焰

(b)做抛物线飞行的飞机中的蜡烛火焰

(c)落塔中的蜡烛火焰

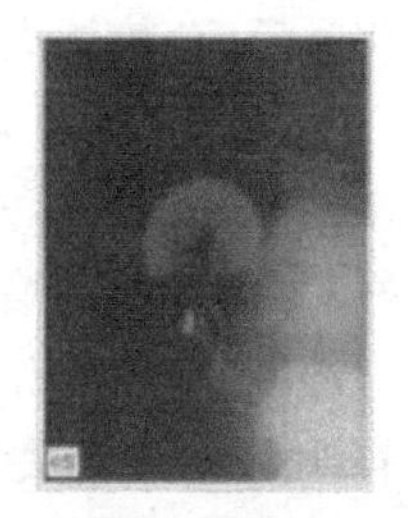
(d)航天飞机中的蜡烛火焰

图 10-30 不同重力环境中的蜡烛火焰

氧气浓度分别为 19%、21%和 25%时蜡烛火焰在不同重力条件下的图像如图 10-31 所示。实验开始时,首先在地面正常重力状态下点燃蜡烛,30 s 后蜡烛进入微重力状态。从图 10-31 中的图像明显可以看出蜡烛火焰的形状由向上升起的火苗形至半球形的变化过程大大地快于蜡烛火焰颜色的变化。火焰的形状主要取决于燃烧过程中的空气动力学特性,而火焰的颜色则主要取决于燃烧过程中的化学反应动力学特性和输运现象特性。从这些实验结果可以看出火焰的空气动力学特性对重力变化的响应明显快于火焰的化学反应动力学特性和输运现象特性对重力变化的响应。

化学反应动力学特性与燃料和氧气的供应密切相关。从正常重力状态变化到微重力状态对蜡烛火焰来说燃料的供应并没有多大变化,但是氧气的供应情况在微重力状态下却明显不同于正常重力状态。在正常重力状态下空气(氧气)是通过自然对流和扩散机制供应的,其中自然对流起主要作用,但在微重力状态下由于自然对流的消失,新鲜空气(氧气)的供应仅靠扩散机制,因此,在微重力状态下新鲜空气(氧气)的供应要弱于在正常重力状态下的情况。同时,由于自然对流的消失,在微重力状态下燃烧产物离开火焰区也仅能依靠扩散机制。以上所有这些差异都导致在微重力状态下化学反应变得微弱,而且这种变化是一个逐渐变化的过程,因而在微重力状态下蜡烛火焰颜色变化的速率要比蜡烛火焰形状的变化慢得多。

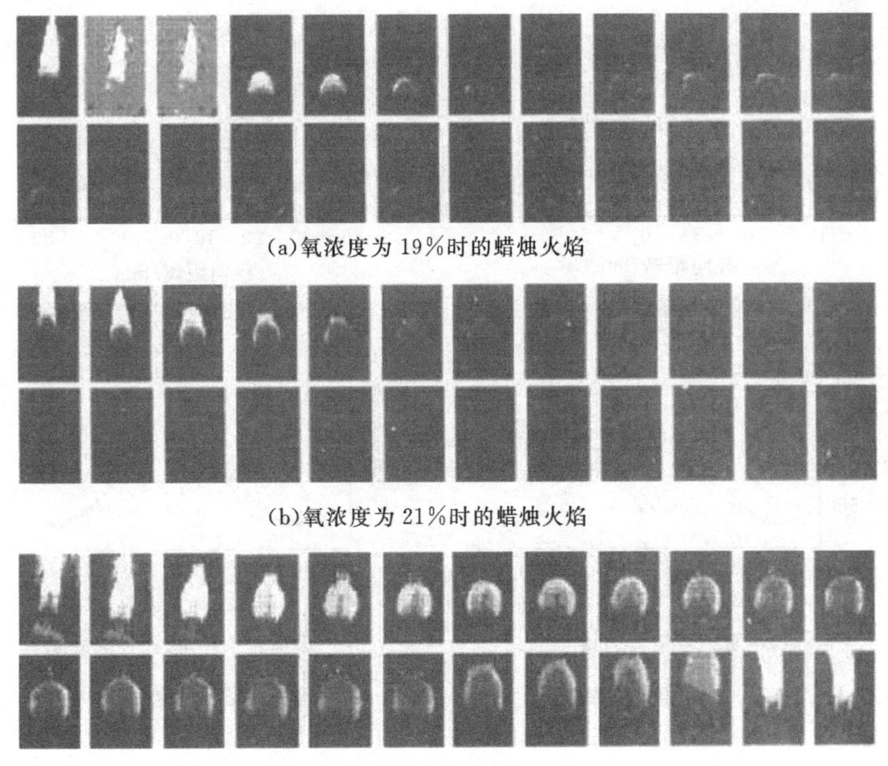

(a)氧浓度为 19%时的蜡烛火焰

(b)氧浓度为 21%时的蜡烛火焰

(c)氧浓度为 25%时的蜡烛火焰

图 10－31　不同氧浓度下的蜡烛火焰

当氧气体积浓度为 25%时，无论是正常重力还是微重力条件下的蜡烛火焰都为亮黄色；当氧气体积浓度为 21%时，在微重力状态下蜡烛火焰起初为亮黄色，然后逐渐变为暗蓝色；而在氧气体积浓度为 19%时，在微重力状态下，火焰的颜色很快就变成暗蓝色。以上表明：在微重力状态下，氧气浓度越稀，蜡烛火焰就越快变为暗蓝色。这是因为蜡烛火焰的颜色及温度主要取决于化学反应速率，氧气浓度越高反应速率当然就越快，火焰就越接近亮黄色。

图 10－32 为蜡烛火焰温度在蜡烛顶部 0、1、2 cm 处沿径向的温度分布，从图上可以看出，在正常重力状态下蜡烛火焰亮黄区域的最高温度为 2000 K 左右，在微重力环境下的暗蓝色火焰区域最高温度仅为 1200 K 左右，此温度低于碳烟的阈值温度 1300 K，因而在微重力环境下，蜡烛火焰没有碳烟，不能形成亮黄色的辐射，只能呈现暗蓝色，这些实验数据清晰地揭示了为何微重力环境下的蜡烛火焰呈现暗蓝色。

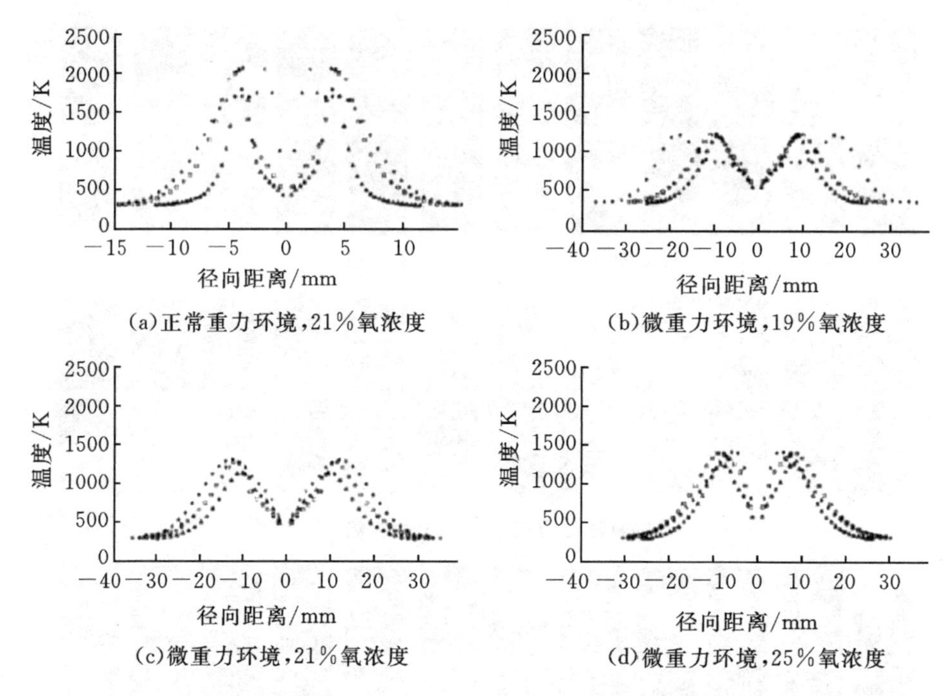

图 10-32　距蜡烛顶部为 0 cm、1 cm、2 cm 时火焰横截面的温度分布

10.4.3　煤粉颗粒/颗粒群燃烧

研究微重力条件下煤粉颗粒和颗粒群的热解、气化、着火、挥发分的析出与焦炭燃烧及其燃尽等特性,可以更精准地掌握各种燃烧设施中煤的燃烧过程,达到节约能源,减少燃烧过程污染物的排放,建立支持国民经济可持续发展生态环境的目的。

1994 年,日本为研究清洁高效的煤粉燃烧技术即氧气-循环烟气燃烧技术,进行了微重力条件下单颗粒煤和煤粉的燃烧实验研究。中国的微重力煤燃烧研究近期才逐步开展,2007 年,清华大学利用中国科学院国家微重力实验室的落塔,率先开展了微重力下单颗粒煤的着火研究。

空间燃烧实验装置要求温度高、气密性好、功率低,还要求装置体积小、质量轻。以往的实验装置难以实现煤粉在高温下的燃烧,已有空间微重力煤燃烧研究大多集中于单颗粒煤的燃烧,仅有的煤粉燃烧实验是在球形装置内利用电阻丝点火进行火焰传播速度的测定,而且还不能进行高温下的煤粉着火温度、燃尽和污染物排放等方面的研究。

现有的煤着火特性的相关实验数据基本都是在地面常重力条件下获得的,无法排除重力,因而无法消除浮力及自然对流的作用。另一方面,现有的数学模型和数值模拟往往忽略浮力作用,但却又直接和常重力下的实验数据比较。显然,如果浮力的作用不能忽略,这样的比较将产生一定的误差,由此导出的着火模型、判据和参数存在一定的不足。

通过空间燃烧实验的开展,可以针对我国典型的煤种(褐煤、烟煤、无烟煤及部分煤种的脱挥发分煤焦)的煤颗粒和煤颗粒群两种类型进行研究。对于微重力单个煤颗粒的热解挥发分析出、着火、燃烧和燃尽过程,重点考察化学动力学控制向扩散控制转化的临界条件。对于微重力条件下煤颗粒群着火、挥发分的析出与焦炭燃烧及其燃尽等,重点研究煤颗粒群浓度、颗粒形状变化和煤种对煤颗粒群着火及其燃烧特性的影响。通过对生成污染物的检测,研究污染物的生成机理和规律,观测无浮力作用的理想条件下的本征燃烧现象,认识燃烧过程中的一些基本环节的物理化学实质,获得煤燃烧过程中一些重要的基础参数,揭示燃烧过程的内在作用机理,检验燃烧理论,掌握燃烧科学规律。同时与地面相应实验进行对比,揭示煤燃烧过程中浮力对其本征燃烧特性以及污染物质生成特性的影响形式和影响程度,通过比较分析可得出重力影响下的地面实验方法带来的误差,校核地面反应动力学参数的测定方法和结果,验证数值模型,可以为开发地面高效、低污染的煤燃烧装置提供基础数据和设计指导。

已有学者对煤颗粒在常重力和微重力下的着火特性展开了研究,旨在揭示煤粒在没有浮力影响下的本征着火特性,与相应的常重力实验比较,探讨浮力和气体对流对煤粒着火的影响形式和影响程度,同时,在理论上发展更为准确的着火数学模型。有关研究考察了粒径为1.5 mm和2.0 mm的烟煤和褐煤球形颗粒的着火燃烧过程,并将RGB比色法与数字图像处理技术相结合的测温方法应用于测量着火前颗粒的表面温度。实验发现,微重力下煤粒发生均相着火,挥发分的析出与着火相互耦合,煤粒的着火温度随粒径和挥发分的增加而降低,相同粒径的煤粒在微重力下的着火温度比常重力下低约80 K,相同粒径的煤颗粒在常重力下的着火时间较短。

在理论上,微重力条件下的研究结果改进和修正了现有的一维单颗粒着火模型,改进的模型中考虑内部导热,并可利用热天平求得煤表面反应动力学参数。与忽略内部导热的模型相比,新模型的预测结果与相应的微重力实验结果符合更好。研究同时表明,颗粒内部导热对着火方式的临界直径有很大影响,这种影响随着环境温度的升高而降低。实验结果还表明,颗粒着火模式随着环境温度和环境气体流动的不同分别出现均相着火、异相着火以及由于颗粒表面反应引发的联合着火等不同着火模式。

在实验条件下,着火时间随着流速的增加先减少后增加,着火温度随着气体流量的增加而增加。落塔实验煤粉燃烧平台的侧面图和正面图如图10－33和图10－34所示。

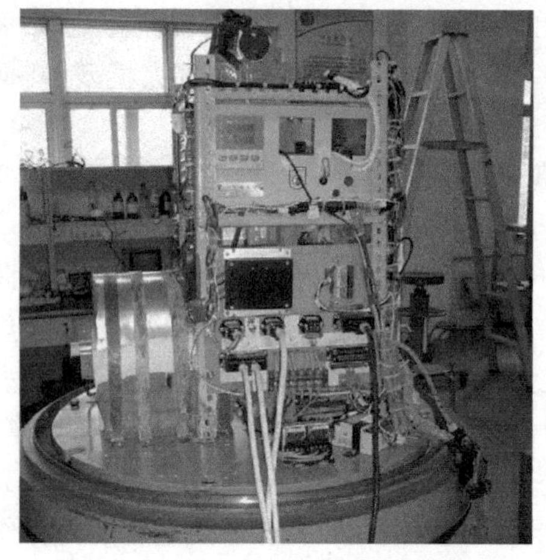

图 10－33　落塔实验煤粉燃烧平台侧面图

图 10－34　落塔实验煤粉燃烧平台正面图

另外，对燃煤锅炉的数值模拟计算分析发现，正常重力和微重力条件下高温区的形状、炉膛内的温度分布、火焰的传播速度、污染物的生成浓度和流场等都发生了很大的变化。正常重力及微重力环境中的温度及 NO 浓度分布如图 10－35 所示。与正常重力条件相比较，微重力条件下的炉膛平均温度降低，火焰的传播速度

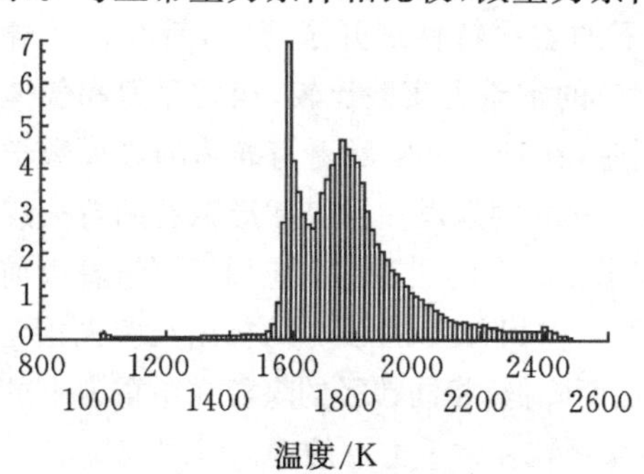

(a)正常重力情况下温度分布

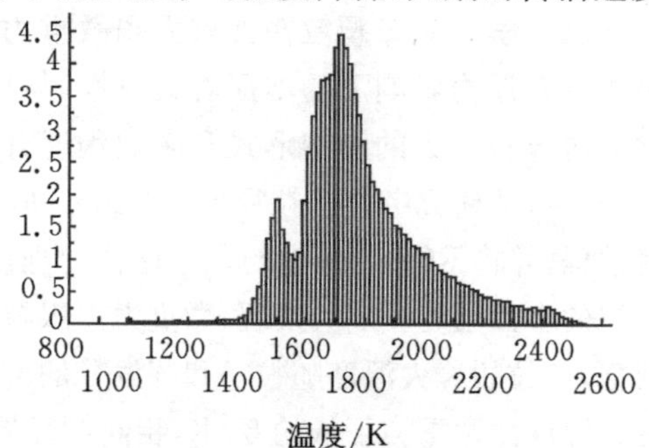

(b)微重力情况下温度分布

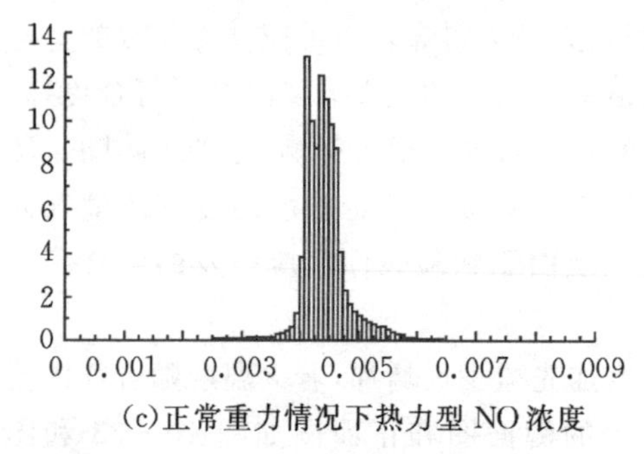

(c)正常重力情况下热力型 NO 浓度

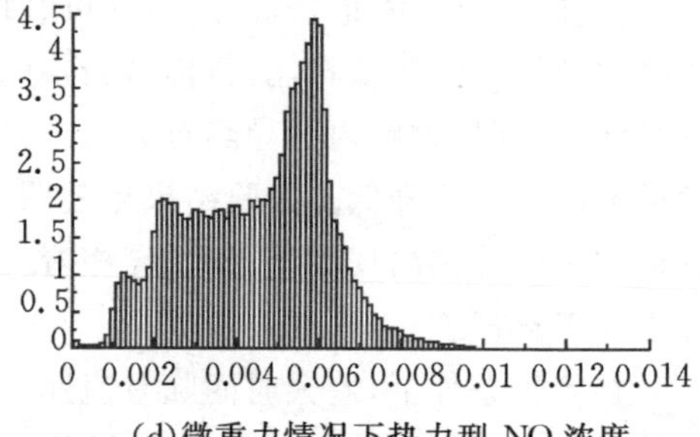

(d)微重力情况下热力型 NO 浓度

图 10－35　正常重力及微重力环境中的温度及 NO 浓度分布

减小，出口处的污染物的生成浓度降低。

图 10－36 为在四种不同氧气浓度下的正常重力和微重力环境下煤颗粒着火的图片。结果表明，在所有微重力实验条件下，煤颗粒均发生了着火现象；无论重力如何，均是挥发分着火主导了早期燃烧过程。对于低氧浓度(21％)，在正常重力和微重力条件下，观察到煤在靠近炉壁一侧表面处有一个小黄斑点的存在；在微重力下，对流可以忽略不计，出现一个球形的挥发火焰。此外，微重力条件下的火焰亮度比正常重力更暗，尺寸更小，这是因为在微重力条件下，分子传递和传热较弱，导致加热速率和燃烧过程较慢。然而，在高氧浓度下(≥30％)，在微重力和正常重力条件下，颗粒燃烧均非常强烈，具有不规则表面的挥发性物质火焰。火焰表面在燃烧强度明显高于平均燃烧强度的地方发生爆裂，从表面喷射出更多的射流状微小火焰。在某些情况下，特别是当氧浓度大于 40％时，在挥发性火焰表面周围有一些亮点，亮度明显较高，挥发性火焰可视为由中间产物焦油热解出的轻气体的燃烧。在低氧浓度下，释放的焦油相当均匀地覆盖在表面，随后颗粒的燃烧也相当均匀。在高氧浓度下，释放的焦油层由于局部加热不均匀或颗粒内的挥发物喷射而

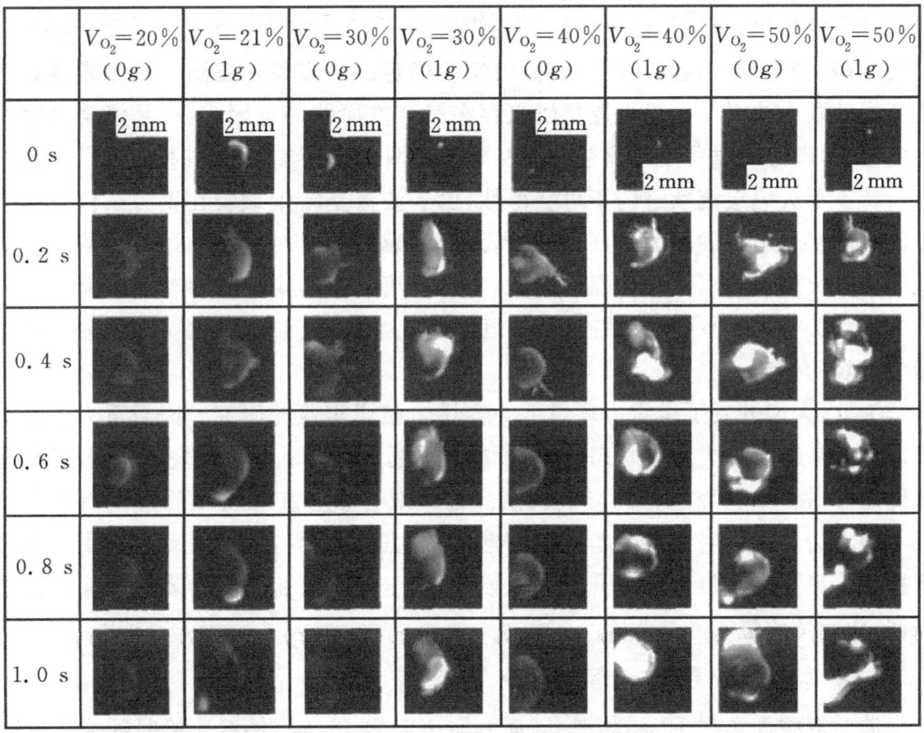

	$V_{O_2}=20\%$ (0g)	$V_{O_2}=21\%$ (1g)	$V_{O_2}=30\%$ (0g)	$V_{O_2}=30\%$ (1g)	$V_{O_2}=40\%$ (0g)	$V_{O_2}=40\%$ (1g)	$V_{O_2}=50\%$ (0g)	$V_{O_2}=50\%$ (1g)
0 s	2 mm	2 mm	2 mm	2 mm	2 mm	2 mm	2 mm	2 mm
0.2 s								
0.4 s								
0.6 s								
0.8 s								
1.0 s								

图 10－36　常、微重力环境中不同氧浓度下单颗煤粒的着火过程

破裂，当氧浓度足够高时，就导致不能形成完整的焦油层。

10.4.4 粉尘/液滴燃烧

对粉尘燃烧与爆炸机理的研究已有近百年历史，英、美、德、加等国都曾投入大量人力、财力，致力于解决粉体工业的安全生产与防护问题，但迄今为止，均因难度太大而进展缓慢，粉尘燃烧机理研究遇到的实质性困难之一来自重力影响，与气相燃烧机理研究相比，粉尘燃烧研究还有一些其他困难。因此，粉尘燃烧实验大部分是在封闭容器中进行的。

为了在封闭容器中形成粉尘燃烧实验研究所必需的粉尘悬浮状态，人们想出各种办法实现扬尘。然而，具体的扬尘机构及与其所形成的粉尘悬浮状态千差万别，研究结果难有可比、通用和定量规律性。

有学者针对柱形容器，设计与发展了一种扬尘机构，并对扬尘诱导的湍流随时间的衰减特性进行了测量。结果表明：只有使用特殊设计的扬尘机构，将粉尘以一定强度的小尺度射流扬至燃烧室内，才能在有限空间内形成具有给定初始浓度和均匀分布的粉尘云悬浮；扬尘湍流的最佳强度、尺度与实验用的粉尘种类、粒度、浓度及燃烧室的形状和容积都有关，需由实验确定。该实验还揭示了粉尘悬浮态的瞬变本性及由此引发的粉尘燃烧研究存在三个方面的固有困难：一是燃烧过程的非定常性，即燃烧过程中湍流强度与初始浓度两个重要参数均随时间变化；二是在重力状态下火焰层流状态的不可获得性，由于湍流是粉尘颗粒在重力条件下维持悬浮状态必不可少的动力条件，因此当湍流衰减到零时对应的初始粉尘浓度将降低到粉尘火焰无法点燃与传播的程度；三是湍流状态与实际悬浮粉尘浓度不可分割的耦合关系，从而在重力状态下难以区分粉尘浓度与湍流强度两个因素单独对粉尘燃烧的作用。

为此，人们开展了微重力环境下等容粉尘燃烧实验的研究。因微重力下无需依靠湍流来维持粉尘悬浮状态，就有可能获得粉尘层流状态的燃烧特性，并可单独研究湍流对粉尘燃烧过程的影响机制。近年来有学者在飞机抛物线飞行提供的15 s微重力条件下对微细铝粉等层流燃烧特性进行研究，结果发现在微重力条件下扬尘湍流强度对最大爆炸升压速率影响不大，但其实验数据的质量受实验方法限制，尚有待改进。

1. 波兰罗兹大学12 m落塔的粉尘燃烧实验

波兰罗兹大学在12 m落塔上(重力加速度为$10^{-2}g$，持续实验时间为1.2 s)对微重力条件下的粉尘燃烧机理进行了研究。鉴于落塔能提供的微重力实验时间为1.2 s，研究因素主要限定在扬尘湍流与重力的影响，定量考察在粉尘浓度保持不变时扬尘湍流强度变化对粉尘爆炸特性的影响。由于落塔实验时间和搭载重量的限制，研究中使用了长径比($L/D=2.25$)与容积($V=7$ L)较小的封闭容器和微细球形铝粉(7.2 μm)与玉米粉(20 μm)。7 L 爆炸罐的结构如图 10－37 所示。实验容器是一座内径为 0.16 m、长为 0.36 m 的 7 L 圆柱形封闭燃烧室；扬尘系统由两套完全对称的扬尘管、电磁阀、粉尘室和高压贮气室组成；压力测量用应变式压力传感器与放大器，通过 A/D 转换器转换后将采集的数据输入计算机。实验中标称的浓度是名义浓度，由放入粉尘室的粉尘重量和燃烧室的容积来确定，两相介质中的含氧量按扬尘后封闭燃烧室内空气的初始压力值推算。

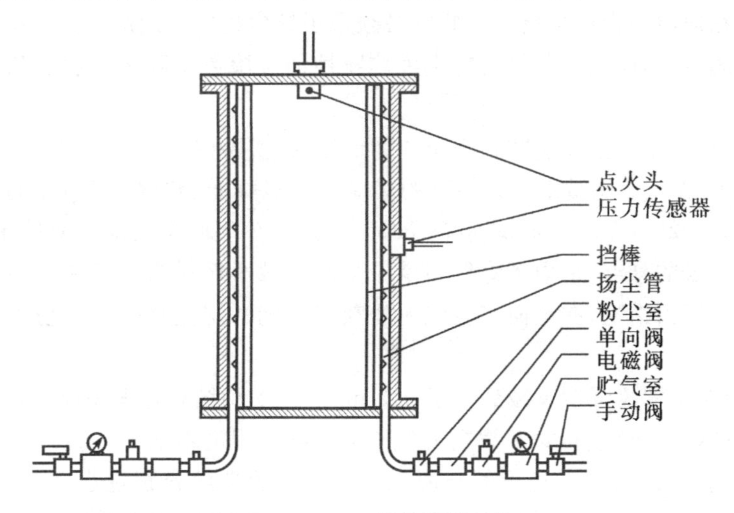

图 10－37　7 L 爆炸罐的结构

实验中使用的铝粉与玉米粉在显微镜下观察均呈球形，其粒径 d_{50} 分别为 7.2 μm 和 20 μm。为了提高扬尘的均匀性和改善粉尘颗粒团聚情况，实验用铝粉及玉米粉中加入了 0.5%的流化剂(CAB-O-SIL)。点火源则选取安装在容器顶盖中心的单个化学点火头，对于铝粉其点火头装 0.4 g 黑火药，对于玉米粉则装 0.6 g 黑火药，使用顶端点火的原因是为了在重力条件下观测重力沉降作用对粉尘浓度的影响。

该研究使用热线风速仪在封闭容器中心处测量扬尘过程中的湍流瞬态速度随时间的变化规律，然后用系综平均法求出瞬态扬尘湍流强度随时间的衰减规律。实验结果发现以下几点。

(1)微重力条件下湍流强度衰减后的粉尘最大爆炸压力不随点火延迟时间而变化，该结果证明实验所用 12 m 落塔提供的微重力环境(重力加速度为 $10^{-2}g$，持续实验时间为 1.2 s)可以保证粉尘浓度的定常悬浮状态。利用微重力环境可以保证在粉尘浓度不变的条件下，定量给出湍流单独对粉尘等容燃烧的影响。

(2)微重力环境下的实验结果定量给出了湍流强度对粉尘爆炸特性的影响。当扬尘湍流强度(RMS 速度 u')由 0.2 m/s 增至 5 m/s 时，粒度 7.2 μm 铝粉的最大爆炸压力 Δp_{max}增加 15%；粒度 20 μm 的玉米粉的最大爆炸压力则增加 30%。两种粉尘的$(dp/dt)_{max}$值都增加约 6 倍。

(3)在扬尘湍流强度较高的范围内(u'=0.4～6 m/s)，重力条件下的等容燃烧特性(Δp_{max}、$(dp/dt)_{max}$及 $S_{t,max}$)与微重力条件下相比区别不大，这是因为在重力条件下有湍流支持粉尘云的悬浮，阻止了粉尘浓度因重力沉降而变小的趋势。由此可推断在地面进行粉尘爆炸实验时必须采用扬尘机构才能产生并维持稳定粉尘浓度的空间悬浮，而此时获得的粉尘爆炸特性的实验数据则限于湍流状态而非层流状态。

(4)在扬尘湍流强度衰减到小于 0.2 m/s 后，实验中重力条件下所获得的最大爆炸压力值(Δp_{max})比微重力条件下的对应值明显降低，粒度 7.2 μm 的铝粉降低约 20%，粒度 20 μm 的玉米粉则降低 80%。这充分反映了在地面实验中，如无湍流支持粉尘云的悬浮，重力沉降作用令粉尘浓度减小后对粉尘爆炸特性的严重影响。由此可得出结论，在地面实验中无法获得正确的层流状态下的粉尘爆炸实验数据。

(5)当扬尘湍流强度衰减到小于 0.2 m/s 后，实验结果还发现此时在重力条件下所获得的$(dp/dt)_{max}$相对于微重力条件下的减少程度不如 Δp_{max}值明显，对两种粉尘其影响都仅为 10%，这可能与所采用的实验容器的容积过小，不能排除点火诱导湍流对$(dp/dt)_{max}$的影响有关。这一结果再次证实，对于粉尘等容爆炸实验研究不宜采用小容积的容器，国际同行规定的 20 L 可能是个合适的标准。

2.我国实践十号卫星的液滴蒸发实验

我国在实践十号科学实验卫星上开展了一项微重力流体物理实验——蒸发与流体界面效应空间实验研究。该项目前期与法国空间研究中心已经开展了在落塔和失重飞机等上的联合实验研究。该项目针对空间工程上应用两相流体与传热系统的工程背景和国际微重力流体物理研究热点，利用空间长时间微重力环境研究具有蒸发相变界面的流体系统热质传输特性，实验观测研究微重力条件下液滴蒸发过程中的相变蒸发效应与表面张力驱动对流的相互作用规律。主要科学研究内容包括：①利用微重力条件，获得蒸发-热毛细对流界面的热质输运实验结果，认识空间蒸发界面现象和传热传质的特殊规律；②研究重力变化对蒸发相变传热过程的影响，为相关空间两相系统与相变传热的工程应用提供基础理论。

该项目利用研制的蒸发对流空间实验装置系统，搭载实践十号卫星，实现了空间微重力环境中附壁液滴的成形和蒸发过程；实现了空间蒸发液滴实验参数(如底座加热温度、液滴注入体积、蒸发气体环境等)的在轨控制,达到预定实验目的。在轨期间,通过观测空间液滴蒸发过程中的形貌与接触角变化,获得空间液滴蒸发速率、热流量和温度等宝贵科学实验数据。蒸发对流箱内部组成实物图和不同台基上液滴形貌如图 10－38 和图 10－39 所示。

图 10－38　蒸发对流箱内部组成实物图

图 10－39　不同台基上液滴形貌

10.4.5　导线火焰的传播

导线使用至今已有一百多年的历史,起初用来传输电能,后来随着信息化产业的出现,数字信号也开始通过导线传递,而今导线已成为通信行业不可或缺的信息传递手段。导线在我们日常生活中随处可见,比如电脑电源线、硬盘数据线、耳机线、网线等等,由于导线用途广泛,其使用量也十分巨大。

仅 2013 年和 2014 年,我国就发生多起与导线起火相关的重大、特大火灾事故。2013 年 4 月 14 日,湖北省襄阳市某酒店因电线老化短路引发大火,造成 14 人死亡,47 人受伤。2013 年 6 月 3 日,吉林省某公司主厂房电气线路短路,引燃附近可燃物,进而导致氨设备和管道发生爆炸,造成 121 人死亡,76 人受伤,直接经济损失 1.8 亿元。2014 年 1 月 14 日,浙江省温岭市大东鞋厂电气线路发生故障,引燃附近鞋盒等可燃物而引发火灾,造成 16 人死亡,5 人受伤;2014 年 11 月 16 日,山东省寿光市龙源公司风机供电线路短路,引燃壁面保温材料而引发火灾,造成 18 人死亡,13 人受伤。

在载人航天工程上,导线的用量十分巨大,一旦发生火灾,导线火焰的传播将成为火灾发生的重要诱因之一,而微重力条件下的导线火焰传播和常规重力下仍存在较大差异。根据卫星上长时间的微重力过载电流实验结果,可以得到微重力对过载电流使导线绝缘层温升特性的影响。将地面低压模拟实验结果和卫星结果对比就可以来验证低压模拟原理的有效性。结果表明,微重力时,浮力作用消失,自然对流换热大大削弱,散热条件恶化,从而导致绝缘层的平衡温度增加,达到平衡的时间延长。研究证明地面低压模拟也能实现该效果。

为了进一步分析低压模拟原理的有效性,对单根导线在 2 A 和 10 A 电流下的绝缘层的着火前期特性进行研究。结果表明:2 A 过载电流下,绝缘层不被破坏,这时随着压力降低,绝缘层的温升率逐渐增加,平衡温度逐渐增加,达到平衡的时间也延长,所以,未发生着火时,低压功能模拟可以有效地模拟出微重力下的结果。但是,当导线通以 10 A 电流时,绝缘层很快被破坏,在不同的压力下,绝缘层被破坏的方式不同,可分着火区、热解区和熔化区;压力对延迟时间的影响要根据压力所处的区域来判断。但是低压对化学反应速率的制约是该原理最大的不足,在 21%O_2浓度条件下,压力从 1 atm 降到 32 kPa 时,绝缘层会产生明火;压力再降低,绝缘层已不可燃。因此,需要提高氧气浓度来修正低压功能模拟的这一不足,结果表明,在压力降低到一定范围时,该方法有效。

窄通道模拟是另外一种可模拟微重力条件下导线火焰传播的重要原理假设。在窄通道中对单根导线测试的结果表明,通道高度对绝缘层温升特性的影响和低压模拟实验中压力的影响一致,这说明降低通道高度也可以限制浮力作用,模拟微重力下过载电流时绝缘层的温升特性。利用窄通道模拟还可得到一个临界高度,只有当通道高度小于该值,才能有效地抑制浮力的作用。常重力低压和微重力下绝缘层火焰形状对比如图 10-40 所示。

随着通道高度的降低,着火延迟时间延长。但是窄通道同样也存在通道尺寸极限,当通道高度过小时,壁面冷熄作用以及氧气的输送都会受到制约,从而不能有效模拟出微重力下的过程,但此时可以通过窄通道的环境压力降低,削弱浮力作用,适当地增加窄通道高度,克服上述缺点。有实验结果表明,低压窄通道法可以在压力不降低过多的条件下用来提高通道高度。进一步对过载电流下的导线绝缘层换热过程的数值模拟计算结果表明,低压功能模拟方法和窄通道模拟方法均可

(a)$1g$,10 A,10 kPa,50%O_2

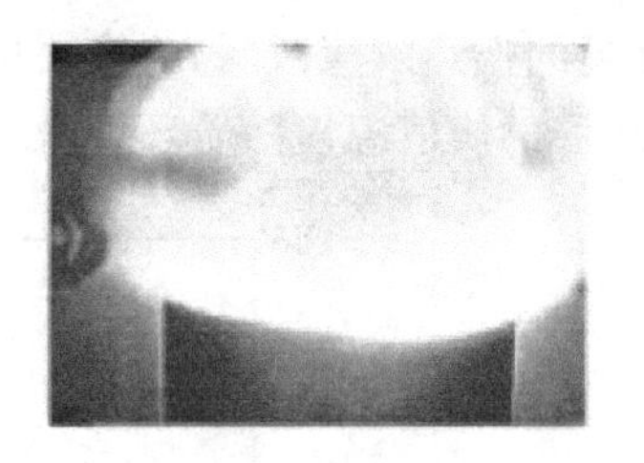

(b)$1g$,12.5 A,101 kPa,21%O_2

图 10-40　常重力低压和微重力下绝缘层火焰形状对比

以抑制自然对流效应,模拟出微重力下电流过载是导线绝缘层的着火先期征兆的温升特性。

由于要模拟的状态是微重力环境下导线或电子电气元部件的着火前期特性,尚不涉及燃烧现象的模拟,因此,功能模拟只需要满足格拉晓夫准则就可以实现。一般来说,微重力环境是表示 $10^{-5}g$ 的环境,此时,只要模拟的环境压力为 320 kPa 就可实现在正常重力环境下与微重力环境下的格拉晓夫数一致,从而实现功能模拟的目的。

图 10-41 给出了导线绝缘层的升温速率。由图可见,随着环境压力的减小,导线绝缘层升温速率增大,这说明压力越低,导线绝缘层在过载电流作用下的升温速率越大,也就是说,在微重力环境下,当导线电流过载时,导线绝缘层的升温速率大于地面正常环境下绝缘层的升温速率。

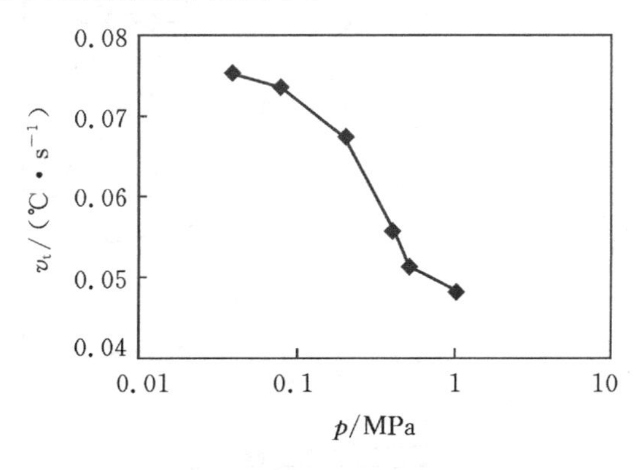

图 10-41　相同过载电流下,绝缘层的升温速率随压力的变化

图 10-42 为相同过载电流,不同环境压力下,导线绝缘层的最大温度随环境压力的变化关系。从图中可以看出,随着环境压力的减小,绝缘层的最大温度是增大的,这是因为,随着环境压力的降低,浮力引起的自然对流减弱,导线绝缘层通过

对流与环境的换热效应减弱，绝缘层中积累的热量难以散发，因此，在新的平衡状态下，绝缘层的峰值温度随着环境压力的减小而增高。

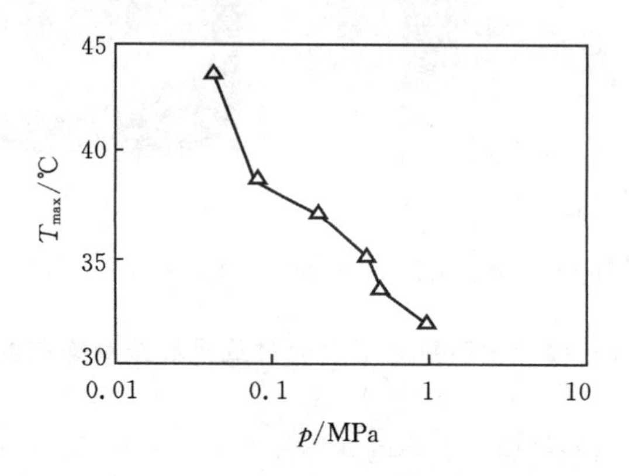

图 10-42　相同过载电流下，绝缘层的最大温度随压力的变化

图 10-43 是在实验压力分别为 10 Pa、10^2 Pa、10^3 Pa、10^4 Pa 和常压时分别给导线加上 5 A、10 A、20 A、30 A 和 40 A 的电流时达到热平衡时绝缘层外表面的温度。从图中可以明显地看出，在相同的电流情况下，导线达到热平衡时的温度随着环境压力的减小而增大，当压力相同时，热平衡时的温度值随着电流的增大而升高。因此，平衡时各点的温度是由环境压力和电流的大小两者综合决定的。对于

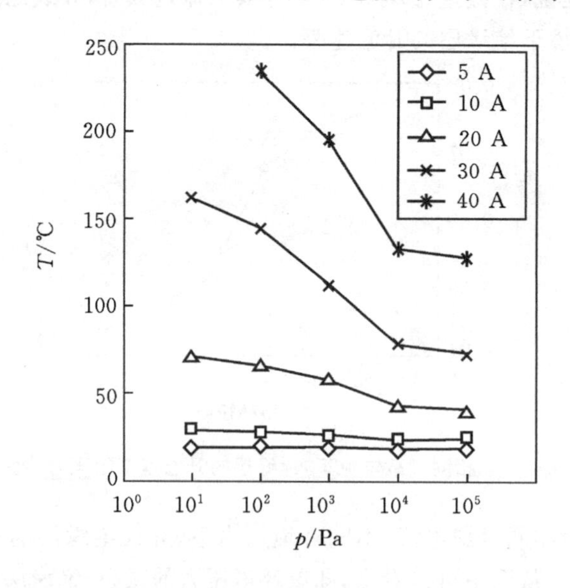

图 10-43　不同压力、不同电流情况下导线绝缘层外表面的热平衡温度(聚氯乙烯)

10^2 Pa、30 A 电流的情况和常压、40 A 电流的情况来说，平衡时前者的绝缘层平衡温度高于后者，可见微重力环境下，即使过载电流小于地面相应的情形，相应的失火概率也是增大的。这也就是载人航天飞机上导线和电子电气元器件在过载电路短路情况下容易成为潜在点火源的原因所在。

在 10^2 Pa、40 A 实验过程中，绝缘层不仅发生软化，而且已经开始分解。若电流值继续升高，则聚氯乙烯的碳分子结构将被“炭化”而引起燃烧，使绝缘层成为引发火灾的点火源。据此可知，在微重力条件下，导线绝缘层的温度相对于地面的情况会大大升高，特别是在过载或短路的情况下更容易出现由于温度急剧升高，超出绝缘层的承受能力而引起着火，进而有可能导致火灾的情况。

参考文献

[1] 刘春辉. 微重力落塔试验设备[J]. 强度与环境，1993(4)：41 - 52.

[2] 孙辉，王华，王仕博，等. 重力加速度对燃烧过程影响的数值模拟研究[J]. 系统仿真学报，2010(11)：2723 - 2727.

[3] 张璐，刘迎春. 空间站微重力燃烧研究现状与展望[J]. 载人航天，2015，21(6)：603 - 610.

[4] 刘春辉，陈天翼. 载人航天中的防火安全与微重力燃烧研究[J]. 导弹与航天运载技术，1996(3)：34 - 39.

[5] 汪凯. 导线绝缘层在弱浮力环境下着火早期演变特性的研究[D]. 北京：中国科学院工程热物理研究所，2016.

[6] 康琦，胡文瑞. 微重力科学实验卫星——“实践十号”[J]. 中国科学院院刊，2016，31(5)：574 - 580.

[7] 姜羲，范维澄. 微重力条件下气固两相界面耦合燃烧的数值模拟[J]. 中国科学技术大学学报，1994(4)：449 - 455.

[8] 姜义，范维澄. 微重力燃烧及固体表面火蔓延的研究[J]. 燃烧科学与技术，1995(1)：63 - 71.

[9] 杜文锋，孔文俊，张孝谦. 微重力蜡烛火焰特征数值模拟[J]. 燃烧科学与技术，2002，8(3)：202 - 206.

[10] 孔文俊，张孝谦. 微重力环境下的燃烧科学研究[J]. 大自然探索，1997(4)：34 - 39.

[11] 王岳. 重力对稀燃弱湍流预混 V 形火焰的影响[D]. 北京：中国科学院工程热物理研究所，2002.

[12] 孔文俊,艾育华,王宝瑞,等.重力对层流扩散火焰碳烟生成特性影响[J].工程热物理学报,2010,V31(5):867-870.

[13] 张单.微重力层流射流扩散火焰的图像特征与燃烧特性[D].合肥:中国科学技术大学,2014.

[14] 刘春辉,陈天翼.介绍几种液体燃料小滴燃烧的落塔试验方案[J].强度与环境,1995(1):47-53.

[15] 方朝纲.电场作用下液滴的燃烧特性及碳烟颗粒模型研究[D].北京:清华大学,2013.

[16] 刘春辉,蔡泽,陈天翼.微重力燃烧试验设备与燃烧火焰观测[J].导弹与航天运载技术,1996(4):40-46.

[17] 张夏,YONG Y.不同重力下薄燃料表面火焰传播的相似性[J].燃烧科学与技术,2008,14(4):289-894.

[18] 乔利锋,张永明,谢启源,等.烟颗粒光散射 Muller 矩阵测量与尺寸、形状参数的研究[J].燃烧科学与技术,2009,15(2):172-176.

[19] 浦以康,严楠.微重力条件下粉尘燃烧机理研究[J].燃烧科学与技术,1999,5(3):223-230.

[20] 樊融.加压条件下甲烷/空气层流预混火焰可燃极限的研究[D].北京:清华大学,2008.

[21] 袁莉,王双峰,JAROSINSKI,等.富燃料丙烷/空气预混火焰特性的微重力实验研究[J].工程热物理学报,2011,V32(7):1241-1244.

[22] 艾力江.扩散火焰碳烟生成特性研究[D].北京:中国科学院工程热物理研究所,2002.

[23] 杜文锋,张孝谦,韦明罡,等.微重力环境中的蜡烛火焰[J].工程热物理学报,2000,21(4):515-519.

[24] 杨冬,王永征,路春美,等.煤粉燃烧实验装置的设计与制作[J].实验室研究与探索,2006,25(1):41-43.

[25] 朱明明.煤颗粒在常重力和微重力下着火特性研究[D].北京:清华大学,2008.

[26] LIU B, ZHANG Z, ZHANG H, et al. Volatile release and ignition behaviors of single coal particles at different oxygen concentrations under microgravity [J]. Microgravity Science & Technology,2016,28(2):101-108.

[27] 刘秋生,解京昌,朱志强,等.搭载实践十号卫星的蒸发液滴空间实验研究[J].力学与实践,2016,38(2):201-202.

[28] 汪凯.弱浮力下过载电流时导线绝缘层着火先期特性的研究[D].北京:中国

科学院工程热物理研究所,2011.
[29] 孔文俊,劳世奇,张培元,等.功能模拟微重力下导线的可燃性[J].燃烧科学与技术,2006,12(1):1-4.
[30] 陈丽芬,辛喆,孔文俊,等.地面模拟静止微重力环境中导线先期着火特性研究[J].空间科学学报,2006,26(3):235-240.

第 11 章　内燃机高效低污染燃烧技术

11.1　概　述

内燃机的传统燃烧方式分为压燃式和点燃式两种。在压燃式发动机中，燃料供给与调节系统在活塞接近上止点时将燃料喷入气缸，使其与空气混合燃烧。由于燃烧的化学反应速率远高于燃料和空气的混合及扩散速率，这种燃烧方式受燃料与空气的混合及扩散过程控制，混合气浓度和温度分布极不均匀，局部的高温区域会产生 NO_x，浓混合气区会产生碳烟，使得 NO_x 和颗粒物排放较高。点燃式发动机一般采用预混燃烧，可燃混合气在压缩行程末期被火花塞点燃，火焰在均质混合气中向未燃气传播。燃烧放热造成了火焰面及燃烧产物的局部高温区，容易导致已燃区 NO_x 生成以及传热损失的增加。压燃式发动机与点燃式燃烧温度分布及 NO_x 形成区如图 11－1 所示。另外，由于受到爆震的限制，点燃式发动机压缩比不能过高，导致其热效率不高。

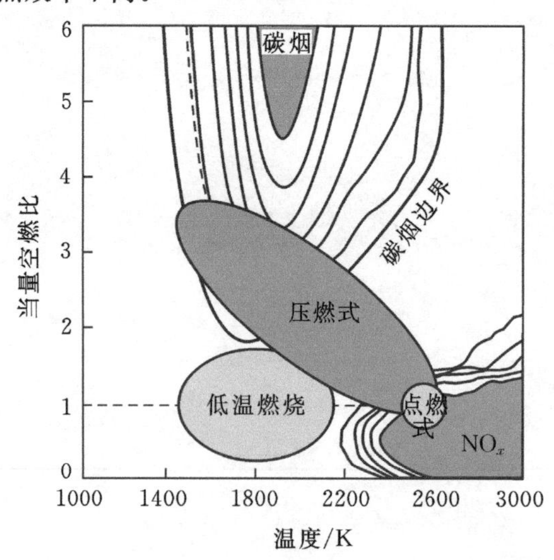

图 11－1　当量空燃比与燃烧温度分布及 NO_x 形成区图

21 世纪以来，越来越严格的排放法规推动了内燃机新型燃烧技术的蓬勃发展。针对超低排放的有害物排放法规和燃油经济性法规，提出了多种内燃机新型燃烧方式，这些新型燃烧方式通过避开高温燃烧区及浓混合气区，从而实现低排放、低热损失和高热效率。在新型燃烧方式中，最具代表性的是均质充量压缩着火燃烧（HCCI，Homogeneous Charge Compression Ignition）、预混充量压缩燃烧（PCCI，Plemixed Charge Compression Ignition）和反应可控压缩着火（RCCI，Reactivity Controlled Compression Ignition）等低温燃烧方式。

HCCI 采用均质混合气，因此可以避免柴油机中浓的扩散燃烧，可以显著降低颗粒物排放；HCCI 采用压燃点火，缸内混合气集中放热，避免了汽油机燃烧产生的高温火焰，降低了氮氧化物的排放。但是，混合气过稀时的失火和混合气过浓时的爆燃问题，使得 HCCI 发动机的运行范围较窄。另外，由于 HCCI 没有直接控制燃烧始点的措施，其燃烧始点和过程难以控制。

PCCI 主要通过燃料和空气在燃烧之前更好的混合（相对于压燃式燃烧）来减少燃烧中扩散部分的比例，达到更好的燃烧效果。根据燃油喷射定时不同，PCCI 通常分为两种类型。一种类型的 PCCI 是通过燃料早喷实现的，即燃油在很早的喷油定时下喷入气缸（上止点前 90 °～120 °(CA)），以获得足够的混合时间，形成稀薄且均匀的混合气，但是这种燃烧方式燃油喷射是在低的缸内密度和温度条件下进行的，易导致未燃碳氢排放增加和燃烧效率恶化。另一种类型的 PCCI 是通过燃料晚喷实现的，燃油喷射在比较靠近上止点时进行，同时可利用高的废气再循环率（EGR，Exhoust Gas Recirculation）来控制着火相位和优化混合时间，在低氧浓度条件下减少混合气浓区以降低碳烟排放。晚喷型 PCCI 方式的混合时间缩短，因此通常需使用超高压燃油喷射配合微孔喷嘴以增加湍流混合率并降低喷油持续期。

RCCI 是利用燃料着火活性控制燃烧的一种新型燃烧方式，将活性低的燃料（高辛烷值）在上止点前直接喷入气缸，在燃烧室内形成浓度和活性分层的混合气，燃烧从活性高的区域向活性低的区域推进，可有效降低压力升高率；RCCI 的着火时刻可以通过调整燃料的反应活性来实现，实现比 HCCI 更宽的负荷范围。然而，RCCI 发动机在相对高负荷区域的运行还不够合理，存在工作粗暴现象，还需要对其进气、燃烧和燃油系统等进行深入研究，进一步优化 RCCI 发动机的燃烧过程并扩展其负荷运行范围。

新型低温燃烧方式的特性可以概括为在保证 NO_x 和碳烟排放不恶化的条件下，适当采用混合气浓度、温度和成分分层来控制着火时刻和燃烧反应速率，采用化学反应路径控制燃烧反应全历程的混合气浓度和温度，从而避开有害排放生成区域。此外，新型燃烧方式通常会采用大比例 EGR、增压空气稀释等措施，这使得新型燃烧模式下的缸内燃烧温度比传统燃烧模式下的缸内燃烧温度低，从而抑制了 NO_x 和碳烟排放的生成，同时较低的燃烧温度也有利于降低火焰及壁面辐射损失，从而提高热效率，实现内燃机的高效清洁燃烧。因此，提高发动机热效率一方面需要提高燃烧压力、减少传热损失和减少废气带走的热能，采用可变热力循环实现充分膨胀；另一方面，需要充分利用燃料的燃烧特性和与之相适应的边界条件控制，实现对反应路径、燃烧相位、反应速率以及可变热力循环等的综合优化控制。

在实现内燃机高效清洁燃烧的方案中，多燃料适应性也是一个重要因素，不仅需要提出评价燃料燃烧品质的依据，并据此提出大规模应用替代燃料或对化石燃料与替代燃料进行混合燃料设计，对燃料燃烧化学过程开展调控，提出适合于内燃机高效清洁燃烧的燃料特性。利用燃料的燃烧特性也是实现理想燃烧放热规律的重要手段，包括构建新的混合燃料或采用双燃料的燃烧方式，从而适应内燃机宽广工况范围燃烧调控和高效清洁燃烧的需求。

11.2 汽油机着火与火焰传播过程

点燃式内燃机缸内燃烧点火时，空气和燃料的混合气已经均匀混合，为预混燃烧方式，火核形成之后，火焰向外传播，直至燃烧室壁面处熄灭。

11.2.1 点火过程

火花点火过程十分复杂，根据火花放电时电压与电流的变化情况，普遍地认为整个放电过程可分为以下三个主要阶段。

1. 击穿阶段

火花塞电极在很高的电压（10～15 kV）的作用下击穿电极间隙内的混合气，离子流从火花塞的一个电极奔向另一个电极。这段时间内阻抗迅速下降，形成一个很窄的（大约 40 μm 直径）圆柱状的离子化气体通道，电能几乎可以无损失的通过等离子流，温度升至 60000 K，压力上升到几十兆帕，从而产生一个强烈的激波向四周传播，使等离子体的体积迅速膨胀，而它的压力、温度迅速下降，这一阶段称为击穿阶段。击穿阶段通过火花塞间隙的峰值电流高达 200 A，但时间很短，约 10 ns，能量约 1 mJ。

2. 电弧阶段

击穿阶段的末期形成了电极间的电流通道，因此电弧放电的电压较低（50～100 V），电流在 10 A 数量级，持续时间 1 μs，能量约 1 mJ。与击穿阶段的电极间电流通道内气体完全离解或离子化相反，在电弧阶段放电带的中心部分的离解程度仍很高，但离化程度比较低(约 1%)。击穿阶段末期等离子体体积膨胀、体外的热交换和扩散作用增强，使电弧中心区温度下降到 6000 K。一般认为，在电弧段火焰传播开始发生。

3. 辉光放电阶段

辉光放电阶段的特征是电流低于 200 mA，在阴极上有大的电压(300～500 V)，持续时间 1～2 ms，放电能量约 30 mJ。辉光放电阶段极间气体离子化程度低于 0.01%。绝大部分的点火能量在此时放出，但能量损失比电弧阶段更大，气体高平衡温度下降到 3000 K。在发动机运行条件下，对静止的化学计量比混合气的点火能量只需要 0.2 mJ。对于较稀和较浓混合气，以及电极处混合气有较高流速时，需要的点火能量为 3 mJ。但为能使发动机在各种工况下都能可靠点火，常规点火系统供给的能量一般为 30～50 mJ，其中高能点火系统能够提供超过 100 mJ 的点火能量。

11.2.2　火核生成与火焰传播

图 11－2 所示为电火花在定容燃烧弹中心点燃均质混合气后，形成火核并以准球形火焰向外传播的纹影图像。汽油机缸内的点火及燃烧过程与均质混合气在定容燃烧弹中的燃烧过程比较接近，由于缸内流动会以强烈褶皱湍流火焰形式向外传播，火焰前锋面的内外分别是高温燃烧产物和未燃混合气，燃烧化学反应发生在火焰前锋面内，使火焰前锋处产生极大的温度和组分浓度梯度，导致强烈的质热输运，从而引起火焰前锋外侧未燃混合气的化学反应，使火焰前锋面不断地向外传播。

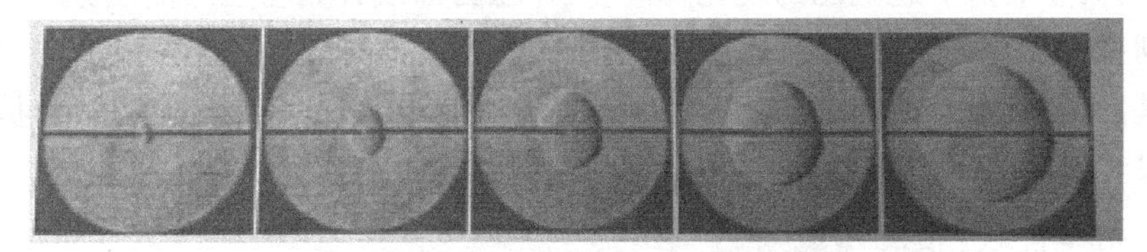

图 11－2　典型的预混层流火焰发展纹影图像

11.3　液体燃料喷雾与燃烧过程

在压燃式内燃机中，燃料由喷射装置在接近压缩终了时开始喷入气缸，一方面喷油器在高压下形成喷雾和良好的雾化；另一方面，燃烧室中的高温空气被卷入油束内，加热蒸发燃油液滴颗粒，形成混合气，同时热空气加热导致燃油裂解、氧化，在经过一段时间的累积后，燃烧反应从低温反应骤然加速，自着火和燃烧。在这段时间内，部分燃料蒸发并与空气混合成为可燃混合气，一旦着火迅速燃烧，这部分燃料的燃烧称为预混燃烧。预混燃烧是在浓混合区域发生的，大部分燃料及部分燃料燃烧的中间氧化产物要在随后的与空气扩散混合过程中完成燃烧，由于燃料与空气的混合过程比反应速度慢，因此燃烧速率取决于混合速率，这部分燃烧叫扩散燃烧。

柴油机的喷雾在缸内的着火过程非常复杂，因为燃料喷入气缸后，分散成大小不同的油滴颗粒群，每个油滴都要经历蒸发、混合及氧化等物理和化学准备阶段，从低温阶段氧化到高温阶段着火，再加上油滴与空气有相对运动，使油束着火与燃烧的宏观表现与单个液滴呈现出巨大的差异。

对于柴油机的燃烧过程分析，不同的目的有不同的研究方法，如高速摄影研究缸内的气态流动和燃烧过程，气体采样分析燃烧产物的时空分布特性等。最简便、应用最广泛的方法还是依据采集到的缸压示功图，分析燃烧放热过程。依据计算出的放热率曲线的特征，柴油机缸内燃烧过程可划分为滞燃期、预混燃烧期和扩散燃烧期三个阶段。

1. 第一阶段：滞燃期

从针阀升起喷油开始到通过缸压计算到显性放热为止的这一段时间或曲轴转角称为滞燃期。温度大约为 60 ℃的燃油喷入气缸，此时气缸中空气温度在 700 ℃以上，远高于燃料在当时压力下的自燃温度，稍微滞后几十微秒或几度曲轴转角就发生燃烧化学反应，但初期放热量较少，不会引起缸压的明显变化。只有当反应较为剧烈，大量放热引起缸压的变化(缸内气体压力曲线开始与压缩曲线分离)，才能计算到显性放热。滞燃期的长短取决于喷雾后的缸内物理和化学过程，其中最重要的是缸内温度，其他因素也是通过温度的影响来体现的。滞燃期是柴油机燃烧过程最有影响的一个参数，可以通过燃料的喷射正时和喷射规律加以控制。

2. 第二阶段：预混燃烧期

在滞燃期内液态油束的下游，气态燃油与空气已经实现了良好的混合，当量比在 2～4 之间，随着焰前反应的加剧和放热量的增加，使混合气区域的温度达到 800 K 以上，区域内的燃油开始剧烈反应生成 C_2H_2 等颗粒前驱物，并进一步生成多环芳烃(PAHs)和碳烟颗粒，温度升至 1600 K 左右。

预混燃烧过程对缸内最高燃烧压力、最大压力升高率、最大放热率、燃烧噪声和 NO_x 排放等参数有重要影响，而扩散燃烧过程则对发动机的燃油经济性和颗粒物排放性能至关重要。扩散燃烧的显著特征是它的燃烧速率取决于使燃料和氧化剂达到适宜进行化学反应的混合速率，因此组织迅速与完善的扩散燃烧对于提高柴油机性能至关重要。

3. 第三阶段：扩散燃烧期

预混燃烧是在油束头部浓混合气区域内部进行的，研究表明，它的外围与空气接触，同时发生着有一个清晰界面的扩散燃烧反应，即接近化学计量比混合气燃烧只在一层非常薄的区域进行，反应温度高达 2700 K，但初期参与燃烧的燃料（主要是颗粒及其前驱物）很少。随着喷雾的发展，特别是在头部的预混燃烧加剧及其与燃烧室壁面的相互作用，形成了形状复杂的头部湍流涡，促进了混合与扩散燃烧的进行。

柴油机的预混燃烧是在浓混合气区进行的，产生的大量碳烟颗粒等要在湍流扩散燃烧过程中消耗，因此扩散燃烧才是柴油机燃烧组织的关键。采用燃烧室形状的优化、组织逆挤流和多次喷射等，可以加速扩散燃烧进程。使燃料尽量接近上止点附近燃烧，一般燃烧持续时间不应超过 40°(CA)，最高压力出现在 10°(CA)左右，以满足经济运转的要求。

随着柴油机电控技术的普及，可以精确控制多次喷射和喷油规律，对缸内燃烧过程的精确控制逐步成为现实。不同工况发动机缸内的温度压力水平不同，具体的放热率曲线形状也可以根据发动机的运转工况设计，以优化对动力性、经济性和排放特性的要求。除了通过对喷油规律（喷射压力、正时、次数）的控制，调控预混燃烧和扩散燃烧过程，此外，还可以实现诸如 HCCI、PCCI 等燃烧新模式，为发动机的性能改进增加了手段。

11.4　高效汽油机燃烧技术

11.4.1　汽油机缸内直喷技术

为了提高汽油机的热效率，很多年前人们已经开始研究汽油机缸内直喷技术。在 20 世纪 60～70 年代，出现了一些缸内直喷汽油机燃烧系统，其中一些曾少量生产并装车进行车队试行。在 1980 年以后，电喷汽油机开始出现在市场以满足美国更严格的排放法规。此后，虽然当时的缸内直喷汽油机已展示出较高的热效率，但由于无法满足新的排放法规而被淘汰。从 1990 年左右开始，由于新的高压汽油喷射系统的出现，缸内直喷汽油机又逐渐再度被重视。和过去的汽油缸内直喷系统相比，新的喷射系统主要有两个特点。首先，喷油器的构造采用了涡流型喷嘴，汽油在喷油器内先形成涡旋流动再被喷射出去，因此喷雾特性有了很大改变，更适用于汽油缸内直喷。其次，新的喷射系统采用电控喷油，因此喷射时间可以作任意调整。这两个特点结束了过去因喷油系统能力不足而对缸内直喷技术发展的一些限制，成为现代缸内直喷汽油机的基础，使市场上出现了不同概念的直喷汽油机燃烧系统。从1996年开始，一些直喷汽油机已先后投入市场。最先投入市场的产品汽油机采用分层燃烧，而最近采用了均匀混合燃烧的直喷汽油机也开始投入市场并逐渐成为主流。

汽油的喷雾特性是研制缸内直喷汽油机的基础。与柴油机常用的多孔和单孔轴针式喷油器不同，现代汽油缸内喷射系统多采用单孔涡流型喷油器。喷雾开始后，在喷油器内所形成的强烈涡流的动能和离心力使汽油在离开喷孔后很快破碎，形成具有较大圆锥角的喷雾。喷雾大致呈空心圆锥状，其圆锥角一般在30°以上，油滴的平均直径大约为20 μm，喷雾的贯穿度也相应减少。每次喷射时最先喷出的少量汽油与上述喷雾特性不同。由于刚开始喷油时在喷油器内尚未形成涡旋流动，因此喷雾的圆锥角很小，油滴直径和喷雾贯穿度较大。因此，一次正常喷射的喷雾可区分为前期喷射喷雾和主体喷射喷雾两部分。通常汽油喷射压力在5～10 MPa之间。

现代汽油机缸内喷射系统的喷雾不仅能使汽油在空气中迅速蒸发以满足混合气制备的需要，同时也可以改善汽油机的性能。

首先，采用汽油缸内直喷后，喷雾的油滴蒸发可从空气中吸热使混合气温度降低，有利于减小汽油机的爆震倾向。汽油机的爆震倾向可以用对被爆震所限制的最小点火提前角来衡量。对缸内直喷汽油机的台架实验发现，随着喷油时间推迟，最小点火提前角不断地提前，这说明爆震倾向在不断地降低，这个现象是由于喷油时间对传热的影响所致。

其次，当混合气的温度由于汽油油滴蒸发吸热而降低后，其体积小于喷油以前纯空气的体积，使充量效率提高。计算表明，如果空燃比为12.5，混合气的体积比空气体积减小了大约5%。相反，如果汽油蒸发是依靠从进气道壁面吸热，则由于汽油蒸气占有一定空间，混合气的体积将比空气体积大2%。这样，由于汽油蒸发从不同的热源吸热，混合气体积的差别可达7%。

与均质化学计量燃烧系统相比，分层稀燃系统更具有降低燃油消耗的潜力。在分层充量火花点燃(stratified charge spark-ignition，SCSI)发动机上把喷油器从进气口移至燃烧室内，在点火时刻燃烧室内形成高度非均质反应混合气。在这里必须注意，并不是缸内燃料直接喷射就一定是分层充气，只要喷射时间足够早，在点火时也能实现均质反应混合气。在设计时，要保证在点火时刻向火花塞间隙提供适合点火的燃料/空气混合气(化学计量比或偏浓混合气)。预混火焰后未氧化或部分氧化的燃料中间产物处在局部的富燃料区，但它们最终将与从稀燃料区来的剩余氧气反应，实现在初级火焰前锋后的第二次燃烧过程。

当直喷式汽油机用分层混合气实现极稀条件下工作时，燃烧进行的特征过程是，首先火焰的 UV(ultraviolet，紫外线)和蓝色辐射快速传播至整个燃烧室，然后第二个发光火焰用热辐射在火焰前锋后的区域内传播。图 11-3 和 11-4 示出用 Cassegrain 光学法的循环分辨时间序列的火焰辐射光谱和一组分别用带通滤波器滤去 UV 辐射和热辐射后的火焰图像。

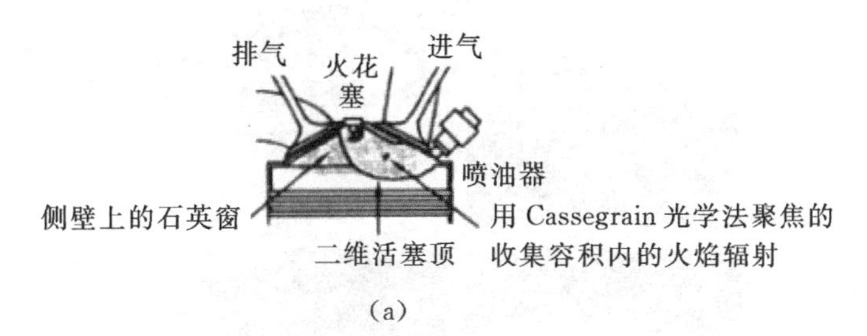

(a)

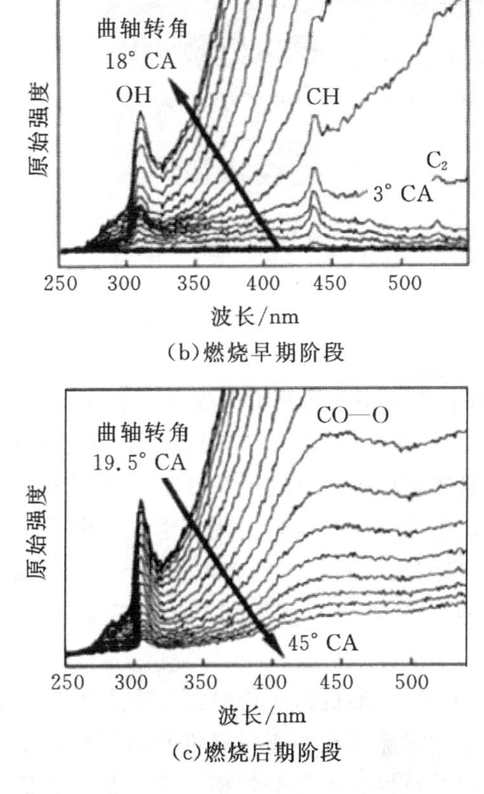

(b)燃烧早期阶段

(c)燃烧后期阶段

图 11-3　直喷式汽油机一个循环内，每 1.5°CA 的火焰辐射谱

图 11-4 中第一个火焰辐射图主要由 OH、CH 和 CO—O 辐射带所组成，第二个火焰既有由局部浓混合气区碳烟产生的热辐射，同时也保留了 OH 辐射。在燃烧的后阶段，热辐射衰减，但和 OH 辐射一起叠加在 CO—O 辐射带上。

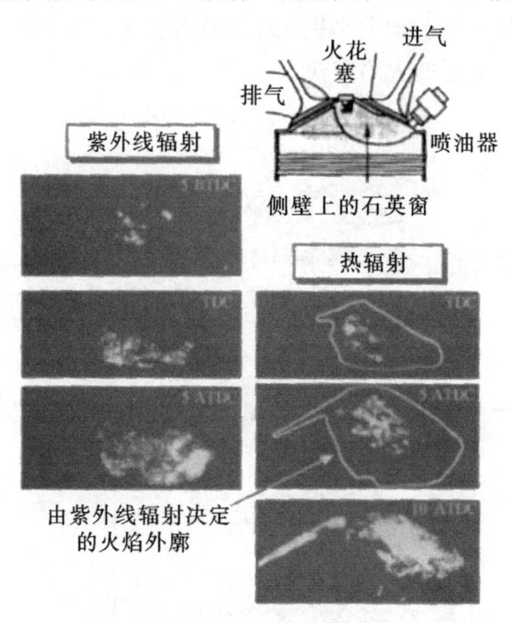

图 11-4　直喷汽油机中的火焰传播

11.4.2　汽油机增压技术

1905 年瑞士工程师波西首先提出并实施了用废弃能量带动压气机，增加发动机充量，组织高浓度的油气混合，来提高发动机的输出功率和经济性。由于空气的易压缩性，涡轮增压下进气量要远远超过自然吸气的进气量，这样就提高了发动机的功率和扭矩，从而提高发动机的性能。涡轮增压技术也有助于提高燃油经济性和降低排放。涡轮增压汽油机的燃油经济性会增加 10%～20%；涡轮增压汽油机燃烧完全时，废气中的 CO、HC 和 NO_x 含量明显减少，CO_2 的排放量也比同功率的自然吸气发动机少 10%～20%。

从排气能量利用的角度来看，汽油机的涡轮增压与柴油机并没有本质的区别，但长期以来，汽油机涡轮增压技术除了在赛车发动机和高原行驶车辆发动机中得到应用外，在其他应用领域的普及性远不如柴油机。主要是汽油机进气道喷射和预混燃烧使得将增压技术应用于汽油机时困难较多，因此限制了它的发展。由于电控和直喷技术的广泛应用，小型增压器耐高温能力及自身特性的改善，对爆燃控制能力的提高等，大大推动了汽油机增压技术的普及与发展。

11.4.3　汽油机预混稀燃燃烧技术

一台优化的预混稀燃汽油机，即使在燃空当量比接近 0.6 时仍能实现稳定燃烧。由于混合气的层流燃烧率比较低，湍流强度必须增加，使湍流燃烧速率恢复，以便在限定的时间内完全燃烧。燃烧场被增强了的气流运动控制着，由于此时层流燃烧速度为每秒几个厘米，而湍流强度为每秒若干米，因此 Karlovitz 数大于1.0而达到 10，从而使局部的火焰激冷发生。发动机在极稀混合气条件下，转速高达 10000 r/min，很高的湍流强度足以使火焰大范围激冷，在这一临界条件下的完全燃烧不能使用标准的 RANS（雷诺平均数值模拟）湍流预混燃烧模型来描写，需要发展 LES（大涡模拟）方法。虽然局部激冷发生，曾被激冷的区域和反应区将被气流的涡流运动所混合而重新开始反应。高的稀燃或高 EGR 稀释的燃烧所引起的燃烧不稳定和循环燃烧变动，均使燃油消耗率和排放的改善受到限制。对于这种湍流燃烧类型来说，流体动力学是决定性的。很多湍流火焰传播现象能从缸内流体力学得到解释，在低速、低负荷运转时，以改善怠速稳定性、燃油消耗、NO_x 排放、EGR 率以及抑制敲缸倾向为目标时，通常是要求快速燃烧。快速燃烧要求气缸内有高的湍流水平，它可用控制气缸内大尺度气流结构来达到，例如气缸内的滚流，它在靠近活塞上止点处破碎可以有效地产生高湍流，从而提高燃烧率。然而在气缸内组织大尺度气流运动将降低充气系数或容积效率。在节气门全开运转条件下，高扭矩和功率要求高的充量密度，这就意味着高的容积效率、弱的大尺度气流运动和低湍流。

改善预混稀燃发动机燃烧的有效方法是控制整体流动向涡流和湍流的转化，并且使它们按合适的强度在燃烧场中均匀地分散，这就需要用曲面活塞顶来控制滚流实现稀燃的目标。

11.5　汽油机混合动力技术

根据国际电工委员会电动汽车技术委员会建议，对混合电动汽车的定义为在这种混合型车辆上，至少有一种储能器、能源或能量转换器能提供电能。混合电动汽车由牵引电机（traction motor）、载荷均衡装置（load leveling device）、助动力单元（auxiliary power units）以及传动系统所组成。

目前混合动力越来越引起人们的重视，其主要原因有二。首先，混合动力系统的动力由内燃机和电化学电池供给，热机的运行工况变化并不与车辆行驶工况的变化成比例，这是由于电池能量存储与放出的补偿作用，平缓了内燃机工况的波动，因此可以使内燃机在最佳工况下工作，经济性与排放均保持最优。由此可以看出，内燃机性能的提高是混合动力性能提高的基础。其次，在汽车混合动力系统中，有可能降低对内燃机输出功率的要求（电池作为辅助能源），内燃机的尺寸可以选小，这可进一步改善混合动力的经济性和排放。图 11－5 所示为混合动力电动车与普通汽车在排放性能和经济性能上的比较。

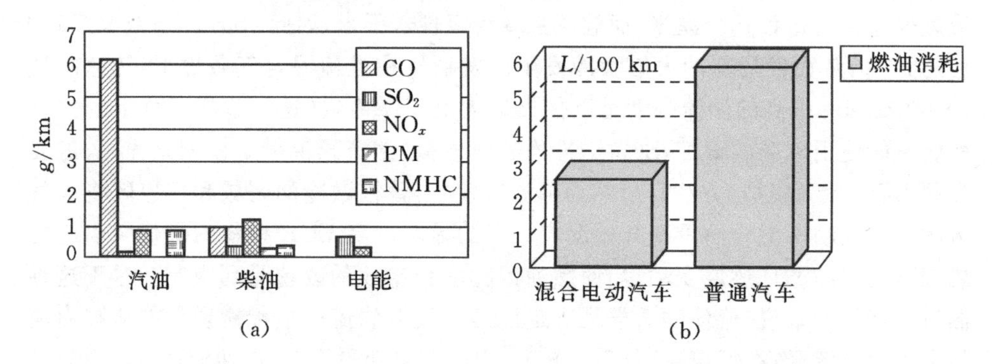

图 11－5　混合动力电动车与普通汽车的排放和经济性比较

11.6　高效柴油机燃烧技术

11.6.1　柴油机燃油高压喷射

通过高压燃油喷射技术改善燃烧对提高性能方面很有效。直喷式发动机通过促进与空气的混合，可以有效降低碳烟颗粒（PM）的生成量，通过多次喷射，缩短燃烧时间，调控燃烧过程和温度，能有效降低燃油消耗率。

发动机的输出功率随发动机转速的上升而增大。但是，转速越高，在一定燃烧期间（40°～60°(CA)）的燃烧时间会缩短。直喷式发动机的燃烧受到燃油和空气之间混合速度（扩散速度）的影响，因此必须有效地形成空气和燃油之间的混合。为此，需要能提高燃烧室内空气流动状态和燃油喷射率，以及精密控制喷雾状态的高压燃油喷射技术。

高压共轨喷射系统的喷射压力、喷射时间和喷射率，对于发动机的转速和负荷相互独立控制，因此与传统的机械式燃油喷射系统相比自由度高，还能实现多次喷射（预喷射、主喷射、后喷射等），同时能降低噪声、NO_x 和碳烟颗粒的生成量，还能降低燃油消耗率。喷油器原来多用电磁阀式，现在使用重量更轻、响应性更好并且更加能精密控制的压电式。

发动机控制模块(ECM)根据从各种传感器接收的信号(数据),判断发动机的运行状态,以控制最佳燃油喷射量和喷射时间。发动机控制数据模型也具备了对应多次喷射的喷射时期控制,因此有望改善燃油效率和废气的排放。

柴油机中燃油以高压向气缸内进行直接喷射,并在很短的时间内进行燃烧,因此电控式燃油喷射系统的发动机性能(输出功率、燃油消耗率、废气排放等)也会随着喷油器的特性发生很大的变化。喷油器的特性有燃油喷射量、喷射时间、喷射特性、喷射压力、喷油器油束数量、喷油器性能等。柴油机对上述特性值要仔细保持均衡状态。燃油喷射系统的设计不能单独进行,必须对要应用的发动机进行正确的匹配设计。很多要素会互相冲突,因此最终的设计往往采取妥协的方式。柴油机的输出功率、效率(燃油消耗率)和废气排放性能不仅与喷射时间有关,还与喷射特性有关。喷射特性是喷射燃油后随时间所显现的特性,有喷射时间、喷射模式、喷射率、喷雾特性等。

直喷式柴油机在气缸内空气的速度相对较低,因此有必要增大喷射压力,以提高喷雾特性,或增加气缸内空气流的湍流强度,促进与燃油的混合。乘用车的燃油喷射压力达到 100～205 MPa,商用车则为 100～180 MPa,200 MPa 以上高压共轨系统已经应用,并向更高喷射压力发展。

11.6.2　柴油机爆燃

1. 爆燃发生的原因

柴油机的爆燃是因燃油没有正常着火,并且着火延迟时间长,导致喷射的多量燃油瞬间压缩着火引起的。与正常燃烧的区别在于着火延迟期间(或主燃烧期间前)所供给的燃油量不同而已。它们的区别是通过压力上升率 $dq/d\theta$ 为依据来进行判别的。即以压力上升率 0.5～0.6 MPa/°(CA)为界限,如果小于此压力为正常燃烧,如果大于此压力为柴油爆燃(异常燃烧)。

柴油爆燃发生的最重要的原因为燃油性质。要预防爆燃的发生,燃油应具备良好的着火性。柴油着火性的指标为十六烷值(或柴油指数、十六烷指数),这是柴油最重要的性质。良好的着火性,即高十六烷值会使着火延迟时间缩短,因此容易起动,没有急剧的压力上升,可以实现稳定运行。

2. 柴油爆燃与汽油爆燃的比较

柴油机的爆燃与汽油机的爆燃是完全不同的现象,但均为自着火引起的现象,在本质上没有任何区别。不同的是,柴油机的爆燃是在燃烧初期由多量燃油瞬间压缩着火引起,而汽油机的爆燃是燃烧末期的末端气体自着火引起的现象。发生爆燃时，会发出激烈的爆燃音，压力波冲击壁面，进而冲击燃烧室各部位和曲柄机构，产生大于额定负荷的应力。但柴油爆燃不像汽油爆燃那样产生大的压力波，并且接近壁面的气体温度低，不会因产生爆燃导致热损失的增加，因此其危害性远小于汽油机的爆燃。

11.6.3 柴油机涡轮增压

增压技术是以增加进气量的方法提高输出功率的技术，以小排气量获得大输出功率，因此可以实现发动机的小型化。另外，发动机的小型化可以减少摩擦损失和泵气损失，进而提高燃油消耗量，同时降低排放。目前，与早期废气涡轮增压器(WGT)相比，根据运行条件改变涡轮叶片角度来提高效率的可变几何涡轮增压器(VGT)正广泛采用，并且电控涡轮增压器正在普及过程中。与早期的废气涡轮增压器(WGT)发动机相比，可变几何涡轮增压器可在全工况域内提高燃油效率。

根据不同运行领域选择使用双级涡轮增压器的结构正在开发应用中。可变几何涡轮增压器(VGT)虽然能在一定程度上解决涡轮延迟，但是单级涡轮增压器在最大输出功率与实用工况的性能之间需要适当的协调，存在明显的界限。双级涡轮增压器不仅能提高动力性能，还能提高效率，降低排放。

11.7 内燃机新概念燃烧技术

11.7.1 均质充量压缩着火

燃烧技术的改善以燃烧控制方式为主体，平衡发动机的输出功率、燃油消耗量、其他废气排放性能。新概念燃烧技术不仅以提高燃油效率为目的，还要降低有害废气的排放量。主要有两种方法：一是燃烧最佳化；二是降低摩擦损失。燃烧最佳化技术方面有均质压燃(HCCI)技术、高压多次喷射技术、降低进气/排气机械损失技术、燃烧室改善技术、可变涡轮增压技术、精密控制技术等。摩擦损失降低技术方面有，与汽油机相同的凸轮轴驱动力降低技术，改善活塞运动，提高部件加工精度，使用摩擦缓和剂，部件轻量化等。

均质压燃(HCCI)燃烧技术是通过早期喷射形成预混合气，在不生成 PM 和 NO_x 的低温燃烧区运行的技术。图 11 - 6 所示传统柴油机的运行条件均包含了 NO_x 和碳烟的生成区，但均质压燃(HCCI)和 LTC 技术均避免这些有害成分生成区。为了降低 NO_x 的生成量，需要低温燃烧，利用大量废气再循环(EGR)，防止碳烟生成，避免局部浓混合比(高当量比)状态下的燃烧，以通过改变喷射策略形成预混合气区。图 11－7 所示为均质压燃(HCCI)的燃烧效果。

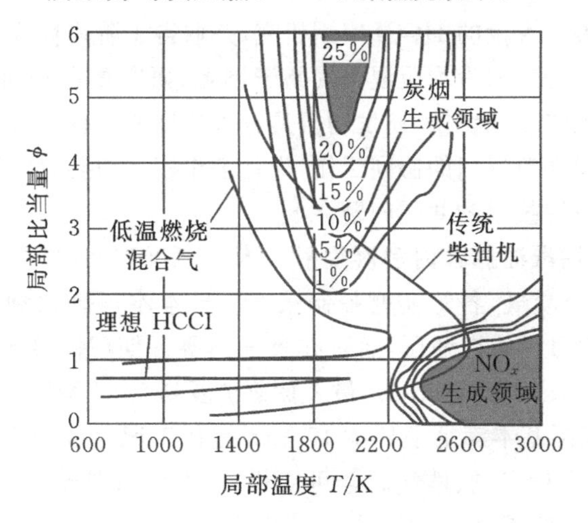

图 11－6　各种燃烧模式

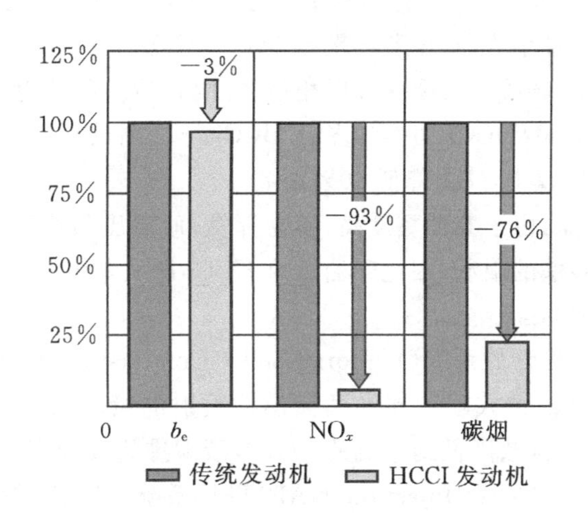

图 11－7　HCCI 燃烧效果

均质压燃(HCCI)的燃烧技术因为采用低温燃烧，HC 和 CO 会增加，但 NO$_x$ 和碳烟会显著降低。虽然此技术研究了很长时间，但仅局限于低负荷工况，而且存在过渡运行区燃烧控制难的问题。尤其是，决定燃烧始点的混合气自着火特性随燃油特性和缸内条件的不同而变化，因此必须同时研发燃烧化学调控技术，才能达到商用化应用目的。

目前，此项技术在低负荷工况通过传统柴油燃烧和废气再循环(EGR)实行最佳化，在中负荷状态实现均质压燃(HCCI)燃烧，在高负荷状态通过高压多次喷射缩短燃烧时间，降低燃油消耗率和有害排放。

研究人员开展了大量的 HCCI 应用研究，并取得了阶段性成果。

(1)在汽油机方面，因为均质混合气易于制备，研究重点是向大负荷拓展时的燃烧速率控制和燃烧模式切换，使发动机具有可切换的多种工作模式，实时柔性控制燃油喷射与气门和节气门的协同工作，优化工作模式切换时的稳定性，是目前汽油机 HCCI 燃烧应用技术的共同问题。

AVL 公司应用汽油机缸内多次喷射技术、变气门升程(VVL)和可变气门定时(VVT)控制残余废气，各缸实时控制策略。日本本田公司利用可变气门定时(VVT)、缸内直喷和发动机增压，通过在负气门叠开期(NVO)喷油，使最低负荷扩展至 0.16 MPa(压缩比为 11.5)，最大负荷扩展到 0.65 MPa。

HCCI 工况范围基本满足了日本 10 - 15 运行工况范围。天津大学赵华课题组 2006—2010 年设计了进、排气门全可变机构，并结合外部 EGR 和涡轮增压技术，采用爆震闭环燃烧控制，实现了较广范围内的 HCCI 燃烧，仿真 NEDC 驾驶循环的节油效果为 15.6%。排放指标除 HC 之外，NO_x和 CO 直接排放值均小于欧Ⅳ限值。2005 年，清华大学王建昕教授课题组开发了火花点火辅助分层压燃(ASSCI)燃烧系统，该系统以可变气门相位、缸内直喷多段喷射、火花辅助点火实现 HCCI 拓展以及 SI/HCCI 切换。多缸 HCCI 样机测试结果比传统汽油机的燃油经济性改善 15%以上，NO_x降低 90%以上。

(2)柴油机方面，由于柴油黏度高，不易挥发，而高压预喷制备预混燃气 PCCI 方案又受到燃油湿壁的限制，因此柴油机的 HCCI 研发集中在新型的喷油器、多段喷油策略与燃烧室的配合上。

日本丰田公司设计的系统(Uniform Bulky Combustion System，UNIBUS)系统采用了低贯穿度轴针式喷油器和两段燃油喷射的策略，在小负荷范围内实现 HCCI 燃烧，使 NO_x排放降低到原机的 1/100，碳烟排放接近零。法国 IFP 公司提出的(Narrow Angle Direct Injection，NADITM)系统，采用喷射锥角小于 100°喷油器，重新设计了燃烧室以适应窄喷射锥角喷油器，并兼顾传统直喷柴油方式工作。研究表明对于所有 HCCI 工况，NO_x排放减少至$\frac{1}{100}$，颗粒排放减少至$\frac{1}{10}$，但 HC 和 CO 排放则增加到了直喷汽油机的水平。天津大学苏万华团队基于多段喷射和碰撞燃烧室的 MULINBUMP 开展了调制多脉冲喷油模式的优化研究，BUMP 环扰动缸内气流运动可以产生复杂的流谱，形成强烈的湍流，燃油喷雾撞壁后，利用 BUMP 环剥离壁面射流使湍流混合速率增大，减少了燃油在燃烧室壁面的沉积，并用 6 段喷射使燃油均匀分散。优化喷油波形后获得了较高的平均指示压力和热效率，但 HC 和 CO 排放仍需进一步降低。

(3)单纯采用汽油或柴油实现HCCI燃烧，始终要受到原有燃油特性制约，无法充分发挥HCCI的燃烧优势，因此部分学者提出综合燃料特性的复合燃烧，其中包括实时配比燃料组分的双燃料系统、柴油引燃汽油燃烧系统、燃料中增加添加剂辅助HCCI燃烧，以及专为HCCI发动机制备的宽馏分燃料的设计，并开展了相关实验研究。

11.7.2　反应活性控制压缩着火

传统柴油机燃烧方式决定了NO_x与颗粒排放间存在着反向变化关系，希望探索新的燃烧方式使得NO_x与颗料排放能够同时大幅度下降，低温预混合燃烧就是很有潜力的新型燃烧方式，它能够同时降低NO_x和颗粒排放。近年来研究的均质充量压缩着火燃烧(Homogeneous Charge Compression Ignition，HCCI)、伞型喷雾燃烧、MK燃烧(Modulated Kinetics)、三喷油器多段燃烧(Multiple Stage Diesel Combustion，MULDIC)、均质充量-喷雾复合燃烧(Homogeneous Charge Diesel Combustion，HCDC)、多脉冲喷射HCCI燃烧以及低温燃烧(Low Temperature Combustion，LTC)都属于该范畴。但是要将低温预混合燃烧应用在产品上还必须解决燃烧相位控制、负荷适应性、HC与CO排放偏高等问题。燃烧相位的控制问题尤为重要，如果控制不当会引起工作粗暴或是燃烧效率下降等问题。

反应活性控制压缩着火(Reactivity Controlled Compression Ignition，RCCI)正是为了解决现有低温预混合燃烧不可控而提出的一种新的先进的低温预混合燃烧。

RCCI燃烧基本特征属于低温预混合燃烧，试验研究表明，RCCI燃烧可以实现超低排放，除了氧化催化器外，在不需要任何后处理设施的条件下，就能实现美国EPA2010排放标准，而且热效率高达53%。RCCI燃烧需要两套燃油系统，一套是气道喷射(PFI)燃油系统，将易挥发、低反应性的燃油(如:汽油、甲醇、乙醇等)喷入气道，在着火前这部分气道喷射的燃料形成均匀混合气。另外一套是缸内直喷(DI)燃油系统，将高反应性燃料(如柴油)直接喷入气缸，压缩着火后点燃进气道喷射所形成的均匀混合气。在不同负荷工况，通过调整PFI与DI燃料的比例，调节实际参与缸内燃烧燃料的当量十六烷值，达到控制燃烧相位的目的。

RCCI虽然需要两套燃油系统，一套是采用现有的汽油机PFI的燃油系统，另外一套是DI燃油系统。但是，PFI燃油系统需要的喷射压力很低，只需要0.4 MPa左右，因此结构简单、价格低。而DI系统可以采用现有的柴油机共轨喷射系统，而且喷射压力不需要很高，一般在100 MPa以下就可以满足使用要求。同时最主要的是除了氧化催化器外，RCCI不需要其他任何后处理装置就可以满足EPA2010排放标准。因此认为RCCI虽然采用了两套燃油系统，但在总体上使用成本并不比现有技术高。其优点主要包括以下几点。

(1)可以实现燃烧相位控制。现有的低温预混合燃烧不能像柴油机那样通过喷射时刻来控制燃烧,也不能像汽油机那样通过火花点火时刻来控制燃烧,它的燃烧完全由混合气的特性(当量比、压力及温度)所决定。RCCI 通过调整 PFI 与 DI 燃油比例有能力控制燃烧相位,这是 RCCI 燃烧与其他预混合燃烧相比所具有的主要优点,像 HCCI 燃烧那样的预混合燃烧自身并没有能力控制燃烧相位。因此,相对现有的低温预混合燃烧而言,RCCI 燃烧实现的工况范围要宽,也就是在小负荷下工作可以不熄火,在较高负荷工作不粗暴。

(2)热效率高。由于 RCCI 燃烧工质混合更均匀,因此产生的温度场也均匀,这样最高温度要低,但是总体平均温度并不低。相反,传统柴油机直喷扩散燃烧由于工质混合不均匀、当量比分层范围大,因此燃烧最高温度非常高,而且接近缸壁,这样传热损失就大,但是总体平均温度不比 RCCI 燃烧高。正是这一点,RCCI 虽然燃烧效率要低一些,但是总体热效率与柴油机相比相当或略好。

(3)HC、CO 排放高。RCCI 燃烧与其他预混合燃烧一样,存在着 HC、CO 排放高的问题,这是因为气道喷射的预混合气不可避免地会进入气缸内的狭缝区域,像活塞与缸套的间隙处。而燃烧火焰很难传播到小的狭缝区,这样就造成了进入这一区域的混合气无法完全燃烧,因此,相对柴油机而言,RCCI 燃烧的 HC、CO 排放就高,这样就影响了 RCCI 燃烧的燃烧效率。而且 RCCI 燃烧与柴油机相比排气温度要低,这样对处理 HC 和 CO 的氧化催化器(DOC)的低温性能提出了高要求。

(4)高负荷燃烧不稳定。尽管 RCCI 燃烧在中低负荷不采用 EGR 的情况下就能实现 NO_x 与颗粒的超低排放,同时保持较高的热效率,而且工作也比较柔和平稳,但是随着负荷的升高,想要保持低的排放,那么 PFI 的燃油量会随着增加,此时在缸内直喷柴油压缩引燃下的燃烧就会有类似汽油机爆震的情况,压力升高率增加、压力波动也大,造成粗暴及不稳定燃烧。

11.7.3 内燃机低碳燃料互补燃烧调控理论与方法

可以看出,燃烧始点和相位控制是内燃机新概念燃烧技术的难点。传统内燃机采用点火或喷射控制燃烧始点相位,难以调控燃烧化学反应过程,无法达到最佳燃烧效果。燃烧化学反应过程调控可协同控制燃烧宏观参数(如放热率)和燃烧微观参数(如化学反应路径),实现高效清洁燃烧,是内燃机燃烧控制技术的发展趋势。国际权威专家也指出反应活性调控是内燃机燃烧研究面临的机遇与挑战。国内西安交通大学、天津大学、上海交通大学等单位都开展了大量的清洁燃料燃烧化学与调控基础研究,提出了燃烧化学反应过程调控的理论和方法。同时,氢气、天然气、醇、醚、呋喃等低碳燃料是实现内燃机石油替代和降低二氧化碳排放的有效手段,是内燃机燃料发展趋势和国际研究热点。但对低碳燃料单一燃烧特性及其基础燃烧研究的不足制约了对燃烧化学反应过程调控的合理应用。低碳燃料是内燃机节能减排的有效手段,是内燃机燃料发展趋势和国际研究热点。燃烧化学反应动力学是低碳燃料应用的基础,美国能源部认为“发展宽广范围内预测准确的燃烧化学反应动力学模型”是低碳燃料燃烧领域的首要挑战。低碳燃料宽广范围内燃烧特性参数的精确测量,以及发展预测准确的化学反应动力学模型是低碳燃料高效清洁利用的核心问题。西安交通大学清洁燃烧中心团队历时 10 余年,系统深入地开展了内燃机低碳燃料燃烧基础研究,阐明了低碳燃料着火与火焰传播规律,建立了低碳燃料基础燃烧参数数据库,发展了较为完整的低碳燃料互补燃烧调控理论,并已用于指导内燃机的燃烧优化控制,实现了内燃机清洁高效燃烧。该团队主要研究成果如下。

(1)以氢气、甲烷、丁醇、丁醛、二甲醚、呋喃等低碳燃料为研究对象,采用定容燃烧装置、激波管和同步辐射真空紫外单光子电离结合分子束质谱技术为研究手段,鉴别和测量了火焰中间物种,建立了低碳燃料的燃烧特征参数数据库,发展了其化学反应动力学模型,揭示了燃料着火与火焰传播规律。准确测量了氢气、甲烷在宽压力和宽温度范围下的着火延迟期,指出了国际学者广为使用的化学反应动力学模型 GRI 3.0 在预测氢气着火条件下的局限性。实验发现了压力升高抑制氢气着火的反常规现象,阐明了氢-氧反应系统着火特性对压力依赖的非线性行为,并指出链分支反应 $H+O_2 = OH+O$ 和链传播反应 $H+O_2(+M) = HO_2(+M)$ 对 O_2 的竞争是主导氢气着火过程中链载体生成的主要因素。

(2)优化和发展了低碳醇燃料燃烧化学反应动力学模型。测量了四种丁醇的层流燃烧速率,阐明了丁醇同分异构体分子结构和键能对层流燃烧速率的影响规律,发现了具有碳支链($—CH_3$)结构的丁醇层流燃烧速率低,正丁醇羟基官能团连接在首位碳原子上,其 C—H 键能比仲丁醇和叔丁醇小,故分子活性高。通过丁醇同分异构体化学反应机理分析,发现首位碳原子脱氢反应敏感性系数高的丁醇对应的层流燃烧速率高。丁醇分子的初始消耗反应中,丁醛是重要中间物种。基于实测的正丁醛、异丁醛着火延迟期和燃料分子结构相似性理论,优化了正丁醛和异丁醛的单分子分解反应和脱氢反应速率常数,发展了正丁醛和异丁醛的化学反应动力学模型(见图 11 - 8b)。

(3)测量了 2,5 -二甲基呋喃(DMF)的层流燃烧速率,从热扩散不稳定性和流体动力学不稳定性角度揭示了 DMF 和二甲醚(DME)预混层流浓混合气火焰的不稳定性以及稀释提高火焰稳定性的机理。采用同步辐射真空紫外单光子电离结合分子束质谱技术率先鉴别和测量了 DMF 和 DME 预混层流火焰的中间物种,为反应动力学模型的构建提供了基础数据。

(4)揭示 CO_2 在 DME 和 DMF 层流燃烧中的稀释、吸热和化学作用,发现稀释作用对火焰中主要自由基浓度的影响最为显著,CO_2 添加时的三个作用对层流燃烧速率影响的普适性在 C_1 至 C_4 烷烃和 C_1 至 C_4 醇中得到验证。

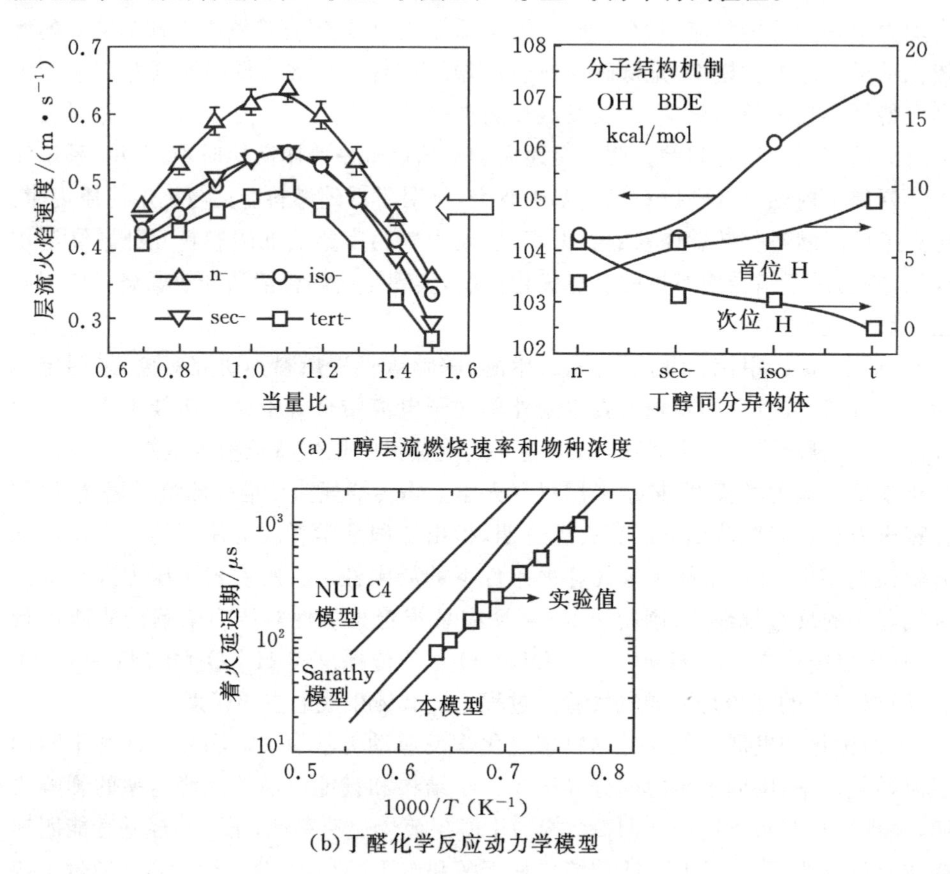

(a)丁醇层流燃烧速率和物种浓度

(b)丁醛化学反应动力学模型

图 11-8 低碳燃料基础数据

传统内燃机通过点火或燃油喷射的物理方式调控燃烧始点,但着火后的燃烧过程受燃烧室内瞬变温度场和流场影响,放热速率、燃烧产物生成路径难以调控,燃油经济性和排放特性进一步改善遇到瓶颈。随着内燃机节能和排放法规要求日益严格,HCCI、RCCI 等低温燃烧方式,需要从化学反应调控角度提出新的内燃机燃烧调控理论和方法。低碳燃料燃烧特性和化学反应路径个体差异显著,传统燃烧调控理论使得单一低碳燃料在内燃机上应用无法实现燃烧过程调控,难以达到最佳燃烧效果。西安交通大学清洁燃烧中心团队提出了低碳燃料互补燃烧学术思想，建立了低碳燃料着火、火焰传播及化学反应路径互补的燃烧过程调控理论，为内燃机燃烧过程调控方法和策略提供了理论依据。主要内容包括以下几点。

(1)低碳燃料着火互补调控。针对低碳燃料着火特性差异显著的特点，开展了甲烷/氢气混合燃料着火特性研究，发现了甲烷/氢气着火行为随压力和温度变化的三阶段着火现象(见图 11－9(a))，阐明了其化学动力学机制及压力不敏感的内在原因。针对正庚烷(高十六烷值)和正丁醇(高辛烷值)混合燃料着火特性，发现了在高、低温区域丁醇对庚烷着火延迟期呈现相反作用现象，揭示了其内在动力学机制，即高温下着火延迟期对小分子活性自由基反应极为敏感，丁醇 OH 官能团促进了反应系统中活性自由基池浓度的增加；低温下丁醛生成反应的链终止效应抑制了 H_2O_2 的支化作用。针对二甲醚(高十六烷值)和 C_1—C_4 烷烃(高辛烷值)混合燃料着火特性，发现二甲醚先通过热解积累足够的甲基(CH_3)，从而激活其与超氧化氢(HO_2)的反应通道，实现对烷烃燃料着火的促进作用。基于上述研究，发现了物理化学边界条件与低碳燃料着火特性之间存在显著非线性规律，形成了低碳燃料着火互补性燃烧调控思路。

(2)低碳燃料火焰传播互补调控。针对天然气稀燃能力差、燃烧速率低等缺点，开展了天然气掺氢火焰传播特性研究，发现了层流燃烧速率与火焰中[H＋OH]自由基浓度间的线性规律，阐明了燃烧速率增加的热力学、输运及化学动力学内在机制(见图 11－9(b))；指出了国际上现有动力学模型的局限性，提出了掺氢的交叉化学作用机制。基于宽广掺氢比条件下的基础实验数据，结合燃料掺氢时的化学动力学交叉作用机制，发展了适用条件宽广、预测精度更高的化学动力学模型。基于此形成了低碳燃料火焰传播互补燃烧调控思路。

(3)低碳燃料化学反应路径互补调控。对低碳燃料化学反应路径的研究发现，空气中的氧分子在高温原子活性化后才具备氧化能力，而燃料中氧原子可直接参与碳原子的氧化反应，因此，后者对化学反应路径的贡献更为直接。该发现为内燃机挥发性有机物和可吸入颗粒排放的降低提供了一个思路：能否借助含氧燃料氧原子介入来大幅降低颗粒物前驱体的生成？因此，我们开展了低碳含氧燃料/正庚烷(柴油标准替代物)混合燃料层流预混火焰燃烧反应路径研究，发现含氧燃料添加显著改变了 CO 的生成路径，而含氧燃料中氧原子的存在直接破坏了不饱和键的形成，导致包括苯在内的 C_2 至 C_6 碳烟先导物浓度大幅降低(见图 11－9(c))。基于此研究形成了低碳燃料化学反应路径互补燃烧过程调控思路。

天然气是低碳燃料，使用成本低，有害污染物排放少，已在内燃机上得到广泛应用。但随着对内燃机动力经济性能要求的进一步提高，天然气燃烧速率低、稀燃

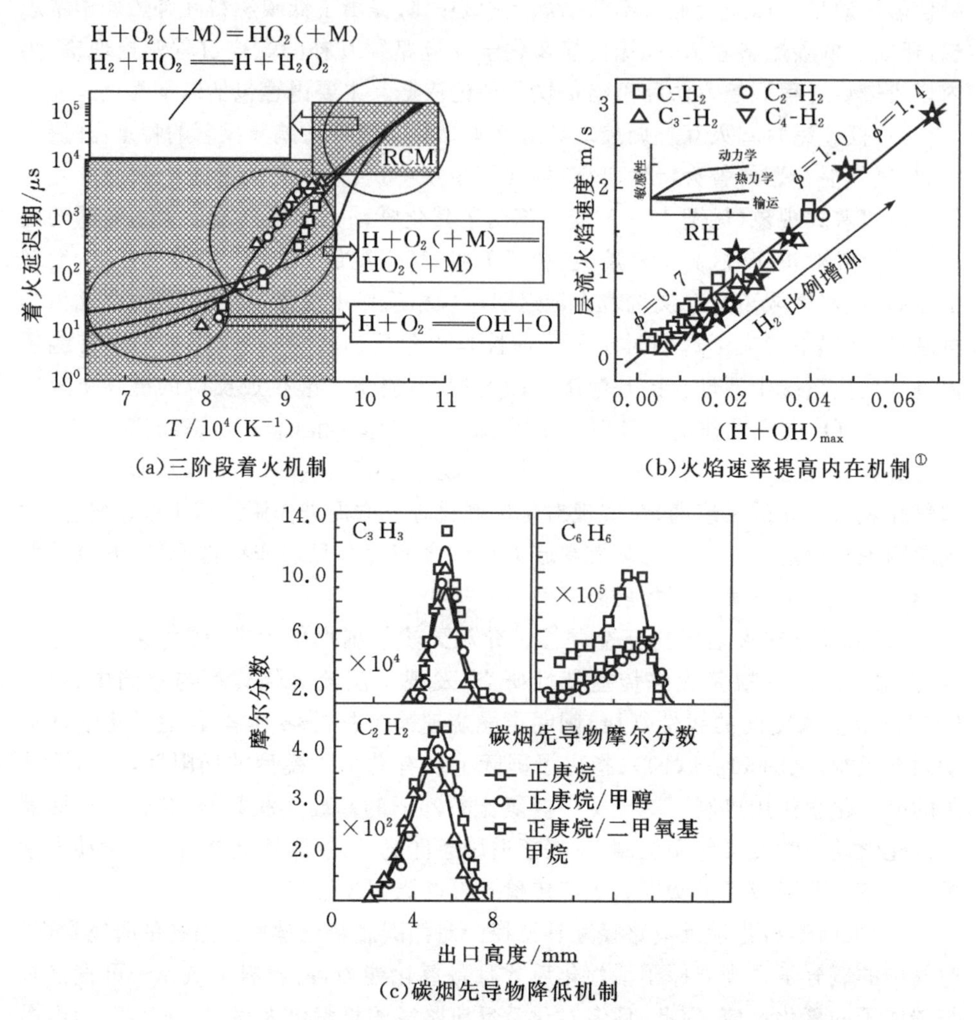

(a)三阶段着火机制

(b)火焰速率提高内在机制①

(c)碳烟先导物降低机制

图 11－9　低碳燃料着火、火焰传播和化学反应动力学互补燃烧调控

稳定性差等缺点逐渐凸显。如何提高天然气内燃机燃烧速率和改善其燃烧稳定性，是实现其最佳燃烧的关键。扩散燃烧是柴油机燃烧的主要特征，混合气局部缺氧是造成其燃烧效率低和碳烟排放物高的主要原因，目前柴油机燃烧技术普遍采

注：①CHENG Y，TANG C，HUANG Z. Kinetic analysis of H_2 addition effect on the laminar flame parameters of the C1－C4 n-alkane-air mixtures. From one step overall assumption to detailed reaction mechanism[J]. International Journal of Hydrogen Energy，2015，40：703－718.

用提高燃油喷射压力改善混合速率、降低混合气局部缺氧，但昂贵的高压喷射系统大幅度增加了柴油机成本，如何在不增加柴油机成本的前提下实现高效清洁燃烧意义重大。在该方向西安交通大学清洁燃烧中心团队有以下几项研究成果。

（1）提出了天然气掺氢提高内燃机火焰传播速率、改善稀燃能力和降低 CO、HC 排放，结合废气再循环降低 NO_x 排放，实现天然气内燃机高效低污染燃烧并在均质混合气燃烧模式和缸内直喷燃烧模式上得到验证。在天然气掺氢发动机上提出最佳掺氢比例（15%～20%），结合最佳废气再循环率（20%～25%）的低温低污染燃烧方案，使得发动机性能和排放达到最佳优化。掺氢提高天然气火焰传播速率，降低了内燃机燃烧循环变动（见图 11－10（a））。发现天然气掺氢发动机颗粒

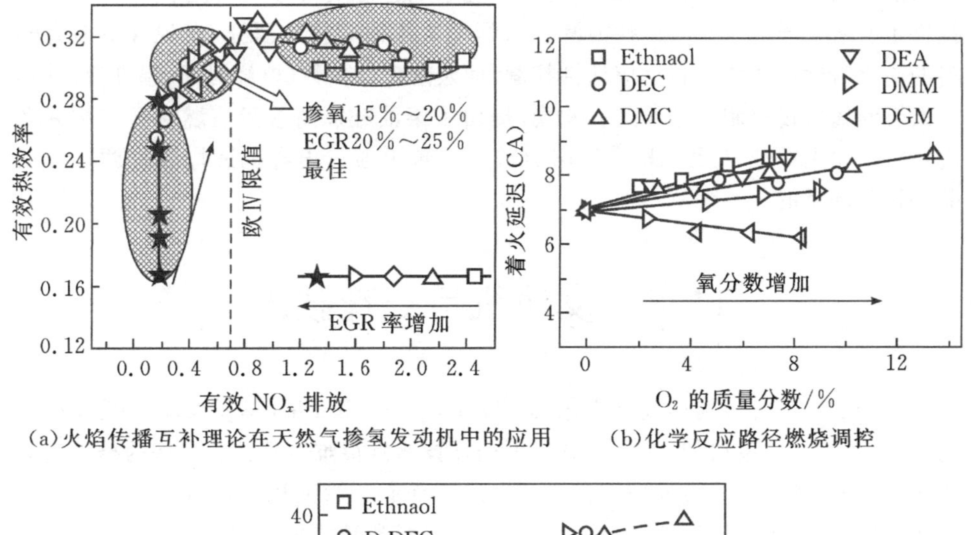

(a)火焰传播互补理论在天然气掺氢发动机中的应用　(b)化学反应路径燃烧调控

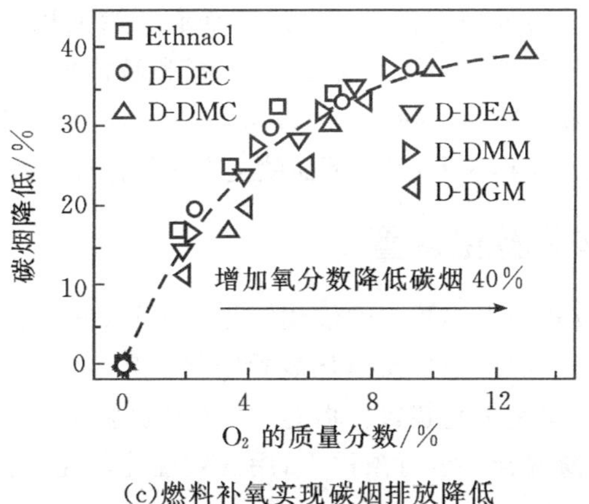

(c)燃料补氧实现碳烟排放降低

图 11－10　化学反应互补调控实现发动机清洁高效燃烧

物主要由核模态颗粒构成，颗粒排放与发动机运转参数的关系有别于柴油机和汽油机。化学反应动力学分析揭示了掺氢降低内燃机颗粒物排放的机理，即掺氢促进了内燃机燃烧和颗粒的后氧化，降低内燃机缸内燃烧过程颗粒先导物 C_2H_2、C_3H_3、C_2H_4 等的浓度，实现颗粒物排放降低。

(2)发现柴油与醇、醚、酯构成的混合燃料内燃机燃烧特征参数和排放指数与燃料中含氧量呈现强关联规律，混合燃料中 10%的含氧量可降低发动机 40%碳烟排放和 50%CO 排放。理论上解析了发动机燃用含氧混合燃料的着火、燃烧过程和污染物形成机理，发动机试验验证了燃料补氧降低碳烟排放的理论，基础燃烧研究指导了发动机研究和燃烧现象的阐明。柴油掺混含氧燃料在改善发动机燃烧和排放的同时，无需对发动机燃油系统和燃烧系统进行改动，为降低在用柴油车排放提供了有效手段。基于柴油掺混醇、醚、酯燃烧规律和排放研究，发现含氧混合燃料的着火特性由含氧燃料反应活性控制，而宏观燃烧参数(燃烧时间、温度等)和排放由燃料氧含量控制。基于这一发现，提出了柴油补氧高效清洁燃烧新方法并在内燃机上得到验证(见图 11 - 10(b)、(c))，实现了通过内燃机燃烧过程调控降低碳烟排放的目的。

11.8 发动机后处理技术

发动机有害污染物排放主要包括 CO、HC、NO_x 和 PM，单靠发动机燃烧过程的改进、各种优化策略的应用(如废气再循环技术)，很难达到日益严格的排放法规要求。为此，各类排气后处理装置的研发应声而起。汽油机上通常使用三效催化转化装置，柴油机排气后处理装置种类繁多，包括颗粒捕捉装置(diesel particulate filter，DPF)、氧化性催化装置(diesel oxidation catalyst，DOC)、选择性催化还原装置(selective catalyst reduction，SCR)等。下面就主要的几种排气后处理装置进行介绍。

11.8.1 三效催化转化装置

三效催化转化装置的主体是三效催化转化器(Three-Way Catalyst，TWC)，该装置是目前在汽油机上的污染物质净化装置中最有效率的装置，进气道喷射式汽油机和直喷式汽油机均使用此装置。但是，进气道喷射式和直喷式汽油机在空气过量系数 $\lambda>1$ 的稀薄混合气运行条件下，用三效催化转化器无法净化 NO_x，此时应另外使用 NO_x还原催化器。

1. 空燃比控制技术

为了使三效催化转化器能有效净化 HC、CO 和 NO_x，必须把燃料量控制在符合理论空燃比(化学计量比)附近。空燃比控制要求混合气过量空气系数 λ 为 1，因此又称为 λ 控制技术。精密的燃料喷射量首先要求正确的进气量数据测量和在排气管内通过氧传感器的空燃比反馈控制。

HC 和 CO 的净化率随 λ 的增大而增加，在 $\lambda \geqslant 1$ 时其浓度很低。相反，NO_x 的净化率在 $\lambda \leqslant 1$ 的浓混合气状态优秀，但在 $\lambda > 1$ 的稀薄混合气状态其净化率不良，甚至氧气浓度增加，成为 NO_x 浓度急剧增加的成因。因此，三效催化转化器仅在净化范围($\lambda=1$ 附近)对 CO、HC、NO_x 这三种有害气体的净化率均能达到 90%以上，其控制范围较窄。这表示为了三效催化转化器能充分发挥其催化性能，必须把混合气的构成比例始终控制在 $\lambda=1$ 的理论空燃比附近(±0.1%)。

空燃比反馈控制技术是在排气管内设置氧传感器(或空燃比传感器)，通过氧传感器直接检测排放废气中的氧气浓度，发动机电子控制模块(ECU)根据此信号计算当前的空燃比。如果计算结果超出理论空燃比，通过燃料喷油器调整燃料喷射量，以控制燃料/空气混合比始终在理论空燃比附近。

传统的发动机仅配备氧传感器和三效催化转化器各一个，近年来的发动机配备两个氧传感器和一个或两个三效催化转化器。为了更加正确地判定空燃比和进行控制，正在逐步采用双级控制系统。

2. 工作原理和结构

(1)工作原理。催化剂是在自身状态不发生变化的条件下，在低温状态改变反应物质反应速度的物质。当前在汽车上使用的三效催化转化器是在比表面较大的陶瓷蜂窝型或托盘型载体上，内装白金(Pt)、钯(Pd)、铑(Rh)、钌(Ru)、钴(Co)等制造的。HC、CO、NO_x 经过三元催化转化装置时，NO_x 被还原为 N_2，并放出 O_2，利用此氧气把 CO 和 HC 氧化为 CO_2 和 H_2O，并排放。因为在 $\lambda=1$ 时，氧化和还原反应之间处于动态平衡，能净化三种污染物质，故称为三效催化转化器。

三效催化器的反应分为 CO、HC 的氧化反应和 NO_x 的还原反应。CO 和 HC 的氧化反应式为

$$2CO + O_2 \longrightarrow 2CO_2$$

$$2C_2H_6 + 7O_2 \longrightarrow 4CO_2 + 6H_2O$$

总体上，NO_x 的还原反应按照下述反应式进行

$$2NO + 2C \longrightarrow N_2 + 2CO_2$$

$$2NO_2 + 2CO \longrightarrow N_2 + 2CO_2 + O_2$$

目前，为了扩大能适用于三效催化器中三效催化剂催化作用的空燃比范围，正在对催化剂的材质以及能降低催化反应时产生硝酸雾的添加剂等进行研究。因此三效催化器能起作用的空燃比范围正在逐步扩展。

(2)构造和工作条件。图 11-11 所示为配备氧传感器的三效催化转化器，有

托盘型和蜂窝型。催化剂涂层材质基本上使用陶瓷材质蜂巢(结构体:整体或基质)和金属材质蜂巢类型。用单成分催化剂不能获得高净化率,实际应用的催化剂为复合贵金属(Pt - Rh、Pd - Rh、Pt - Pd - Rh)和辅助催化剂材料(氧化铝、氧化铈、氧化锆等)的组合材料,以扩大能获得净化性能的范围。

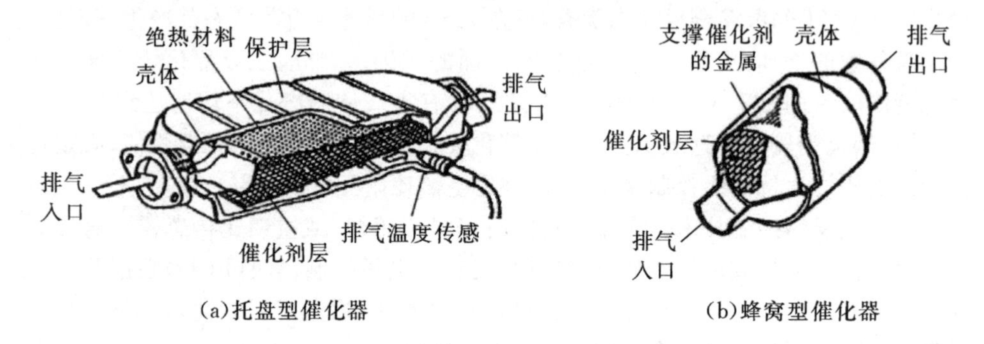

(a)托盘型催化器　　(b)蜂窝型催化器

图 11 - 11　三元催化器

在 HC、CO 的氧化反应和 NO_x 的还原反应中,催化剂必须达到一定温度才具有活性,此温度称为催化器起燃温度。催化转化器的工作温度为 300 ℃以上,理想的工作温度范围为 400～800 ℃。如果催化转化器的温度为 300 ℃以下,净化率就很低,如果为 800～1000 ℃,因涂层材料氧化铝(Al_2O_3)和贵金属发生烧结,导致催化转化器热老化和热损伤,其结果会减少活性物质表面积,并严重影响催化转化器的耐久性。

当发动机发生故障时,如果燃料在排气管内进行燃烧,使催化转化器的温度上升到 1400 ℃以上,会导致催化转化器的致命性损伤。目前,电控汽油机随时监测工作状态,防止发生此类现象,如果 ECU 检测到即将发生此类危险情况时,会切断燃料的供给,确保催化转化器的安全。

(3)催化剂的高活化性。通过结构的改善,可以提高催化剂的活化性。为了提高催化剂的初始活性化,把使用到现在的蜂窝状陶瓷系列载体用金属材质薄板结构代替,以增大蜂巢密度,通过轻量化减轻热容量,如表 11 - 1 所示。另外,陶瓷系列也开发了蜂巢密度从 400 孔/in^2～900 孔/in^2(1 inch＝2.54 cm)的高密度产品,安装位置也正在逐步采用配置在排气歧管直后位置的系统。

目前正在开发吸附剂。吸附剂是吸附起动初期所排放的高浓度 HC 的催化剂,在低温状态吸附,温度上升的同时脱附,并利用三元催化剂进行净化,其材料有沸石等。早期催化剂为在陶瓷载体上涂上颗粒状贵金属,现在正在开发并扩大贵金属以离子水平黏附(以大幅度减少贵金属使用量)并且长时间使用也不会变质的催化剂。

表 11-1　贵金属与陶瓷载体的比较

		金属载体	陶瓷载体
形状特性	孔形状	0.05mm 1.28mm 400 孔/英寸^2	0.17mm 1.27mm 400 孔/英寸^2
	表面积	38.8	26.8
	开口率	90.3%	75%
材料特性	材料质	铁氧体不锈钢	堇青石
	热传导率	16.7×10^{-2} J/(s·cm·K)	12.5×10^{-3} J/(s·cm·K)
	质量热容	0.5 J/(kg·K)	0.84 J/(kg·K)

11.8.2　氧化性催化装置

氧化催化器(DOC)的作用是降低柴油机在稀薄燃烧条件下生成的 HC、CO 和 PM 中易氧化的可溶性有机物质(SOF)排放量。通常柴油 DOC 配置在 DPF 的前方。

DOC 的氧化剂主要使用铂(Pt)和钯(Pd)。因为柴油燃料和发动机机油中存在硫成分,所以发动机一直主要使用耐硫毒性能很优秀的铂,但因为开始限制燃料中的硫含量,所以越来越多地开始把耐硫毒性能相对低但价格便宜和耐久性优秀的钯,以一定的比例混合在铂中使用。

柴油机中 HC 和 CO 的排放较少,通过氧化作用可以降低 PM 构成成分中的 HC,因此氧化催化器可以降低 PM 的排放量 10%~20%。但是,与此相反,柴油中包含的硫成分在氧化作用下会转换为属于 PM 的硫酸盐(SO_3)并排放。因此配备氧化催化器时必须使用低硫燃料。

11.8.3　颗粒捕捉装置

颗粒捕集器(DPF)是柴油机中对排放颗粒物(PM)进行净化的一种碳烟过滤器。颗粒捕集器已有 30 余年的研发历史,不论是陶瓷壁流式(ceramic wall-flow)、陶瓷纤维(fiber)、金属或泡沫陶瓷(ceramic foam)均有很高的过滤效率,它们的滤孔开度均可小于 40~80 μm。实验证明 DPF 对纳米质点数的过滤效率可达 95%~99.5%,是目前针对纳米微粒排放最有效的后处理措施。但至今没有得到大量商业性应用,主要原因如下。

(1)在发动机各种运行工况下均可实现可靠、安全、周期性地进行 DPF 再生的系统还未研发成功。

根据热重力分析(thermal gravimetic analysis,TGA)试验测定,在 DPF 中沉积的微粒的起燃温度为 550～600 ℃(与 PM 的组成有关),而发动机的排气温度相对较低,这一温度的差距应由再生系统去按照发动机运行工况的要求予以补给,补给不足达不到再生要求,补给过头会引起滤芯烧熔或热裂(melting or cracking),不能满足安全、可靠、耐久的要求。

(2)要尽量降低发动机燃油消耗率的恶化,已试验过的许多再生系统,如电加热、微波加热、红外线加热、补助喷油燃烧等方法均因耗能过大或结构复杂而难以推广。

(3)要求发展低成本的再生技术。

轻型柴油机车在城市运输和物流方面应用前景广阔,但其尾气中碳烟颗粒的处理一直是排放控制重点。我国轻型柴油车国Ⅴ阶段排放法规于 2013 年发布,GB18352.5—2013《轻型汽车污染物排放限值及测量方法(中国第五阶段)》规定,自 2018 年 1 月 1 日起,所有销售和注册登记的轻型汽车都应符合本标准要求。目前北京、上海等发达地区已相继实施国Ⅴ阶段排放法规,欧洲已于 2015 年进入欧Ⅵ阶段。轻型车和重型车在欧Ⅴ和欧Ⅵ阶段,NO_x和 PM 排放量均有大幅度降低,且都对颗粒物数量进行了限制,这就要求车辆必须加装颗粒捕集器,才能满足法规要求。加装 DPF 后,如果过滤器上堆积 PM,会增加排气流动阻力导致压力损失,因此必须对捕获的 PM 进行处理,以再生过滤器。图 11－12 所示为同时配备 DPF

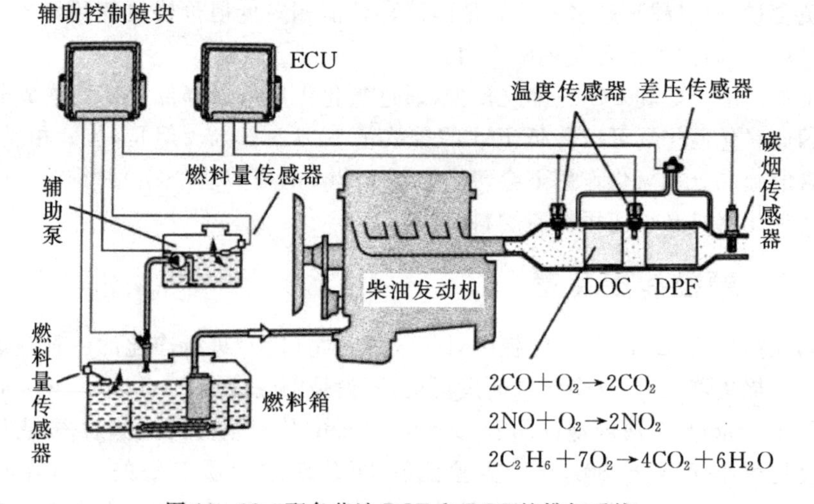

图 11－12　配备柴油 DOF 和 DOC 的排气系统

和 DOC 的排气系统。目前主要再生技术如下。

(1)陶瓷蜂窝型过滤器。过滤器多种多样,其中最具有代表性的是高温性能优秀的陶瓷蜂窝型过滤器。其材质主要使用多孔质碳化硅(SiC)或堇青石(镁铝硅酸盐,$MgO_2 \cdot Al_2O_3 \cdot 5SiO_2$)。其形状为,由使用材质组成的薄的多孔介质隔壁晶状结构。如图 11-13 所示为陶瓷蜂窝型过滤器的端面形状。各流动通道的进口和出口为轮流堵住的状态,进入的排放废气通过隔壁流出。

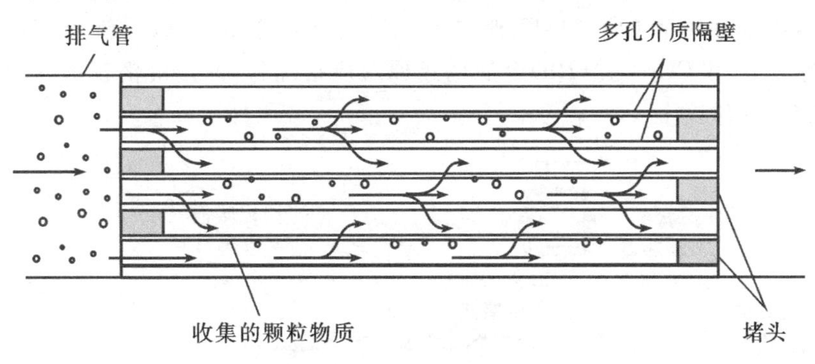

图 11-13　陶瓷蜂窝型过滤器剖面

碳烟收集在隔壁表面或内部。捕获效率虽根据隔壁的微孔直径、壁厚等的不同而不同,但都会达到 90%以上。此外,还有陶瓷多孔体制成的陶瓷过滤器、氧化铝镀层金属纤维过滤器等,但对碳烟的捕获效率低。

(2)过滤器再生技术。DPF 对碳烟成分的捕获性能很优秀,但一旦碳烟过分堆积,因排气管内流动阻力增大,会降低发动机的性能。因此,需要监测过滤器前后端的压力差,并通过再生程序清除堆积的碳烟,进行再生。

碳烟只要有氧气就很容易氧化清除。再生过程是采用把收集的 PM 进行燃烧的方法,通常需要 600 ℃以上的温度。但是,排放废气的温度大部分在 500 ℃以下,因此不能利用排气热量进行自再生。再生方式有很多种,目前主要采用在后喷射阶段供给燃料,以提高燃烧温度。但这种方式需要额外增加燃料的消耗,因此需要研究在更低的温度下可以再生的方法。目前,在再生技术的研究方面,正在研发与燃料后喷射方式一起利用电加热器和燃烧器等强制再生方式的颗粒过滤器,相信不久之后就可以实现在低排放废气温度下的再生。

11.8.4　吸附还原催化器

稀燃 NO_x捕集器(LNT, Lean NO_x Trap)是对柴油机在空燃比 $\lambda>1$ 的稀薄混合气运行条件下生成的 NO_x进行净化的方法。这是利用吸附还原催化器,使还原催化剂先吸附排气中的 NO_x，一旦吸附的 NO_x 处于饱和状态，通过燃料后喷射或在排气系统中喷射适当的燃料，以在浓空燃比状态下还原 NO_x 的净化技术。

吸附还原催化器安装排气系统的 NO_x 净化过程如图 11－14 所示。在稀薄混合气燃烧条件下，NO 被铂催化器转换为易吸附形态的 NO_2，并大部分以硝酸钡（$Ba(NO_3)_2$）的成分被吸附。此时不仅在表面，在内部也存储。吸附的硝酸钡从浓混合气的燃料中获得如 CO 的还原剂，与此产生反应生成 NO，NO 重新与 CO 产生反应，还原为 N_2 和 CO 的还原剂，与此产生反应生成 NO，NO 重新与 CO 产生反应，还原为 N_2 和 CO_2。铑（Rh）金属的还原反应很优秀，但因价格较贵，因此也有与铂混合使用的情况。

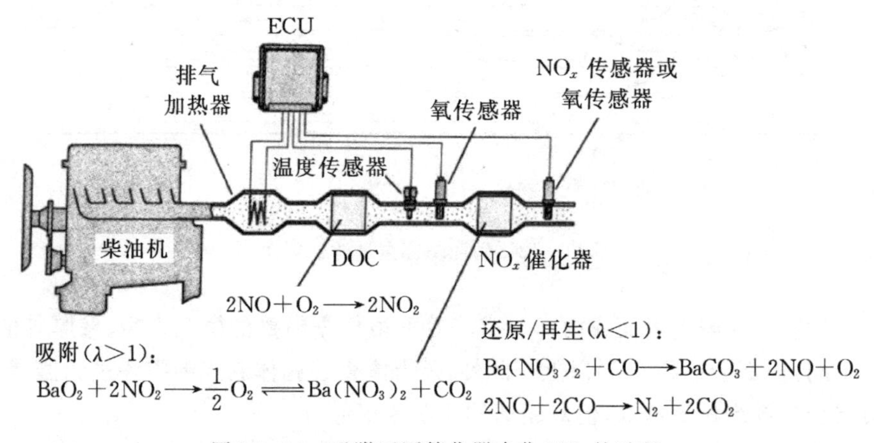

图 11－14　吸附还原催化器净化 NO_x 的过程

另一方面，吸附还原催化器的使用需要对 NO_x 充分吸附开始浓模式的始点和还原结束时的终点进行检测并判断。为此，在吸附还原催化器的出口可以设置检测基本 NO_x 的吸附量和还原量，以判别稀-浓模式转换点。

11.8.5　选择性催化还原装置

SCR 催化转换系统是柴油机降低 NO_x 的重要技术之一。选择性催化还原法是通过采用与 NO_x 生成过程相关的逆反应过程，很缓慢地将 NO_x 还原分解为氮气和氧气。

SCR 系统的工作原理如下。

将尿素溶液（$(NH_3)_2CO$）喷入柴油机废气中，尿素溶液蒸发，并分解为 NH_3

$$(NH_2)_2CO(s)+H_2O(g) \longrightarrow 2NH_3(g)+CO_2(g)$$

NH_3 作为 SCR 催化转换器中的还原剂起作用

$$4NH_3+4NO+O_2 \longrightarrow 4N_2+6H_2O$$

$$4NH_3+2NO+2NO_2 \longrightarrow 4N_2+6H_2O$$

利用此方法通常可以获得 80%～90%的高净化率。为了节约费用，正在研究不用尿素还原剂，而直接采用排放废气成分中 HC 的 HC -尿素。但是，利用 HC 的效率低于使用尿素。虽然把 HC 作为还原剂的方法较简便，但净化 NO_x 的排气温度范围较窄、净化率较低，此问题还待研究。

SCR 的核心技术是保持催化器活性化温度和尿素溶液的正确喷射控制。在催化器低温条件下生成硫酸铵抑制催化剂的活性，不充分的尿素喷射量会降低 NO_x 的净化率，过多的尿素喷射量会导致 NH_3 被排放到大气中。如图 11－15 所示，此系统为了尿素供给配备有专用泵、尿素箱、供给管路、喷射器等复杂的装置，会增加不少费用，另外还存在尿素供给站基础设施普及等问题。

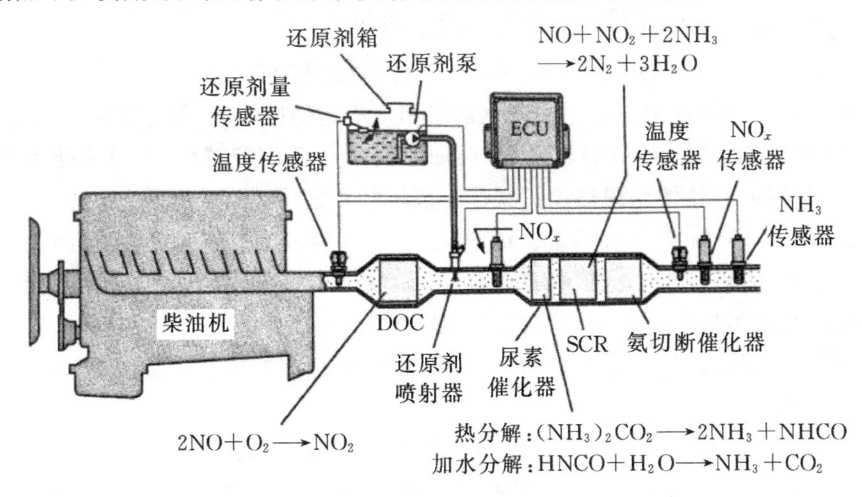

图 11－15　选择催化还原系统构成图

11.8.6　复合系统

柴油机因在稀薄燃烧领域运行，在排气中含有大量氧气，因此不能配置使用三元催化转换装置。因此，在柴油机中由氧化催化器主要担负净化 HC、CO 和颗粒物质中易氧化的可溶性有机物质(SOF)成分的任务，由 DPF 担负对颗粒物质中不易或不可能氧化物质的过滤任务，对于 NO_x 的净化采用如 SCR 和 NSC 等专用还原系统。因此，柴油机为了解决这些废气排放问题，其排气装置需要采用氧化催化器(DOC)、颗粒过滤器(DPF)、吸附还原催化器(NSC)、选择性催化还原催化器(SCR)等的复合排气系统。目前在商用柴油车的后处理系统中采用的复合系统有 DOC＋DPF、DOC＋DPF＋SCR、DOC＋DPF＋NSC 等。

(1)DOC+DPF 系统。符合欧废气排放标准的发动机常用的后处理系统为柴油 DOC 和 DPF 以顺序排列的系统。此系统是乘用车柴油机最常用的方式,最近在商用车柴油机中也开始使用此类配置。早期在 DPF 中没有采用贵金属催化剂涂层,近来为了提高氧化反应效率,并降低对过滤器内堆积碳烟的氧化,再生过滤器的反应温度,催化剂涂层颗粒过滤器(DPF)产品有逐步增加的趋势。使用两个系统既可以降低各成分氧化反应的负担,还可以提高净化效率。

在过滤器中堆积的碳烟($C_{碳烟}$)在铂催化器中也与氧气产生反应(见下述反应式),需要 500 ℃以上的反应温度。如果 NO_2产生反应,可以利用 NO_2所拥有的强氧化能量,使其温度降低到 200 ℃。因此,在 DOC+DPF 复合系统中,DOC 所必备另外的功能是把 NO 转化为 NO_2的氧化功能。

$C_{碳烟}+O_2 = CO_2$($T<500$ ℃氧气基础再生)

$C_{碳烟}+NO_2 = CO+NO$($T>200$ ℃二氧化氮基础再生)

柴油氧化催化器根据使用的催化剂量和构成比例的不同,氧化反应有所差异,DOC 使用的催化剂为铂(Pt)。最近,柴油燃料中所含的硫减少,并且催化器技术有所发展,因此开始使用耐热性优秀且价格较低的钯(Pd)。

(2)DOC+DPF+SCR 系统。DOC 和 DPF 组合的复合系统中,不能净化 NO_x成分。因而在此基础上增加 SCR 催化器,以降低 NO_x排放量。SCR 是吸附存储定期或连续喷射的还原剂,并与发动机排放的 NO_x产生反应,进行净化。作为还原剂通常使用氨,因氨具有爆炸危险性,因此在 SCR 前方喷射尿素,并把尿素分解为氨再加以使用。

SCR 通常使用没有添加贵金属的催化剂,如价格较低的钒(V)金属。钒金属虽然很经济,但具有毒性,因此最近有禁止使用的倾向,开始使用虽然价格贵但没有毒性的沸石系列。

(3)DOC+DPF+NSC 系统。作为 NO_x的催化器,目前有用 NSC 代替 SCR 的趋势。NSC 是把在燃料稀薄条件下排放的 NO_x利用吸附物质吸附并存储,一旦吸附量趋于饱和状态,就利用发动机在浓空燃比条件下运行时排放的 CO 还原净化吸附的 NO_x的方式。

参考文献

[1] 全兴信. 内燃机学[M]. 李钟福,等,译. 北京:机械工业出版社,2015.

[2] 苏万华,赵华,王建昕,等. 均质压燃低温燃烧发动机理论与技术[M]. 北京:科学出版社,2010.

[3] 缪雪龙. RCCI 新燃烧技术综述[J]. 现代车用动力,2014,1:6－13.
[4] EDWARD F, OBERT. International Combustion Engines and Air Pollution [M]. NewYork: Intext Educational Publishers,1973.
[5] JOHN F. Gasoline engine analysis for computer aided design[M]. [S. L.]: Mechanical Engineering,1986.
[6] SRIVASTAVA D K, AGARWAL A K, DATTA A, et al. Advances in Internal Combustion Engine Research[M]. Berlin: Springer,2018.
[7] JOHN B HEYWOOD. Internal combustion engine fundamentals[M]. NewYork: McGraw-Hill International Editions,1989.
[8] BOSCH R. Diesel engine management[M]. 3rd ed. London: Professional Engineering Publishing, 2004.

第 12 章　火灾燃烧进展

12.1　火灾与燃烧

12.1.1　人类与火灾

火的使用造就了人类文明，从人类起源至今一直是社会的重要组成部分。火是生活的重要部分，火和燃烧至今以及可预见的相当长时期仍将是人类能源利用的主要方式。人们花费了大量人力、财力研究提高燃烧效率和降低排放的技术，但对阻止燃烧的发生和降低燃烧的破坏方面研究较少。失控的燃烧可能毁坏人类现有的财富和生产资料，造成重大的人员和财产损失，同时关系到火灾预防和灾后重建。

与民航灾难一样，一次火灾事故可能造成大量的人员和财产损失。人们发现15％～25％的火灾是由纵火引起的，同时森林火灾有很大部分是自发行为，日趋严重的恐怖主义袭击也加强了人们对火灾的重视。比如发生在世界贸易中心的“9・11事件”，火灾是主要次生灾害，死亡人数接近 3000 人，直接财产损失超过 100 亿美元。

火灾对人类和环境的影响能否成为社会问题取决于一个国家的安全文化意识形态和基本经济状况，而对火灾预防与控制的关注程度取决于一个国家的风险意识和社会价值观。随着燃烧基础理论和技术的发展，20 世纪时已经为合理利用科学原理分析火灾现象奠定了理论基础。

12.1.2　火灾的基础理论

火灾是由失去控制的燃烧所引发的灾害现象。传统上火灾主要是指森林在自然状态和雷电等外部条件下引发的燃烧现象。随着材料科学的发展，使得可燃物的种类大大增多；各种能源形式和各类电子产品的使用，使得导致火灾的因素更为复杂、多样和隐蔽；建筑、交通和航天的发展，使火灾环境大为复杂，从天上到地下、从开放空间到隧道、从固定到移动等各种环境中，均可能发生火灾，必须深刻地认识这些复杂的火灾现象的基本规律，才能开展有效的火灾防治工作。

火灾和工程燃烧(燃烧装置中的燃烧)都包含流动、传热传质、化学反应及其相互作用,这是两者的共性。但两者也有明显的差别,表现为:研究的目的不同;燃料及燃烧产物的种类不同;燃烧方式不同;体系的几何条件不同;起重要作用的子过程不同;受环境条件的影响程度不同;燃烧过程的规律不同。火灾与水灾、气象灾害、地震灾害等自然灾害一样,存在着突发性或随机性,但也存在差别,表现在:①在灾害的强度和规模上,自然灾害通常比火灾大得多,人类对自然灾害目前尚无能力抵御,但却积累了不少与火灾作斗争的经验;②在灾害的发生频度和认识上,火灾是当今世界上发生频度最高的一个灾种,并且与人类社会经济活动密切相关。

对火灾的研究主要从以下两个方面进行。

1.分现象开展研究

针对火灾过程不同阶段所表现的主要现象,如起火、火蔓延、烟气流动等开展研究。研究内容主要有以下几点。

(1)起火条件和规律的研究。着重研究阴燃及其向明火的转变、热辐射引燃、室内火灾中缓燃向轰燃的转变等,探索确定上述转变的临界条件及其物理机制。

(2)火蔓延机理和规律的研究。着重研究典型可燃物在不同条件下火蔓延速率和热释放速率,建立相应的数据库和物理数学模型。

(3)烟气流动规律的研究。着重分析烟气特性,研究烟气的流动规律、温度和浓度的变化规律。

2.研究火灾特殊现象和关键现象

火灾特殊现象的定义:只有在火灾系统中才会发生的特殊燃烧现象(如阴燃、轰燃、火旋风、飞火等)。对于这类现象着重研究周围环境对火灾过程所产生的影响。初步研究表明,火灾中的大多数现象起因于火灾系统的非线性特征。

火灾关键现象的定义:人为改变火灾系统中的一些理化尺度和条件,研究因为这种改变所导致的火灾行为的变化,比如,油品扬沸火灾中的水层沸腾、黏合剂防火中的炭层隔热、表面张力造成流动变化而导致的火蔓延速率的改变、容器尺度对燃烧形式的改变等。

对火灾特殊现象和关键现象的深入研究及深刻认识,将有助于指导人们进行有效的火灾防治工作,当前已经形成了系统的火灾防治技术学。火灾防治技术学研究如何将火灾科学理论与现代技术科学结合,达到有效防治火灾的目的。具体分解目标:如何有效防止火灾的发生;如何早期发现火灾并及时扑灭或有效控制;如何有效扑灭火灾。

简而言之,认识火灾的机理和规律是防治火灾的关键。

火灾的发生和发展过程可以分成四个阶段:起始阶段、发展阶段、猛烈阶段和熄灭阶段。根据各个阶段的特征可分别称之为：火灾早期阶段、火灾形成阶段和火灾控制阶段。火灾早期阶段包括火灾的发生和发展两个阶段，这个阶段的特征基本满足自由燃烧的规律；火灾形成阶段则包括了火灾的发展阶段的后期和猛烈阶段，这个阶段的特征是发生轰燃；火灾控制阶段的特征是可燃物消耗殆尽，火势减小趋于熄灭。火灾的成长过程如图 12－1 所示。

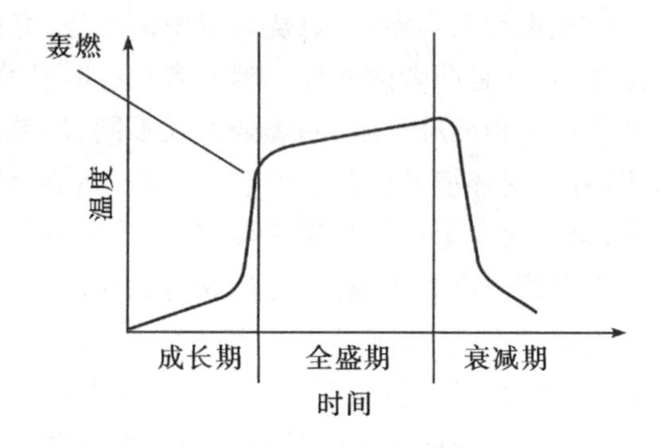

图 12－1　火灾的成长过程

火灾早期阶段是整个火灾的重要环节，从安全的观点来看，所谓的火灾早期阶段是指轰燃或者说剧烈的不可控制的燃烧产生之前的阶段。在这个阶段室内人员和财产尚未受到严重威胁。从火灾的发展过程来看，如果能在火灾的早期阶段将其发现并采取措施，会大大降低火灾损失。在火灾发生的早期阶段，处于火源中心的各种物质（材料）均以热分解的方式进行较平缓的受热行为，所以火灾早期阶段的特性主要与可燃物本身的物性有关。火灾早期阶段涉及的燃烧主要是自由燃烧。描述早期火灾特性的参量通常包括以下五个：①热释放速率；②烟气释放量及成分；③烟气毒性；④熔点；⑤滴点。可燃物在火灾早期阶段释放的烟气如 CO、CO_2、NO、HCl 等气体小分子以及将要发生火灾的系统的温度变化，是火灾探测的重要依据。

火灾发生的任何一个阶段都伴随着化学反应。火场中的物质在受热条件下产生了相应的化学反应，得到了具有燃烧爆炸不稳定性的产物而直接导致了火灾的发生和发展。火灾过程既有确定性，又有随机性。确定性是指火灾的孕育、发生、发展、熄灭过程具有规律性；随机性是指火灾各个子过程都要受到不确定性因素的影响。这就决定了火灾科学研究手段是模拟研究和统计分析的结合。火灾既有自然属性，又有人为属性：火灾不仅仅是一个自然过程，它要受到人的影响，绝大多数火灾是人为因素引起的，人为因素是火灾系统的组成部分之一；同样，火灾的危害不仅是财产的损失，而且具有重要的社会影响。

由于在火灾现象发生的系统过程以及系统环境中，总是伴随着热解、燃烧的过程，甚至爆炸，因此可以引起火灾各种物质的热解、燃烧和爆炸理论以及化学热力学、化学反应动力学构成了火灾化学的理论基础。而热解和燃烧过程中发生大量的化学反应以及相应的气相产物使得火灾探测和防治成为可能。对火灾的发展过程和火场中各种火灾现象以及各种可燃物受灾后的行为的了解，有助于在发现火灾后，合理配置资源，迅速、安全地扑灭火灾。

12.2　火羽流

在火灾燃烧中，起火可燃物上方的火焰及流动烟气通常称为羽流。羽流大体上由火焰和烟气两个部分组成。羽流的火焰大多数为自然扩散火焰，而烟气部分则是由可燃物释放的烟气产物和羽流在流动过程中卷吸的空气组成。羽流在烟气的流动与蔓延的过程中具有重要的作用，因此研究羽流的特性是进行烟气流动分析不可或缺的内容。

由于火灾中可燃物燃烧释放大量的热量和火焰，并同时生成大量的烟气，火灾烟气的温度很高而密度较小，在浮力的作用下，烟气会向上流动从而形成火羽流。根据羽流的分布和受限形式，可以分为以下四种类型。

(1)点源羽流，也称为轴对称浮力羽流，在燃料上方形成扩散火焰时，假定羽流沿竖直中心线有一条对称轴。

(2)线羽流，它是由长窄燃烧器上的扩散火焰形成的，热烟气上升时空气卷吸只发生在两侧。线羽流的典型例子有在可燃墙衬上传播的火焰、阳台上溢出的火羽流、长条沙发起火、一排房屋的火灾和森林火灾的火前锋等。

(3)受限羽流。火羽流会受到周围表面的影响。例如，物体靠墙燃烧时，空气卷吸面积将减小。类似地，火羽流撞击顶棚时将发生水平偏移形成顶棚射流。撞击顶棚同样会减少羽流卷吸空气的数量。

(4)无约束轴对称羽流。没有物理障碍限制竖直方向的运动，也没有约束通过羽流边界的空气卷吸。

12.2.1　点源羽流

轴对称浮力羽流为建筑火灾中最常见的羽流，由于燃烧现象的复杂性，目前常见的火灾羽流模型大多是基于实际火灾实验的经验模型。此前，很多研究人员对火灾的羽流模型，特别是轴对称羽流模型的建立和进一步改进做了重要工作。本书以点源羽流(轴对称浮力羽流，见图 12-2)为例作为主要详述对象。

1. 虚点源的位置

为了计算羽流的参数随高度的变化，需要选取一个基准位置，这一位置称为虚点源(virtual source)。虚点源的高度通常用下式估计

$$z_0 = C_3 Q^{5/2} C_3 Q - 1.02 D_f \tag{12-1}$$

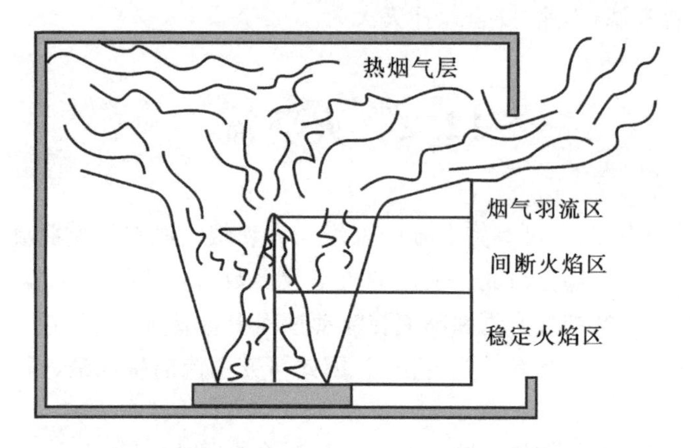

图 12-2　室内火灾轴对称浮力羽流热烟气发展过程示意图

式中：z_0为虚点源距离火源面的高度，m；Q 为火源的热释放速率，kW；D_f为火源的直径，m；C_3为经验常数，$C_3=0.083$。

当 z_0为正时，虚点源位于火源根部平面的上方；当 z_0取负值时，虚点源处于火源根部平面的下方。

2. 火焰高度

火焰是羽流中的高温区，物体受到火焰的直接灼烧大都会造成严重的损坏，因此火焰高度是一个十分重要的参数。自然扩散火焰的高度可用下式估算

$$z_f=C_7Q^{5/2}C_3Q-1.02D_f \tag{12-2}$$

式中：z_f为火焰的平均高度，m；C_7为经验常数，一般取 $C_7\approx0.235$。

3. 质量流率

羽流中的物质有一部分燃烧产物，大部分是在羽流上升过程中卷吸进来的空气。随着流动的增加，羽流的质量流率也逐渐增加。羽流的质量流率可按下式估算

$$\dot{m}=0.071Q_c^{1/3}z^{5/3}+0.0018Q \tag{12-3}$$

式中：$\dot{m}$ 为羽流在高度 z 处的质量流率，kg/s；Q_c为火源的总热释放速率 Q_c的对流部分，kW，一般可认为 $Q_c=0.7Q$；z_0为虚点源的高度，m。

对于直径较大的火源，羽流的质量卷吸速率也可以用下式估算

$$\dot{m}=0.096P_f\rho_0Y^{3/2}(gT_0/T_f)^{1/2} \tag{12-4}$$

式中：P_f为火区的周长，m；Y 为由地板到烟气层下表面的距离，m；ρ_0为环境空气的密度，kg/m；T_0、T_f为环境空气和火羽流的温度，K；$\dot{m}$ 可视为烟气的质量生成速率。

若取 $\rho_0=1.22\ \mathrm{kg/m^3}$，$T_0=290\ \mathrm{K}$，$T_f=1100\ \mathrm{K}$，上式便成为

$$\dot{m}=0.188P_fY^{3/2} \tag{12-5}$$

羽流的体积流率可通过下式得到

$$\dot{V}=\frac{\dot{m}}{\rho_p} \tag{12-6}$$

式中：$\dot{V}$ 为 z 高度处的羽流体积流率，$\mathrm{m^3/s}$；ρ_p 为 z 高度处的气体密度，$\mathrm{kg/m^3}$。

4. 羽流平均温度

$$T_p=T_z+\frac{Q_c}{\dot{m}c_p} \tag{12-7}$$

式中：T_p 为 z 高度处羽流气体的平均温度，K；T_z 为 z 高度处周围空气的热力学温度，K；c_p 为羽流中气体的比定压热容，$\mathrm{kJ/(m^3\cdot K)}$。

5. 羽流中心线温度

$$T_{cp}=T_z+C_S\left(\frac{T_z}{g^2_{c_p}\rho_z^2}\right)^{1/3}\cdot\frac{Q_c^{2/3}}{(z-z_0)^{5/8}} \tag{12-8}$$

式中：T_z 为 z 高度处周围空气的热力学温度，K；ρ_z 为 z 高度处空气的密度，$\mathrm{kg/m^3}$；g 为当地的重力加速度，m/s；C_S 为常数，$C_S=9.1$。

由于火灾中可燃物燃烧释放大量的热量和火焰，并同时生成大量的烟气，火灾烟气的温度很高而密度较小，烟气会在浮力的作用下向上流动从而形成火羽流。室内火灾发生以后，从可燃物起火至轰燃这段时间，在可燃物上方形成持续火焰区、间歇火焰区和浮力火羽流区，这三部分合称为火羽流。火羽流的下部为自然扩散火焰，一般称其为燃烧羽流区。实际上，自然扩散火焰还分为两个小区，前一小区为连续火焰区，后一小区为间歇火焰区。火焰区的上方为烟气羽流区，其流动完全由浮力效应控制，一般称其为浮力火羽流，其简化模型如图 12-3 所示。

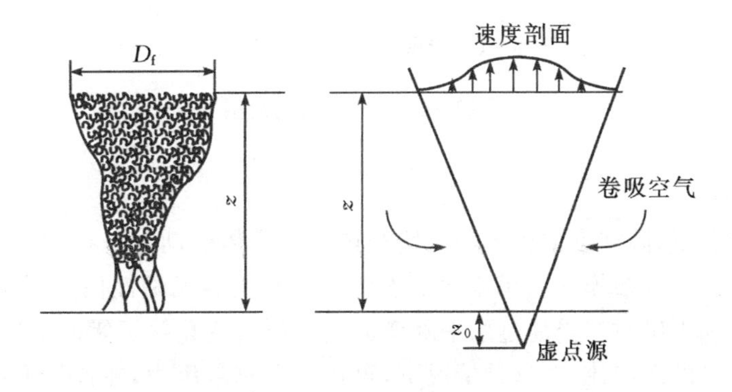

图 12-3　火羽流简化示意图

12.2.2 火灾中的流体力学、传热学与燃烧学

室内火灾的研究主要涉及三方面的基础理论，即流体力学、传热学和燃烧学，在理论上这些都可以通过基本守恒方程的有限差分法解决，但湍流、燃烧化学反应和网格微元偏少等问题使我们无法得到理想的解。室内火灾的流动特征允许通过整体法对这三方面进行近似描述，以做出预测。用彼此独立但相互影响的现象通过整体法形象描述室内火灾动力学的能力取决于流动特征。

1. 一般流型

热诱导下的浮力作用使流场表现出分层流动特征，这会对绝大多数室内流场产生重要影响。图 12-4 是室内典型流型的示意图，强大的浮力控制了火灾中的流动。湍流和压力作用使周围空气混合（卷吸）到火羽流中，动量和热浮力产生的薄层顶棚射流冲击着顶棚，其厚度大约为房间高度的 1/10，同样也会出现相应的冷的地板射流。在这两股射流之间的主体空间出现了再循环流动，产生一个 4 层流型。由于较热的上层区域和较冷的下层区域之间存在热分层，该 4 层系统的中点处存在一个相当清晰的界限（层界面）。

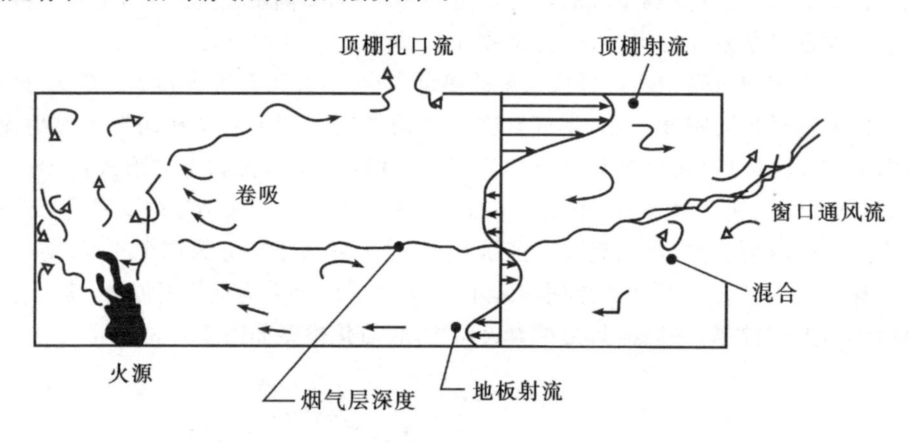

图 12-4 室内火灾的流型

2. 通风流量

许多情况下，因密度差引起的隔墙开口处的流体流动可以描述为类似孔口的流动。孔口流可以被模化为用流量系数 C 进行校正的无黏性伯努利流，C 一般取决于收缩比和雷诺数。当通过水平隔墙的流动压力变化接近零时流动不稳定，会出现摇摆不定的双向流，在这种情况下，存在一个充溢压力，在该压力以上会产生单向伯努利流。流入部分通常是环境空气，流出部分则由燃烧产物、过量的空气或

燃料组成。

3. 热传递

通过封闭空间的对流和辐射向房间隔墙传热，再经墙壁的导热完成向外的热传递过程。为了便于说明，用固体边界元表示厚度为 δ，热导率为 k，比热容为 c，密度为 ρ 的均匀材料，可将其背面温度看作固定温度 T_o。

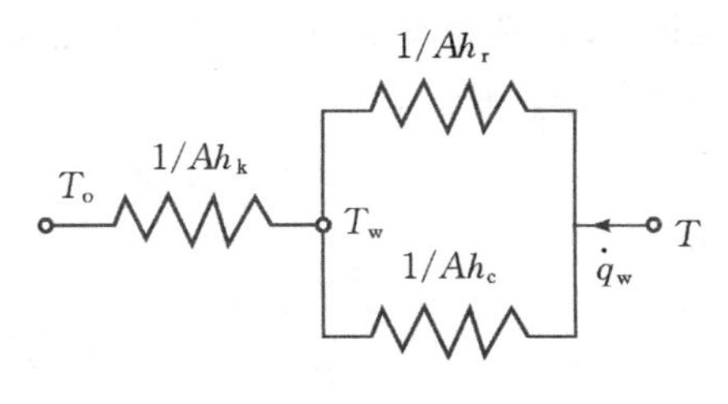

图 12-5　墙壁的热传递

通过表面积为 A 的传热路径可用一个等效电路来表示，如图 12-5 所示。热阻或者热导可通过标准传热方法来计算。

4. 对流

通常，火灾环境中通过自然对流条件完成对流过程。湍流自然对流与尺度无关，可以用下式估算

$$Nu=\frac{h_{cH}}{k}=0.13\left\{\left[\frac{g(T-T_o)H^3}{T\nu^2}\right]Pr\right\}^{1/3} \tag{12-9}$$

式中：ν 是运动黏度；Pr 是普朗特数，据此可得 h_c 约为 10 W/(m^2 · K)。在高流速条件下，h_c 可能会高达 40 W/(m^2 · K)。

5. 导热

只有通过有限差分的数值解法才能得到导热过程的准确结果。不过，下面的近似方法通常可用来做合理估算。对于非稳态情况，给定一个在恒定热通量下的半无限大固体，导热通量的精确解为

$$\dot{q}_w = A\sqrt{\frac{\pi}{4}\frac{k\rho c}{t}}(T_w - T_o) \tag{12-10}$$

对于稳态导热，具体结果为

$$h_k=\frac{k}{\delta} \tag{12-11}$$

由于典型室内火灾的持续时间一般小于 3 h，因此大多数房间的隔墙可近似看做热厚型固体。

既然多数建筑结构发生火灾时热厚型固体占主体，可以根据热厚型固体假设估算其热导率。

6. 辐射

辐射传热过程非常复杂，取决于温度和烟尘分布的基本计算，属于严密的火灾过程计算相关前沿领域范畴。不过，可利用均匀灰色气体近似方法粗略地对火焰

和烟气区进行处理。若在一个由灰色均质壁体围成的封闭空间中充满了灰色均匀气体,现在考察其中一个接受辐射热的小物体,如图 12-6 所示,可以证明接受的净辐射传热通量为

$$\dot{q}''_r=\varepsilon[\sigma(T_g^4-T^4)-\varepsilon_{wg}\sigma(T_g^4-T_w^4)] \tag{12-12}$$

和

$$\varepsilon_{wg}=\frac{(1-\varepsilon_g)\varepsilon_w}{\varepsilon_w+(1-\varepsilon_w)\varepsilon_g} \tag{12-13}$$

式中:ε 为目标的发射率;ε_w为壁面的发射率;ε_g为气体的发射率;T 为物体的温度;T_w为壁面的温度;T_g为气体的温度;斯特藩-玻尔兹曼常数 $\sigma=5.67\times10^{-1}$ kW/(m^2·K^4)。

如果目标是墙壁本身,则方程式(12-13)简化为壁面接受的辐射通量为

$$\dot{q}_r=\frac{A\sigma(T^4-T_w^4)}{1/\varepsilon_g+1/\varepsilon_w-1} \tag{12-14}$$

当火灾进入充分发展阶段时,墙面会被烟尘覆盖,可以取 $\varepsilon_w=1$。

气体发射率可以近似为

$$\varepsilon_g=1-e^{-kH} \tag{12-15}$$

式中:H 代表封闭空间中的平均光束长度,可以近似看作其高度。烟气或火焰的吸收系数分布在约 0.1～1 m^{-1}。在充分发展火灾中,烟气的 $k=1$ m^{-1}是合理的,因此 ε_g可以从小型实验室封闭空间火灾的 0.5 变为建筑火灾时的接近 1。

在充分发展的火灾中,辐射热导可表达为

$$h_r=\varepsilon_g\sigma(T^2+T_w^2)(T+T_w) \tag{12-16}$$

若 $\varepsilon_g=1$、$T=T_w$、$T=500$～1200 ℃时,可估算出 $h_r=104$～725 W/(m^2·K)。

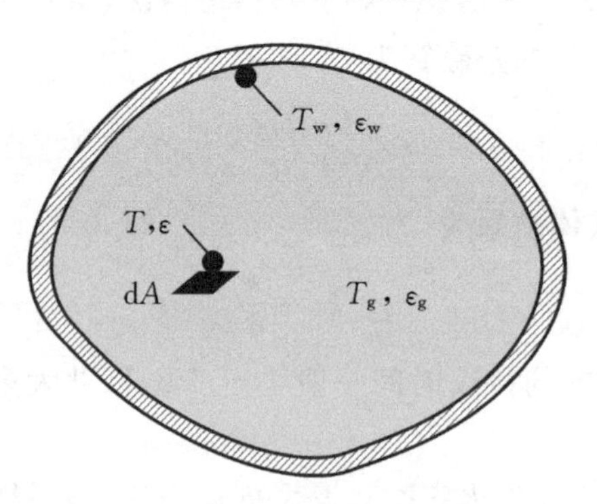

图 12-6　封闭空间中小物体的辐射

7.燃料性能

由于封闭空间热效应和氧浓度控制着火焰加热作用,所以封闭空间中的材料

燃烧与正常空气中的燃烧速率明显不同。以下面的形式描述“稳态”燃烧

$$\dot{m}''=\frac{\dot{q}''}{L} \tag{12-17}$$

如果燃料能够对室内的变化做出快速响应，这种“准稳态”燃烧速率模型足以解释室内的燃料质量消耗。燃料热通量由火焰和外部(室内)加热两部分组成。火焰温度取决于氧气质量分数(Y_{O_2})，外加辐射热则依赖于室内温度。

8. 热效应

若壁面和燃料表面为黑体，则根据方程式(12-12)上部热气层中燃料所接受的室内净热通量可表示为

$$\dot{q}''_{r}=\varepsilon_g\sigma_g(T_g^4-T_v^4)+(1-\varepsilon_g)\sigma(T_w^4-T_v^4) \tag{12-18}$$

式中：T_v是燃料表面的蒸发温度。对于下层的燃料，适当的角系数会减小方程式(12-18)给出的热通量值。

燃料荷载和通风条件不同时，木垛和 PMMA 液池火的准稳态最大燃烧速率差别较大，木垛代表受内部燃烧效应和木条间辐射传热控制的燃料，而液池火则是低吸收率的小火焰。因此，小池燃烧代表这样一类燃料，它对室内的热反馈反应灵敏。一般情况下，小型“池火”也有助于表示反应灵敏的其他几何形状的燃料，如有边界层的表面或者受风影响的火焰。木垛和“池火”的结构特征代表实际建筑燃料的特征，二者代表了燃料对室内温度敏感度的两种极端情况。

9. 能量释放速率(火源强度)

火灾中的能量释放可能发生在室内，也可能因正常火焰扩展或者室内空气供给不足而出现在室外。能量释放速率一般标记为热释放速率(HRR)；此处术语“火源强度”是外来语，它是在能源利用领域采用的基本术语。此外，根据严格的热力学定义，与化学反应有关的能量不是热量。不过，消防界已经普遍接受了“热释放速率”的用法。尽管如此，室内火灾分析中的关键要素是弄懂支持室内外燃烧的条件。火焰和烟气提供的热量使燃料按质量流量 $\dot{m}_F$蒸发，虽然所有燃料最终可能都会燃烧，但在室内它不一定燃烧完全，这取决于空气供给速率。要么所有燃料燃烧完全，要么所有进来的空气中的氧气全部消耗掉。在室内的燃烧决定封闭空间的火源强度，因此封闭空间的火源强度为

$$\dot{Q}=\begin{cases}\dot{m}_F\Delta h_c, & \phi<1\\ \dot{m}_{air}\Delta h_{air}, & \phi\geq 1\end{cases} \tag{12-19}$$

式中：$\dot{m}_{air}$为供给到室内的空气质量流量；Δh_{air}是单位质量空气的燃烧热，对于大多数燃料它是一个近似为 3 kJ/g(空气)的有效常数。火源强度是由供给的全部气体燃料或全部空气的燃烧决定的。燃料供给系数 ϕ 是判断燃烧系统贫燃还是富燃的

依据。

$$\phi=\frac{s\dot{m}_F}{\dot{m}_{air}} \tag{12-20}$$

式中：s是化学计量的空气燃料比，因为实际燃料燃烧不完全，所以具体的化学计量比意义不大。不过，s可以根据下式计算

$$s=\frac{\Delta h_c}{\Delta h_{air}} \tag{12-21}$$

式中：Δh_c是燃烧热。

区分室内的燃料质量损失或供给速率与燃烧速率是非常必要的。与方程式(12－19)对比，可得质量损失速率为

$$\dot{m}_F=\begin{cases}\dot{m}''_{F,b}A_{F,b}, & \phi<1\\ \dfrac{\dot{m}_{air}}{s}+\dfrac{F\dot{q}''_r}{L}, & \phi\geqslant 1\end{cases} \tag{12-22}$$

式中：$\dot{m}''_{F,b}$是燃料燃烧速率；$A_{F,b}$是燃料的有效面积；$F\dot{q}''_r$是经角系数修正后的净入射辐射热通量。在通风控制火灾($\Phi>1$)中实际燃烧面积一般比有效面积小，如下式所示

$$\frac{\dot{m}_{air}}{s}=\dot{m}''_{F,b}A_{F,b} \tag{12-23}$$

如果室内火灾开始时供给的空气过量，但后来却受制于通风口处的空气供给，则会出现向通风控制火灾转变的典型现象。相应的，火焰会向通风口移动，并在燃料消耗完全后返回。如果火在燃料完全烧光之前熄灭，可能出现两个深度燃烧区。

12.3 建筑物室内火灾

室内火灾问题包含了火灾发展的全部要素，这里“室内”代表发生火灾时能够控制基本空气供给和热环境的任何受限空间，这些因素控制了火焰传播和火势增长、最大燃烧速率及其持续时间，可以扩展到其他应用领域，如隧道、矿井和地下火灾。封闭空间火灾可以划分为三个阶段。第一阶段为火势发展阶段，即小火焰成长变大的过程。如果不采取任何抑制火势的行动，它最终会发展成为受燃料数量控制(燃料控制)或者受通风口进来的空气量控制(通风控制)的大火灾。当所有燃料都被消耗完时，火势就会减小(衰减)。火灾发展的几个阶段可以从图12－7中看出。

充分发展阶段的火灾受以下因素的影响：①封闭空间的大小和形状；②封闭空间中燃料的数量、分布和种类；③封闭空间通风方法的种类、分布和形式；④形成封闭空间的屋顶(或天花板)、墙壁和地板所用建筑材料的形式和种类。室内火灾每

一个阶段都与消防安全系统的构成有重要关系。火灾发展阶段对探测器和自动喷水灭火装置的启动时间影响很大,而充分发展和衰减阶段则对建筑构件的完整性非常重要。

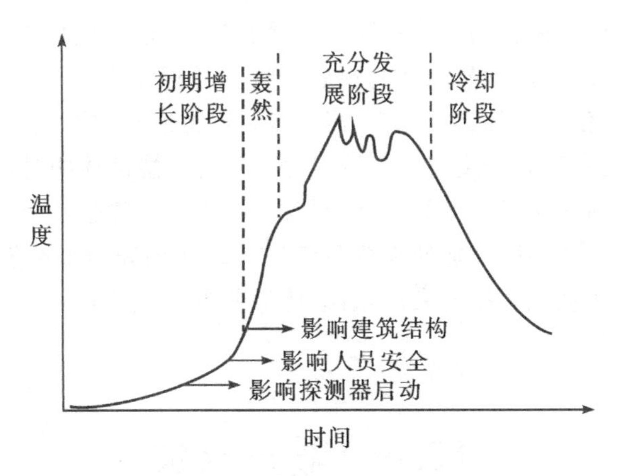

图 12-7　火灾发展的阶段

轰燃是一个非常重要的术语。对于观察者来说,在火灾增长过程中轰燃常常是非常明显的现象。但是,它有一个起点和终点,前者意味着轰燃时间开始于此。总之,轰燃是相对较弱的发展中火灾向充分发展火灾的过渡阶段,它也是区分燃料控制或通风良好的火灾与通风受限火灾的标志,前者的燃料供给系数小于 1,而后者因富燃料,其燃料供给系数大于 1。有几种机理可以引发轰燃,而对于一般观察者来说,这种火灾爆发看起来非常相似。观察者会看到火势发展“突然”改变,使室内的所有可燃物开始燃烧。如果室内没有得到足够空气来满足燃烧的需要,火势会向外发展而在室外产生大火。通风受限的火灾中燃烧主要在通风口完成,不完全燃烧过程可能产生严重的有毒气流。轰燃机理可总结如下。

(1)远距离处着火。这是自燃或引燃方式下的突然着火,是火焰辐射加热的最终结果。辐射加热主要来自室内的顶棚和上层热气体,这类辐射所覆盖的范围较大。许多普通材料引燃着火的阈值约为 20 kW/m^2(它是在地板上测得的),通常作为轰燃的实际判据,相应的气体温度为 500～600 ℃。

(2)快速火焰传播。我们知道,经过辐射预热可以使材料的表面温度达到它的引燃温度,这样在简单火焰传播理论中必然产生一个奇点,其物理意义是在表面火焰之前形成了处于易燃下限的预混物,所以出现了数量级为 1 m/s 的快速火焰传播。

(3)燃烧不稳定性。即使没有从一个燃烧体中传出火焰,在条件适当时也可能突然爆发火灾。这里,燃烧对象与高温房间之间的热反馈能够使处于环境条件下的未被加热的初始稳定燃烧态“跃迁”到受房间加热的、燃料燃烧到达平衡的新稳定态。

(4)氧气供给。这一机理可能导致回燃，与通风严重不足时火灾条件下的燃烧有关。窗户突然破损或者门突然打开都会使新鲜氧气沿地面进入房间，并与富燃料的热气混合，出现燃烧突然加速的现象。这一过程发生得非常快以至于会引起明显的压力增加，使墙壁和其他窗户遭到破坏，这类似于预混气的“爆炸”。

(5)沸溢。当水喷入密度较小但沸点比水高的燃烧液体中时，就会发生这种现象。喷入燃料的水滴瞬间会变为蒸汽，同时伴有剧烈的膨胀使液体燃料喷洒出来，液体燃料喷洒面积的不断增加使火势急剧扩大。如果表面没有发生这种现象，则高密度的水将汇集在燃料罐的底部，当液体燃料的表面下降到底部时能够突然沸腾，所以称之为“沸溢”。

12.4 隧道火灾

目前在世界发达国家及发展中国家，各种铁路(公路)隧道、地铁隧道以及城市交通隧道大量存在并迅速发展。隧道的结构复杂、内部空间相对封闭、火灾荷载较大，一旦发生火灾事故，火灾所产生的热量和烟气很难及时排除，会造成较大的人员伤亡和财产损失。例如，1999 年发生的勃朗峰隧道(MontBlanc)火灾，造成 41 人死亡，烧毁 43 辆车，交通中断一年半以上；2003 年发生的韩国大邱地铁火灾，造成 198 人死亡、146 人受伤、289 人失踪；2014 年 3 月 1 日，晋济高速公路山西晋城段岩后隧道发生隧道火灾，事故造成 31 人死亡、9 人失踪。

由于基础交通设施对于社会的重要性、较高的投资费用、隧道数量的增多、损失严重的火灾事故增加等原因，隧道火灾的防治问题一直是火灾科学研究的一个热点，世界各国对于隧道火灾的研究都非常重视。

12.4.1 引起隧道火灾的原因

隧道火灾研究包含的基本火灾科学问题主要有基本的点燃现象、复杂的反应过程、火灾与烟气的传播、燃料控制与通风控制、热传递、结构破坏或人的行为等。引起隧道火灾的原因多种多样，但常见的主要有以下几种。

(1)隧道自身引起的火灾。包括隧道电气线路或电气设备短路起火，隧道维修养护时使用的明火。例如，1999 年，奥地利 Tauern 隧道在维修时因油漆泄漏引起火灾，火灾持续 15 h，导致 12 人死亡，隧道结构严重受损。

(2)车辆机械故障引起的火灾。包括常见的紧急刹车制动器起火，电气线路、设备短路引发自燃等。例如，1997 年，瑞士 St Gotthard 隧道一辆重型货车引擎起火引起的火灾，火灾时长 80 min，导致 100 m 长范围内隧道结构严重受损。

(3)行车事故引起的火灾。包括超速驾驶引发相撞或追尾撞击起火等。例如，1979 年，西班牙 Nihonzaka 隧道由于汽车追尾引发火灾，火灾时长达 4 d，导致 7 人死亡，1100 m 长范围内隧道结构严重受损。

(4)汽车装载的易燃物品起火。包括油罐车静电起火，易燃材料起火等。例如，1982 年，美国 aldecott 隧道一辆载有 33000 L 汽油的油罐车起火，火灾持续 2 h，导致 7 人死亡，580 m 长范围内隧道结构严重受损。

(5)人为破坏。包括纵火、吸烟、恐怖袭击等。例如，2003 年，韩国大邱市地铁 1 号线中央路车站，人为纵火引发火灾，造成了 198 人死亡，289 人失踪的严重后果。

12.4.2　隧道火灾的特点

隧道火灾具有如下特点。

(1)火灾发生的时间、地点、原因以及火灾的规模都具有随机性。隧道的设施与环境、通车的类型和流量、车载货物的种类及数量、救援的时间与方法等因素对隧道火灾都有重要的影响，这些不确定因素决定了隧道火灾具有随机性。

(2)火势发展迅猛，烟气浓度大，温度高。隧道呈狭长形，内部空间较小，与外界相连的孔洞少，似于封闭空间。火灾发生后，隧道中空气不足，多发生不完全燃烧，产生的烟气浓度很高，而且很难通过自然排烟排出。

(3)隧道内车辆、人员疏散困难。隧道内部空间狭小，没有门和窗，所以火灾烟气容易迅速充满隧道，致使其中的能见度降低。此外，不完全燃烧生成的大量 CO 等有害气体也会对隧道内人员的人身安全构成威胁，统计结果表明，火灾中 85% 以上的死亡者是由于烟气所致，其中大部分是吸入了烟尘及有毒气体昏迷后致死的。

(4)隧道火灾消防扑救十分困难。一是隧道火灾生成的浓烟、高温及形成的缺氧状态影响救援工作的开展；二是地下交通隧道出入口少，通道狭窄，距离长，导致灭火工作面小，救援途径单一，且灭火救援路线与人员和车辆的疏散路线、烟气流动路线相互交叉影响救援的速度；三是由于地下通信困难，地面的指挥员很难准确了解火灾现场的情况，从而难以实施及时有效的指挥。

(5)隧道设施、结构受损严重。衬砌混凝土的失效温度一般在 300 ℃左右，因而几乎所有的隧道火灾都会对隧道结构造成严重的破坏，虽然有一定的保护措施，但对于上千度的高温，效果十分有限。

12.4.3 影响隧道火灾的关键参数

1. 隧道拱顶最高温度

隧道发生火灾时,火源上方的高温烟气对隧道拱顶进行炙烤。由于高温作用,隧道中未经保护的混凝土在火灾起始的5～30 min会产生爆裂。隧道整体结构在长时间高温作用下可能会引起隧道的坍塌。因此,了解隧道中的火灾高温对隧道结构的影响非常重要。传统上,许多隧道结构构件极限耐火时间的检验标准使用时间-温度曲线。HC_{inc}隧道承重结构的消防设计最常用的是ISO834标准曲线。该曲线代表建筑中常见的材料,但和隧道中常用的材料不是非常相关,特别是隧道中常见的汽油、化学品等。和一些隧道实验的温度升高相比,ISO834标准曲线温升较慢。因此,20世纪70年代有研究机构开发了碳-氢曲线。碳-氢曲线主要用在石油化学产品和相关工业中,在隧道中也有一些应用。一些国家也开发了一些特别的曲线来模拟隧道中的碳氢化合物火灾。例如,德国的RABT/ZTV隧道曲线,法国经过修改的HC_{inc}曲线,荷兰的RWS隧道曲线。这些曲线由不同的方法得到,主要基于大尺寸或小尺寸火灾实验,或者由这个领域的技术委员会协商得到。不同的时间-温度曲线如图12-8所示。根据热释放速率、径向通风速度和隧道的高度等参数如何选择不同的时间-温度曲线,目前还没有权威性的指导性方法。

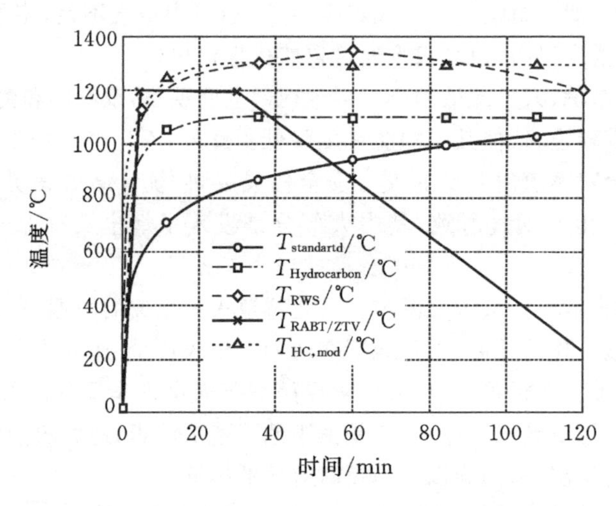

图12-8 测试隧道结构接受火灾热量的温度曲线

隧道火灾文献中记录的最高气体温度范围为1200～1365 ℃,温度的发展和隧道火灾的RWS曲线以及HC曲线一致。一般情况下热释放速率越大,温度越高,但是高温也和燃料类型、燃料的几何形状和尺寸、隧道的横截面积等有关。对于较高的热释放速率(大于等于 35 MW)，最高温度一般大于 900 ℃。即使隧道中的通风速度较高(大于等于 3 m/s)，上述结论仍然适用。主要是因为对于较高的热释放速率，火焰直接撞击顶棚，温度最高的燃烧区都在接近顶棚的区域内，即使径向通风使火焰倾斜，火焰区仍在顶棚附近。当燃烧区域(一般为自由燃烧火焰的 2/5 左右)扩展到顶棚，并且在燃烧区内通风较好，隧道拱顶温度达到最高。

2. 隧道火灾火焰长度

当考虑隧道车辆之间的火焰传播时，火焰长度的概念十分关键。如 2014 年发生的晋济高速公路山西晋城段岩后隧道火灾，就是由于货车之间间距过小造成追尾而使许多车辆被引燃。因为火灾扩散的危险，隧道中的火焰长度是一个重要的研究方向。隧道中的火灾是受限火灾，隧道顶棚和隧道墙壁对火灾的影响较大。火焰长度被定义为从火源的中心到水平扩散火焰端部的距离。目前机械通风情况下隧道火焰长度的模型发展较为成熟，然而对于自然通风和横向通风的隧道，其火焰长度模型开发的工作还需要进一步扩展。

3. 隧道火灾烟气回流

当隧道内的纵向风速较小时，在火源所产生的热浮力作用的驱动下，火源上游的顶棚射流将逆着纵向风沿拱顶蔓延，形成“烟气回流(back layering)”这一隧道内的特殊火灾现象。烟气回流随火源热释放速率的变化趋势已经得到较好的研究，但是对于较大的火源功率，其具体的函数关系是否和小尺寸实验得到的模型一致，还需要进一步验证。

4. 临界风速

临界风速即隧道内发生火灾时，为了抑制烟气回流所需的最小纵向送风速度(见图 12－9)。研究隧道火灾的临界风速具有重要意义。一方面，烟气逆流的存在不利于消防队员从火灾上游接近着火地点扑救火灾；另一方面，烟气逆流的存在也不利于隧道内的人员向火源上游(即新鲜风的供给方向)进行疏散。因此，临界风速是隧道火灾防治研究的一个重要内容，也是隧道通风排烟设计的一个非常重要的参数。

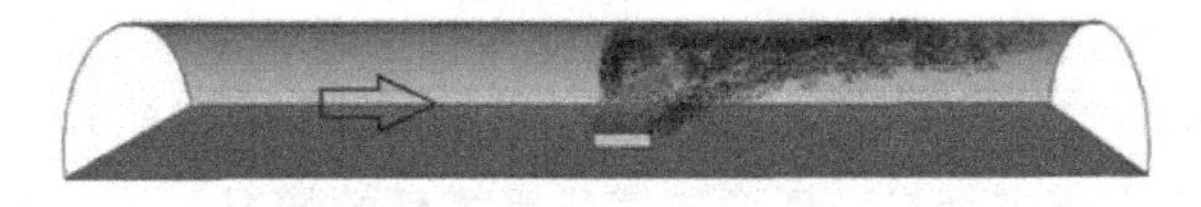

图 12－9　临界风速示意图

隧道火灾临界风速模型的发展过程，提高了人们对临界风速的认识，完善了临界风速的计算方法。在设计隧道的纵向通风系统时，只要知道隧道内可能发生的火灾热释放速率，便可利用上述模型对所需的临界风速进行设计。

5.坡度对临界风速的影响

隧道火灾临界风速模型的发展过程，提高了人们对临界风速的认识，完善了临界风速的计算方法。在设计隧道的纵向通风系统时，只要知道隧道内可能发生的火灾热释放速率，便可利用上述模型对所需的临界风速进行设计。然而，上述模型只适用于没有纵向坡度的隧道。在其水平隧道工作的基础上，研究者提出了坡度对临界风速的影响，提出隧道坡度 α 在 0～100 时，坡度修正系数为

$$K_g=1+0.014\alpha \tag{12-24}$$

式中：α 为坡度，%。

美国消防协会标准 NFPA502(NFPA2011)建议的临界风速坡度修正系数为

$$K_g=1+0.025\alpha \tag{12-25}$$

临界风速是隧道火灾研究的热点问题，研究的水平很高，但一些方面仍然需要进一步开展。例如，描述临界风速的大多数理论模型基于半经验的方法，所有的实验数据都基于稳定状态。火灾的发展以及周围墙壁的热损失对临界风速的影响还没有进行过研究。虽然考虑这些因素使问题变得非常复杂，然而考虑火灾的发展和热损失对提高这些模型的精确性会有很大的帮助。随着对隧道火灾临界风速的理论研究的不断增多，将会出现适用性更为广泛的临界风速模型，然而这些模型依然需要通过实验，尤其是全尺寸实验的验证。

实际隧道火灾当中，25～30 m 的烟气回流对人员疏散和消防队员火灾扑救没有任何影响。基于这一考虑，在临界风速研究的基础上，提出了限制风速的概念，即火灾烟气可以有一定距离的回流，一般烟气回流的长度为 4～5 倍隧道高度。采用限制风速的原因是在控制烟气回流的同时保持烟气层的稳定。利用小尺寸模型试验数据对限制风速进行了研究，但目前关于限制风速的研究只进行了定性研究，还没有发展定量化的模型。

另一个问题是，为了缓解城市重要区域的地面交通拥堵问题，一种新型城市地下公共交通系统——城市地下交通联系隧道(urban traffic link tunnel，UTLT)应运而生。UTLT 是设置于城市道路地下，专供机动车辆通行的、公共的、设有与地下开发空间和地面市政道路连接出入口的城市交通集散通道，地下联系隧道多与大型地下车库相连。UTLT 一般包括环形主隧道和支线隧道，按常规的临界风速设计排烟量，会出现火灾烟气沿环形隧道过渡蔓延的情况。如何既保证环形主隧道内的环境安全，又不使火灾烟气过渡蔓延，是一个值得研究的问题。目前国外开展了小尺寸实验研究，研究了如何从两个方向控制烟气，但是缺乏进一步的模拟研究和大尺寸实验验证。

随着社会的发展，交通设施建设越来越多，交通隧道的安全会得到越来越多的重视，隧道火灾行为的研究也会不断深入，世界各国越来越多的机构和学者将会加入这一行列。目前对隧道火灾的研究主要集中于隧道内温度场特性、隧道内纵向风火灾发展的影响以及对隧道火灾烟气控制的研究。然而，在隧道火灾基础理论方面所开展的研究还不够系统，因此要有效利用已有的可靠数据，对交通隧道火灾进行更加系统性和基础性的研究。

12.5　高原火灾

低压环境下的火灾研究是火灾科学中的一个重要领域，其中较具有典型性和代表性的是高原(高海拔)火灾。在我国的西部高原地区，矗立着以布达拉宫为代表的一大批具有极高文物价值和社会效能的高原古建筑，这些建筑和建筑群落的火灾安全问题受到国家的高度重视。火突探测是火灾防治的关键技术之一，其依据是火灾发生过程中的各种特征参量，也即火灾产物和现象的特征规律。由于高原低压、低氧环境的特殊性，其火灾燃烧过程异于常压环境。不只是高原环境，一些大飞机、载人航天器等设施中也涉及低气压，但出于安全和便携性等因素的考虑，航空航天器当中的“人工大气”环境往往采用的是按特殊组分比例所配制的空气，与自然环境中的空气成分不完全一致。

海拔高度对环境温度、大气压力以及氧气质量浓度等都有显著影响。海拔每升高 100 m，环境温度下降约 0.6 ℃，大气压力会下降 5 mm 汞柱(约 0.67 kPa)，氧气的质量浓度也随之减少约 6.6%。这些条件的变化必然将对火灾的发生发展、烟气的运动蔓延、火灾探测器的响应以及灭火扑救产生一定的影响。

(1)可燃物的点燃温度会直接影响火灾引发的难易程度。由于海拔的升高，大气压力和氧气浓度会随之降低。压力的变化将改变固体可燃物高温分解产生的可燃气或者液体可燃物的蒸发气体或者气体可燃物在空气中的分压，而氧气浓度的变化将改变可燃气体与氧气混合区域的氧气浓度梯度，这两者的综合作用将影响可燃物的点燃温度。实验发现随着压力的升高，燃料的点燃温度反向降低。例如，丙烯在 1 个大气压下的点燃温度约为 1320 K，随着压力升高到 2 个大气压时，点燃温度下降到约 1210 K。

(2)可燃物的燃烧速率是重要的火灾参量，它决定了火灾的热释放速率或者说火灾规模，可以用来衡量火灾的危害程度，也密切影响其他的燃烧特征和烟气特性，比如火焰温度、毒害烟气生成量、烟气流动等。实验发现燃烧速率随着海拔的增加(或者说压力的降低)而降低。

(3)燃烧产生的大量有毒有害烟气是火灾中人员安全的主要威胁因素,火灾中人员的死亡绝大部分是由于烟气造成的,而非火焰本身。对比测量高原环境和低海拔条件下的一氧化碳(CO)的生成量发现高原环境下的燃烧产生了更多的一氧化碳。实验调查还发现,高原环境下的烟气中的碳颗粒浓度较小。

(4)火灾探测器的响应时间决定了早期火灾的探测和预报,从而影响火灾扑救工作。离子感烟探测器和光电感烟探测器在高原环境下的响应实验发现,两类火灾探测器在高原条件下的输出曲线均明显低于平原地区的输出曲线,离子感烟探测器无法对棉绳阴燃火正确报警。

(5)灭火设施的反应和作用效果直接影响灭火扑救工作的成功与否。实地实验和缩尺度实验对比测量细水雾系统的灭火时间发现高原环境不仅会影响灭火时间,也能改变细水雾喷头的喷射效果。高原环境下细水雾喷头的雾化锥角减小,同时喷射雾滴趋向于向雾锥面集中,从而所需的灭火时间减少。

可见由于高原地区特殊的低压低氧环境,其火灾的发生发展的特点和规律均与平原地区存在一定差别,这样必然会影响高原地区的火灾探测和灭火扑救工作。高原环境的变化给我们的火灾安全研究带来了新的挑战。

目前针对低压环境的火灾研究并不多,而那种相对较大的全尺寸低压火灾研究更是鲜有。具有代表性的是瑞士学者 Wieser 和美国 FM Research 公司开展的研究,获得了低压火灾的一些早期重要实验现象和数据。真正意义上的低压全尺寸火灾实验出现于 1997 年,以 Wieser 为代表的瑞士学者,在欧洲的 4 个不同海拔地区(气压范围为 71～98 kPa,约 0.7～1 atm)开展了小尺寸的标准火实验。为了便于在 4 个地区间转移,实验采用一长方体容器代替标准燃烧室,该容器的体积大致只有标准燃烧室的 1/8,标准火火源也作了相应的尺寸缩减。实验结果显示随海拔增加即气压降低,燃料的燃烧速率也会相应减慢(见图 12 - 10),而顶棚烟气温度和 CO 等气体浓度则受气压改变的影响较小。

但 Wieser 的研究以实验数据的现象分析为主,并未就其内在原因给出理论解释,即便这样,其内容填补了低压火灾的空白,也拉开了低压火灾研究的序幕。对于低压小尺寸实验,较具代表意义的是 Most 等人利用离心机和飞机所进行的变压/变重力小型火焰燃烧实验。通过射流火炮研究了不同气压(0.3～3 atm)及重力改变对火焰高度、温度及辐射分数的影响,并对实验结果作了定性解释,而射流火焰的低压实验结果规律则与自由扩散火焰显示出一定差异。这也再次证明,对于火灾研究来说,完全利用小尺寸实验来反演真实火灾规律存在一定的局限性。

有关低压火灾理论方面的研究,其中贡献最突出的是财力雄厚的 FM Global 公司 De Ris 团队所发展的压力模型和辐射火焰模型。虽然这些理论模型的初

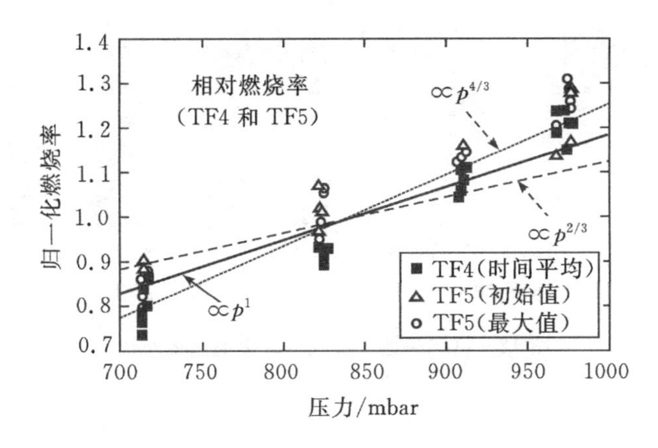

图 12-10　归一化燃烧速率随气压变化

衷并非为了研究低压燃烧(主要集中在高压范围),但其开创性的成果为后来的低压研究奠定了重要基础。De Ris 等人运用大型高压设备研究了高压范围内小尺度池火和固体燃料的燃烧行为,并发展了压力模型以及辐射火焰模型等涉及气压与尺度变化关系的相似理论模型。由于这些相似理论的目标是利用高压小尺寸模型模拟常压环境下的大尺寸火灾燃烧,因此并未系统开展低压范围的实验研究。

国内低压火灾方面已经取得了不少突破性成果。刘勇、于春雨和涂然等人利用拉萨和合肥两地的标准燃烧室,进行了 ISO 标准火测试实验。对比研究了两地 4 种标准火燃料的燃烧差异和点型光电及离子探测器响应受气压的影响规律,发现高原环境下的点型探测器响应输出要明显于低压常压地区。李振华和胡小康等人利用便携式车载燃烧测试系统,在合肥、拉萨及当雄等不同海拔地区研究了正庚烷及木材的燃烧特性变化。系统测量了燃烧速率、火焰温度、辐射强度及烟气浓度等参量,同时李振华还对不同气压下的池火火焰形貌进行了对比,如图 12-11 所示。利用拉萨和合肥的对比实验,方俊和涂然等人更为系统地研究了低气压对正庚烷和乙醇池火燃烧随尺寸变化的影响规律,并首次发现气压对不同燃烧主控形式的分阶段影响。另外方俊和于春雨等人理论分析了气压对室内火灾 CO 生成量的影响,并利用实地的全尺寸实验对其进行了验证。而张英、黄新杰等人对高原环境下的固体火蔓延进行了研究,并得到了气压对蔓延速度、熄灭临界条件等的相关影响规律。

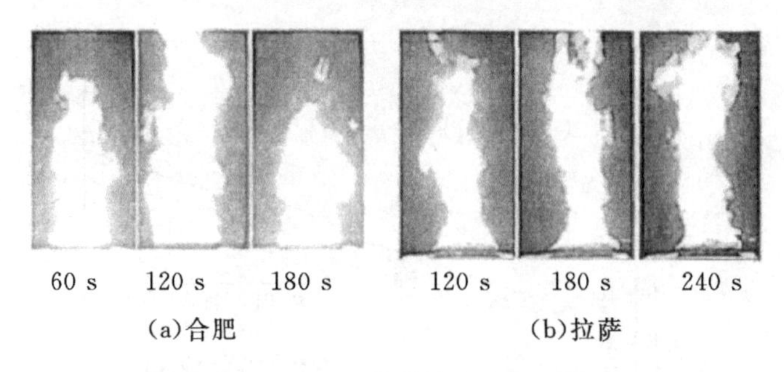

(a)合肥　　(b)拉萨

图 12-11　两地正庚烷池火火焰图像对比

参考文献

[1] JAMES G Q. 火灾学基础[M]. 北京:化学工业出版社,2010.

[2] CHOW W K. Study on the flashover criteria for compartmental fires[J]. Journal of Fire Sciences,1997,15(2):95-107.

[3] 范维澄. 火灾学简明教程[M]. 合肥:中国科学技术大学出版社,1995.

[4] 胡源,宋磊,尤飞. 火灾化学导论[M]. 北京:化学工业出版社,2007.

[5] 李思成,王伟,赵耀华,等. 几个典型隧道火灾问题研究进展[J]. 建筑科学,2014,30(10):94-105.

[6] LÖNNERMARK A, INGASON H. Gas temperatures in heavy goods vehicle fires in tunnels[J]. Fire Safety Journal,2005,40(6):506-527.

[7] ALAN B, RICHARD C. The handbook of tunnel fire safety[M]. London: Thomas Telford,2005.

[8] 杨满江. 高原环境下压力影响气体燃烧特征和烟气特性的实验与模拟研究[D]. 合肥:中国科学技术大学,2011.

[9] 涂然. 高原低压低氧对池火燃烧与火焰图像特征的影响机制[D]. 合肥:中国科学技术大学,2012.

[10] WIESER D, JAUCH P, WILLI U. The influence of high altitude on fire detector test fires[J]. Fire Safety Journal,1997,29(2):195-204.